Klassische
VESPA RESTAURIEREN

vespa
PIAGGIO

Klassische VESPA RESTAURIEREN

Links: startklar für die erste Frühlingsausfahrt – unsere in monatelanger Arbeit zerlegte, aufbereitete und wiederaufgebaute Vespa PX 200 E von 1985. Sie wurde nicht neu lackiert, sondern in der Patina restauriert. Das Foto links entstand am 14. April 2019, zehn Tage, nachdem der Motor zum ersten Mal angesprungen war. Die erste Probefahrt fand am 12. April statt.

Foto oben: der entkernte, teilweise vorgereinigte Roller auf dem Nullpunkt am 18. Januar 2019.

DEMONTAGE, ANALYSE, INSTANDSETZUNG, KOSTEN

Wie man eine historische Vespa fachgerecht, aber patinaschonend restauriert (am Beispiel PX)

HANS J. SCHNEIDER
SCHNEIDER MEDIA

Impressum

Klassische VESPA RESTAURIEREN beschreibt in allen Details am Beispiel einer PX 200 E von 1985 sämtliche Montage-, Instandsetzungs- und Restaurierungsarbeiten an den klassischen Vespa-Modellen der Baureihe PX. Im Prinzip sind die Hinweise auch für alle anderen Classic-Vespas anwendbar. Alle Angaben in diesem Buch erfolgen nach bestem Wissen. Das Nachvollziehen der beschriebenen Arbeiten geschieht auf eigene Gefahr. Beachten Sie dazu bitte auch die **Enthaftungserklärung** auf Seite 6.

2. Auflage 2025, Originalausgabe

Bildnachweis
Alle Fotos und zahlreiche Grafiken wurden von Hans J. Schneider eigens für dieses Buch erstellt, bis auf einige, von Werner Lechner gelieferte Ausnahmen, die mit einem Copyright-Hinweis kenntlich gemacht sind.

Herstellung
Titelgestaltung, Lektorat:
Dr. Valentin Schneider,
Bildbearbeitung, Produktion:
Vincent Schneider
Werkstatt, Foto, Text, Layout:
Hans J. Schneider
Technische Unterstützung und Beratung:
Zweiradmechanikermeister Rainer Schulz, Kommern/Rheinland
Mitarbeit Werkstatt: s. Dankadresse S. 254
Druck, Verarbeitung:
Westermann Druck Zwickau GmbH

Vertrieb
Delius Klasing Verlag GmbH
Siekerwall 21, D-33602 Bielefeld;
Tel.: 0521/5590, Fax: 0521/559115
E-Mail: info@delius-klasing.de

Verlag
SCHNEIDER MEDIA FRANCE SAS
E-Mail: info@schneider-media.eu
Website: www.schneider-media.eu

ISBN D, A, CH:
978-3-667-13248-2

Printed in Germany

MIX
Papier | Fördert gute Waldnutzung
FSC® C110508

Inhalt

Inhalt

Inhalt

Enthaftungserklärung

Unzureichende Sachkenntnis verpflichtet den Leser, die gezeigten Arbeiten nicht selbst in die Hand zu nehmen, sondern in einer Fachwerkstatt ausführen zu lassen. Alle Informationen, technischen Angaben und Anleitungen in diesem Buch wurden vom Autor mit der größten Sorgfalt zusammengetragen. Das Nachvollziehen der beschriebenen Arbeiten erfolgt in jedem Fall auf eigene Gefahr.
Der Verlag kann weder Garantie noch juristische Verantwortung oder irgendeine Haftung für Folgen, die auf fehlerhafte oder unvollständige Angaben oder falsche Interpretation der Hinweise oder fehlerhaftes Arbeiten zurückgehen, übernehmen. Auch verantworten Autor und Verlag nicht Fehler, die durch womöglich irrtümliche Angaben entstanden sind. Haftungsansprüche gegen Autor oder Verlag sind damit ausgeschlossen.

Hinweis:

Aussagen über Mängel an einzelnen Komponenten unseres Rollers sind im Text rot markiert.

Vorwort und Einführung

Präzise, aber kostengünstig restaurieren

Bereits Ende der 1970er Jahre veröffentlichte der Autor – damals Redakteur des Verbrauchermagazins DM in Düsseldorf – einen Bericht über die Geschichte der Vespa, die bereits 30 Jahre nach ihrem ersten Auftritt 1946 Kultstatus erlangt hatte. 1985 folgte die Erstausgabe des bis heute – inzwischen in der 21. Auflage erschienenen – Bestsellers **„Vespa Motorroller – Technik, Wartung, Reparatur."** Rund 130.000 Exemplare des reich illustrierten Buchs fanden bis 2025 ihre Käufer.

Das Erfolgsrezept war (und ist), daß jede beschriebene Arbeit selbst ausgeführt und genau dokumentiert wurde, damit auch für Schrauber-Novizen nachvollziehbar war. Im Anschluß daran brachte SCHNEIDER MEDIA weitere Schrauber-Bücher zu Piaggio- und Vespa-Modellen heraus, angefangen bei Sfera und ET bis hin zu den modernen Typen GT und GTS.

Die klassischen Vespa-Modelle der 1950er bis 1980er Jahre wurden mit der Zeit von den Fans regelrecht glorifiziert. Es entstanden Fanclubs und private Museen, es mangelt nicht an Treffen und Ausfahrten. Zu den Höhepunkten zählen die internationalen Meetings wie etwa die Vespa World Days vom 14. bis 17. Juni 2018 im nordirischen Belfast – genau dort, wo einst die Titanic gebaut wurde. Aber **die Vespa wird niemals untergehen,** allein deshalb nicht, weil mittlerweile selbst verrottete Exemplare liebevoll restauriert und wiederaufgebaut werden. Zahlreiche Firmen im In- und Ausland haben sich auf das Herrichten klassischer Wespen spezialisiert und damit ein einträgliches Auskommen gefunden. Das professionelle Aufarbeiten hat allerdings einen stolzen Preis, die Rechnung kann am Ende viele Tausend Euro betragen.

Eine Vespa aus dem Schwäbischen

Aber so teuer muß es gar nicht werden, zumindest dann nicht, wenn das ins Auge gefaßte Objekt noch anständig beieinander ist, dem Originalzustand entspricht und nur in seinen Details überholungsbedürftig ist. Genauso einen Roller hat der Autor in den 2010er Jahren in Schwäbisch Hall gefunden, eine weinrote PX 200 E, erstmals zugelassen am 15. Mai 1985 im schwäbischen Wiernsheim-Iptingen. Nach zwei Besitzerwechseln gelangte sie schließlich in die Hände des Vespa-Sammlers Werner Lechner, der uns das Fahrzeug dann zum Freundschaftspreis überließ.

Daß die **kompakten Abmessungen einer Vespa** zu ihren größten Vorzügen gehören, ist hinreichend bekannt und im Stadtverkehr von unschätzbarem Vorteil. Aber würde die PX 200 E auch in den engen Laderaum unseres BMW touring passen, mit dem wir die Rückreise in die 800 km entfernte Normandie antreten wollten? Mit Augenmaß stellten wir fest: Es müßte gehen. Wir nahmen Hauben und Rückspiegel ab, legten eine Matte über die Laderaumkante und setzten ein Brett an, über das wir den Roller mit dem Heck voraus auf die nötige Höhe brachten. Dann legten wir ihn einfach um und schoben ihn über den weichen Teppichboden bis zum Anschlag hinter die Rücklehnen der Vordersitze.

Transport im Kombiwagen

Bei abgewinkeltem Lenker paßte der Roller tatsächlich in den relativ flachen Laderaum – fast. Denn das Vorderrad lugte noch ins Freie. Nach Lösen der fünf Radmuttern wurde das Rad abgenommen und seitlich verstaut. Danach hieß es: Klappe zu und Abfahrt! Problemlos erreichten wir unseren Zielort, wo die Vespa sogleich aus dem Auto gezerrt und wieder auf die Räder gestellt wurde. Doch das war nur ein ganz kleiner Schritt zum Auftakt des Projekts.

Unsere Absicht war es, dieses Fahrzeug für ein Buchprojekt komplett zu zerlegen und nach erfolgter Bestandsaufnahme originalgetreu wieder aufzu-

1

2

1: Autor H. J. Schneider mit der frisch erworbenen Vespa PX 200 E. 2: Andrea und Werner Lechner bereiten den Roller im Juli 2011 vor ihrem Haus in Schwäbisch Hall zum Abtransport vor.

bauen. Bei den Überlegungen stand im Vordergrund, daß die weinrote Vespa am Ende **auf keinen Fall „besser als neu“** dastehen sollte, sondern ihre **schöne Patina** überall dort, wo es zu vertreten war, behalten sollte. Teile sollten nur ausgetauscht werden, wenn es unbedingt nötig war – aus Sicherheits-, Funktions- oder optischen Gründen. Wir strebten eine **„Patina-Restaurierung“** an, bei der zwar jedes Details genau unter die Lupe genommen und aufbereitet oder ersetzt, der Gesamtcharakter des Fahrzeugs aber unbedingt erhalten werden sollte.

Indem wir zeigen, wie man eine alte Vespa möglichst ohne kostspielige Werkstattbesuche und ohne die Anschaffung teuren Spezialwerkzeugs selbst in Schuß bringen kann, vermitteln wir, wie die Kosten innerhalb eines überschaubaren Rahmens bleiben.

Nach diesem Konzept haben wir von 2006 bis 2010 bereits einen BMW 2002 Automatic von 1975 aufgebaut. Alle Arbeiten wurden im Buch **„Legende BMW 02“** dokumentiert. Die US-amerikanische Society of Automotive Historians zeichnete Verlag und Autoren dafür mit dem **Nicolas Cugnot-Award** für das international beste Auto-Buch des Jahres 2010 in nichtenglischer Sprache aus.

Wir waren also aus zahlreichen Gründen ausreichend motiviert, ein Vespa-Restaurierungsbuch zu realisieren. Nach dem bewährten Rezept unseres seit 1985 immer wieder neu aufgelegten Vespa-Wartungs-Bestsellers sollte auch bei der Restaurierung **jeder auch noch so kleine Arbeitsschritt fotografisch dokumentiert und genau erklärt** werden, angereichert mit tabellarischen Übersichten über das benötigte Werkzeug, die festgestellten Mängel, die benötigten Ersatzteile und Produkte inklusive ihrer Preise sowie den erforderlichen Drehmoment-Werten beim Zusammenbau.

Größerer Aufwand als gedacht

Die Arbeiten begannen im Oktober 2017 – einige Zeit nach dem Ankauf des Versuchsobjekts. Ort des Geschehens: die in einer restaurierten Scheune untergebrachte Werkstatt an unserem Wohnort in Frankreich.

Was wir zu diesem Zeitpunkt noch nicht wußten: Die Restaurierung sollte

7: Freund, Berater, Helfer: Rainer Schulz, Zweiradmechanikermeister aus Kommern und seit fast 40 Jahren auf Vespa spezialisert, hat auch dieses Buch kräftig mit Rat und Tat unterstützt.

6

3

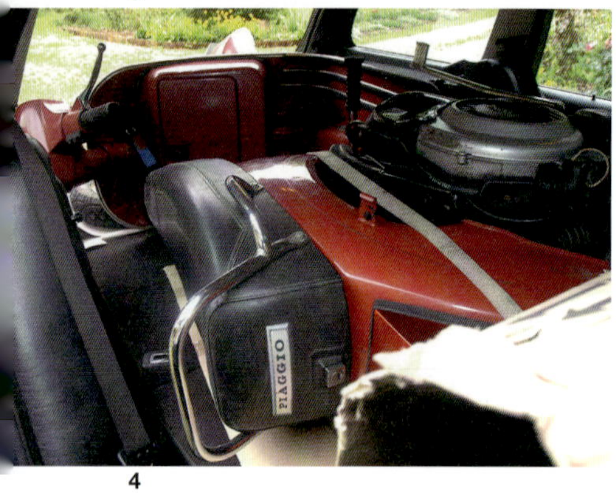

4

5

3, 4: *Nach Abnehmen von Vorderrad, Hauben und Rückspiegel paßte die PX 200 E genau in den flachen Laderaum des BMW touring. Mit einem Gurt wurde sie gegen Verrutschen gesichert.*
5: *Zuhause wird das Vorderrad angeschraubt, damit der Roller sofort richtig auf die Füße kommt. Valentin packt auch bei der digitalen Produktion und der Lektoratsphase kräftig zu.*
6: *Das unrestaurierte Fahrzeug 2011 vor der hauseigenen Werkstatt, in der es dann zerlegt wird.*

sich als **schwieriger und aufwendiger erweisen als vermutet.** Es mußten alle Lager und Simmerringe in den Bereichen Motor und Fahrwerk erneuert werden, alle sieben Bowdenzüge und die Tachowelle waren verschlissen, die Karosserie zeigte überall und vor allem am Unterboden zahlreiche Roststellen und Macken.

Original-Teile von Piaggio

Die **Ersatzteilversorgung** war kompliziert, doch Rainer Schulz, langjähriger Freund der Familie und gewiefter Vespa-Mechanikermeister, half nicht nur mit Rat und Tat, sondern schaffte es auch, alle Teile just-in-time zu beschaffen, wobei er nur auf **Original-Piaggio-Teile** zurückgriff.

Beim Schrauben klemmte und hakte es oft, manches ging auf die Nerven, und geflucht wurde durchaus schon mal. Doch alle Familienmitglieder und viele Freunde packten mit an und halfen bei der Bewältigung der zahlreichen Probleme. Letztlich kam es aufs Durchhalten an. Am 4. April 2019 sprang der in penibler Kleinarbeit generalüberholte Motor wieder an, es folgte die erste Probefahrt – und alle waren happy.

Herzliche Grüße
Hans J. Schneider,
Normandie, im Frühjahr 2019
und im Herbst 2025 zur Neuauflage

***8:** Die Vespa GTS Super 300 i.e. von 2010 und die PX 200 E liegen konstruktiv mehr als ein halbes Jahrhundert auseinander. Modern: die GTS mit flüssiggekühltem Vierventil-Viertakt-Mittelmotor, Scheibenbremsen, Einspritzung und Katalysator; klassisch: die PX mit luftgekühltem Zweitakt-Drehschieber-Heckmotor, Vergaser, Getrenntschmierung, Trommelbremsen. **9:** Ankunft der PX in der Normandie.*

8

9

Dokumentation und erster Check

Papiere, Fahrgestell- und Motor-Identifikation

1

Es ist natürlich reizvoll, bei einem frisch erworbenen Oldtimer direkt auszuprobieren, ob der Motor läuft. Das Triebwerk unserer PX hätte per Kickstarter zur Arbeitsaufnahme gezwungen werden müssen: Es ist ein Modell ohne Batterie.

Jedoch gerade bei Zweitaktmotoren ist ein **Startversuch riskant,** wenn das Fahrzeug lange gestanden hat. Wenn der Öltank leer und womöglich die Ölpumpe samt Anschluß defekt oder verharzt ist, kann es schnell zu Kolben- und Lagerschäden kommen. Wie wir zudem später bei der Demontage sehen werden, ist **kein Öl im Getriebe,** und mehrere wichtige Schraubverbindungen im Fahrwerksbereich sind locker. Daher muß zunächst der Augenschein genügen. Wir beginnen mit der **Identifikation** der Maschine.

Unser Versuchsobjekt entspricht dem werksinternen Typ VSX1T mit dem Motor-Baumuster VDE1M. Als ABE-Typ P 200 E erhielt die Serie am 22. August 1978 die deutsche Typzulassung durch das Kraftfahrtbundesamt Flensburg. Der **Original-Kfz-Brief** und der Fahr-

2

1, 2: *Unser Versuchsobjekt kurz vor Beginn der Demontage vor einem anderen italienischen Klassiker (Alfa Romeo Alfetta 2.0 Lusso Baujahr 1982). Auch wenn die 1985er PX 200 E auf den ersten Blick einen ordentlichen Eindruck macht, ist sie im Detail stark vergammelt und überholungsbedürftig. Vorteil: Sie ist völlig unverbastelt, befindet sich hundertprozentig im Originalzustand.*

3: *Der Kilometerzähler im Tachometer steht auf 26791– nicht übermäßig viel, wenn das die echte Laufleistung ist, denn die Tachowelle ist kaputt* ***(4)*** *und die Abdeckscheibe leicht vergilbt.*

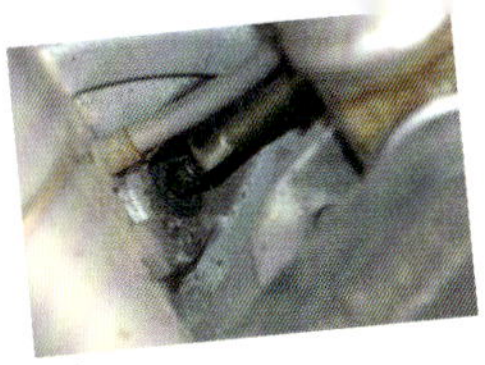

4

3

zeugschein weisen unsere Vespa nicht als PX 200 E, sondern als P 200 E aus. Die **Schlüsselnummern** lauten: 3900 für Fahrzeug und Aufbauart („Kraftrad“, „Roller“), 4013 für den Fahrzeughersteller (Piaggio) und 123008/3 für den Fahrzeugtyp (P 200 E).

Der **Typ P 200 E** kam 1983 unter der Verkaufsbezeichnung PX 200 E Lusso auf den Markt und war („luxuriös“!) mit einem elektrischen Anlasser ausgerüstet; die **„Lusso“** war aber auch auch ohne Batterie und Anlasser zu haben (wie unser Exemplar). Das Modell wurde bis 1998 gebaut. Vorläuferin war die von 1977 bis 1982 produzierte P 200 X ohne Anlasser. Von 1999 bis 2003 lief die PX 200 Kat E2 vom Band, Typcode ZAPM18000.

Alle Grunddaten korrekt

Beim Kauf haben wir im Hinblick auf die Seriosität des Verkäufers nicht auf die Grunddaten geachtet, erst bei der Demontage wurde die **Fahrgestell-Nummer** mit dem Eintrag im Kfz-Brief abgeglichen: VSX1T 309765. Die Ziffern sind im Original-Brief alter Art handschriftlich eingetragen, was damals üb-

8

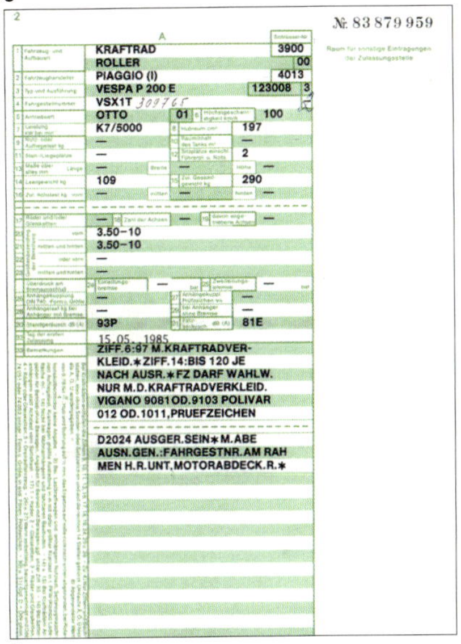

№ 83 879 959

KRAFTRAD
ROLLER
PIAGGIO (I)
VESPA P 200 E
VSX1T 309765
OTTO
K7/5000
3900
00
4013
123008 3
01
100
197
2
109
290
3.50–10
3.50–10
93P
81E
15.05.1985
ZIFF.6:97 M.KRAFTRADVERKLEID.*ZIFF.14:BIS 120 JE NACH AUSR.*FZ DARF WAHLW. NUR M.D.KRAFTRADVERKLEID. VIGANO 9081 OD.9103 POLIVAR 012 OD.1011,PRUEFZEICHEN D2024 AUSGER.SEIN*M.ABE AUSN.GEN.:FAHRGESTNR.AM RAHMEN H.R.UNT.MOTORABDECK.R.*

5

9

10

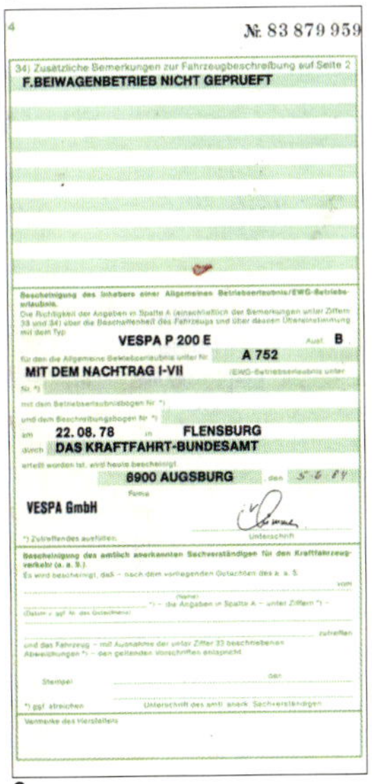

№ 83 879 959

34) Zusätzliche Bemerkungen zur Fahrzeugbeschreibung auf Seite 2
F.BEIWAGENBETRIEB NICHT GEPRUEFT

Bescheinigung des Inhabers einer Allgemeinen Betriebserlaubnis/EWG-Betriebserlaubnis.
Die Richtigkeit der Angaben in Spalte A (einschließlich der Bemerkungen unter Ziffern 33 und 34) über die Beschaffenheit des Fahrzeugs und über dessen Übereinstimmung mit dem Typ VESPA P 200 E Ausf. B
für den die Allgemeine Betriebserlaubnis unter Nr. A 752
MIT DEM NACHTRAG I-VII
am 22. 08. 78 in FLENSBURG
durch DAS KRAFTFAHRT-BUNDESAMT
erteilt worden ist, wird heute bescheinigt.
8900 AUGSBURG, den 5.6.84
VESPA GmbH

6

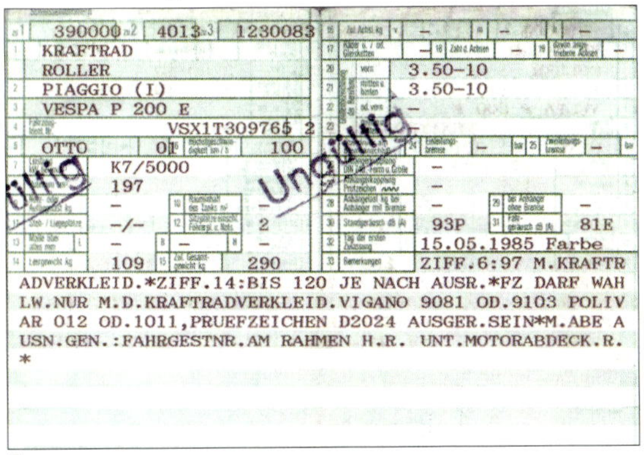

390000 | 4013 | 1230083
KRAFTRAD
ROLLER
PIAGGIO (I)
VESPA P 200 E
VSX1T309765
OTTO 01 100
K7/5000
197
2
109 290
3.50-10
3.50-10
93P 81E
15.05.1985 Farbe
ZIFF.6:97 M.KRAFTRADVERKLEID.*ZIFF.14:BIS 120 JE NACH AUSR.*FZ DARF WAHLW.NUR M.D.KRAFTRADVERKLEID.VIGANO 9081 OD.9103 POLIVAR 012 OD.1011,PRUEFZEICHEN D2024 AUSGER.SEIN*M.ABE AUSN.GEN.:FAHRGESTNR.AM RAHMEN H.R. UNT.MOTORABDECK.R.*

Ungültig

7

11

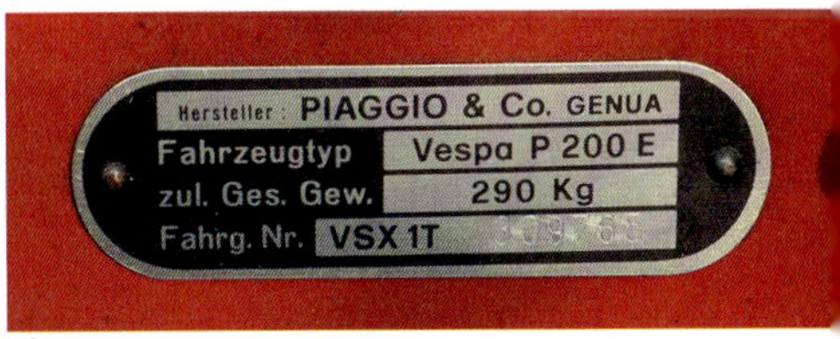

12

13

11: *Verkaufsbezeichnung auf der linken Haube.* ***12:*** *Typschild im Fußraum rechts.* ***13:*** *Auch die Original-Betriebsanleitung hat die Jahre überdauert; das Fahrzeug hatte drei eingetragene Besitzer.*

5-7: *Unsere PX 200 E Lusso ist das ideale Restaurierungsobjekt: Sie ist vollkommen original, sogar die alten Fahrzeugpapiere, ausgestellt am 15. Mai 1985, sind noch vorhanden. Die Typzulassung für das Vespa-Modell P 200 E wurde am 22. August 1978 erteilt.*

8: *Die Motornummer ist auf der Schwinge eingeschlagen; darüber der Motortyp VDE1M. Die Fahrgestellnummer befindet sich hinten rechts auf der Karosserie.* ***9:*** *Angerostet und kaum lesbar.* ***10:*** *Angeschmirgelt und gefettet.*

lich, aber alles andere als fälschungssicher war. Die **Erstzulassung** der PX 200 E Lusso erfolgte, wie eingangs gesagt, am **15. Mai 1985.**

Zwischen 1988 und 1994 wurde der Roller sechsmal im Winter stillgelegt und im Frühjahr wieder zugelassen. Nach dem letzten eingetragenen Besitzerwechsel am 4. August 2000 erfolgte am 17. Mai 2006 die „vorübergehende" und seitdem nicht widerrufene Stillegung durch das Landratsamt Schwäbisch Hall.

Verkäufer Lechner hat die PX 200 E nie auf seinen Namen zugelassen, sondern sie mit den Papieren des zuletzt eingetragenen Eigners an uns verkauft, nicht ohne im Kaufvertrag vom Juli 2011 zu vermerken: *„III. Hand, Gesamtlaufleistung ca. 27 000 km, unter Ausschluß jeglicher Gewährleistung. Die Vespa ist nicht fahrbereit (...). An der Vespa sind vielfache Instandsetzungsarbeiten an Motor und Karosserie erforderlich."* Für unsere Zwecke also genau das Richtige.

Typschild unten im Fußraum

Der Kfz-Brief alter Art enthält die üblichen Grundinformationen: Antriebsart Otto, Höchstgeschwindigkeit 100 km/h, Leistung 7,0 kW (9,5 PS) bei 5000 min-1, Leergewicht 109 kg, zulässiges Gesamtgewicht 290 kg, Reifengröße vorn und hinten 3.50 x 10, Standgeräusch 93 dB (A), Fahrgeräusch 81 dB (A).

Und es gibt einen Hinweis zur Zusatzausrüstung: *„Fahrzeug darf wahlweise nur mit der Kraftradverkleidung Vigano 9081 oder 9103 Polivar ausgerüstet werden".* Es folgt noch die obligate Anmerkung zur Identifizierung: *„Fahrgestellnummer am Rahmen hinten rechts unter der Motorabdeckung".*

Dort haben wir sie auch gefunden, allerdings durch Rosteinwirkung und abblätternden Lack ziemlich unleserlich. Nach dem Abziehen mit 240er Schmirgel und dem Aufsprühen von Kriechöl traten die eingeschlagenen Codes dann deutlich zutage (s. Fotos). Beruhigend: Die in das **Typschild** rechts unten im Fußraum eingeschlagenen Ziffern sind mit denen am Aufbau identisch. Wir empfehlen jedem, der eine alte Vespa an Land zieht, auf die Übereinstimmung der Daten im Brief, hinten am Aufbau und auf dem Typschild zu achten. Anderenfalls gibt es womöglich unüberwindliche Probleme bei der Zulassung.

Motortyp und Motornummer werden im Kfz-Brief schon lange nicht mehr

***14:** In Würde gealtert: unsere Vespa PX 200 E von 1985.*

14

angegeben. Wir haben die Daten nach dem Entfernen einer dicken Schmutzschicht vorn rechts an der Schwinge lesbar gemacht: **VDE1M und 18112.** Das bedeutet, daß es sich um die originale, vom Werk eingebaute Antriebseinheit handelt – eine für unser Projekt sehr wichtige Information. Allerdings haben wie die Vespa „blind" gekauft, der Verkäufer war absolut seriös.

Wichtig und aufschlußreich ist natürlich der **Kilometerstand.** Der Kilometerzähler unserer PX zeigt 26 791 km an, was vor dem Hintergrund der (zwar immer wieder durch Stillegungsphasen unterbrochenen) Laufzeit über 21 Jahre (1985 bis 2006) eine Jahresfahrleistung von durchschnittlich nur 1275 km ergibt. Nicht viel, vor allem angesichts des verwahrlosten Zustands der Antriebseinheit

15

15: Die kunstledergepolsterte Doppel-Sitzbank befindet sich in bemerkenswert gutem Zustand. Auch der Beifahrer-Haltegriff ist nicht vergammelt, der Chrom muß nur aufpoliert werden.

Fahrzeug-Chiffrierung PX-Modelle

Modell *	Fgst.-Typ	Motor-Typ
PX 80 E	V8X1T	V8X1M
PX 125 E	VNX2T	VNX2M
PX 150 E	VLX1T	VLX1M
PX 200 E	VSX1T	VDE1M
PX 200 E Grand Sport	VSSX1T	VSE1M

** Verkaufsbezeichnung, zusätzlich Einstufung „Lusso"; Werksbez. und ABE: nur P 200 E z.B.*

(wie wir sehen werden). Auch die defekte Tachowelle läßt Zweifel aufkommen. Die Vorderseite des Kfz-Scheins ist stark verschmutzt, er wurde wohl viele unzählige Mal in die Brieftasche gesteckt und wieder herausgenommen.

Gesamtzustand auf den ersten Blick

Ob die Laufleistung höher ist als vom **Kilometerzähler** angezeigt, läßt sich im Rahmen des Außen-Checks, wie bereits angedeutet, nicht sagen. Wir werden der Sache näher kommen, wenn wir den Motor zerlegen. Positiv: Die **Gummi-Schutzleisten** im Trittbrettbereich und die **Lenkergriffe** weisen keine überdurchschnittlichen Beanspruchungsspuren auf. Der Bremspedalgummi aber ist gerissen. Daß die **Gummipuffer** des Ständers im Bereich der Aufstandsflächen verschlissen sind, ist normal und rührt vom ständigen Auf- und Abbocken her.

Die **Schlösser** von Staufach und Sitzbank klemmen; sie lassen sich nur

16

mit kräftigen Handkantenschlägen öffnen. Sie wurden wohl nie gefettet oder geölt. Später werden wir sehen, daß das Staufachschloß schon mal ausgebohrt wurde.

Andererseits befindet sich die **Sitzbank** – auch an der Unterseite – in bemerkenswert gutem Zustand. Sie ist nicht durchgesessen und weist keine Risse oder Schäden am Unterbau auf. **Vorderradbrems- und Kupplungshebel** scheinen noch zur Erstausrüstung zu gehören, sind weder verbogen, noch verkratzt. Dies gilt auch für den **Rückspiegel,** dessen Chrom sich noch aufpolieren läßt.

Eine erfreuliche Feststellung ist, daß die Vespa augenscheinlich **nie einen Unfall** hatte und offensichtlich nicht einmal umgefallen ist, denn sonst wären die Extremitäten, die **Blinker** und die **Zierleisten am Beinblech** beschädigt. Auch diese Elemente scheinen noch original zu sein. Dementsprechend fehlen größere Beulen an Vorbau und Heck völlig.

Die **Karosserie** befindet sich einschließlich des **Vorderkotflügels** und der beiden rückwärtigen **Hauben** in einem guten Zustand. Ein paar kleine Dellen und zentimetergroße Roststellen dürften sich leicht ausbessern lassen. Der **Unterbodenbereich** ist sehr stark öl- und dreckverschmutzt. Außerdem zeigt sich hier **Oberflächenrost.** Uns gefällt, daß der Roller **nie überlackiert** oder im Lack ausgebessert wurde. Die

17

16: Optisch weisen Cockpit, Schalter und Armaturen keine gravierenden Mängel auf, sieht man von der vergilbten Tachoscheibe ab.
17: Blick auf die Einfüllstutzen für Öl und Benzin, die Elektrikanschlüsse des Sensors für die Benzinstandsanzeige und die Haubenverriegelungen, bei denen ein Gummi fehlt.

18

weinrote Originallackierung glänzt zwar nicht mehr besonders, läßt sich aber mit Sicherheit aufarbeiten, wobei wir Wert darauf legen werden, daß die schöne **Patina** erhalten bleibt. Der seit einigen Jahren zu beobachtende Trend geht bei Oldtimern ohnehin in Richtung der Konservierung des Originalzustands. Oft werden inzwischen originale Fahrzeuge mit Patina teurer gehandelt als vollrestaurierte, wie neu dastehende Exemplare, bei denen alle Spuren der Vergangenheit getilgt wurden. Schönheitsoperationen sind ja sowieso oft vergeblich oder fragwürdig.

Ins Auge fallen bei unserer Vespa natürlich der **angerostete Auspuff** und die **vergammelten Felgen** bzw. Räder.

19

20

21

22

18: *Der Originallack ist lückenlos vorhanden, aber stumpf und muß daher aufpoliert werden, so weit es möglich ist. Über Teil-Nachlackierungen entscheiden wir später.* ***19, 20:*** *Blick in das Staufach; Deckel und Scharniere sind unbeschädigt, das Schloß aber ist defekt.* ***21:*** *rostige Schraube und Kratzer am Vorderkotflügel.*

22: *Die Reifen (Marke Heidenau, Größe 3.50 x 10 59J tubeless) gehören auf den Müll. Sie sind uralt, ausgehärtet und weisen ein viel zu grobes Profil auf.* ***23:*** *Die Unterseite der Sitzbank weist keine Beschädigungen auf. Doch auch hier klemmt das Schloß.* ***24:*** *Mit dem Vorderkotflügel ist kein Staat mehr zu machen, er hat zahlreiche Roststellen und muß komplett überholt werden.*

23

24

Aber das werden wir in den Griff bekommen. Die dicke **Schmutzschicht aus Öl und Straßendreck,** die sich am Antrieb und hinten im Radhaus festgesetzt hat, ist bei montierten Hauben nicht zu sehen. Die **Bremsanlage** prüfen wir im Detail später, sie wird ohnehin komplett überholt.

Erneuert werden auch die **Reifen.** Aufgezogen sind völlig ausgehärtete Pneus der Marke Heidenau in der Standardgröße 3.50 x 10. Das grobe Profil ist eher für Feldwege geeignet als für asphaltierte Straßen und dürfte damals Unruhe vor allem in den Geradeauslauf gebracht haben. Spiel an **Lenkkopf-, Rad- und Schwingenlagern** ist im Sand kaum festzustellen. Doch wir werden später alle Lager austauschen. Wir gehen mit Optimismus ans Werk, werden uns aber noch schwer wundern...

25

27

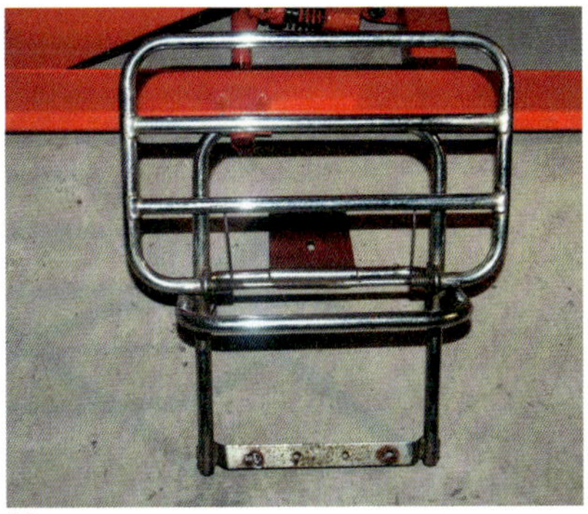
26

28

__25:__ Die beiden gut erhaltenen seitlichen Schutzbügel gab uns der Verkäufer mit. __26:__ Auch ein Heck-Gepäckträger war dabei; der Federmechanismus funktioniert einwandfrei, das bißchen Rost läßt sich leicht bekämpfen. __27, 28:__ Ein zeitgemäßes Sonderzubehör ist auch der Fußrastenbügel; die Gummis sind kaum abgenutzt. Etwas Rost ist vorhanden. Das ganze Chromzubehör werden wir vorerst aber nicht wieder montieren.

29

30

31

32

33

34

35

36

__29__ und __31:__ Die vorderen Blinkergläser müssen ersetzt werden, die hinteren sind in Ordnung. __30:__ Öleinfüll-Deckel okay, Tankdeckel undicht und etwas angegriffen. __32:__ Der Mittelständer braucht eine Generalüberholung, die Gummis sind hinüber. __33:__ kaputter Pedalgummi, Rost an den Nähten.

__34, 35:__ Das Vorderrad muß entrostet und optisch gründlich aufgearbeitet werden. Die Trommelbremsanlage sieht noch gut aus, aber es kommt auf das Innenleben an, das wir genau prüfen werden. __36:__ Der Einzylinder-Zweitakt-Motor wurde vor dem Verkauf nur grob vorgereinigt.

Teil 1

Demontage und Befund Motor/Antrieb

Motor-/Getriebeblock: Demontage und Analyse

Kabel, Züge, Schläuche, Auspuff, Motor abklemmen/ausbauen

1

Zentrale Operation jeder Restaurierung sind Begutachtung und Revision des ***Einzylinder-Zweitaktmotors*** *inklusive aller Aggregate und des mit dem Kurbelgehäuse verblockten Antriebs. Auch für die Ausführung zahlreicher Wartungs- und Reparaturarbeiten muß der Vespa-Motor ausgebaut oder zumindest* ***abgesenkt*** *bzw. teilweise* ***demontiert*** *werden.*

Dies ist zum Beispiel erforderlich, wenn die Motorleistung abfällt und daher die vom Verbrennungsvorgang beanspruchten Teile des Zylinders abgebaut und gereinigt werden müssen (Piaggio empfiehlt für ältere Modelle eine Reinigung alle 4000 km).

Bei der Verbrennung *des dem Treibstoff zugesetzten Schmieröls entstehen nicht nur gasförmige, sondern auch* ***feste Rückstände.*** *Die Schlacke setzt sich am Kolbenboden, an der Innenseite des Zylinderkopfs und im Auspuffkanal fest. Mit der Zeit können sich millimeterdicke Schichten bilden. Werden die Rückstände nicht entfernt, nehmen Startfreudigkeit und* ***Leistungsfähigkeit*** *des Motors stark ab. Inwieweit der Motor unserer Vespa in diesem Sinne betroffen ist oder nicht, werden wir beim Ausbau von Zylinderkopf, Zylinder und Kolben feststellen,*

2

Wir beschreiben in diesem Kapitel zunächst alle nötigen ***Vorarbeiten*** *zum* ***Ausbau des Motors:*** *Abbau des Hinterrads, Abklemmen bzw. Ausbau der Batterie, Ausbau von Luftfilter und Auspuff, Trennen der Kabelverbindungen, Abschließen der Seilzüge und des Schaltsegments, Lösen der Verbindungen Motor-Fahrwerk.*

Gut arbeiten läßt sich, wenn der Roller auf einer ***Motorrad-Hebebühne*** *mit Montageöffnung im hinteren Bereich steht. Die einzelnen Schritte werden in logischer Reihenfolge gezeigt.*

Anmerkung: *rot im Text markierte Stellen weisen auf festgestellte Mängel hin; sie werden in Kästen zusammengefaßt.*

1: *Blick in unseren Workshop. Die PX 200 E steht auf einer hydraulisch zu betätigenden Hebebühne mit abdeckbarer Montageöffnung hinten. Das Heck ist mit einem selbst gebauten Bock abgestützt.* ***2:*** *die PX-Antriebseinheit vor der Zerlegung.*

Werkzeug Motor- und Vergaser-Ausbau

Hebebühne
Stützbock (eigene Herstellung)
Schlitz-Schraubendreher div.
Kreuzschlitz-Schraubendreher div.
Spitzzange
Stecknüsse SW 10, SW 11, SW 13, SW 14, SW 17, SW 22, SW 23
Umschaltschlüssel
Gabelschlüssel SW 7, SW 8, SW 11, SW 13
Radkreuz
Verlängerung
Kunststoff-Hammer und Dorn
Inbusschlüssel SW 8
Montierhebel
Nylon-Pinsel
Dreikant-Schaber
Klebeband
Auffangwanne Öl
Dreiecksschleifer
Dremel-Schleifgerät
Drehmomentschlüssel für Einbau

Hinterrad mit Bremstrommel abnehmen:

Das Hinterrad stört beim Ausbau der Antriebseinheit. Soll auch die **Bremstrommel** abgenommen werden, zuerst die Zentralverschraubung der Trommel lösen; dazu Hinterrad aufsetzen und belasten sowie mit der Fußbremse blockieren. **Schutzkappe** abhebeln, **Splint** aufbiegen und mit Seitenschneider oder Zange herausziehen; später erneuern. **Kronensicherung** abziehen. Dann mit Stecknuß SW 24 die **Mutter** lösen (normales Rechtsgewinde), also gegen den Uhrzeigersinn ausdrehen. Bei unserer PX ist die Mutter locker. Weitere Einzelheiten zum Radausbau s. Kapitel „Fahrwerk/Hinterrad".

Hinterrad solo ausbauen:

Mit einer Stecknuß SW 13 die fünf Muttern lösen. Befund: Eine Mutter kommt zusammen mit dem an ihr festgerosteten Stehbolzen raus, die anderen sind äußerlich angerostet und locker. Auch die Felgenhälften zeigen starke Rostspuren und zahlreiche Kratzer. Mehr dazu im Kapitel „Fahrwerk/Hinterrad".

Ausbau Hinterrad mit oder ohne Bremstrommel:

Zum Abnehmen des Hinterrads muß der Roller seitlich **umgelegt** werden (Helfer nötig). Oder er wird auf der Bühne hinten zusätzlich **aufgebockt.** Dann kann es durch die Montageöffnung nach unten abgesenkt werden. Wir haben uns einen **Stützbock** gebaut: 2 Bauholzstücke 5 x 15 x 26 cm, 1 Querholz 5 x 15 x 42 cm, 4 Nägel 100 x 3 mm . Dieser Bock erweist sich auch bei weiteren Arbeiten als nützlich.

Motorhaube abnehmen:

Bei unserem Restaurierungsobjekt klemmen alle Schlösser, auf das Sitzbankschloß muß mit der Faust geschlagen werden. An der linken Haubenverriegelung und am Führungssteg unten an der Haube fehlen die Gummitüllen. Nach einigem hin und her kommt die Motorhaube frei. Sie zeigt innen etwas Rost und Scheuerspuren. Mehr zu Hauben und Schlössern später.

Luftfilterabdeckung und Luftfilter abnehmen:

Die beiden Schlitzschrauben ausdrehen, die Abdeckung ist außen angerostet. Die beiden Schrauben ausdrehen, dann den (verschmutzten) Luftfilter abnehmen.

3

4

5

3: Ausbau des Hinterrads solo und mit Bremstrommel (4). Das Heck muß abgestützt werden (5) (selbst gebauter Bock) . Das Rad wird durch die Montageöffnung der Hebebühne abgesenkt.

6

7

6: Das ausgebaute und umgedrehte Hinterrad samt Bremstrommel; im Hintergrund Radnabe und Bremsankerplatte mit Bremsbelägen. 7, 8: Allgemeiner Hinweis: Batterie ausbauen, falls vorhanden (hier bei einer Vespa PK); zuerst das schwarze Minus- (7), dann das rote Pluskabel abschrauben (8). Gummiband aushängen, Batterie abnehmen. Einbau umgekehrt.

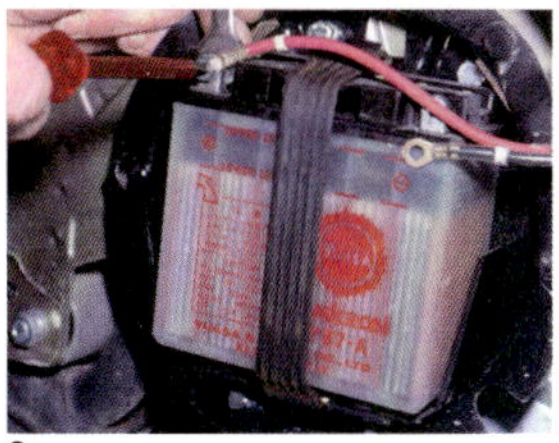

8

9

9: Durch Drehen der Sperrhebel unter der Sitzbank um 180° werden die Hauben entriegelt. Haube vorne, dann hinten aushaken.

Starterzug, Gaszug aushängen:

Beide Seilzüge lassen sich leicht aushängen; die kompletten Bowdenzüge aus dem Vergasergehäuse ziehen. Beide Seilzüge sind leichtgängig, die Aussenhüllen sind in Ordnung; die Züge

10

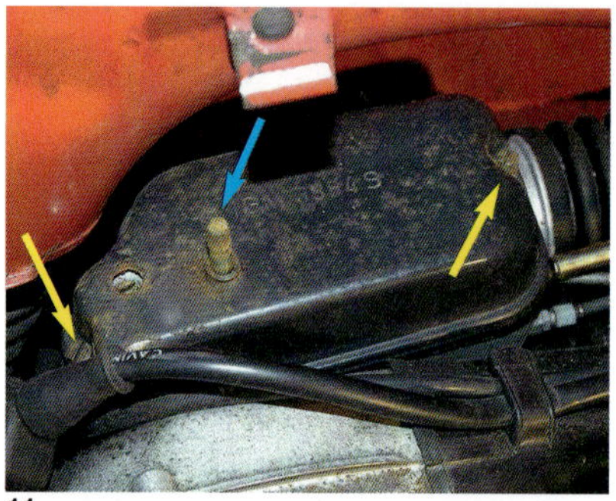

11

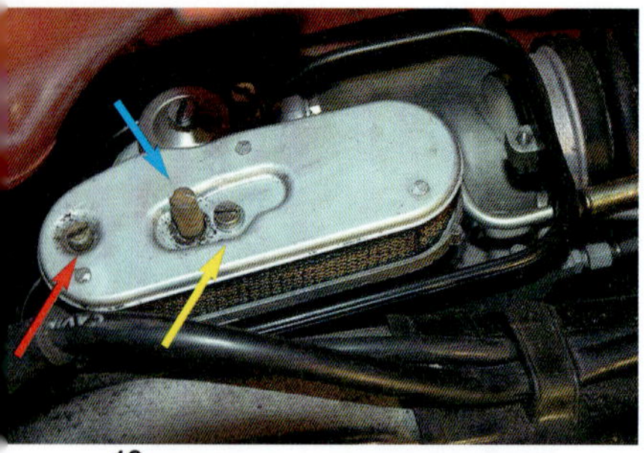

12

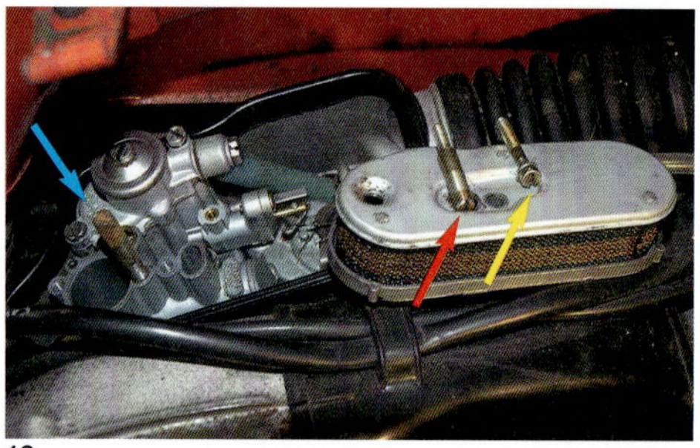

13

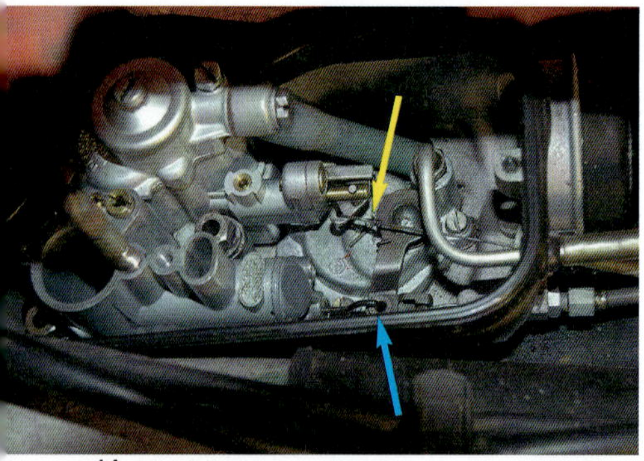

14

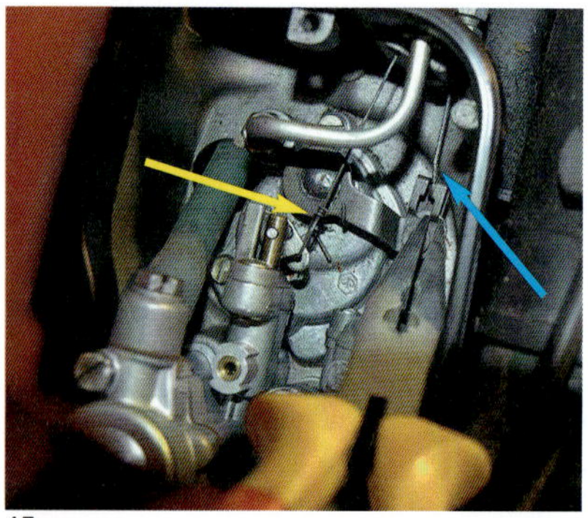

15

__10:__ Nach Trennen der Blinkerkabel kann die Motorhaube der PX 200 E abgenommen werden. __11:__ Luftfiltergehäuse abschrauben (2 x Schlitzschraube bzw. SW 8; gelbe Pfeile). Blauer Pfeil (auch Bilder 12, 13): Die oben stark angerostete Gasschieber-Anschlagschraube.

__12:__ Luftfilter abschrauben (Pfeile); __13:__ die beiden ausgedrehten Luftfilter-Befestigungsschrauben.

__14:__ Gaszug mit Rundnippel (unten, blauer Pfeil), Chokezug mit Stahldrahtschleife (gelber Pfeil). __15:__ Beide Züge mit einer Spitzzange aushängen.

Benzinschlauch abnehmen:

Benzinhahn schließen, Auffangbehälter bereitstellen. Die Fixierschraube oben am Vergaser (SW 10) ausdrehen, den Schlauch samt dem **Metallanschluß** abziehen. Bei unserem Fahrzeug ist der Schlauch so ausgehärtet, daß er nur aus dem Gehäuse gezogen werden kann, wenn der Motor ganz abgesenkt wird. Er wird später ausgetauscht.

Gummitülle Saugrohr abnehmen:

Die Gummitülle einfach von der Karosserie und vom Vergasergehäuse abziehen. Die Tülle ist noch ausreichend flexibel und zeigt keinerlei Beschädigungen. Sie wird später mit **Glycerin** behandelt, was die Elastizität verbessert.

Kerzenstecker abziehen:

Dies geht ohne Werkzeug; der Stecker unserer PX ist (ab Werk) nicht funkentstört. **Zündkabel** aus der Klammer oben an der Lüfterhaube ziehen.

16

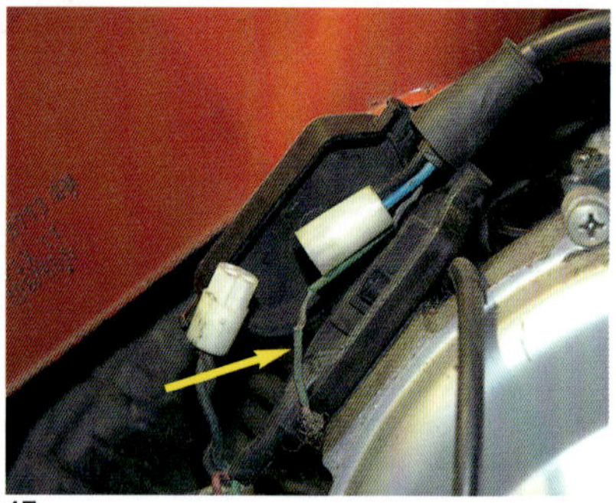

17

18

müssen daher nicht ausgewechselt, sondern vor dem Zusammenbau nur geölt werden.

Ölschlauch abziehen:

Bei Fahrzeugen mit Getrenntschmierung wie unserer PX 200 E wird der Ölschlauch abgezogen und bei Ölaustritt mit einer Blechschraube verschlossen. Unser Ölschlauch ist ausgehärtet und sitzt nur lose auf dem Zuleitungsrohr, hätte also abrutschen können. Die erforderliche Spreizklammer fehlt.

__16:__ Das Getriebegehäuse ist undicht und zeigt Ölverkrustungen; die Zündelektronik baumelt lose herab. Zum Öffnen des Verteilerkastens Kreuzschlitzschraube ausdrehen (Pfeil).

__17:__ Grünes Kabel verschmort und abgerissen (Pfeil). Den weißen Rundstecker trennen, Kabelbaum nach vorne legen und an der Karosserie mit Band festkleben. __18:__ Kabelstecker nicht mit Zündbox verbunden (Pfeil).

19

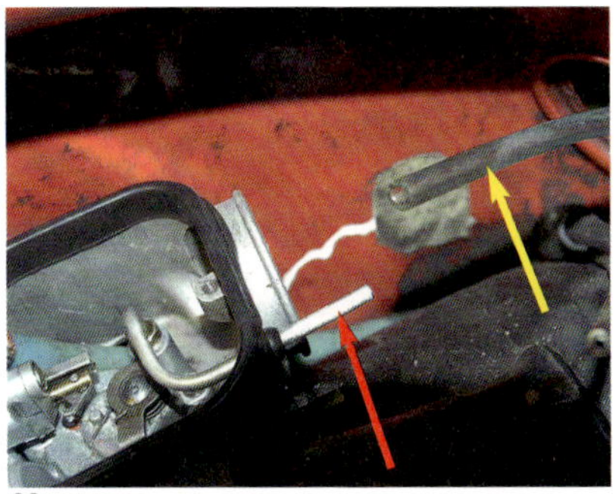

20

__19:__ Die Gasschieberanschlagschraube ist im Schlitzbereich abgenutzt und kann nur mit einer Wasserpumpenzange verdreht bzw. ausgebaut werden. ***20:*** *Der Ölschlauch (gelber Pfeil) ist ausgehärtet und läßt sich viel zu leicht vom Rohr (roter Pfeil) abziehen; er hätte abrutschenn können.*

21: *Der Benzinschlauch (gelber Pfeil) ist ebenfalls ausgehärtet; er kommt nach Ausdrehen der Schraube SW 10, die den Adapter fixiert (roter Pfeil) frei. Die beiden Fiberdichtungen sind verschlissen.* ***22:*** *Zündkerzenstecker und Ansaugtülle lassen sich ohne Werkzeug abziehen. Kabelbaum und Zündkabel aus dem Clip (Pfeil) drücken.*

21

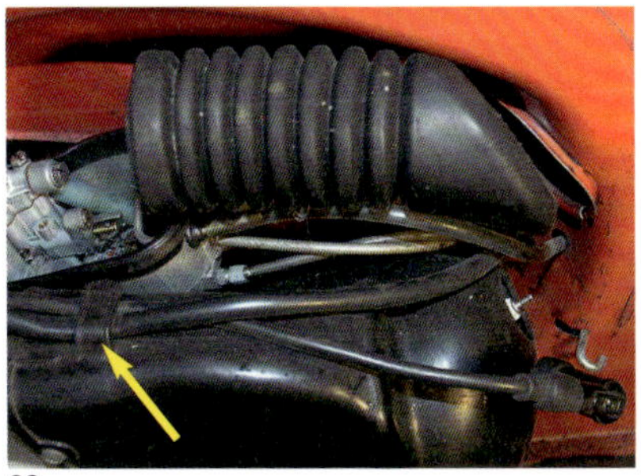

22

Verteilerkasten öffnen, Kabelbaum trennen:

Der schwarze Verteilerkasten sitzt hinten am Motor. Kreuzschlitzschraube ausdrehen und Deckel öffnen. Die Kabelbaumverbindung durch Auseinanderziehen des **weißen Rundsteckers** trennen. Kabelbaum aus der Lasche an der Lüfterhaube ziehen, nach vorne legen und mit Klebeband an der Karosserie festkleben, am besten zusammen mit dem Ölschlauch. Das außenliegende **grüne Kabel** von der **Zündspule** bzw. Elektronikzentrale abziehen. Das grüne Kabel ist teilweise verschmort und unten völlig abgerissen. Ein Kabelstecker ist aus der Box herausgerutscht.

Gebläsehaube abnehmen:

Es ist sinnvoll, vor dem Auspuff-Ausbau die Gebläsehaube aus schwarzem Kunststoff auszubauen. Sie ist vorne mit einer großen Schlitz-, seitlich mit zwei Kreuzschlitzschrauben befestigt und läßt sich nach Lösen derselben nach vorne abziehen.

Auspuff ausbauen:

Wir lösen mit einem Schlüssel SW 13 die Mutter der Schelle, die den **Auspuffkrümmer** am Auspuffstutzen des Zylinders festhält. Mutter dreht durch (Vierkant der Schloßschraube auf der anderen Seite abgenutzt), aber Schelle lockert sich. Unten ist der gesamte Auspuff mit einem einzigen **Bolzen SW 17** an der Schwingentraverse fixiert. Er läßt sich zwar mit einem Ringschlüssel lokkern, aber nicht ganz herausdrehen, weil zunächst noch das **Hinterrad** störte. Dessen Ausbau wurde weiter oben gezeigt. Danach den **Bolzen** mit einer Stecknuß **SW 17** ganz ausdrehen. Am Krümmer sitzt der Auspuff noch fest; er kommt dort frei, wenn mit Flach-

23

24

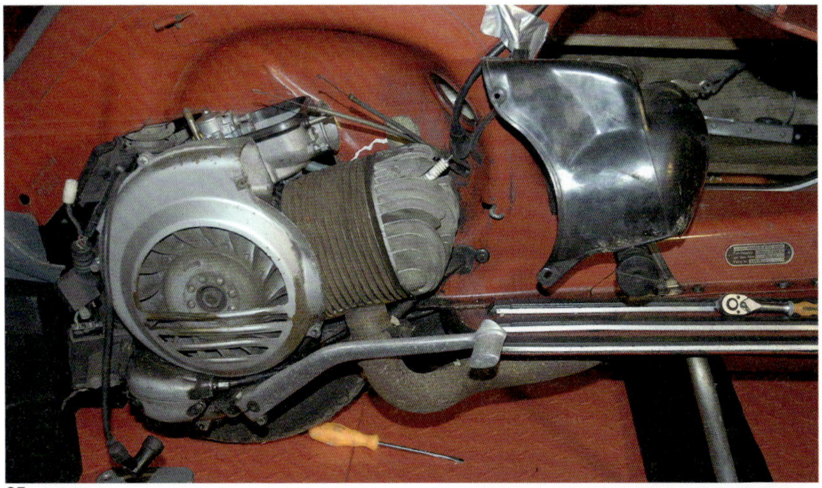

25

26

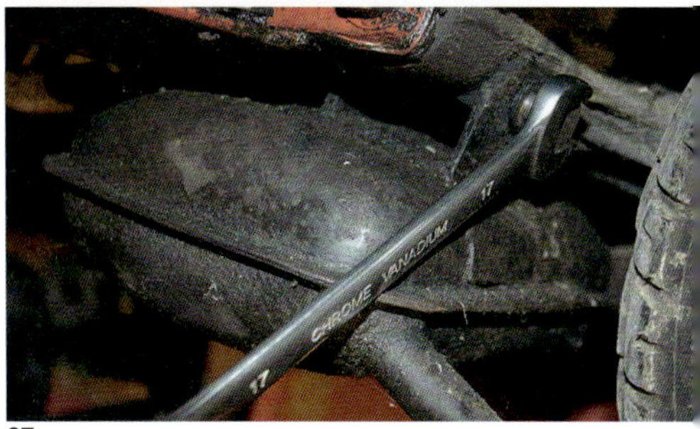

27

23: Schlitzschraube oben an der Haube. ***24:*** Schrauben vorne rechts. ***25:*** *der bereits von diversen Elementen befreite Motorblock.* ***26:*** *Zum Auspuffausbau zuerst die Mutter SW 13 vorne am Zylinderflansch lösen.* ***27:*** *Den Bolzen, der den Auspuff an der Traverse fixiert, mit SW 17 lockern.*

28

29

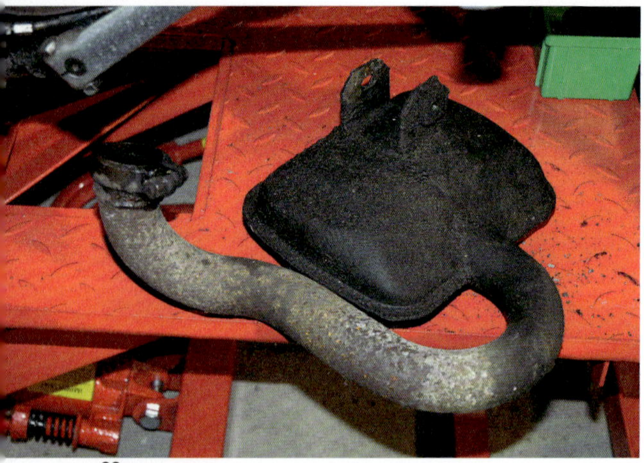

30

28: Nach dem Ausbau des Hinterrads läßt sich der Haltebolzen mit einer Stecknuß SW 17 ganz herausdrehen.
29: Krümmeranfang mit Rostlöser einsprühen; dann mit einem passenden Flacheisen leicht auf den Rand des Rohrs schlagen, damit sich der Krümmer vom Abgasstutzen löst.
30: Der Auspuff zeigt im Krümmerbereich starken oberflächlichen Rost, der Topf wurde aber durch die dicke Ölverkrustung geschützt. Da keine Durchrostungen vorhanden sind, läßt sich der Auspuff mit bewährten Mitteln aufarbeiten. Einzelheiten dazu im Kapitel „Motor Aufbereitung".

31

31: die total ölverkrustete Unterseite der Antriebseinheit. Um die Details erkennen und die Einsteller ausdrehen zu können, haben wir das Ganze erst einmal gereinigt, so gut es in diesem Stadium ging (32). Die Sicken und Ecken können erst gesäubert werden, wenn der Motor ganz ausgebaut ist.

32

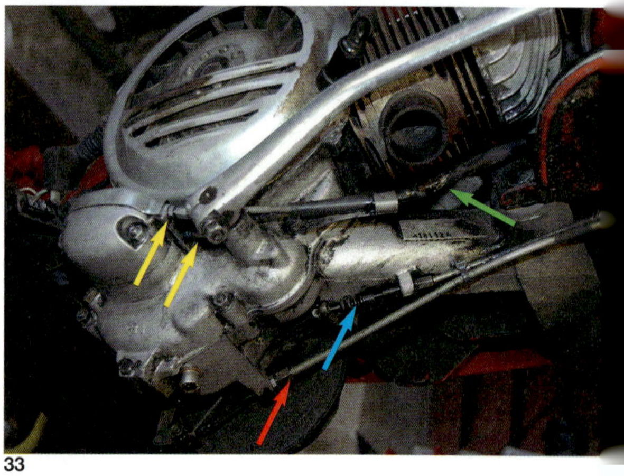

33

33: Die verschiedenen Seilzüge: die beiden Schaltzüge und ihre Einsteller (gelbe Pfeile); das Schutzrohr der Schaltzüge ist völlig defekt (grüner Pfeil); der Kupplungs-Seilzug mit Einsteller (blauer Pfeil); der Brems-Seilzug mit Einsteller (roter Pfeil). Sämtliche Züge werden später durch Neuteile ersetzt.

eisen und Hammer leicht auf den Rand des Rohrs geschlagen wird; zuvor **Rostlöser** aufsprühen. Auspuff hin- und herbewegen und abnehmen. Er ist im Krümmerbereich oberflächlich stark angerostet. Der Topf wurde von einer dikken Ölschlammschicht vor Korrosion geschützt, sogar der Lack ist noch erhalten. Also muß der Auspuff nur aufgearbeitet werden.

Hinterrad-Bremszug abklemmen:

Der zwei Millimeter starke **Seilzug** ist mit einer Mutter SW 13 am **Bremshebelgelenk** befestigt. Gelenk mit einer Kombizange festhalten oder einem Montierhebel (wie auf dem Bild) blockieren. Seilzugende aus der Führung nehmen.

Normalerweise wird der Zug durch den **Einsteller** nach vorn gezogen. Weil das Ende aber abgeknickt und starr ist, geht dies nicht. Daher muß der Einsteller entsichert (Gabelschlüssel SW 8) und zusammen mit dem Bowdenzug aus der Führung gezogen werden (nochmals mit Gabelschlüssel SW 8).

Kupplungszug abklemmen:

Das hintere Ende ist mit einem altmodischen **Schraubnippel** am Ausrückhebel gesichert. Den Nippel mit einem Gabelschlüssel SW 8 festhalten, Verschraubung mit einem Gabelschlüssel SW 7 lösen. Den kompletten Seilzug ganz aus dem Einsteller herausziehen.

Wir stellen fest, daß am Ende des Zugs einzelne Drähte abstehen. Dies bedeutet, daß sich der Zug später nicht mehr in den Nippel führen läßt (wir

34

35

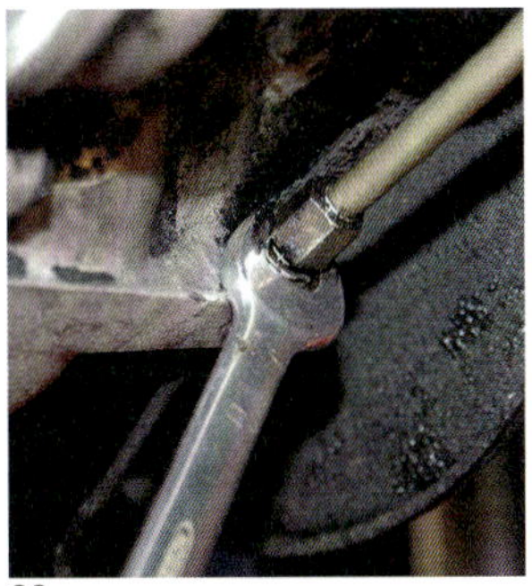

36

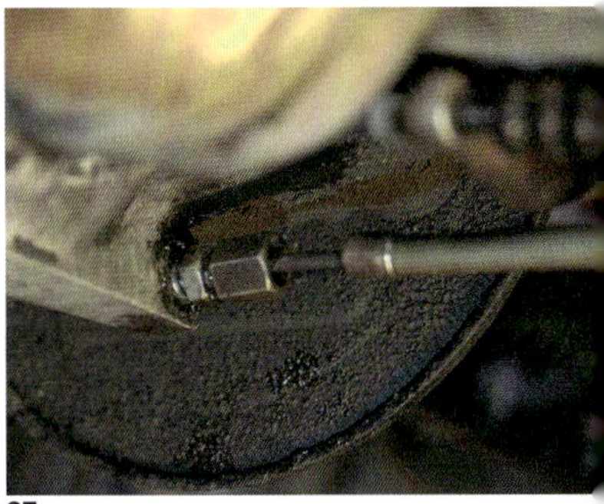

37

__34__ links oben bis __38__ links unten: Mutter des Klemmbolzens lösen, nicht ausdrehen, dabei das Gelenk mit Montierhebel blockieren; das aus Bolzen und Führung gezogene Seilzugende; Sicherungsmutter SW 8 des Einstellers lösen; Bowdenzughülle herausziehen; Einsteller ganz herausdrehen, weil der Knick am Ende des steifen Seilzugs sich nicht durch den Einsteller ziehen läßt. Bremsseilzug hinten aushängen.

38

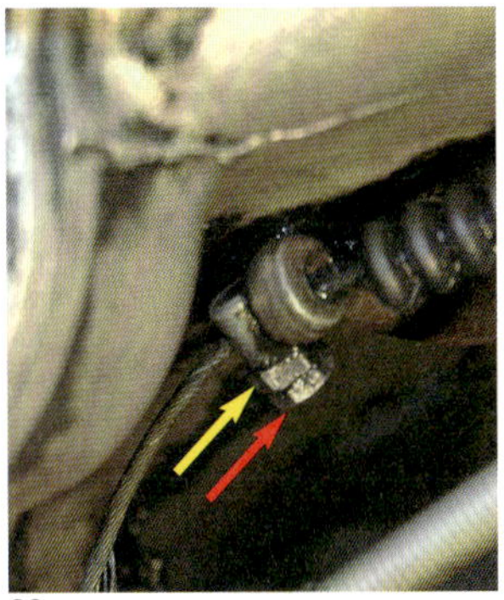

39

40

haben es vergeblich versucht). Abknipsen bringt nichts, dann ist der Zug zu kurz. Also muß der Bowdenzug komplett ersetzt werden.

Getriebeöl ablassen:

Dies ist vor dem Ausbau des Schaltsegments notwendig (s. weiter unten). Wanne unterstellen und mit einem Inbusschlüssel SW 8 die Verschlußschraube ausdrehen und samt Fiberdichtung abnehmen. Unangenehme Überraschung: Es tritt kein einziger Tropfen Öl aus, das **Getriebe ist vermutlich trockengelaufen** – wir werden später genau sehen können, ob der Ölmangel Folgen für die Antriebseinheit hatte.

Lüfterhaube ausbauen:

Dies empfiehlt sich, bevor das Schaltsegment abgenommen wird. Die restlichen beiden Schrauben und die Elektronikbox-Befestigung ausdrehen, Haube abnehmen. Sie ist angerostet, angescheuert und teilweise verbogen.

__39:__ Den Klemmnippel des Kupplungs-Seilzugs mit einem Gabelschlüssel SW 7 lösen (roter Pfeil), Nippel dabei mit Schlüssel SW 8 festhalten (gelber Pfeil). __40:__ Der Kupplungs-Seilzug läßt sich leicht aus dem Einsteller ziehen. Die Gummitülle ist defekt. Der Seilzug muß erneuert werden, weil das Ende aufgesplisst ist und sich nicht mehr in den Nippel schieben läßt.

__41, 42:__ Öffnen der Ölablaßschraube Inbus SW 8. Böse Überraschung: Nach Ausdrehen des Stopfens läuft kein einziger Tropfen Öl aus, Getriebe und Antrieb liefen zuletzt trocken! Wir sind gespannt, in welchem Zustand sich Kupplung, Getriebe und Lager befinden!

__43:__ Vor dem Ausbau des Schaltsegments empfiehlt sich die Demontage von Metallgebläsehaube und Kickstarter. Die zwei verbliebenen Kreuzschlitzschrauben und die Schlitzschraube lösen; die untere KS hält auch den Deckel des Schaltsegments. Bolzen Kickstarter: SW 13.

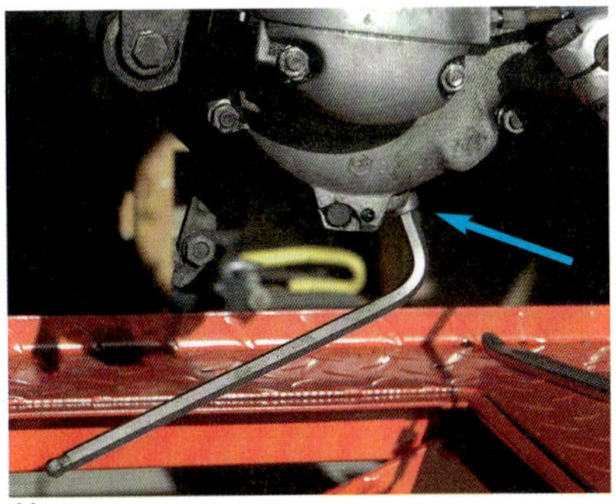

41

42

43

44

45

46

*44: Der gelbe Pfeile zeigt auf die Schraube, die gleichzeitig Lüfterhaube und Schaltsegmentdekkel hält. Der rote Pfeil weist auf die Mutter, die den Halter der Seilzüge fixiert. Die blauen Pfeile zeigen auf die beiden Muttern SW 11 der Segment-Befestigung. **45:** Lüfterhaube abgenommen, Rost und deutliche Scheuerspuren.*
***46:** Segmentdeckel abgenommen, Muttern gelöst.*

Kickstarthebel ausbauen:

Empfiehlt sich ebenfalls vor Ausbau des Schaltsegments; ansonsten verklemmen sich die beiden Schaltzüge und das Segment kommt nicht heraus. **Mutter SW 13** lösen und mit Sprengring und Unterlegscheibe abnehmen: **Bolzen SW 13** nach oben herausziehen (geht nur bei abgenommener Lüfterhaube). Hebel und Welle müssen nicht mit Reißnadel markiert werden, die **Verzahnung ist vorgegeben.**

Schaltsegment ausbauen:

Dies geht nur dann problemlos, wenn Lüfterhaube und Kickstarthebel demontiert wurden. Zuerst den **4. Gang einlegen.** Daran hatten wir aber vorher nicht gedacht. Wir müssen daher Bremstrommel und Hinterrad wieder aufstekken und das Rad ein wenig drehen – schon rastet nach Betätigen des Drehgriffs der 4. Gang ein.

Zuerst den hinter dem Kickhebel liegenden **Halter** abschrauben – Gabelschlüssel SW 11. Dann den **Deckel** des Schaltsegments entfernen, dazu Mutter SW 13 ausdrehen. Wir stellen eine Wanne unter, weil etwas Öl austreten kann. Dies ist aber nicht der Fall, da das Getriebe mangels Wartung mit der Zeit trockengefallen ist.

Das **Segment** ist mit zwei Muttern SW 11 am Getriebeblock befestigt. Muttern mit Stecknuß oder Steckschlüssel lösen; es fehlen Sprengringe und Unterlegscheiben. Das Abziehen des Schaltsegments ist schwierig, es gelingt nur mit Kraft und unter ständigem Hin- und Herbewegen. Grund: der sich frei bewegende Keil, der in die Schaltwelle eingreift. Die Papierdichtung an der Trennfläche ist durchlässig. Das Getriebeöl ist hier zumindest teilweise ausgetreten und auf die Straße getropft.

47

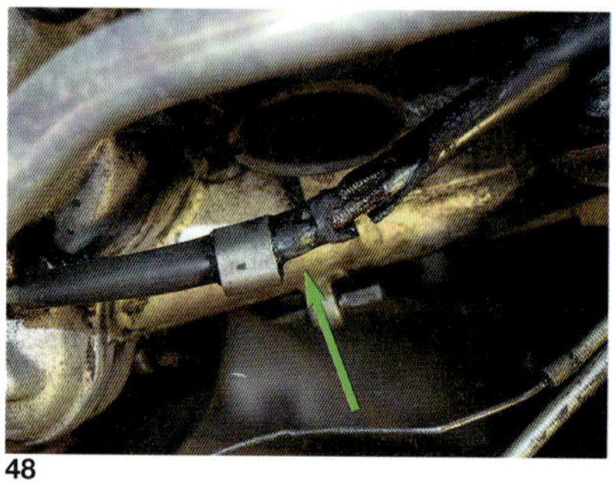

48

*47: Die Pfeile zeigen auf den Keil und die Aussparung an der Schaltwelle, in die der Keil eingreifen muß. **48:** die stark beschädigte Schutzhülle der beiden Schaltzüge; sie muß ersetzt werden.*

Verbindung Federbein-/ Antriebsblock trennen:

Mit einem Ringschlüssel SW 13 die **Mutter** auf der linken Fahrzeugseite lösen, mit einem Schlüssel SW 14 den **Bolzen** gegenhalten. Befund: Bolzen hatte sich gelockert, Mutter ist lose. Kantholz unter den Motor legen und Antriebsblock mit der Hand abfangen. **Federbeinbolzen** ganz aus dem Lager ziehen (u.U. Helfer), Antriebsblock absenken und auf das Kantholz setzen.

49

50

***49:** gefettetes Schaltsegment und intakte Dichtung bei einem Neufahrzeug; Foto von 1984.*
***50:** Schaltsegment und Fixierung der Schaltzüge samt Feder; die Fettung ist bei unserer Restaurierungs-Kandidatin verschwunden. Gut zu sehen sind die beiden Einstellschrauben SW 8 mit den Sicherungsmuttern (weiße Pfeile). Gelber Pfeil: die durchlässig gewordene Alt-Dichtung aus Papier.*

Traversenachse ausbauen:

Vorn sind Antriebsblock und integrierte Schwinge über eine 30 cm lange und 2 cm dicke **Achse** mit dem Aufbau verbunden. In die Schwinge sind **Gummilager mit Metallkern** eingepreßt, die es ermöglichen, daß der Antriebsblock aus- und einfedern kann. Wir haben zunächst versucht, die Schwinge quer zur Fahrzeugachse hin- und herzubwegen, um ein mögliches Spiel festzustellen. Ergebnis: Es ist **kein Spiel** vorhanden. Wenn die Achse ausgebaut ist, kann der Motorblock komplett aus dem Rahmen gezogen werden.

51

52

53

*51: Lösen der Verbindung Federbein/Antriebsblock; Blick auf den Bolzen SW 14. **52:** Bolzen blockieren, auf der gegenüberliegenden Seite Mutter SW 13 lösen. **53:** Motor mit Kantholzstücken unterfangen, Federbein abziehen. **54:** Nach Lösen des Federbeins Motorblock langsam absenken und auf Kantholz setzen.*

54

55

56

Nun mit einer **Stecknuß SW 22** die Mutter auf der linken Fahrzeugseite lösen, mit einem zweiten **Schlüssel SW 22** (am besten Radkreuz mit Stecknuß) den Bolzen auf der rechten Seite gegenhalten (**Helfer** erforderlich). Die Mutter läßt sich nur unter Einsatz einer Verlängerung lösen. Sie ist unbeschädigt.

Schwinge abfangen und Traversenachse nach rechts unter Zuhilfenahme eines passenden Dorns herausschlagen. Dabei nicht das **Gewinde** beschädigen (Dorn im Durchmesser kleiner als das Achsgewinde). Ein Helfer hält gleichzeitig den Motor fest, damit er nicht herunterkracht. Nach Entfernen der Achse kann der Motor-/Getriebeblock vom Fahrzeug abgenommen und zur Seite gelegt werden; er wiegt 26,5 kg.

*55: Zum vollständigen Motorausbau die Traversenachse ausbauen. Auf der rechten Rollerseite mit Stecknuß SW 22 und Radkreuz gegenhalten (Helfer). **56:** Auf der linken Seite ist die Achse mit einer Mutter SW 22 gesichert. **57:** die Mutter läßt sich nur mit Verlängerung lösen.*

Auf der Radhausseite ist der Antrieb total verdreckt und mit einer dicken Öl-

57

58

Produkte Motorausbau

Reinigungs-Petroleum
Rostlöser

58: Der komplett vom Fahrzeug getrennte PX-Motor wird auf einem Kantholz abgesetzt.
59: Er kann leicht von einer Person gehoben werden; Gewicht ohne Anbauteile: 26,5 kg.

59

60

60: Die komplette Antriebseinheit inkl. Bremsankerplatte. Schwinge und Motor-Innenseite (Kupplungsgehäuse) sind dick mit ausgehärtetem Ölschlamm verkrustet. 61: Werkstattszene am 12. Januar 2018 nach dem Motorausbau.

schlammschicht überzogen. Das Öl ist bis ins Bremsgehäuse eingedrungen. Nachlässige Wartung und undichte Trennfugen haben diesen unappetitlichen Zustand herbeigeführt.

Vergaser und Luftfiltergehäuse ausbauen:

Einige Arbeiten zu diesem Thema haben wir bereits weiter vorn gezeigt. Wir fassen hier noch einmal zusammen und zeigen den Rest anhand bereits aufbereiteter Bauteile. Zuerst wird der **Gehäusedeckel** abgenommen; er ist mit

61

Produkte und Kosten

Während der gesamten Restaurierung werden Reinigungs- und Schleifmittel sowie Farben benötigt. Die Kosten für die einzelnen Produkte, deren Gebinde meist sehr ergiebig sind, werden erst am Schluß aufgeführt. Pro Kapitel macht dies keinen Sinn. Die erforderlichen Mittel und Farben werden mitunter nur einmal gekauft und reichen dann für das ganze Projekt. So ist das z.B. bei Lack- und Farbsprühdosen oder auch Rostlösern oder Dichtungsmaterialien. Wir geben daher die eingesetzen Mittel zwar in den blau unterlegten Kästen an, zählen aber erst am Ende zusammen, was an Gebinden wirklich gebraucht wurde.

61

62

Foto rechts: Werner Lechner

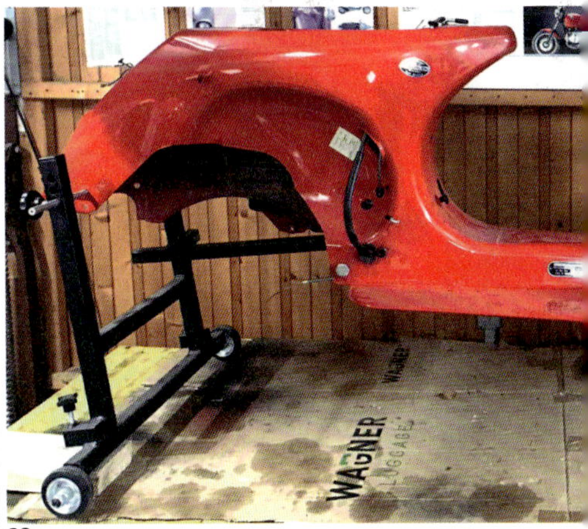

63

61: Der Motor ist vom Fahrzeug getrennt und wartet auf seine Zerlegung. wir sind gespannt, in welchem Zustand sich die inneren Komponenten befinden. ***62:*** *das völlig verdreckte, mit ausgehärtetem Ölschlamm überzogene Motor- und Antriebsgehäuse. Das Öl ist bis in die Trommelbremsanlage eingedrungern.*
63: *Das Heck einer bereits restaurierten PX des Sammlers Werner Lechner, abgestützt mit einem äußerst praktischen Montagebock.*

64

65

66

67

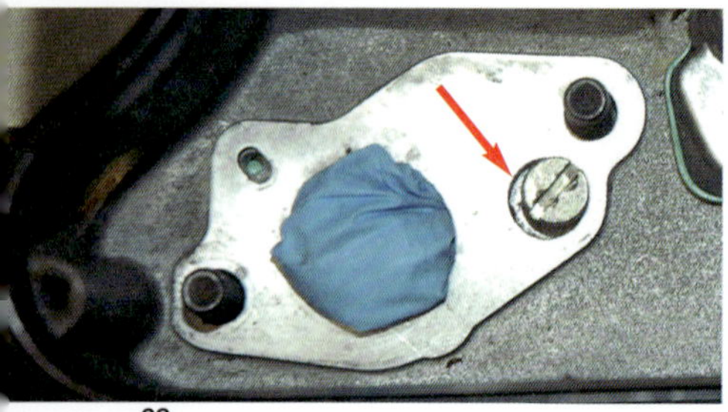
68

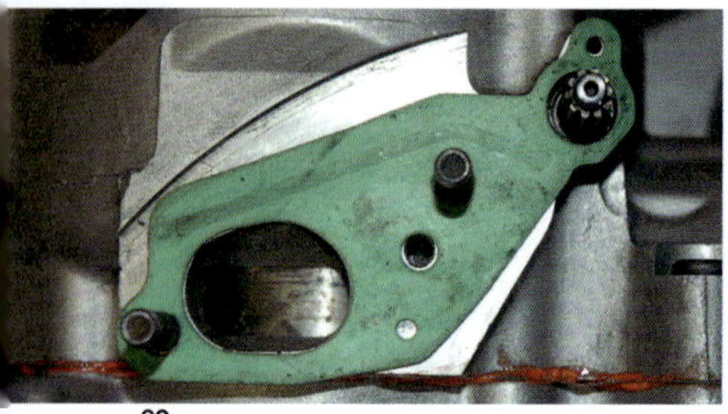
69

zwei Sechskant-Schlitzschrauben befestigt. Der **Luftfilter** wird von zwei unterschiedlichen Schrauben gehalten: Die linke setzt in einer Vertiefung auf, die rechte flach auf dem Blech.

Der **Vergaser Dell'Orto SI 24/24 E** ist solide mit zwei Hülsenmuttern festgeschraubt, die mit einem Umschaltschlüssel nebst Verlängerung und Stecknuß SW 11 ausgedreht und zusammen mit Federringen und Unterlegscheiben abgenommen werden. Nach dem Herausheben des Vergasers kommt die eingeölte **Papierdichtung** zum Vorschein. Sie wird abgenommen. Darunter sitzt die **Schlitzschraube** der Gehäusebefestigung. **Achtung:** Einlaßöffnung zur Kurbelwange zustopfen, damit die Schraube nicht in den Kurbeltrieb fallen kann! Nach Lösen der Schraube kann das **Gehäuse samt Ölpumpe** (s. weiter hinten im Buch) abgehoben werden. Zuletzt die grüne Papierdichtung entfernen.

64: *Der Luftfilterdeckel ist mit zwei Sechskant-Schlitzschrauben befestigt.* ***65:*** *rote Pfeile: Luftfilterbefestigung; grüner Pfeil: Stellschraube.* ***66:*** *Zwei Langmuttern SW 11 mit Scheiben und Federringen halten den Vergaser.* ***67:*** *alte Vergaserfußdichtung.* ***68:*** *Gehäuseschraube;* ***Achtung:*** *Sie darf nicht in den Drehschieber fallen!* ***69:*** *Fußdichtung des Luftfiltergehäuses.* ***70:*** *Die Kompression wurde vor dem Ausbau des Motors gemessen: Sie lag bei 8,9 bar und damit leicht über der Minimalgrenze von 8,5 bar. Piaggio gibt als maximalen Wert für einen Motor im Neuzustand 12,0 bar an.* ***71:*** *Alle abgeklemmten Kabel, Schläuche und Bowdenzüge noch einmal auf einen Blick – wichtig für den Wiedereinbau: 1 = Benzinschlauch mit Anschluß-Adapter, 2 = Gaszug, 3 = Starterzug, 4 = Ölschlauch, 5 = Kabelbaum der Elektronikbox, 6 = die beiden Schalt-Bowdenzüge mit Einstellern und Schaltsegment, 7 = Bremsseilzug zum Hinterrad, 8 = Kupplungs-Seilzug.* ***72:*** *Auch das Radhaus der Vespa ist mit einer dicken Schicht aus Öl und Straßendreck bedeckt.*

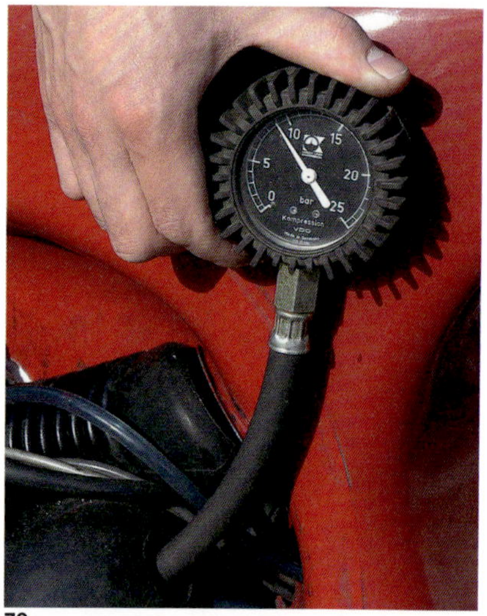
70

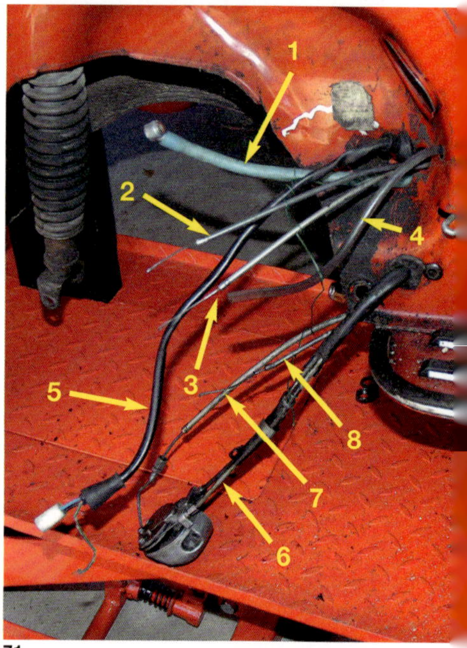

71

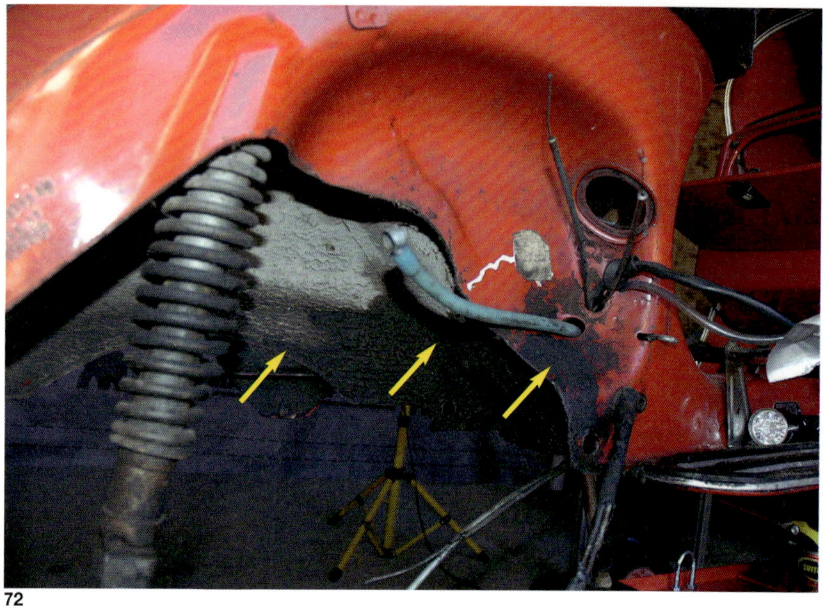
72

Festgestellte Mängel Motor-Peripherie

Hinterradführung

Hinterradfelgen: angerostet, auch die 5 Muttern; ein Bolzen dreht sich mit Mutter heraus. Muttern nicht festgezogen.

Bremstrommel mit Hinterrad: nach Abnahme der Sicherung festgestellt, daß Mutter SW 24 lose war.

Motorhaube

Verankerungen: klemmen beide, Gummitüllen fehlen.

Blech: Rost- und Scheuerspuren innen.

Vergasergehäuse

Deckel: leicht angerostet, Schrauben leicht abgenutzt.

Luftfilter: verschmutzt, Schrauben leicht abgenutzt.

Gasschieber-Anschlagschraube: verrostet, Schlitz abgenutzt, nur mühsam mit Wasserpumpenzange ausdrehbar.

Ölschlauch: nicht gesichert, konnte abrutschen, ausgehärtet; Klammer fehlt.

Benzinschlauch: ausgehärtet, kann nur beim Absenken aus dem Vergasergehäuse gezogen werden. Fiberdichtringe an Fixierschraube defekt.

Elektrik

Verkabelung Elektronikbox: grünes Kabel verschmort, abgerissen; Flachstecker ohne Kontakt; Probleme Zündschalter und Bordelektrik gesamt s.a Kapitel 11 Elektrik.

Zündkabel mit Kerzenstecker: ab Werk nicht funkentstört.

Auspuff

Befestigung: Schraube SW 13 am Zylinderausgang dreht durch, Vierkant abgenutzt.

Auspufftopf: teilweise angerostet, unten stark ölverkrustet.

Seilzüge, Schaltung

Bremsseilzug Hinterrad: funktionstüchtig, am Ende aber abgeknickt und verhärtet.

Kupplungs-Seilzug: funktionstüchtig, am Ende aber aufgesplisst; Tülle defekt.

Getriebe: kein Öl mehr im Gehäuse.

Schaltsegment: Es tritt kein Öl aus (was es aber sollte), Fettpackung völlig aufgebraucht; Dichtung am Gehäuse verbraucht und undicht, Sprengringe und Unterlegscheiben fehlen. Ansonsten keine Schäden sichtbar. Hüllrohr für die beiden Schaltzüge im Kickstarterbereich aufgerissen.

Motoraufhängung: Befestigung Federbein-Motorblock locker.

Motorgehäuse und Radhaus: dick mit ausgehärtetem Ölschlamm überzogen.

Allgemein

Optik: für das Alter der übliche (verdreckte) Zustand im Motorbereich. Rostspuren oben an der Metall-Gebläsehaube. Zylinder und Auspuff angerostet.

Anbauteile: Kunststoff-Gebläsehaube in gutem Zustand, Metall-Lüfterhaube teilweise korridiert, verbogen und mit Scheuerspuren.

Schrauben: z.T. korrodiert und im Schlitzbereich abgenutzt.

73

***73:** Der im Heckbereich entkernte PX 200 E im Spätwinter 2018. Obwohl der Schmutz im Radhaus noch nicht entfernt ist, läßt sich bereits erkennen, daß sich die Karosserie in einem guten Zustand befindet. Wir werden sie später nicht komplett neu lackieren, sondern die schöne Patina erhalten und nur die kleinen Macken Punkt für Punkt ausbessern, Mit dem weniger schönen Unterboden der PX befassen wir uns später.*

Zylinder und Kolben: Ausbau, Reinigung, Analyse

Vorreinigung der Antriebseinheit

Ölschlamm, Dreck entfernen: Bevor an der Antriebseinheit gearbeitet werden kann, muß sie **von grobem Schmutz befreit** werden. Wir sind erstaunt darüber, wie stark Gehäuse und Anbauteile mit einem zähen Gemisch aus abgetrocknetem Getriebeöl und Straßenschmutz verkrustet sind. Manche Befestigungselemente wie die Verschraubung des Kupplungsdeckels sind kaum noch auffindbar. Auch ist die **Kurbelgehäuse-Entlüftung völlig verstopft,** was sich früher im Fahrbetrieb negativ auf die Emissionen ausgewirkt haben dürfte.

Die **extrem starke Verschmutzung** ist jedenfalls der Beleg dafür, daß der Roller über viele tausend Kilometer und viele Jahre hinweg nicht mehr gepflegt und gewartet wurde. Darauf hat ja bereits hingedeutet, daß sich kein Getriebeöl mehr im Gehäuse befand. Wir sind noch mehr gespannt darauf, wie es im Inneren von Motor und Getriebe aussieht.

Auf den gut zugänglichen Flächen ziehen wir den Schmutz zunächst mit einem **Dreikantschaber** ab, dessen Kanten bereits leicht abgenutzt sind, so daß keine Kratzer auf den Gehäuseflächen entstehen können. Aus den Ecken holen wir den Dreck mit der (ebenfalls nicht allzu scharfen) **Klinge eines Schraubendrehers** heraus. Schließlich wird eine schmale **Drahtbürste** eingesetzt. Am Ende können wir ein halbes Kehrblech voll Schmutz aufsammeln.

Den vorgereinigten Motorblock setzen wir in eine ausreichend große Wanne und pinseln ihn mit einem geeigneten **Reinigungsmittel (Kaltreiniger)** aus dem Zubehörhandel ab; am besten eignet sich dazu ein spezieller Pinsel mit steifen Nylonborsten. Mit **Bremsenrei-**

1

2

1: Ein millimeterdicker, pastöser Mix aus Getriebeöl und Straßenschmutz bedeckt nahezu den ganzen Motorblock. Auf dem Kupplungsgehäuse sitzt der Dreck so dick, daß das Hinterrad beim Ein- und Ausfedern Schleifspuren hinterlassen hat! Die Befestigungsschrauben des Kupplungsdeckels sind nicht mehr zu erkennen, und die Gehäuseentlüftung (Pfeil) ist völlig verstopft.
2: Zuerst tritt der Dreikantschaber in Aktion.
3: Mit Schaber, Schraubendreherklinge und Drahtbürste wird die Schmutzschicht so weit wie möglich entfernt (Vergaser und Luftfiltergehäuse noch montiert, Ausbau s. weiter vorn). 4: Auf der Pappe sammelt sich immer mehr Dreck an.

3

4

5: *Auch die Unterseite (die wir beim Motorausbau bereits teilweise gereinigt haben) hat es in sich, vor allem im Bereich des Hinterradantriebs.*
6, 7: *Ene halbe Kehrschaufel voll öligem Schmutz ist beim Abkratzen zusammengekommen.*

5

Werkzeug und Produkte Reinigung Antrieb

Dreikantschaber
Schraubendreher
schmale Drahtbürste
Nylonpinsel, Wanne, Lappen
Reinigungsmittel Petroleum
Bremsenreiniger

niger wird der letzte Dreck abgespült, ein Lappen nimmt die Rückstände auf. Dann kann der Motor demontiert werden, ohne daß Schmutz nach innen dringt und ohne daß man sich die Hände allzu schmutzig macht.

8: *Der Motor wird in eine Wanne gestellt und mit Reinigungsmitteln behandelt, Kaltreiniger oder Petroleum etwa; zum Auftragen eignet sich am besten ein Nylonpinsel mit harten Borsten. Abgespült wird mit Bremsenreiniger.*
9: *Auch die Unterseite wird entsprechend behandelt.* ***10, 11:*** *Der Antriebsblock ist noch nicht völlig clean, sieht aber schon appetitlicher aus.*

6

7

8

9

10

11

Zylinderkopf, Zylinder: Demontage

Vorbemerkungen:

Der Einzylinder-Motor der Vespa ist eine legendäre und geniale Konstruktion, die auf die 1940er Jahre zurückgeht (genau: auf 1946). Er ist unkompliziert, leicht zugänglich und einfach demontierbar. Als **Zweitakter** kommt er mit wenigen Bauteilen aus, Ventile und Nockenwelle wie beim Viertakter gibt es nicht.

Das Benzin-Öl-Luftgemisch wird nach dem **Drehschieberprinzip** über die Kurbelwangen in den Brennraum gesaugt. Zu den Stärken des Vespa-Motors gehört das **hohe Drehmoment bei niedrigen Drehzahlen;** entsprechend gut ist die Durchzugskraft „von unten heraus“. Bei unserer PX 200 E wird die maximale Leistung von **9,5 PS** bereits bei 5500/min^{-1} erreicht. Das Verdichtungsverhältnis beträgt 1 : 8,8. Die **Getrenntschmierung** mit von der Kurbelwelle angetriebener Ölpumpe erfordert das separate Befüllen von Öl- und Benzintank. Wer das Nachfüllen des Öl vergißt, riskiert einen „Kolbenfresser“ und Schäden am Zylinder. Im Extremfall kann die Pleuelstange reißen und das Motorgehäuse durchschlagen. Wir sind gespannt, in welchem Zustand sich Zylinder und Kolben unserer PX befinden.

Ausgangsbasis:

Motor ausgebaut und vorgereinigt. Die beiden Lüfterhauben und der Vergaser samt Luftfiltergehäuse sind bereits demontiert. Das Triebwerk wird auf drei **Holzböcke** gesetzt, die wir zurechtgesägt und schwarz gestrichen haben; die Maße: 10 x 12 x 14 cm vorn, 11 x 10 x 8 cm in der Mitte und 14 x 10 x 12 cm hinten.

Zündkerze ausbauen:

Zuerst wird der **Kerzenstecker** abgezogen, dabei nicht am Kabel reißen. Die Zündkerze wird mit einem Kerzenschlüssel der Größe 21 13/16 ausgedreht. Sie sitzt nicht sonderlich fest, was aber besser ist als festgebrannt. Der relativ lockere Sitz deutet auf nachlässige Wartung hin. Das **Zündkerzengewinde** im Zylinderkopf ist nicht beschädigt. Es handelt sich um eine Kerze von NGK des Typs B6ES. Der Elektrodenabstand beträgt 0,85 mm und damit deutlich mehr als der empfohlene Wert von 0,6 mm. Immerhin sind die Elektroden nicht abgebrannt, sie lassen sich nachstellen. Mehr zum Thema Zündkerze im Kapitel Elektrik.

1

2

3

Arbeitsvorbereitung 1: *Wir sägen drei Holzklötze zurecht, damit der Motor fest aufsteht und von allen Seiten zugänglich ist.*
2: *Rückblick 1985: Schon damals hat der Autor eine PX 200 E auseinandergenommen. Bemerkenswert: Obwohl der Roller nur wenige Kilometer auf dem Tacho hatte, war der Zylinder bereits verrostet.* ***3:*** *der aufgebockte Motor; darunter befindet sich ein Auffangbehälter für Öl.*

Werkzeug

Zündkerzenschlüssel SW 21 13/16
Stecknuß SW 13 mit Schlüssel

4: Kerzenstecker abziehen; Schlüssel mit Stecknuß SW 21 13/16 liegt bereit. ***5:*** *Die Zündkerze läßt sich mühelos ausdrehen, sie sitzt nicht richtig fest.* ***6:*** *Das Gewinde der NGK-Kerze ist leicht verölt, der Elektrodenabstand ist mit 0,85 mm zu groß. Gewinde im Zylinderkopf völlig unbeschädigt.*

4

5

6

Zylinderkopf ausbauen:

Der stark verrippte **Zylinderkopf** (auch „Zylinderdeckel") besteht aus Leichtmetall. Die **Rippen** sind nicht beschädigt und nicht tiefgründig korrodiert, sondern lediglich angelaufen. Der Kopf ist asymmetrisch mit vier Muttern M8 SW 13 befestigt. (Piaggio setzte bis 1984 Muttern SW 14 ein). Bevor die Muttern gelöst werden, ist der **Distanzbolzen** zu entfernen, der die Lüfterhaube abstützt; er wird mit einer Stecknuß SW 13 abgeschraubt. Der Bolzen sitzt locker, ist aber an den Kanten nicht beschädigt. Darunter liegt eine Druckscheibe; ein Federring ist nicht vorhanden.

Nun die vier **Zylinderkopfmuttern** SW 13 abschrauben sowie die darunterliegenden Federringe und Scheiben abnehmen. Die Muttern weisen an den Kanten keine Schäden auf. Federringe und Scheiben müssen ersetzt werden. Bemerkenswert ist auch hier, daß die Muttern nicht fest genug sitzen, was zu unangenehmen Folgen im weiteren Fahrbetrieb hätte führen können.

Jetzt kann der **Zylinderkopf** abgehoben werden. Er sitzt völlig locker, Hilfsmittel zum Lösen (Gummihammer) sind nicht erforderlich. Eine **Zylinderkopfdichtung** gibt es beim PX-Motor nicht, sie ist werksseitig nicht vorgesehen.

7

8

9

10

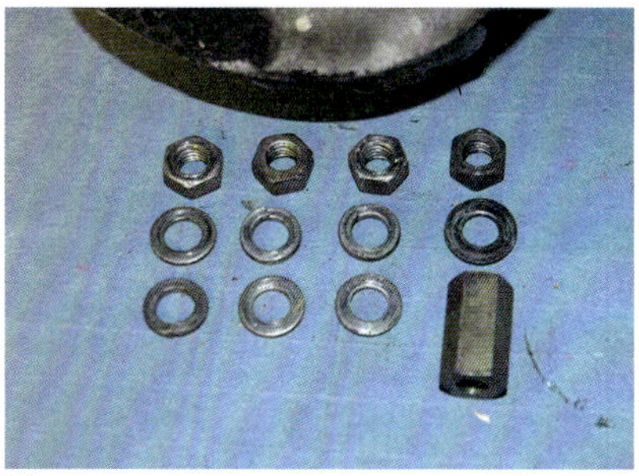

11

7: Zunächst muß der Bolzen SW 13 ausgedreht werden, der die Lüfterhaube abstützt.
8: *Der 3 cm lange Bolzen ist unbeschädigt und noch korrekt gelbverzinkt.* ***9:*** *Die Pfeile zeigen auf die vier Kopfmuttern M8 SW 13.* ***10:*** *Die Muttern werden mit der Stecknuß SW 13 ausgedreht, sind aber fast lose.* ***11:*** *Das ganze Sortiment an Muttern, Bolzen, Federringen und Druckscheiben.*

12

12: *Die Unterseite des Zylinderkopfs ist stark verölt – einschließlich Dichtfläche. Die Ölkohleablagerung im Brennraum ist indes gring.*

13

15

13: Der abmontierte Zylinderkopf mit Muttern, Federringen, Scheiben. 14: weiterer Blick auf Kopf-Unterseite und Zylinder-Oberseite; die Ölspuren sind deutlich zu sehen. 15: Rostrot und ölig: Zylinderwand und Kolbenrand. 16: Beginn des Zylinder-Abziehens. 17: Der verölte Kolben erscheint. 18: Die Unterseiten der Kühlrippen schimmern metallisch, die Dichtfläche ist in Ordnung, aber leicht verölt. 19: Blick in die Laufbüchse.

16

17

14

18

19

Die **Dichtflächen** und die unten liegenden Zonen von Kopf- und Zylinder-Oberseite sind verölt, was ein klarer Hinweis für fortgeschrittene Undichtigkeit infolge der lockeren Muttern ist. Trotzdem haben wir bei eingebautem Motor eine relativ **gute Kompression** von 8,9 bar festgestellt; nach der Überholung müßte sie deutlich höher sein. Die Dichtflächen selbst sind völlig unbeschädigt, es gibt keine Brandspuren.

Zylinder ausbauen:

Der PX-Zylinder besteht aus **Grauguß** (aus Leichtmetall bei Modellen des Typs Cosa FL) und macht inklusive der Bohrung einen guten Eindruck, sieht man von leichtem, völlig unerheblichem Flugrost an den völlig intakten Kühlrippen ab. Von unten betrachtet schimmert der Zylinder an den meisten Stellen metallisch blank.

Die **Zylinderwände** befinden sich in gutem Zustand, sie sind völlig glatt, zeigen keine Hon- oder Kreuzschliffspuren mehr wie bei einem neuen oder ausgebohrten Zylinder. Weil die Laufflächen aber augenscheinlich verglast sind, sollten sie später feingeschliffen werden.

Der Bereich des oberen **Kolben-Totpunkts** zeigt nur minimale, ringförmige Arbeitsspuren. (Bei stark beanspruchten Motoren mit hoher Laufleistung hat sich hier die Kolbenkante stark eingearbeitet.) Am **Zylinderfuß** zeigt sich beidseitig der dünnen, sich leicht lösenden (nicht wiederverwendbaren) Metall-Fußdichtung eine geringe Undichtigkeit.

Der **Zylinder** ist nicht gesondert am Motorblock befestigt; er kann nach Lösen der Zylinderkopfmuttern mühelos von den Stehbolzen abgezogen werden. Beim Vorziehen des Zylinders mit dem Lüfterrad die Kurbelwelle blockieren, damit der Kolben nicht mitkommt. Der **Kolben** unseres Probanden sitzt nicht fest und gleitet daher gut in der Zylinderbohrung. Daher kann der Zylinder leicht komplett abgezogen werden. Die vier **Stehbolzen** ragen 143 mm über das Gehäuse hinaus und sind oben mit einem Gewinde M8 versehen, das in unserem Fall keinerlei Beschädigungen aufweist.

Wir stellen fest, daß Zylinderwand und Kolben weitgehend mit einem rostbraunen und öligen Film bedeckt sind. Es könnte sich um Konservierungsöl handeln, das sich mit Flugrost vermischt hat. Genau läßt sich das nicht sagen.

Auffällig ist, daß der **Brennraum** im Zylinderkopf keine Ölkohleablagerungen, sondern nur eine ölige Rußschicht zeigt. Das haben wir uns angesichts des äußeren Triebwerkzustands anders vorgestellt. Größere Schäden sind im Zylinderbereich nicht zu beobachten, was uns eine Neubeschaffung erspart.

20

21

20: Der Zylinder ist oben stark verölt, das Öl hat sich bis zum (unbeschädigten) Auspuffstutzen verbreitet. 21: Der Kolben hat sich oben kaum eingearbeitet. Die Lauffläche ist aber glatt und verglast. 22: Die Zylinderfußdichtung aus Metall muß ersetzt werden, sie ist nicht wiederverwendbar.

22

Zylinderkopf, Zylinder: Reinigung

Zylinderkopf reinigen:

Nach der Demontage von Zylinderkopf, Zylinder und Kolben traten bereits bestimmte Mängel zutage. Präzisere Aussagen können getroffen werden, wenn diese Elemente von grobem Schmutz befreit sind.

Zunächst reinigen wir den **Zylinderkopf innen** und zwischen den **Kühlrippen** mit Nylonpinsel und Kaltreiniger. Als Unterlage eignet sich perfekt eine **Ölauffangwanne** aus dem Zubehörhandel. Grobe Fettablagerungen werden mit einem Hartholzspan abgeschabt, damit das Metall nicht verkratzt wird. **Leichte Kratzspuren** an der Peripherie rühren von Montagearbeiten her, die u.U. bereits im Rahmen der Produktion im Werk entstanden sind. Der **Brennraum** zeigt keine Ölkohleablagerungen, sondern nur eine dünne Schicht von öligem Ruß, der sich leicht abspülen läßt. Der mit dem Kaltreiniger gelöste Dreck wird schließlich mit Bremsenreiniger abgesprüht. Mit einem Lappen wird abgetrocknet. Die dann noch vorhandenen Schmutzpartikel werden bei der Aufarbeitung beseitigt (weiter hinten im Buch).

Schäden können wir auch jetzt nicht festellen, keine **Kühlrippe** ist gebrochen, die ringförmige **Dichtfläche** befindet sich in einem tadellosen Zustand. Vernachlässigt werden können die kleinen Gußfehler außerhalb der Dichtfläche.

1

1: Zylinder, Zylinderkopf, Kolben, Kupplungsdeckel werden mit Kalt- und Bremsenreiniger von grobem Schmutz befreit. Mit der Drahtbürste wird der verrostete Auspuffstutzen bearbeitet.

Werkzeug und Produkte
Ölauffang-Wanne, Nylonpinsel, Drahtbürste, Lappen, 600er Schmirgel, Kalt- und Bremsenreiniger

An der Kopf-Unterseite ist neben einer „3“, einem eingekreisten „B“, dem Piaggio-Logo und der Ziffer „99536“ das Kürzel **U.S.A.** zu erkennen. Das Teil war vermutlich für den Export vorgesehen.

Zylinder reinigen:

Den Zylinder reinigen wir nach der gleichen Methode. Die **Kanäle** weisen keine Ablagerungen auf. Sollte dies bei einem anderen Zylinder der Fall sein, werden sie mit einem Span aus Holz oder Kunststoff gelockert. Auch hier kümmern wir uns später um eine erhebliche Verbesserung des Erscheinungsbilds.

Nachdem der rostbraune **Ölfilm** abgespült worden ist, glänzt die Lauffläche glatt und riefenfrei. Wir werden die Bohrung vermessen und dann entscheiden, ob der Zylinder nachgearbeitet werden muß. Bei der Renigung bemerken wir, daß der Auspuffstutzen lose ist; er läßt sich von Hand herausdrehen. Das darf eigentlich nicht sein...

__2:__ Zuerst wird die Kopf-Unterseite mit Kaltreiniger „eingeweicht" und abgepinselt. __3:__ Mit dem Nylonpinsel geht's ans Reinigen der Kühlrippen.

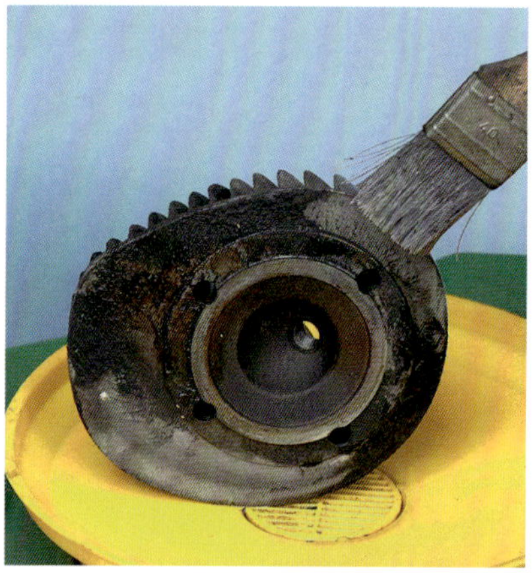

2

3

4

5

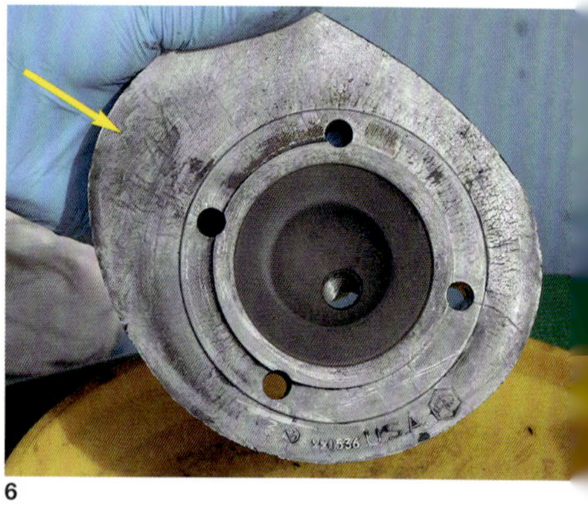

6

7

__4:__ Hartnäckiger Schmutz wird mit einem Holzspan gelöst. __5:__ Bremsenreiniger ist ideal, um die Rückstände abzuspülen. __6:__ der saubere Kopf; Pfeil: Fehlstellen im Guß. __7:__ Die Markierungen an der Unterseite geben Rätsel auf. __8:__ Falls die Schlitze verkrustet sind, werden sie grob mit einem Holzspan, dann mit Kaltreiniger gesäubert. __9:__ Der Abgasstutzen unseres Zylinders ist weitgehend rückstandsfrei. __10:__ Der Abgasstutzen verträgt auch grobes Einwirken mit der Drahtbürste. __11:__ Mit Pinsel, Kalt- und Bremsenreiniger rücken wir dem Schmutz auch im und am Zylinder zu Leibe. __12:__ Der Auspuffstutzen sitzt so locker, daß er sich mit der Hand herausdrehen läßt. Das ist aber besser, als wenn er festgebrannt wäre...

8

9

10

11

12

Zylinderbohrung vermessen: Dazu ist ein **Innen-Feinmeßgerät** mit Uhr erforderlich (ab 50 Euro im Internet). Eine erste Messung kann auch mit einer digitalen **Schieblehre** erfolgen. Für unseren Zweck muß sich der Meßbereich bis 100 mm erstrecken.

Die **Meßwerte:** Piaggio empfiehlt für den 200er Motor, den Fühler 30 mm unterhalb der Zylinderoberkante anzusetzen (s. Tabelle und Zeichnung unten). Die **Sollmaße** für Standardbohrung und drei Übermaße stehen in der Tabelle (66,5 bis 67,1 mm).

Wir haben uns mit einer Messung nicht begnügt, sondern vier jeweils um 90° versetzte Messungen mit folgenden Ergebnissen durchgeführt: **1.** am oberen Totpunkt des Kolbens = 66,75 mm; **2.** 30 mm unter Zylinder-Oberkante = 66,73 mm; **3**. zwischen den Überströmkanälen = 66,75 mm; **4.** 10 mm über der Unterkante der Laufbuchse = 66,75 mm. Runden wir ab, was bei der einmaligen Abweichung von 2/100stel mm zulässig ist, erhalten wir einen einheitlichen Wert von 66,75 mm, was fast dem Sollwert des 1. Übermaßes entspricht. **Folgerung:** Die Zylinderbohrung hat sich nur um 0,25 mm gegenüber dem Grundmaß 66,5 mm auf 66,75 mm erweitert. Dies ist ein **Verschleiß,** der als normal bezeichnet werden kann. Sollte die auf dem Kilometerzähler angegebene **Laufleistung** von 26 791 km stimmen (was nicht ganz sicher ist, wie wir später sehen werden), könnte es sich bei unserem Zylinder (und damit bei dem ganzen Motor) um das originale, 1985 im Werk montierte Bauteil handeln.

Eine **zusätzliche Messung oberhalb des OT** (außerhalb des Arbeitsbereichs der Kolbenringe) am äußersten oberen Rand des Zylinders legt zusätzlich nahe, daß es der im Werk verbaute Original-Zylinder ist: 66,5 mm Durchmesser. Positiv ist, daß die Zylinderwände absolut gleichmäßig abgenutzt sind und keinerlei Riefen zeigen. Außerdem hat sich der Laufbahn-Querschnitt nicht ins Ovale hin verändert.

Maßnahmen: Nach Einschätzung unseres Piaggio-Werkstattmeisters Rainer Schulz kann der Zylinder ohne wei-

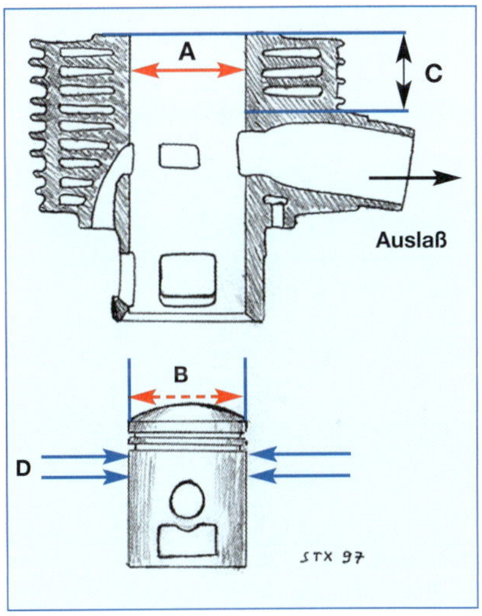

13

14

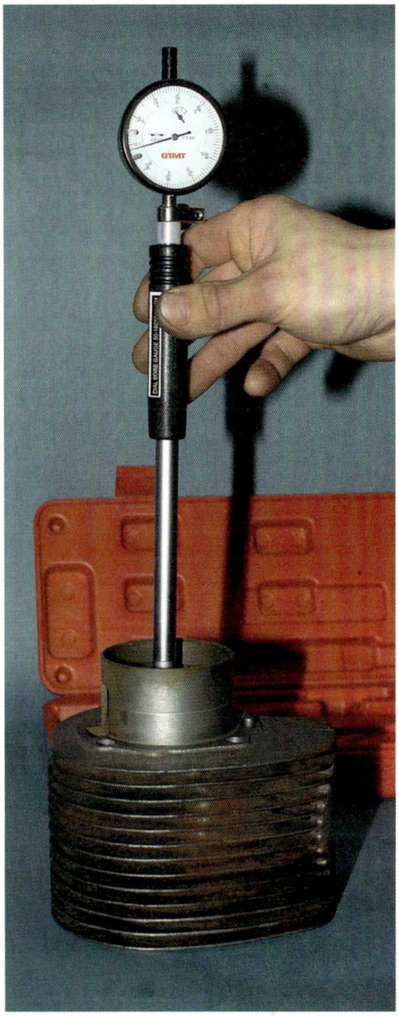

15

13: *Maßzeichnung für Kolben- und Zylindervermessung der Vespa-Motoren;*
A = Zylinderdurchmesser, B = Kolbendurchmesser, Angaben s. untenstehende Tabelle;
C und D: Hier genau müssen die Meßuhren angesetzt werden.
Abstand C *beträgt 25 mm bei PX 80, 125 und 150,* ***30 mm*** *bei* ***PX 200/E/GS;***
Abstand *generell* ***D = 5 mm.***
14, 15: *Mit der Innenmeßuhr wird die Zylinderbohrung mehrfach ausgemessen, unter dem OT, über und unter dem Bolzenauge, ganz oben. Die bei unserer PX ermittelten Werte siehe Lauftext.*

Kolben- und Zylindermaße
Werte fürs Auswechseln und Ausschleifen

Maße und Übermaße in mm

PX-Reihe, Cosa: cm³		**80**	**125**	**150**	**200**
Zylinder normal	A =	46,0	52,5	57,8	66,5
Zylinder 1. Übermaß	A =	46,2	52,7	58,0	66,7
Zylinder 2. Übermaß	A =	46,4	52,9	58,2	66,9
Zylinder 3. Übermaß	A =	46,6	53,1	58,4	67,1
Kolben normal	B =	45,820	52,330	57,585	66,295
Kolben 1. Übermaß	B =	46,020	52,530	57,785	66,495
Kolben 2. Übermaß	B =	46,220	52,730	57,985	66,695
Kolben 3. Übermaß	B =	46,420	52,930	58,185	66,895

teres wiederverwendet werden. Er muß nicht ausgeschliffen, sondern nur mit einem Spezialgerät gehont werden, was zuverlässig die Verglasung der Zylinderwände aufbricht. Wir zeigen das im Abschnitt „Motoraufbereitung"weiter hinten.

Wichtig ist jetzt, ob sich der **Kolben** noch in brauchbarem Zustand befindet Hat er zu viel Luft, ist er riefig, muß er daher ersetzt werden? Alle Einzelheiten dazu im nächsten Abschnitt.

Werkzeug Zylindervermessung

Innen-Feinmeßgerät bis 100 mm
digitale Schieblehre

16: Braucht eine ruhige Hand, mißt aber durchaus präzise: elektronische Schieblehre. Wir ermitteln am zylinder 66,5 mm oberhalb des Kolben-OT; das läßt vermuten, daß es sich um den ersten, im Werk verbauten Zylinder handelt.
17: Saubere Angelegenheit: zerlegter PX-Motor aus der Sammlung des Restaurierungsexperten von Werner Lechner aus Schwäbisch Hall

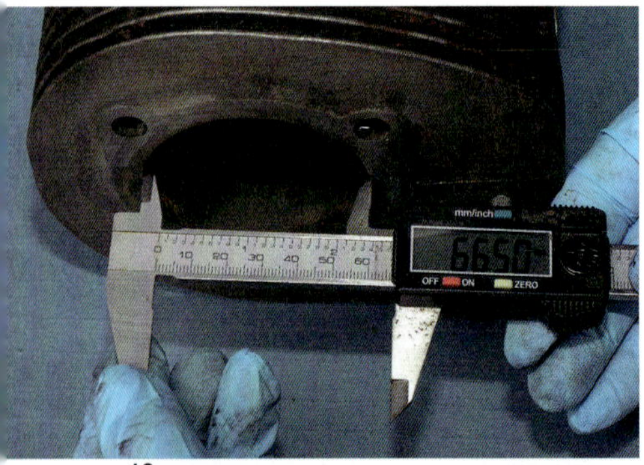

16

17

Kolben, Kolbenringe, Kolbenbolzen wechseln, Zylinder ausschleifen – allgemeine Tips:

Kolben, Kolbenringe und Zylinder sind auch beim Vespa-Motor der härtesten Belastung und dem größten **Verschleiß** ausgesetzt. Die Palette der möglichen Schäden ist groß. Die schlimmsten Beschädigungen werden von **Schmierölmangel** hervorgerufen. Auch wer mit falschem Öl fährt, ruiniert seinen Motor. Oft sind auch Defekte im Bereich von Ölförderung und Ölpumpe schuld.

Hat der Motor einen **Kolbenklemmer** erlitten, weil der Ölfilm kurz abriß, ist es in der Regel damit getan, den Kolben zu wechseln und den Zylinder ausschleifen zu lassen. Untrüglicher Hinweis auf Ölmangel und **Überhitzung** durch erhöhte Reibung sind mehr oder weniger starke Riefen an Kolben und Zylinderwand. Reißt der Ölfilm dauerhaft bei hoher Drehzahl, kann es zu einem Totalschaden kommen: Verschmelzen von Kolben und Zylinderwand, Abreißen des Pleuels, Kurbelwellenlagerzerstörung.

Fehlerhafte oder falsche **Zündkerzen** können zu Löchern im Kolbenboden und Lagerschäden als Folgedefekt führen. Auch unter normalen Bedingungen unterliegen Kolben und Zylinder fortschreitendem Verschleiß. Mangelhafte Leistung, erhöhter Benzin- und Ölverbrauch, schließlich metallische Geräusche durch **„Kolbenkipper"** und **Kolbenbolzenspiel** machen einen **Austausch des Kolbens** und ein **Ausschleifen des Zylinders** erforderlich. Piaggio und diverse Anbieter halten für alle PK-, PX- und Cosa-Modelle Kolben bis zum 3. Übermaß bereit; d.h. der Zylinder kann bis zur Mindestwandstärke dreimal ausgeschliffen werden. Zum **Vermessen** von Kolben und Zylinder sind Präzisionsinstrumente nötig, wie sie die Fachwerkstatt besitzt (s. vorige Seite und links).

Wenn Zylinder und Kolben von der Oberflächenbeschaffenheit her noch in Ordnung sind, ist es auch schon mal damit getan, nur die **Kolbenringe** auszuwechseln; Ersatz gibt's bei Piaggio oder Motorinstandsetzern. Festgebrannte Ringe brechen meist beim Lösen und müssen dann sowieso ersetzt werden. Gebrochene Ringe führen sofort zu starkem Leistungsverlust und lassen den Treibstoffverbrauch merklich ansteigen.

Zweitaktmotoren, die länger nicht gelaufen sind, zeigen mitunter starke **Korrosionsschäden.** In leichteren Fällen verkleben Kolbenringe und Zylinderwand miteinander; Lösung des Problems: Zylinderdeckel abnehmen, Rostlöser oder Universalschmiermittel auf den Kolben geben und ein paar Tage einwirken lassen. Dann mit einem zwischengesetzten Holzhammer oder passendem Stück Weichholz den **Kolben vorsichtig freiklopfen** (s.a. Kasten folgende Seite). Wenn das nicht klappt, ist meist der Kolben komplett mit dem Zylinder verbacken. Dies kann unter Umständen bedeuten, daß der ganze Motor reif für den Schmelzofen ist.

Beim Kolbenausbau wird automatisch auch der **Kolbenbolzen** ausgebaut; er ist bei den großen Vespa-Modellen nadelgelagert, was den Verschleiß enorm minimiert. Beide Elemente müssen schon bei minimalem Spiel ausgewechselt werden. **Achtung:** Neue Kolben und frisch ausgeschliffene Zylinder müssen **sorgfältig eingefahren** werden. Faustregel: Auf den ersten 500 km nur mit zwei Drittel Gas/Drehzahl fahren, bei den grossen Modellen im vierten Gang 70 km/h nicht überschreiten. Während des Einfahrens niemals Vollgas geben.

Festgestellte Mängel Zylinderkopf, Zylinder

Zylinderkopf

Befestigung: alle Muttern nicht fest genug angezogen; Federring oben rechts fehlt
Brennraum: leichte Ölkohleablagerungen
Dichtfläche: leichter Ölaustritt
Zusätzlicher Befund nach Reinigung:
Markierung „99536 U.S.A." erklärungsbedürftig. Kleine Fehler im Guß, Kratzspuren neben der Dichtfläche

Zylinder

Verankerung: wegen der losen Kopfschrauben nicht ausreichend befestigt
Dichtfläche oben: stärkerer Ölaustritt, Ölspuren auch in der Verrippung
Dichtfläche unten: leicht verölt; Metall-Fußdichtung erneuerungsbedürftig
Lauffläche in der Bohrung: verglast, extrem glattflächig, rostroter Ölfilm
Leichte Einarbeitungsspuren des Kolbens am OT; deutlicher Verschleiß
Kühlrippen: an Kanten und vor allem an Oberseiten leicht angerostet
Zusätzlicher Befund nach Reinigung:
Abgasstutzen in der Verschraubung locker

Kolben, Kolbenbolzen: Demontage

1

2

Kolben, Kolbenbolzen ausbauen: Der Kolben darf beim Ausbau nicht verkratzt werden. Der **Kolbenbolzen** ist durch zwei **Seegerringe** gesichert; sie werden mit einer Seegerringzange abgenommen. Die Ringe kommen nur frei, wenn sie gleichzeitig in den Augen mit der Seegerringzange zusammengedrückt und auf der anderen Seite mit einem oder zwei schmalen Schraubendrehern aus der Nut gehebelt werden (Helfer erforderlich).

Der 16 mm dicke **Kolbenbolzen** wird mit einem 14 bis 15 mm dicken Dorn herausgeschlagen; vorher Tuch zwischen Kolben und Zylinder-Stehbolzen legen. Ein **Helfer** hält den Kolben dabei so fest, daß er nicht gegen Kurbelge - äuse oder Stehbolzen schlägt. Möglichst passendes Stück Holz zwischen Stehbolzen und Kolben setzen, um die Schläge abzufangen, denn es darf kein übermäßiger Druck auf die Pleuelstange ausgeübt werden. In der Regel sind nur einige leichte Hammerschläge nötig.

2

__1:__ Der Zylinder sitzt nur noch auf den Gewindegängen der Stehbolzen, der Kolben ist frei.
__2, 3:__ Der Kolben ist ölverschmiert, weist leichte Riefen und Brandspuren auf (mehr dazu später). Gut zu sehen: die leicht vorgezogene Zylinder-Fußdichtung. __Pfeile:__ Vor dem Ausbau wird durch ruckartiges Ziehen in Längs- und Querrichtung geprüft, ob Pleuelauge, Kolbenbolzen und Pleuelfuß Spiel haben. In unserem Fall können wir an allen Punkten nicht das geringste Spiel feststellen.

Kolben fest – was tun?

Bei Motoren von Fahrzeugen, die lange Zeit nicht bewegt wurden, womöglich jahrzehntelang nicht, kann es vorkommen, daß der Kolben im Zylinder festsitzt. Man kann dann versuchen, ihn zu lösen, indem man einen passenden Holzhammer oder Holzklotz aufsetzt und auf diesen mit einem Stahlhammer einschlägt – aber mit Gefühl und nicht zu stark. Zuvor Brennraum und Kolbenboden mit reichlich Rostlöser einsprühen und das Mittel ein paar Stunden, besser über Nacht, einwirken lassen. In harmlosen Fällen kommt der Kolben frei, und der Zylinder läßt sich abziehen. Oft entstehen dabei allerdings Riefen, auch können unter Umständen die Kolbenringe brechen.

Löst sich der Kolbe nicht, den Zylinder mit der Lötlampe erhitzen und danach das Prozedere wiederholen. Hilft auch dies nicht, haben wir ein großes Problem: Stahl und Aluminumlegierungen haben sich durch Korrosion miteinanderverschweißt. Da sich Zylinder und Kolben nicht von der Kurbelwelle trennen lassen, muß ein kompletter Ersatzmotor beschafft werden. Brutale Alternative: den Zylinder mit einem großen Winkelschleifer aufflexen und damit den Kolben „befreien". Das ist billiger als ein Austauschmotor – vorausgesetzt, der restliche Motor ist noch brauchbar. Nur Zylinder und Kolben müssen dann ersetzt werden.

__1:__ In besonderen Fällen hilft nur die Holzhammer-Methode, um den Kolben zu lokkern; dies ist unter Umständen dann nötig, wenn das Fahrzeug über einen langen Zeitraum hinweg nicht bewegt wurde.

1

2

__2:__ Der Kolben und seine Elemente: Kolbenringe (versetzt), Kolbenbolzen mit Sicherungsringen. Der Bolzen dreht sich auf einem Nadellager. Einbaurichtung beachten.

4

4: Erster Schritt ist der Ausbau der beiden Seegerringe, die den Kolbenbolzen fixieren. Mit einer speziellen Zange werden die beiden Augen zusammengedrückt. ***5, 6:*** *Wenn der Ring nicht freikommt, muß ein Helfer mit einem oder zwei Schraubendrehern eingreifen.* ***7:*** *Der Kolbenbolzen wird mit einem passenden Dorn ausgetrieben; immer nur leicht mit dem Hammer auf die Stahlstange schlagen.* ***8, 9:*** *der ausgebaute Bolzen, der lediglich leichte Lagerabdrücke zeigt.*
10: *Blick auf den Kolben und das Pleuelauge mit dem Nadellager.* ***11:*** *Das Nadellager läßt sich einfach aus dem Pleuelauge nehmen. Es weist noch Ölspuren auf, ist nicht verharzt oder schadhaft.*
12: *Für einen mögliche Wiederverwendung wird das Lager markiert.* ***13:*** *Das Pleuelauge ist innen leicht verölt, aber offenbar ohne Schäden. Der Durchmesser beträgt 16,0 mm = korrekt.*

Unser **Kolbenbolzen** sitzt ziemlich fest, entsprechend kräftig muß geklopft werden. Schließlich kommt er frei; er ist nicht eingelaufen. Dann nehmen wir das spielfrei sitzende, nicht klemmende **Nadellager** aus dem Pleuelauge; es ist unversehrt und wird zwecks möglicher Wiederverwendung markiert (Klebeband, Stift). Wir werden es trotzdem durch ein neues Teil ersetzen. Generell dürfen Kolbenbolzen und Nadellager nur dann wiederverwendet werden, wenn sie keinerlei Spiel und keine Schäden aufweisen.

Der **Kolben** befindet sich in einem mittelprächtigen Zustand. Er präsentiert sich ölverschmiert und zeigt Spuren festgeklebter Rückstände, vor allem oberhalb der **Kolbenringe,** aber stellenweise auch am Kolbenhemd. Der

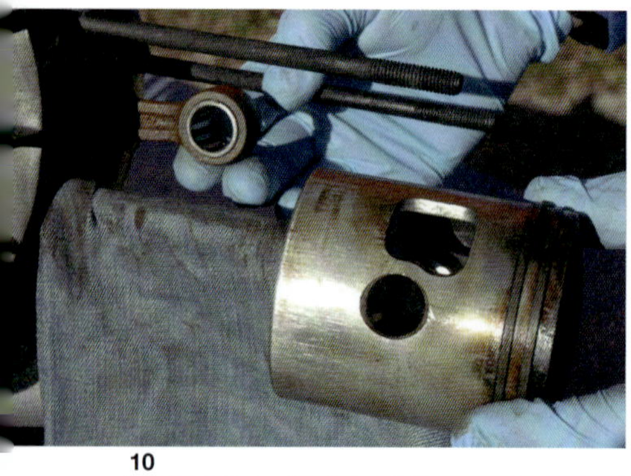

10

Werkzeug Kolbenausbau
Seegerring-Zange
2 kleine Schraubendreher
Hammer
Durchschlag 14 mm Durchmesser
Lappen, Stift, Klebeband

5

7

9

11

6

8

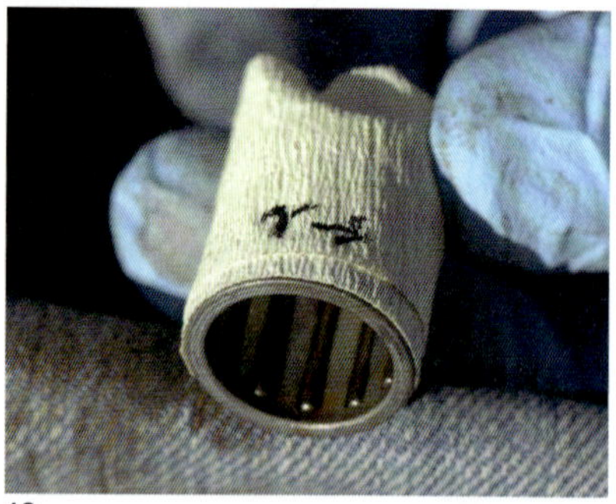

12

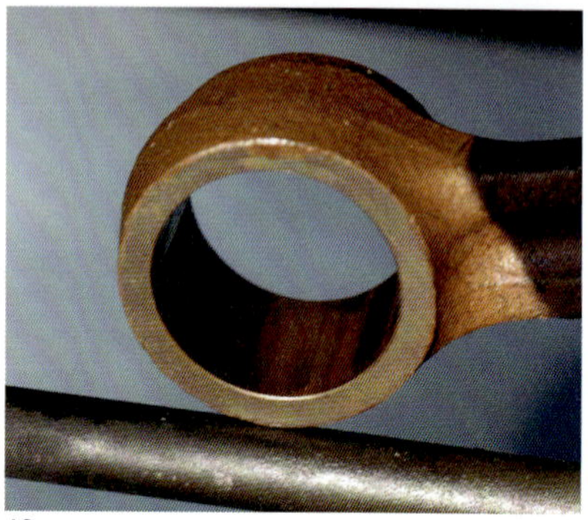

13

14

15

16

17

18

Kolbenboden weist nur in der Mitte eine hauchdünne Schicht Ölkohle, ansonsten nur einen leichten Rußfilm auf. Die beiden Kolbenringe sind teilweise festgebrannt und sitzen im Bereich der Trennpunkte nicht mehr korrekt. Sie müssen auf jeden Fall erneuert werden. Deutlich zu sehen sind die Einkerbungen und Schleifspuren am oberen Kolbenrand. Sie könnten davon herrühren, daß beim Zündkerzenwechsel feste Partikel in den Brennraum gefallen sind, die sich dann in das Leichtmetall eingearbeitet haben und dort zu den Schäden geführt haben.

Was wirklich die (bemerkenswerte) **Ursache** war, werden wir genau bei der Demontage von Motorgehäuse und Kurbelwelle sehen. Alle Einzelheiten dazu in den folgenden Kapiteln.

19

14-17: *Der ausgebaute Kolben zeigt leichte Riefen und Brandspuren, vor allem im Kopfbereich.* ***18:*** *Der stark verschmutzte Kolben aus einer anderen Perspektive.* ***19:*** *Verölt und mit geringen Einlaufspuren: Kolbenbolzen.* ***20:*** *Ablagerungen und Brandspuren am oberen Kompressionsring.* ***21:*** *Der untere Kolbenring ist stellenweise festgebrannt.* ***22:*** *Blick auf die augenscheinlich intakte Pleuelstange, das Kurbelgehäuse und die Wangen der Kurbelwelle.*

20

21

22

23

24

25

23-25: *Die Kolben-Oberkante bietet mit ihren Einkerbungen, Verformungen und Brandspuren einen unschönen Anblick. Nach Reinigung und Vermessung werden wir entscheiden, ob der Kolben komplett ersetzt werden muß. Auf jeden Fall wird es einige Überraschungen geben.*

Kolben, Kolbenbolzen: Reinigung, Vermessung

Kolben, Kolbenbolzen reinigen: Mit Pinsel, Holzspan, Kalt- und Bremsenreiniger werden **ölige und feste Ablagerungen** entfernt. Dabei zeigt sich, daß die meisten dunklen Partien am Kolbenhemd, die man zunächst für Brandspuren hätte halten können, nichts anderes als eine **angetrocknete Mischung aus Öl und Ruß** sind – der Belag löst sich fast vollkommen auf. Lediglich im Bereich zwischen und oberhalb der Kolbenringe bleiben Brandspuren und die weiter vorn erwähnten Einkerbungen zurück.

Eine hauchdünne **Schicht Ölkohle** ist nur in der Mitte des Kolbenbodens festzustellen; die öligen Ablagerungen rundum lassen sich problemlos abwaschen. Zurück bleibt ein fester schwarzer Film, den wir mit 600er Schmirgel abschleifen. Überraschung: Darunter sieht der **Kolbenboden** aus wie eine **Mondlandschaft:** Er ist komplett mit kleinen Kratern übersät. Hat es hier Kavitationserosion durch Überhitzung gegeben? Das müssen wir klären. Aber die Lösung wird sich auch hier bei der Demontage des Motorgehäuses finden.

Der **Kolbenbolzen** präsentiert sich nach dem Abspülen mit blau verfärbten Zonen im Bereich der Auflagen im Kolben und mit leichten Laufspuren in der Mitte. Da die Maße aber stimmen und keine Riefen festzustellen sind, wird der Bolzen wiederverwendet.

1

2

3

4

5

6

__1:__ Reinigung mit dem Pinsel. __2:__ Abschaben grober Rückstände mit dem Holzspan. __3:__ Die Schlitze sind sauber. __4:__ Abziehen des Kolbenbodens mit 600er Schmirgel. __5:__ Die Oberfläche zeigt Hunderte kleine Krater. __6:__ leichte Blauverfärbung und leichte Laufspuren am Kolbenbolzen.

7

__7:__ Mit der Bügelmeßschraube wird der Außendurchmesser des Kolbens gemessen. Ermittelter Wert 5 mm unterhalb des oberen Kolbenrings: 66,60 mm. Das paßt zum durchschnittlichen Innenmaß des Zylinders (66,75 mm) und bedeutet, daß das Spiel zwischen den beiden Elementen mit 0,15 mm sogar kleiner ist als maximal zulässig (0,205 mm, siehe Tabelle). Daher kann der Kolben wiederverwendet werden.

Festgestellte Mängel Kolben, Kolbenbolzen

Kolben

Kolbenboden: leichte Ölkohleablagerungen
Kolbenrand oben: starke Brandspuren, mehrere Kerben und Riefen
Kolbenhemd: leichte Riefen, stellenweise feste Ablagerungen und Brandspuren
Kolbenringe: unterer Ring teilweise festgebrannt, Nuten im Kolben durch feste Ablagerungen verdreckt
Zusätzlicher Befund nach Reinigung:
starke Kavitationserosion auf dem Kolbenboden, Pfeil für richige Lage bei der Montage nicht vorhanden

Kolbenbolzen

Oberfläche: verölt, minimale Laufspuren
Augen für Kolbenbolzen: leichte Schlagspuren womöglich von früherem Ausbau herrührend
Zusätzlicher Befund nach Reinigung:
Überhitzungs- und Einlaufspuren im Bereich der Auflagen im Kolben

Kolben und Kolbenbolzen vermessen:

Auch der **Durchmesser des Kolbens** wird an mehreren Stellen gemessen. Dazu wird eine **Bügelmeßschraube** mit ausreichender Spannweite benutzt. Dieses Feinmeßgerät liefert die Maße bis auf 1/100stel mm genau. Vorteil auch: Der Rändelmechanismus erlaubt ein exaktes „und „wackelfreies“ Ansetzen der beiden Meßstifte.

Präzise messen läßt sich auch mit einer **elektronischen Schieblehre,** doch erfordert die Handhabung mehr Fingerspitzengefühl. Bei Innemessungen (Zylinderbohrung, Kolbenauge) ist es schwierig, die Meßzungen exakt an den Maximaldurchmesser anzulegen.

Piaggio empfiehlt für den 200er Kolben eine Messung 5 mm unterhalb des unteren Kolbenrings. Wir haben hier einen Wert von **66,60 mm** ermittelt. Unterhalb der Bolzenaugen, und 1 cm oberhalb der Kolben-Unterkante betrug der Wert 66,54 mm. Es ist normal, daß der Kolben sich infolge des durch die Kurbelwelle erzeugten Kraftversatzes unten etwas stärker abarbeitet. Zwischen Zylinderbohrung und Kolbenhemd beträgt der Abstand durchschnittlich 0,15 mm. Dies bewegt sich unterhalb der Toleranz von 0,205 mm, der Kolben kann, ausgerüstet mit **neuen Kolbenringen,** wiederverwendet werden.

Wir spekulieren aber ein wenig: Theoretisch haben wir hier eigentlich einen leicht abgenutzten Kolben mit dem 2. Übermaß (66,695 mm) in einem stärker abgenutzten Original-Zylinder, der oben 66,5, darunter 66,75 mm mm mißt. **Vermutung:** Der Kolben wurde schon einmal ersetzt, nicht aber der Zylinder.

Werkzeug Vermessung Kolben, Kolbenbolzen
Innen-Feinmeßgerät mit Uhr
Bügelmeßschraube bis 25 mm
Bügelmeßschraube bis 100 mm
elektronische Schieblehre

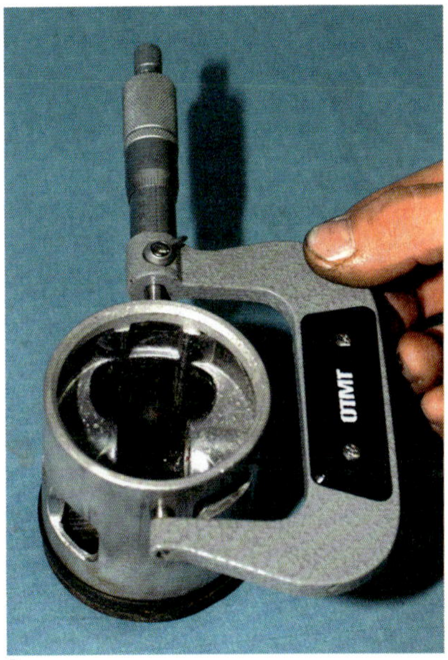

8

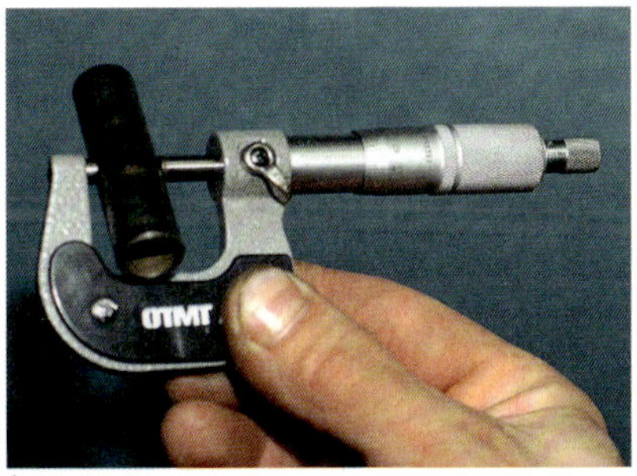

9

11

Die Maße der **Kolbenaugen** innen und des Kolbenbolzens außen sind mit jeweils 16 mm identisch und damit korrekt; auch der Bolzen kann wiederverwendet werden.

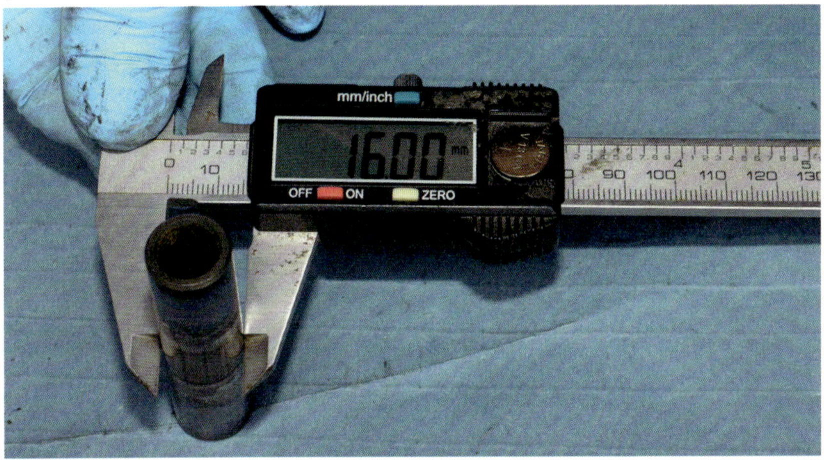

10

__8:__ 1 cm oberhalb der Kolben-Unterkante messen wir 66,54 mm. __9:__ Die Bügelmeßschraube ermittelt einen Außen-Durchmesser des Kolbenbolzens von 16 mm. __10:__ Von der elektronischen Schieblehre wird dieser Wert bestätigt. __11:__ Die Bolzenaugen haben einen Innen-Durchmesser von ebenfalls 16 mm, es ist kein unzulässiges Spiel vorhanden.

Kupplung, Ölpumpe, Lichtmaschine: Demontage

Kupplungsdeckel, Kupplung: Ausbau, Befund

Im Rahmen einer Restaurierung muß die Kupplung ausgebaut, überholt oder auch komplett ersetzt werden. Unabdingbar ist der Einbau neuer Reibscheiben, sie sind meist verschlissen. Gerade bei Restaurierungsobjekten mit hoher Laufleistung läßt sich das Kupplungsseil nicht mehr nachstellen, die Kupplung rutscht beim Beschleunigen durch (hohe Drehzahl, kein Vorwärtskommen).

*Die **Kupplung** befindet sich bei allen Vespa-Modellen auf der linken Seite des Antriebsblocks (in Fahrtrichtung gesehen), und zwar hinter einem Leichtmetalldeckel. Zur Demontage muß der **Motor abgesenkt** oder – besser – ausgebaut sein. Wie die Kupplung aufgebaut ist und wie sie funktioniert, erklären wir weiter hinten (Kasten).*

Kupplungsdeckel Ausbau:

Der **Kupplungsdeckel** ist mit drei Schrauben M6 am Motorgehäuse befestigt. Die Schrauben werden mit einem Schlüssel SW 10 ausgedreht und mit ihren Federringen und Unterlegscheiben abgelegt. Sollte der Deckel festsitzen, mit einem Kunststoff- oder Holzhammer leicht auf den äußeren Rand schlagen. Wenn der Motor nicht weiter zerlegt werden soll, empfiehlt es sich, den **Drehschiebereinlaß** mit einem Lappen zu verstopfen, damit keine Kleinteile ins Kurbelgehäuse fallen können.

Der Deckel stützt den federgelagerten **Ausrückhebel** ab, der sich als Gestänge nach oben bis zur Lagerung fortsetzt und in einem **Nocken** endet. Dieser Nocken wirkt von hinten auf den **„Pilz“** aus Bronze. Der eigentliche, außen liegende Hebel ist oberflächlich angerostet. Hebellager, Welle, Nocken und Pilz weisen keine sichtbare Abnutzung auf. Die ungleichmäßge Oberfläche am oberen Ende der Stange hat keine Bedeutung.

Elementar wichtig: der Ausbau der **Betätigungswelle.** Denn sie ist unten, wo sie im Deckel gelagert ist, mit einem **O-Ring** abgedichtet. Deiser O-Ring ist meist verschlissen, was zur Folge hat, daß sich das gesamte Getriebeöl mit der Zeit verflüchtigen kann. Bei unserem Fahrzeug war, wie bereits festgestellt, überhaupt kein Öl mehr im Antriebsblock. Der defekte O-Ring der Betätigungswelle war mitverantwortlich dafür, daß das gesamte Öl austrat und zusamen mit dem Straßenschmutz eine dicke Dreckkruste am Antriebsblock und unter der Karosserie bzw. im Hinterradkasten bildete.

__1:__ Die drei Schrauben SW 10 ausdrehen. __2:__ Deckel mit leichten Holzhammerschlägen lösen. __3:__ Kupplungsdeckel von innen gesehen mit Ausrückmechanismus. __4:__ die vorgereinigte Abdeckkappe des Entlüftungsventils. __5:__ das total zugesetzte und verdreckte Entlüftungsventil.

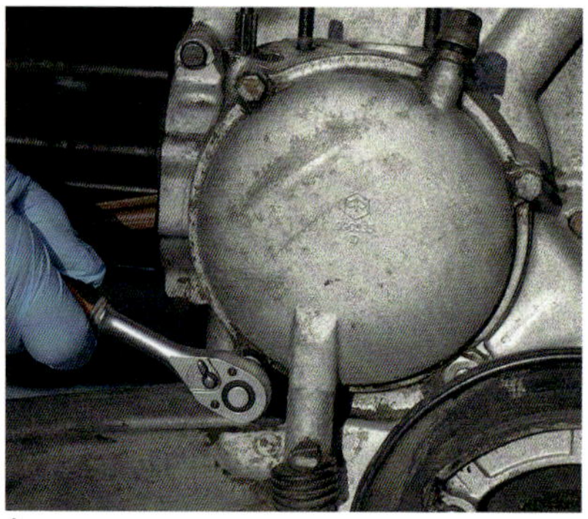
1

2

Zum Ausbau der Welle mit einem Schraubendreher die **Rückfholfeder** aushängen, dann Welle zusammen mit der Feder aus dem Deckel ziehen (Fotos auf der übernächsten Seite).

Entlüftungsventil ausbauen:

Das Entlüftungsventil oben am Deckel ist völlig mit Schmutz verstopft und kann nicht mehr „atmen“. Die **Abdeckkappe** wird mit einem Ringschlüssel SW 14 gelöst. Dann säubern wir das Ventil mit Bremsenreiniger und blasen die Bohrungen mit Druckluft aus. Die Innenseite des Deckels reinigen wir gleich mit. Das Ventil selbst läßt sich mit einer Kombizange ausdrehen; dabei auf den Sockel einwirken.

Kupplungskorb ausbauen:

Jetzt liegt die Kupplung bzw. der **Kupplungskorb** frei. An der Dichtfläche am Kurbelgehäuse finden sich nur verwitterte Reste von Flüssigdichtung. Der große **O-Ring** ist aufgeweicht und

3

4

5

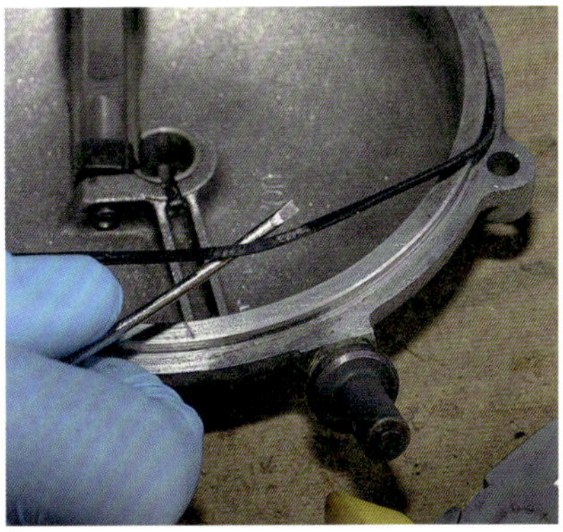
6

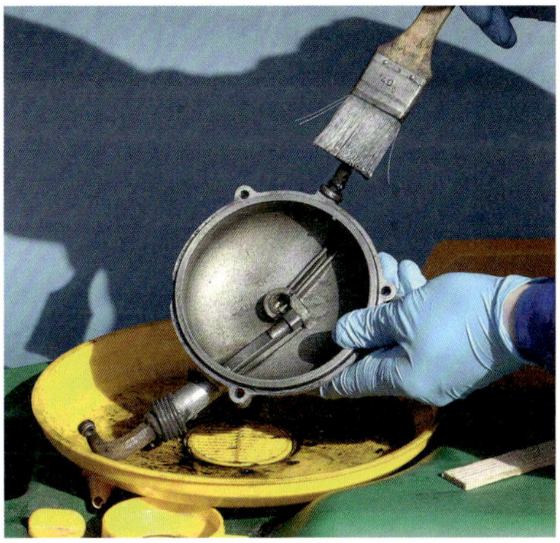
7

8

9

10

6: Die alte Deckeldichtung aus Gummi ist defekt und wird mit einem Schraubendreher abgehebelt. 7: Reinigung des Kupplungsdeckels und der Ausrückelemente. 8: Deckel und Ventil werden mit Druckluft ausgeblasen. 9. Reinigung des Ventils mit Nylonbürste und Petroleum. 10: Mit der Kombizange wird das Ventil ausgedreht. 11: Kupplungsdeckel und Kupplungskorb.

nicht mehr zu gebrauchen. Restlicher Schmutz am Gehäuse und außen am Deckel wird weitgehend mit der Drahtbürste entfernt.

Die **Feder** an der kleinen **Ausrückplatte** in der Mitte aushängen; dazu mit einem passenden Schraubendreher in das größere der beiden Löcher fahren und Feder zur Mitte hin drücken. Feder und Platte abnehmen.

Mit einem schmalen Schraubendreher das gezahnte **Sicherungsblech** an der **zentralen Kronenmutter** aufbiegen, und zwar am äußeren Rand und an der Nut in der Kurbelwelle.

Die **Kronenmutter,** mit der Druckplatte und Kupplungskorb auf der Kurbelwelle befestigt sind, weist nicht die

11

12: Der Ausrücknokken greift von hinten in den Schlitz des Druckstücks aus Bronze ein („Pilz“; Element zur Veranschaulichung oben aufgesetzt). 13: Das Nokkenlager weist Fehlstellen im Guß auf. 14: Mit dem Schraubendreher wird die Feder der Welle ausgehängt. 15: Danach kann die Welle aus dem Lager im Deckel gezogen werden.

12

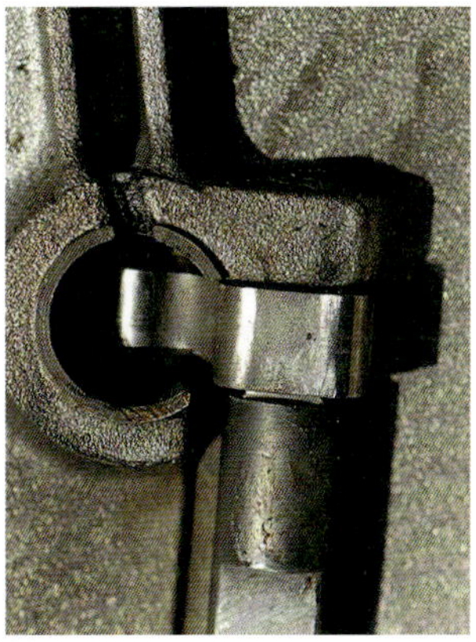
13

14

15

16

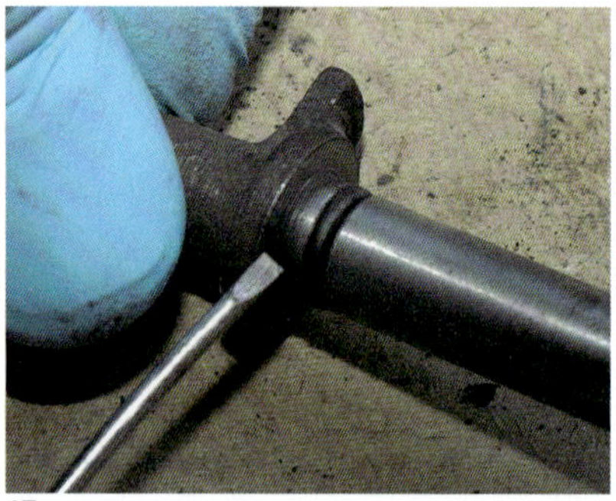

17

19: Vor dem Ausbau der Kupplung werden grobe Schmutzreste am Gehäuse mit der Drahtbürste entfernt. 20: Am Gehäuse kleben noch Reste von nachträglich aufgebrachter Flüssigdichtung.

19

16: Blick auf die ausgebaute Ausrückwelle. Der Nokken darf nicht abgenutzt sein, die Lagerung im Deckel darf keine Riefen und kein Spiel zeigen. 17: Der O-Ring unten muß in jedem Fall gewechselt werden, auch wenn er äußerlich noch intakt zu sein scheint; bei unserem Motor war er völlig undicht. 18: Kupplungsdekkel mit Ventil und Ausrückwelle mit Feder und Nocken in zerlegtem Zustand.

18

20

übliche Sechskantform auf. Das Werkzeug muß vielmehr an den **Nuten** angesetzt werden, mit denen die Mutter versehen ist. Die Werkstätten besitzen einen Spezialaufsatz (den man auch bei Piaggio erwerben kann). Gelegenheitsschrauber können sich jedoch den nötigen **Spezialschlüssel** aus einem Stück Flacheisen **selbst herstellen** (s. Kasten nächste Seite oben).

Anwendung des Spezialschlüssels: Flacheisen wie auf den Abbildungen gezeigt an der Mutter ansetzen, Kupplungskorb mit einem weiteren Flacheisen (oder dem Sperrbügel von Piaggio) gegen die Gehäuseverrippung blockieren und Mutter durch Drehen des Eisens **gegen den Uhrzeigersinn** lösen. Sollten sich die Zähne des Eisens aufgrund zu schwachen Materials verbiegen, kann man die Mutter auch durch leichte Schläge auf einen passenden Dorn lösen. Wie im Kasten erläutert, sollte man für das selbst hergestellte Werkzeug kein billiges Baueisen, sondern härteren Stahl verwenden.

Kronenmutter und dahinterliegende **Sicherungsscheibe** abnehmen und **Kupplungskorb** komplett abziehen. Sollte sich der Kupplungskorb nicht sofort lösen, einen Dorn in die Vertiefung des Kurbelwellenendes setzen und einige leichte Hammerschläge ausführen.

Alle bis hierhin ausgebauten Elemente weisen keine sichtbaren Schäden auf. Lediglich am Vorgelege-Zahnrad im Antriebsgehäuse zeigen sich in der Mitte der Verzahnung leichte Kratzspuren.

Kupplung Zerlegung:

Zum Zerlegen der Kupplung muß der großen **Sprengring** auf der Rückseite ausgehängt werden, wobei die Kupplung gleichzeitig **zusammengedrückt** werden muß. Die Fachwerkstatt besitzt eine spezielle Druckvorrichtung. Von Hand geht das kaum. Aber mit einem Hebel von 50 bis 70 cm Länge (Hartholzlatte) ist das Niederhalten kein Problem. Wir benutzen einen **Schraubstock** als Widerlager. Gleichzeigigt hebelt ein Helfer den Sprengring aus. **Federpaket** langsam entlasten und Kupplung in ihre Einzelteile zerlegen. Dabei die ursprüngliche Lage und Reihenfolge beachten, Seiten nicht verdrehen (s. Fotos und Kasten weiter hinten).

Abnahme der Teile kurz zusammengefaßt:

(Von der Rückseite der Einbaulage her): Sicherungsring, Basisplatte mit Innenbeschichtung, Mitnehmerscheibe 2, Reibscheibe 2 (= eigentliche Kupplungsscheibe mit beidseitiger Lamellenbeschichtung), Mitnehmerscheibe 1, Reib-

21

22

21: Aushebeln der Feder an der kleinen Ausrückplatte. 22: abgenommene Zentralplatte.

scheibe 1, doppelverzahnter Primärantrieb, Bronze-Gleitbuchse, Messing-Zwischenring, Druckscheibe, Kupplungskorb mit sieben Federn und sieben Tellern.

Alle Elemente aus Stahl inklusive der Federn zeigen nur leichte Arbeits-, aber keine Abnutzungsspuren oder Riefen. Die Mitnehmerscheiben sind leicht blau angelaufen (sicher auch wegen des Ölmangels). Die Bronzebuchse hat auf der Hohlwelle der Druckscheibe und in der Hohlwelle des Primärantriebs kein feststellbares Spiel, der Distanzring aus Messing zeigt Laufspuren

Die beiden Kupplungs-Reibscheiben und die einseitige Lamellenbeschichtung sind schwarz verfärbt, aber noch nicht am Limit, die Segmente sind noch

23

24

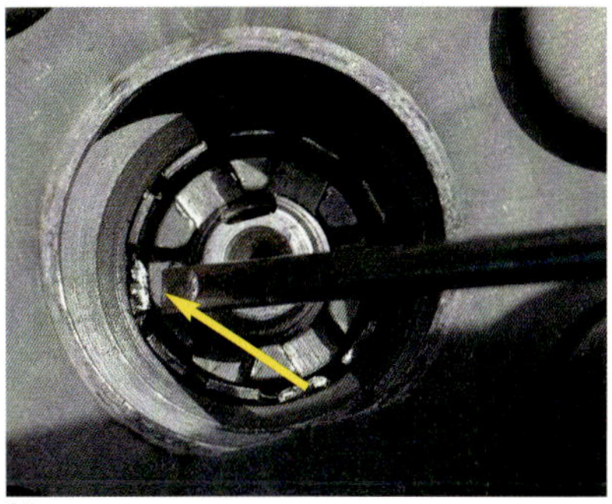
25

23: Die spezielle Kronenmutter ist mit einer Blechzunge gesichert. 24: Mit einem kleinen Schraubendreher die Zunge aufbiegen. 25: Die Blechzunge ganz zurückbiegen.

Ausbau Kupplungskorb: Werkzeug herstellen

Der Kupplungskorb ist mit einer Kronenmutter auf der Kurbelwelle arretiert. Die Mutter ist durch ein Sicherungsblech gesichert, bei dem die Blechzungen umgebogen werden. Da wir den originalen Piaggio-Spezisalschlüssel zum Zeitpunkt der Zerlegung noch nicht besitzen, fertigen wir ein passendes Werkzeug selbst an. Zuerst wird die **Zentralmutter vermessen;** bei der Vespa PX 200 E hat sie einen Außendurchmesser von 20 und einen Innendurchmesser von 12 mm. Die Nuten sind 4 mm breit. Als Basismaterial muß demnach ein 20 mm breites und 4,0 mm dickes **Flacheisen** verwendet werden. Doch Achtung: Flacheisen aus dem Baumarkt ist zu weich, es verbiegt sich zu schnell. Daher im Fachhandel nach Material aus Stahl fragen. Die Rohlänge sollte 40 cm betragen.

Das Ende des Eisens rotglühend erhitzen (Schweißbrenner, offenes Feuer) und auf dem Amboß oder im Schraubstock mit einem schweren Hammer im rechten Winkel auf ca. 4 cm Länge umbiegen. Aus dem Ende der umgebogenen Partie wird nun ein Stück herausgesägt, das dem Innendurchmesser der Kronenmutter bzw. dem Außengewinde auf der Kurbelwelle entspricht: 12 mm; die Schnittiefe muß 8 mm betragen, d.h. die beiden Zähne am Ende des Flacheisens müssen am Ende 8 mm lang sein. Das Material zwischen den beiden Schnitten wird mit dem Winkelschleifer abgetragen. Den fertigen Schlüssel anlegen und durch Schleifen anpassen, falls nötig.

1

2

3

1: das 40 cm lange Flacheisen auf 4 cm Länge umbiegen; zuvor rotglühend erhitzen. 2: Zwei 8 mm tiefe Schnitte sägen, so daß zwei 4 mm breite Zähne stehen bleiben. 3: Material zwischen den Zähnen wegflexen.

26

27

26: So sieht der Spezialschlüssel aus, den wir hergestellt haben. 27: Der Schlüssel wird in die Zähne der Kronenmutter gesetzt. 28: Falls das Material des Schlüssels zu weich ist und er sich verbiegt oder wenn die Mutter zu fest sitzt, helfen ein Dorn und ein paar Hammerschläge auf einen Zacken – die Mutter öffnet sich gegen den Uhrzeigersinn, also „normal". Gleichzeitig muß die Kupplung über einen Zahn der Basisplatte und einen Steg am Gehäuse blockiert werden (Helfer). 29: Mit dem Schlüssel wird die Mutter ganz herausgedreht. 30: Die komplette Kupplung wird einfach abgezogen; Blick von hinten auf den Primärantrieb; rechts: Ölpumpenantrieb, Kurbelwelle, Vorgelegezahnrad. 31: So sitzen der Sicherungsring und die Mutter auf der Kurbelwelle. 32: Der Keil garantiert, daß die Kupplung sich spielfrei zusammen mit der Kurbelwelle dreht.

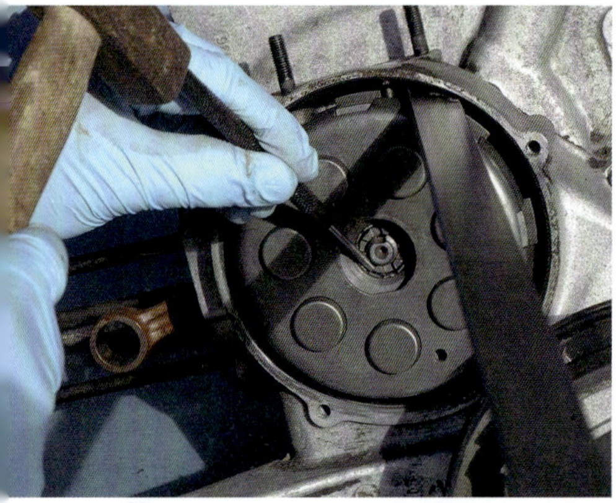

28

29

31

30

32

deutlich differenziert. Wir werden später die Mitnehmer-, die Reibscheiben und die Federn ersetzen.

Die häufigsten Kupplungsschäden:

Gerissener oder festsitzender Seilzug, undichter O-Ring am Ausrückhebel, Lagerschaden Ausrückwelle, abgenutzter Ausrücknocken, gebrochene oder erlahmte Federn, abgenutzte oder verbrannte Reibscheiben.

33

33: Zum Zerlegen muß (von einem Helfer) auf den Primärantrieb gedrückt werden, der dann von hinten auf die Druckscheibe wirkt, wodurch die Federn zusammengepreßt werden. Der Schraubstock dient als solides Widerlager für das Kantholz.

Festgestellte Mängel Kupplung

Ausrückhebel: angerostet, verdreckt, O-Dichtring defekt
Kupplungsdeckel: O-Ring defekt
Entlüftungsventil Deckel: verdreckt, verstopft
Reibscheiben: dunkle Verfärbung
Mitnehmerscheiben: leicht blau angelaufen
Distanzring: leichte Laufspuren
Vorgelegezahnrad: Kratzer mittig auf Zähnen

Werkzeug Kupplung

Schlitz-Schraubendreher, diverse
Kombizange
Stecknüsse SW 10
Umschaltschlüssel
Spezialschlüssel für Kronenmutter Kupplungskorb
Kunststoff-Hammer
Nylon-Pinsel
Auffangwanne Öl
Kantholz
Schraubstock

34: Mit einem kleinen Schraubendreher wird der entlastete Sperr-Ring ausgehebelt. 35, 36: die völlig entlastete Kupplung. 37: Einbaufolge der Elemente von der Motorseite her; gelbe Pfeile: Teile drehen sich mit der Kurbelwelle; weiße Pfeile: Teile drehen sich mit der Vorgelegewelle. 38: Kupplungs-Elemente von der Außenseite her gesehen.

34

35

36

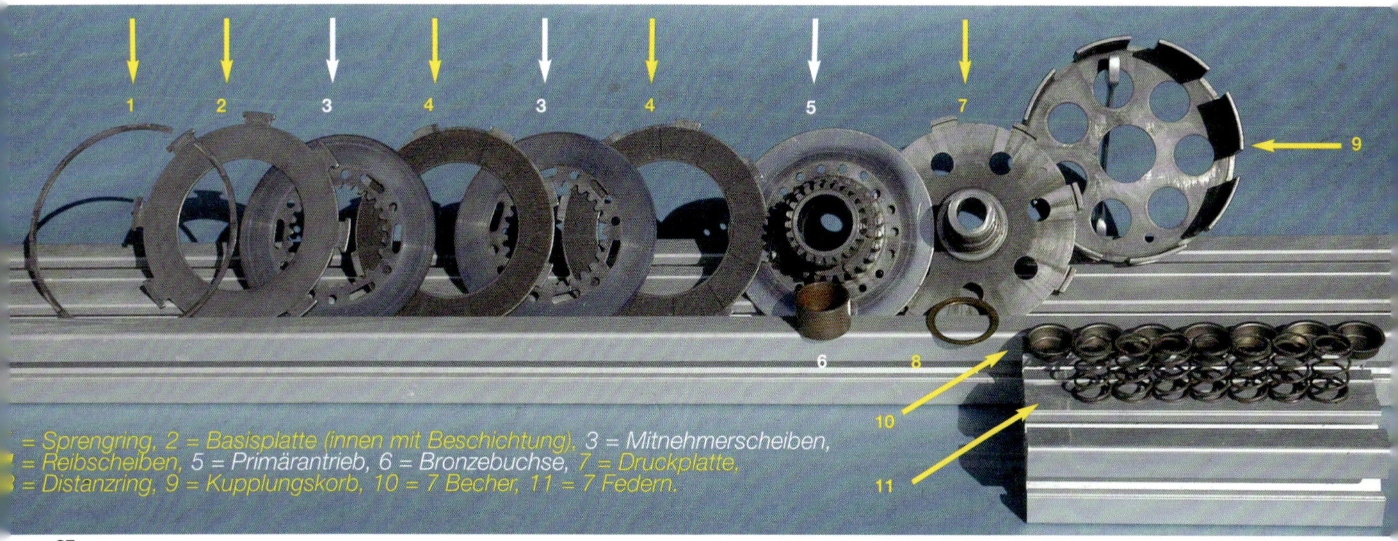

37

38

So funktioniert die PX-Kupplung

Bei einem Motorroller wie der Vespa PX mit mechanischem Getriebe und Handschaltung stellt die Kupplung die Verbindung zwischen Kurbelwelle und Vorgelegewelle und von dort zum Getriebe her. Der Kupplungshebel am Lenker wirkt über einen Seilzug auf den Ausrückhebel am Kupplungsdeckel. Wird der Hebel gezogen, drückt der Nocken des Ausrückhebels über den „Pilz“ aus Bronze auf den federgelagerten Kupplungskorb. Dadurch werden die Reibscheiben entlastet, die Verbindung zum Getriebe ist unterbrochen, es kann geschaltet werden. Die Vespa PX verfügt über eine **Zweieinhalbscheiben-Kupplung, die im Ölbad läuft (Getriebeöl SAE 30).** Die Kupplung ist folgendermaßen aufgebaut:

1. Betätigung: Handhebel, einstellbarer Seilzug, Kupplungsdeckel, Ausrückhebel mit Nocken, Zwischenstück aus Bronze, Druckplättchen mit Feder.
2. Kupplungskorb mit 8 Schächten: Er ist über die Nocken der Druckplatte fest mit der Kurbelwelle verbunden; jeweils sieben Teller und Federn; mitlaufend; Druckplatte mit acht Nocken und Hohlwelle mit Aussparung für Keil; zwei Reibscheiben mit beidseitigen Kupplungsbelägen (Lamellen) und je acht Nocken, Basisring mit acht Nocken und Reibschicht innen, Sprengring. Die Druckplatte ist in ihrer Hohlwelle durch einen Keil auf der Kurbelwelle gegen Verdrehen gesichert und mit einer blechzungengesicherten Kronenmutter befestigt; Kupplungskorb, Reibscheiben und Basisring werden über die Nocken in den Schächten automatisch mitgedreht.
3. Kupplungsnabe mit Primärantrieb: Ist über Schrägverzahnung mit der Vorgelegewelle verbunden (permanenter Eingriff); läuft über Gleithülse lose auf der Kurbelwelle; Zwischenring zur Druckplatte hin aus Bronze; über Innenverzahnung mitlaufend: zwei Mitnehmerscheiben.
4. Abfolge der Kupplungselemente von außen: Kupplungskorb, 7 Teller, 7 Federn, Druckplatte, Kupplungsnabe mit Primär-Zahnrad (starr), Mitnehmerverzahnung (starr), Zwischenring und Gleithülse, Reibscheibe 1, Mitnehmerscheibe 1, Reibscheibe 2, Mitnehmerscheibe 2, Basisring mit Reibschicht innen, umlaufender Sprengring.
5. Funktionsweise im Detail: Bei nicht gezogenem Kupplungshebel stellen die Reibscheiben aufgrund des Federdrucks eine feste Verbindung zwischen Kurbelwelle und Vorgelegewelle des Getriebes her. Kupplungskorb, Becher, Federn, Reibscheiben und Basisring bilden eine Einheit; über ihre jeweils acht Nocken können die Reibscheiben und der Basisring axial innerhalb der Aussparungen am Kupplungskorb gleiten. Den Gegenpart spielen der Primärantrieb und die beiden Mitnehmerscheiben, die über ihre Innenverzahnung mit dem größeren Zahnkranz des Primärantriebs und damit mit der Vorgelegewelle verbunden sind. Wir halten fest: Druckscheibe und Primärantrieb drehen sich, sitzen aber axial fest; Kupplungskorb, Mitnehmer- und Reibscheiben sowie Basisplatte können sich axial verschieben.
Wird nun durch Ziehen des Kupplungshebels über den Ausrückhebel Druck auf den Kupplungskorb ausgeübt, verschiebt sich dieser mit allen innenliegenden Scheiben axial zur Motormitte hin; dabei werden die vorgespannten Federn noch stärker gegen die feststehende Druckplatte gepreßt. Durch die Verschiebung des Kupplungskorbs (maximal um ca. 3 mm) bekommen Reibscheiben und Mitnehmerscheiben „Luft“, sie reiben sich nicht mehr aneinander. Dadurch wird die Verbindung zwischen Kurbelwelle/Druckscheibe/Kupplungskorb und Primärantrieb unterbrochen; der Primärantrieb wird (während das Fahrzeug rollt) nur noch von der Vorgelegewelle mitgenommen, dreht frei auf der Gleitbuchse. Der Kupplungskorb dreht sich mit seinem Innenleben abgekoppelt weiter auf der Kurbelwelle.

1

2

3

4

__1:__ Die Elemente der aktiven Kupplungspartie; die Reibscheiben oben (rechts die Rückseite der Basisplatte) sorgen für den Kraftschluß zwischen Kurbelwelle, Vorgelegewelle, Getriebe und Hinterrad, wenn der Kupplungshebel nicht gezogen ist und der Roller fährt. Unten: Der Kupplungskorb wirkt mit den in den Tellern gelagerten Federn auf die Druckplatte (rechts), die mit der Verzahnung in den Korb greift und sich mitdreht. Die Bronzebuchse ermöglicht den Freilauf des Primärantriebs bei gezogener Kupplung. __2:__ Dei passive Partie besteht aus Primärantrieb (hier die Rückseite), dem Zwischenring und den beiden Mitnehmerscheiben. __3:__ Der Sprengring wird bei zusammengepreßter Kupplung abgenommen. __4:__ Auf dem Vorgelegezahnrad ist eine umlaufende Rille zu sehen, die von der Produktion im Werk herrührt.

Ölpumpenantrieb: Ausbau, Kontrolle

1

2

Werkzeug Ölpumpenantrieb

Schlitz-Schraubendreher
Seegerringzange

Festgestellte Mängel

Antriebswelle:
leichte Abnutzung der Spiralverzahnung.

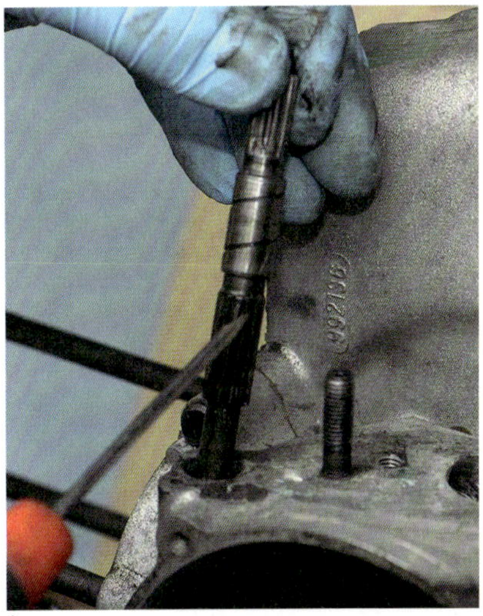
3

Ölpumpenantrieb ausbauen, prüfen:

Nach Ausbau der Kupplung liegt der **Ölpumpenantrieb** frei. Er besteht aus dem **Antriebsritzel,** einem **Zwischenritzel** mit **Schneckensegment** und der spiralverzahnten **Welle,** die nach oben durchs Vergasergehäuse zur Ölpumpe führt. Schäden können durch Abnutzung über extrem lange Laufzeiten oder Materialfehler auftreten. Ein leichtes Spiel ist normal. Aber Achtung: Die **Verzahnung der Welle** darf nicht „angefressen" oder ausgebrochen sein.

Zuerst den **Keil** von der Kurbelwelle nehmen, der für die Sicherung der Kupplung da ist. Dann das primäre Antriebsritzel von der **Kurbelwelle** abziehen. Die angeschrägte Seite der Verzahnung muß nach außen zum Deckel hin zeigen (s. Foto 2).

Das **sekundäre Ritzel** mit dem Schneckenantrieb ist durch einen Seegerring mit Scheibe gesichert; Ring mit Spezialzange entfernen, Sekundärritzel mit Schneckenantrieb abziehen. Foto 8: Rückseite des Sekundärritzels mit der vor dem Schneckenantrieb liegenden Scheibe (s.a. Foto 7). Weitere Details zum Ölpumpenantrieb s. Kapitel „Motor-Zusammenbau".

4

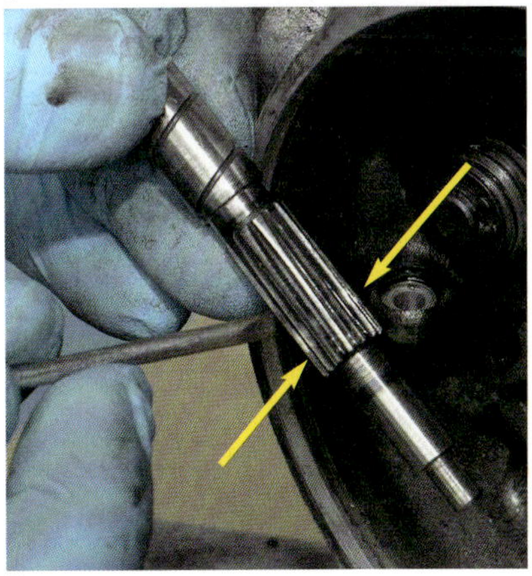
5

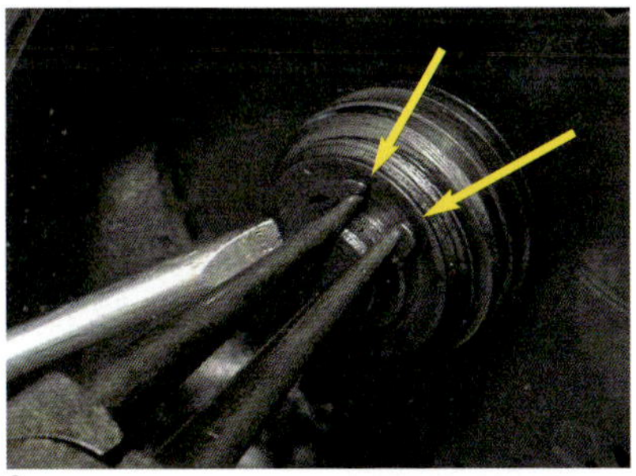
6

7

8

__1:__ Entfernen des Keils auf der Kurbelwelle. __2:__ Antriebsritzel der Ölpumpe abziehen; roter Pfeil: Antriebsschnecke. __3:__ Welle mit Spiralverzahnung nach oben aus dem Gehäuse ziehen. __4:__ Die umlaufende Rille für die Wellenschmierung ist frei von Rückständen. __5:__ Die Spiralverzahnung zeigt leichte Abnutzungsspuren. __6, 7:__ Sprengring und Scheibe des Sekundärritzels entfernen. __8:__ Rückseite des Sekundärritzels mit Anlaufscheibe.

Lichtmaschine: Ausbau, Kontrolle

Im Rahmen einer Motorinstandsetzung oder Restaurierung müssen die Hauptelemente der Lichtmaschine, bzw. des Schwungradmagnetzünders, ausgebaut werden. Die „LiMa", wie sie gemeinhin abgekürzt wird, sitzt auf dem rechten Kurbelwellenstumpf und besteht aus dem sich drehenden ***Rotor*** *mit dem* ***Gebläserad*** *und dem am Gehäuse festgeschraubten* ***Stator.***

Lichtmaschinenrotor ausbauen:

Nach Ausführung der gezeigten Arbeiten kann der **Rotor** abgezogen werden. In der Regel ist die Rotorverschraubung mit einer **Kappe** abgedeckt – sie fehlt bei unserem Muster. Rotor mit einem etwa 2 cm starken Kant- oder Rundholz (oder Piaggio-Spezialwerkzeug) gegen den Zylinderfuß **blockieren** und mit einer Stecknuß SW 19 die Haltemutter lösen. Die Mutter samt der Zahnscheibe abnehmen.

Gewinde mit **Kriechöl** (WD-40 zum Beispiel) einsprühen. Der ausgeliehene oder selbst hergestellte Abzieher (s. nebenstehender Kasten) wird wie folgt eingesetzt: **Rohrstück** mit Gewinde 28 mm in den Rotor bis zum Anschlag einschrauben. Die **Abdrückschraube** des Abziehers von Hand so weit eindrehen, bis sie auf dem Kurbelwellenstumpf aufsitzt. Dann mit einem Schlüssel SW 32 das **Rohrstück blockieren** und gleichzeitig mit einem Schlüssel SW 19 die Schraube in den Abzieher hineindrehen. In der Regel löst sich der Rotor dann problemlos mit vernehmlichem Knacken von der Kurbelwelle. Tut er dies nicht sofort, einige leichte Hammerschlage auf die Abdruckschraube geben. Bei unserem Muster war die Mutter nicht richtig festgezogen, sie löste sich sofort. Der Rotor hätte sich über kurz oder lang selbständig gemacht!

Beim Abnehmen auf den **Keil zur Rotorsicherung** achten, der ein Verdrehen auf der Kurbelwelle verhindert; er muß unbeschädigt sein und darf nicht verlorengehen.

Nach der Demontage des Rotors können bei älteren Modellen die **Unterbrecherkontakte** und die **Schleifkohlen** geprüft und gewechselt werden, inklusive anschließender **Zündeinstellung.** Dieses Thema und Vieles mehr wird ausführlich in unserem Longseller „Klassische Vespa Motorroller" behandelt, der 2023 in der 21. Auflage erschienen ist.

Abzieher für den Lichtmaschinenrotor selbst herstellen

Den für den Lichtmaschinenrotor erforderlichen **Abzieher** findet man im Internethandel oder leiht ihn beim Vespa-Vertreter aus. Alternativ kann man den Abzieher auch von einem geübten Dreher oder Schlosser anfertigen lassen. Wir haben aus einem dickwandigen **Rohrstück** und einer starken **Maschinenschraube** (mindestens 12er Schaft) den Rotorabzieher herstellen lassen.

Zunächst wird mit einer Gewindelehre die **Steigung** des Gewindes messen. Bei der PX 200 E beträgt die Steigung **1 mm.** Auch der **Durchmesser** des Gewindes muß exakt bestimmt werden – in unserem Falle sind es **28 mm.** Diese Daten genügen dem Dreher, um das Abziehergewinde in das Rohrstück zu schneiden. Am anderen Ende wird eine große **Sechskantmutter** festgelötet, SW 32 zum Beispiel. In die Mutter wird eine **Maschinenschraube** mit passendem Schaft (12 mm Durchmesser) und kräftigem Sechskant (SW 19 zum Beispiel) eingesetzt.

1

2

__1:__ Mit einer Lehre wird die Steigung des Gewindes ermittelt; sie beträgt 1,0 mm.
__2:__ In ein 28 mm dickes Rohrstück wird das passende Gewinde geschnitten. Auf das Ende wird eine starke Mutter harrtgelötet. In ihr Gewinde wird eine Schraube gedreht, mit der der Rotor dann abgedrückt wird.

1

2

3

__1:__ Der Rotor wird (mangels Piaggio-Werkzeug) über eine Gebläseschaufel mit einem passenden Holz oder Hammerstiel blockiert. Gleichzeitig wird die Mutter SW 19 gelöst. __2:__ Unter der Mutter sitzt eine Federscheibe. __3:__ Gewinde leicht einsprühen.

4

5

Festgestellte Mängel Lichtmaschine, Kabelbaum

Rotor: Abdeckkappe fehlt, Verschraubung locker

Stator: Verschraubung locker, wurde schon mal gewechselt

Kabelbaum: verdeckte Schäden; das grüne Kabel vom Zündschloß zur E-Zentrale ist gebrochen; Motor läßt sich nicht abstellen.

Gleichrichter oder Spannungsregler: defekt, kein Bordstrom

6

7

Lichtmaschinenstator ausbauen: Der unter dem Rotor (auch als Polrad bezeichnet) liegende **Lichtmaschinenstator** ist mit drei oder vier Schlitz- oder Kreuzschlitzschrauben am Gehäuse befestigt und kann nach Lösen derselben zur Seite geklappt werden. Bei neueren Modellen wie unserer PX wird der **Kabelbaum** einfach aus dem Motorgehäuse gezogen. **Vorsicht:** Spulen des Stators nicht anschlagen und damit beschädigen. Zunächst per **Sichtkontrolle** nach verdeckten Defekten suchen (ein Kabel offenbar gebrochen, muß ersetzt oder repariert werden), Motor läßt sich nicht abstellen. Das **Pickup** ist mit ein bis zwei Schrauben befestigt.

Vor dem Ausbau des Stators bzw. der Zündspulenplatte die **Position** derselben am Gehäuse beachten und notieren bzw. fotofgrafieren (s. Foto 8). Stator

8

9

10

11

__4:__ Der Rotor-Abzieher wird bis zum Anschlag in das Gewinde geschraubt. __5:__ Mit dem Ringschlüssel SW 19 wird die Abdrückschraube gegen den Kurbelwellenstumpf gedreht, bis der Rotor mit einem Knacken freikommt. __6:__ Rotor mit Abzieher und freiliegendem Stator. __7:__ Blick auf die Innenseite des Polrads und auf den noch befestigten Stator. __8:__ Markierung der Zündgrundeinstellung beachten und für den späteren Einbau festhalten. __9:__ Den Keil, der den Rotor gegen Verdrehen sichert, mit einem Seitenschneider vom Kurbelwellenstumpf abziehen und sorgfältig aufbewahren. __10:__ Roter Pfeil: Pickup. Gelbe Pfeile: Befestigungsschrauben des Stators. Man sieht die Schlitze für das Verdrehen des Stators zur Zündeinstellungskorrektur. __11:__ Verräterisch: die Ankerplatte der Lichtmaschine stammt vom April 1992; sie wurde also schon einmal ausgetauscht.

später wieder genau in dieser Position einbauen.

Bei unserem Motor waren die Schrauben der Statorbefestigung teilweise nicht richtig festgezogen. Auch fiel uns eine lose Schraube entgegen, deren Herkunft nur eine Erklärung zuließ: die Ankerplatte wurde 1992 oder später schon einmal ausgetauscht, wie Foto 11 beweist; dabei wurde diese Schraube vergessen.

Defekte Spulen können durchgemessen und gegebenenfalls ersetzt werden, siehe Schemata auf der folgenden Seite. Bei älteren Modellen sind, falls die Arbeit denn nötig ist, zur Spulenmontage Piaggio-Spezialwerkzeuge erforderlich. Bei neueren Typen müssen nur die Sicherungsbleche der betreffenden Spulen aufgebogen und die Kabelanschlüsse abgelötet werden.

Bevor der Stator vom Gehäuse getrennt werden kann, müssen die **Steckverbindungen des Kabelbaums** aus dem Verteiler genommen und von der Zündbox abgezogen werden. Ein Stekker fehlt, das Kabel ist lose, das grüne Kabel ist defekt. Besonderes Augenmerk gilt dem Rundstecker: Die Verbindung zum Kabelbaum und zur Lichtmaschine erfordern mindestens drei Kabel.

teil: Elektronikteile altern mit der Zeit und sind oft nicht mehr reparabel.

Elektronisch gesteuerte Vespa-Motoren sind entweder mit vier- oder sechspoligen Generatoren ausgerüstet. Unser Restaurierungsobjekt verfügt über einen sechspoligen Generator.

Sechspoliger Generator: Er ist als Schwungradmagnetzünder ausgelegt und mit einem elektronischen Steuergehäuse ausgerüstet. Er hat wie eine Lichtmaschine mit kontaktgesteuerter Zündung einen sechspoligen Läufer. Die Anker-

Werkzeug Lichtmaschine

Abzieher Rotor
Schlüssel mit Stecknuß SW 19
Ringschlüssel SW 19
Blockiervorrichtung
Kreuzschlitzschraubendreher

12

12: Nach dem Abschrauben wird der Stator zusamem mit dem Kabelbaum vom Gehäuse abgezogen. Rechts oben das Verteilergehäuse für die Zündelektrik. Die Stecker der Kabel wurden von der Zündbox abgezogen. ***13:*** *Das Schaltschema für die Überprüfung des Schwungradmagnetzünders (Rotor) führt alle Elemente auf, die dazu nötig sind.*

Lichtmaschine für elektronische Zündung – allgemeine Hinweise:

Gegenüber traditionellen Batterie- oder Magnetzündungen haben elektronisch gesteuerte Zündanlagen zahlreiche **Vorzüge.** Weil bei äußerst schneller Entladung in extrem kurzer Zeit eine höhere Spannungsspitze erreicht wird, arbeitet der Motor regelmäßig auch bei verschmutzter Zündkerze oder zu großem Elektrodenabstand. Die Elektroden brennen nicht so schnell ab, die Zündkerze hält länger. Die Gefahr, daß die Elektroden überbrückt werden, ist geringer als bei kontaktgesteuerten Zündanlagen. Auch springt der kalte Motor leichter an.

Darüber hinaus ergeben sich durch das **Fehlen von Verschleißteilen** bestimmte **Vorteile** mechanischer Art: Die Zündeinstellung bleibt über einen langen Zeitraum hinweg konstant, ist unabhängig von Witterungseinflüssen, arbeitet regelmäßig auch bei Dauervollgas und nach längerem Motorstillstand. **Nach-**

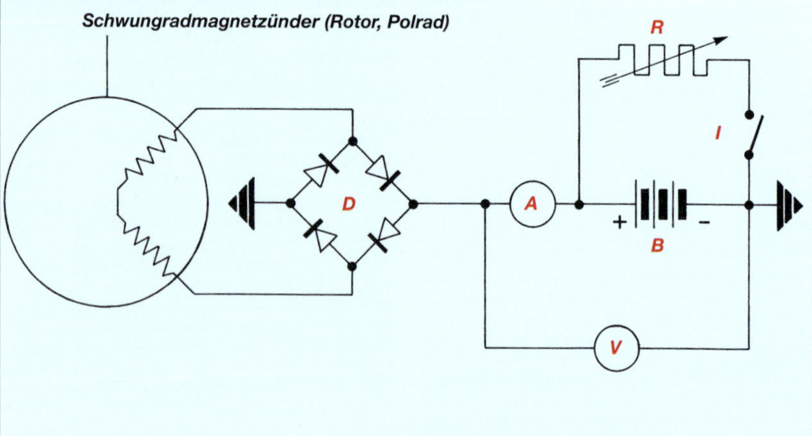

Schaltschema zur Überprüfung des Rotors P 200 E. A: *Amperemeter für Gleichstrom, 5A Vollausschlag;* ***B:*** *Batterie 12V 5,5A voll geladen;* ***D:*** *Diodengruppe Nr. 145222;* ***R:*** *Rheostat 0,2-22Ω;* ***V:*** *Voltmeter für Gleichstrom, 20V Vollausschlag;* ***I:*** *Schalter.*
Quelle: Werkstatt-Handbuch Vespa P125X, P150X, P200E, Piaggio & C. Pontedera 3500/8103.

13

platte ist, wie auf den Fotos zu sehen, mit **fünf Spulen** versehen: vier dienen der Versorgung des Bordnetzes, eine der Ladung des Kondensators. Auf der stählernen **Ankerplatte** ist das Pickup angebracht, das von den zugeordneten Polschuhen erregt wird und so den Zündstrom steuert. Auch hier erzeugt der Laufer in der Spule B einen Wechselstrom, der von der Diode D2 gleichgerichtet wird und den Kondensator C1

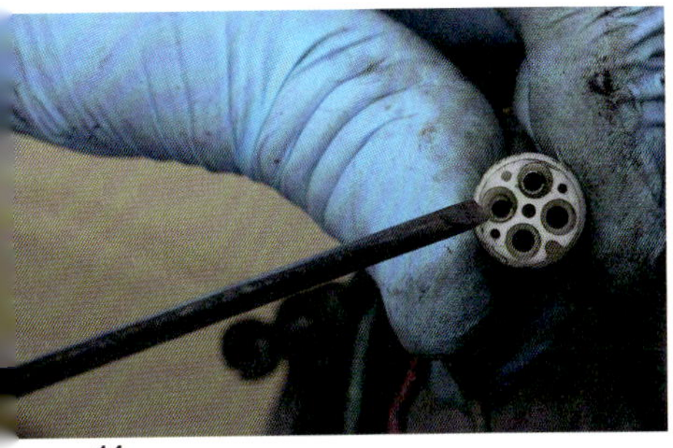

14

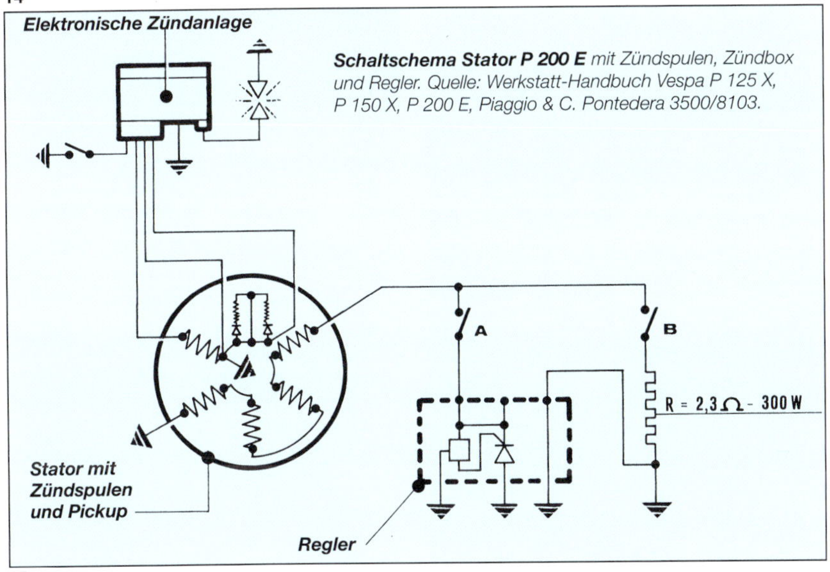

15

14: Auf Deformationen innerhalb des Rundsteckers achten. 15: Prüfanordnung für die Kontzrolle des Lichtmaschinen-Stators bei der 200er Vespa.

lädt. Das Pickup liefert genau zum Zündzeitpunkt das Signal zum Schließen des Thyristors; dieser bewirkt die Entladung des Kondensators auf die Zündspule. So entsteht der Zündstrom.

Elektronische Zündung – Fehlersuche Verbindungen, Elektronikzentrale, Zündkerze:

Was ist zu tun, wenn die elektronische Zündanlage nicht richtig arbeitet? Wenn Kabel zur Kontrolle der Verbindungen und Bauelemente abgezogen werden, darf dies **nur bei abgeschaltetem Motor** durchgeführt werden (erübrigt sich hier, weil alles bereits ausgebaut wurde). Anderenfalls kann die Elektronikzentrale beschädigt werden. Zudem **Vorsicht:** Die Spannungsspitzen sind nicht ungefährlich. Bei allen Arbeiten an der Verkabelung die **Farben** beachten, notfalls die Verbindungen markieren.

Funktioniert die Zündung nicht korrekt (Aussetzer bei laufendem Motor, kein Zündfunke bei Kerzenprüfung, kein Abstellen des Motors möglich), liegt's an defekten Kabeln (bei uns am grünen Kurzschlußkabel) oder an der **Elektronikzentrale.** Die Box befindet sich hinten am Motor und ist über grüne, rote und weiße Kabel mit den Spulen auf der Ankerplatte sowie über das Zündkabel mit der Zündkerze verbunden. Dieses Teil kann nur komplett ausgetauscht werden (KS-Schrauben oder Schrauben mit Muttern und Gummilagern). Funktioniert die Zündung nach Austausch der Elektronikzentrale immer noch nicht, müssen sämtliche **Kabelverbindungen,** Stecker und Elemente der Ankerplatte zunächst auf sichtbare, dann per Multimeter auf versteckte Beschädigungen überprüft werden. Bei unserer PX waren Gleichrichter oder Spannungsregler defekt; Ausfall der Bordelektrik mit Scheinwerfer, Rücklicht, Hupe und Blinkern.

Lichtmaschinen-Stator und Pickup Prüfung – Modelle mit Elektronik:

Bei abgezogenem Rotor werden die **Spulen** mit einem **Ohmmeter** durchgeprüft. Von außen unsichtbare Schäden lassen sich nur mit dem Ohmmeter feststellen, das einen Meßbereich von 1 bis 1000 Ohm hat. Bei **sechspoligen Generatoren** wie bei unserer PX 200 E muß der Widerstand zwischen dem grünen und weißen Kabel 500 +/- 5 Ohm betragen, zwischen dem roten und weißen Kabel 110 +/- 5 Ohm.

Ist dies nicht der Fall, defekte Spulen oder die ganze **Ankerplatte** ersetzen. Steht kein Meßgerät zur Verfügung und wurde bereits festgestellt, daß die Störung weder von der Elektronikzentrale noch von defekten Kabeln oder Verbindungen ausgeht, muß ebenfalls die komplette Ankerplatte ausgetauscht werden. **Hinweis:** Immer zuerst die **Zündkerze** prüfen; oft ist sie schuld an einem ernsten Defekt.

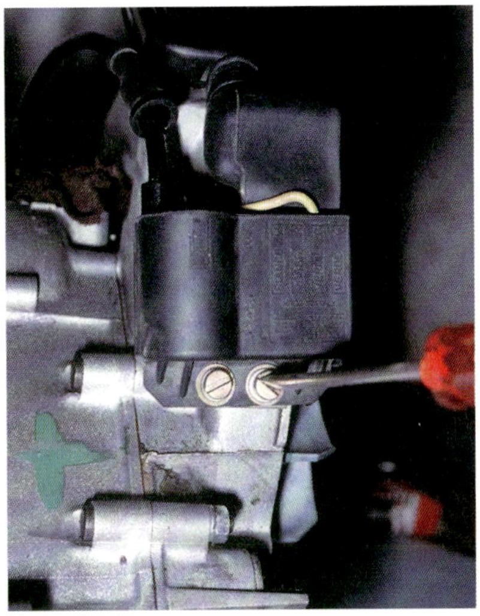

16

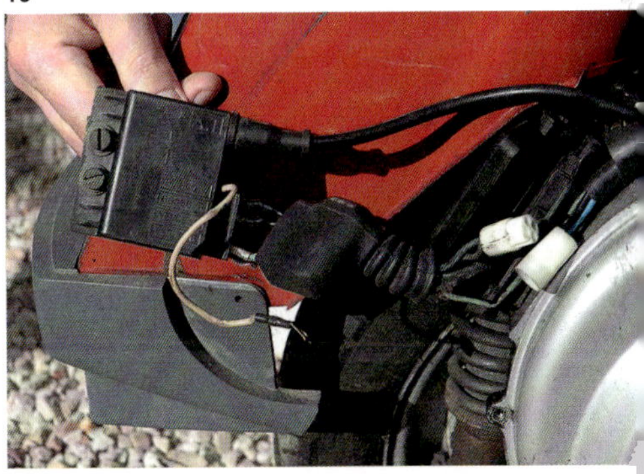

17

18

16: Die gummigelagerte Elektronik-Zündbox bei einer anderen PX 200 E. 17: abgenommene Zündbox bei unserer PX 200 E von 1985 mit einigen defekten Kabeln. 18: Spannungsregler (verrippt) und Gleichrichter (darunter) bei unserer Vespa.

Hinterradbremse: Demontage, Analyse

Hinterradbremse demontieren, prüfen

Hinterradbremse demontieren:
Bevor die Motorgehäusehälften getrennt werden, demontieren wir die Elemente der Hinterradbremse, weil sie sonst später hinderlich wären: Backen mit Belägen, Federn, Dichtringe, Bremsankerplatte. Zuerst **säubern** wir die Bremsanlage mit Petroleum oder Bremsenreiniger.

Die beiden Bremsbacken sind in Fahrtrichtung durch zwei **Federklammern** gesichert, die mit einer Spitzzange abgezogen werden. Die **obere Backe** wird rechts mit einem starken Schraubendreher vom **Nocken** abgehebelt und mit einem zweiten Schraubendreher vorn aus der Lagerung gedrückt. Danach kann sie ganz abgezogen werden. Das System ist nun entspannt, die **untere Backe** läßt sich ohne weiteren Aufwand zusammen mit der (intakten) **Rückholfeder** abnehmen.

Der **Bremsnocken** weist keine Abnutzungserscheinungen, wird aber trotzdem ausgebaut (s. folgende Seite). Die **Bremsbeläge** hingegen sind total verölt, was auf den verschlissenen Wellendichtring im Antriebsgehäuse zurückzuführen ist. Die **Belagstärke** beträgt zwar noch 3,0 mm (ohne Unterlage) und wäre noch ausreichend (Mindeststärke 1,5 mm). Gleichwohl werden beide Backen später gegen Neuteile ausgewechselt. Nun kann die **Bremsankerplatte** abgeschraubte werden: drei Kreuzschlitzschrauben. Dahinter werden **vier O-Ringe** sichtbar: ein umlaufender im Zentrum, ein kleinerer zur Abdichtung des Bremsnockens und ein Doppelring an den vorderen Backenlagerungen.

Alle Ringe sind undicht und müssen erneuert werden. Auch diese Ringe waren dafür verantwortlich, daß sich das Getriebeöl verflüchtigt hat, in diesem Bereich Richtung Bremsbacken, was die Bremswirkung beträchtlich reduziert haben dürfte. Weitere undichte Stelle: der Wellendichtring an der Antriebswelle. Ring und Kugellager werden später ausgebaut und erneuert.

1

1, 2: *Die von Öl und Abrieb stark verschmutzte Trommelbremsanlage muß zunächst sorgfältig gereinigt werden.*

2

3

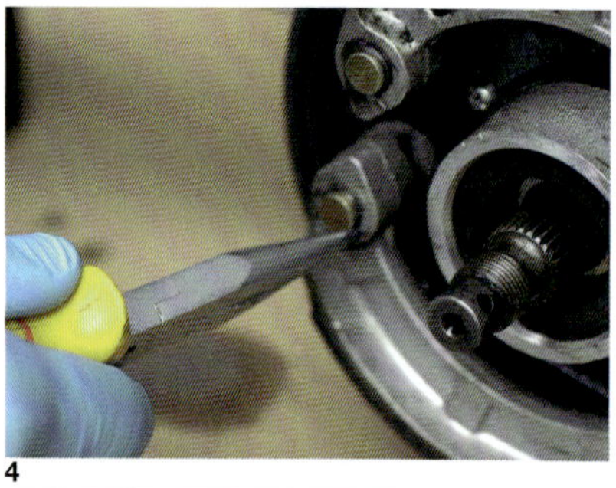
4

5

6

7

8

3, 4: *Zunächst die Federklammern an den vorderen Backenlagern abziehen (Spitzzange).* ***5, 6:*** *Die obere Bremsbacke wird zuerst mit einem Schraubendreher vom Bremsnocken abgehebelt.* ***7:*** *So wird der Schraubendreher vorne angesetzt.* ***8:*** *Mit zwei Schraubendrehern die obere Backe nach vorn hebeln.*

Werkzeug Hinterradbremse

Spitzzange
zwei Schlitz-Schraubendreher
Kreuzschlitz-Schraubendreher

Produkte Hinterradbremse

Bremsenreiniger
Kaltreiniger

9

11

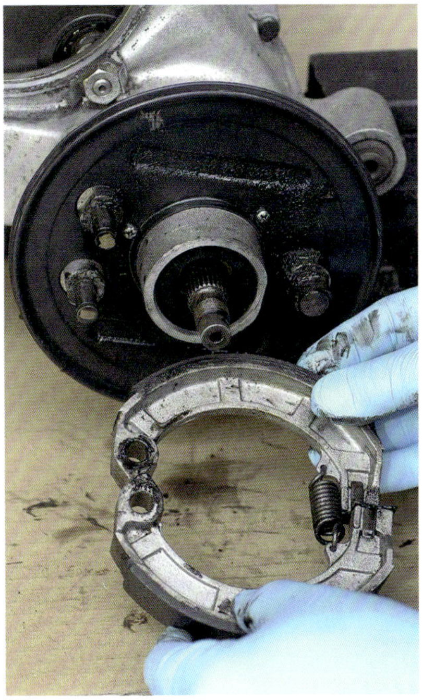
10

12

13

Festgestellte Mängel Hinterradbremse
O-Ringe: undicht (ein großer, drei kleine)
Wellendichtring: undicht
Bremsbeläge: verölt

9: *Die beiden nach vorn gezogenen Bremsbacken der Hinterradbremse.* ***10:*** *Die Bremsbacken werden zusammen mit der Rückholfeder abgenommen.* ***11:*** *Die Bremsankerplatte ist mit drei Kreuzschlitzschrauben befestigt.* ***12:*** *Die noch gut aussehende Bremsankerplatte und die Radantriebswelle (gleichzeitig Getriebehauptwelle).* ***13:*** *Vier O-Ringe dichten gegen das Gehäuse ab.*

Bremsbetätigung Hinterradbremse demontieren, prüfen

Bremshebel und Bremsnockenwelle ausbauen:

Die Elemente der rückwärtigen Bemsbetätigung müssen komplett demontiert werden. Dazu zuerst mit einem Schraubendreher die **Rückholfeder** aushängen. Dann mit einem kleinen Schraubendreher den **Sicherungssplint** aufbiegen und ihn mit einer Spitzzange herausziehen. Mit dem großen Schraubendreher die Bremsnockenwelle aus ihrer Lagerung nach außen drücken und ganz aus dem Antriebsgehäuse ziehen. **Bremshebel** und Rückholfeder liegen jetzt frei. Die **Bremsnockenwelle** ist noch gefettet, die beiden O-Ringe haben das Austreten des alten Fetts verhindert.

1: *Aushebeln der Rückholfeder.* ***2:*** *Feder zurückschieben.* ***3:*** *Sicherungssplint aufbiegen.* ***4:*** *Sicherungssplint herausziehen* ***5:*** *Die Bremsnockenwelle aus dem Gehäuse drücken.* ***6:*** *Feder und Bremshebel entnehmen.*

1

2

3

4

5

6

Werkzeug Bremsbetätigung
Spitzzange
2 Schlitzschraubendreher

Mängel Bremsbetätigung
O-Ringe: erneuerungsbedürftig

7

8

7: *Die herausgedrückte Bremsnockenwelle mit der alten Fettfüllung.* ***8:*** *die gereinigte, intakte Nockenwelle mit den zwei alten O-Ringen.*

Motorgehäuse, Getriebe: Demontage, Analyse

Motorgehäuse trennen

Motorgehäuse trennen:

Wir haben, wie es erforderlich ist, zuvor Zylinder, Kolben, Kupplung, Lichtmaschine, Schaltsegment, Ölpumpe, Vergaser und Kickstarthebel ausgebaut. Um das **Gehäuse trennen** zu können, müssen **zwölf Muttern** SW 11 mit Scheiben und Federringen abgenommen werden. Vier Muttern liegen innen im Bereich der Lichtmaschine, acht Muttern außen am Gehäuserand. Dazu gehören acht Bolzen. Die am weitesten unten und vor der Ölablaßschraube liegende Mutter ist von der Kupplungsseite aus erreichbar und stark fettverschmiert. Alle anderen Muttern liegen auf der Lichtmaschinenseite.

Der **Bolzen,** der in Höhe des Übergangs zur Schwinge liegt, ist festgerostet. Er liegt im Spritzwasserbereich und hat auf der ganzen Länge Kontakt zum Leichtmetallgehäuse. Die Korrosion zwischen den unterschiedlichen Metallen führte dazu, daß der Bolzen festsitzt.

Wir lockern zunächst die Mutter und drehen sie so weit heraus, bis das Gewinde vorne voll abgedeckt ist. Dann setzen wir einen **Durchschlag** mit 10 oder 12 mm Stärke an und geben darauf so lange leichte Hammerschläge, bis der Bolzen nachgibt. Dann nehmen wir die Mutter ab und schlagen den Bolzen mit einem **Bronzedorn** bis an den Gehäuserand zurück. Anschließend kommt ein Durchschlag mit 8 mm Stärke zum Einsatz: Mit diesem treiben wir den Bolzen ganz aus dem Gehäuse. Er wird aufbereitet und wiederverwendet.

Ansonsten lassen sich nach dem Lösen der Muttern **acht Bolzen M7** mit verdrehgesicherten Köpfen aus dem Gehäuse ziehen: vier 50 mm lange oben, drei 60 mm lange unten, ein 100 mm langer vorn an der Schwinge (Anordnung wichtig für den späteren Einbau).

Jetzt mit einem Gummihammer die **Gehäusehälfte** auf der LiMa-Seite vorsichtig **lockern;** keine Gewalt anwenden. Löst sich die Gehäusehälfte nicht von ihrem Gegenüber, mit einem Kunststoffhammer kurz und trocken auf das Ende der Kickstarterwelle schlagen. Haben sich die Hälften etwas voneinander getrennt, werden sie mit einem starken Schraubendreher so weit auseinander gedrückt bis sie sich von Hand abnehmen lassen.

Die **Papierdichtung** klebt teilweise fest, ist komplett verölt, zerreißt beim Abnehmen hat also ihre Funktion nicht mehr erfüllt – weitere Ursache für den Ölverlust neben dem defekten O-Ring unten an der Kupplungsbetätigung. Zusätzlich aufgebrachte Dichtpaste ist nicht feststellbar.

In den Gehäusehälften sitzen die beiden **Nadellager** für die Kurbelwelle und

1

1: Die beiden Gehäusehälften sind mit zwölf Schrauben und Muttern SW 11 samt Unterlegscheiben und Federringen miteinander verbunden. Rote Pfeile: im LiMa-Bereich liegende Muttern; gelbe Pfeile: außenliegende Muttern bzw. Bolzen. Die Muttern sind hier teilweise bereits abgenommen. ***2, 3:*** *Elf Muttern können von der Lichtmaschinenseite aus gelöst werden.*

2

3

Werkzeug Gehäusehälften

Stecknuß SW 11
mit Umschaltschlüssel
Schlosserhammer
Gummihammer
Durchschläge 8, 10, 12 mm
Bronzedorn
starker Schlitzschraubendreher

die Antriebswelle. Auf den ersten Blick scheinen die Lager in Ordnung zu sein, dem ist aber nicht so, wie wir bald sehen werden.

Der **Innenring des Kurbelwellenlagers** bleibt auf der Welle zurück. Wir

__4:__ Der Bolzen vor der Ölablaßschraube liegt mit dem Kopf auf der LiMa-Seite. __5:__ Die Mutter wird von der Kupplungsseite aus gelöst.

4

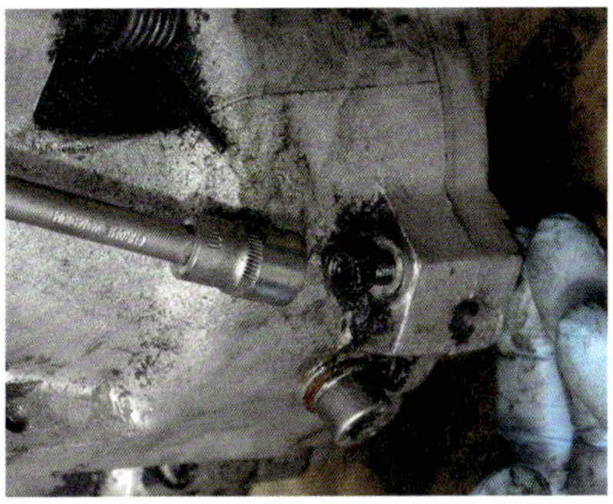
5

6

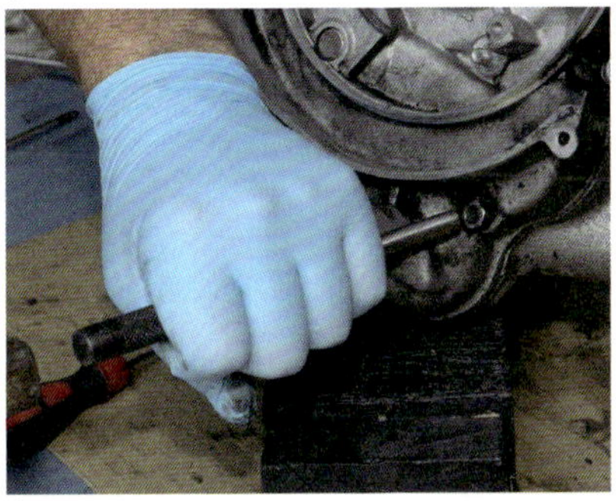
7

8

__6:__ Der Bolzen vor der Kickstarterwelle ist festgerostet (Mutter bereits abgenommen). __7:__ Mutter wieder aufsetzen und mit einem Durchschlag 12 mm den Bolzen etwas zurückschlagen. __8:__ Es geht auch mit einem Schlagdorn aus Bronze. Mit einem Durchschlag 8 mm den Bolzen ganz aus dem Gehäuse schlagen. __9, 10, 11:__ Der verrostete Bolzen kommt schließlich frei.

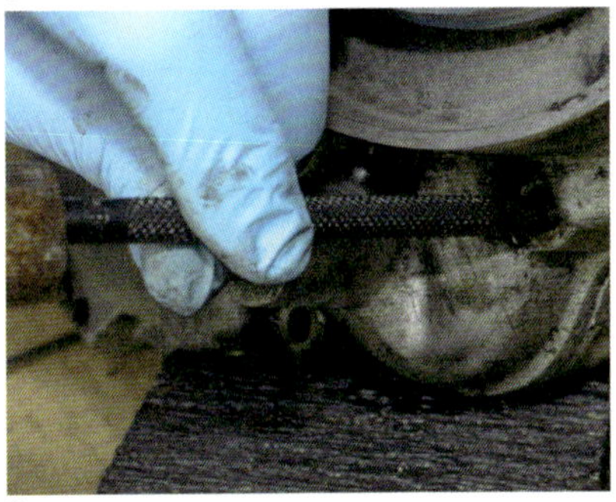
9

10

11

stellen fest, daß er schlüssig an der Kurbelwange sitzt, was er nicht darf. Dies beweist, daß hier schon einmal unfachmännisch gewerkelt wurde.

Kurbelwelle, Vorgelege und Antriebswelle mit Zahnrädern und Schaltautomat bleiben zunächst in der kupplungsseitigen Gehäusehälfte; den Ausbau beschreiben wir Schritt für Schritt in den folgenden Abschnitten.

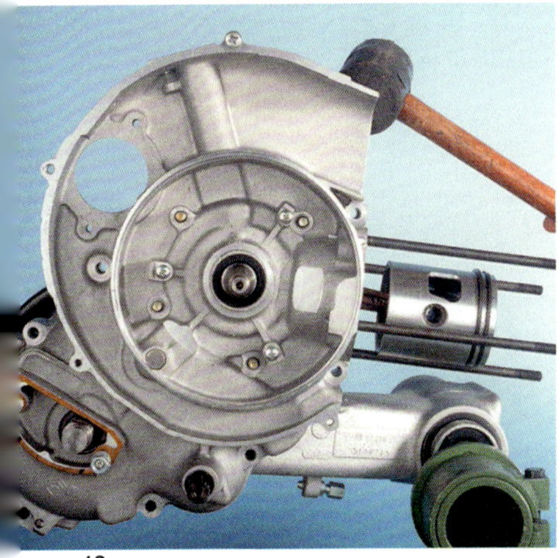
12

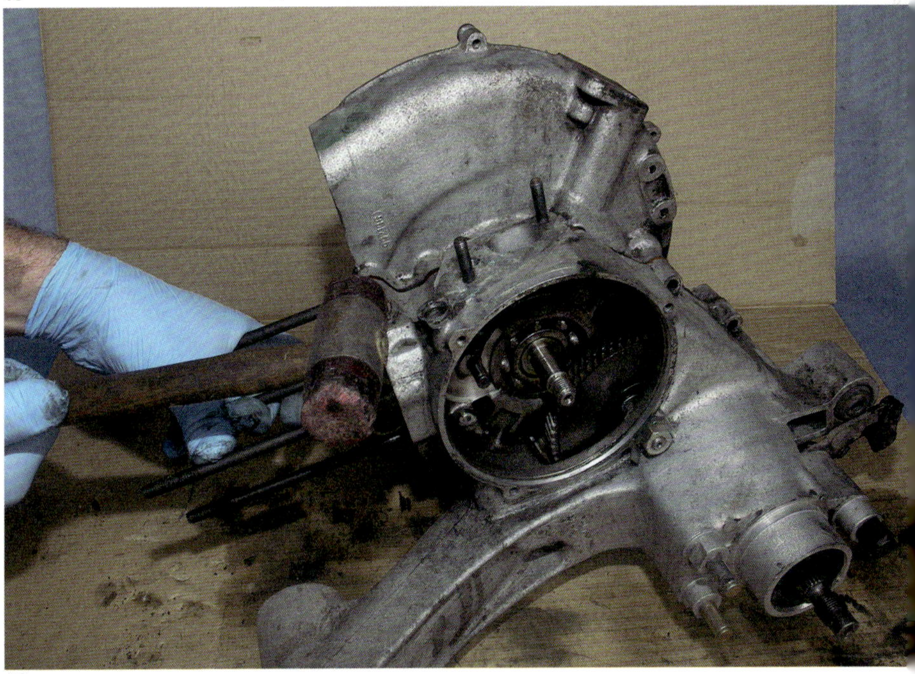
13

__12, 13:__ Mit einem Gummi- oder Kunststoffhammer leicht auf die lichtmaschinenseitige Gehäusehälfte schlagen, um sie von der Kurbellwelle zu separieren; links: Arbeiten an einem Neumotor.

Material Gehäusehälften

Rostlöser

14

15

16

17

14, 15: *Nach dem Lockern der Hälften mit dem Gummihammer werden die Hälften mit einem starken Schraubendreher auseinandergedrückt.* ***15:*** *lichtmaschinenseitige Hälfte durch Hin- und Herbewegen von Kurbel- und Getriebewelle lösen.* ***17:*** *Nach Abheben der LiMa-Hälfte liegen die Innereien frei; 1= Kickstarterritzel, 2 = Kickstarterwelle mit Zahnsegment und Rückholfeder, 3 = Vorgelege, 4 = Getriebe, 5 = Kurbelwelle, Pleuel.*

Festgestellte Mängel Gehäusehälften

Gehäusedichtung: defekt
Verschraubung: Bolzen im Schwingenbereich festgerostet

Kurbelwelle Ausbau, Befund

Kurbelwelle ausbauen:

Die Kurbelwelle läuft auf der Kupplungsseite auf einem kräftig dimensionierten **Kugellager,** auf der Lichtmaschinenseite in einem **Nadellager.** Der Außenring dieses Nadellagers mit den Nadeln verbleibt beim Trennen der Gehäusehälften auf der Kurbelwelle.

Die Kurbelwellenhälfte auf der Lichtmaschinenseite löste sich beim Trennen der Gehäusehälften von selbst aus dem Nadellager. Aus dem Kugellager kann die Kurbelwelle entweder mit einer **Abdrückvorrichtung,** wie sie Werkstätten haben (u. U. ausleihen), ausgebaut werden oder mit dem **Holzhammer** von der Kupplungsseite her. Bei unserem PX-Motor kam die Welle nach wenigen leichten Hammerschlägen frei.

1

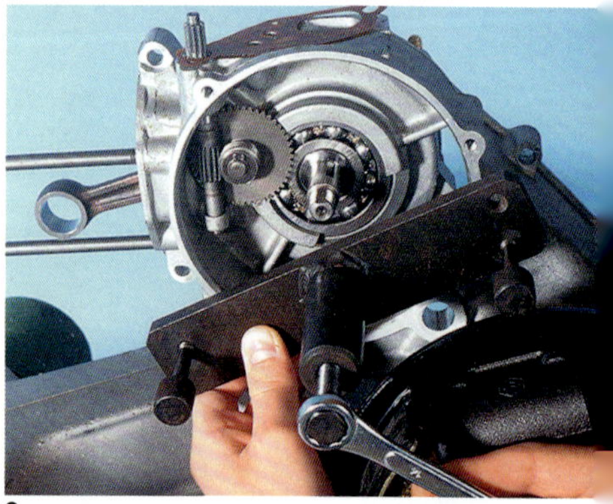

2

3

4

1: *Die Holzhammermethode funktionierte bei unserem Motor einwandfrei.* ***2:*** *Die Vespa-Werkstatt verfügt über eine Abdrückvorrichtung, die am Gehäuse festgeschaubt wird.* ***3, 4:*** *der gebrochene Dichtring zwischen Kurbelwange und Kugellager – Ursache von Schäden vor allem am Kolben, die wir im Vorfeld nicht erklären konnten.*

Große und **böse Überraschung** nach dem Abziehen der Kurbelwelle: Der aus Kunststoff- und Metallelementen bestehende **Dichtring** zwischen Kurbelwange und Kugellager ist **völlig zerbrochen!** Es fehlen Teile, die letztlich über das Kurbelgehäuse ihren Weg in Zylinder und Brennraum gefunden haben. Sie haben die **Riefen** oberhalb der Kolbenringe und die **Kraterbildung** oben auf dem Kolbenboden verrusacht.

Wir stellen außerdem fest, daß der defekte Ring tiefe Schleifspuren an Kurbelwange und Kurbelgehäuse, außerdem im Auflagebereich an der Welle verursacht hat. Wir diskutieren die Frage, ob die Welle ersetzt werden muß. Da aber kein Öleintritt im Bereich der Lichtmaschine feststellbar ist, beschließen wir, lediglich den Dichtring zu erneuern.

Kurbelwelle prüfen

Sonstige Schäden stellen wir an Kurbelwelle und Pleuel nicht fest, das Pleuelfußlager zeigt weder axiales noch radiales Spiel. Sollte dies im Rahmen einer Motorrevision der Fall sein, kann die Kurbelwelle in einer Fachwerkstatt überholt werden. Heute dürften aber nur noch wenige Piaggio- und Vespa-Vertretungen über das nötige Spezialwerkzeug und das Know-how verfügen.

Im Prinzip geht das so: Zunächst wird die Welle für 20 Minuten und bei einer Temperatur von 90 bis 95 °C in ein **Ölkohle-Lösungsmittel** gesetzt (Typ HDS Houseman & Thompson Ltd.) und danach mit fließendem Wasser gründlich abgespült. Dann wird die Welle mit der

Werkzeug Kurbelwelle und Lager

Abdrückvorrichtung, Holzhammer
Schraubendreher
Auszieh- und Abdrückwerkzeuge für Lager.
Sprengringzange (gerade)

Festgestellte Mängel Kurbelwelle

Nadellager: nicht defekt, werden aber erneuert
Kugellager: Spiel, hakeliger Lauf; muß erneuert werden
Dichtring vor Kugellager: falscher Sitz, gebrochen
Kurbelwangen: Schleifspuren durch Dichtringteile, kein Abstand zum Innenring des Nadellagers
Kurbelgehäuse: Schleifspuren durch Dichtringteile, Schlagspuren ungeklärter Herkunft

5

6

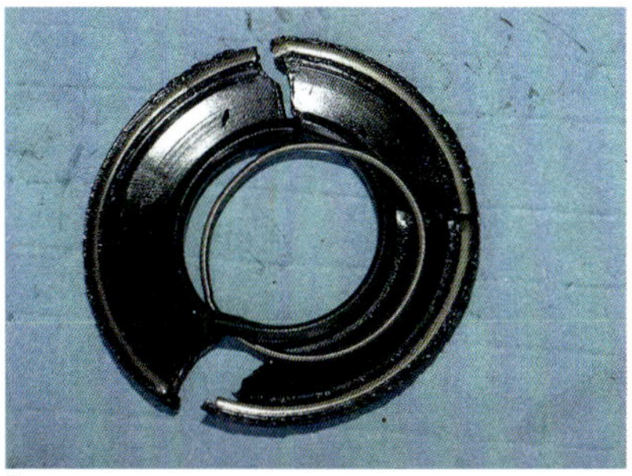
7

8

9

10

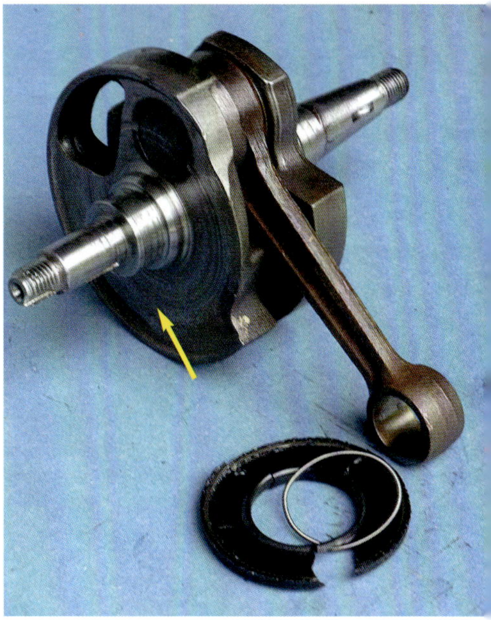
11

5: *Kurbelgehäuse mit Kugellager und Vorgelege, Kurbelwelle mit gebrochenem Dichtring – seitenrichtig.* ***6:*** *der noch im Gehäuse sitzende Dichtring, bereits in seine Bestandteile aufgelöst.* ***7:*** *der gebrochene Kunststoffring und die herausgerutschte Ringfeder.* ***8,9:*** *Schleifspuren an Kurbelwange und Lagersitz.* ***10:*** *Auch das Kurbelgehäuse hat gelitten.* ***11:*** *Kurbelwelle mit Pleuel und Dichtring, bei dem ein Stück fehlt; kein Abstand zum Innenring des Nadellagers (Pfeil).*

12

12: Die ausgebaute Kurbelwelle unseres PX-Motors zeigt, abgesehen von den Schleifspuren des defekten Dichtrings (unten) an den Wangen, keine Schäden und kein unzulässiges Spiel; links die Kupplungs-, rechts die Schwungradseite. ***13, 14:*** *In der Fachwerkstatt kann die Kurbelwelle zwecks Überholung zerlegt werden; dazu sind ein Prüflager T.19559/C (13: Schwungradseite,* ***14:*** *Kupplungsseite) und eine Presse erforderlich; 1 = Stempel der Presse, 2 = Kurbelzapfen, 3 = Prüflager.*

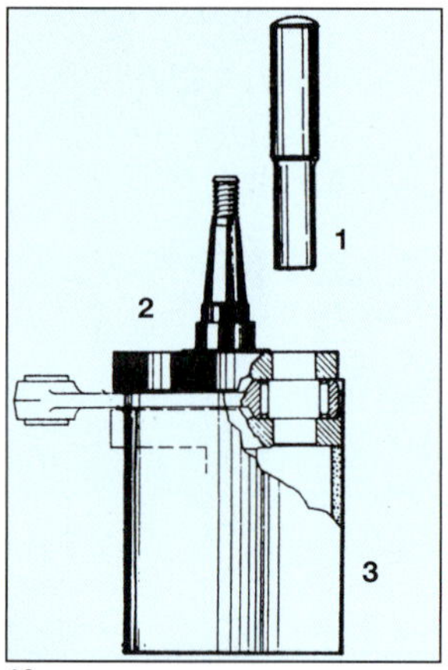

13

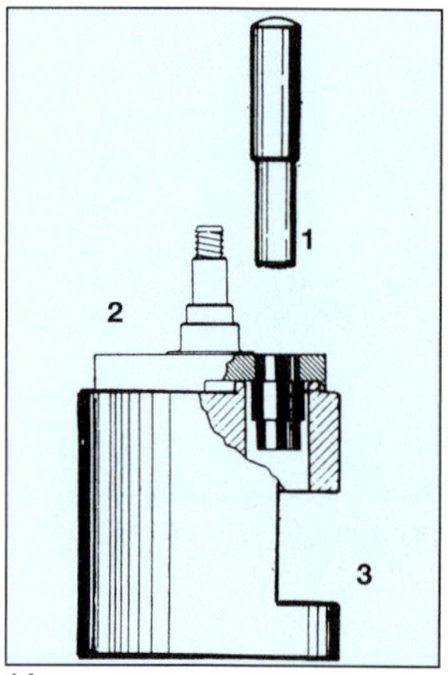

14

Zeichnungen: Werkstatt-Handbuch Vespa P 200 E, Piaggio & C./Corradino Mori

Schwungradseite nach oben in einen Montagebecher gesetzt (Piaggio-Teile-Nr. T.0021472). Mit der Presse und passendem Stempel wird die obere Wellenhälfte abgebaut. Im zweiten Schritt kommt ein anderer Montagebecher zum Einsatz (Teile-Nr. T.024448). Die Welle wird mit der **Kupplungsseite** nach oben aufgesetzt, die Presse drückt die zweite Wellenhälfte ab.

Nadellager KW ausbauen:

Der **Wellendichtring des Nadellagers** auf der Lichtmaschinenseite wird von außen mit einem geeigneten Schraubendreher ausgehebelt. Der Ring ist abgenutzt und wird ersetzt. Für das Abziehen des beim Gehäusetrennen auf der Welle verbliebenen **Nadellager-Innenrings** ist ein Spezialwerkzeug erforderlich. Wir greifen aber zu traditionellen Methoden - siehe weiter hinten.

Die Umgebung des **eigentlichen Nadellagers** wird auf 150 °C erhitzt, dann mit Dorn und Hammer nach innen ausgetrieben. Daß der Motor schon mal auseinander war (inklusive Lagerwechsel), beweisen klar die **Schlagspuren** am Gehäusekranz des alten Nadellagers. Das alte Nadellager scheint noch in gutem Zustand zu sein, wird aber später trotzdem durch ein Neuteil ersetzt.

Kugellager der Kurbelwelle ausbauen:

Das **Kugellager auf der Kupplungsseite** liegt nach Ausbau von (defektem) Dichtring und Kurbelwelle frei; es ist mit einem großen **Sprengring** gesichert. **Vorsicht** beim Ausbau: Der Ring muß komplett zusammengepreßt, dann abgehoben werden; wenn die Zange abrutscht, fliegt der Ring unkontrolliert

15

16

17

18

19

20

21

15: *Der Wellendichtring der Kurbelwelle auf der Lichtmaschinenseite wird von außen mit einem Schraubendreher ausgehebelt.* ***16:*** *Blick auf den Dichtringsitz und den Außenring des Nadellagers.* ***17:*** *Schlagschäden am Kragen des Nadellagers; es wurde früher schon einmal ersetzt, und der Schrauber hat gepfuscht.* ***18:*** *Nadellager Kurbelwelle auf der Lichtmaschinenseite von innen.* ***19:*** *Zum Ausbau des KW-Nadellagers zunächst Gehäuse auf ca. 150 °C erhitzen.* ***20:*** *Ringsum mit einem Dorn auf den Außenring des Lagers schlagen.* ***21:*** *Das ausgebaute Nadellager.*

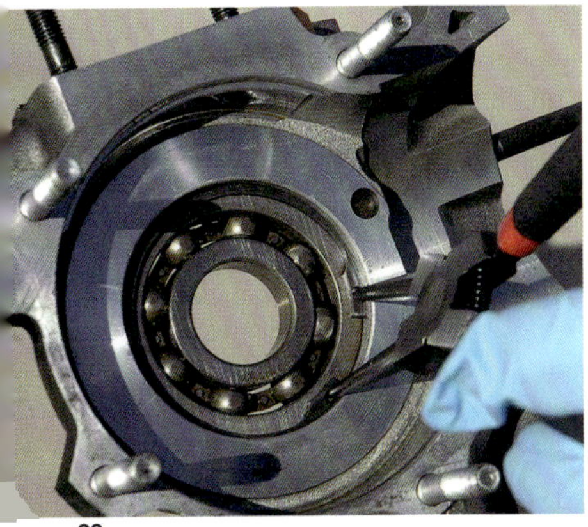

20

23

durch die Gegend, was im wahrsten Sinne des Wortes ins Auge gehen kann.

Nach dem Ausbau des Rings wird das Lager von der Kupplungsseite her herausgeschlagen. Am besten geht das mit einem Spezialwerkzeug. Es funktioniert auch mit einem passend zurechtgesägten **Brettstück aus Hartholz** (Breite 58, Stärke 27, Länge ca. 15 cm, Herstellung s. Kasten). Die Ecken müssen leicht abgerundet werden, damit's paßt.

Zuvor wird das Gehäuse mit einem Heißluftgerät auf ca. 150 °C erhitzt. Auf keinen Fall zusätzlich Vereisungsspray für das Lager verwenden, das Gehäuse könnte Risse bekommen. Unser Kugellager hat leichtes Spiel, läuft unrund und wird später durch ein Neuteil ersetzt. Genaue Informationen dazu weiter hinten im Kapitel „Motormontage".

21

24

__20:__ Ansetzen der Zange an den Augen des Seegerrings; völlig zusammenpressen, dabei Vorsicht. __21:__ der ausgebaute Sprengring.

22

25

__22:__ Der Außenring des Kugellagers stützt sich gegen Widerlager ab. __23:__ Gehäuse mit einem Heißluftgerät auf ca. 150 °C erwärmen. __24:__ Austreiben des Lagers von der Gehäuse-Kupplungsseite her mit einem zurechtgesägten Hartholzstück (Querschnitt 27 x 58 mm) oder Spezialwerkzeug. __25:__ das ausgebaute Kugellager; es wird durch ein Neuteil ersetzt.

Holz für das Austreiben des KW-Lagers herstellen

Sicher: Die Vespa-Werkstatt hat die passenden Spezial-Werkzeuge. Beim Do-it-yourself aber ist Phantasie gefragt. Die Lösung: Herstellung eines Kantholzes aus harter Eiche oder Esche, das genau auf den Außenring des Kurbelwellen-Kugellagers paßt.

Wir sägen ein Brett mit 27 bis 30 mm Stärke auf die Breite von 58 mm und kürzen es dann auf ca. 15 cm. Die Kanten werden so gebrochen, daß sie am Außendurchmesser des Kugellagers anliegen.

1

2

__1:__ Das Brett 27 x 58 mm auf 15 cm Länge kappen.
__2:__ Mit einem scharfen Messer die Kanten brechen.

Getriebe, Schaltvorrichtung Ausbau, Befund

Getriebe komplett ausbauen:

Die vier Getriebezahnräder sitzen zusammen mit dem **Schaltkreuz** auf der **Antriebswelle** (gleichzeitig **Radachse).** Der Zusammenhalt der Getriebeeinheit wird von einem großen **Sprengring** garantiert. Bei der Antriebswelle wird der Kraftschluß zum Rad über die **Kerbverzahnung** auf der Bremsenseite der Welle hergestellt.

Mit einem Holz- oder Kunststoffhammer von der Bremsenseite her auf die **Radachse** schlagen, bis der Getriebesatz aus dem Gehäuse tritt. Sollte sich die Welle dabei nicht bewegen, greifen wir zu einem Stück Hartholz und einem Eisenhammer; die Welle schiebt sich dann auf jeden Fall wie gewünscht aus dem Innenring des **Kugellagers,** das ins Ge-

1

2

3

4

1: Mit dem Holz- oder Kunststoffhammer leicht auf die Antriebswelle schlagen. 2: Nach wenigen Schlägen kommen Antriebswelle und Getriebezahnräder vom Gehäuse frei. 3, 4: Nach dem Herausschlagen liegen Getriebe-Zahnradsatz und Abtriebswelle frei. 1 = Eingriff des Schaltsegments, 2 = Getriebe-Zahnradsatz (von links 1., 2., 3., 4. Gang), 3 = Endantriebswelle mit Radverzahnung, 4 = Radmuttergewinde. 5: Zum Zerlegen des Getriebes wird der große Seegerring mit einer gekröpften Zange zusammengedrückt.

5

Werkzeug Getriebe

Holz- oder Kunststoffhammer
u.U. Eisenhammer und Hartholz
67 x 30 mm, Rundholz 47 mm
Dorn und Bronzehammer
Heißluftgerät
zwei Seegerringzangen
Schraubstock
Wasserpumpenzange
Gabelschlüssel SW 13

6

6: Die Elemente des Getriebes von links: Seegerring, Schulterring, Getriebezahnräder 1., 2., 3., 4. Gang. Insgesamt gibt es keinen auffälligen Verschleiß. Unten im Bild: Getriebe- und Antriebswelle mit Schaltvorrichtung. 7: Damit Seiten und Reihenfolge nicht verwechselt werden, binden wir die Elemente zusammen.

7

8

9

10

11

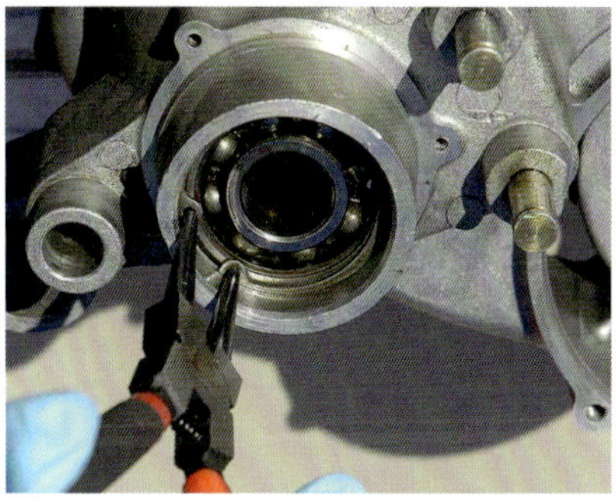

12

13

14

15

8: Blick auf das Nadellager der Getriebewelle; ein Wellendichtring ist innen nicht vorhanden, die Welle wird außen durch die Schaltbox abgedichtet. 9: Das Gehäuse wird auf 150 °C erhitzt. 10: Das Nadellager wird ringsum mit Dorn und Bronzehammer nach innen ausgetrieben. 11: Zum Aushebeln des Wellendichtrings am Achsantrieb Schraubendreher innen ansetzen und Dichtring ganz aus dem Gehäuse hebeln. 12, 13: Der Sprengring wird mit einer geraden Zange zusammengepreßt; Vorsicht beim Abnehmen, sonst fliegt er weg. 14: Das Achskugellager schlagen wir mit einem 42 mm dicken Rundholz nach außen raus. 15: das ausgebaute Achskugellager.

häuse eingelassen ist. **Achtung:** Niemals direkt mit einem Eisenhammer auf Antriebswelle und Achsgewinde schlagen, immer Hartholz als Schutz zwischenlegen!

Anschließend wird das Getriebe in seine Einzelteile zerlegt. Dazu zuerst den **Seegerring** so weit wie möglich spreizen und zusammen mit dem dahinter liegenden **Schulterring** abnehmen. Auch hierbei **Vorsicht:** Ring langsam entspannen, sonst fliegt er davon. **Zahnräder** nacheinander abnehmen und in der richtigen Reihenfolge ablegen (siehe Foto oben); dies ist wichtig für den Zusammenbau, der weiter hinten noch genau erklärt wird. Der bei neueren Motoren montierte hintere Distanzring und der rückwärtige Sprengring sind bei unserem 1985er Motor nicht vorhanden, was korrekt ist. An den Getriebe-

Holz für das Austreiben des Achslagers herstellen

Auch für das Austreiben des Lagers für die Getriebe- bzw. Antriebsachse kommt man mit einem selbst hergestellten Stück Holz prima zurecht. Bestens geeignet ist ein konisch zulaufender Gerätestiel aus Esche, wie er für Spitzhacken für rund fünf Euro zu haben ist. Mit der Schieblehre wird die Position ermittelt, an der der Stiel genau 42 mm Durchmesser hat. Die Position wird angezeichnet, und im Schraubstock wird der Stiel genau dort auf ca. 25 cm Länge abgesägt. Die Piaggio-Werkstatt verfügt über passende Stempel aus Stahl.

1

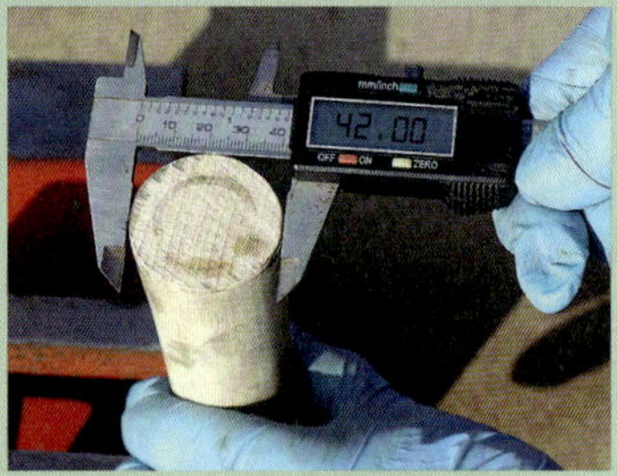

2

1: *Absägen des Stiels auf 15 cm Länge.*
2: *Der Kopf hat einen Durchmesser von 42 mm.*

16

zahnrädern ist auf den ersten Blick kein Verschleiß festzustellen. Beim Zusammenbau werden wir aber das Spiel des Zahnradsatzes überprüfen.

Achskugellager und **Dichtring** müssen aber erneuert werden. Wellendichtring abhebeln, Sprengring zusammenpressen (Vorsicht) und Kugellager mit einem passenden Dorn oder Rundholz (42 mm Durchmesser, Länge ca. 25 cm, abgesägter Gerätestiel z.B., siehe Kasten) von innen nach außen austreiben. Das **Nadellager auf der LiMa-Seite** wird nach Erhitzung auf 150 °C mit Dorn und Bronzehammer ausgetrieben.

Schaltvorrichtung zerlegen:

Die **Schaltvorrichtung** wird zusammen mit der Antriebswelle bzw. Radachse abgenommen; sie besteht aus einer beweglichen **Schaltkreuzwelle** und dem **Schaltkreuz.** Das Schaltkreuz wird in einem zylindischen Führungselement, das fester Bestandteil der Antriebswelle ist, über das Schaltsegment und die Schaltzüge hin- und hergeschoben. An den Ecken ist das Schaltkreuz etwas abgenutzt; es wird ersetzt, wobei das wichtige Teil von Piaggio nicht mehr leiferbar war. Aber wir werden fündig werden. Mehr dazu beim Zusammenbau.

Zum **Zerlegen** (oder wenn das Schaltkreuz defekt oder verschlissen ist) wird es wie folgt ausgebaut: Antriebswelle fixieren (Schraubstock mit Alubacken und Distanz blechen, Wasserpumpenzange) und mit einem Gabelschlüssel SW 13 zunächst die Schaltkreuzwelle lösen. **Achtung: Linksgewinde** (also Losdrehern **im Uhrzeigersinn);** vorsichtig drehen, das Gewinde der Schaltkreuzwelle ist mit 6 mm Durchmesser recht schwach dimensioniert und zudem mit Schraubensicherungsmittel verklebt! Schaltkreuz verkanten, seitlich herausziehen und später auswechseln. Dabei **Seiten nicht vertauschen;** genaue Erklärung dazu im Kapitel „Montage Antrieb“.

16, 17: *Zum Ausbau des Schaltkreuzes muß die Schaltkreuzwelle gelöst werden; Achtung: sehr empfindliches M6-Linksgewinde (zum Ausbau im Uhrzeigersinn drehen). Welle in Schraubstock spannen; Alubacken (gelbe Pfeile) und Distanzstücke (blaue Pfeile) zwischenlegen, um Welle nicht zu beschädigen. Zusätzlich mit Wasserpumpenzange fixieren wie gezeigt; Schaltkreuzwelle mit Gabelschlüssel SW 13 rechts herum (!) aus dem Schaltkreuz drehen.* ***18:*** *Schaltkreuz verkanten und abnehmen; rechts: Achse mit Gewinde M6, die aus dem Schaltkreuz gedreht wurde.*

17

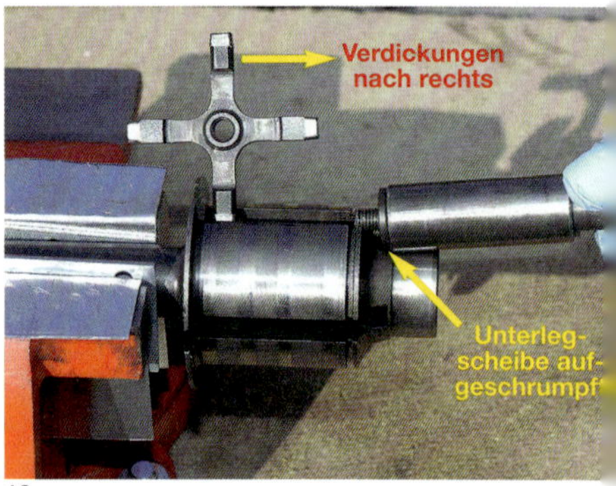

18

Material Getriebeausbau

Bremsenreiniger

Festgestellte Mängel Getriebe

Kugellager Welle: Spiel
Dichtring Kugellager: ermüdet
Schaltkreuz: leicht abgenutzt

Vorgelege ausbauen, zerlegen:

Von der Kurbelwelle wird die Kraft direkt auf die Kupplung und von da auf das **Vorgelege** übertragen. Es ist mit einem großen, schrägverzahnten **Antriebsrad** ausgerüstet, das von dem rückseitig auf dem Kupplungsgehäuse montierten Ritzel in Drehung versetzt wird. Auf der **Schrägverzahnung** ist bei unserem Motor eine umlaufende Rille zu sehen, die von der Produktion herrührt und keine technische Relevanz hat.

Ferner verfügt das Vorgelege über vier geradverzahnte, aus dem Vollen gefräste **Zahnräder** für die einzelnen Gangstufen, die in die verschiebbaren Getriebezahnräder eingreifen. Von diesen fließt die Kraft dann direkt auf die **Hinterachse.** Zahnräder und Außenwelle bilden zusammen das Vorgelege. Die Flanken des Zahnrads für den 4. Gang sind durch die Einwirkung des Kickstartritzels leicht abgenutzt.

Die **Innenwelle** des Vorgeleges ist auf der Kupplungsseite fest verschraubt und steckt auf der anderen Seite in einer gepanzerten Gehäusebohrung. Das Vorgelege mit seinem Zahnradsatz dreht sich über ein Kugellager und ein Nadellager auf dieser **Innenwelle.**

Zum Ausbau des **Vorgeleges** muß zunächst die Mutter unterhalb der **Kupplungskammer** entsichert werden; dazu die Blechzunge aufbiegen. Dann mit einem Schlüssel SW 17 die Mutter lösen und zusammen mit der **Sperrscheibe** und dem **Sicherungsblech** abnehmen.

Die **Innenwelle** wurde beim Trennen des Gehäuses bereits aus der Führung in der lichtmaschinenseitigen Gehäusehälfte gezogen. **Achtung:** Die Laufrollen des **Nadellagers liegen frei;** sie sind lose eingelegt, nur mit Fett fixiert und können leicht verlorengehen. Unsere PX verfügt über 21 Rollen. Wir prüfen das **radiale Spiel** bezüglich der Außenwelle mit ihren Zahnrädern und stellen keinen Verschleiß fest. Daher fixieren wir die Nadeln für den späteren Wiedereinbau mit Isolierband (fürs Foto nehmen wir sie später aber heraus). Zuletzt das komplette **Vorgelege** samt Innenwelle aus dem Gehäuse nehmen.

Zum **Zerlegen** des Vorgeleges den Seegerring vor dem Antriebsrad mit der Spezialzange spreizen und abnehmen. Außenwelle komplett und Kugellager von der Innenwelle ziehen; **Kugellager** austreiben und falls nötig ersetzen. Das **Primärrad** ist auf das Vorgelege **aufgenietet.** Zum Ausbau ist Spezialwerkzeug nötig, mit dem die Nieten entfernt werden können. Wir können darauf aber verzichten, weil das Kugellager spielfrei rundläuft.

1

2

3

4

__1:__ Die Verschraubung der Vorgelege-Innenwelle ist mit einer Metallzunge gesichert; sie läßt sich mit einem Schraubendreher aufbiegen.
__2:__ Die Mutter wird mit einem Schlüssel SW 17 gelöst. __3:__ Sicherungsblech, Sperrscheibe, Mutter. __4:__ Die umlaufende Rille auf dem Hauptzahnrad (gelber Pfeil) rührt nach Auskunft alter Werkstattmeister von der Produktion her und hat keine technische Relevanz. Mit dem Kunststoffhammer wird das Vorgelege einfach nach rechts aus dem Gehäuse geschlagen.

5

6

7

8

__5:__ Vorsicht beim Herausnehmen des Vorgeleges, sonst fallen die Nadeln heraus. Die Flanken des Zahnrads für den 4. Gang sind durch die Einwirkung des Kickstartritzels leicht abgenutzt. __6, 7:__ Die Innenwelle etwas vorziehen und Nadeln mit Isolierband fixieren. __8:__ Das Vorgelege ganz aus dem Gehäuse ziehen.

9

Werkzeug Vorgelege

Ringschlüssel SW 17
Schraubendreher
Seegerringzange gekröpft

Festgestellte Mängel Vorgelege

Primärzahnrad: unerhebliche Produktionsspuren
Zahnrad 4. Gang: leichte Abnutzung durch Eingriff Kickstartritzel

__9:__ Vorgelege mit großem, in die Kupplung greifendem Primärrad und Gangrädern 1 bis 4 (von links). __10:__ Die Rückseite des Antriebsrads mit Sprengring und Nietkranz. __11:__ Lager und Vernietung des Primärrads. __12:__ Mit der gekröpften Zange den Sprengring abnehmen; Ring dabei komplett zusammendrücken.

10

11

12

13

__13:__ So wird der große Sprengring abgenommen; Vorsicht dabei, damit er beim Entspannen nicht wegfliegt. __14:__ Auf der Lichtmaschinenseite läuft die Innenwelle des Vorgeleges in einem Lager aus lose in ein Fettbett eingelegten Rollen mit je 1 mm Durchmesser. Beim PX-Motor haben wir 21 Rollen. Unten der Sprengring.

14

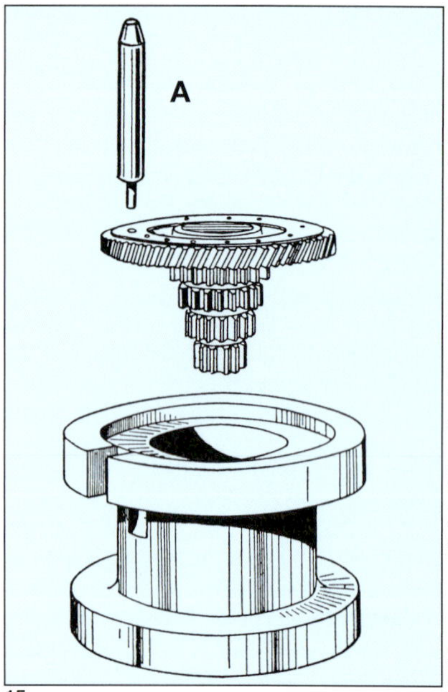

15

Zeichnungen: Werkstatt-Handbuch Vespa P 200 E, Piaggio & C./Corradino Mori

__15:__ Wenn das Kugellager ausgewechselt werden muß (bei unserem Motor nicht nötig), wird das Vorgelege auf einen Stahlbock gesetzt. Die sechs Nieten (s.a. Bild 11) werden abgeschliffen (mit dem Dremel z.B.) und dann mit einem passenden Dorn oder dem Spezialdorn von Piaggio (A) ausgeschlagen.

Kickstartvorrichtung ausbauen:

Die **Kickstartwelle** ist direkt im Gehäuse gelagert und zeigt dort keinen besonderen Verschleiß. Der Dichtring muß später ausgewechselt werden. Deutliche Abnutzungsspuren offenbaren die beiden Anschlagpuffer aus Gummi. Das Ritzel hat bis zuletzt ordentlich seinen Dienst verrichtet, zeigt aber deutliche Abnutzungsspuren. Also werden wir es später ersetzen.

__1:__ Die Elemente der Kickstarteinrichtung (bei einem Motor mit elektrischem Anlasser): 1 = Welle mit Zahnsegment, 2 = Rückholfeder, 3 = Anschlagpuffer, 4 = Feder des bereits ausgebauten Starterritzels. __2:__ Das nach der Gehäusetrennung lose sitzende Starterritzel wird einfach vorgezogen; es zeigt starke Abnutzungserscheinungen. __3:__ Das Starterritzel steht unter Federdruck. __4-6:__ Die beiden Anschlaggummis sind abgenutzt und werden aus dem Gehäuse gezogen. __7, 8:__ Die Rückholfeder kann ohne weiteres ausgehängt werden. __9:__ Die Kickstarterwelle wird mit leichten Holzhammerschlägen ausgetrieben. __10:__ Die Welle ist direkt im Gehäuse gelagert. __11:__ Der Dichtring wird ausgehebelt und erneuert.

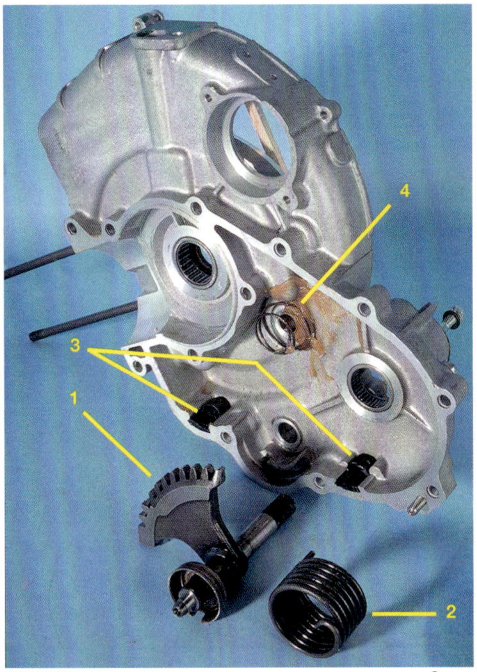

1

2

3

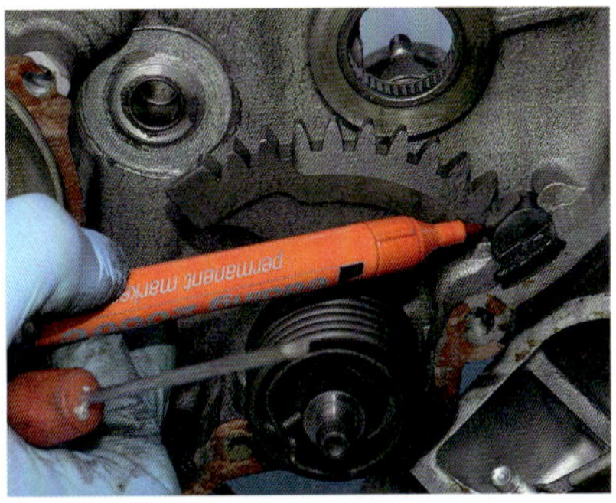
4

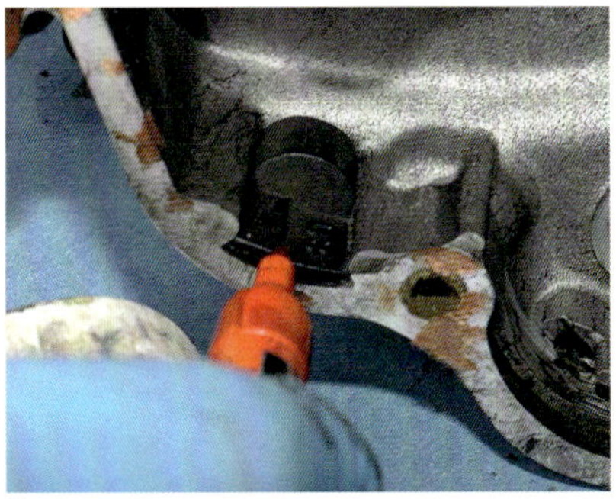
5

6

7

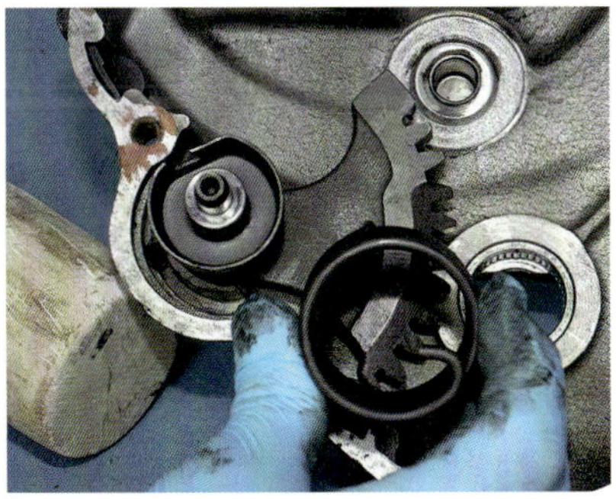
8

9

10

11

Werkzeug Kickstarter
Holz- oder Kunststoffhammer
Schraubendreher

Mängel Kickstarter

Dichtring Lagerung: abgenutzt
Anschlagpuffer: beide abgenutzt
Ritzel: deutlich abgenutzt

Überblick zerlegte Antriebseinheit

1

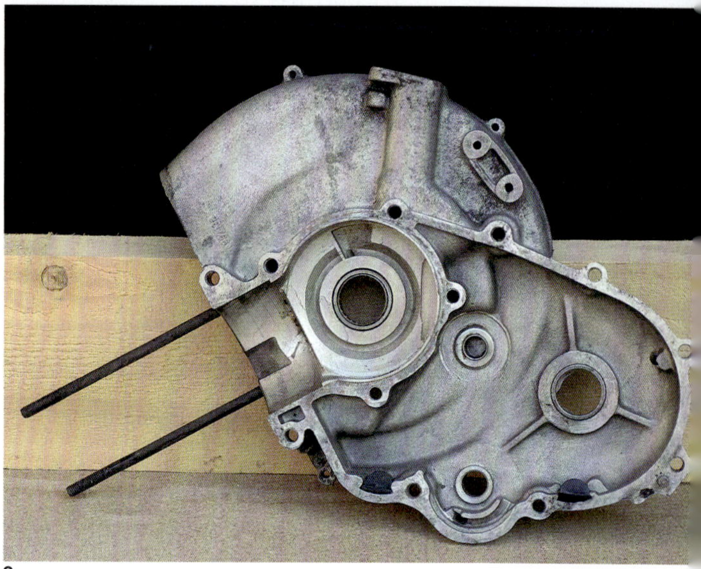

2

Stand der Dinge nach Demontage: Die Antriebseinheit unserer zu restaurierenden Vespa PX 200 E wurde bis auf die letzte Schraube zerlegt. Alle **Kleinteile** befinden sich in beschrifteten und verschlossenen Klarsichttüten. Die beiden Kugellager sind hier bereits ausgetrieben worden (s. vorige Seiten).

Die beiden **Gehäusehälften** müssen noch feingereinigt und aufbereitet werden, s. Folgekapitel. Sie weisen keine Schäden auf, die einer Wiederverwendung entgegenstehen würden. Beachtlich: Die **Silentblöcke** von Federbein-Lagerung und Traverse befinden sich in gutem Zustand, sind nicht vom ausgetretenen Öl angefressen.

1-4: *Bildreihe oben auf dieser Doppelseite: die beiden noch nicht feingereinigten Motorgehäusehälften im demontierten Zustand; die Nadellager (links, Lichtmaschinenseite) und Kugellager (rechts, Kupplungsseite) sind hier noch nicht ausgebaut.* ***5, 6:*** *das Gummilager für die Aufnahme des Federbeins ist völlig in Ordnung und muß nicht ausgewechselt werden.* ***7, 8:*** *dies gilt auch für die beiden Gummilager vorn an der Traverse; gut sichtbar: die Motor-Nr. Defekte Lager müssen mit Spezialwerkzeug aus dem Gehäuse gezogen werden.* ***9:*** *Die teilweise bereits aufbereiteten Einzelteile des von uns zerlegten PX 200 E-Motors Ende Oktober 2018; alle Kleinteile werden für Aufbereitung und spätere Montage in beschrifteten Klarsichttüten aufbewahrt. Dies stellt sicher, daß nichts verlorengeht und erleichtert enorm das Auffinden der Elemente beim Zusammenbau.*

5

6

7

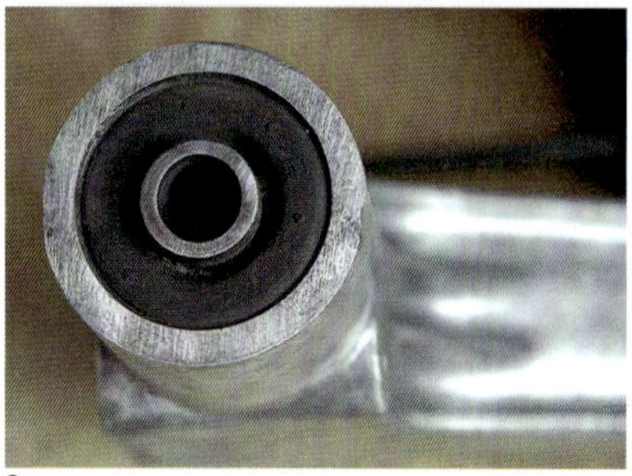

8

9

3

4

Teil 2

Aufbereitung Motor, Getriebe, Antrieb

Antriebsgehäuse und Motorteile: Aufarbeitung

Strahlen: Vor- und Nachteile

Problematik Strahlen

Das häufig angewandte **Sandstrahlen** ist ein traditionelles, aber sehr aggressives und gesundheitsschädliches Verfahren, das sich als die schlimmste aller Behandlungsmethoden erweisen kann, wenn man etwas falsch macht. Heute ist **Sand** (Quarzsand z.B.) **als Strahlmittel verboten,** weil das Einatmen von Sandstaub Silikose verursachen kann, eine unheilbare Lungenerkrankung. Aber auch beim Strahlen mit modernen Mitteln (Korund, Glaskügelchen, Trockeneis z.B.) sind ein dichter Schutzanzug mit verglastem Kopfschutz, Atemschutzmaske und dichte **Schutzhandschuhe** zwingend erforderlich. Beim Strahlen in abgeschlossenen Kästen genügen Schutzhandschuhe.

Strahlen: für Gehäuseelemente nicht ideal

Das inwischen übliche Korundstrahlen ist sicher eine probate Methode, korrodiertes Aluminium, Rost und Lackreste gründlich zu entfernen und gleichzeitig das Ausmaß verdeckter Schäden schnell sichtbar zu machen. Aber die im Folgenden aufgeführten **Nachteile** dieses Verfahrens schränken die Anwendung deutlich ein. Eine Ausnahme kann man bei Kleinteilen aus Stahl machen, die stark angerostet sind. Dafür empfehlen sich **Tischgeräte** wie das unten abgebildete (ab 189 Euro im Internet-Handel).

Bei unserem Vespa-Triebwerk haben wir **nur drei Teile** zum Strahlen gegeben: den Zylinder, den in diesen geschraubten Auspuffstutzen und den Auspuff. Bei Karosserie und Rädern setzen wir später andere, weniger aggressive Verfahren ein.

Wir raten aus fünf Gründen vom Strahlen der Gehäuseteile ab:

1. Das Strahlen nimmt den Altteilen die **Seele,** sie sehen nachher keineswegs wie neu aus, sondern rauh und viel zu gleichmäßig; jede Patina, die das Alter optisch belegen könnte, geht verloren.

2. Strahlpartikel und Abrieb dringen bis in die kleinste Ritze, Fuge oder Nut vor und lassen sich anschließend kaum oder nicht mit hundertprozentiger Sicherheit entfernen. Folge: Die **Partikel** geraten später in den Ölkreislauf und können Schäden an Lagern, Zylinderlaufbahn und Kolben hervorrufen. Beim PX-Zylinder, der aus Grauguß besteht, ist Strahlen unproblematisch, da sich hier nichts festsetzen kann.

3. Beim Strahlen der Gehäuseteile besteht die Gefahr, daß Lagersitze, Gleit- und **Dichtflächen mitgestrahlt** und damit porös und durchlässig werden; Kugel- und Nadellager haben später womöglich Außenspiel.

4. Die durch das Strahlen angerauhte Oberfläche des Antriebs ist **schmutz- und korrosionsanfällig.** Straßendreck und Ölspuren setzen sich leicht fest, und eine einzige Fahrt durch winterliches Streusalz ruiniert die Optik innerhalb eines Tages: Die Korrosion hat leichteres Spiel als bei einem originalen Motor.

5. Ab Werk sind bestimmte Leichtmetalloberflächen glatt oder sind mitunter mit einer **Schutzschicht** versehen (Coating); die verschwindet natürlich beim Strahlen.

Wir gehen daher anders vor und bedienen uns **mechanischer Methoden,** um alten Schmutz und häßliche Korrosion zu beseitigen. Später setzen wir auch **Chemie** ein.

Foto: Rainer Schulz

1

Foto: Werner Lechner

2

1: Sauber, aber recht matter Teint: gestrahlter Motor mit Bremstrommel einer PX 80. ***2:*** *Je nach Geschmack kann man es auch so machen: gestrahlter Zylinderkopf, poliertes Schwungrad.*

Kleinteile strahlen mit Tischgerät

Die Firma Pro-Lift-Montagetechnik bot z.B 2020 für 189 Euro die 30-Liter-Sandstrahlkabine SB03AJ inklusive Zubehör an, groß ge- nug für Teile wie Zylinder und Anbauelemente.

Merkmale: pulverbeschichteter Stahl, Gehäuse mit transparentem Sichtfenster, fest eingebaute Sandstrahlpistole, Saugschlauch, Druckluftschlauch, fest mit dem Gehäuse verbundene Handschuhe, Ablagegitter im Inneren der Kabine, drei transparente Ersatzklebefolien für Deckelinnenseite, obere Gehäusetüre mit umlaufender Gummidichtung, Innenbeleuchtung, Druckregler und Manometer, Bedienung per Fußpedal, Ersatzdichtungsband.

Technische Daten:
Elektrischer Anschluss für Beleuchtung 220V/50Hz, Ausgangsspannung vom Adapter für Beleuchtung 12 Volt, Kapazität 30 Liter, Arbeitsdruck 5,5-8,1 bar, Lufteinlaß ¼ Zoll, Innenabmessungen B x T x H: 400 x 300 x 240 mm, Außenabmessungen B x T x H: 470 x 360 x 380 mm, Gewicht: 12,5 kg

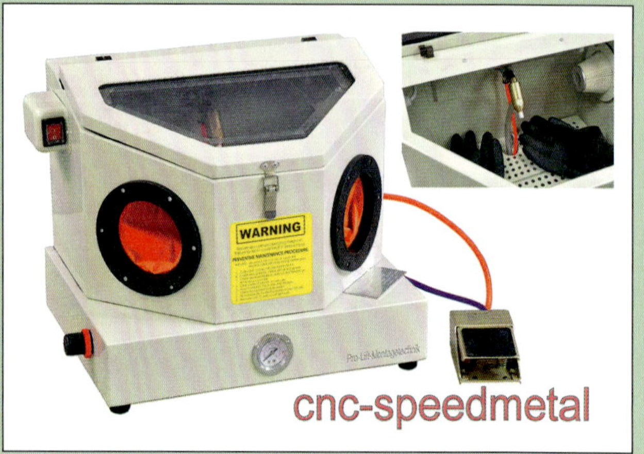

Abb.: Pro-Lift-Montagetechnik/Fa. Schimmack e.K. Viersen

Zylinder, Zylinderkopf und Auspuff aufarbeiten

Zylinder aufbereiten:

Wie bereits erwähnt, gehören Zylinder und der herausgeschraubte Abgasstutzen zu den wenigen Teilen, die wir strahlen. Marc-Antoine Prével, Betreiber einer Oldtimer-Werkstatt in Tinchebray/Normandie, war so nett, die beiden Elemente spontan und kostenlos in seiner **Strahlkabine** vom Rost zu befreien. Das Gewinde am Stutzen bereitete er zusätzlich mit der **rotierenden Drahtbürste** auf. Bei der Arbeit achtete er darauf, daß Dichtflächen, Laufbahn und Zylinderhemd nicht mitgestrahlt wurden, was später zu Undichtigkeiten hätte führen können.

Wichtig ist, daß gestrahlte Teile aus Eisen und Stahl spätestens **vier Stunden später** gegen erneutes Rosten geschützt werden. Daher lackierten wir

2

1

3

4

__1:__ Zylinder und Abgasstutzen nach dem Korundstrahlen; Stutzengewinde zusätzlich poliert.
__2, 3:__ Zylinder und Stutzen wurden zwei Stunden nach dem Strahlen mit hitzefestem Lack beschichtet (bis auf die Dicht- und Laufflächen, die sofort mit Öl gegen Korrosion geschützt wurden).
__4:__ Anordnung für das Honen des Zylinders; Auflage- und Klemmbock, Metallwanne, Diesel, flexibles Hongerät mit Bohrmaschine.

den Zylinder – bis auf die erwähnten Bereiche – und den Stutzen kurze Zeit nach dem Strahlen mit einem besonders hitzefesten Industrielack in Mattschwarz. Dichtflächen und Zylinderlaufbahn wurden anschließend leicht eingeölt, damit auch hier keine Korrosion auftreten konnte.

Zylinderlaufbahn honen:

Wenn der alte Zylinder später zusammen mit einem neuen Kolben oder zumindest mit neuen Kolbenringen wiederverwendet werden soll, muß die **Zylinderlaufbahn** leicht aufgerauht, bez. **gehont** werden.

Da der Zylinder fest stehen und nach unten Luft haben muß, haben wir zunächst einen speziellen **Holzbock** gebaut: dabei wurden zwei Auflagehölzer

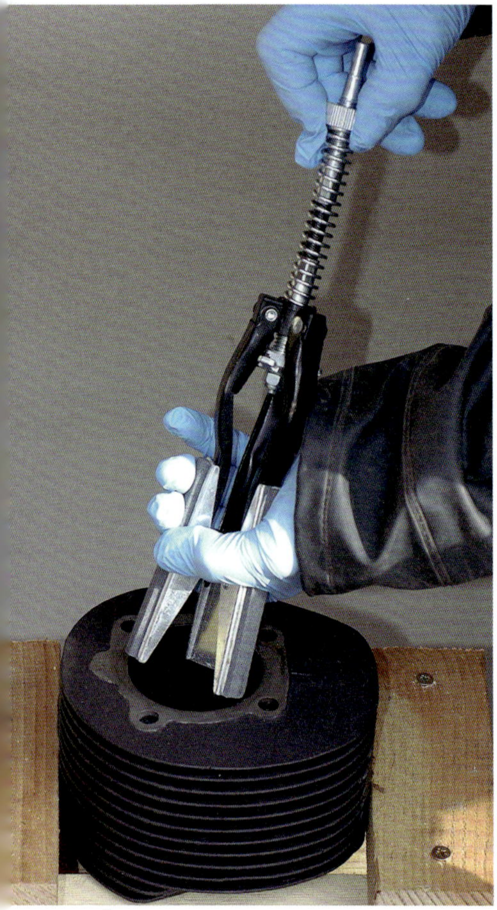

5

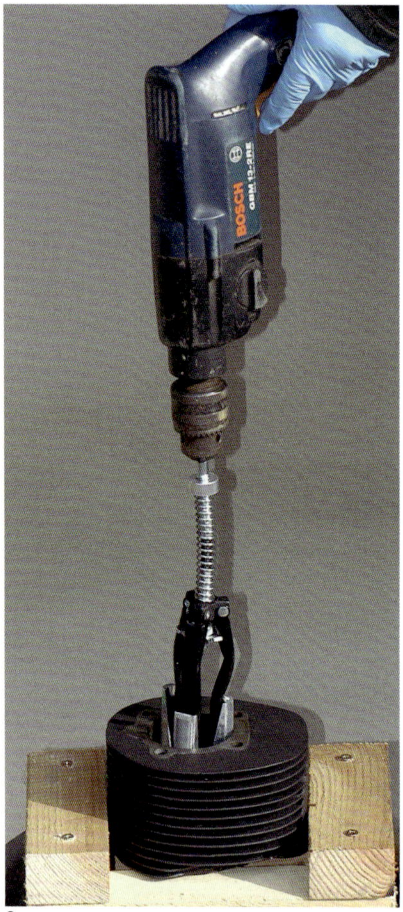

6

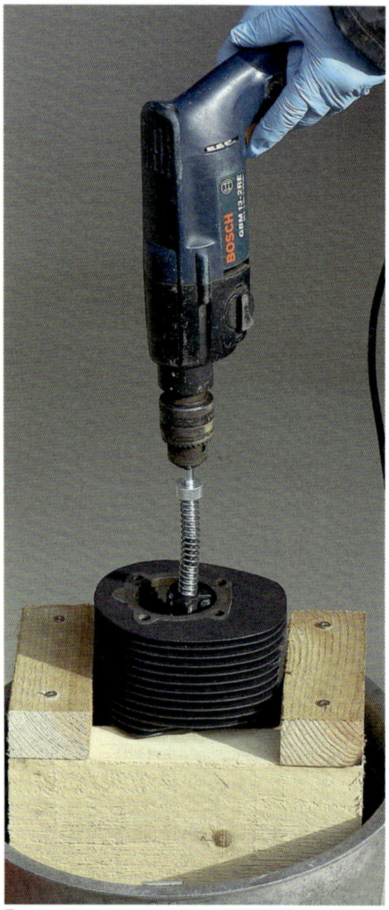

7

8

5: Hongerät mit drei doppelt gewinkelten, selbstzentrierenden Schleifklötzen; mit der Rändelmutter wird der Durchmesser an die Lauffläche des Zylinders angepaßt. 6, 7: Das Hongerät wird in eine Bohrmaschine gespannt und bei niedriger Drehzahl fünf bis zehn Minuten lang von oben nach unten und umgekehrt über die Lauffläche geführt. Dabei die Lauffläche immer wieder mit Diesel benetzen.

17 x 15 x 5 cm und zwei Sperrhölzer 12,5 x 7,5 x 5 cm miteinander verschraubt wie auf den Fotos zu sehen. Die Holzkonstruktion wurde zusammen mit dem eingeklemmten Zylinder in eine Wanne gesetzt.

Dann haben wir die Zylinderlaufbahn ordentlich mit **Diesel** benetzt und dann gehont, indem das in die Bohrmaschine gespannte Doppelgelenk-**Hongerät** je-

9

8: Nach dem Honen zeigt die Lauffläche den typischen Kreuzschliff. Oben ist der Bereich oberhalb des oberen Totpunkts zu erkennen. 9: Diesel mit Bremsenreiniger abspülen, dann Lauffläche mit WD-40 oder anderem Kriechöl einsprühen, um Korrosion zu verhindern.

weils einige Minuten lang von oben nach unten durch die Laufbahn geführt wurde. Dabei wurde ständig Diesel aufgebracht. Nach zehn Minuten war der erwünschte **Kreuzschliff** hergestellt.

Sind **Riefen** vorhanden (war bei unserem Zylinder nicht der Fall), werden diese weggeschliffen, bis die Bahn rundum gleichmäßig aufgerauht ist. Im Bereich des oberen und unteren Totpunkts bleiben normalerweise leichte **Einlaufringe** sichtbar, was aber nicht bedenklich ist (und bei unserem Zylinder so gut wie nicht zu sehen war). Nach dem Honen haben wir die Laufbahn ausgewaschen, ausgeblasen und dann satt mit WD-40 eingeölt.

Zylinderkopf aufbereiten:

Hier griffen wir auf Anraten von Zweiradmechanikermeister Rainer Schulz aus Kommern/Rheinland, der seit vielen Jahren klassische Vespa-Roller aufarbeitet

10

11

10, 11, 12: Unkonventionelle Reinigungsmethode für den Zylinderkopf – Auskochen mit Geschirrspültabletten. 13, 14: Polieren des Zylinderkopfs mit Feinstahlwolle. 15: Mit Kriechöl wird der gereinigte Zylinderkopf gegen Korrosion geschützt.

und uns bei der Buchproduktion seit den 1990er Jahren berät und unterstützt, zu einer unkonventionellen Methode: Wir **kochten den Zylinderkopf** in einer Wanne mit **Wasser,** in die wir vier Würfel **Geschirrspülmittel** gegeben hatten, eine halbe Stunde lang aus. Unglaublich, wieviel Dreck sich dabei löste. Letzte Verkrustungen zwischen den Kühlrippen wurden mit einem feinen Schraubendreher abgekratzt.

Den **Brennraum** haben wir mit Feinstahlwolle aufpoliert. Auch an den Kühlrippen verbesserte die **Mikrostahlwolle** die Optik. Nötig war dies nicht – alles verschwindet ja später unter der Gebläsehaube und der Motorabdeckung. Der klassisch matt schimmernde Zylinderkopf wurde anschließend mit **Kriechöl** gegen Korrosion geschützt.

12

13

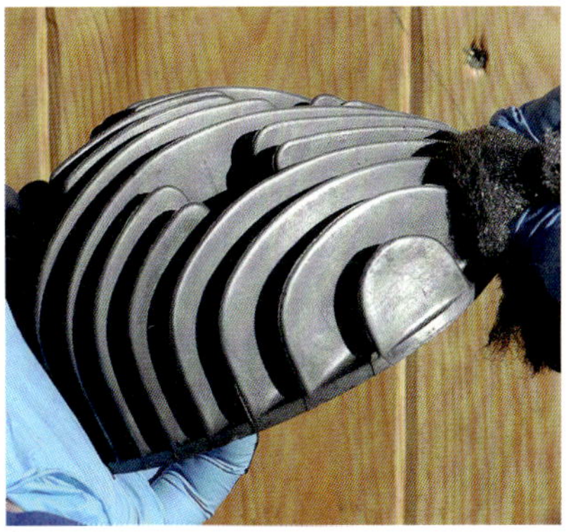

14

Werkzeug für die Aufbereitung von Zylinderkopf, Zylinder, Abgasstutzen

Strahlkabine
Pinsel schmal
Q-Tips
Klemm- und Stützbock
Hongerät
Bohrmaschine
Wanne
Kochplatte

Produkte für die Aufbereitung von Zylinderkopf, Zylinder, Abgasstutzen

Wasser mit
Geschirrspültabletten (vier)
Bremsenreiniger
Diesel
Kriech- oder Konservierungsöl
Feinstahlwolle
Hitzefeste Farbe schwarz matt
Motoröl (Korrosionsschutz innen)

15

1

2

3

4

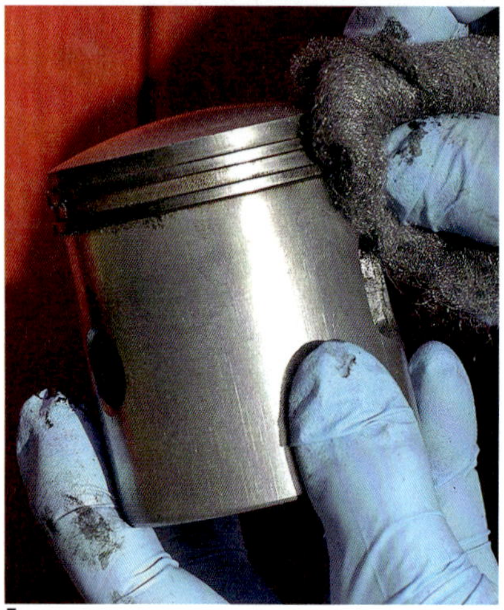

5

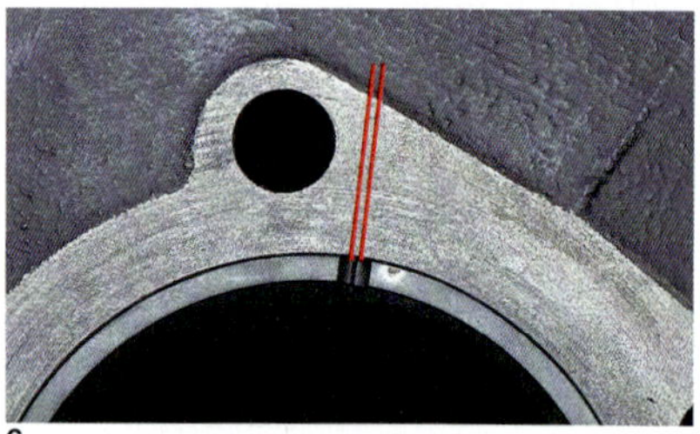

6

7

Kolben aufbereiten:

Nach reiflicher Überlegung beschließen wir, den alten **Kolben** und den **Zylinder** wiederzuverwenden. Die Maße beider Teile befinden sich innerhalb der Toleranzen. Am Kolben sind zwar, wie gezeigt, bestimmte Abnutzungsspuren zu erkennen, sie sind aber nicht gravierend und haben später keinen Einfluß auf die Kompression. Von vornherein steht aber fest, daß die beiden **Kolbenringe** erneuert werden müssen.

Den kleinen Kratern auf dem Kolbenboden, die von Resten des defekten und in den Brennraum gelangten Kurbelwellen-Simmerrings herrühren, rükken wir mit dem **Dreieckschleifer** zu Leibe. Mit **Korn 120** verschwinden die Krater bis auf wenige unbedeutende Reste. Anschleißend polieren wir die Fläche noch einmal mit **600er Schmirgel** auf. Das **Kolbenhemd** sieht nach der Behandlung mit **Feinstahlwolle** wie neu aus.

Die **Kolbenringe** werden abgenommen, einer wird zerbrochen; mit der scharfen Kante werden die **Nuten** abgezogen. Danach kommt im Bereich der Ringe noch einmal die Feinstahlwolle zum Einsatz. Druckluft beseitigt den entstehenden Abrieb. Dann werden die **neuen Kolbenringe** eingesetzt. Dabei zeigt sich, daß das **Stoßspiel** mit 0,35 mm unterhalb der Tolerenzgrenze von 0,45 mm liegt – gut für optimale **Kompression.** Mehr zum Aus- und Einbau der Kolbenringe im Kapitel **„Endmontage".**

__1:__ Der mit einer Scheibe Korn 120 bestückte Dreieckschleifer läßt die Krater bis auf wenige Reste verschwinden. __2:__ Mit 600er Schmirgel wird weiter geglättet. __3:__ So sieht der Kolbenboden nach dem Schleifen aus. __4:__ Feinstahlwolle leistet beste Dienste. __5:__ Nach wenigen Minuten Polieren sieht der Kolben aus wie neu.

Werkzeug, Material, Produkte Aufbereitung Kolben

Dreieckschleifer
Schleifdreieck Korn 120
Schleifpapier Korn 600
Feinstahlwolle
Reinigungsmittel
2 Kolbenringe neu

__6:__ Die roten Striche markieren das Stoßspiel eines neuen Kolbenrings der Standardgröße; es liegt hier mit 0,35 mm innerhalb der Toleranz. __7:__ Die alten Kolbenringe werden abgenommen, und zwar ohne den Kolben zu verkratzen.

Auspuff strahlen, lackieren:

Der Auspuff präsentiert sich optisch in einem miserablen, vom Blech her aber in einem **sehr guten Zustand.** Nach grobem Entfernen der öligen Schmutzkruste mit dem Dreieckschaber sind weder Durchrostungen, noch Schweißstellen zu sehen. Das anschließende **Strahlen** in einem Spezialbetrieb (24,- Euro) bestätigt den guten Eindruck: Topf und Krümmer sehen aus wie neu und müssen nur noch mit **hitzefestem Lack** in Mattschwarz beschichtet werden. Nach zweimaligem Lackieren ist der Auspuff einbaufertig. Man kann vorher auch eine Phospatierung aufbringen.

Anmerkung: Lackieren von Hand macht Spaß und **ist nachhaltiger** als Sprühen mit der Dose. Ein Farbtopf mit 125 ml Inhalt für 6,50 Euro reicht für mehrere Töpfe oder andere Teile und ist jahrelang haltbar. Moderne Farben wie das von uns verwendete Produkt der Emissionsklasse **A+** enthalten keine schädlichen Lösungsmittel. Außerdem gelängt kein Aerosol in die Luft, und die Beschichtung ist dicker. Sprays sind teurer, die Reste muß man nach einiger Zeit entsorgen. Wir werden in einigen Bereichen trotzdem nicht um den Einsatz von Sprays herumkommen, z.B. beim Lackieren der Felgen.

1, 2: *Ausbau des Auspuffs bei einer 1985 fabrikneuen PX 200 E (Fotos aus unserem Bestseller „Vespas Moptorroller", 21. Auflage 2023).*

1

2

3

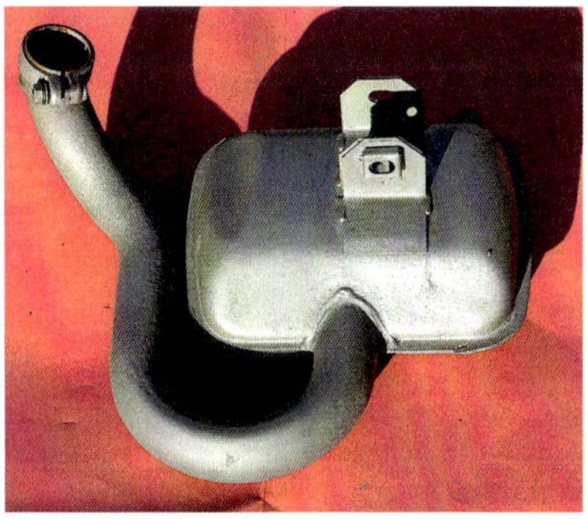

4

5

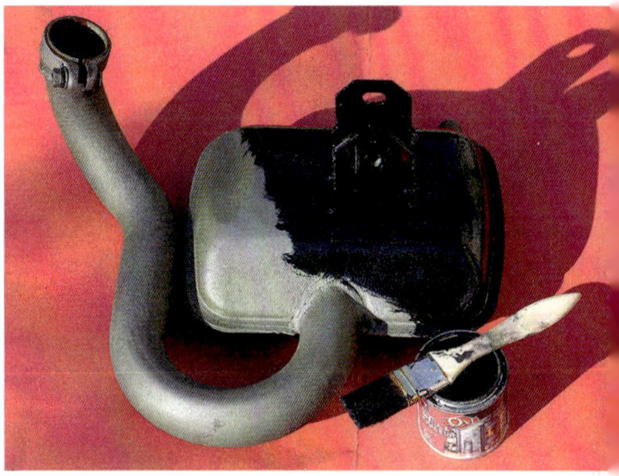

6

7

8

3: *Der völlig verdreckte und angerostete Auspuff unseres Restaurierungsobjekts von 1985 ist die Ausgangsbasis.* ***4, 5:*** *Nach dem Strahlen mit Korand sieht er jedoch aus wie neu.* ***6:*** *Auftragen des hitzefesten Lacks mit dem Pinsel.*
7, 8: *Nach zweimaligem Beschichten ist der alte Vespa-Auspuff einbaufertig.* ***9:*** *Vespa-Sammler und -Restaurator Werner Lechner in Schwäbisch Hall lackiert Auspufftöpfe gleich in Serie.*

Werkzeug, Produkte Aufbereitung Auspuff

Strahlgerät
Drahtbürste
hitzefeste Farbe schwarz matt

9

Foto: Werner Lechner

Bolzenführungen reinigen:

Bevor wir die empfindlichenn Dichtflächen der Gehäusehälften behandeln, müssen die **Bolzenführungen** gecheckt werden. Sie sind sauber, bis auf eine – die Bohrung unten, in der die lange Schraube festkorrodiert war. Die Führung ist noch voller korrodiertem Material und muß daher mit einem 8 mm starken Bohrer **ausgebohrt** werden. Die Reste sehen aus wie Goldstaub, sind aber wirklich nichts wert...

Dichtungsreste entfernen:

Nach dem Trennen des Gehäuses hat sich gezeigt, daß die **alte Papierdichtung** völlig kaputt und durchlässig ist; sie hat sich bereits beim Trennen weitgehend abgelöst. Die defekte Dichtung ist eine weitere Ursache für den festgestellten Totalverlust des Getriebeöls. Zusätzlich irgendwann aufgebrachte Dichtpaste ist nicht festzustellen.

1

2

3

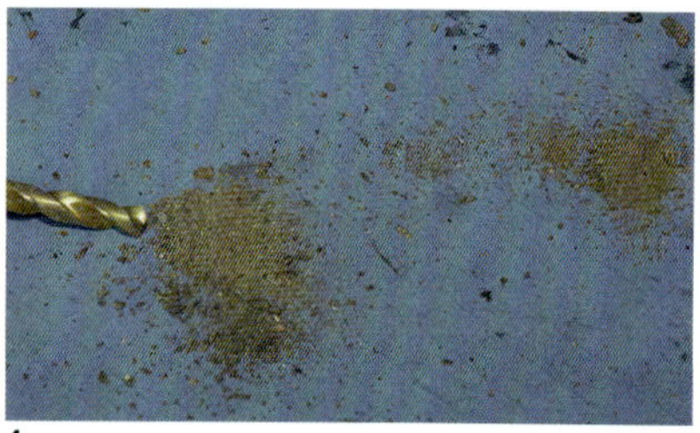

4

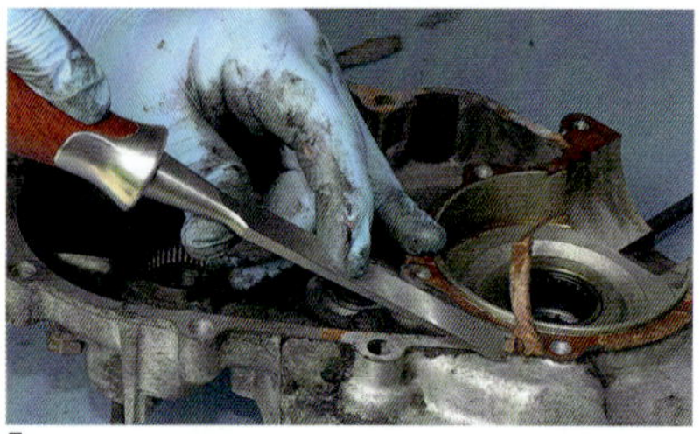

5

6

7

8

__1:__ Beim Trennen der Gehäusehälften fallen Teile der Papierdichtung heraus; sie ist überwiegend zerbröselt. __2:__ Die Führung des langen, unten aus dem Gehäuse getriebenen Bolzens ist mit Korrosionsrückständen zugesetzt. __3:__ Ausbohren mit 8-mm-Bohrer. __4:__ Es fällt viel „Goldstaub“ an...
__5, 6:__ Die festsitzenden Reste der Dichtung werden vorsichtig mit einem Stechbeitel abgeschabt. __7:__ Die Dichtflächen werden mit 600er Schmirgel geglättet. __8, 9:__ Die Korrosion auf der Gehäusetraverse wird mit dem Dreieckschleifer abgetragen (Kömung der Scheibe:120).

9

10

11

12

10: *Drahtbürste für wenig korrodierte Partien.* ***11:*** *Vorsicht mit der rotierenden Bürste, Riefengefahr.* ***12:*** *grob strukturierte Flächen mit 120er Schmirgel abziehen.* ***13-16, 19:*** *Gehäuseteile und Schwungrad abschließend in Wanne mit Waschbenzin reinigen.* ***17:*** *Gebläsestruktur mit schmaler Drahtbürste behandeln.* ***18, 19:*** *Nur Schwungrad-Außenbereich mit Drahtbürste reinigen; innen mit Waschbenzin. Es bleibt eine schöne Patina zurück, die mit etwas Kriechöl geschützt wird.*

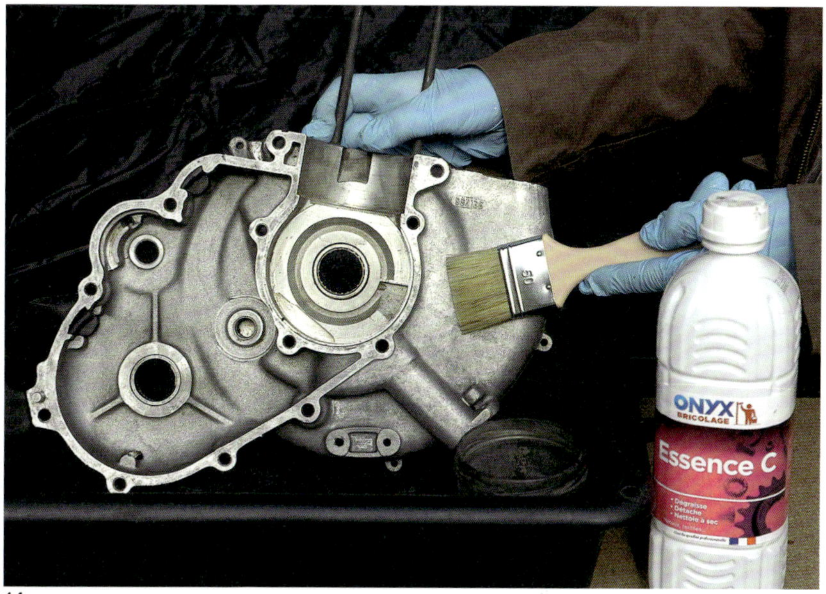

14

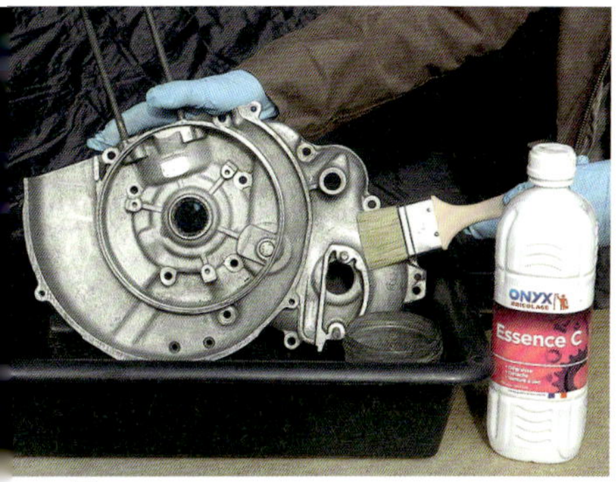

13

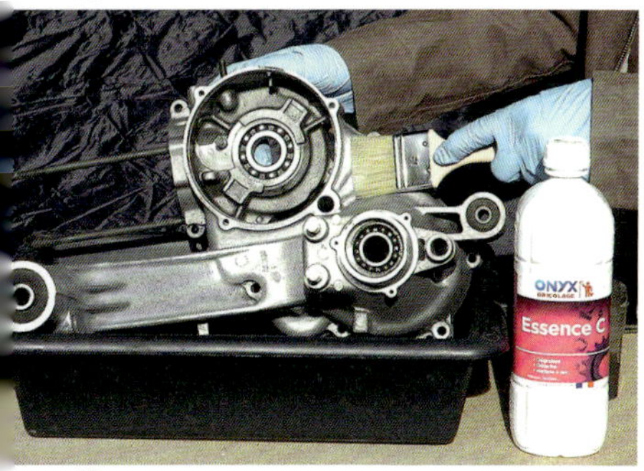

15

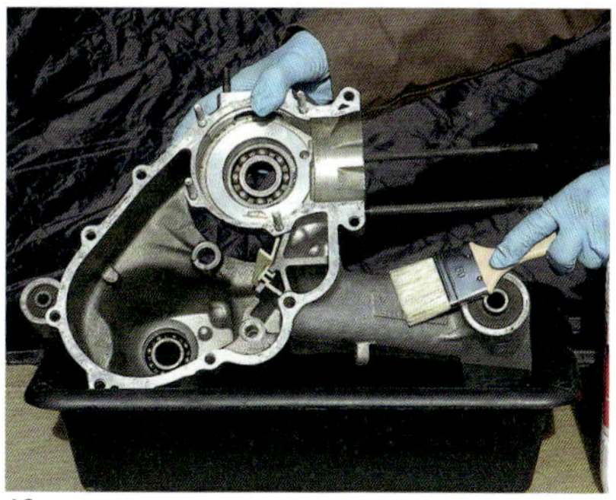

16

Werkzeug, Material Aufbereitung Gehäuse, Schwungrad

Bohrmaschine mit 8-mm-Bohrer
Stechbeitel, Drahtbürsten
Schmirgel 120er und 600er
Dreieckschleifer mit 120er Scheiben
kleiner Schraubendreher
Waschbenzin, Pinsel, Wanne
Kriechöl (WD 40)

17

18

19

20

20: Nach gründlicher Reinigung und Konservierung durch Kriechöl präsentieren sich die Leichtmetall-Elemente mit matt schimmernder Patina. Die Lager sind hier noch nicht ausgebaut.
21-23: die Teile von der anderen Seite.

Jetzt müssen die noch verbliebenen **Reste der Papierdichtung** entfernt werden. Dabei sehen wir gleichzeitig nach, ob die Dichtflächen keine Riefen zeigen, durch die später wieder Öl austreten könnte. Zum Glück sind die **Dichtflächen** vollkommen intakt. Die zum Teil sehr festsitzenden Reste der Papierdichtung werden vorsichtig mit einem **Stechbeitel** abgeschabt. Dabei achten wir peinlich genau darauf, daß die Dichtfläche des Gehäuses nicht beschädigt bzw. verkratzt wird. Abschliessend wird die Dichtfläche mit **600er Schmirgel** abgezogen. Sie ist nun perfekt für den Zusammenbau mit einer neuen Dichtung vorbereitet. Feinstahlwolle empfehlen wir hierfür nicht, da sie einen Abrieb erzeugt, der sich in Lagern festsetzen kann.

Gehäusehälften und Schwungrad blank machen:

Da wir uns entschieden haben, das Gehäuse nicht zu strahlen und ihm damit die Patina zu nehmen, rücken wir den Oberflächen mit altmodischen Verfahren zuleibe – mit **Schleifpapier** und diversen **Drahtbürsten.** Das ist zwar etwas mühsam und zeitaufwendig, das Ergebnis aber ist überzeugend.
Über die Anwendung der Schleifmethode entscheiden die Oberflächen der verschiedenen Gehäusepartien. Wir nehmen uns zuerst die kupplungsseitige Gehäusehälfte vor; der **Bereich der vorderen Aufhängung** mit ihren Silentblöcken ist stärker von Korrosion befallen. Diese entfernen wir bis in die Ecken mit einem elektrischen **Dreieckschleifer** und Blättern mit 120er Körnung.

Bei mittelstark korrodierten Partien und beim Schwungrad setzen wir neuwertige **Drahtbürsten** ein. Auch der Gebläsebereich bekommt die Drahtbürste zu spüren. **Vorsicht** allerdings bei elektrisch betriebenen und schnell rotierenden Bürsten: Sie sind aggressiv und können Riefen hinterlassen. Ansonsten und überall da, wo Anflüge von Korro-

21

sion zu sehen sind (und dies hält sich in Grenzen, weil alles so schön ölverkrustet war), arbeiten wir mit **120er Metallschleifpapier** und von Hand, ausgenommen Bereiche, die sauber und glatt sind sowie die empfindlichen Gleit-, Lager- und Dichtflächen, die, wie gesagt, mit **600er Schmirgelpapier** abgezogen werden.

Anschließend werden alle Elemente in einer Wanne mit **Waschbenzin** gereinigt. Auch die inneren Bereiche werden mit Benzin von Schmutz und Abrieb befreit. Sammler und Restaurator Werner

22

23

Lechner aus Schwäbisch Hall hat noch einen Tipp: Zum Schluß die Aluteile **mit Aceton abspülen.** Und es funktioniert: letzte Schmutzpartikel lösen sich auf. Nun haben wir mattschimmernde Leichtmetallteile vor uns, die allerdings wieder korrosionsanfällig sind. Wie verhindern wir dies? Ganz einfach: Wir sprühen sie mit einem **Kriechöl** (WD 40 z.B.) ein. Der Film schützt zuverlässig und über Wochen hinweg vor Korrosion.

24: *Tipp vom Sammler: Zum Schluß die Aluteile mit Aceton abspülen bzw. abreiben. Das Produkt löst die letzten Schmutzpartikel auf.*

24

Ankerplatte, Schwingenachse, Kleinteile behandeln:

Die meisten Anbauelemente unserer PX 200 E befinden sich in akzeptablem Zustand, aber auch kleinere Mängel werden beseitigt. Die **Ankerplatte** der Lichtmaschine ist nur leicht verstaubt und wird von beiden Seiten mit **Waschbenzin** gereinigt. Daß sie von 1992 stammt und damit mindestens sieben Jahre jünger als der Roller ist, wurde bereits erwähnt. Der **Luftfilter** wird ebenfalls mit Benzin ausgewaschen und dann mit Druckluft getrocknet.

Die **Schwingenachse** (A, B Bild 5, 6) hat teilweise Oberflächenrost, der weggeschmirgelt und mit **Rostumwandler** bekämpft wird. Die geringen Einlaufspuren können vernachlässigt werden. Der Umwandler wird auch bei diversen Kleinteilen wie der **Einstellschraube des Vergasers,** dem **Kupplungs-Ausrückhebel** und dem **Entlüftungsventil** eingesetzt. Nach einer Trockenzeit von 24 Stunden reiben wir die behandelten Stellen mit einem feuchten Tuch ab und schützen sie mit **Lack** oder **Zinkstaubfarbe** gegen neue Korrosion. Auch Schrauben und Scheiben werden optimiert.

Dies ist nur **eine von mehreren Möglichkeiten** der Aufarbeitung. Eine weitere mit anderen Produkten zeigen

__1:__ Kleinere Elemente wie der Stator werden mit Waschbenzin gereinigt. __2:__ Die Rückseite des Spulenträgers verrät, daß das Teil 1992 (oder später) schon einmal ausgetauscht wurde. __3:__ Auch der Luftfilter läßt sich gut mit Waschbenzin säubern; anschließend mit Druckluft ausblasen. __4:__ Die Leerlaufeinstellschraube ist oben verrostet und wird abgebürstet. __5:__ Alle von grobem Rost befreiten Teile, auch die Schwingenachse, werden mit Rostumwandler behandelt; das Foto zeigt Teile nach der Behandlung. __6:__ Nach der Rostumwandlung werden Ausrückhebel und Entlüftungsventil lackiert, die Achse mit Zinkstaubfarbe besprüht. __7:__ Einstellschraube und Schraubenköpfe sehen nach der Behandlung wieder sauber aus.

1

2

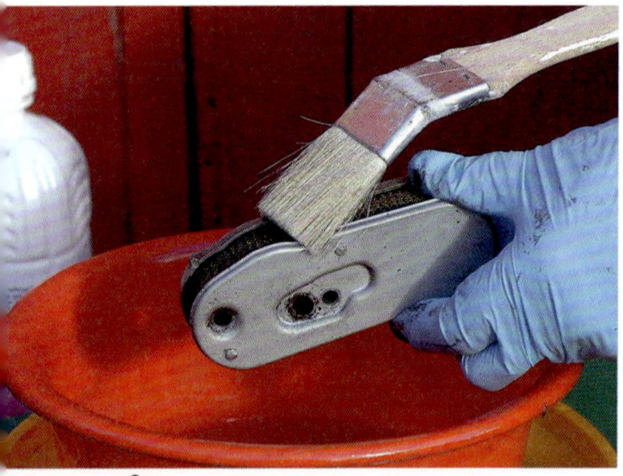

3

5

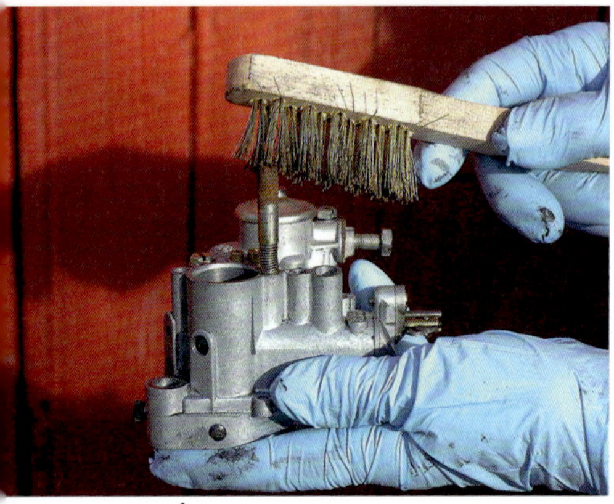

4

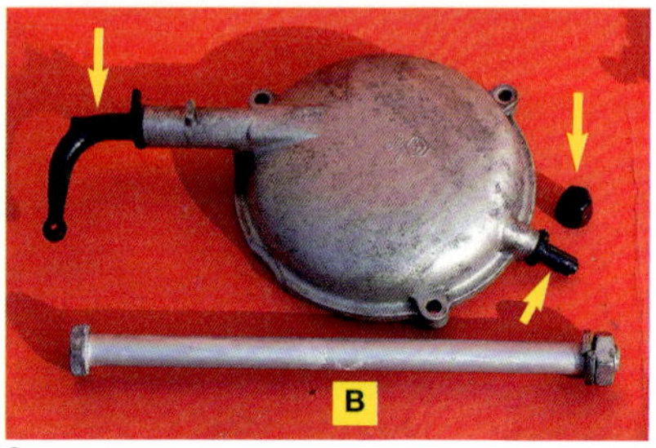

6

7

wir im nächsten Abschnitt unten. Man kann Teile auch **verzinken** oder **gelbverzinken** lassen; dies halten wir im Rahmen unseres Projekts aber für übertrieben, weil der Zeit- und Geldaufwand bei den wenigen Kleinteilen in keinem Verhältnis zum Ergebnis stehen würde.

Bolzen, Abdeckungen, Bremsbetätigung behandeln:

Zunächst werden alle Kleinteile von der Schraube über Scheiben und Muttern bis zu den Bolzen des Motorgehäuses, der Auspuff- und Federbeinbefestigung sowie der Blechabdeckung der Schaltvorrichtung mit **Waschbenzin** gereinigt und mechanisch mit der **Drahtbürste** entrostet, wo es erforderlich ist (unabhäng davon, ob wir bestimmte Schrauben und Scheiben später ersetzen). Der korrodierte **Langbolzen** des Gehäuses wird zusätzlich **abgeschmirgelt.** Die übrigen Bolzen befinden sich noch in sehr gutem Zustand. Nach dieser Behandlung zeigen die meisten Teile bereits einen akzeptablen Glanz.

Es zeigt sich jetzt auch anhand eindeutiger **Werkzeugspuren** vor allem an Muttern, daß fast alles an unserer Vespa **schon einmal auseindergeschraubt** worden ist. Wir haben jedenfalls vor, bestimmte Muttern und Scheiben später durch Neuteile zu ersetzen, auch wenn man die kleinen Befestigungselemente nach der nebenstehenden Behandlung wiederverwenden könnte.

Um zu zeigen, wie man auch die kleinen Dinge retten kann, setzen wir kräftig wirkende **Chemie** ein. Dazu haben wir einige Produkte des französischen Restaurierungsspezialisten **Restom** gekauft. Restom ist ein Spezialbetrieb, der in F-71500 Louhans (Region Bourgogne-Franche-Comté) angesiedelt ist und auch einen Vertrieb in Deutschland hat (s. Internet).

Zuerst verwenden wir das Produkt **PAC. 2030**, das gleichzeitig **entrostet** und **phosphatiert.** Es wird zu 50 % mit Wasser verdünnt und in einem kleinen Schraubdeckel angemischt, denn die benötigten Mengen sind in unserem Fall sehr gering. Schon nach wenigen Minuten beginnt sich der Rost ins Schwärzliche zu verfärben. Nach knapp einer Stunde ist der Prozeß beendet, und die Teile werden mit **Wasser** gründlich **abgewaschen.** Zurück bleiben Kleinteile, die appetitliche **Patina** aufweisen und frei von Korrosion sind.

Damit diese nicht wieder auftritt, setzen wir im zweiten Durchgang **Phosprim 4090** ein, das mit einem kleinen Pinsel dünn aufgetragen wird und sofort trocknet. Die Abdeckung der Schaltvorrichtung polieren wir am Schluß mit etwas **Feinstahlwolle** auf – Neuverzinken nicht nötig.

Überhaupt wird beim Restaurieren **oft zu viel des Guten** getan. Es ist meiner Meinung nach sinnlos, ein Kleinteil, das technisch in Ordnung ist und später

9, 10: Dei Mutter der Hinterradbefestigung samt Kappe und Krone wird wiederverwendet, der Splint ist neu. Mitte: Federbeinbefestigung; links: Auspuffbefestigung. Rechts: die gründlich aufgearbeitete Abdeckkappe der Schaltvorrichtung.

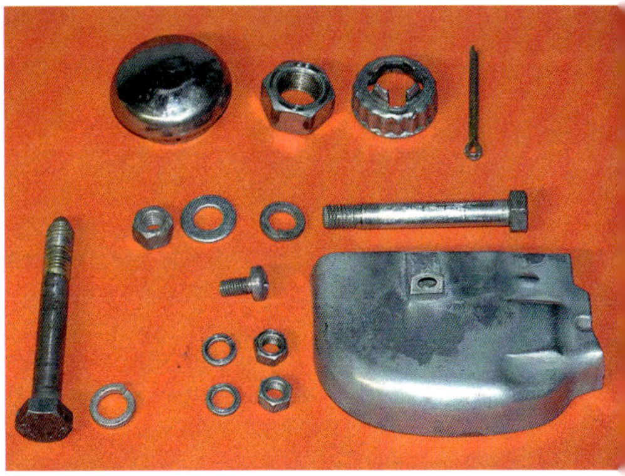

9

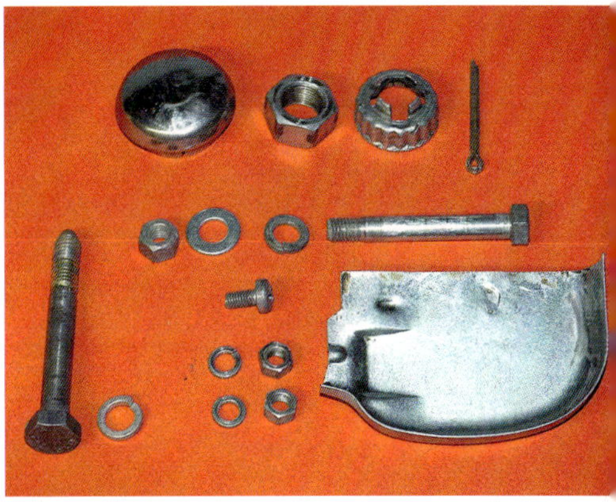

10

8

8: Die Kleinteile wie Gehäusebolzen und Bremsbetätigung haben wir zuerst mit PAC 2030 von Restom entrostet, dann mit Phosprim 4090 gegen weitere Korrosion geschützt. Die Teile sehen anschleißend fast aus wie ab Werk, jetzt aber mit etwas Patina. PAC 2030 wird mit 50 % Wasser verdünnt und mit dem Pinsel aufgetragen. Die weiße Verschlußkappe ist genau das richtige Maß für die kleine Menge an Produkt und Wasser.

in den Tiefen der Mechanik verschwindet, nur aus Prinzip neu zu verzinken oder zu verchromen. Nur sollte man es, wie beschrieben, **von Korrosion befreien** und vor künftigem Befall schützen.

Lüfterraddeckel aufarbeiten:
Ob man die Lüfterabdeckung aufarbeitet oder durch ein Neuteil ersetzt, ist eine Frage der Philosophie. Ein Neuteil bewegt sich zwischen 25 und 30 Euro, aber dabei handelt es sich meist um eine Nachfertigung, was den Originalcharakter des Fahrzeugs verfälschen würde. Daher halten wir uns wieder an den Grundsatz: **So viel wie möglich von der originalen Substanz erhalten,** auch bei lackierten Kleinteilen. Da die Abdeckung vor allem außen noch gut erhaltenen Lack zeigt, scheidet auch Korundstrahlen aus. Wenn man nicht

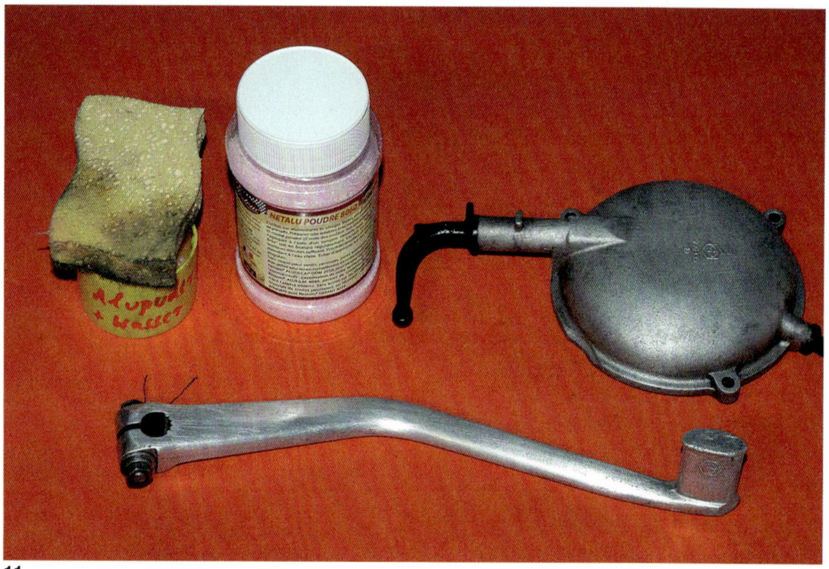

11

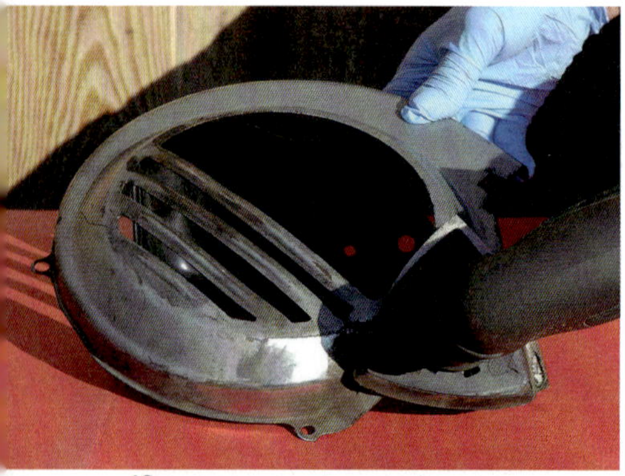
12

13

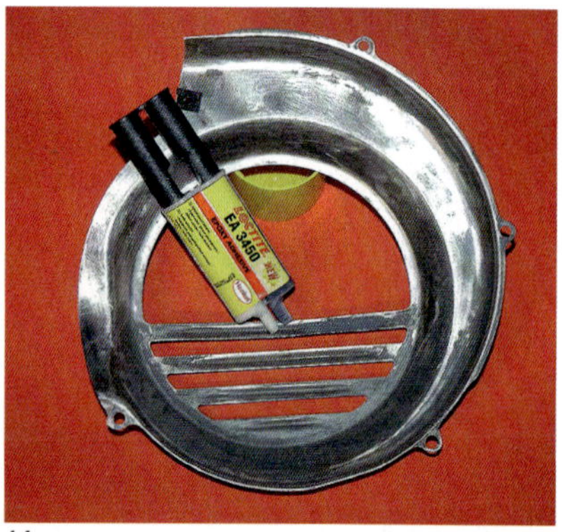

14

15

16

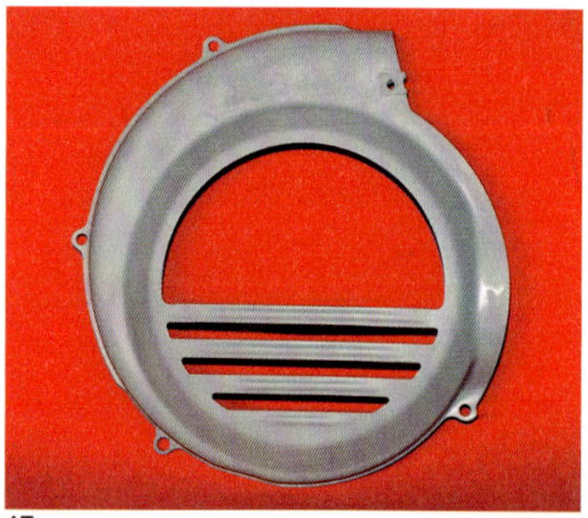
17

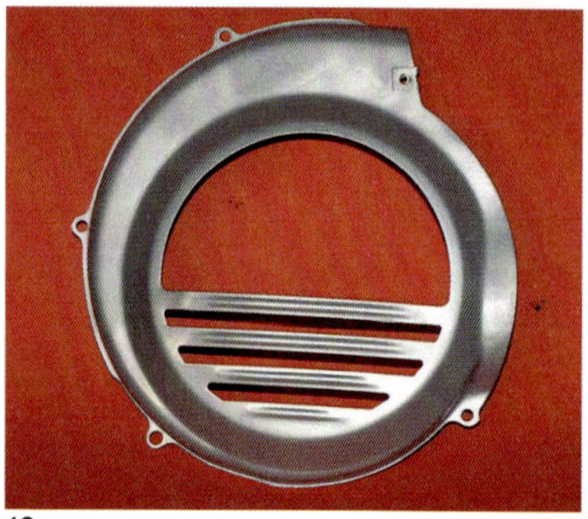
18

11: Aluteil-Behandlung mit Netalu 8060 bringt leichte Verbesserung. 12: Rostabschleifen mit Dreieckschleifer. 13: Lüfterdeckel innen ziemlich verrostet. 14: Innenseite blank, Riß mit Loctite EA 3450 verschlossen. 15: Außenseite blank. 16: Außenseite phospahiert. 17: Grundierung. 18: Decklack, Klarlack auf Acrylbasis.

selbst strahlen kann, fallen Wege, Wartezeiten und Kosten an. Also schleifen wir den **Rost** einfach mit dem **Dreieckschleifer** ab (Schleifdreiecke innen 80er, außen 160er Korn). Nach einer halben Stunde ist alles blank.

Kleine **Deformationen** werden mit einem Hämmerchen gerichtet. Eine Strebe ist auf 3 cm Länge durchgescheuert (warum auch immer), wir schließen die Lücke mit Zweikomponenten-**Kaltmetall** von Loctite. Nach dem Trocknen wird die **Phosphatierung** Phosprim 4090 von Restom aufgebracht. Am nächsten Tag sprühen wir das Teil innen und außen mit **Grundierung,** dann mit **Decklack** und Klarlack, alles von Motip auf Acrylbasis. Diese Produkte vertragen sich bestens mit der Phosphatierung. Bei der **Luftfilterabdeckung** gehen wir genauso vor, nur ohne Klarlack.

Die **Ansaugtülle** aus Gummi ist noch tadellos, wird aber mit **Glycerin** behandelt. Die **Zylinderabdeckung** aus PVC

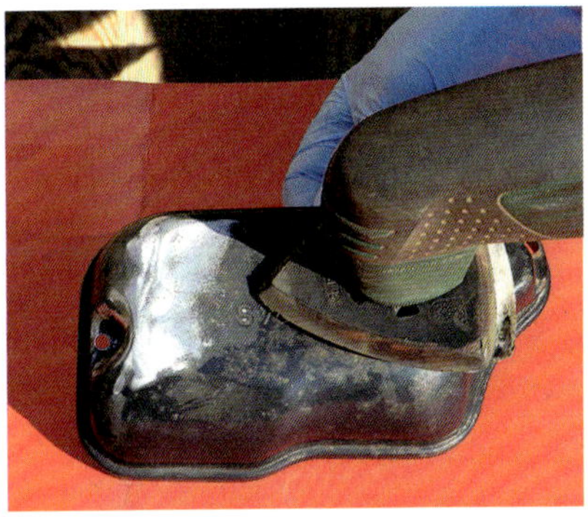

19

20

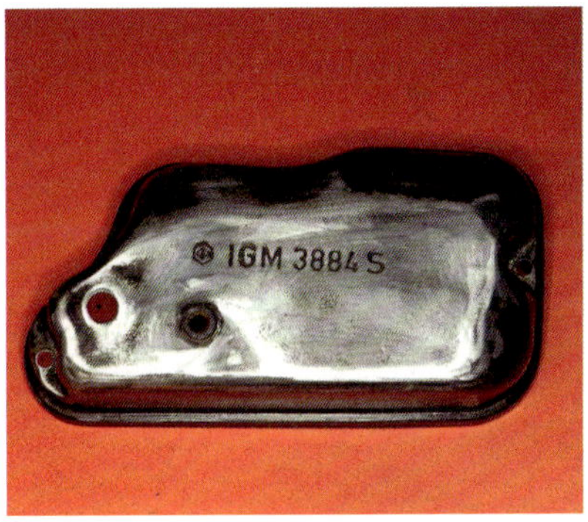

21

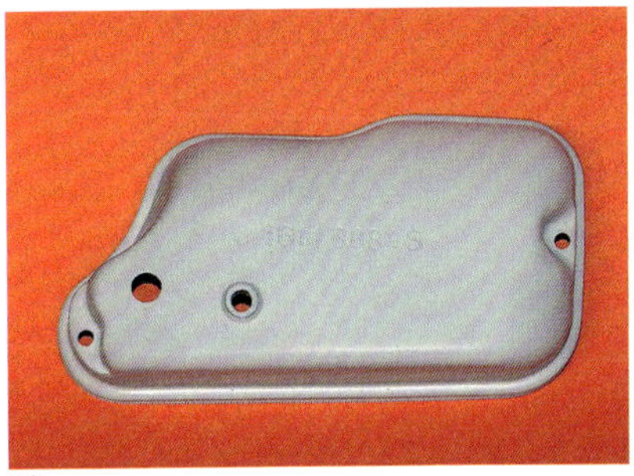

22

23

bekommt eine Reinigung mit einem neuartigen, biologisch abbaubaren Fettlösemittel von Onyx (das allerdings nicht besonders wirksam ist). Generell probieren wir im Rahmen der Restaurierung unserer Vespa alle möglichen **Produkte** aus, um deren **Wirkung** beurteilen zu können.

Nicht besonders begeistert sind wir vom teuren **Aluminiumreiniger** Netalu 8060 von Restom. Das rosafarbene Salz wird 1:1 in Wasser aufgelöst und mit einem neuen „Kratzschwamm“ aus der Küche aufgetragen, indem einige Minuten lang kräftig geschrubbt wird. Beim **Versuchsmuster Kupplungsdeckel** bleiben deutlich sichtbare Narben zurück. Der **Kickstarthebel** war vorher schon blank, ist halt jetzt noch ein bißchen blanker.

Produkte Aufbereitung Kleinteile

Waschbenzin
Kriechöl aus der Sprühdose, WD-40
industrieller Rostumwandler
Zinkstaubfarbe, Sprühdose
Rostumwandler/Phosphatierung PAC 2030 Restom
Phosphatierung Phosprim 4090 Restom
Alureiniger Netalu Puder 8060 Restom
Bremsenreiniger
Schleifdreiecke 80er, 160er, Kit
Loctite EA 3450 Zweikomponenten-Kaltmetall
Grundierung, Spray
Lack schwarz, Spray
Lack silber, Spray
Glycerin
Ölschlammlösemittel Petroleum

Werkzeug Aufbereitung Kleinteile

Pinsel, Wanne,
Kratzschwamm, Lappen,
Sprühdosendeckel, div.
Drahtbürste, Schmirgel
Feinstahlwolle
Dreieckschleifer
Staubschutzmaske
Schutzhandschuhe

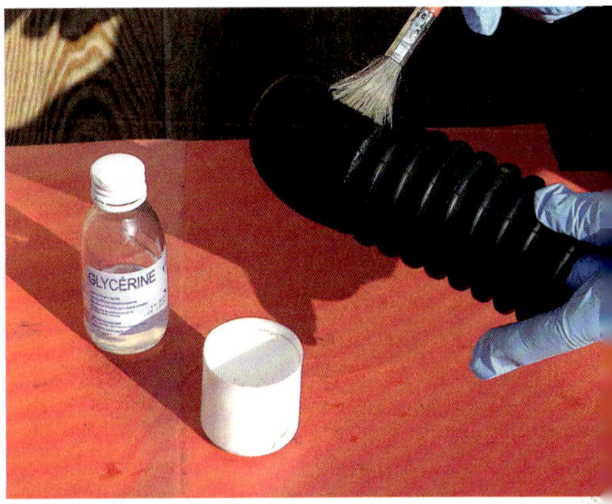

24

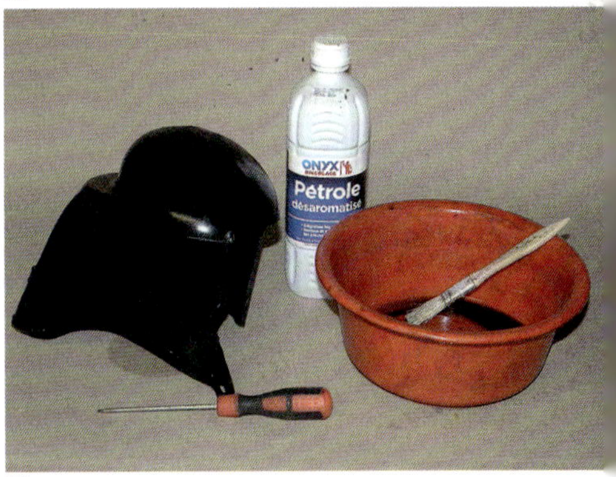

25

19: *Luftfilterdeckel mit Dreieckschleifer entrosten.* ***20:*** *Rost abgeschliffen, guter Lack bewahrt.* ***21:*** *Phosphatiert,* ***22:*** *Grundiert.* ***23:*** *Lackiert.* ***24:*** *Tülle mit Glycerin behandelt.* ***25:*** *Zylinderhaube mit Fettlöser Onyx gereinigt.* ***26:*** *Idealzustand des Deckels bei einem Neumotor von 1985.*

26

Kleinteile: keine Aufbereitung nötig oder später Ersatz

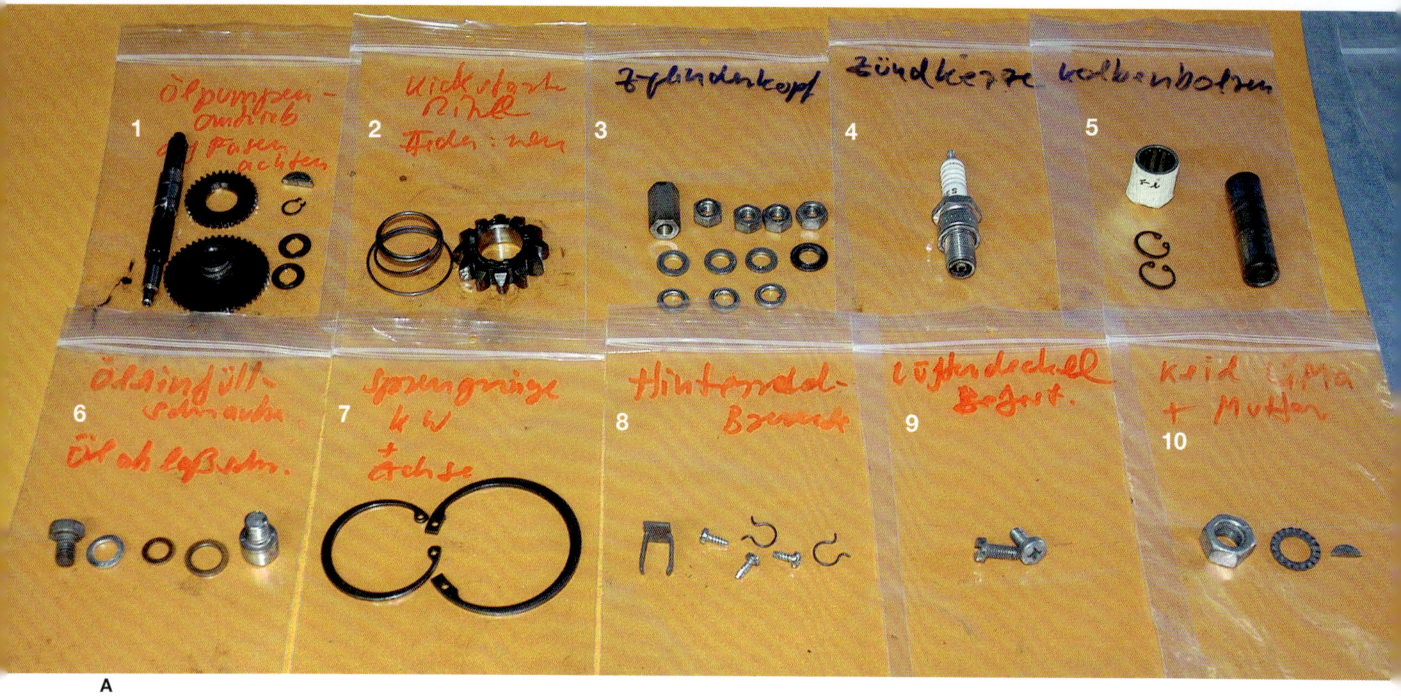

A

A: *Die meisten Teile können ohne Aufarbeitung wiederverwendet werden; Hinweise auf nötigen Ersatz in Rot. 1 = Ölpumpenantrieb, Keil, 2 = Kickstarterritzel mit Feder, 3 = Zylinderkopfbefestigung (eine Scheibe fehlt), 4 = Zündkerze,* 5 = Kolbenbolzen und Nadellager, 6 = Öleinfüll- und Ablaßschraube, Dichtringe, 7 = Sprengringe von Kurbelwelle und Hinterradachse, 8 = Details Hinterradbremse, 9 = Befestigung Lüfterabdekkung (unvollständig), 10 = Befestigung, Zahnscheibe und Keil Lichtmaschine.

B: 11 = Kupplung Pilz, Druckstück, Hebel-Rückholfeder, 12 = Mutter Kupplungskorb, Kronensicherung, Gummitülle Seilzug, Schraubnippel, 13 = Kupplungs-Ausrückplatte, Deckelschrauben, 14 = Vergaserbefestigung, 15 = Nadellager (eingeklebt) und Sprengring Kugellager Vorgelege, 16 = Mutter und Scheibe Vorgelegeachse, Sicherungsblech, 17 = Befestigung Ankerplatte Lichtmaschine (eine Scheibe fehlt).

B

C

C: Selbst historische Vespa-Werbung hat heute Kultstatus. „Die weltweit größte Rollerproduktion", heißt es da schon in den 1950er Jahren. Und die Werbesprüche sind witzig: „Laufen Sie nicht mehr, fahren Sie Vespa."

***D:** Locheisenset für die Dichtungsherstellung 5 bis 35 mm von Henkel für 24 Euro.*

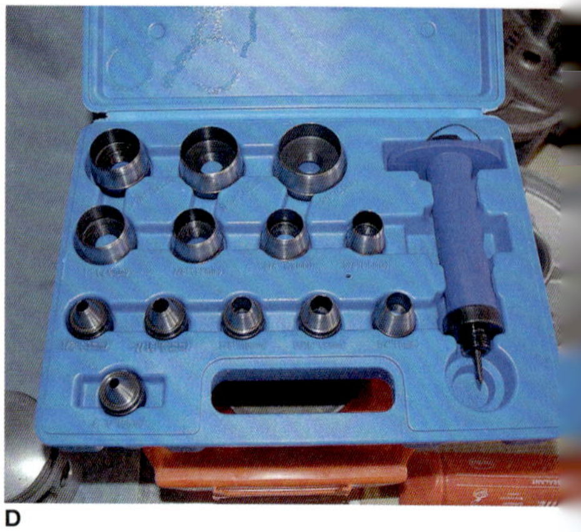

D

Papierdichtungen selbst herstellen

Ausgangslage

Wenn die alte Dichtung gerissen, spröde und undicht ist (was im Motorbereich unserer Vespa PX 200 E fast überall der Fall ist) und kein Ersatz ab Werk zur Verfügung steht (was bei einem Oldtimer nicht unwahrscheinlich ist), kann man die Papierdichtungen selbst herstellen – etwas Geschicklichkeit und Geduld vorausgesetzt.

Früher war es üblich, alle Papierdichtungen selbst anzufertigen. Aber seit es Beutel mit vorgefertigten Ersatzdichtungen gibt, haben die meisten Leute das traditionelle Do-it-yourself verlernt. Das ist schade, denn das Selbermachen kostet (fast) nichts und kommt notfalls mit Bleistift und Schere aus. Generell erneuert man eine Papierdichtung nur dann, wenn ein Aggregat oder der Motor generalüberholt werden müssen oder wenn eine Undichtigkeit festgestellt wird, was darauf hindeutet, daß die Dichtung gerissen, porös geworden oder ausgetrocknet ist, was zum Bruch führt.

Wie es geht, zeigen wir am Beispiel der Fußdichtung des Vergasers. Im Prinzip läuft die Herstellung einer Papierdichtung genauso bei allen anderen Dichtungstypen ab, auch wenn dies z.B. beim Fabrizieren einer umlaufenden Gehäusedichtung wesentlich mehr Arbeit macht.

Material

Wer perfektes Dichtmaterial haben möchte, kauft im Fachhandel oder im Internet Spezial-Dichtungspapier als Meterware oder in Bogen A4 oder A3 (von Elring z.B. für 10 bis 22 Euro); es gibt verschiedene Ausführungen und Stärken für die unterschiedlichsten Zwecke. Nützlich ist es, beim Kauf die alte Dichtung als Muster zur Hand zu haben. Wichtig: Man darf kein Papier verwenden, das deutlich zu dick oder zu dünn ist.

Eine bewährte Notlösung ist die Verwendung von etwa 0,5 mm starkem Pappdeckel, wie er für das Sortieren von Unterlagen und Dokumenten verwendet wird; das hat man im Büro oder findet es beim Schreibwarenhändler. Die Pappe bricht zwar schneller und ist poröser als Original-Dichtungspapier, aber hilft im Falle einer Panne zuverlässig weiter.

Zum Ausschneiden benutzt man am besten eine leicht gebogene Nagelschere, sie folgt gut den Rundungen. Für die geraden „Strecken" reicht dann eine normale Schere. Ein Cutter ist weniger praktisch, denn er erzeugt schnell zu lange Schnitte und birgt eine gewisse Verletzungsgefahr. Im Internet kann man auch Sets mit Locheisen mit Durchmessern von 5 bis 35 mm ordern (rund 24 Euro); mit diesen Werkzeugen lassen sich die unterschiedlich großen Löcher einfach aus dem Papier schlagen.

Zusätzliche Dichtmittel

Bei der Montage der neuen Dichtung sollte zusätzlich beidseitig dünn Dichtungspaste aus der Tube aufgetragen werden: Loctite 510, wenn die Dichtung nur mit Öl in Berührung kommt oder Hylomar, wenn Benzin im Spiel ist (Benzinpumpe, Vergaser); mit Hylomar läßt sich sogar die Membran einer Benzinpumpe abdichten, was mit keinem anderen uns bekannten Mittel gelingt. Auf der anderen Seite ist Hylomar nicht beständig gegen Kühlmittel und Hydrauliköl; hier empfehlen sich andere seit langem bewährte Produkte, wie Kuril z.B. Ideal ist das Material der Traditionsfirma Elring: http://www.elring.de/de/produkte/dichtungswerkstoffe.html

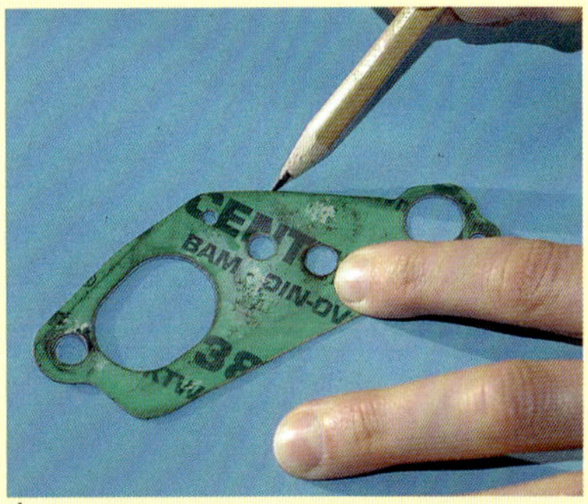

1

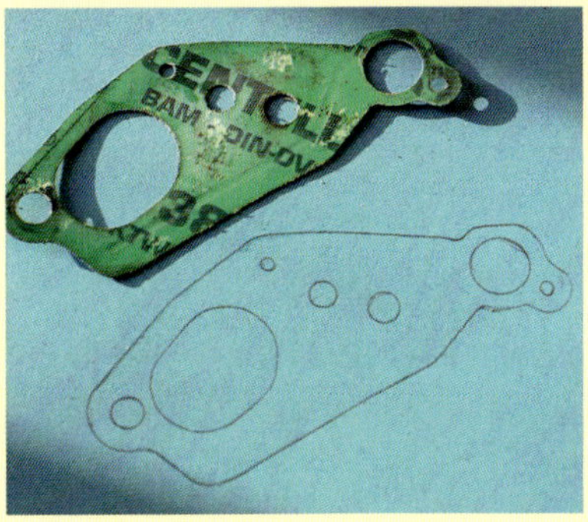

2

1: Die alte Dichtung, hier die Vergaserfußdichtung der PX 200 E, wird auf dem Aktendeckel mit einem gut gespitzten Bleistift angezeichnet. 2: So sieht die fertige Zeichnung aus.

3

Ausschneiden per Schere

Um die Umrisse der neuen Dichtung festzulegen, wird das Papier auf den betreffenden Flansch oder die abzudichtende Gehäusekante gelegt; dann werden mit einem flach angesetzten, breiten Bleistift die Konturen gezeichnet, indem fest auf die Dichtfläche gedrückt wird. Dann kommen Nagel- und Papierschere zum Einsatz, die erste für die Löcher und Rundungen, die zweite für die geraden Kanten.

4

3: Zuerst werden die Löcher ausgeschnitten, dann folgt die Nagelschere den Rundungen. 4: alte und neue Dichtung, Werkzeuge, Reste. Am Ende aber setzen wir eine originale, fabrikneue Dichtung ein.

Teil 3

Montage Motor, Getriebe und Antrieb

Motor und Getriebe mit Neuteilen montieren

Kugellager und Dichtringe einbauen

Vorbereitungen:

Man kann einen Vespa-Motor auf der Werkbank oder einem Tisch zusammenbauen. Eleganter und praktischer aber ist es, einen **Motorständer** anzuschaffen, wie er speziell für Vespa-Triebwerke im Internet angeboten wird. Wir haben ihn bei einer Bergheimer Firma für 89,00 Euro gekauft (zusätzlich nur 7,90 Euro Versandkosten). Weil das Gerät einstellbar ist, paßt es für fast alle klassischen Vespa-Motoren.

Der Ständer verfügt über eine einstellbare **Walze** für die Aufnahme des Schwingenbereichs und einen **Haltebügel** für die rückwärtige Federbeinaufnahme am Triebwerksblock. Nach Lockern der Zentralmutter SW 24 läßt sich der Ständer um 360° drehen.

Die **Grundplatte** ist mit einem angeschweißten Profil ausgerüstet, das in den Schraubstock gespannt werden kann. Wir haben allerdings den aus Holz hergestellten Bock wiederverwendet, den wir bereits 1998 im Rahmen der Arbeiten an unserem Longseller *„Klassische Vespa Motorroller“* hergestellt hatten.

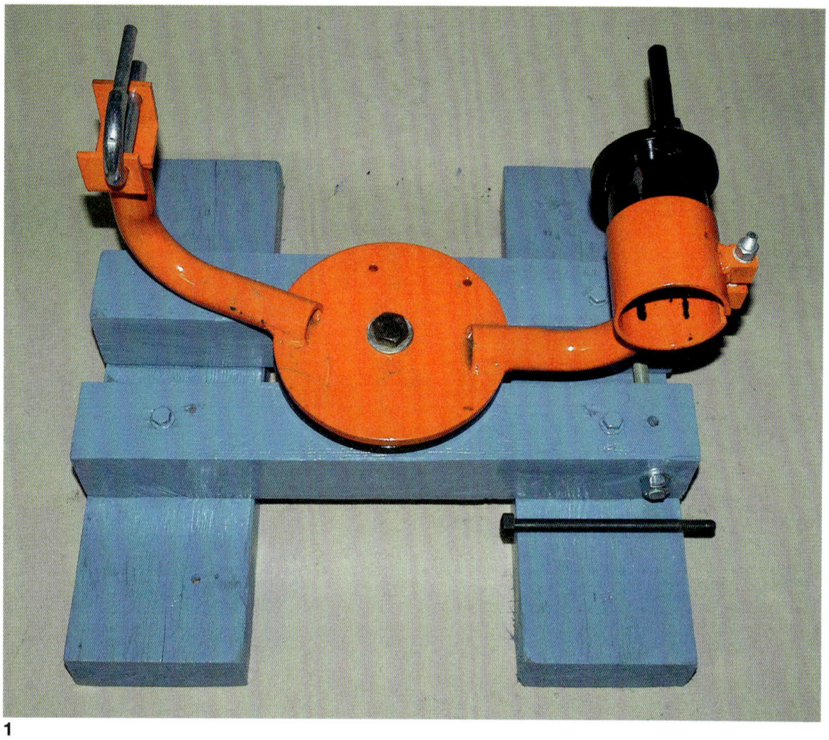

1

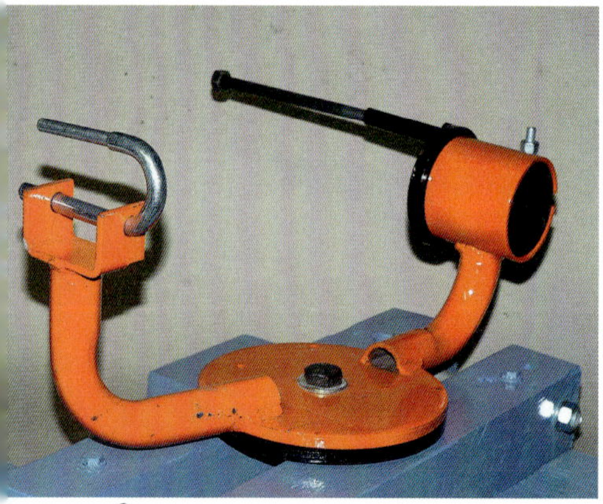

2

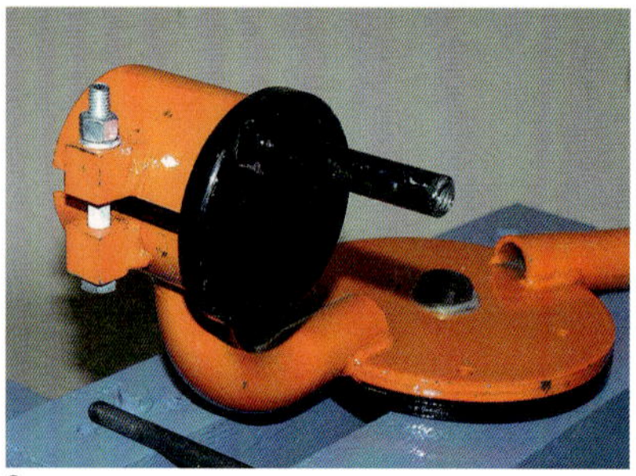

3

4

1: *Praktischer Motorständer aus dem Internethandel, selbst gebaute Auflage aus Holz mit Klemmvorrichtung.* ***2:*** *Blick auf drehbare Walze mit Sicherungsbolzen, Haltebügel.* ***3:*** *Die Walze läßt sich mit einer Mutter SW 13 sichern.*

4: *Blick auf einen Teil der benötigten Ersatzteile, vor der Montage zur Auffindbarkeit ausgebreitet. Es sind über 60 einzelne Elemente von diversen O-Ringen über Sicherungsklammern, Kugellager, Nadellager, Dichtringe und Kolbenringe bis zu Bremsbacken, Kupplungsscheiben, Dichtungsatz und neuer Gehäusedichtung. Später kommen noch viele Teile hinzu. Wir haben* ***nur Original-Piaggio-Teile*** *verwendet und diese über die Firmen Schulz in Kommern sowie Niemann und Frey (Stefan Hüncke) in Krefeld bezogen (s.a. Dank auf Seite 254)*

Er besteht aus zwei Basishölzern 45 x 12,5 x 5 cm und zwei Traghölzern 45 x 6,5 x 6,5 cm mit einer Klemmvorrichtung (Gewindestange M12 mit Scheiben und Muttern). Die mit Holzschrauben M8 befestigten Traghölzer werden so angeordnet, daß sie das Profil der Grundplatte in die Zange nehmen; durch Anziehen der Muttern SW 19 an der Klemmstange wird für festen Halt gesorgt. Mit einer mitgelieferten Maschinenschraube SW 17 wird der Motor an der Schwinge gesichert.

Kugellager Kurbelwelle, Dichtring einbauen:

Für den Einbau des Kurbelwellen-Hauptlagers muß zunächst die **kupplungsseitige Gehäusehälfte** im Bereich des Lagersitzes mit einer handelsüblichen Heißluftpistole auf ca. 150 °C erwärmt werden. **Tipp** vom Meister: Nach circa 15 Minuten auf den Lagersitz spucken; wenn die **Spucke** kocht, ist das Gehäuse heiß genug. **Achtung: Gehäuse** jetzt vom Ständer nehmen und **flach** auf ein Stück Holzbohle legen, damit richtig geschlagen werden kann. Dann das Kugellager einsetzen und mit einem passenden **Stempel,** einer **Hülse** oder einem **Hartholz** in den Lagersitz hineinschlagen. Es geht auch mit einem alten Kugellager, das angeschliffen und

__5:__ Die kupplungsseitige Gehäusehälfte sitzt in der Werkstatt der Firma Schulz im rheinischen Kommern auf dem Montageständer. Zweiradmechanikermeister Rainer Schulz ist seit 1983 auf Piaggio-Fahrzeuge spezialisiert. Foto: Das alte Kugellager ist bereits lose und wird abgenommen.

5

6

7

8

9

10

11

__6:__ Die Umgebung des Lagersitzes 15 Minuten lang auf 150 °C erwärmen. __7:__ Danach geht das Kugellager leicht in den Sitz. __8:__ Mit unserem selbst angefertigten Hartholzstück wird es bis zum Anschlag eingetrieben. __9:__ Eintreiben mit der passenden Hülse von Piaggio. __10:__ Einsetzen des Seegerrings mit der Zange. __11:__ Der Ring muß perfekt in der Nut sitzen; ihn zum Testen über die Ösen etwas drehen.

12

13

14

12: *Der große Wellendichtring wird mit der schwarzen Seite nach außen eingesetzt; wir erinnern uns: Der alte Ring war gebrochen.* ***13:*** *Der Ring muß rundum perfekt anliegen.* ***14:*** *Zur Sicherheit wird er mit dem Hammer rundum angeklopft. Nur leicht schlagen und Gehäuse nicht berühren und beschädigen.*

19

19: *Zwei schöne PX-Exemplare der neuesten Generation mit Scheibenbremse vorn, offenliegender Feder und moderner Bereifung im Zentrum von Athen, aufgenommen im April 2017. Die Sitzbank und die Zweifarblackierung sind individuell.*

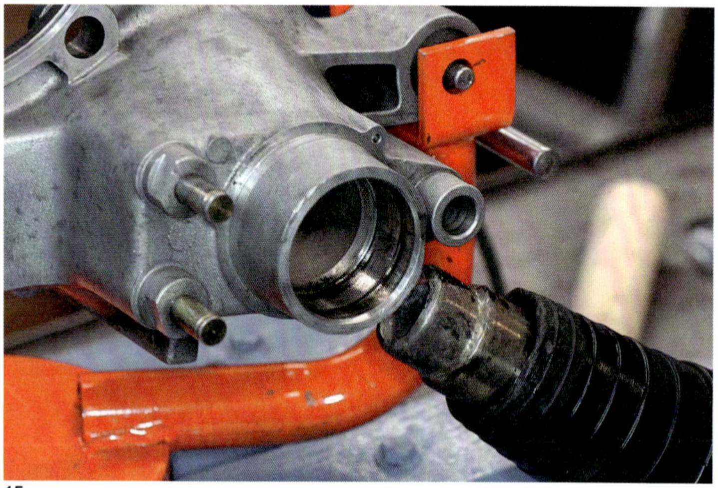

15

16

15, 16: *Auch die Umgebung des Achslagers wird mit dem Heißluftgerät auf circa 150 °C erhitzt. Wenn die Spucke kocht, ist die Temperatur hoch genug.* ***17:*** *Das moderne, abgedichtete Lager wird eingesetzt; das geht nach dem Erhitzen mühelos.* ***18:*** *Das Lager wird mit der passenden Hülse aus dem Spezialwerkzeug-Sortiment von Piaggio bis zum Anschlag eingeschlagen.*

17

18

20

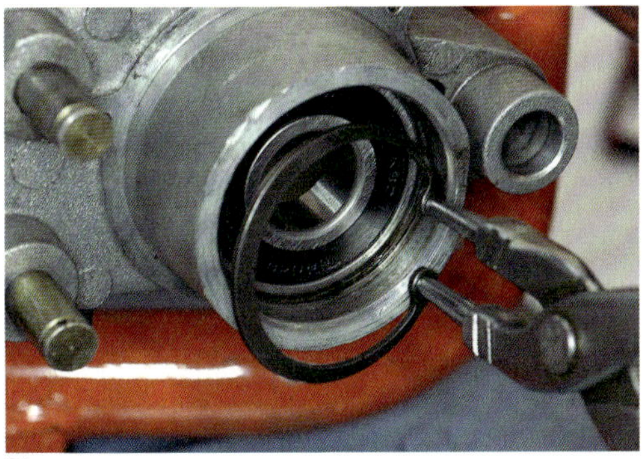
21

22

aufgesetzt wird, wie im untenstehenden Kasten beschrieben. **Achtung:** Niemals auf den Innenring oder den Kugelkranz schlagen, das Lager würde zerstört.

Nach dem Einbau wird das Lager mit dem großen **Seegerring** gesichert. Der Ring muß mit der scharfen Kante nach außen weisen. Dann testen wir, ob er richtig sitzt, indem er über eine Öse etwas weitergedreht wird.

Es folgt der Einsatz des neuen **Wellendichtrings,** dessen Dichtlippen zur Kurbelwelle weisen müssen; anders gesagt: helle Seite zum Lager hin, schwarze Seite nach außen. Mit dem Hammer leicht festklopfen.

20: Blick auf das perfekt im Gehäuse sitzende Lager für die Getriebehauptwelle, die ja auch die Radantriebswelle ist. ***21:*** *Der Seegerring wird mit der Spezialzange eingesetzt, scharfe Kante auch hier nach außen.* ***22:*** *Der Sicherungsring muß perfekt sitzen; wir prüfen das, indem wir ihn mit einem feinen Dorn über eine Öse leicht drehen.* ***23:*** *Der Wellendichtring wird so eingesetzt, daß er außen bündig mit dem Gehäuse abschließt. Den Ring auf keinen Fall ganz bis zum Lager eintreiben, sonst dichtet er nach den Erfahrungen von Meister Schulz später nicht richtig ab.*

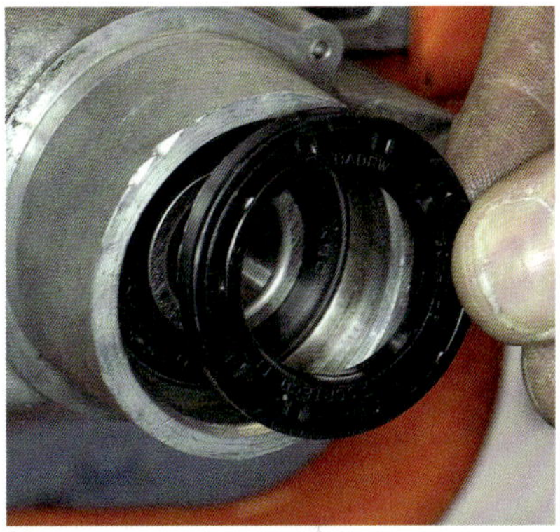
23

Kugellager, Dichtring Achswelle einbauen:

Auch hier wird der Umgebungsbereich des Lagersitzes mit der **Heißluftpistole** bis auf 150 °C erwärmt. Nach dem „Spucktest" Gehäuse flach aufs Holz legen, neues Lager einsetzen und mit passender Hülse bis zum Anschlag **eintreiben.** Gehäuse wieder auf den Ständer setzen und **Seegerring** anbringen, scharfe Kante nach außen. Testen wie oben beschrieben.

Achtung beim Einsetzen des **Wellendichtrings** (schwarze Seite nach außen): Er darf nicht bis zum Lager eingeschoben werden, sondern muß vorne bündig abschließen, weil er sonst nicht richtig abdichtet.

Werkzeug Kugellager, Wellendichtringe

Dorn, Hülse, Hartholz in zwei unterschiedlichen Größen
Bronzehammer
Holzbohle als Unterlage
Heißluftpistole
Seegerring-Zange

Neuteile Kugellager, Wellendichtringe

Kugellager Kurbelwelle
Simmerring Kugellager
Kugellager Antriebswelle
Simmerring Antriebswelle

Altes Kugellager als Einsetz-Werkzeug benutzen

Um ein neues Kugellager einzusetzen, kann man einem Bronzestempel benutzen, wie wir es gezeigt haben. Aber sehr gut geht es auch, wenn man das alte Kugellager zum Einpressen ins Gehäuse benutzt.

Aber **Achtung:** Man sollte vorher den Durchmesser des äußeren Rings des alten Lagers verringern, damit man es leichter wieder herausbekommt, wenn das neue Lager eingesetzt ist; es kann sich sonst verklemmen. Dazu den äußeren Ring einfach etwas abschleifen.

1

2

3

1: *Abschleifen des alten Lagers, damit es später leicht wieder herauskommt.* ***2:*** *Das neue Kugellager von Hand positionieren, das alte bündig aufsetzen.* ***3:*** *Durch leichte Schläge mit dem Kunststoffhammer rundum so lange das neue Teil eintreiben, bis ein metallischer Ton zu hören ist, der entsteht, wenn das Lager auf dem Grund des Sitzes angekommen ist. Die Fotos stammen aus dem Schneider Media-Buch „Restaurieren wie die Profis" Band 1.*

Vorgelege komplettieren und einbauen

Vorgelege montieren, einbauen: Das **Kugellager** des Vorgeleges auf der Kupplungsseite ist noch in Ordnung und wird nicht ausgetauscht. Also setzen wir den **Sprengring** wieder korrekt ein. Anschließend wird die **Innenwelle** so weit wie möglich vorgezogen, damit die **21** herausgenommenen **Lagernadeln** wieder eingesetzt werden können. Die umlaufende Lagernut wird mit **Heißlagerfett** beschichet. Dann setzen wir die losen Laufrollen des Außenlagers rundum in die Fettpackung, indem wir die Welle immer weiter drehen. Danach wird die Innenwelle mit den anhaftenden Laufrollen unter leichten Drehbewegungen vorsichtig in die Außenwelle zurückgeschoben, und zwar so weit, bis die Nadeln nicht mehr herausfallen können.

1

2

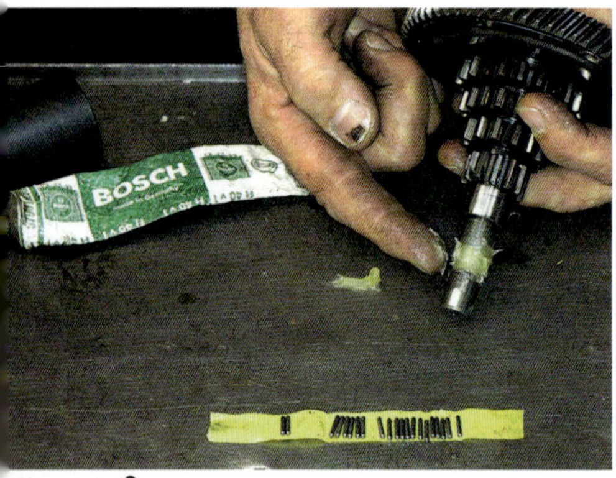

3

6

4

5

7

__1:__ Das alte, noch gute Lager bleibt drin, der Sprengring kommt wieder drauf. __2:__ Die 21 Nadeln des Vorgegelagers. __3:__ Die umlaufende Nut wird mit Heißlagerfett bestrichen.
__4, 5:__ 21 Nadeln kleben im Fett der vorgezogenen Innenwelle. __6:__ Das komplettierte Vorgelege wird eingesetzt, indem die Innenwelle in die Lagerstelle des Gehäuses geschoben wird.
__7:__ Das eingesetzte Vorgelege unseres Motors.

8

9

__8:__ Auf der Kupplungsseite wird die Innenwelle arretiert. Das Sicherungsblech muß so positioniert werden, daß a) die Lasche in die Kerbe der Welle eingreift und daß sie b) nicht ins Kupplungsgehäuse ragt. __9:__ Drei Elemente werden montiert; Sicherungsblech (neu), Sperrscheibe (neu) und Mutter (gebraucht).

Nun kann das **komplettierte Vorgelege** in die kupplungsseitige Gehäusehälfte gesetzt werden. Zuletzt wird das Vorgelege am Rand des Kupplungsgehäuses gesichert. Wir nehmen ein neues **Sicherungsblech** und eine neue **Sperrscheibe,** aber die alte, völlig intakte **Mutter SW 17.** Dabei **unbedingt beachten:** Welle im Gehäuse so drehen, daß die Nut im kupplungsseitigen Gewinde nach vorn zeigt – anderenfalls kommen sich später Sicherungsblech, Sperrscheibe und Kupplungsdeckel in die Quere; die Innenlasche der Sicherung muß in diese Nut greifen.

Mutter mit einer **Stecknuß SW 17** und **Drehmoment Nm 35** festziehen, **Zunge** des Sicherungsblechs **umbiegen,** am besten mit einer Wasserpumpenzange. Zunge und Sperrscheibe müssen so liegen, daß der Kupplungsdeckel bündig aufgesetzt werden kann.

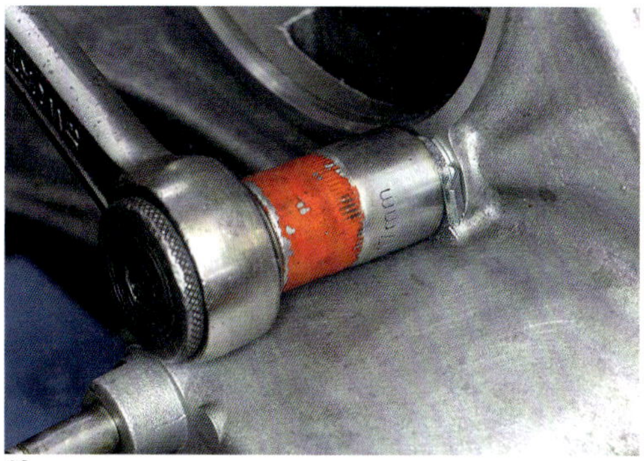

10

Werkzeug, Neuteile Vorgelege

Sprengringzange
Heißlagerfett
Drehmomentschlüssel mit Stecknuß SW 17
Wasserpumpenzange
Federring, Sicherungsblech neu

11

__10:__ Mit Drehmoment Nm 35 und Stecknuß SW 17 wird die Mutter angezogen (hier noch Vorziehen mit normalem Umschaltschlüssel).
__11:__ Die Außenlasche des Sicherungsblechs wird mit der Wasserpumpenzange so umgebogen, daß sie fest an einer Kante der Mutter anliegt.

Viergang-Getriebe und Achswelle einbauen

Schaltwelle montieren, einbauen:

Die **Antriebswelle** ist gleichzeitig die **Schaltwelle.** Die Zerlegung haben wir bereits gezeigt. Wie wir gesehen haben, zeigt das **alte Schaltkreuz** an den Ecken leichte Abnutzungsspuren an den Kanten. Daher wird es ersetzt. Auch der **Schaltzapfen** wird erneuert, da der alte Zapfen sich nur schwer ins neue Kreuzgewinde drehen läßt, wobei ein **neuer Zapfen** ab Werk nicht mehr lieferbar ist und nur über gute Beziehungen aufgetrieben werden kann. Das neue **Schaltkreuz** verkanten und so in den Schaltautomaten einführen, daß die Wölbung zu den Getriebezahnrädern hin zeigt, also Richtung Schaltraste/Lichtmaschine.

1

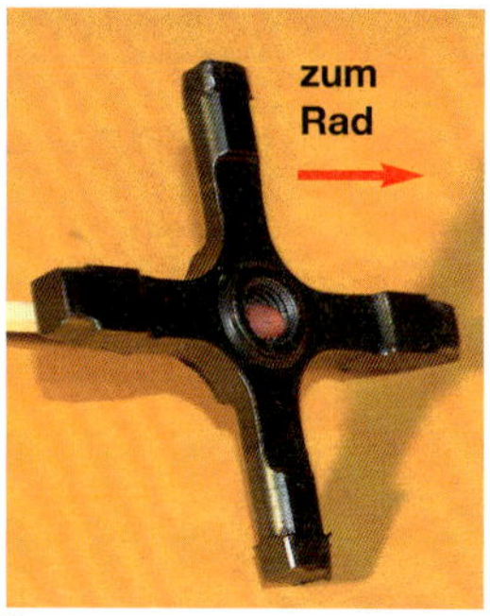

2

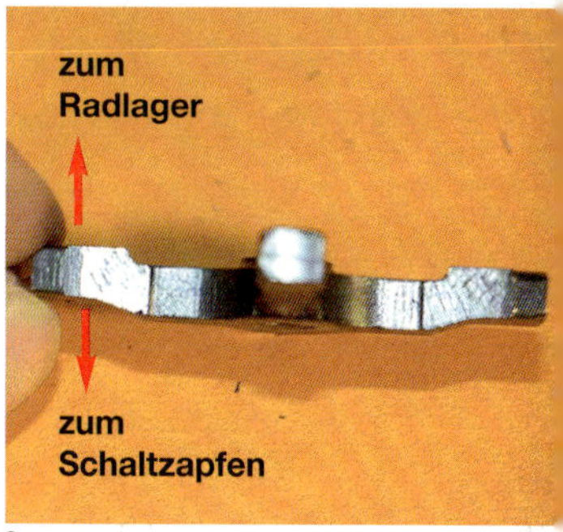

3

ntriebswelle alt für unsere PX 200 E von 1985 mit Zahnrädern und Zubehör

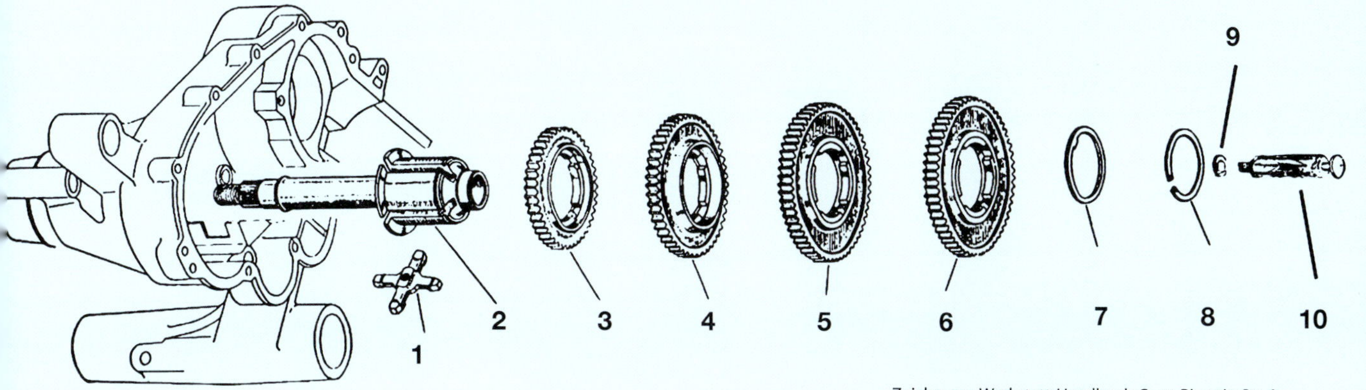

Zeichnung: Werkstatt-Handbuch Cosa, Piaggio S.p.A.

4

__1:__ Schaltkreuz Schaltrastenseite. __2:__ Schaltkreuz Hinterradseite. __3:__ Schaltkreuz Querschnitt (Fotos: Altteil). __4:__ Elemente des Getriebes; 1 = Schaltkreuz, 2 = Antriebswelle, 3 = Zahnrad 4. Gang, 4 = Zahnrad 3. Gang, 5 = Zahnrad 2. Gang, 6 = Zahnrad 1. Gang, 7 = Schulterring, 8 = Sprengring, 9 = Unterlegscheibe, 10 = Schaltzapfen.
__Zur Orientierung:__ 4. Gang (kleinstes Zahnrad) mit der glatten Seite nach hinten, mit dem erhöhten Innenring nach vorn; 3. Gang mit dem Piaggio-Signet nach hinten, dem Innenring nach vorn; 2. Gang mit niedrigerem Innenring nach hinten, dem Piaggio-Signet und dem erhöhten Ring nach vorn; 1. Gang (größtes Zahnrad) mit der Vertiefung nach hinten, der glatten Seite nach vorn.

Dann **Welle** in Schraubstock spannen. Gewinde des Schaltzapfens mit **Schraubensicherung** benetzen, Unterlegscheibe ansetzen und Zapfen in das Schaltkreuz drehen. Dabei **Achtung: Linksgewinde M6,** also **gegen den Uhrzeigersinn** festschrauben!

Getriebe montieren, ausmessen:

Das **Getriebe** wird nach der Montage des Schaltkreuzes und des Schaltzapfens **komplettiert.** Dazu werden die Getriebezahnräder auf die Antriebswelle geschoben, dabei mit dem kleinsten (4. Gang) beginnen.

__5:__ Links das alte (Pfeile = abgenutzte Ecken), rechts das neue Schaltkreuz. __6:__ Das neue Schaltkreuz wird um 90° gedreht und in die Aussparung gesetzt, dann wieder zurückgedreht. __7:__ Das Schaltkreuz in seiner Position, Wölbungen nach vorn. __8:__ Der Schaltzapfen wird mit Loctite 271 eingesetzt. __9:__ Verschrauben von Zapfen und Kreuz – Achtung, Linksgewinde!

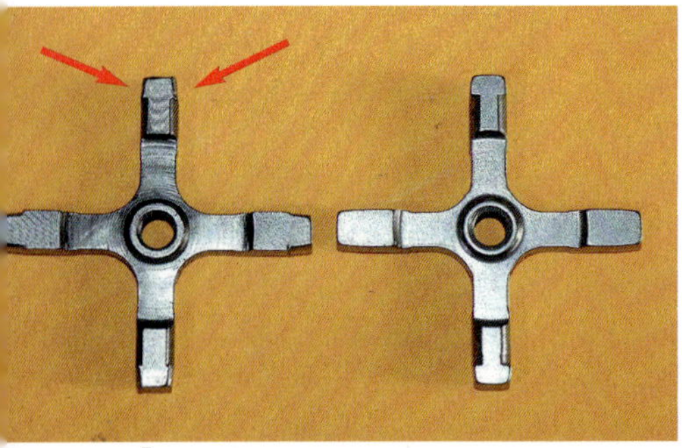

5

6

7

8

9

__10:__ die vier Getriebezahnräder von hinten aus Richtung Achslager gesehen. __11:__ Alle Getriebeelemente von vorne, also von der Lichtmaschinenseite her gesehen; die Unterlegscheibe am Schaltzapfengewinde nicht vergessen (Pfeil).

Achtung: Die **Zahnräder** haben **ungleiche Seiten,** sie dürfen nicht vertauscht werden! Zur Orientierung: 4. Gang (kleinstes Zahnrad) mit der glatten Seite nach hinten, mit dem erhöhten Innenring nach vorne einsetzen; 3. Gang mit dem Piaggio-Signet nach hinten, dem Innenring nach vorn; 2. Gang mit niedrigerem Innenring nach hinten, dem Piaggio-Signet und dem erhöhten Ring nach vorn; 1. Gang (größtes Zahnrad) mit der Vertiefung nach hinten, der glatten Seite und der Teilenummer nach vorn. Zuletzt den oder die **Schulterring(e)** aufsetzen und den großen **Sicherungsring** montieren.

Piaggio empfiehlt, vor dem Einbau der Antriebswelle das axiale **Spiel** zwischen dem kleinen Zahnrad für den 4. Gang und der Innenplatte bei komplett

10

11

Werkzeug Getriebe

Gabelschlüssel SW 13
Schraubstock
Sprengringzange
Spezialwerkzeug T 0018119
zum Einziehen der Antriebsachse
Gabelschlüssel SW 17 und 30
Fühlerlehre
Mikrometerschraube

Neuteile, Produkte Getriebe

Schaltkreuz neu
Schaltzapfen neu
2 Schulterringe à 1,04 mm Stärke
Loctite 271 Schraubensicherung

aufgeschobenen **Zahnrädern** zu **messen** (zuerst das kleine, zuletzt das große). Dies ist aber unpraktikabel, w eil dort die Fühlerlehre zu stark abknickt. Das hat auch der Hersteller erkannt und empfiehlt ab der Cosa das Messen vorn zwischen Schulterring und dem großem Zahnrad des 1. Ganges.

Das Einbauspiel liegt zwischen 0,15 und 0,40 mm; das zulässige **Mindestspiel beträgt 0,15 mm, das maximal zuässige Spiel 0,50 mm.** Wir stellen ein erhöhtes Spiel von 0,6 mm fest, bei einer Schulterringstärke von 1,63 mm. Dies deutet auf einen gewissen **Verschleiß** der seitlichen, aus dem Vollmaterial gefrästen Ringe an den Zahnrädern hin. Mit zwei Schulterringen à 1,04 mm können wir das Spiel aber voll ausgleichen, es bleibt das **Mindestspiel von 0,15 mm,** die Räder drehen frei auf der Schaltwalze.

Getriebe einbauen:

Es gibt **zwei Möglichkeiten,** das komplettierte Getriebe in das Achskugellager einzuführen. Die **erste** haben wir hier **nicht durchgeführt,** die **Montage ohne Getriebezahnräder:** Die Welle wird vereist und mit leichten Gummihammerschlägen in das Kugellager eingeführt; damit's besser rutscht, den Lagerbereich dünn mit Fett bestreichen. Die Welle muß bis zum Anschlag ins Lager getrieben, besser: gezogen werden (s.a. unten). Die Achse mit der **Kerbverzahnung** für die Bremstrommel muß am Ende rund 36 mm vom Radlagergehäuserand abstehen. **Achtung:** Nie auf den Innenring des Lagers und den Kugelkäfig einwirken!

12

__12:__ Getriebezahnräder, Schulterringe und Sprengring vor dem Zusammenbau. __13:__ Ausmessen der Schulterringstärke. __14:__ Zwei Ringe sind zum Spielausgleich erforderlich. __15:__ Setzen des Sprengrings. __16:__ Messen des Gesamtspiels. __17:__ Das einbaufertige Getriebe.

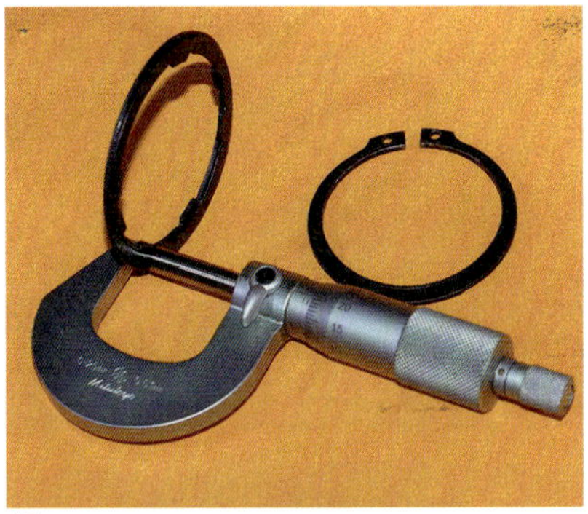

13

14

15

16

17

Wie funktioniert das Getriebe?

Die vier Zahnräder drehen sich frei auf der untrennbar mit der Antriebswelle verbundenen Walze. Über die beiden Schaltseilzüge und die unten rechts am Motorblock angeflanschte Schaltbox werden der Schaltzapfen und damit das mit ihm verschraubte Schaltkreuz in den Führungen hin- und hergezogen. Je nach gewählter Gangstufe blockiert das Schaltkreuz ein Zahnrad auf der Walze der Antriebswelle, während die übrigen Räder weiter antriebslos sind.

Das blockierte Zahnrad greift in sein Gegenüber auf der ständig von der Kurbelwelle (über die Kupplung) angetriebene Vorgelegewelle ein - damit ist die Kraftübertragung zum Hinterrad gewährleistet.

Bei unserem Motor haben wir **Methode 2** angewandt, den Einbau des **komplett vormontierten Getriebes** inklusive Antriebswelle: Dazu wird das vierteilige Piaggio-Spezialwerkzeug T 0018119 an die Welle geschraubt: zuerst das kurze Gewindestück SW 17, dann die Widerlagerhülse mit 57 mm Durchmesser, die lange Distanzhülse, den Knebel mit Gewinde und Stellmutter SW 30. Falls kein Gabelschlüssel SW 30 zur Hand ist, Ringschlüssel nehmen und vor der Positionierung des Knebels aufschieben. Dann die Welle von der Bremsseite her in das Lager gezogen.

Dabei **Achtung:** Wenn es hakt, keine Gewalt anwenden, sonst wird u.U. großer Schaden angerichtet. Die Getriebezahnräder müssen sich gleitend in die Vorgelegezahnräder schieben können. Wenn es klemmt, das betreffende Zahnrad mit einem Schraubendreher in seine Position drücken. Nicht weiterdrehen, wenn der Knebel beim Einziehen der Achse blockiert, sondern die Ursache suchen!

Anschließend **Kickstarterritzel** (mit den Mitnehmerzähnen nach innen) auf die Vorgelegewelle stecken (bei neueren Motoren sitzt sie fest auf dem Vorgelege). Wir ersetzen das alte, leicht abgenutzte Ritzel durch ein **Neuteil.** Die **Druckfeder** für das Ritzel wird später zusammen mit der zweiten Gehäusehälfte montiert (Kickstartermontage im Detail s. weiter unten).

18

19

20

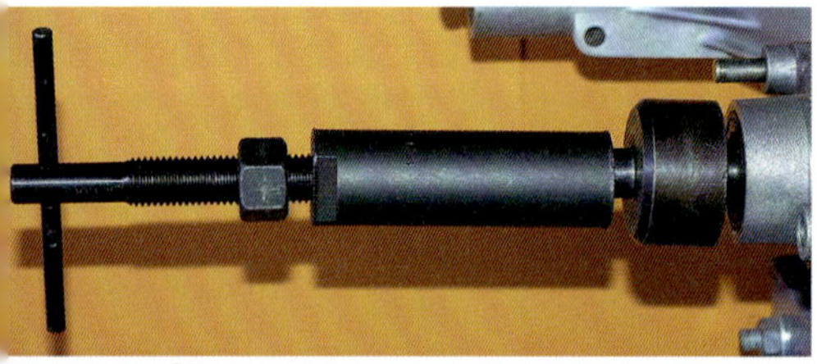
21

22

25

23

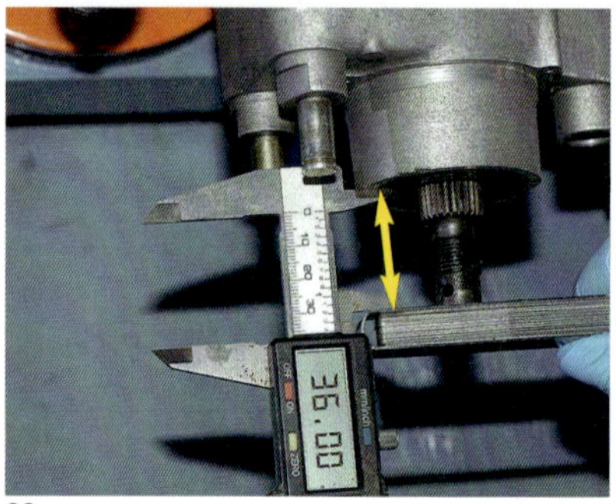

26

27

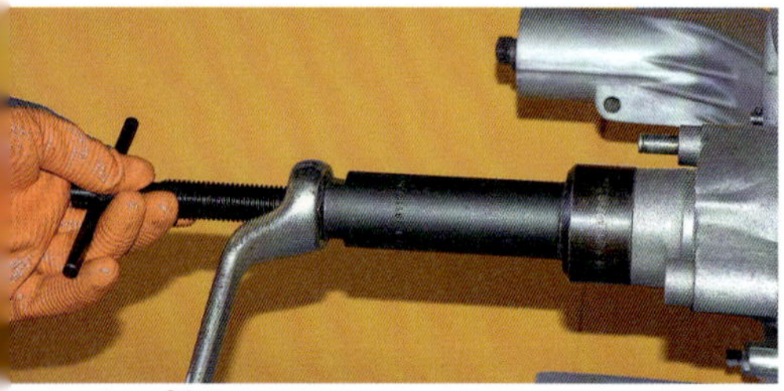
24

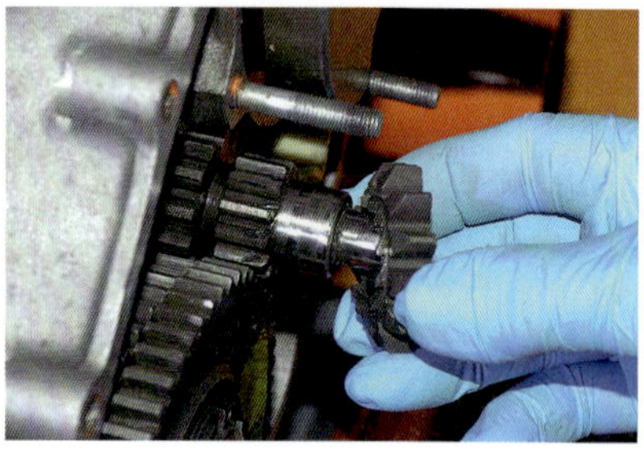
28

__18:__ Ansetzen des vormontierten Getriebes. __19.__ Einziehen der Antriebswelle mit dem Getriebe – zuerst Einschrauben des Gewindestücks. __20:__ Widerlager aufsetzen. __21:__ das ganze, noch lose angesetzte Einziehwerkzeug mit Knebelschraube, Einziehmutter und Distanzrohr. __23, 24:__ zuvor gegebenenfalls Ringschlüssel SW 30 aufschieben; Achse durch Anziehen der Mutter bis zum Anschlag einziehen. __22:__ Zahnräder u.U. positionieren; sie dürfen nicht Zahn auf Zahn stehen, sondern Zahn auf Raum zwischen den Zähnen (Pfeil); Foto: Getriebe vor dem kompletten Einziehen. __25:__ Position des 1. Gangs nach dem Einziehen; __26:__ Die Achse muß zuletzt rund 36 mm vorstehen (Pfeile). Die Zähne der Getrieberäder und diejenigen des Vorgeleges müssen paßgenau übereinanderstehen (u.U. Ausgleich durch Schulterringe). __27:__ das fertig eingezogene Getriebe. __28:__ Aufschieben des Kickstarterritzels.

Kurbelwelle präparieren, einbauen

Nadellager-Situation:

Der **Innenring** des **Kurbelwellen-Nadellagers** auf der LiMa-Seite blieb bei der Demontage unverrückbar auf der Kurbelwelle, was normalerweise immer der Fall ist. Bei unserem Motor fehlt der nötige Abstand zwischen Ring und Kurbelwange - ein weiterer Mangel durch früheres unfachmännisches Arbeiten. **Konsequenz:** Wir müssen den alten Ring abnehmen und durch einen neuen ersetzen – keine einfache Aufgabe. Der-Austausch des Nadellagers ist in diesem Stadium bereits erledigt, s. weiter oben.

Ausbau des alten Innenrings:

Die Kurbelwelle wird in den **Schraubstock** gespannt, und zwar unbedingt zwischen **Alubacken,** um Beschädigungen zu vermeiden. Dann wird der Ring mit dem **Dremelschleifgerät** quer aufgeschlitzt, aber nicht bis runter auf die Welle; ein kleiner Rest bleibt stehen. Beim Schleifen wegen des Funkenflugs unbedingt **Schutzbrille** anlegen.

Neben dem Ring wird anschliessend dick **Isolierband** um die Welle gewickelt, als Schutz vor Beschädigungen beim Sprengen. Anschließend wird der Ring mit **Hammer** und scharfem **Meißel** gesprengt. Nun Kurbelwelle läppen, also mit feinem 600er **Schmirgelleinen** Arbeitsspuren entfernen.

Die Kurbelwelle wird danach über Nacht ins **Gefrierfach** gelegt und am nächsten Morgen sofort wieder in den **Schraubstock** gespannt; dabei wieder **Alubacken** zwischensetzen, damit die Welle nicht verkratzt wird. Zuvor wurde der neue Innenring im **Ölbad** auf **180 °C** erhitzt - Vorsicht bei der Handhabung, **Verbrennungsgefahr!**

Achtung: Der neue Ring darf nicht ganz bis zum Anschlag geschlagen werden; es muß vielmehr das **Distanzstück** T 0060007 von Piaggio aufgelegt werden, das Meister Schulz auch im Regal hat. (Zwischen die Kurbelwangen kann der Keil T 0025127 gesteckt werden, damit es nicht zu Beschädigungen kommt. Den **erhitzten neuen Ring** mit der Zange aus dem Ölbad nehmen und auf die vereiste Kurbelwelle schieben, was prima klappt. Mit einer **Hülse** wird der Ring bis zum Distanzstück getrieben. Dieses erst entfernen, wenn der Lagerinnenring sich etwas abgekühlt hat. Dabei **nicht anfassen,** sondern Kombizange nehmen - das Distanzstück ist noch heiß.

Werkzeug, Neuteile Kurbelwelle

- Dremelschleifer
- Ölbad
- Tiefkühlfach
- Hammer und Meißel
- Bronzehammer und Hülse Piaggio
- Kombizange
- Distanzblech Piaggio
- Innenring Nadellager

1

2

3

4

5

6

1: Kurbelwelle im Schraubstock mit altem Innenring ohne Abstand zur Wange. 2: Auftrennen mit dem Dremel. 3: Sprengen mit Hammer und Meißel. 4: Der neue Ring wird im Ölbad auf 180 °C erhitzt. 5: Das Distanzstück wird auf die vereiste Kurbelwelle gelegt. 6: Mit der Zange wird der neue Ring übergestülpt.

7

Einbau der Kurbelwelle:

Jetzt kann die **Kurbelwelle** in die kupplungsseitige Gehäusehälfte und in das Kugellager geschoben werden, was in unserem Falle leicht geht, weil sie noch eiskalt ist. Die Kurbelwelle kann in der Werkstatt auch mit dem Piaggio-**Spezialwerkzeug** T 0018119 von der Kupplungsseite her ins Lager gezogen werden.

Bevor die zweite, bereits mit den Nadellagern ausgerüstete Gehäusehälfte aufgesetzt wird, muß die Kurbelwelle **trockengefönt** werden: beim Warmwerden an der Luft hat sich **Kondenswasser** gebildet, das sonst im Gehäuse bleibt und dort Korrosiion hervorrufen kann.

Nach Einbau der Kurbelwelle und vor dem Zusammenfügen der Gehäusehälften wird das **neue Kickstarterritzel** auf die Vorgelegewelle geschoben. Damit die **Feder** später richtig sitzt, muß die Gehäusehälfte flach gelegt werden, s. folgende Seiten.

8

9

10

12

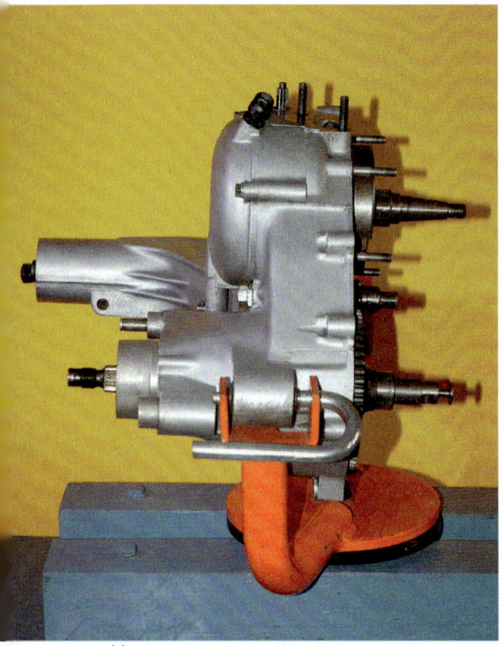

11

*7: Bei aufgesetztem Distanzstück wird der Ring mit einer Hülse aufgeschlagen. **8:** Das aufgeheizte Blech wird mit der Zange abgezogen. **9:** Der Pfeil zeigt auf den erzielten Abstand zur Wange. **10:** Die noch vereiste Kurbelwelle wird in das Hauptlager eingesetzt. **11, 12:** fertig montierte und optisch feinbearbeitete Gehäusehälfte.*

Nadellager Kurbelwelle und Achswelle einbauen:

Wie bereits gezeigt, wurden die auf der Lichtmaschinenseite sitzenden **Nadellager** für **Kurbelwelle** und **Achswelle** ausgebaut. Sie befanden sich noch in passablem Zustand, werden aber jetzt durch Neuteile ersetzt.

Zunächst werden die beiden Lagersitze mit der **Heißluftpistole** auf ca. 150 °C erhitzt. Ein wenig Spucke auf den jeweiligen Lagersitz zeigt, ob das Gehäuse heiß genug ist: Wenn die Spucke kocht, kann das Lager eingesetzt werden.

Beide Lager passen exakt und rutschen leicht in ihre Sitze. Mit einem **Dorn** aus Kunststoff oder einem zurechtgeschnittenen Stück Hartholz wird noch einmal kurz auf die Außenringe geschlagen, damit die Lager auch hundertprozentig bündig sitzen. Mit einem Durchschlag wird anschließend leicht auf die Außenringe geklopft; klingt es metallisch, ist alles in Ordnung. Damit die Lager später beim ersten Motorstart nicht trocken laufen, werden sie innen mit **Universalfett** bestrichen.

1

__Nadellager Kurbelwelle – 1:__ Erhitzen des Lagersitzes auf 150 °C. __2:__ Das neue Nadellager schließt bündig mit dem Gehäuse ab. __3, 4:__ Innen wird Universalfett aufgetragen.

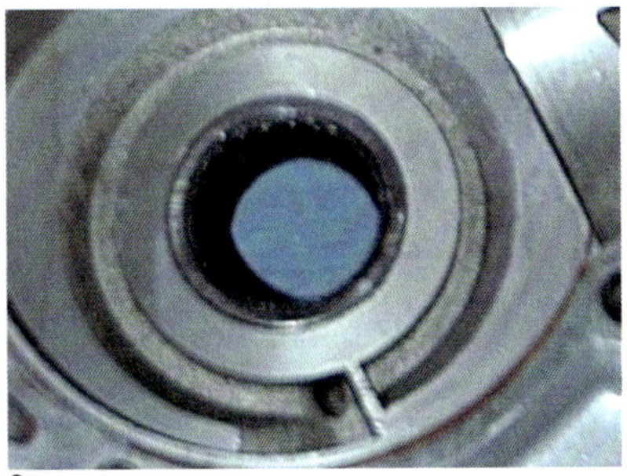
2

3

4

Werkzeug, Material Neuteile Nadellager

- Heißluftgerät
- Bronzehammer
- Kunststoff-Stempel
- Universalfett
- Nadellager Kurbelwelle
- Nadellager Getriebe

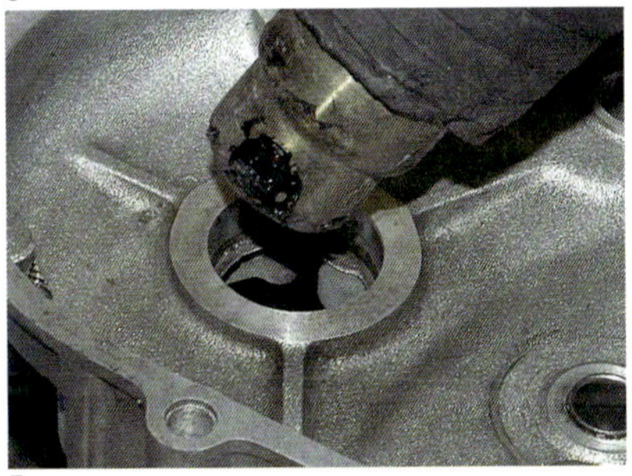
5

6

7

8

__Nadellager Antriebs-/Getriebeachswelle – 5:__ Auch hier wird das Gehäuse auf 150 °C erhitzt. __6:__ Das neue Lager sitzt an seinem Platz. __7:__ Mit dem Plastikstempel wird das Lager bis zum Anschlag in den Sitz der Gehäusehälfte getrieben. __8:__ Blick auf den Innenbereich der lichtmaschinenseitigen Gehäusehälfte mit eingesetzten Nadellagern; der Kickstartanlage ist hier bereits montiert.

Kickstartmechanismus einbauen

Kickstarter einbauen:

Zuerst setzen wir neue **Anschlaggummis** ein, die alten sind verschlissen. Die letzten Millimeter werden sie mit der breiten Klinge eines starken Schraubendrehers in ihre Sitze gedrückt.

Zweiter Schritt: einen neuen **O-Dichtring** in die **Nut** des Lagers für die Kickstarterwelle einsetzen. Zuerst wird die Nut gesäubert, dann mit **Heißlagerfett** gefüllt. Auch die Welle wird mit etwas Heißlagerfett bestrichen. O-Dichtring einsetzen und die Welle des **Kickstartersegments** so in das Gehäuse einführen, daß die Verzahnung zum Lager der Antriebswelle weist.

Zuletzt die **Rückholfeder** einfügen; sie muß von Hand etwas **vorgespannt** und dann zuerst mit dem **unteren, geraden Ende** in die entsprechende Bohrung im Gehäuse gesteckt werden. (Foto Nr. 5 zeigt die eingesetzte Welle mit der bereits eingefügten Feder. Foto Nr. 6 zeigt die Feder-Positionierung, zur Verdeutlichung ohne eingesetzte Welle.)

Dann wird das **obere, abgewinkelte Ende** der Feder in die Segmentnabe eingehängt, wozu eine Wasserpumpenzange benutzt wird. **Achtung:** Die Feder muß glatt im Gehäuse sitzen. Die Segmentwelle muß bis zum Anschlag im Gehäuse stecken, sonst lassen sich Kickstarterhebel und Sicherungsbolzen nicht montieren. Das **Kickstartersegment** muß vor der Gehäusemontage mit seinem äußeren Ende auf dem Hökker des **Gummianschlags** anliegen.

Auf der folgenden Seite zeigen wir, wie das **Kickstarterritzel** mit seiner **Feder** letztlich auf der Vorgelegewelle sitzen muß. Wir ersetzen das alte Ritzel und die Feder durch **Neuteile.**

10

Achtung: Das **Zusammenfügen der Gehäusehälften** kann nicht auf dem Montageständer erfolgen; die Hälften müssen **liegend angeordnet** sein. Ein Grund dafür: Kickstarterritzel und Feder fallen sonst herunter (s. a. Bild 14).

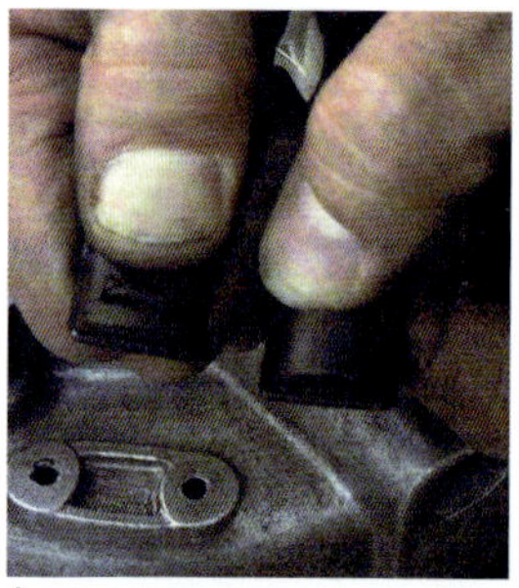

1

2

3

4

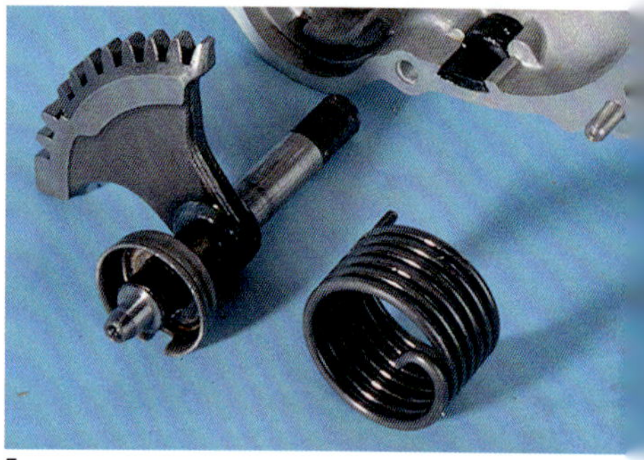

5

6

7

8

9

Werkzeug, Material, Neuteile Kickstarter

- Wasserpumpenzange
- Schraubendreher breit
- Heißlager- und Mehrzweckfett
- Kickstarterritzel + Feder neu
- 2 Anschlaggummis neu
- O-Ring neu
- Bolzen, Scheibe, Federring, Mutter SW 13 für Hebel

__1:__ Links ein verschlissener, rechts ein neuer Anschlaggummi. __2:__ Die beiden Gummis werden mit einem Schraubendreher bis zum Anschlag runtergedrückt. __3:__ Der Lagersitz der Starterwelle wird mit Heißlagerfett gefüllt und mit einem neuen O-Ring bestückt. __4:__ Auch die Welle wird mit Heißlagerfett beschichtet. __5:__ Welle mit Zahnsegment und Feder vor dem Einsetzen. __6:__ Das Segment muß wie gezeigt am Anschlaggummi anliegen. __7:__ Zur Verdeutlichung die Position des unteren Federendes über der Bohrung. __8:__ Spannen der Feder mit Rohrzange. __9:__ So muß die Feder eingehängt werden. __10:__ Position des Ritzels später im Gehäuse; es sitzt letztlich auf der Vorlegegelewelle.

11

12

13

14

15

16

Auch muß der **Kickstarterhebel** jetzt angebracht werden (Erklärung s. weiter unten). Wir sichern ihn mit neuem Bolzen, neuer Scheibe, neuem Federring und neuer Mutter SW 13; Segment und Rückholfeder können jetzt nicht mehr herausspringen.

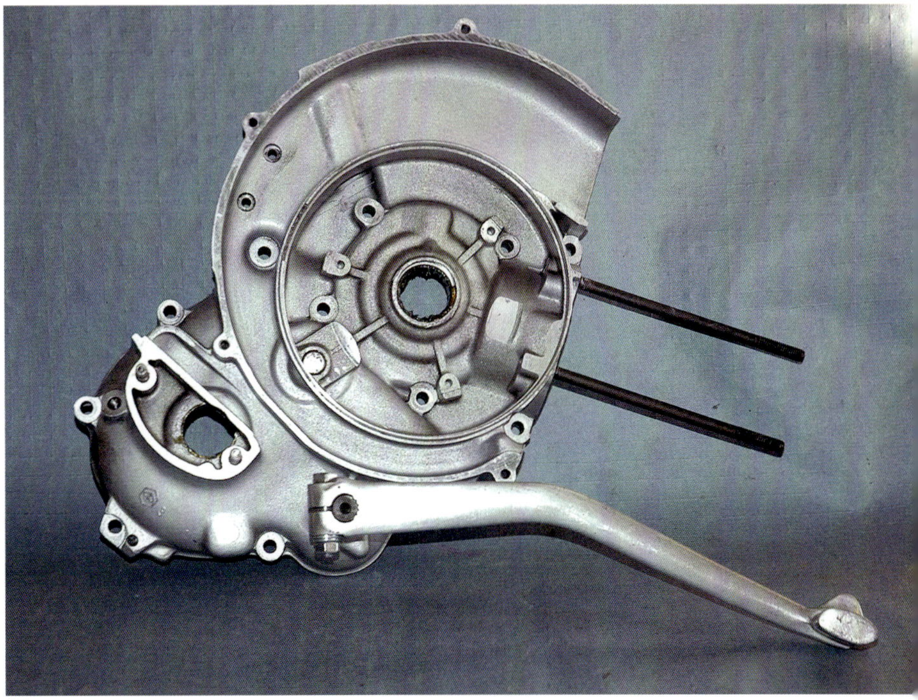

17

11: *Die Mitnehmerverzahnung des Kickstarterritzels muß zum Vorgelege hin weisen.* ***12, 13:*** *Genauso müssen Ritzel und Feder letztlich liegen.* ***14:*** *Beide Teile werden aber vor der Endmontage auf die flach liegende kupplungsseitige Gehäusehälfte gesetzt wie im Bild gezeigt; dabei fixieren wir die Feder mit etwas Universalfett, damit sie nicht herunterfällt.* ***15:*** *aufgesetzter Kickstarterhebel und seine Befestigungsteile SW 13.* ***16:*** *Die Mutter wird handfest angezogen.* ***17:*** *die fertig vormontierte lichtmaschinenseitige Gehäusehälfte inklusive der beiden etwas eingefetteten Nadellager.*

Gehäusehälften zusammenfügen

Gehäusehälfte Kupplungsseite:

Wegen der vorab nötigen Positionierung von **Kickstarterritzel** und **Feder** muß die vormontierte Gehäusehälfte mit Kurbelwelle, Vorgelege und Getriebe flach hingelegt werden. Dann wird die Feder aufgelegt; so kann sie beim Aufsetzen der anderen Gehäusehälfte in ihren Sitz gleiten (enge Windung nach unten gegen das Ritzel). Mit etwas Fett wird sie „festgeklebt“.

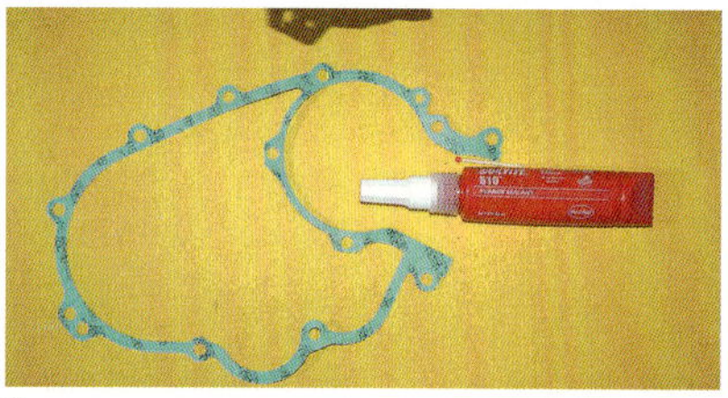

1

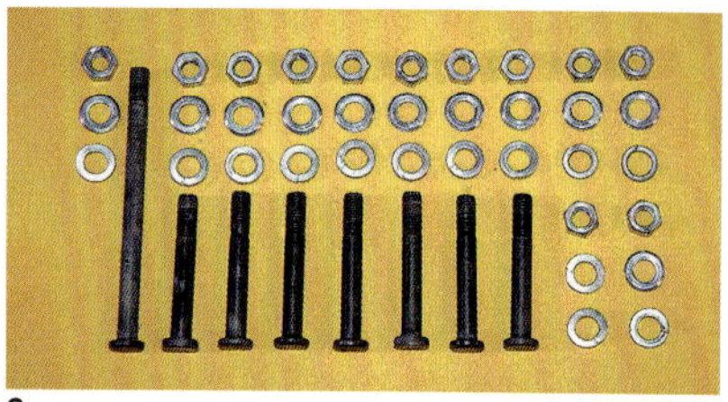

2

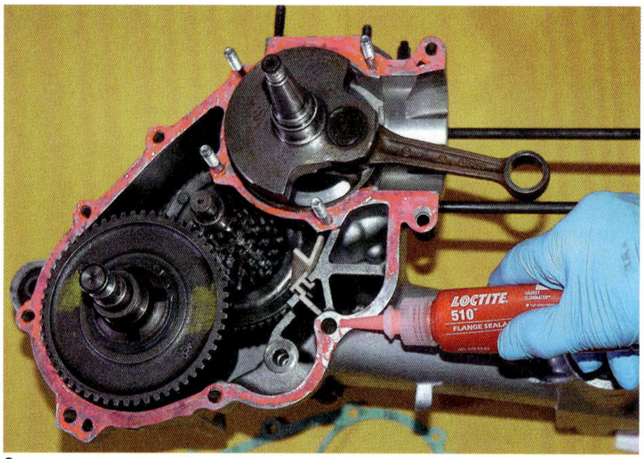

3

4

5

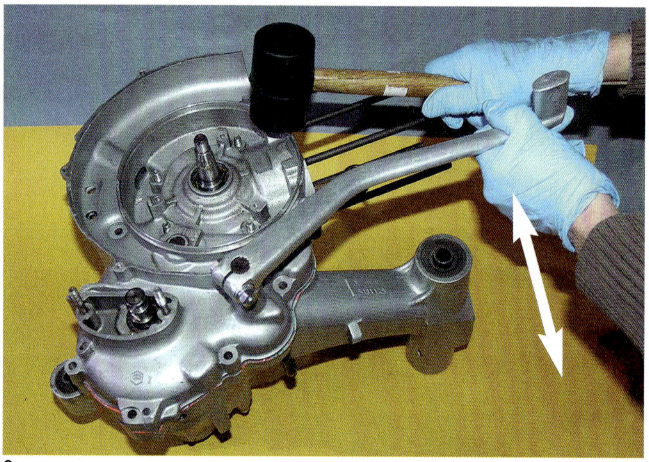

6

__1:__ Neue Papierdichtung und Loctite 518. __2:__ acht Bolzen, frisch phosphatiert, mit Scheiben und Muttern SW 7. __3:__ erste Schicht Loctite auf den Dichtflächen. __4:__ Dichtung auflegen. __5:__ zweite Schicht Loctite. __6:__ die beiden Hälften liegend zusammenfügen. __7:__ Kickhebel hin- und herbewegen, leicht auf das Gehäuse klopfen.

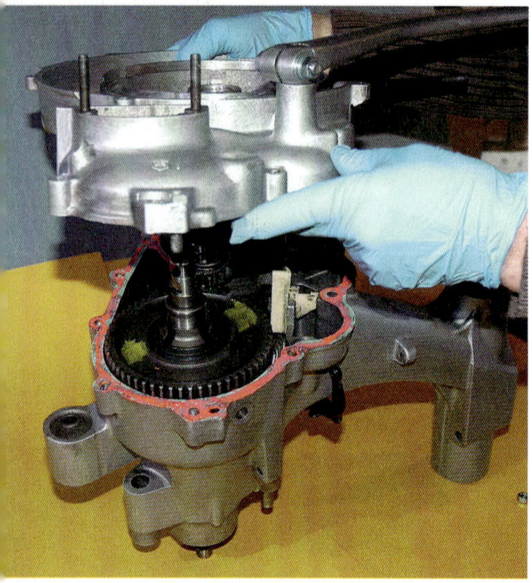

7

Früher hat man die gereinigte Dichtflache dünn mit Universalfett bestrichen, bevor die neue **Papierdichtung** aufgelegt wurde. Wir nehmen eine moderne und bewährte **Flüssigdichtung: Loctite 518.** Mit der Spezialtube wird rundum und auch rund um die Bohrungen für die Bolzen eine feine und gleichmäßige **Linie** des Mittels aufgetragen, anschließend mit dem Finger geglättet; vom Gehäuseinnenraum wegbleiben. Dann wird die **grüne Papierdichtung** aufgelegt und leicht angedrückt. Eine **zweite Linie** Loctite 518 komplettiert das Abdichtungsprogramm.

Achtung: Eventuell **überstehende Dichtungskanten** im Zylinderbereich unbedingt mit einem Reißmesser abschneiden, sonst dichtet der Zylinder später nicht richtig ab. Dies ist etwas fummelig, Verletzungsgefahr!

Werkzeug, Material Gehäusehälften

Kunststoffhammer
Drehmoment-/Umschaltschlüssel, mit Stecknuß SW 11
Loctite 518 Flüssigdichtung

Neuteile Gehäusehälften

neue Papierdichtung
12 neue Unterlegscheiben M7
12 neue Federringe M7
12 neue Muttern M7

Gehäusehälften zusammenfügen: Jetzt die beiden **Gehäusehälften zusammenfügen,** dabei keine Gewalt anwenden, vor allem nicht auf die Kurbelwelle schlagen. Antriebs- und Kurbelwelle müssen mit Nachdruck in die Nadellager der äußeren Gehäusehälfte gedrückt werden.

Den **Kickstarterhebel** haben wir bereits vormontiert wie gezeigt. Hebel etwas nach unten drücken; jetzt greifen Segment und Ritzel ineinander, die Gehäusehälften finden mit einem Ruck zueinander. Wenn es klemmt, ist das Kickstarterritzel schuld; die Feder muß ganz in ihrem Gehäuse liegen, das Ritzelsegment muß auf dem Anschlaghökker des Gummipuffers liegen, die Welle muß ganz im Gehäuse stecken.

Die **zweite Gehäusehälfte** bis zum Anschlag aufschieben. Mit einem Gummihammer behutsam nachhelfen. In das liegende Gehäuse drei bis vier Bolzen setzen und die Muttern leicht anziehen. Dann das Gehäuse auf den Montageständer setzen.

Nun rundum die **acht** jeweils passenden, von uns zuvor sorgsam aufbereiteten und neu phosphatierten **Bolzen M7** einsetzen (s.a. Abschnitt „Zerlegung"). Die **Bolzenköpfe** sind asymmetrisch und blockieren sich automatisch am Gehäuse. Wir legen **neue Scheiben** und **neue Federringe** auf, verwenden auch **neue Muttern SW 11.**

Vier Muttern sitzen auf den Stehbolzen rund um die Kurbelwelle im Gehäusekranz für die Lichtmaschine. Diese werden zuerst leicht vorgezogen. Die übrigen acht Muttern liegen außerhalb, die untere auf der Rückseite. Der ehemals stark verrostete und festsitzende **Langbolzen** unten rechts wurde aufbereitet und wird jetzt mit Fett bestrichen, damit er nicht mehr korrodieren kann. Bevor die Muttern angezogen werden, setzen wir mit einem passenden Rohr einen leichten **Schlag auf den Gehäusebereich** um die Kurbelwelle herum, damit die Welle ihre perfekte Position findet und nicht zu stramm dreht. Jetzt können alle Muttern festgezogen werden, und zwar über Kreuz zweistufig mit einem **Drehmoment** von **24-27 Nm.** Der Kernbereich der Antriebseinheit ist nun fertig montiert.

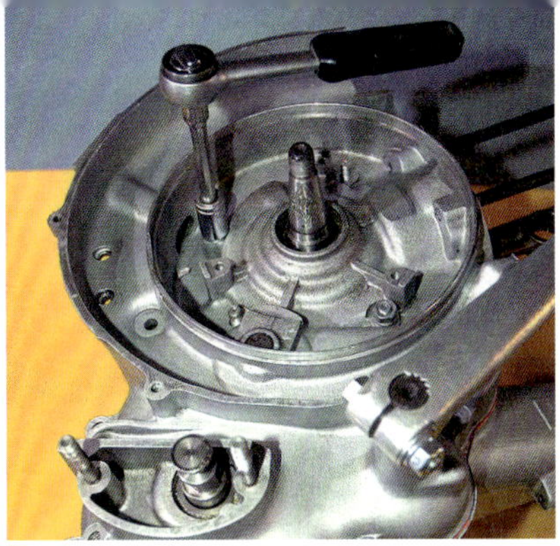
8

9

10

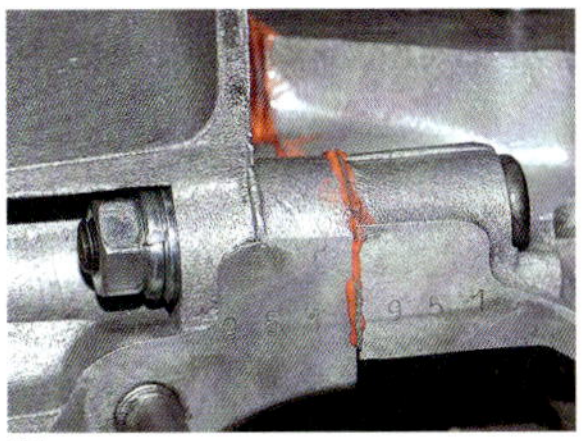
11

12

13

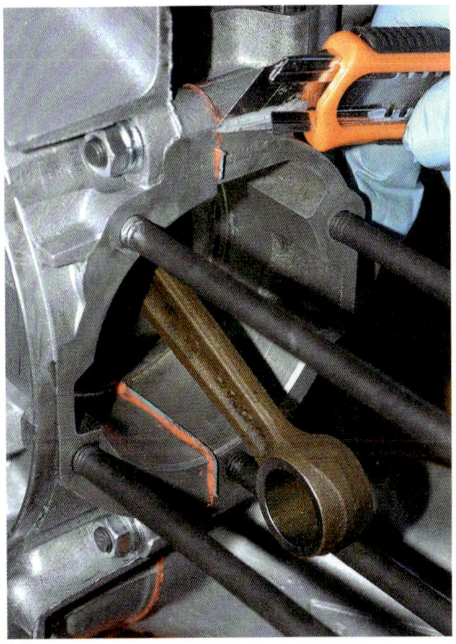
14

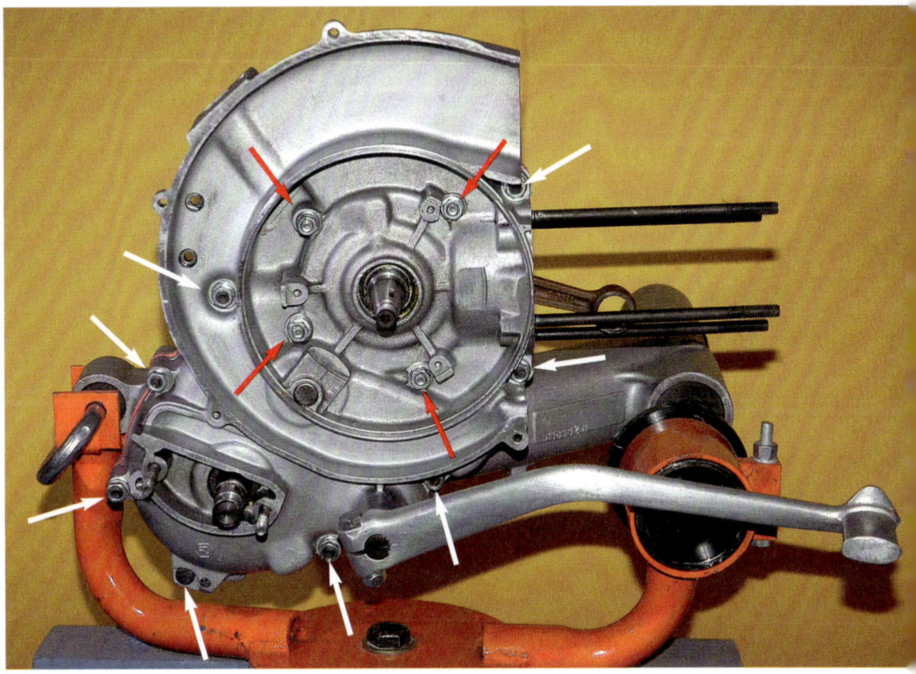
15

***8:** Vor dem Setzen des Gehäuses auf den Ständer drei bis vier Bolzen am liegenden Gehäuse einsetzen und vorziehen. **9:** Mit der passenden Hülse und dem Hammer leicht auf den Sitz des Nadellagers schlagen, damit das Gehäuse sich setzt. **10:** Positionierung der vier rückwärtigen Bolzen. **11:** Bolzen vorne oben. **12:** der restaurierte und gefettete Langbolzen. **13:** Man muß die Muttern mit Drehmoment 24-27 Nm anziehen. **14:** Wichtig: überstehendes Dichtpapier abschneiden. **15:** Die fertig montierte Gehäusehälfte mit Pfeilen für die vier Muttern innen und die acht Bolzen außen.*

Ölpumpe, Kupplung, Lichtmaschine: Montage

Ölpumpenantrieb: Einbau

Ölpumpenantrieb montieren:

Ausgangsbasis: die zusammengefügten Gehäusehälften. Bevor die überholte Kupplung eingebaut werden kann, muß der Ölpumpenantrieb montiert werden. Wie bereits im Kapitel „Demontage“ gezeigt, besteht er aus dem **Antriebsritzel,** einem **Zwischenritzel** mit dem **Schneckensegment** und der spiralgefrästen **Welle,** die nach oben durchs Vergasergehäuse zur Ölpumpe führt. Die Konstruktion ist solide und hat auch bei unserem Motor über die lange Laufzeit keine Schäden davongetragen.

Damit keine Kleinteile ins Gehäuse fallen können, decken wir es mit einem **Tuch** ab. Dann werden die Elemente in folgender Reihenfolge aufgeschoben:

1. die **hintere Anlaufscheibe,** 2. das **große Ritzel** mit dem **Schneckensegment** (dieses nach vorne), 3. die **vordere Anlaufscheibe,** 4. der **Sprengring,** 5. der **Keil** auf der Kurbelwelle, der mit einer Wasserpumpenzange in seinen Sitz gedrückt wird, 6. das **kleine Antriebsritzel,** das mit der angefasten Seite nach vorn über den Keil auf die Kurbelwelle geschoben wird, 7. die **Spiralantriebswelle** der Ölpumpe, die von oben durchs Gehäuse bis runter zu ihrem Basislager gesteckt wird. Anschließend kann die vormontierte Kupplung aufgesetzt werden.

Achtung: Der kleinste Fehler beim Zusammenbau des Ölpumpenantriebs kann zu Motorschäden führen. Vor allem muß der kleine Sprengring am Schluß hundertprozentig sitzen. Mit einem spitzen Gegenstand den Ring an den Ösen probeweise in der Nut drehen.

1

2

3

4

5

6

7

8

9

__1:__ Die Elemente des Ölpumpenantriebs werden unverändert wieder eingebaut; Welle, 2 Ritzel, 2 Anlaufscheiben, Sprengring. __2:__ Blick auf Kurbelgehäuse und Vorgelege. __3:__ Einen Lappen einlegen, damit Kleinteile nicht ins Gehäuse fallen können. __4:__ etwas Fett ins Basislager geben, hintere Anlaufscheibe aufsetzen. __5:__ großes Ritzel von hinten, Anlaufscheibe eingesetzt. __6:__ großes Ritzel in der richtigen Position. __7:__ äußere Anlaufscheibe einsetzen. __8:__ Sprengring einsetzen. __9:__ das gesicherte Ritzel.

10

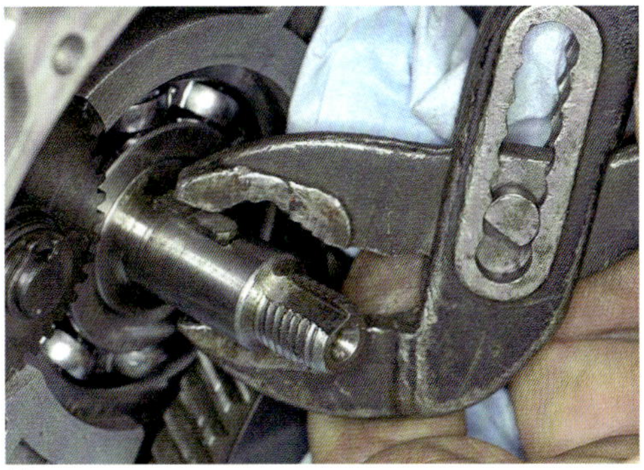
11

10: *Ganz wichtig: den Keil einsetzen, der das Antriebsritzel und den Kupplungskorb sichert und mitnimmt.* **11:** *Der Keil wird mit einer Wasserpumpenzange festgedrückt.* **12:** *das kleine Antriebsritzel mit seiner glatten Rückseite von hinten gesehen.* **13:** *So wird das Antriebsritzel aufgesetzt, mit den abgeschrägten Zähnen nach vorn.*
14: *Der Keil fixiert das kleine Ritzel auf der Kurbelwelle, die Zähne greifen perfekt in das große Ritzel ein.*
15: *Die spiralverzahnte Welle wird von oben eingeführt.* **16:** *der fertig montierte Ölpumpenantrieb.*

12

13

14

15

Werkzeug, Material Ölpumpenantrieb

Spitzzange
Wasserpumpenzange
Lappen
Mehrzweckfett

16

Kupplungskorb: Montage, Einbau

Kupplungskorb zusammenbauen:

Wie die Kupplung ausgebaut und zerlegt wird, haben wir bereits im Kapitel „Demontage" gezeigt. An **Neuteilen** bauen wir ein: **Sicherungsring, Basisplatte** mit **Reibbelag,** zwei **Reibscheiben,** zwei **Mitnehmerscheiben,** sieben **Federn, Sicherungskrone, Spezial-Kronenmutter.**

Zuerst werden die **sieben Becher** und die **sieben neuen Federn** in den **Kupplungskorb** gesetzt. Dann folgen **Druckplatte, Distanzring** und **Bronzebuchse.** Über die Buchse wird der **Primärantrieb** geschoben, der in das große Zahnrad des Vorgeleges eingreift. Weitere Abfolge: **neue Reibscheibe Nr. 1, neue Mitnehmerscheibe Nr. 1, neue Reibscheibe Nr. 2, neue Mitnehmerscheibe Nr. 2, neue Basisplatte mit Reibbelag** zur Mitnehmerscheibe hin. Die **Innenverzahnung** der Scheiben sowie die Sprossen der Mitnehmerscheiben müssen ohne Verspannung in den Kupplungskorb eingepaßt werden.

Zum Einsetzen des neuen **Sperr-Rings** muß die Kupplung zusammengepreßt werden, entweder mit einem Kantholz gegen den Schraubstock wie bei der Demontage gezeigt oder mit Hilfe des Spannwerkzeugs von Piaggio Nr. T.0020322. **Achtung:** Der **Stoß** des auf der Basisplatte liegenden **Sicherungsrings** muß hinter einem Steg des Kupplungskorbs sitzen, nicht im Gleitraum dazwischen. Kupplung entspannen.

Kupplung einbauen:

Die fertig vormontierte Kupplungseinheit auf die Kurbelwelle setzen und vorsichtig über den **Sicherungskeil** schieben, der bereits zusammen mit dem Ölpumpenantrieb eingesetzt wurde. Der **Primärantrieb** auf der **Kupplungsrückseite** muß in das große **Zahnrad der Vorgelegewelle** greifen; notfalls mit leichten Gummihammerschlägen etwas nachhelfen.

Die neue **Sicherungskrone,** dann die **Spezial-Kronenmutter** SW 17 ansetzen; die Innenlasche der Krone muß in die Nut an der Kurbelwelle greifen. **Kupplung** mit starkem Schraubendreher oder Spezialbügel T.0031729 gegen das Gehäuse **blockieren** (Bügel in eine Schraube links oben und den Kupplungskorb einhängen, s. Foto 16) und Mutter mit der (käuflich zu erwerbenden) Spezialnuß von Piaggio T.0030627, kombiniert mit einer Stecknuß SW 17 und mit angemessenem Drehmoment im Uhrzeigersinn anziehen (mit Gefühl, nicht zu stark anziehen!). Eine **Außenzunge der Kronensicherung** nach innen biegen. Nun die Feder mit dem Druck-Zwischenteller einsetzen. Sperrbügel abnehmen.

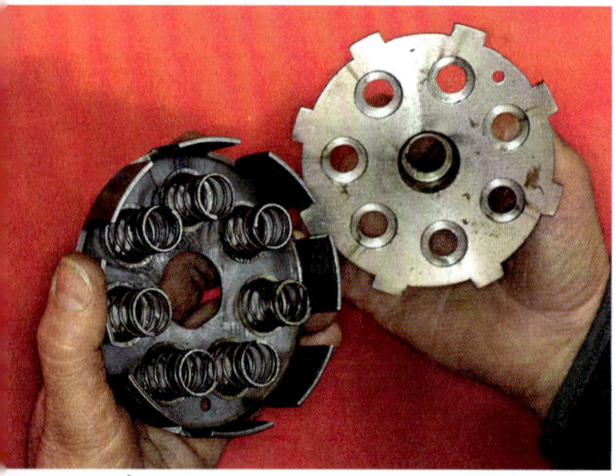

1

2

3

4

5

6

7

1: Kupplungskorb mit neuen Federn, Druckplatte. 2: Aufsetzen der Druckplatte. 3: Distanzring und Bronzebuchse werden auf die Druckplatte geschoben. 4: die Neuteile auf einen Blick; oben Sprengring, 2 Mitnehmerscheiben, unten Basisplatte mit 2 Reibscheiben; rechts oben der Primärantrieb. 5: Einbaufolge von links nach rechts übereinander. 6. Piaggio-Spannwerkzeug. 7: Beginn des Zusammenpressens, Federn noch entlastet.

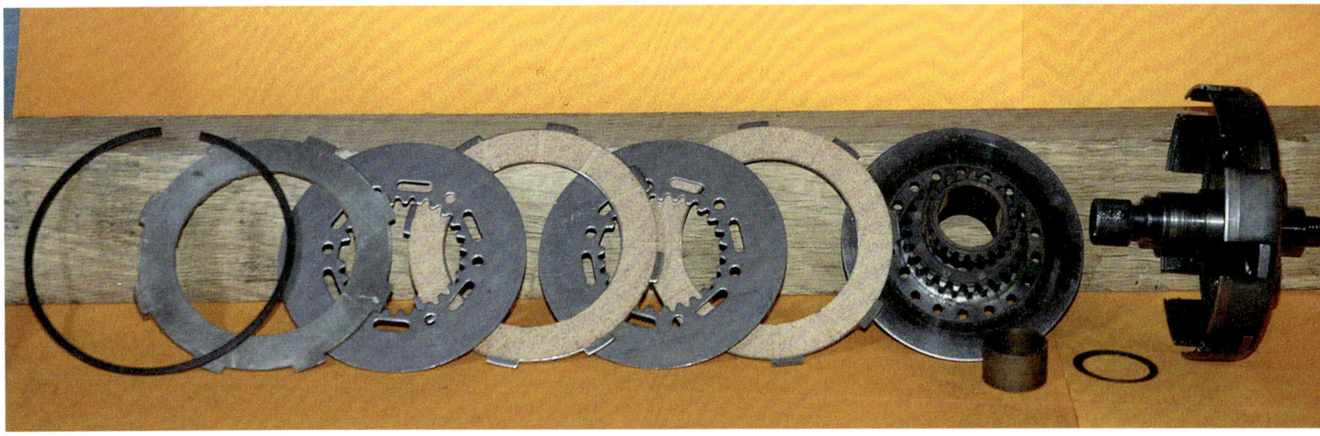
8

9

10

11

__8:__ Einbaureihenfolge mit Primärantrieb und probeweise runtergepreßter Druckplatte. __9:__ Zusammenpressen des gesamten Scheibenpakets mit Schlüssel SW 17. __10:__ Auflegen des Sprengrings bei gepreßter Kupplung. __11:__ Der Stoß muß innerhalb eines Stegs des Kupplungskorbs liegen.

12

13

14

15

16

__12:__ Aufschieben der Kupplung auf die Kurbelwelle und den Keil. __13:__ Aufsetzen der neuen Kronensicherung, Lasche in die Nut einführen. __14:__ Einsetzen der Kronenmutter. __15:__ Fürs Festschrauben empfiehlt sich die Spezialnuß von Piaggio. __16:__ Die Kronenmutter wird über den Sechskant __SW 17__ und mit dem Drehmomentschlüssel (vorsichtig) festgezogen; oben ist der eingehängte Sperrbügel zu sehen.

17: Die Kronenmutter der Kupplungsbefestigung wird gesichert, indem eine Lasche der Kronensicherung mit Hilfe eines Durchschlags in eine Vertiefung der Mutter geschlagen wird. 18: Zuletzt wird der Teller mit der Feder eingehängt; dabei die Abflachung links an die Kupplung anpassen.

17

18

Kupplungsdeckel: Montage, Einbau

Kupplungsdeckel montieren:

Zuerst wird der Ausrückhebel herausgezogen, Dann setzen wir einen **neuen O-Ring** unten in den Lagerbereich für den Hebel; zuvor Lagerbereich etwas einfetten. **Achtung:** Wird der Ring nicht erneuert, verliert der Antrieb an dieser Stelle Öl. Jetzt die frisch phosphatierte **Rückholfeder** einsetzen wie auf dem Foto gezeigt. **Druckhebel** und **Pilz** einsetzen. Neuen **O-Rring** in den Deckelrand legen, und zwar trocken, keine zusätzliche Flüssigdichtung verwenden.

Kupplungsdeckel mit Ausrückhebel, Druckhebel und Pilz aufsetzen und festschrauben; dabei darauf achten, daß der Deckel perfekt abdichtet (er darf nicht im Bereich der Vorgelegesicherung klemmen). **Drei Schrauben SW 10** mit neuen Unterlegscheiben und Federringen einsetzen und mit **Dremoment 13-15 Nm** festziehen. Zuletzt die **Kappe** auf das gereinigte **Entlüftungsventil** setzen; wir haben sie mit Zweikomponentenkleber fixiert.

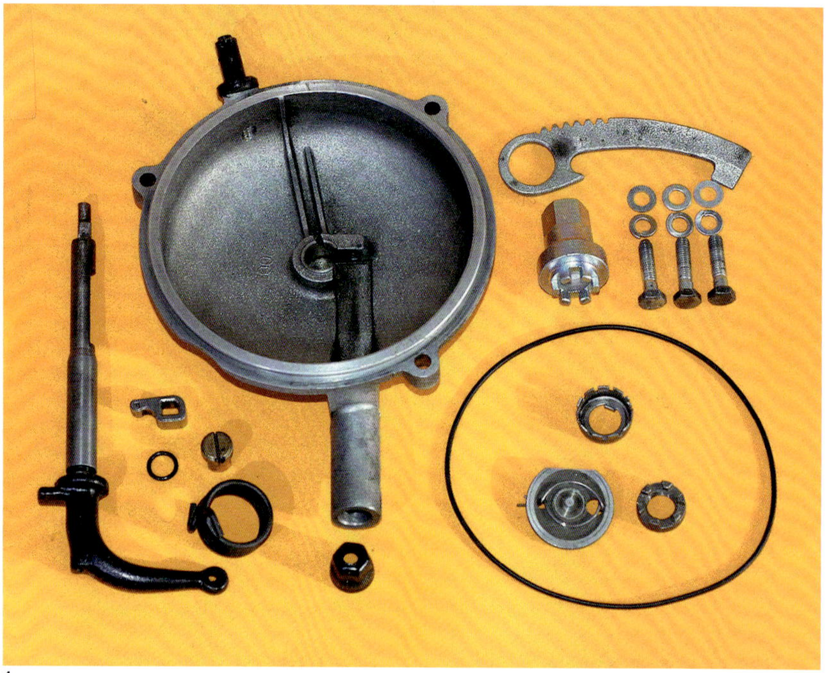

1

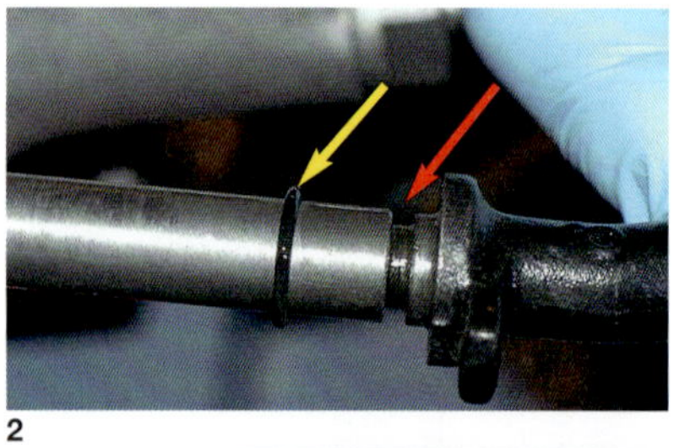

2

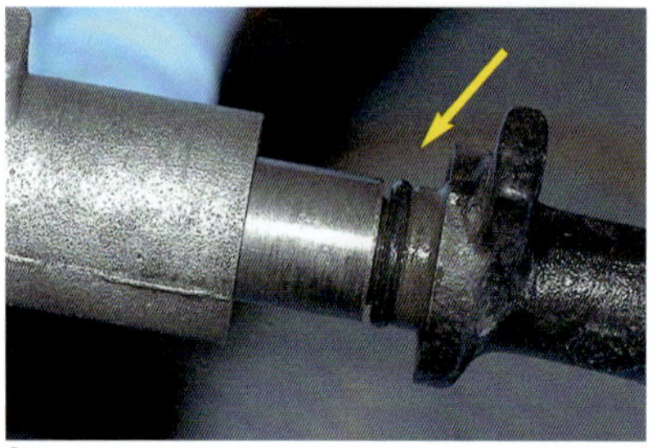

3

1: Einzelteile des Kupplungsdeckels und die Werkzeuge zum Kupplungseinbau (oben rechts); Ausrückhebel mit Zubehör, Deckel mit Entlüftungsventil, O-Ring, Verschraubung, Druckplättchen.

4

2, 3: Der neue O-Ring wird eingeölt, übergeschoben und in die Nut gedrückt; er ist dünner als diese, damit er sich beim Zusammenbau dehnen kann. 4: Vor dem Einführen des Hebels Rückholfeder aufschieben und später einhängen. 5: Ausrückhaken mit eingeführter Ausrückstange. 6: Zuletzt den Druckpilz aus Bronze einsetzen.

5

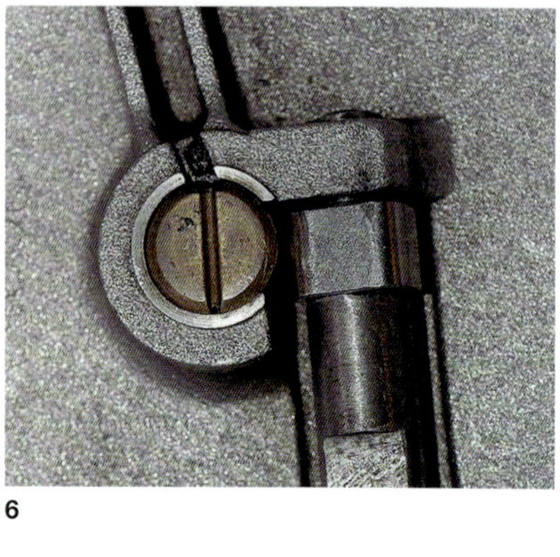

6

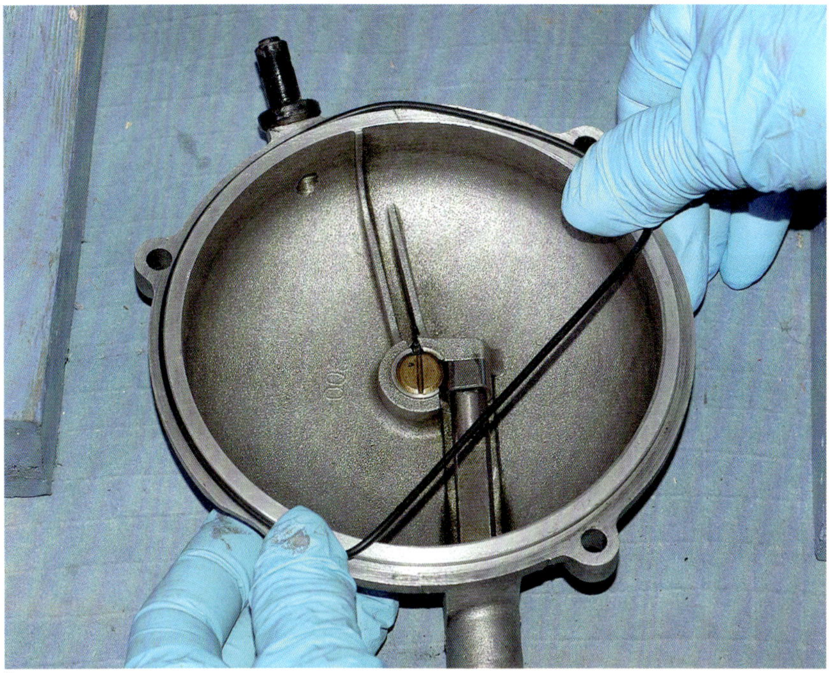

7

8

7: Der große (neue) O-Ring wird trocken um den Deckelrand gezogen; keine zusätzliche Flüssigdichtung aufbringen. ***8:*** *Der Kupplungsdeckel samt Ausrückmechanismus ist fertig zum Einbau.* ***9:*** *Der Deckel wird mit drei Schrauben M6 SW 10 befestigt; wir behalten die alten (gereinigten) Schrauben, legen aber neue Scheiben und Federringe unter.* ***10:*** *Die Kappe des Entlüftungsventils mußte abgenommen und muß jetzt mit Spezialkleber fixiert werden.* ***11:*** *So präsentiert sich die fertig montierte Kupplungsseite des Motors, auch optisch auf den letzten Stand gebracht.*

9

10

Werkzeug Kupplung

Spannwerkzeug T.0020322
Sperrbügel T.0031729
Spezial-Nuß für Kronenmutter T.0030627
Drehmomentschlüssel

Neuteile Kupplung

2 Reibscheiben
1 Basisplatte mit Reibbelag
2 Mitnehmerscheiben
7 Federn,
1 Sicherungsring
Spezialmutter
Spezial-Kronensicherung
O-Ring Kupplungsdeckel
O-Ring Ausrückhebel
3 neue Unterlegscheiben M6
3 neue Federringe M6

Produkte Kupplung

Universalfett
Zweikomponentenkleber

11

Lichtmaschine, Abdeckungen: Montage

Lichtmaschinenstator einbauen: Zuerst wird der **neue Wellendichtring** auf die Kurbelwelle gesetzt, die glatte Seite nach außen. Außen und innen etwas **einfetten,** dann vorsichtig ringsum mit Hülse, Holzstück und leichtem Hammer in den Sitz treiben. **Achtung:** Die Dichtlippen dürfen dabei nicht hängen bleiben, der Ring muß zuletzt bündig mit dem Gehäuse abschließen.

Der **Stator** bzw. der **Spulenträger** ist mit drei, der Pickup mit zwei Kreuzschlitzschrauben befestigt. Zuerst den durchgeprüften **Kabelbaum** oben ins Gehäuse einfädeln (das grüne Kurzschlußkabel ist defekt und muß erneuert werden). Stator und Pickup plazieren und Schrauben mit ihren Unterlegscheiben und Federringen festdrehen. **Achtung:** die **Markierung** für die Vorzündung am Motorgehäuse muß, wie beim Ausbau gesehen, mit der Markierung an der Ankerplatte übereinstimmen.

Lichtmaschinenrotor Einbau: Zuerst den **Sicherungskeil** auf die Kurbelwelle setzen und leicht festklopfen. Dann den gereinigten und blank polierten Rotor vorsichtig über Kurbelwellenstumpf und Keil schieben, eine **neue**

__1, 2:__ Präsentation der Lichtmaschinen-Komponenten vor dem montierten Gehäuse; neuer Wellendichtring für die Kurbelwelle, neue Zahnscheibe, Keil, Mutter SW 19, Stator.

Werkzeug, Neuteile Lichtmaschine

Drehmomentschlüssel mit Stecknuß SW 19
Sperrvorrichtung
Kreuzschlitzschraubendreher
Wellendichtring Kurbelwelle 24-35-6
neue Zahnscheibe
Kunststoffkappe, grünes Kabel

2

1

Folgende Seite:
__3:__ Ansetzen des neuen Wellendichtrings 24/35/6 mm. __4:__ Vorsichtig mit Hülse oder leichtem Hammer eintreiben, dabei immer ringsum schlagen. __5:__ Die glatte Seite des Rings muß bündig mit dem Gehäuse abschließen. __6:__ Den Keil einsetzen und leicht festklopfen. __7:__ Die Markierungen an Stator und Gehäuse müssen mit dem übereinstimmen, was wir beim Ausbau vorgefunden haben. __8:__ Achtung: Kabel auf Schäden prüfen, durchmessen, u.U. ersetzen. Kabel durchfädeln und Stator mit den drei Schrauben samt je zwei Scheiben montieren. __9:__ Es wird eine neue Zahnscheibe angebracht. __10:__ Die alte Mutter SW 19 wird wiederverwendet. __11:__ mit dem Sperrbügel von Piaggio wird der Rotor blockiert. Die Mutter wird mit Drehmoment 60-65 Nm festgezogen.

Zahnscheibe und die noch brauchbare **Mutter SW 19** ansetzen. Anschließend Rotor blockieren (Piaggio-Spezialwerkzeug). Mutter zweistufig mit **Drehmoment 60-65 Nm** anziehen. Zuletzt neue **Kunststoffkappe** aufsetzen. Informationen zur Motorelektrik s. weiter vorn und weiter hinten.

3

4

5

6

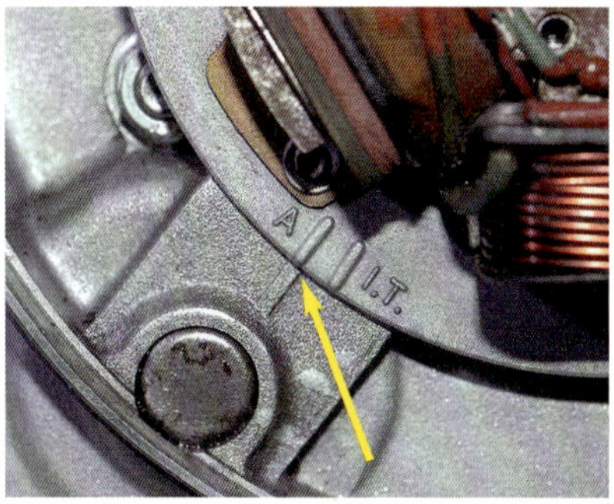

7

8

9

10

11

12

***12:** Ansicht des montierten Antriebsgehäuses, das noch mit Kolben, Zylinder, Gebläsehauben und Schaltsegment komplettiert werden muß. Zuletzt wurde die schwarze Schutzkappe auf die Mutter gesetzt.*

Teil 4

Überholung Räder, Bremsen, Fahrwerk

Hinterrad und Bremse: Demontage, Analyse, Montage

Hinterrad Ausbau, Zerlegung, Begutachtung

Hinterrad mit Nabe ausbauen: Im Kapitel „Motorausbau“ haben wir bereits grob gezeigt, wie das Hinterrad ausgebaut wird. Dieser Schritt ist nötig, wenn der Motor vom Fahrzeug getrennt werden soll. Hier zeigen wir den Ausbau des **Hinterrads** zusammen mit der aus Spezial-Gußstahl hergestellten **Bremstrommel** mit der **Nabe** im Detail. Warum das Hinterrad zuerst? Weil Trommel, Nabe und Rad direkt an den Triebwerksblock angedockt sind. Nabe und Trommel bilden eine Einheit. Eingearbeitet ist die **Verzahnung** für die Antriebswelle/Achse.

Zuerst wird die **Schutzkappe** mit einem starken Schraubendreher abgehebelt; sie ist etwas verbeult, aber frei von Korrosion. Dann wird der **Splint** mit einem Seitenschneider aufgebogen und aus der Bohrung der Achse gezogen; er wird später erneuert. Er blockiert die

1

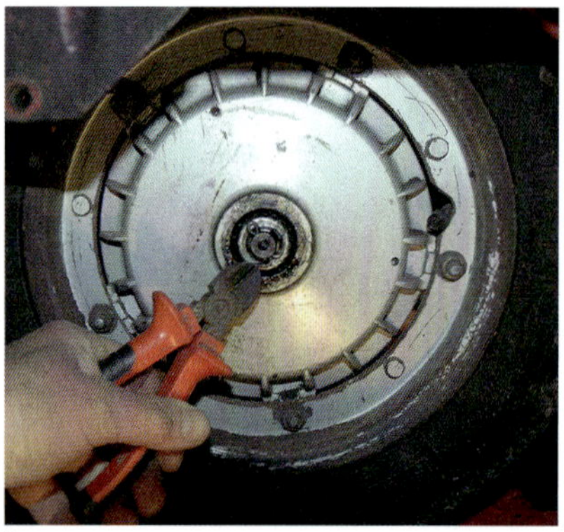

2

3

4

5

***Ausbau Hinterrad zusammen mit der Bremstrommel.** **1:** Zuerst haben wir die Vespa hinten angehoben und mit einer selbst gebauten Holzbrücke abgestützt. Mit einem Schraubendreher wird die Schutzkappe abgehebelt. **2:** Der Splint wird mit dem Seitenschneider aufgebogen. **3:** Dann wird er herausgezogen. Nicht im Bild: Das Abnehmen der Kronensicherung. **4:** Mit einer Stecknuß SW 24 die Mutter lösen; bei unserer PX ist sie locker! **5:** Hinterrad und Trommel können abgenommen werden. Unten: Abdeckkappe, Splint alt, Kronensicherung, Mutter, Anlaufscheibe. **6:** Durch die Luke in der Montagebühne läßt sich das Rad leicht nach unten absenken, der Roller muß nicht geneigt werden.*

6

Kronensicherung an ihren abgewinkelten Zungen; sie läßt sich von Hand abnehmen. Die **Achsmutter** wird mit einer Stecknuß SW 24 gelöst (normales Rechtsgewinde), also gegen den Uhrzeigersinn ausdrehen. Bei unserer PX ist die Mutter locker, es bestand Unfallgefahr. Die fettverklebte **Anlaufscheibe** kommt mit der Trommel heraus.

Steht das Fahrzeug auf dem Boden, muß es von einem Helfer nach rechts geneigt werden, damit das Hinterrad freikommt. Einfacher geht es bei der

7

Hinterrad ohne Bremstrommel ausbauen

Für einen einfachen **Wechsel** von **Reifen** und **Schlauch** genügt es, die fünf Muttern SW 13 auszudrehen, mit denen das Hinterrad an der Bremstrommel befestigt ist. In unserem Fall sind die Muttern locker, ein Stehbolzen kommt zusammen mit der Mutter heraus.

Um das Rad aus dem Radlauf zu ziehen, muß es leicht angewinkelt werden. Schon auf den ersten Blick zeigt sich, daß der **Reifen erneuert** werden muß und daß die **Felgenhälften** dringend eine gründliche **Aufarbeitung benötigen**. Beim Trennen der Felgenhälften und Abnehmen des Reifens treten unerwartete Schwierigkeiten auf, s. nächste Seite.

11a: Die fünf Muttern SW 13 lassen sich problemlos ausdrehen, da sie nicht richtig angezogen waren! 11b: Das Rad ist von der Bremstrommel getrennt. Deren Verschraubung hatten wir bereits gelöst.

11a

11b

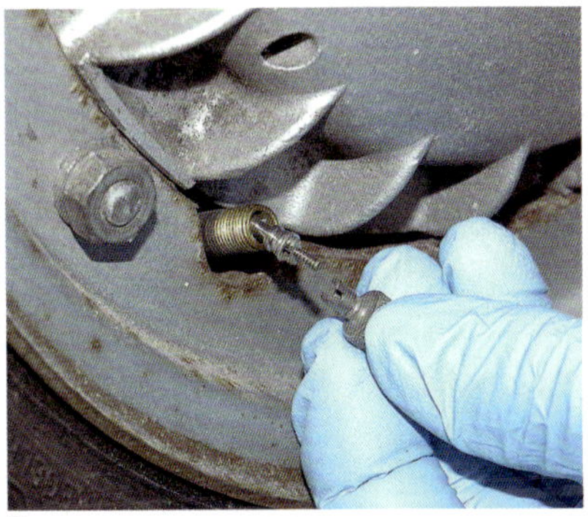

8

9

Werkzeug Hinterrad und Bremstrommel

Abstützung für das Heck
Schraubendreher
Seitenschneider für den Splint
Stecknuß SW 24
Stecknuß SW 13 für die Felgentrennung und wenn nur das Rad abgenommen werden soll
Bei festsitzenden Felgenhälften:
- Hammer mit Bronze-Schlagdorn
- Schraubendreher groß
- Montierhebel
- Rostlöser
- Balken und kurzes Kantholz
- Reifen-Demontiermaschine

Für die Radmontage:
- Seife
- Drehmomentschlüssel mit Nuß SW 13
- Kompressor für Luftdruck

10

7: Alle alten Elemente der Naben-, Bremstrommel- und Radbefestigung; oben: Abdeckkappe, neuer Splint, Kronensicherung, Mutter SW 24, Anlaufscheibe, Radmuttern SW 13, Federringe, ein herausgedrehter Bolzen der Radbefestigung an der Trommel. 8: Mit einer antiken Ventilkappe aus Metall, die auch als Ausdreher dienen kann, drehen wir das Ventil heraus und lassen damit die Luft aus dem Schlauch. 9: Die Bremstrommel mit der Antriebsverzahnung ist mit fünf Muttern SW 13 am Rad befestigt (s.a. Kasten oben). 10: Rad und Trommel sind nun getrennt.

Montagebühne: Sie besitzt eine **Luke,** durch die das Rad mit der Trommel nach unten abgesenkt werden kann.

Die **Bremstrommel** mit der Antriebsverzahnung ist mit **fünf Muttern SW 13**

12: *Die fünf Muttern M8 der Felgenverschraubung; Federringe fehlen. Das Ventil ist noch intakt.* ***13, 14:*** *Die Muttern lassen sich problemlos mit der Stecknuß SW 13 lösen.* ***15:*** *Das Trennen der Felgenhäften stellt sich indes als nahezu unmöglich heraus; wir versuchen zuerst, mit dem Bronzedorn auf die Stehbolzen zu schlagen.* ***16:*** *Weil dies nicht hilft, setzen wir mittig einen starken Schraubendreher als Hebel an – umsonst.* ***17, 18:*** *Auch mit dem Montierhebel kommt der Reifen nicht von der Felge los.* ***19:*** *Wir tragen Rostlöser auf – auch das bringt nichts.*

12

13

14

15

16

17

18

19

20

am Rad befestigt (s.a. Kasten vorige Seite). Sie werden ausgedreht, wobei ein Stehbolzen mit herauskommt. Rad und Trommel sind nun getrennt.

Hinterrad zerlegen:

Jetzt wird die Verschraubung der beiden **Felgenhälften** gelöst. Zuerst drehen wir mit einer antiken Ventilkappe aus Metall das Ventil heraus und lassen so die **Luft** aus dem Schlauch. Die **fünf Muttern** werden wieder mit einer Stecknuß **SW 13** ausgedreht; sie sind nicht festgerostet. Sie lassen sich wie die Trommelmuttern wiederverwenden und werden später aufbereitet und phosphatiert werden. Die fünf Federringe sind erneuerungsbedürftig.

21

20: *Bei einem neuwertigen Fahrzeug löst sich der Reifen von den Felgenhälften mit einen kräftigen Fußtritt.* ***21:*** *Letzte Möglichkeit: der Besuch in der Werkstatt. Hier wird das Preßwerkzeug außen am Reifen angesetzt.*

Bei neuwertigen Fahrzeugen trennen sich die Felgenhälften, wenn das Rad auf den Boden gelegt und der Reifen mit dem Fuß nach unten gedrückt wird. Doch bei unserem Rad funktioniert das nicht, denn Felgen und Reifen sind durch starken Rost regelrecht miteinander verbacken. Alle Versuche, die Hälften zu trennen, schlagen fehl, siehe Fotos. Schlagen mit dem Bronzedorn auf die Stehbolzen bringt ebensowenig wie das Ansetzen von Schraubendreher und Montierhebel innen/außen. Auch das Einsprühen mit Rostlöser hilft nicht.

Wir fuhren daher mit dem Rad in die **Werkstatt** und baten Joël, Mechaniker beim ehemaligen Reparaturbetrieb Bethembos, es einmal mit der **Reifenmontiermaschine** zu versuchen. Aber

22

23

24

__22:__ Auch auf der Innenseite sind mehrere Versuche nötig. __23:__ Ein Helfer muß einen Holzklotz dahintersetzen, damit genügend Druck aufgebaut werden kann. __24:__ Nach zehn Minuten hat Joël den Reifen endlich von den Felgenhälften getrennt.

25

26

27

28

selbst dies erweist sich als schwierig. Erst nach mehreren Versuchen trennt sich der Reifen von den Felgenhälften – erst links, dann rechts.

Die **Felgenhälften** sind nicht nur aussen (teilweise) angerostet, sondern besonders innen stark von der braunen Pest befallen. Hier zeigt sich der Nachteil der geteilten Hälften: Es kann Wasser eindringen. Da hilft nur eine radikale Entrostungsmethode, denn Neuteile wollen wir möglichst nicht verwenden. Die **alten Muttern** zeigen an den Kanten **Werkzeugspuren** und an den Innenseiten **Riefenbildung** durch die Einwir-

__25:__ Der Zehn-Zoll-Reifen hat zwar noch ausreichend Profil, ist aber aus Altersgründen völlig ausgehärtet. __26:__ Hier sieht man, daß der Reifen mittig stärker abgefahren ist. Der von einem früheren Besitzer selbst gebastelte Schutzmantel aus Gummi ist mit Felgenrost bedeckt. __27:__ Reifen, Schlauch, Schutzmantel. __28:__ Der Rost an Mantel und Schlauch ist deutlich zu sehen. Vor allem in der Umgebung des Ventils hat sich viel Rost abgelagert.

29, 30: *Die Innenseiten der Felgenhälften sind sehr stark verrostet, vor allem wohl durch die Einwirkung von winterlicher Streusalzbrühe.* ***31:*** *Die Außenseiten sind ebenfalls stark angegriffen.* ***32:*** *Die Innenbereiche der Hälften sehen schlimm aus und brauchen eine Spezialbehandlung.*

29

30

31

32

kung der Federringe (die früher einmal vorhanden waren, jetzt aber einfach fehlen). Nach reiflicher Überlegung beschließen wir, die alten Muttern aufzuarbeiten, die **Federringe** aber zu erneuern. Gebrauchte Federringe dürfen ohnehin nicht wiederverwendet werden, da sie ihre Elastizität eingebüßt haben. Den ausgedrehten **Stehbolzen** ersetzen wir durch einen neuen Bolzen mit 32 mm Länge, den wir aus einer Schraube M8 selbst herstellen. Er wird zusammen mt einem neuen Federring wieder in die Trommel geschraubt und mit **Loctite 271** fixiert.

Der **Reifen** der weitverbreiteten Marke Heidenau in der Größe 3.50 x 10 zeigt zwar noch Profil, ist aber völlig ausgehärtet und daher reif für die Entsorgung. Überalterte Reifen sind vor allem bei Nässe gefährlich, sie rutschen weg.

Festgestellte Mängel Hinterrad

Rad/Felgen

Befestigung: Muttern SW 13 an Bremstrommel nicht richtig angezogen und leicht korrodiert, 5 Federringe fehlen, die übrigen sind verdrückt; Zentralmutter SW 24 locker; ein Stehbolzen defekt

Schutzkappe: leicht verbeult

Felgenhälften: außen und innen stark verrostet, mit Reifen fest verbacken; Hälften lassen sich nur mit der Montiermaschine trennen

Reifen, Schlauch

Reifen: Marke Heidenau 3.50 x 10; mindestens 20 Jahre alt, völlig verhärtet, mittig stärker abgefahren

Schlauch: noch dicht, aber überaltert

Selbst gebastelter Schutzmantel: stark mit Felgenrost belegt

Mit Sicherheit ist der Pneu älter als 20 Jahre. Das Profil taugt sowieso eher für den leichten Geländeeinsatz als für die Straße. Risse sind augenscheinlich nicht vorhanden, doch ist das Profil mittig viel stärker abgenutzt.

Der **Schlauch** hält zwar noch die Luft, wird aber erneuert; im Ventilbereich ist er mit Felgenrost bedeckt. Ein aus einem alten Schlauch selbstgebastelter **Schutzmantel** ist rundum mit Rostpartikeln verklebt.

Altteile: aufbewahren oder nicht?

Teile, auch Muttern und Scheiben, die ersetzt werden, werfen wir nicht weg. Sie gehören zur Geschichte des Fahrzeugs und werden aufbewahrt. Reifen und Schläuche aber entsorgen wir.

Hinterrad: Aufarbeitung

Felgen entrosten:

Da wir so viele **Originalteile** wie möglich erhalten wollen, kaufen wir nicht einfach neue Felgen, sonden bereiten die alten auf, auch wenn das etwas mühsam ist. Es ist unmöglich, den ganzen Rost bis auf's blanke Metall abzuschleifen, daher bringen wir die Felgen zu einem Spezialisten. Der empfiehlt, die Teile nicht zu strahlen, sondern durch **Pyrolyse** zu entlacken und zu entrosten.

Bei der Pyrolyse handelt es sich um ein **thermisches Verfahren,** bei dem das Metall unter Sauerstoffausschluß sehr hohen Temperaturen von bis zu maximal 400 °C ausgesetzt wird. Das Fachmagazin *„Lackiererblatt"* schreibt: *„Alle organischen Materialien, die sich noch an der Karosserie befinden, wie Lack, Spachtel und Unterbodenschutz werden dabei zersetzt, sodass lediglich die reine Stahlsubstanz bestehen bleibt."*

Auch **Rost** wird vollkommen eliminiert, wie wir nach der Behandlung der Vespa-Felgen feststellen konnten: Nach der Pyrolyse wird der Stahl mit einem Hochdruckreiniger gewaschen, in einem Tauchbad nachentlackt, in einer phosphorhaltigen Lösung entrostet und anschließend neutralisiert.

Das Pyrolyse-Verfahren, das immer häufiger anstatt des aggressiven Strahlens auch bei Oldtimer-Karosserien angewandt wird, ist preisgünstiger, schneller und ressourcenschonender als herkömmliche Methoden. Wir haben für das Entrosten der vier Vespa-Felgen nur 20 Euro bezahlt.

Der **größte Vorteil** dieser Methode besteht darin, daß der Prozeß selbst in schwierige Bereiche wie Ecken, Falze und Hohlräume vordringt. Laut *„Lackiererblatt"* lassen sich mit der thermischen Entlackung im Gegensatz zum Strahlen, bei dem federnde Materialien wie Spachtel oder Kunststoffe zu Problemen führen, einwandfreie Ergebnisse erzielen, ohne daß die Oberfläche verformt oder ausgedünnt wird.

Aluminium, Verklebungen oder Kunststoffteile halten der Pyrolyse allerdings

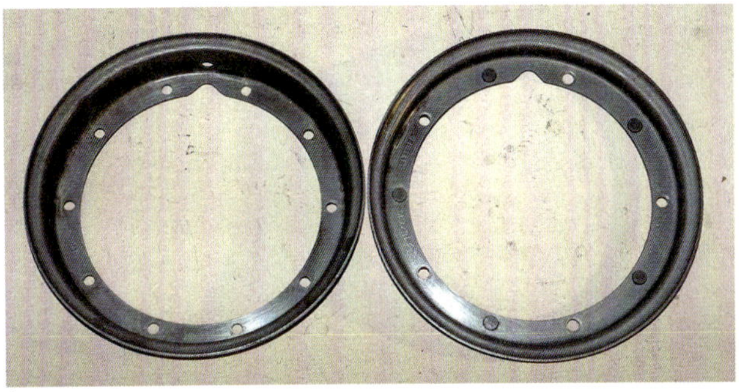

1

2

3

4

1: Nach der Pyrolyse sind die Felgenhälften metallisch blank, zeigen nicht mehr den geringsten Rost und keinerlei Lackspuren. ***2:*** *Felgen nach der Grundbehandlung mit PAC 2030.* ***3:*** *In unserem Workshop wird die Phosphatierung gleich auf alle Felgen aufgetragen.* ***4:*** *Die Hinterradfelgen nach der Behandlung mit Phosprim 4090.* ***5:*** *Der Primer von MOTIP haftet bestens und wird in zwei Schichten lackiert.* ***6:*** *Nach dem zweimaligen Sprühen mit dem passenden Silberlack glänzen die Felgenhälften wie neu.*

5

6

nicht stand. Doch das ist bei unserer Vespa in selbsttragender Stahlbauweise ja ohnehin kein Thema.

Felgen aufbereiten:

Nach der Pyrolyse (gilt auch fürs Strahlen) müssen die Felgen schnellstens gegen erneute Korrosion geschützt werden. Hierbei greifen wir, wie bereits weiter vorn im Buch beschrieben, wieder auf **PAC 2030** von Restom, angemischt mit 50 % Wasser, zurück, das gleichzeitig **entrostet** und **phosphatiert.** Nach dem Trocknen und Abwaschen mit **Wasser** und abermaligem Abtrocknen wird dünn die Phosphatierung **Phosprim 4090** aufgetragen, die sofort trocknet.

Anschließend erfolgt die Lackierung mit drei MOTIP-Produkten: **Primer, Acryl-Alulack** „Quartz" und **Klarlack,** jeweils in zwei Schichten aufgesprüht. Der Lack entspricht im Ton der Originalfarbe von Piaggio. Zu beachten ist, daß sich nicht jeder Primer und jeder Lack mit der Phosphatierung verträgt. Im Zweifelsfall eine Spezialgrundierung wie 1 K Aerosol Primer D 8421 von Deltron auftragen. Das Ergebnis unseres Lackaufbaus überzeugt rundum.

Reifen montieren, Rad komplettieren

Bei der **Reifenwahl** stellt sich die Frage: sportlich-modern oder allwettertauglich-klassisch. Unser Händler bot uns zunächst Heidenau-Reifen des Typs K80SR an, die mit ihrer sparsamen Profilierung eine gewisse Ähnlichkeit mit Slicks haben. Dies schien uns bei unserer alten PX aber nicht angemessen zu sein. Wir suchten im Internet nach einem klassisch profilierten Reifen der Größe 3.50 x 10 und wurden bei Pirelli (Typ SC 30), Shinko (Typ SR 550) und **Continental (Typ Classic)** fündig, wobei wir uns für die Contis entschieden und 30 Euro pro Stück zahlten, „reinforced Tube Type", made in Vietnam. Die Schläuche kamen von Michelin (Typ Airstop Butyl).

Im Gegensatz zum Heidenau haben die Contis keine Fahrtrichtungsanzeige. Bei der Montage wird zuerst der **Schlauch** in den Reifen gelegt und etwas aufgepumpt, um zu verhindern, daß er eingeklemmt wird. Beide Innenringe des **Reifens** leicht **einseifen. Dann** Reifen mit Schlauch in die untere Felgenhälfte drücken, danach die zweite Hälfte aufsetzen, dabei **Ventil** durch das Loch führen; Felgen zusammenschrauben. **Muttern** über Kreuz vor-, dann zweistufig mit Drehmoment 20-27 Nm festziehen. Zuletzt den Schlauch ganz aufpumpen: **Reifenluftdruck** zuerst auf 3,0 bar bringen, damit sich der Reifen setzt, dann auf 1,75 bar ablassen. Bei der Radmontage sitzt die tiefere Felgenhälfte über der Bremstrommel.

7

8

9

10

11

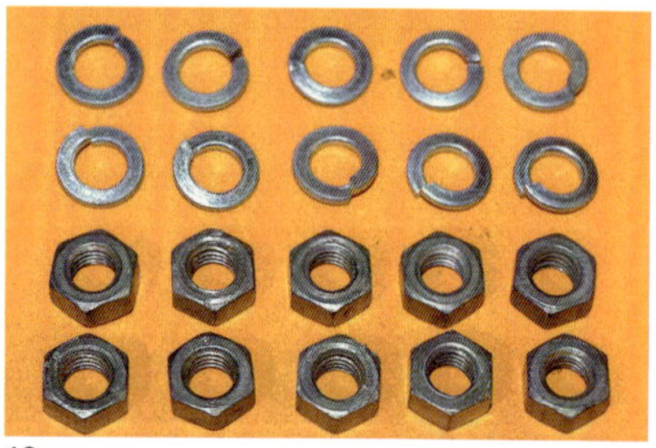
12

13

14

7: alles neu: Reifen „Classic" in 3.50 x 10 von Continental, Schlauch von Michelin. 8: Der Conti-Pneu hat das klassische Allwetterprofil der 1980er Jahre. 9: Der Schlauch wird eingelegt und leicht aufgepumpt. 10: Reifen an den Innenkanten leicht einseifen und mit dem Schlauch auf die schmale Felgenhälfte drücken; Ventil muß dabei nach unten zeigen. 11: obere, breite Felgenhälfte aufsetzen, dabei Ventil durchstecken. 12: die phosphatierten Originalmuttern SW 13 für Rad und Bremstrommel mit neuen Federringen. 13: Muttern kreuzweise mit 20-27 Nm anziehen. 14. Zuletzt Schlauch auf 1,75 bar aufpumpen.

Hinterradnabe/Bremstrommel prüfen, reinigen

Hinterradnabe mit Bremstrommel prüfen:

Wie die gesamte Antriebseinheit ist auch die Hinterradnabe mit ihrer integrierten Bremstrommel **total verschmutzt,** aussen von Fett- und Ölrückständen, innen von Öl und Bremsbelagabrieb. Über den defekten Wellendichtring ist Öl aus dem Getrieberaum in die Trommel eingedrungen und hat dort die Bremsbeläge getränkt. Ergebnis: Fast keine Bremswirkung mehr. Hinzu kommt, daß auf der Reibfläche Riefen zu sehen sind. Wie die Trommel ausgebaut wird, haben wir bereits weiter vorn gezeigt.

Zunächst **reinigen** wir die Trommel innen und außen mit Waschbenzin und Bremsenreiniger. Dann ziehen wir die Reibfläche gründlich und gleichmäßig mit 240er Schmirgelleinen ab, was den Grip verbessert. Außen wird die Trommel mit Drahtbürste, Schraubendreher für die Ecken, 240er, dann mit 600er Schmirgel bearbeitet. Nach abermaligem Abspülen kann die Trommel partiell abgeklebt, dann **grundiert und lackiert** werden, wobei wieder Produkte von MOTIP eingesetzt werden. Zuletzt wird der selbst hergestellte **Stehbolzen** phosphatiert, in seinen Sitz geschraubt und mit Loctite 271 festgeklebt.

Werkzeug, Produkte Hinterrad-Bremstrommel

Schlüssel SW 13 für Kontermutter
Drahtbürste
Schraubendreher
Schmirgel 240er, 600er Körnung
Bremsenreiniger
Waschbenzin
Grundierung
Felgenlack silbern

1

2

3

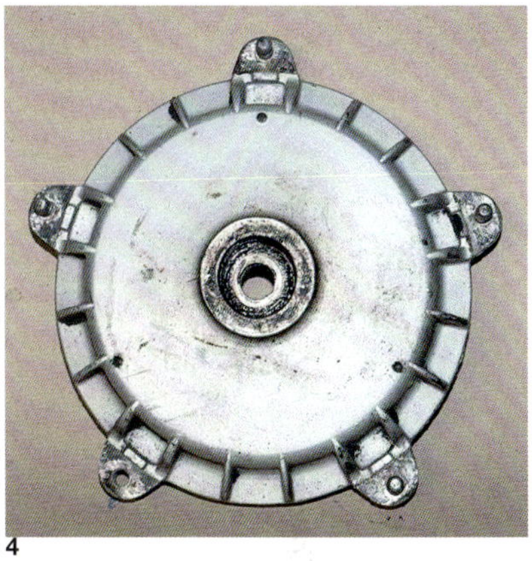
4

5

6

***1, 2:** Die Hinterrad-Bremstrommel ist innen total verölt und mit Bremsbelagabrieb verschmutzt.*
***3:** Die Bremsfläche zeigt deutliche Riefen.* ***4:** Auch außen bietet die Trommel keinen schönen Anblick.*
***5:** Nach der Reinigung mit den gezeigten Werkzeugen und Mitteln sieht die Trommel schon ganz anders aus.* ***6:** Innen wird die Bremsfläche sorgfältig mit 240er Schmirgelleinen abgezogen.*

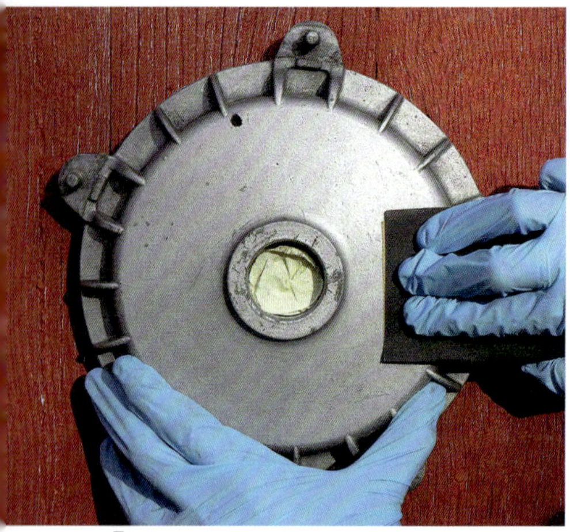

7

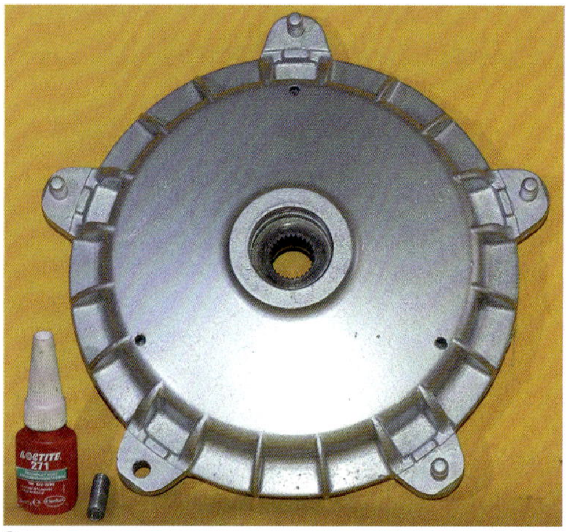

8

9

7: Abschmirgeln der Vorderseite.
8: die neu lackierte Bremstrommel.
9: der selbst hergestellte Stehbolzen mit der Schraubensicherung Loctite 271.

Bremsbetätigung Hinterradbremse: aufbereiten, montieren

Bremsbetätigung einbauen:

Bremsnockenwelle, Bremshebel und Rückholfeder haben wir bereits früher aufbereitet und phosphatiert. Die Teile müssen vor der Montage der Bremsbacken eingebaut werden.

Zuerst werden die beiden **O-Dichtringe** erneuert. Innen wird die Nockenwelle mit **Universalfett** versehen. Dann wird sie so ins Gehäuse gesetzt, daß die Nockenfläche parallel zur Mittelachse der Bremsanlage verläuft. Der **Bremshebel** wird aufgesteckt, gefolgt von der **Feder.** Jetzt kann die Welle ganz durchgeschoben werden. Sie wird mit dem wiederverwendeten **Splint** gesichert. Zuletzt wird der Bremshebel hochgedrückt, damit die Feder eingehängt werden kann.

1

1: Rückholfeder, Nockenwelle und Bremshebel werden wiederverwendet, die O-Ringe sind neu.
2: Dei Vertiefung wird mit Universalfett gefüllt.

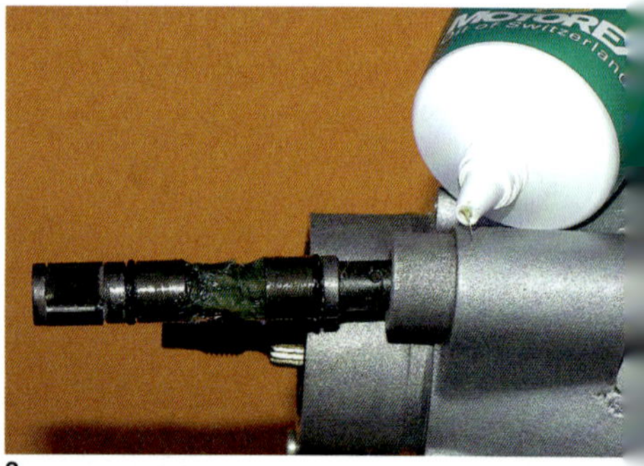

2

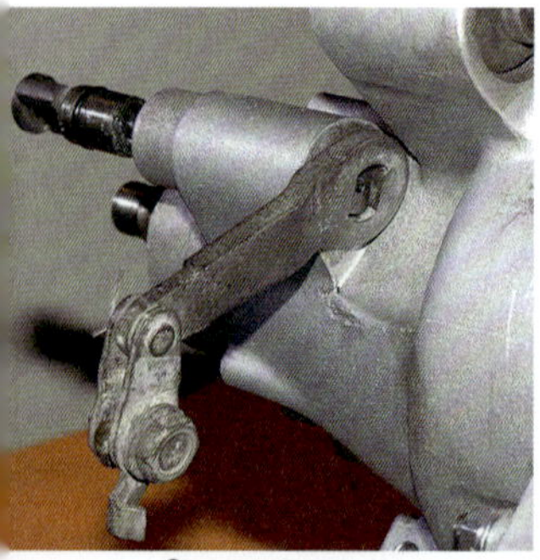

3

4

5

6

7

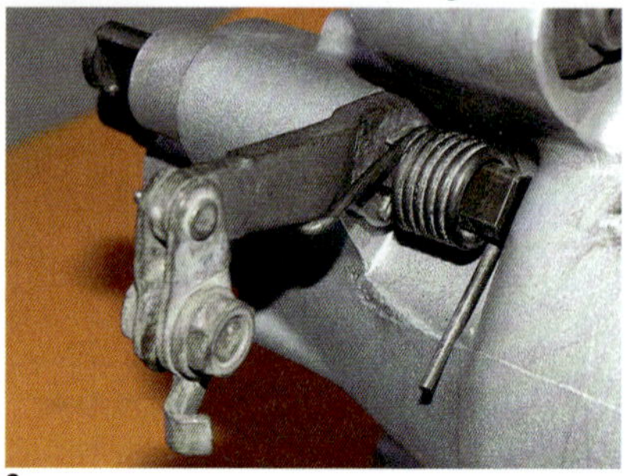

8

3: So wird der Bremshebel aufgesteckt. 4: jetzt die Rückholfeder positionieren. 5: von unten den Splint durchstecken. 6: den Splint umbiegen. 7: den Bremshebel hochdrücken. 8: Zuletzt wird die Feder eingehängt; Widerlager beachten.

Werkzeug, Produkte Hinterrad-Bremse

Schraubendreher, diverse Spitzzangen
Grundierung, Schwarzlack
Mehrzweckfett, Keramikpaste

Neuteile Hinterrad-Bremse

2 Bremsbacken
2 Klammern
1 Feder
4 O-Ringe + 1 Doppel-O-Ring
2 O-Ringe Bremsnocken

Bremsbeläge montieren:

Die Bremstrommel und die Bremsankerplatte haben wir aufbereitet wie gezeigt, die ölgetränkten alten Bremsbeläge, Klammern, O-Ringe und die Feder müssen erneuert werden (Fotos 1, 2).

Wie man beim Vergleichen der Fotos sehen kann, hat sich ein Haken der **Rückholfeder** verbogen; die Feder darf deshalb nicht wieder eingesetzt werden. Nach Montage von Bremsnocken und Bemshebel werden **neue O-Ringe** aufgeschoben: der Doppel-Ring links auf die Lagerbolzen, der große Ring zentral und der letzte Ring auf das Bremsnockengehäuse. Dann wird die frisch lackierte **Bremsankerplatte** aufgesetzt und mit den alten, bestens erhaltenen Kreuzschlitzschrauben befestigt. Platte und O-Ringe dichten die Bremse perfekt gegen das Gehäuse ab.

Lagerbolzen und Bremsnocken werden mit **Keramik-Gleitpaste** von Liqui Moly bestrichen, nicht zu dünn, aber auch nicht so, daß Überstände entstehen. Dann werden die **beiden neuen Bremsbacken** mit der **neuen Rückholfeder** verbunden und links so weit wie möglich auf die Lagerbolzen geschoben. Es folgt die schwierigste Aktion, das Aufschieben der **Gleitschuhe** rechts auf den Bremsnocken, der ja einen überstehenden Kragen hat. Dabei wird der obere Gleitschuh auf den Kragen gesetzt wie auf Bild 44 gezeigt.

Da wir keine spezielle Rückholfederzange zur Hand haben, schieben wir die Klinge eines möglichst breiten **Schraubendrehers** zwischen die beiden Gleitschuhe und hebeln sie mit Geschick und Kraft so weit auseinander, bis auch der untere Gleitschuh auf dem **Kragen** sitzt. Von Hand läßt sich die Feder unmöglich auseinanderziehen. Liegen beide Gleitschuhe auf, sorgt ein leichter Hammerschlag dafür, daß sie auf den Nocken springen – geschafft! Zuletzt werden mit einer Spitzzange zwei **neue Sicherungsklammern** positioniert, wobei man höllisch aufpassen muß, daß sie nicht wegspringen. Die Klammern verhindern, daß sich die Bremsbacken von den Lagerbolzen schieben können.

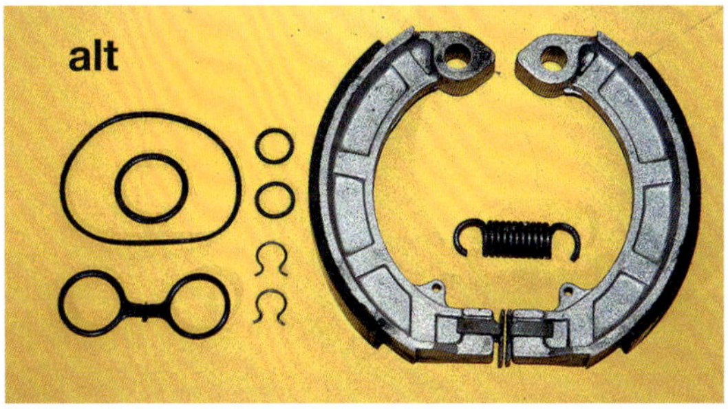

1

2

3

4

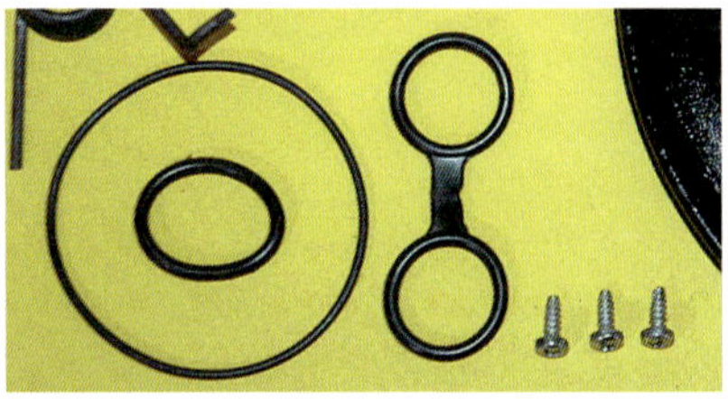
5

__1, 2:__ alle abgebildeten Altteile werden ersetzt – Bremsbacken, Feder, O-Ringe und (die geweiteten) Sicherungsklammern. __3, 4:__ Die neuen Bremsbeläge haben ab Werk auch neue Gleitschuhe (unten); rechts die aufbereitete Trommel. __5:__ Ein Satz neuer O-Ringe war zwingend nötig; rechts die alten Kreuzschlitzschrauben. __6:__ die aufgeschobenen O-Ringe. __7:__ die neu lackierte Bremsankerplatte; grüne Pfeile: die Befestigungslöcher. __8:__ die montierte Ankerplatte mit den Schrauben.

6

7

8

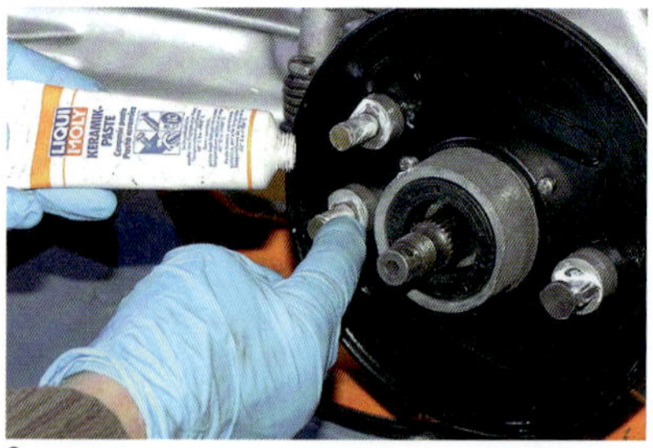

9

10

11

__9, 10:__ Aufbringen von Keramikpaste auf Lagerbolzen und Bremsnocken. __11:__ neue Bremsbacken mit neuer Feder fertig zum Einbau. __12:__ Aufsetzen der oberen Backe auf den Nokkenkragen. __13:__ Spreizen der Backen mit breitem Schraubendreher. __14:__ Positionieren der Gleitschuhe auf dem Bremsnocken. __15:__ Aufschieben der beiden Sicherungsklammern mit einer Spitzzange; sie haben die Tendenz, wegzuspringen. __16:__ die fertig montierten Hinterrad-Bremsbacken.

12

13

14

15

16

17

18

19

20

21

17: *Präsentation der Bremstrommel mit Scheibe, Mutter, Krone.* ***18:*** *Aufschieben der Anlaufscheibe.* ***19:*** *aufgesetzte Mutter.* ***20:*** *die Mutter wird vorgezogen.* ***21:*** *provisorisches Anbringen von Sicherung und Splint.*

Bremstrommel einbauen:

Nachdem geprüft wurde, ob alles gut funktioniert, wird die aufbereitete **Bremstrommel** bis zum Anschlag aufgeschoben, wobei sie in die **Achsverzahnung** eingreift. Nacheinader werden die (alte) **Anlaufscheibe** und die gebrauchte **Mutter SW 24** aufgesetzt. Die Mutter wird nur leicht, erst später mit Drehmoment angezogen. **Kronensicherung** und **neuer Splint** werden provisorisch angebracht.

22

23

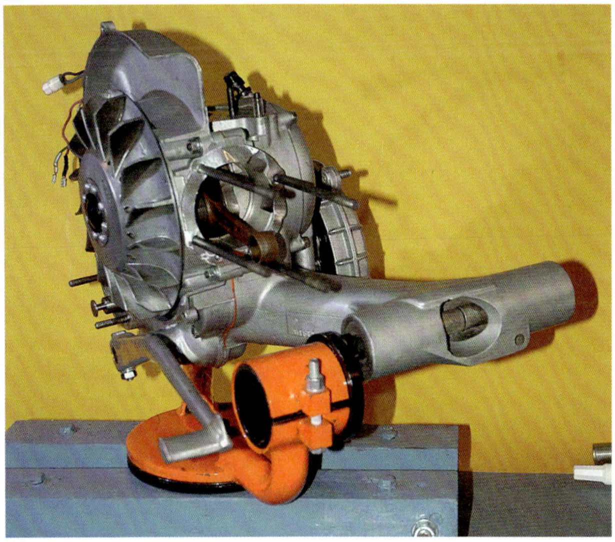

24

25

22-25: *Die mit Hinterrad-Bremsanlage, Kupplung und Lichtmaschine fertig montiere Antriebseinheit unserer Vespa PX 200 E. Der schöne Anblick und die geprüfte Funktionsfähigkeit entschädigen für die vielen Stunden kniffliger Arbeit. Kolben, Zylinder, Gebläseelemente und Vergaser müssen noch installiert werden. Als genial und unverzichtbar erwies sich der drehbare Montageständer. Die selbstgebaute Holzkonstruktion ersetzte den Schraubstock.*

Vorderrad und Bremse: Demontage, Analyse, Montage

Vorderrad: Ausbau, Zerlegung, Begutachtung, Aufbereitung

Vorderrad-Ausbau:

Beim Ausbau des Vorderrads muß das Fahrzeug stabil auf dem **Mittelständer** stehen. Nützlich ist, wenn ein Helfer das Vorderrad auf den Boden drückt und mit der Vorderradbremse blockiert. Mit einer Stecknuß SW 13 lassen sich die **fünf Muttern** leicht lösen, die das Rad an der Bremstrommel fixieren; Muttern samt Federringen sowie Rad abnehmen.

Vorderrad-Zerlegung:

Zum Reifen- und Schlauchwechsel zuerst die Luft ablassen. Dann mit einem Steckschlüssel SW 13 die **fünf Muttern** lösen, mit denen die zwei **Felgenringe** verbunden sind. Rad so auf den Boden legen, daß das Ventil nach oben zeigt.

Wir haben nun versucht, die beiden **Felgenhälften** zu trennen. Gleiches Bild wie beim Hinterrad: Was bei Neuteilen gut funktioniert, klappt bei unserem Altroller absolut nicht, nämlich den Reifen durch einen kräftigen Tritt mit dem **Fuß** von der Felge zu **lösen.** Denn wie beim Hinterrad sind die Felgen an vielen Stellen stark verrostet und daher fest mit dem Reifen verbacken.

Wir greifen zur brachialeren Mitteln, legen das Rad vor eine schwer bepackte Palette, setzen ein kurzes Holzstück auf die Reifenschulter und versuchen mit der **Hebelwirkung eines längeren Balkens** den Reifen abzudrükken. Auch hier Fehlanzeige. Bleibt wieder nur der Gang zur Werkstatt mit dem **Montierapparat.**

Weil Joël keine Zeit hatte, mußten wir das Rad dalassen. Als wir zurückkamen, waren Reifen und Felgen zwar getrennt, aber der Schlauch fehlte. Auf Nachfrage meinte der Mechanikus leicht verlegen: *„Da war jemand, der schnell ein Stück Gummi brauchte, das habe ich aus dem Schlauch geschnitten und den Rest weggeworfen."* Schlauch weg: nicht schlimm, wird sowieso ersetzt. Aber es gibt nun halt von dem Teil kein Foto. Er wird genauso überaltert gewesen sein wie der des Hinterrads.

Auch beim **Vorderreifen** handelt es sich um einen Heidenau der Größe 3.50 x 10. Das grobe Profil ist zwar noch ausreichend, doch auch dieser Pneu ist völlig ausgehärtet und würde bei weiterer Benutzung ein **Unfallrisiko** darstellen, vor allem bei Nässe gefährlich. Risse und Beulen sind aber auch hier nicht vorhanden

1

2

1: Mit Stecknuß SW 13 werden die fünf Radmuttern von der Trommel gelöst. 2: Rad abgenommen; im Vordergrund die Kleinteile, hier auch inklusive der Trommelbefestigung.

Festgestellte Mängel Vorderrad

Rad/Felgen

Felgenhälften: außen leicht, innen stark verrostet, mit Reifen fest verbacken; Ringe lassen sich nur mit Montiermaschine trennen

Reifen, Schlauch

Reifen: Marke Heidenau 3.50 x 10; mindestens 20 Jahre alt, völlig verhärtet

Schlauch: überaltert

3

4

3: Die Felgenhälften werden durch Abschrauben der Muttern SW 13 getrennt. ***4:*** *Mit langem Kantholz und einem Holzklotz kann man versuchen, den Reifen von den Felgen zu trennen; in unserem Fall funktionierte das aber leider nicht.*

5

6

7

8

9

5: *Wie beim Hinterrad mußte auch beim Vorderrad die Werkstatt helfen; im Bild die von der Maschine zerlegten, teilweise stark angerosteten Felgen und der alte Reifen.* ***6, 7:*** *Der Reifen der Größe 3.50 x 10 der Marke Heidenau hat noch gutes Profil, ist aber überaltert und steinhart.* ***8:*** *Die durch Pyrolyse völlig entlackten und entrosteten Vorderrad-Felgen.* ***9:*** *Phosphatierung beidseitig mit einer dünnen Schicht Phosprim 4090.*

Vorderrad Aufbereitung:

Die Felgenhälften des Vorderrads haben wir zusammen mit den Hinterrad-Felgen durch **Pyrolyse** von Rost und Altlack befreien lassen. Wie das funktioniert, haben wir bereits im Hinterrad-Abschnitt ausführlich beschrieben.

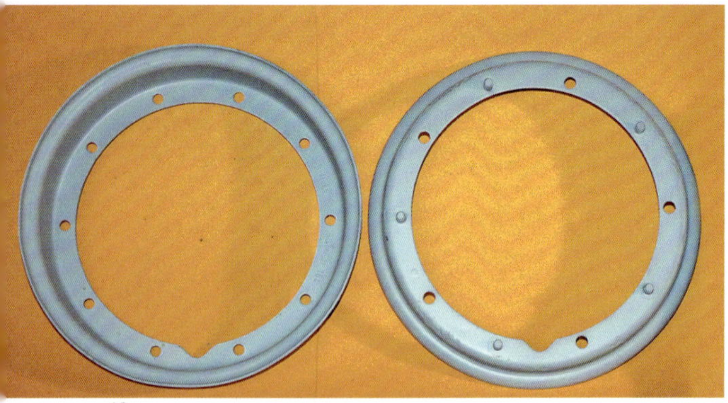

10

11

13

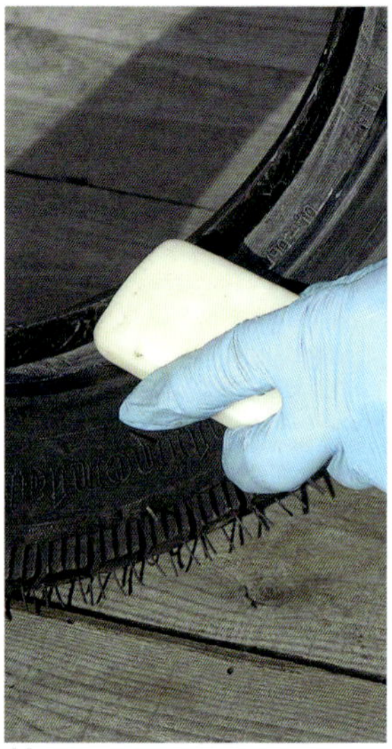

14

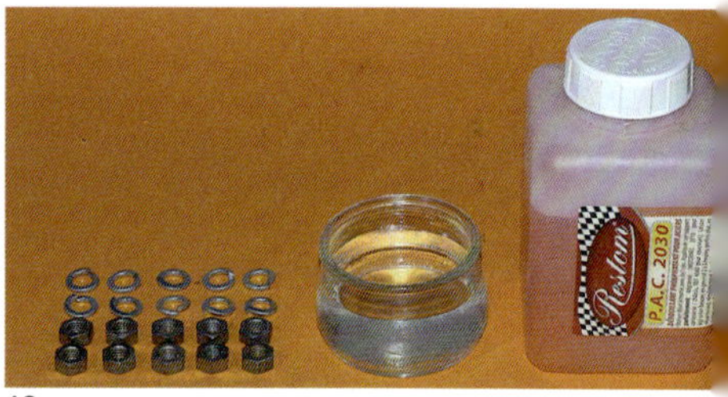

12

10: die mit MOTIP-Primer grundierten Felgen.
11: Lack und Klarlack sind aufgebracht.
12: phosphatierte Altmuttern, neue Federringe für Felgen- und Radbefestigung. 13: neuer Reifen „Classic" in 3.50 x 10 von Continental, Schlauch von Michelin. 14: Einseifen der Innenkanten.
15: Der Schlauch wird eingelegt und leicht aufgepumpt. 16: Reifen auf die schmale Felgenhälfte drücken; Ventil nach unten. 17: obere, breite Felgenhälfte aufsetzen, dabei Ventil durchstecken.
18: Muttern kreuzweise mit 20-27 Nm anziehen.
19. Zuletzt Schlauch auf 1,50 bar aufpumpen.

15

16

17

18

Auch die Aufarbeitung ist identisch: **Feinentrostung** mit PAC 2020, **Phosphatierung** mit Phosprim 4090, **grundieren, lackieren** und **versiegeln** mit Primer, Silberspray und Klarlack von MOTIP in zwei Schichten.

Auch die **Montage** des Schlauchs von Michelin und des Conti-Reifens der Dimension 3.50 x 10 erfolgt genauso wie beim Vorderrad. Nach **Verschrauben** der beiden Felgenhälften mit 20-27 Nm wird der **Luftdruck** auf 3,0 bar erhöht, dann auf 1,50 bar abgesenkt. Ans Fahrzeug setzen wir das Rad später.

19

Vorderrad-Bremstrommel: Ausbau, Aufbereitung

Vorderrad-Bremstrommel abnehmen:

Die **Radlager** sind in die **vordere Bremstrommel** eingelassen und werden zusammen mit dieser abgenommen. Vor der Abnahme des Vorderrads haben wir die Zentralmutter gelöst. Dazu wurde das Vorderrad mit der Bremse blockiert. Die einzelnen Handgriffe: Mit einem Schraubendreher die **Abdeckkappe** in Nabenmitte abhebeln. Ausgetretenes Fett abwischen und mit einem Seitenschneider den **Splint** am Achszapfen aufbiegen. Splint herausziehen und dahinterliegende **Kronensicherung** abnehmen. Mit einer Stecknuß **SW 22** die **Achszapfenmutter** lösen (normales Rechtsgewinde, also gegen den Uhrzeigersinn drehen; vordere Mutter kleiner als die hintere mit SW 24).

Bei unserem Fahrzeug läßt sich die **Trommel** nicht von Hand abnehmen oder mit einem kräftigen Hebel abdrükken. Hammerschläge von hinten verbieten sich, Beschädigungsgefahr. Wir haben daher einen **Dreiklauen-Abzieher** mit über 200 mm Spreizung angesetzt; ein solches Werkzeug kostet im Internethandel rund 30 Euro.

Der Abzieher wird so angesetzt, daß die Klauen die **Kühlrippen** der Bremstrommel nicht beschädigen können. Die Klauen dürfen auch nicht an den Radbolzenträgern angesetzt werden – **Bruchgefahr!** Gewindestange so ansetzen, daß die Spitze exakt auf die Mitte des Achszapfens zeigt. Die dort angebrachte Vertiefung verhindert, daß die Stange abrutscht.

Nun mit einem **Ringschlüssel** (hier: SW 19) die Gewindestange im Uhrzei-

1

2

3

4

5

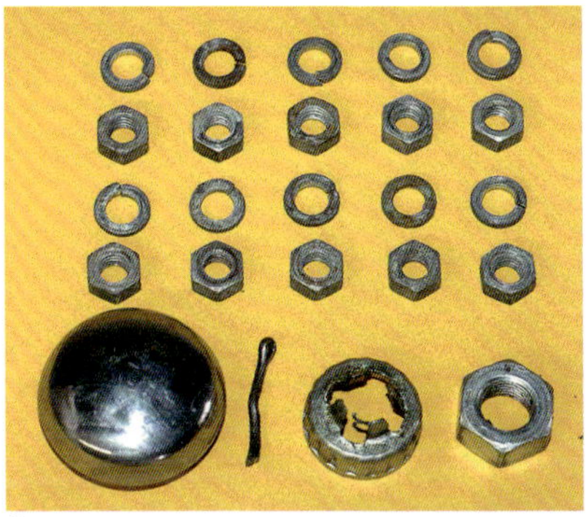

6

7

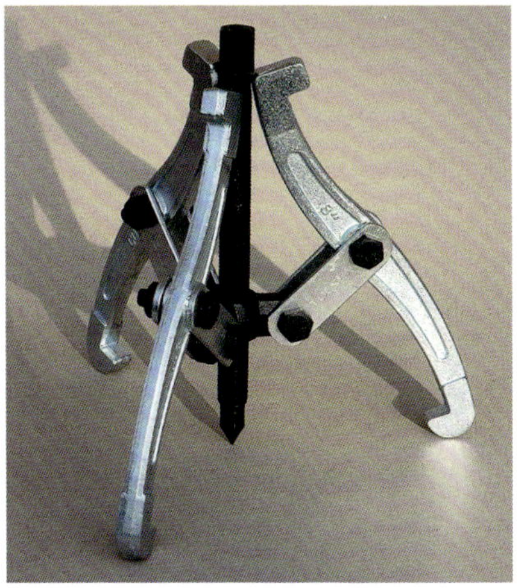

8

*1: Prüfung des Radlagerspiels vorn (am Beispiel einer PK 80 S): Maschine auf den Mittelständer stellen und das frei hängende Vorderrad quer zur Achse hin- und herbewegen wie auf dem Bild gezeigt. **2:** Abhebeln der Schutzkappe. **3:** Aufbiegen des Splints. **4:** Abziehen des Splints. **5:** Lösen der Mutter mit Stecknuß SW 22. **6:** Radmuttern und Felgenmuttern jeweils mit ihren Federringen, die erneuert werden müssen; Abdeckkappe, alter Splint, Kronensicherung, Mutter SW 22. **7:** Die Trommel ist bereit zum Abziehen; eine Druckscheibe gibt es hier im Gegensatz zu hinten nicht. **8:** der nötige Dreiklauenabzieher.*

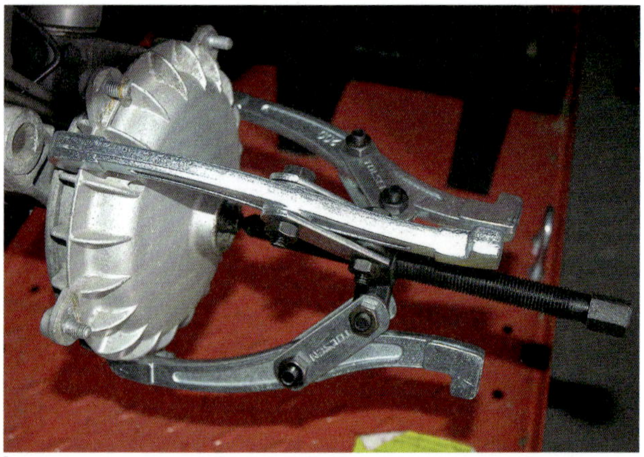

9

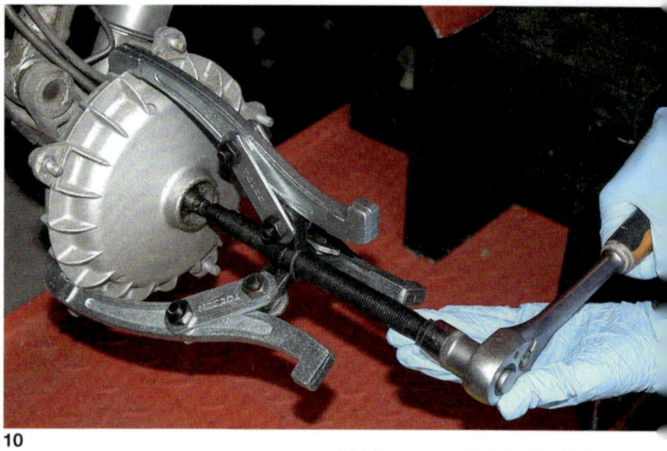

10

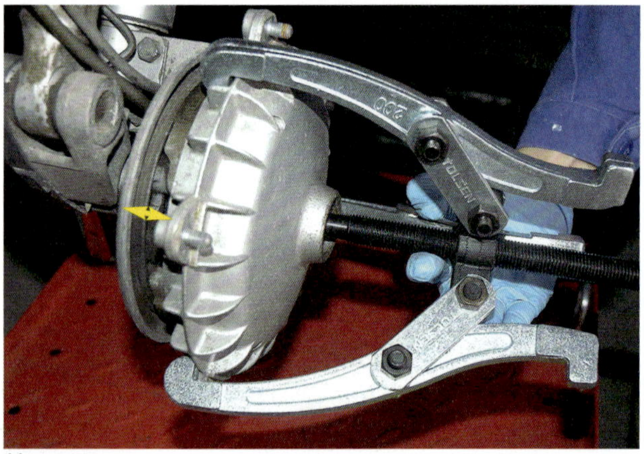

11

12

13

14

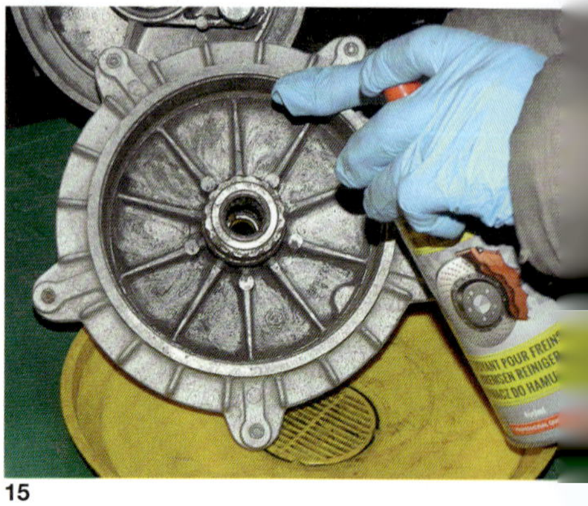

15

***9:** Den Abzieher so ansetzen, daß die drei Klauen hinter die Trommel greifen, auf keinen Fall aber hinter die Bolzenlager.*
***10:** Der Dorn muß gegen den Achszapfen drücken (Spitze in die Vertiefung); mit einer Stecknuß (hier: SW 19) den Dorn eindrehen und so die Trommel vom Achszapfen ziehen; Abzieher mit einer Hand unterstützen.*
***11:** Die Trommel ist frei, was auch der gelbe Doppelpfeil zeigt. **12:** Die Trommel aus Leichtmetallguß ist ab Werk lackiert.*
***13:** Trommel mit ihren Lagern abgenommen; links die Bremsankerplatte mit Bremsbacken und Lagerung.*
***14, 15:** Mit Petroleum und Bremsenreiniger säubern wir die Trommel außen und innen.*

gersinn drehen. Bei Neufahrzeugen springt die Trommel meist schon nach einer halben bis ganzen Umdrehung mit vernehmlichem Knacken vom Achszapfen.

Beim unserem Fahrzeug löst sich die Trommel gleitend über etwa 3 cm hinweg; entsprechend lange muß die Druckstange gedreht werden. Auf dem Achszapfen befindet sich ein feiner **Fettfilm,** der sich von den Lagern her ausgebreitet hat und vom alten Dichtring nicht zurückgehalten wurde. Abzieher aushängen und Bremstrommel zusammen **mit den Radlagern** abnehmen.

Trommel reinigen, schmirgeln

Die Bremstrommel ist im Prinzip in gutem Zustand, bietet aber einen unerfreulichen Anblick. Zunächst **reinigen** wir sie innen und außen gründlich mit Petroleum und Bremsenreiniger. Für die Ecken benutzen wir einen mit einem Lappen umwickelten Schraubendreher. Eine Drahtbürste tut an bestimmten Stellen ebenfalls gute Dienste. Die **Schnecke** für den Antrieb der Tachowelle ist in Ordnung, aber stark verschmutzt und mit Fett verklebt. Der Bereich wird besonders sorgsam gesäubert.

Der **Bremsring** innen zeigt deutliche Anrostungen und leichte Riefen. Wir beseitigen Rost und Riefen zuerst mit 120er,

Werkzeug, Produkte Trommelbremse vorn

Schraubendreher
Seitenschneider
Stecknuß SW 22
Dreiklauen-Abzieher
Seegerring-Zange
Schlagstempel oder Stecknüsse mit 18, 24, 25, 35 mm Ø außen
Schlosserhammer
Heißlufterzeuger
Bremsenreiniger
Chlorhaltiges Reinigungsmittel
Schleifpapier 120er und 300er Körnung
Universalfett
Lackspray silber
Klarlack-Spray

Neuteile Trommelbremse vorn

Kugellager neu

dann mit 300er Schmirgel. Die angerauhte Fläche wird später die **Bremswirkung** verbessern.

Die aus Spezial-Leichtmetall-Druckguß bestehende Trommel ist außen ab Werk silbergrau lackiert. Wir rauhen die Oberfläche mit 250er Schmirgel leicht an und lakkieren sie dann mit einem passenden Silberton aus der Sprühdose, den wir abschließend mit Klarlack überziehen.

Festgestellte Mängel Vorderradbremse

Bremstrommel

Bremsfläche: leicht angerostet, leicht riefig
Bremstrommel: verschmutzt, verharztes Fett, Außenlackierung abgenutzt
Kugel- und Nadellager Trommel: deutlich beansprucht; Dichtring Nadellager gebrochen

Bremsbacken

Belagzustand: verglast
Feder: Haken unten zu flach

Tachowellenantrieb

Schnecke Vollmaterial: Fettfüllung verschmutzt und verharzt
Halterung Welle: Schraube M6, Scheibe und Fixierplättchen fehlen

16

17

18

19

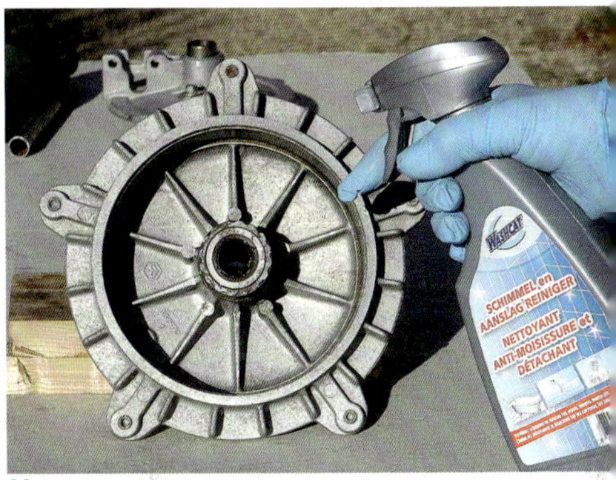

20

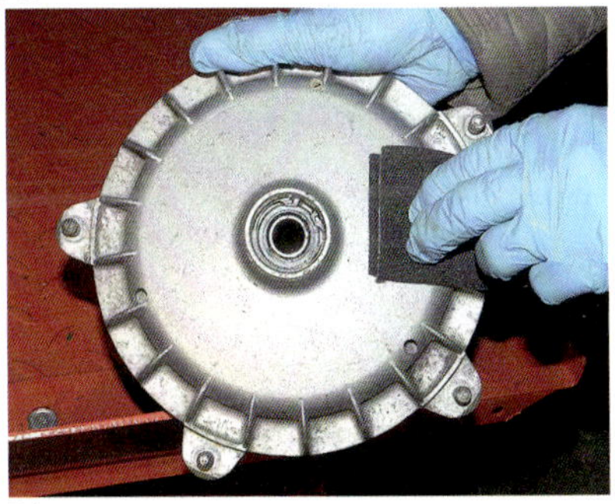

21

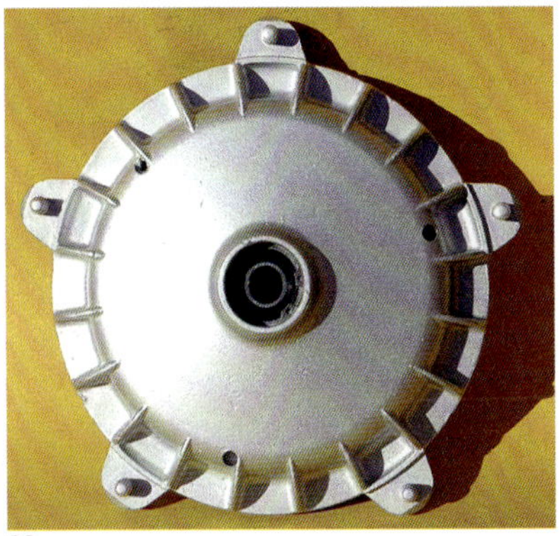

22

16, 17: *Die Bremsfläche ist leicht riefig und vom langen Stehen her stark angerostet.* ***18:*** *Aufrauhen der Bremsfläche mit 120er, 300er Schmirgel.*

19: *Das entrostete, geschmirgelte Bremsband. Blauer Pfeil: Nadellager; weißer Pfeil: Dichtring; gelber Pfeil: die auf die Trommel geschrumpfte Schnecke des Tachowellenantriebs.* ***20:*** *Reinigen der Trommel mit chlorhaltigem Mittel.* ***21:*** *Die gereinigte Trommel wird außen leicht angeschmirgelt.* ***22:*** *die silber- und klarlackierte Trommel.*

Vorderrad-Bremstrommel: Auswechseln der Lager

Bremstrommel: Zustand

Bei den in der Bremstrommel sitzenden Lagern handelt es sich um ein **Kugel-** und ein **Nadellager.** Beide Lager drehen noch ordentlich rund, zeigen aber doch schon gewisse Alterungserscheinungen. Daher werden wir beide Lager gegen Neuteile auswechseln. Zum Ein- und Ausbau verwendet die Piaggio-Werkstatt spezielle Schlagstempel mit den Durchmessern 18, 25 und 35 mm. Wir nehmen ein 18er Rohr, einen 25er Alustempel und verschiedene Stecknüsse, die probeweise aufgesetzt werden, um zu sehen, ob sie vom Außendurchmesser her passen.

Trommel-Radlager vorn Ausbau:

Zuerst mit einer geraden Sprengringzange den **Sicherungsring 2** herausnehmen. Trommel erwärmen, ein Rohrstück mit Außendurchmesser 18 mm durch den **Nadelkäfig** stecken und unter leichten Hammerschlägen das **Kugellager 3** ausstoßen. Von der anderen Seite das **Nadellager 4** zusammen mit dem **Dichtring 1** austreiben; dazu einen 25 mm dicken Stempel aus Eisen oder Aluminium verwenden. Unbedingt **Distanzhölzer** unter die Trommel legen, damit sie fest aufliegt und nicht beschädigt wird.

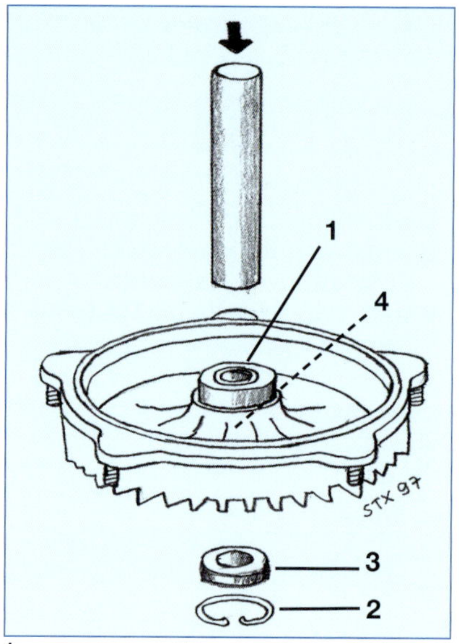

1

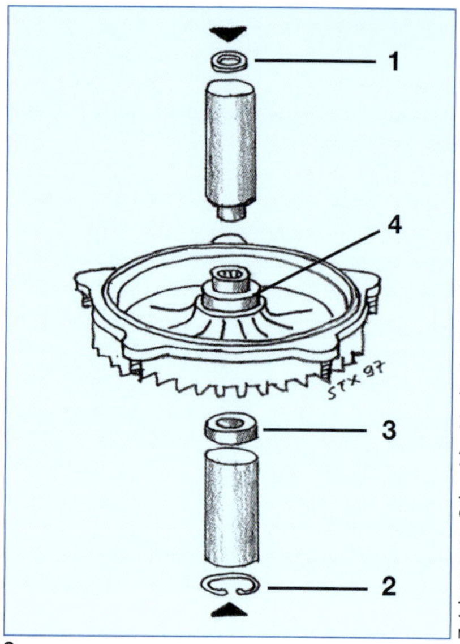

2

Zeichnungen: Schneider Media; Basis: Werkstatt-Handbuch Vespa P 200 E, Piaggio & C./Corradino Mori

__1:__ Aufbau der Vorderrad-Bremstrommel der Vespa und Ausbau der Lager; 1 = Wellendichtring, 2 = Sprengring, 3 = Kugellager, 4 = Nadellager (verdeckt). Das Kugellager wird mit einem Rohr mit 18 mm Ø herausschlagen, der Nadelkäfig mit einem Stempel mit 25 mm Ø.

__2:__ Einbau neuer Lager in die Bremstrommel; von innen zuerst Nadelkäfig 4, dann Dichtring 1 einbauen; von außen Kugellager 3 mit Schlagstift einpressen, Sicherungsring 2 mit Seegerringzange einsetzen.

__3:__ Der Seegerring sichert das Kugellager. __4:__ Ring mit der geraden Zange zusammenpressen. __5:__ Bremstrommel auf über 100 °C erwärmen. __6:__ Kugellager mit Stange 18 mm Ø austreiben (Distanzhölzer unterlegen). __7:__ Dichtring und Nadellager mit 25 mm Rundeisen austreiben. __8:__ Neuteile Dichtring, Nadellager, Kugellager, Sprengring.

3

4

5

6

7

8

Radlager vorn Einbau:

Den neuen **Nadelkäfig 4** (Bild 2) eine halbe Stunde lang ins Kühlfach legen, dann auf der Trommelinnenseite in die zuvor erhitzte Trommel setzen und mit dem 25er Schlagstift einschlagen. Neuen **Dichtring 1** aufsetzen (Lippe nach außen) und rundum in Position klopfen.

Das **Kugellager 3** wird ebenfalls eine halbe Stunde lang ins Tiefkühlfach gelegt. Dann wird **innen gefettet,** in die erhitzte Trommel gesetzt und von außen mit einem Schlagrohr, Außen-DM idealerweise 35 mm, in die Trommel geschlagen. Die **offene Flanke** des Lagers mit den Kugeln muß **nach innen** zeigen. Wir haben eine im Außen-DM passende Stecknuß zum Einschlagen bis auf den Boden der Trommelnabe benutzt. Wenn es metallisch klingt, sitzt das Lager perfekt. Dann wird der **Sicherungsring 2** mit der geraden Seegerringzange in die umlaufende Nut gesetzt und zur Prüfung abschließend etwas gedreht. Wenn er nicht richtig sitzt, fliegen Rad und Trommel beim Fahren davon!

Vor dem Einbau der Trommel auf den Achszapfen muß der Innenraum der Nabe mit **Universalfett** gefüllt werden. Das Gleiche gilt auch für die Bremsankerplatte mit dem Tachowellenantrieb (s. nächster Abschnitt).

9

10

11

12

13

9: Das Kugellager wird mit der geschlossenen Seite nach oben eingesetzt. ***10:*** *Lager bis zum Anschlag eintreiben.* ***11:*** *Den Sprengring präzise in die Nut setzen.* ***12:*** *Neuteile Simmerring und Nadelhülse.* ***13:*** *Raum mit Universalfett füllen.*

Vorderrad-Bremsbacken: Ausbau

Bremsbacken ausbauen:

Die Bremsbacken sind nicht verölt, aber die Beläge sind etwas verglast und daher nicht mehr griffig genug. Die **Stärke** der aufgeklebten Beläge beträgt **noch knapp 3 mm.** Wir werden sie durch Neuteile ersetzen (Einbau im Rahmen der Endmontage des Rollers). Wir säubern zunächst wieder alles mit Bremsenreiniger.

Zum Ausbau der Backen werden die beiden **Federsicherungen** abgenommen, was am besten geht, wenn an den Enden ein Schraubendreher gegendrückt. Dann werden die **Backen ab-**

1

2

3

4

1: *Zuerst werden Ankerplatte und Bremsbacken mit Petroleum und Bremsenreiniger gesäubert. Das alte Fett wird aus dem Tachoantrieb entfernt.* ***2:*** *Die Beläge sind noch brauchbar, aber stark verglast und daher nicht mehr griffig genug.* ***3, 4:*** *Die Belagstärke (ohne Metallunterlage) beträgt oben und unten relativ gleichmäßig 3 mm.*

gehebelt. Zuerst heben wir den Gleitschuh des oberen Backens mit einem starken Schraubendreher vom **Bremsnocken** ab. Dann ziehen wir mit zwei Schraubendrehern gleichzeitig beide Backen aus ihren Lagern. Die **Feder** wird dadurch automatisch entlastet. Weil der untere Haken zu flach steht, wird sie ersetzt. Bei den Bremsen kann man keinen Kompromiß zulassen, zumal die vordere Vespa-Bremse gerne zu giftig zupackt.

5

6

7

8

9

__5:__ Zum Ausbau der Bremsbacken zunächst die beiden Sicherungsklammern (Pfeil) aushebeln; dabei von unten drücken und oben hebeln. __6:__ Dann mit einem starken Schraubendreher das Drucklager der oberen Backe nach vorn über den Nocken hebeln. __7:__ Jetzt kann die Backe mit zwei Schraubendrehern aus ihrer Position gedrückt werden. __8:__ Die Feder wird unten ausgehängt; fürs Foto obere Backe noch einmal angedockt. __9:__ Beide Backen sind abgenommen. __10:__ die beiden alten Backen mit der Feder; alle drei Elemente werden ausgewechselt.

10

Tachowelle, Bremsseilzug: Abnahme am Radträger

Tachowelle, Bremszeilzug: Abnahme

Zum Ausbau der **Bremsankerplatte** zunächst **Bremsseilzug** und **Tachowelle** aushängen. Zuerst Seilzug unten am Vorderrad vom Bremshebel abnehmen. Dazu die **Rändelmutter** ganz ausdrehen und Seilzug aus dem beweglichen **Lager** ziehen; unter Umständen Gewindestange festhalten.

Das untere Ende der **Tachowelle** kommt nach Lösen der Schraube M6 SW 10 und des Halteplättchens frei (beides fehlt an unserem Fahrzeug). Während sich der auf die Nabe aufgeschrumpfte **Schneckenantrieb** in der **Bremstrommel** in gutem Zustand befindet, ist das oben in der Ankerplatte sitzende **Schneckenritzel** aus weissem Plastik kaputt; es wird erst in der

1

2

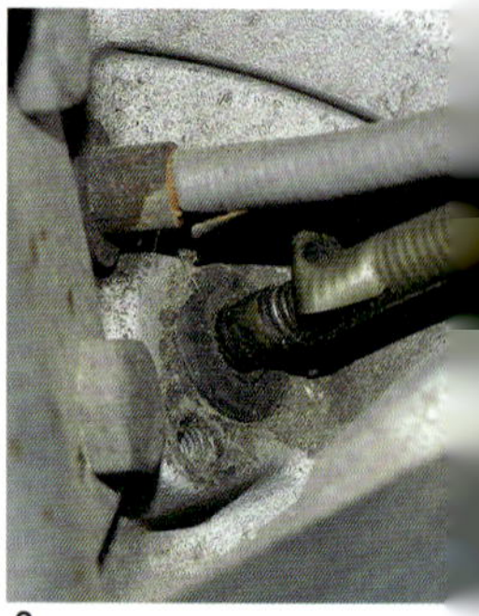

3

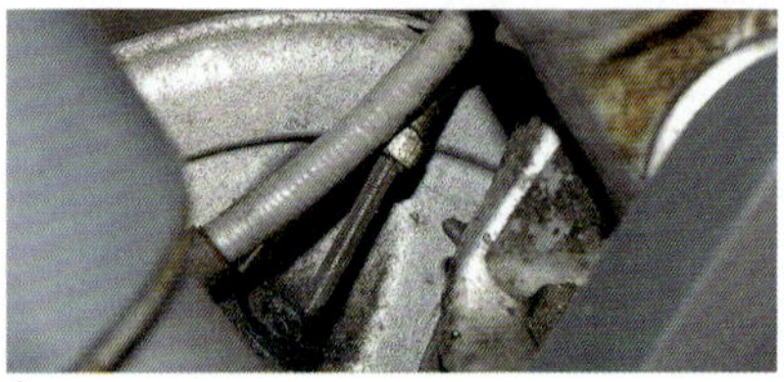

4

__1:__ das verschlissene Plastikritzel für den Tachowellenantrieb. __2:__ Schnecke auf der Trommel, Dichtring (Pfeil). __3:__ beschädigte Außenhüllen von Bremsseil und Tachowelle. __4:__ Hier ist die Tachowelle bereits aus dem Antrieb gezogen worden.

Mängelliste des nächsten Abschnitts aufgeführt, inklusive der Details.

Ursprünglich waren Ankerplattenlager und Tachoantrieb wohl mit wasserfestem Fett gefüllt. Dieses ist völlig verharzt und muß mit Waschbenzin entfernt werden. Es wird später durch Universalfett ersetzt.

Werkzeug, Produkte Tachowelle, Bremsseilzug

Gabelschlüssel SW 10
Waschbenzin

Neuteile

Bremsseilzug komplett
Tachowelle komplett

Festgestellte Mängel Tachowelle, Bremsseilzug

Tachowelle
Außenhülle: beschädigt,
Klemmvorrichtung fehlt
obere Plastiverriegelung gebrochen

Bremsseilzug
Außenhülle: beschädigt,
Gummitülle spröde

5

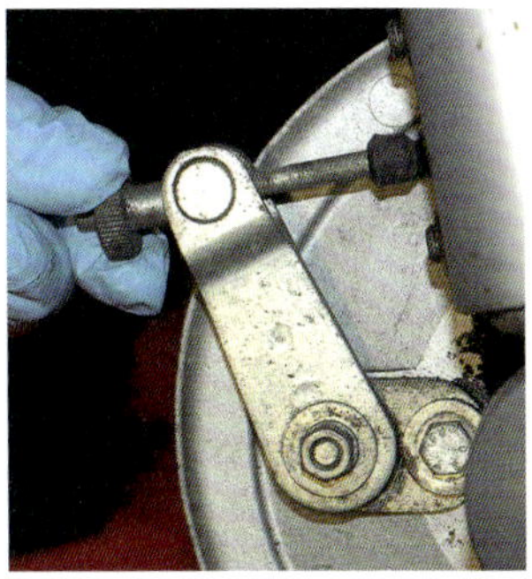
6

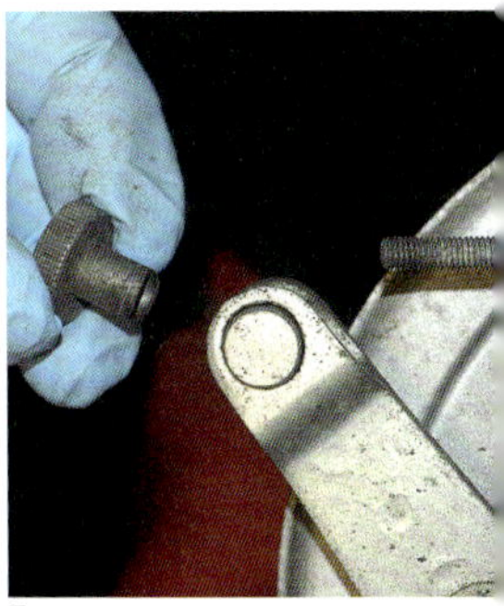
7

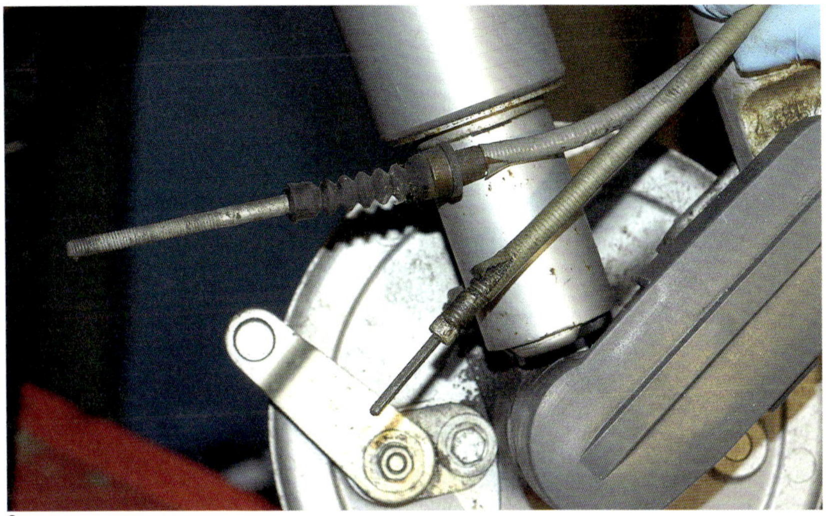
8

5: Bremshebel mit Seilzuganschluß. 6: Ausdrehen der Einstell-Rändelmutter. 7: Rändelmutter und Seilzug sind getrennt. 8: Bremsseilzug (oben) und Tachowelle sind unten abgenommen.

Bremsankerplatte: Ausbau, Analyse

Bremsankerplatte: Allgemeines

Nach Demontage der Bremstrommel und der Abnahme von Bremsbelägen, Federbein, Tachowelle und Bremsseilzug können die **Bremsankerplatte** und die beiden darin eingelassenen **Nadellager** ausgebaut werden. Wir stellen fest, daß beide Lager durch ausgehärtetes Spezialfett völlig verharzt sind und sich kaum noch drehen. Also werden sie gegen neue, schon bereitliegende Lager ausgewechselt.

Verschlissen sind die beiden Ankerplattenlager in der Regel nur bei sehr hohen Laufleistungen. Denn sie laufen ja nicht rund wie die Trommellager, sondern folgen lediglich der **Auf- und Abbewegung der Kurzschwinge** innerhalb des Federwegs. Vorzeitiger Verschleiß kann aber auftreten, wenn das Fahrzeug häufig mit hohem Druck dampfgestrahlt wurde. Dann kann Wasser von der Rückseite der Bremsanker-

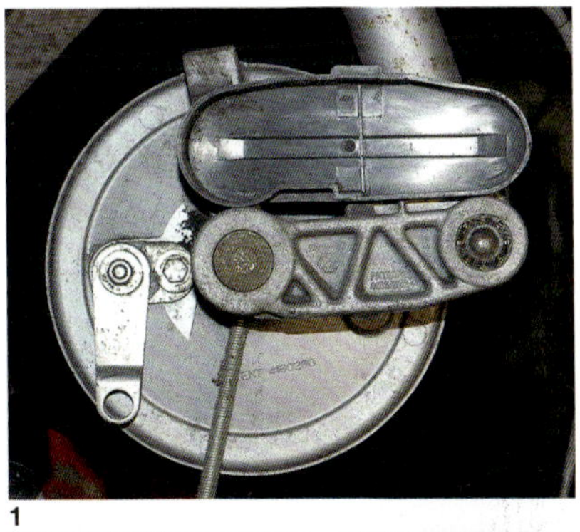
1

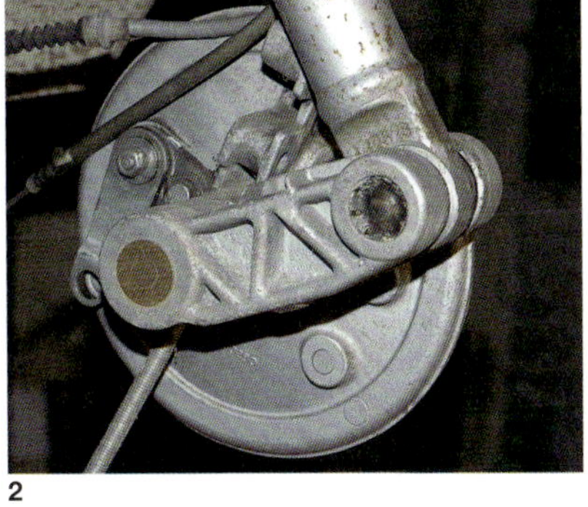
2

3

1: Abdeckkappe der Schwinge abgehebelt. 2: Blick auf die (abgestützte) Schwinge. 3: Ankerplatte und Seilzüge fertig zum Abbau vom Lenkrohr.

platte her eindringen und im äußeren Nadellager für **Korrosion** sorgen. Im Extremfall quietscht es dann beim Ein- und Ausfedern der Vorderradführung. Bei unserer Ankerplatte ist offenbar kein Wasser eingedrungen, die Abdichtung hat funktioniert, es gibt keinerlei Korrosion im Lagerbereich.

Bremsankerplatte: Ausbau

Nach dem Abziehen der Bremstrommel liegt der **Achszapfen** frei. Das **Nadellager der Trommel** läuft direkt auf dem Achszapfen; hier ist kein Verschleiß feststellbar. Leichte Kratzer im vorderen Bereich aber deuten darauf hin, daß hier schon einmal mit groben Mitteln gearbeitet wurde. Aber es können auch Spuren der Produktion sein.

Zum Ausbau der Bremsankerplatte müssen zunächst der **Seegerring** und die dahinter liegende **Druckscheibe** abgenommen werden. Dann wird der unentbehrliche **Dreiklauenabzieher** angesetzt. Der Sechskant der mit der Spitze auf den Achszapfen gesetzten Gewindestange wird mit einer passenden Stecknuß im Uhrzeigersinn so weit gedreht, bis sich die Ankerplatte von der Achse gelöst hat. In unserem Fall kam sie wegen des vorhandenen Fettfilms ganz leicht heraus, konnte zum Schluß mit der Hand vorgezogen werden.

Auf dem Achszapfen bleiben ein **Form-Dichtring** mit 27 mm Ø außen, ein **O-Dichtring** mit 36 mm Ø außen und eine **Gleitscheibe** zurück, die mit einem spitzen Gegenstand von der Schwinge abgenommen wird. Sie ist leicht angerostet, was aber kein Problem darstellt; etwas Schmirgel schafft schnell Abhilfe.

*4: Tragbild der Trommelbremslager; Kratzer deuten darauf hin, daß hier schon einmal mit groben Mitteln gearbeitet wurde. **5:** Der Sprengring sichert die Bremsankerplatte. **6:** Der Sprengring wird mit der Spreizzange ausgebaut. **7:** Abziehen der Ankerplatte mit dem Dreiklauenabzieher und Stecknuß (hier: SW 19). **8:** Ankerplatte und Achszapfen sind getrennt. **9:** abgezogene Ankerplatte von vorn mit Druckscheibe. **10:** Bremsankerplatte und Kleinteile. 1 = Gleitscheibe an der Schwinge, 2 = O-Dichtring 39 mm, 3 = Form-Dichtring 27 mm, 4 = Wellendichtring 56 mm, 5 = äußeres Nadellager, 6 = inneres Nadellager, 7 = Druckscheibe, 8 = Sprengring.*

4

5

6

7

8

9

10

11

12

13

14

15

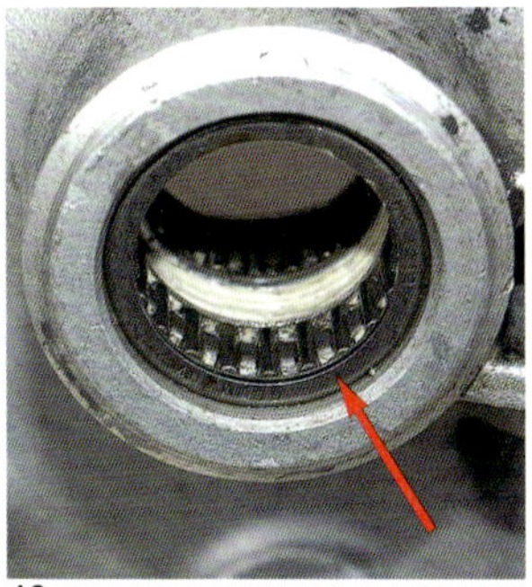

16

17

11: *Schwinge mit dem noch gut gefetteten und rostfreien Achszapfen (ohne Ringe und Scheiben).* *12:* *Reinigung der Platte und der Kleinteile mit Petroleum.* *13:* *Wellendichtring Trommelseite.* *14:* *Nadellager Trommelseite.* *15:* *Die Kunststoffschnecke des Tachoantriebs ist verschlissen.* *16:* *Nadellager Schwingenseite.* *17:* *Stopfen und Drucklager Plastikschnecke.*

Werkzeug, Produkte Bremsankerplatte

Stecknuß (z.B. SW 19)
Dreiklauen-Abzieher
Seegerring-Zange
Petroleum, Universalfett
Hammer, Dorn 3 und 25-27 mm

Neuteile Bremsankerplatte

Wellenstaubschutzring
kleiner und großer O-Ring
2 Nadellager neu

Bremsankerplatte, Tachowellenantrieb: Zerlegung, Aufarbeitung

Ritzel Tachowelle aus, einbauen:

Unschön ist, daß das in die Ankerplatte eingelassene **Ritzel der Tachowelle,** das in die Schnecke auf der Trommel eingreif, teilweise völlig abgenutzt ist. Wir stellen uns nun die Frage, ob die Tachonadel zuletzt überhaupt noch korrekt angetrieben wurde. Der Schaden ist so groß, daß möglicherweise gar kein Antrieb mehr stattfand, zumindest zeitweise. Dies würde bedeuten, daß der angezeigte Kilometerstand von 26 791 nicht stimmt und unser Roller in Wirklichkeit womöglich viel mehr Strecke auf dem Buckel hat. Klären läßt sich das nicht.

Zum **Ausbau** des Ritzels wird zunächst der **Gummistopfen** auf der Rückseite der Ankerplatte ausgehebelt. Dann wird der **Metallzylinder**, der als Widerlager dient, von innen mit einem Schraubendreher nach links gedrückt und abgenommen. Danach kann das **Plastikritzel** herausgezogen und durch ein neues Teil ersetzt werden, das erfreulicherweise noch in der richtigen Größe lieferbar ist. Teile wie diese können bereits im 3-D-Druckverfahren nachgefertigt werden.

1

2

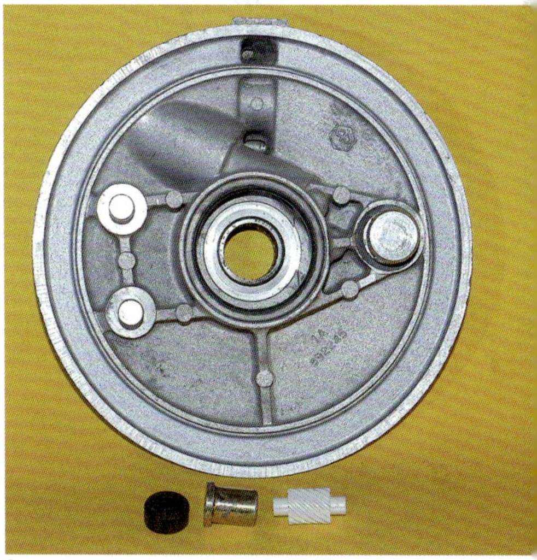

3

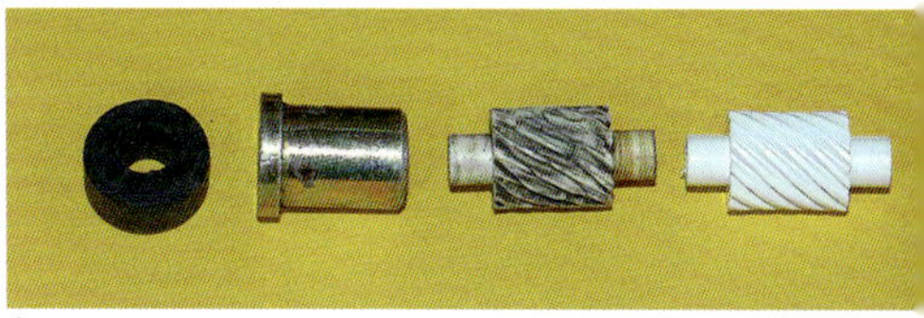

4

1: *Zum Ausbau des Ritzels den Druckzylinder mit dem Schraubendreher nach links schieben.* *2:* *neue Welle und altes Ritzel; der Vierkant des Ritzels muß beim Einbau Richtung Welle zeigen.* *3:* *die gereinigte Ankerplatte von innen mit Dichtring und Tachowellen-Antriebselementen.* *4:* *Gummistopfen (auch Wellen-Widerlager), Führungszylinder, kaputtes und neues Ritzel.*

5

6

7

8

__5:__ etwas Universalfett in die rechte Ritzelaufnahme geben. __6:__ neues Ritzel einsetzen (Vierkant nach links) und Fett aufbringen. __7:__ auf der Rückseite Zylinder einpassen, Gummistopfen einsetzen. __8:__ Ritzel in der Endlage, Fett abgewischt. __9:__ Der alte Staubschutz- und Dichtring wird mit einem kräftigen Schraubendreher ausgehebelt. Klinge links ansetzen, Platte festhalten und einen trockenen Schlag auf den Griff geben.

Vor der (späteren) Montage der Ankerplatte wird der Lagerbereich mit Universalfett gefüllt. Auf die **richtige Position** des Ritzels achten, die kleine Vierkantöffnung muß links liegen, damit die Seele der Tachowelle hier eingreifen kann. Überschüssiges Fett abwischen. Zuletzt den **Metallzylinder** einsetzen, und zwar mit dem Kragen nach außen; die Bohrung muß sich exakt in den Ritzelzapfen schieben. **Gummidichtung** aufsetzen und festklopfen.

Wellendichtring Ankerplatte aus- und einbauen

Nach Reinigung der Ankerplatte und der Kleinteile mit Petroleum sind erkennbar: der **Wellendichtring** auf der Trommelseite mit 56 mm Ø außen und dahinter **die beiden verharzten Nadellager.** Zunächst wird der verschlissene Dichtring mit einem Schraubendreher **ausgehebelt.** Dessen Klinge wird innen angesetzt, der Schaft auf die Plattenkante gelegt. Dann Platte festhal-

9

__10:__ Zum Einbau des neuen Dichtrings Platte auf min. 100 °C erhitzen. __11:__ neuer Ring eingesetzt, Hammer, Durchschlag 3 mm für die Ränder. __12:__ Trommelseite Ankerplatte mit Wellendichtring, Nadellager, Druckscheibe, Sprengring. __13:__ Schwingenseite Bremsankerplatte mit Anlaufscheibe, zwei O-Ringen, Nadellager.

10

11

12

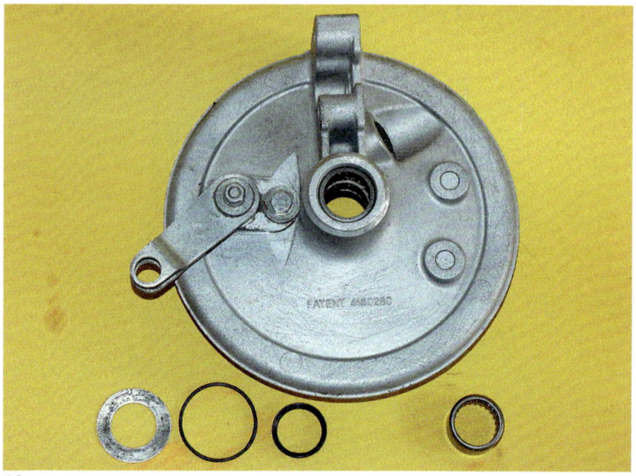

13

Zeichnung: Schneider Media; Basis: Werkstatt-Handbuch Vespa P 200 E, Piaggio & C./Corradino Mori

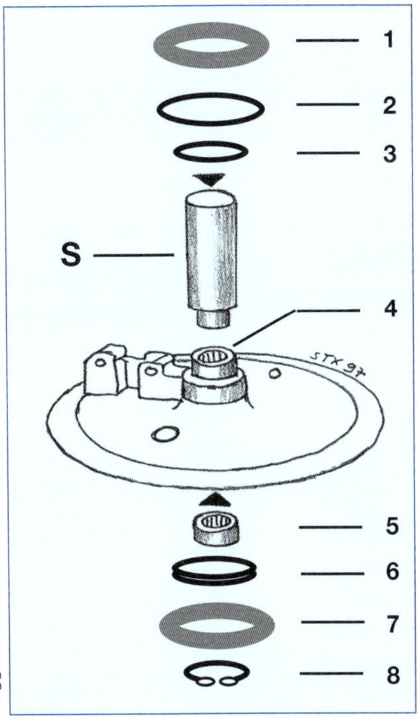

14

14: Elemente der vorderen Bremsankerplatte; mit passendem Schlagstempel (S) die beiden Nadellager 4 und 5 von oben bzw. unten in die zuvor erwärmte Platte schlagen; den Wellendichtring 6 einsetzen. ***Montage später:*** *auf den Achszapfen die Gleitscheibe 1 und die Dichtringe 2 und 3 schieben; die komplettierte Platte mit den gefetteten Lagern bis zum Anschlag aufschieben, Druckscheibe 7 einsetzen, alles mit dem Sprengring 8 sichern.*

15

16

17

18

19

20

21

ten und einen trockenen Schlag auf den Griff geben. Der Ring springt aus der Einfassung. Der Sitz des Rings wird sorgfältig gereinigt.

Zum **Einbau** die Einfassung mit einem Heißluftgerät erhitzen. **(Achtung:** Falls nicht geschehen, dazu Tachoritzel rausnehmen.) Dann den **neuen Dichtring** einsetzen und ihn rundum behutsam mit einem leichten Hammer in seine Position klopfen. Zuletzt mit einem 3 mm starken Durchschlag den Außenring aus Metall rundum vorsichtig ganz in die Einfassung schlagen. Wenn es metallisch trocken klingt, liegt der Ring perfekt an.

Nadellager Ankerplatte ausbauen:

Die beiden verharzten **Nadellager** der Bremsankerplatte lasssen sich mühelos ausbauen. Die Platte mit einem elektrischen Heißlufterzeuger erwärmen und dann mit einem außen 25-27 mm messenden Stempel und leichten Hammerschlägen die beiden **Nadellager zusammen austreiben**. Wir haben einen altgedienten, materialschonenden Alustempel benutzt

Nadellager Ankerplatte einbauen:

Die neuen Lager am besten sofort in die noch heiße Bremsankerplatte einbauen. Mit unserem Alustempel (Ø 25 mm) haben wir zuerst die **Nadelhülse 4** (Bild 14) von der äußeren Seite her in die Ankerplatte eingeschlagen, und zwar so weit, bis der gefaste Ring der Nabe ganz zu sehen war. Die **Nadelhülse 5** wird von der anderen Seite in die erwärmte Platte geschlagen, und zwar bis knapp 1 mm unterhalb des Nabenrandes. Vor der (späteren) Montage an den Achszapfen muß der innere Raum der Bremsankerplatte mit Universalfett gefüllt werden.

Bremsnockenwelle vorn fetten:

Der vordere **Bremshebel** ist mit einer Mutter M6 SW 10 auf der **Bremsnokkenwelle** befestigt. Mutter ausdrehen, Federring und Scheibe abnehmen. Hebelstellung auf der Welle markieren. Dann Welle herausziehen und reinigen bzw. abbürsten. Die Vertiefung mit **Universalfett** füllen und Welle wieder einsetzen. Hebel mit Scheibe, neuem Federring und Mutter M6 befestigen.

15: *Erwärmen der Ankerplatte auf mindestens 100 °C.* ***16:*** *Austreiben beider Nadellager zusammen mit Alustempel 25 mm Ø.* ***17:*** *links die neuen, rechts die ausgetriebenen Lager.*
18: *neues Nadellager aufgelegt, Alustempel zum Eintreiben in die noch heiße Platte, Hammer.*
19: *Demontage Bremshebel.* ***20:*** *Einzelteile Bremsbetätigung.* ***21:*** *Gefettete Bremsnockenwelle.*

Festgestellte Mängel Bremsankerplatte

Achszapfen:
Oberfläche: leichte Kratzer

Abdichtung:
2 Dichtringe Federbeinseite:
erneuerungsbedürftig
Wellendichtring Trommelseite:
erneuerungsbedürftig

Tachowellenantrieb:
Ritzel: verschlissen
Fettfüllung: verschmutzt,verharzt

Nadellager:
Rollen im Käfig: verharzt, blockiert

Federbein, Schwinge, Lenkrohr: alle Arbeiten

Federbein vorne: Ausbau; Bremsankerplatte: Vorbereitung Ausbau

Federbein vorn Ausbau, Vorbereitung Ausbau Bremsankerplatte:

Wie bereits im vorigen Abschnitt beschrieben müssen zunächst **Tachowelle** und **Vorderrad-Bremsseilzug** von der Ankerplatte abgenommen werden. Anschließend ist die **untere Federbeinbefestigung** zu lösen: zwei **Bolzen M8** und **Muttern SW 13** mit Federringen. Dies ist aber schwieriger als gedacht, zumindest bei aufgebocktem Fahrzeug und nicht belastetem Vorderrad. Denn der untere Befestigungsbolzen stößt beim Ausdrehen gegen das Lenkrohr.

Daher **spannen** wir die Vorderradaufhängung **mit einem Nylon-Spanngurt vor.** Wir greifen auf einen Gurt zurück, wie er von der französischen Spezialfirma GPI Forankra für die Sicherung von Ladung in Transportflugzeugen hergestellt wird. Das paßt doch: Schließlich orientierte sich Vespa-Konstrukteur Corradino d'Ascanio 1946 an der **Bugradführung der Piaggio-Flugzeuge,** als er den ersten Roller konzipierte.

__1, 2:__ Bolzenköpfe M8 SW 13 und Muttern SW 13 der unteren Federbeinaufnahme. __3:__ Muttern lösen, Bolzen gegenhalten. __4:__ Schneller geht es mit der Stecknuß. __5:__ Die Schwinge wird mit Holzbock und Brett unterfangen. __6, 7:__ Sie wird mit einem starken Nylongurt vorgespannt. __8:__ Der untere Bolzen muß mühsam ausgedreht werden. __9:__ obere Federbeinbefestigung. __10:__ Lösen der linken Mutter mit dem gekröpften Ringschlüssel.

1

2

3

4

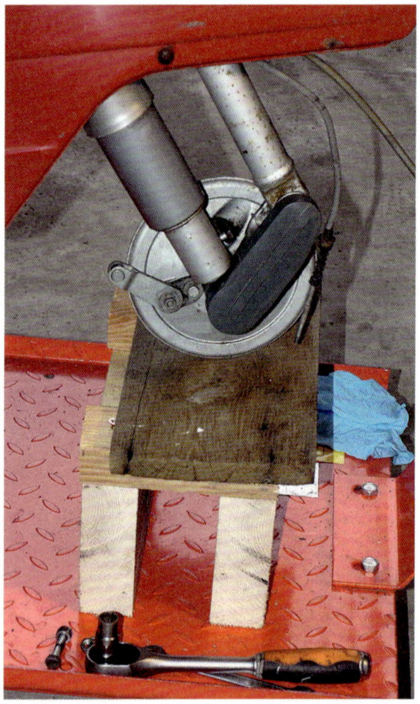
5

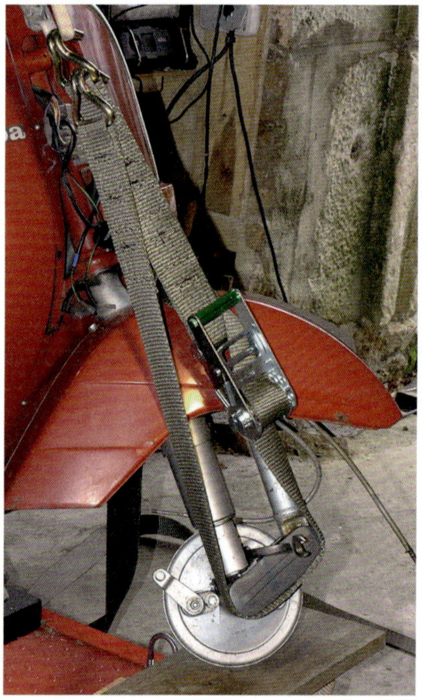
6

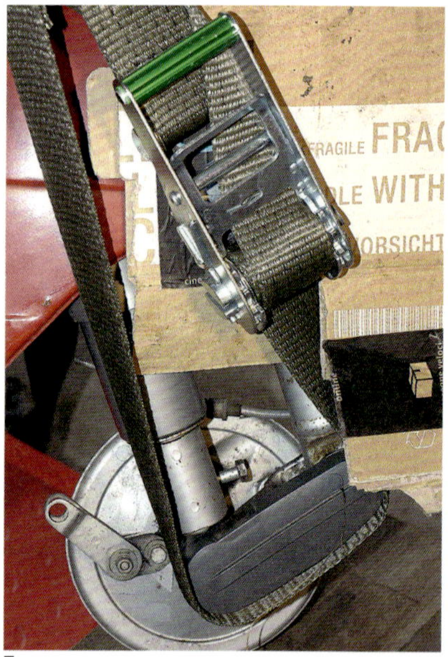

7

8

9

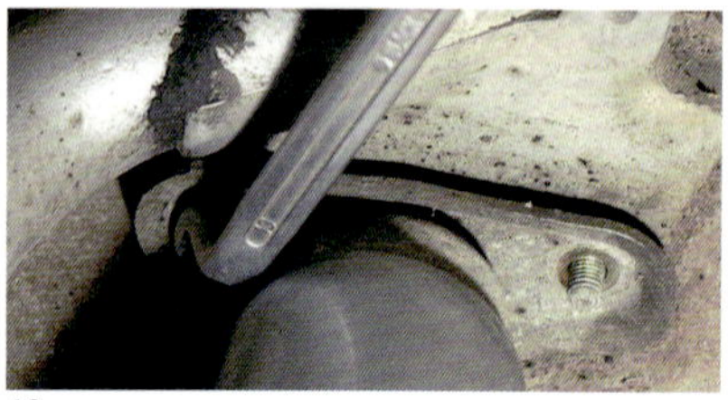
10

__11:__ Lösen der rechten Mutter mit Stecknuß SW 13 und Verlängerung. __12:__ das ausgebaute Federbein mit den Befestigungselementen; in der Mitte Rändelmutter und Lager des Bremsseilzugs. __13:__ Federbein aus anderer Perspektive. __14:__ Feder und Dämpfer werden von einer Mutter SW 17 zusammengehalten. Der Schlitz in der Dämpferstange dient zum Gegenhalten. __15:__ Nach optischer Aufbereitung ist das Original-Federbein bereit zum Wiedereinbau.

11

12

13

Mit einem schmalen **Hilfsriemen** bilden wir eine Schlaufe um das rechte Lenkerende. Dann führen wir den **Gurt** von unten um die Kurzschwinge herum und haken ihn mit seinen beiden Enden in der Schlinge ein. Mit der Ratsche wird dann das Federbein so weit gespannt, bis sich der **Bolzen** entfernen läßt. Er kommt wegen des Spanndrucks nur raus, wenn er mit einem Ringschlüssel immer weiter gedreht wird. Damit die Gabel beim Entlasten des Gurts nicht nach unten springt, haben wir sie mit einem **Holzbock** und einem Brett unterfangen.

14

Das Federbein ist **oben** mit zwei Muttern SW 13 am Lenkrohr befestigt. Die rechte Mutter wird mit Stecknuß und Verlängerung ausgedreht, die linke läßt sich nur mit einem gekröpften Ringschlüssel lösen. Danach kann das Federbein nach unten abgenommen werden. Es befindet sich – abgesehen von ein paar Kratzern an der Plastikhülle – in tadellosen Zustand. Wir lackieren die Plastihülle neu, womit das Federbein für den späteren Wieder einbau vorbereitet ist.

Das **Federbein** besteht aus einerm **hydraulischen Stoßdämpfer,** einer diesen umringenden **Schraubenfeder** und der **Umhüllung aus Kunststoff.** Man kann es zerlegen (Mutter SW 17 oben, Kreuzschlitz zum Gegenhalten der Dämpferstange, Schlüsselweite SW 44 zum Lösen der Plastikhülse). Aber eine Überholung lohnt sich nicht, da es identisch aufgebaute Federbeine für rund 68 Euro im Handel gibt. Oft wird die PX auch mit dem Federbein mit offenliegender Feder der Modelle ab 2011 nachgerüstet. Einstellbare Federbeine kosten zwischen 50 und 150 Euro. Wir belassen unsere PX 200 E aber auch hier im Originalzustand.

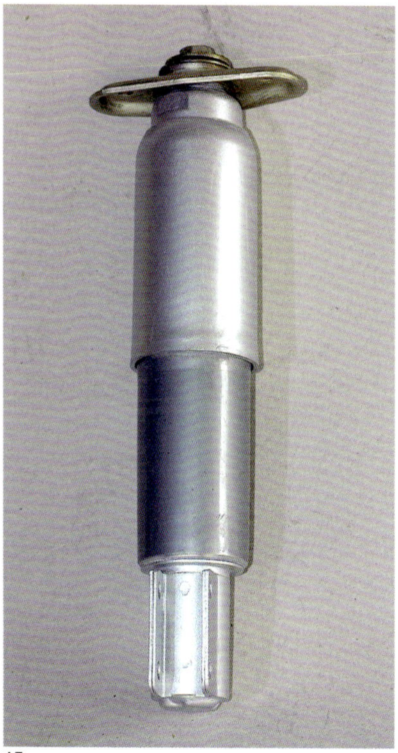

15

Werkzeug, Material Tachowelle, Bremsseilzug, Federbein

Ringschlüssel, Stecknuß SW 13 mit Verlängerung
4 neue Federringe M8

Schwinge: Ausbau, Zerlegung, Montage

Schwinge: Ausbau, Überholung

Bei unserer Vespa ist der Ausbau der Schwinge nicht erforderlich, denn sie hat keinerlei Spiel, und die beiden Lager zeigen keine Korrosion. Der **Ausbau** ist wegen der zahlreichen nötigen Spezialwerkzeuge Werkstattsache. Wir erklären aber kurz das Wichtigste.

Die beiden gezahnten **Sicherungskränze** auf beiden Seiten mit einem Schlagstempel zerdrücken und mit einem spitzen Gegenstand entfernen. Dann das Piaggio-Werkzeug T 0060472 ansetzen und die beiden Lager mit den O-Ringen und dem Zapfen zur Bremstrommelseite hin ausstoßen, indem der Knebel im Uhrzeigersinn gedreht wird.

Der **Einbau** ist kompliziert und langwierig und kann hier nur kurz umrissen werden. Die mit Molicote-Fett beschichteten Zapfen mit dem Werkzeug in die Schwinge setzen. Die leicht mit Mineralöl benetzten **Dichtungsringe, Nadelhülsen** und **Sicherungskränze** zusammen auf den Bolzen schieben und mit dem Werkzeug einpressen. Zwischenräume mit Spezialfett füllen, Staubschutzringe einsetzen, Sicherungskränze festklemmen.

1

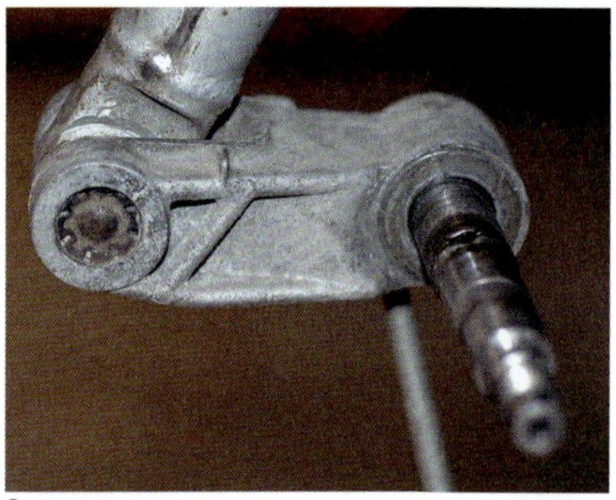
2

3

4

5

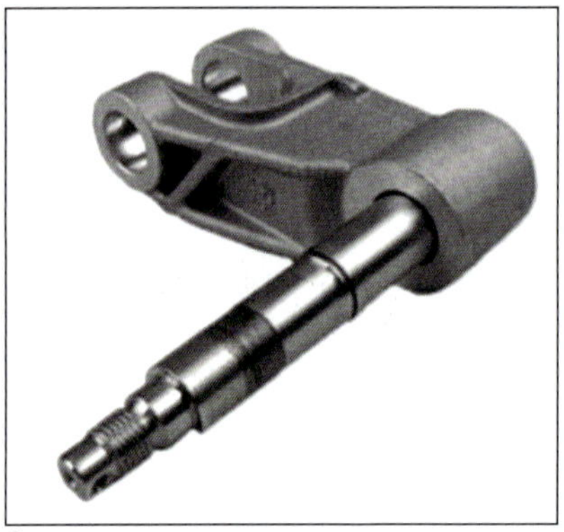
6

7

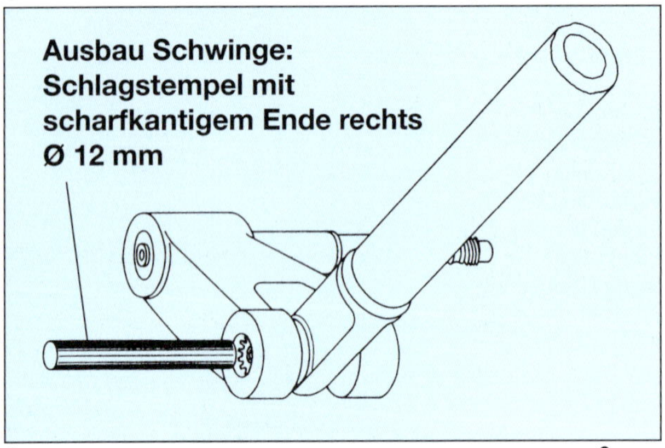

8

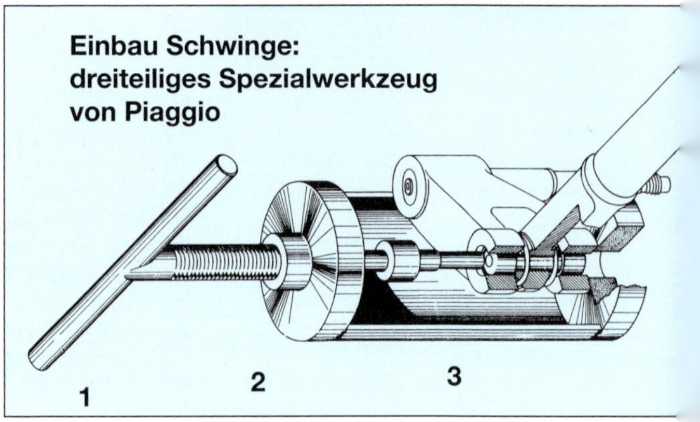

9

Zeichnungen: Handbuch Vespa P 200 E, Piaggio & C./Corradino Mori

10

1: Schwinge auf der Federbeinseite; unbedeutender Rost auf dem eingepreßten Achszapfen. 2: Schwinge auf der Bremstrommelseite, keine besonderen Auffälligkeiten, kein Spiel, Spezialfett noch am Platz. 3, 4: beide Sicherungskränze von Nahem gesehen. 5: Reparaturkit mit Zapfen und je zwei Nadellagern, Dichtringen, Staubschutzringen. 6: fabrikneue Schwinge mit Achszapfen. 7: Schwingenlagerung von halbschräg vorne gesehen. 8: Mit dem Schlagstempel wird die Lagerung ausgetrieben. 9: Der Wiedereinbau von Zapfen und Lagern ist kompliziert und erfordert ein Spezialwerkzeug sowie mehrere Zusatzstücke. Selbst Piaggio-Werkstätten haben diese Teile nur selten auf Lager. 10: neue Nadelhülse mit Sicherungskranz.

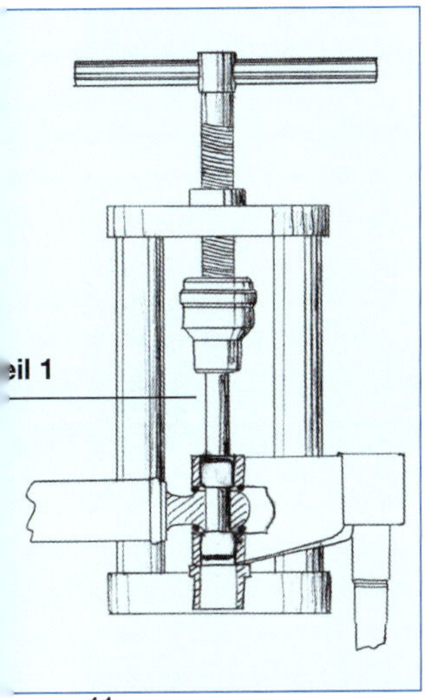

11

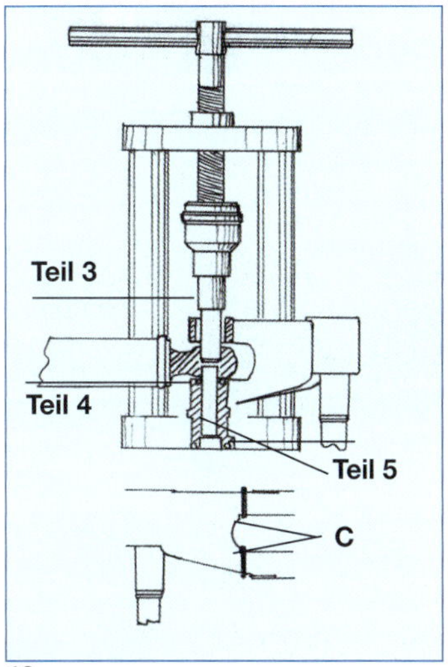

12

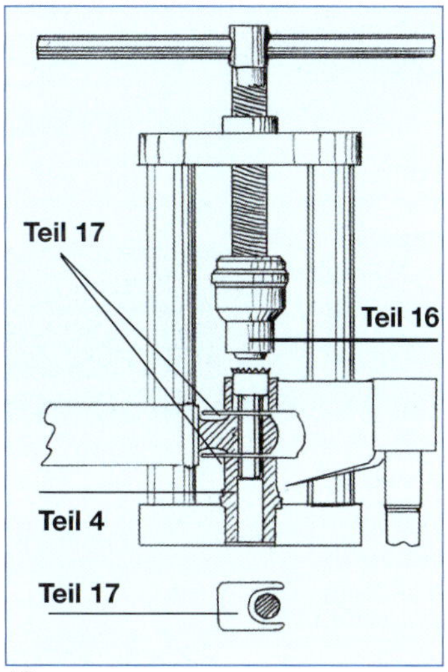

13

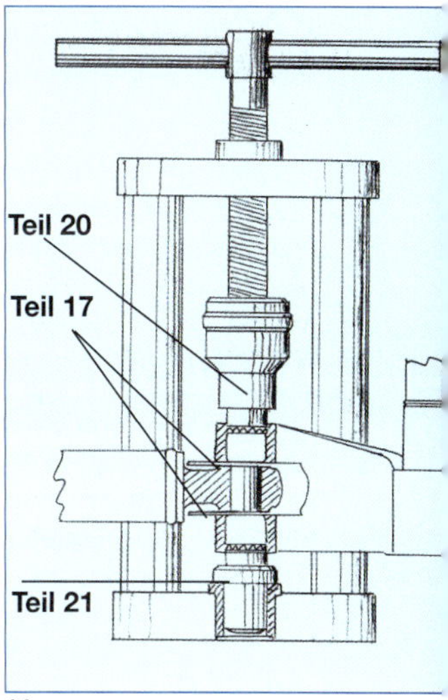

14

15

__11:__ Auspressen des Schwingenbolzens samt Nadelkäfigen mit Spezialwerkzeug 19.1.20021. __12:__ Einbau eines neuen Bolzens in die Kurzschwinge. __13:__ Einbau neuer Nadellager, Dichtringe und Sicherungsbleche. __14:__ Ausrichtung der Nadellager auf dem Bolzen. Da die Arbeiten schwierig auszuführen sind und zudem teures Spezialwerkzeug erfordern, ist von Reparaturversuchen in Eigenregie abzuraten. Die Zeichnungen und die Erklärungen im Text auf der vorigen Seite sollen nur einen Eindruck von der Komplexität der Aktionen vermitteln. __15:__ die aufbereitete und im Bereich der Wellen neu phosphatierte Schwinge.

Zeichnungen: Schneider Media auf Basis Werkstatt-Handbuch Cosa, Piaggio & C. S.p.A.

Werkzeug Schwinge

Spezialwerkzeuge von Piaggio:
T.0060472 mit Zusatzteilen
19.1.20021 mit div. Zusatzteilen

Zünd- und Lenkschloß: Ausbau

Zündschloß ausbauen:

Voraussetzung wie gezeigt: Abbau von Piaggio-Plakette und Kaskade. Das Zündschloß wird lediglich von einer **Madenschraube SW 2,5** gehalten. Der Siegellack, den Neufahrzeuge hier haben, ist nicht mehr vorhanden, also war das Schloß schon mal draußen. Schraube herausdrehen und Zündschloß vom Steuerrohr abziehen. Bei Bedarf Kabelbaum vom Klemmbrett abziehen (hier nicht nötig) (u.U. grünes Kabel erneuern).

Schließzylinder ausbauen:

Falls die Schlüssel verloren wurden (ist bei unserer PX nicht der Fall) und sich das kombinierte Zünd-Lenkerschloß in Stellung **„Lock"** befindet, muß der Schließzylinder mit einem Titanbohrer 8 mm bis zu einer Tiefe von 30 mm aufgebohrt werden. Damit wird die Vorrichtung, die den Zylinder und den äußeren Schloßkörper zusammenhält, zerstört (s. Zeichnung). Anschließend läßt sich der Zylinder mühelos herausziehen. Befindet sich der Schlüssel in Stellung **„Off"**, den Inbusschlüssel SW 2,5 in die Bohrung stecken, die unten am Zylinderrohr angebracht ist. Mit dem Schlüssel von unten die **Sperrklinke** am Schließzylinder hochdrücken. Gleichzeitig den **Zündschlüssel** in Stellung **„On"** drehen. Wenn die Klinke ausrastet, läßt sich der Schließzylinder mit dem Zündschlüssel aus dem Zylinderrohr ziehen. Dabei auf die kleine **Blattfeder** achten.

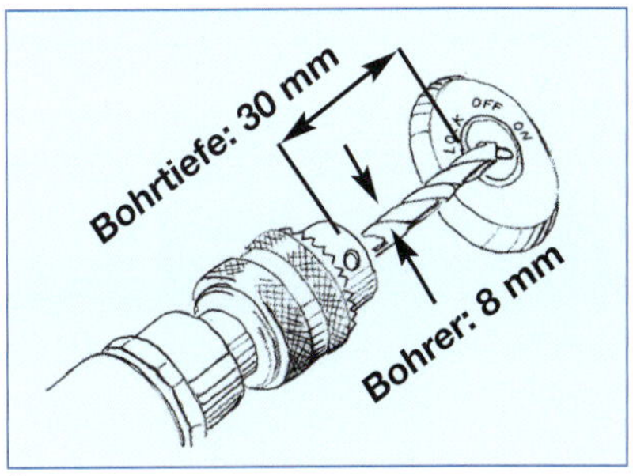

1

__1:__ Zeichnung: Ein defektes Zündschloß wird mit einem 8-mm-Titan-Bohrer ausgebohrt.

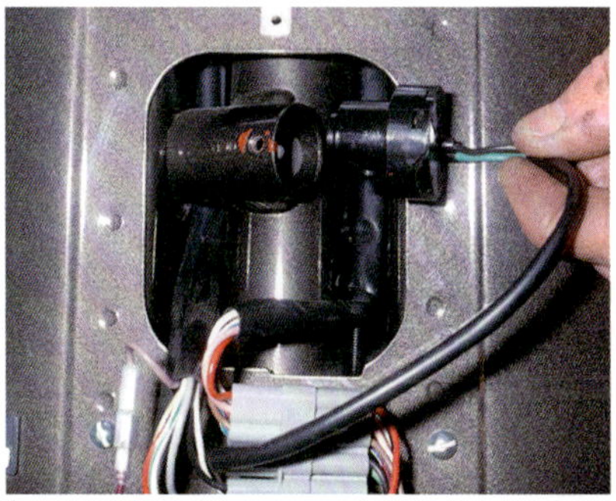

2

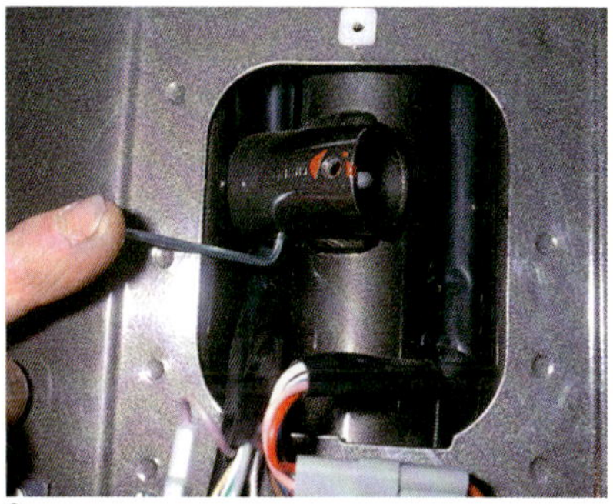

3

4

__2:__ Zündschloß vom Steuerrohr, Kabelstrang vom Klemmbrett abziehen. __3:__ Zum Ausbau des Schließzylinders zuerst mit dem Innensechskantschlüssel SW 2,5 von unten in die kleine Bohrung fahren und die Sperrklinke hochdrücken. __4:__ Zuletzt den Schließzylinder mit dem Zündschlüssel vom Steuerrohr ziehen (s.a. Infos weiter hinten im Buch).

Vorderradführung/Lenkrohr, Lenkrohrlager: Ausbau, Analyse

Oberes Lenkrohrlager und Lenkrohr ausbauen:

Nach Abnahme der Lenkerverkleidung sowie Ausbau und Abklappen des Lenkmoduls ist das obere Lenkkopflager frei zugänglich. Als noch alles montiert war, drehte sich die Lenkung zwar problemlos von Anschlag zu Anschlag, und auch war bei der Prüfung der Vorderradführung (s. Foto unten) kein Spiel erkennbar. Doch nun stellen wir fest, daß das **obere Lager** völlig verrostet und defekt ist – es fehlen einige Kugeln. Also muß alles demontiert und erneuert werden. Der **Ausbau des Lenkrohrs** ist ohnehin erforderlich, weil der Kotflügel zur Überholung abgenommen werden muß, und dies geht nicht ohne Demontage des Lenkrohrs.

Das **obere Lenkrohrlager** besteht aus folgenden Elementen (von oben nach unten): obere **Nutmutter, Gleitscheibe** mit Sicherungsnase, **untere Nutmutter** (gleichzeitig **obere Lagerschale), Kugelkäfig, untere Lagerschale.** Die oberen Bestandteile sind festgerostet und lassen sich in unserem Fall nur mit dem **Nutmutterschlüssel** Nr. 19.1.20055 von Piaggio lösen, der uns freundlicherweise von der Firma Schulz zur Verfügung gestellt wurde. Von Schlagstiften und Rohrzangen raten wir ab, ihr Einsatz ist nur etwas für den Notfall, weil dabei der obere Ring beschädigt wird.

Zuerst sprühen wir **Rostlöser** auf das Lager und lassen ihn eine Weile einwirken. Dann schlagen wir die **Lenkung**

2

3

4

__1:__ Prüfen des Lagerspiels an einer neuen PX 200 E im Jahr 1985 durch Willi Rodenwald, der bei den ersten Auflagen der Vespa-Wartungsbücher hilreich zur Stelle war. __2:__ Der abgeklappte Lenker gibt das obere Lenkrohrlager frei. __3, 4:__ Das Lager ist verrostet und verschlissen, es fehlen Kugeln. __5:__ Einsprühen mit Rostlöser. __6:__ das Spezialwerkzeug von Piaggio mit seinen vier Zapfen. __7:__ Lösen des oberen Nutrings mit Umschalt- und Spezialschlüssel. __8:__ Die Nutmutter hat sich gelöst und wird herausgeschraubt.

1

5

6

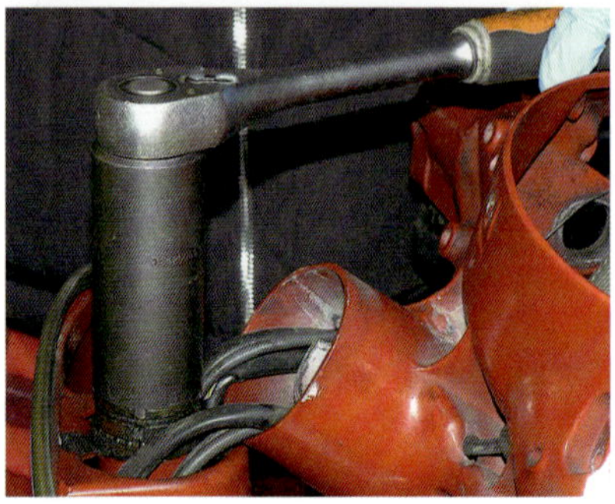

7

8

9

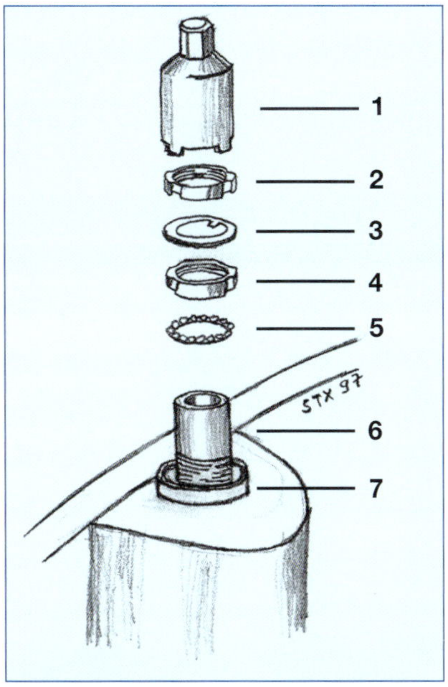

10

Zeichnung: STX auf Basis Werkstatt-Handbuch Vespa Cosa, Piaggio & C.S.p.A.

11

12

__9:__ Aushebeln der Gleitscheibe mit dem Schraubendreher. __10:__ Aufbau des oberen Lenkrohrlagers; 1 = Spezialschlüssel (hier mit Außensechskant), 2 = obere Nutmutter, 3 = Gleit- und Sicherungsscheibe, 4 = untere Nutmutter, auch oberer Lagerring, 5 = Kugelkäfig, 6 = Lenkrohr, 7 = untere Lagerschale. __11:__ Abschrauben von unterer Nutmutter/oberer Lagerring. __12:__ Der Ring läßt sich schließlich von Hand ausdrehen. __13:__ Der Kugelkäfig ist zerstört, es fehlen zahlreiche Kugeln. __14:__ Nach Absenken des Lenkrohrs kommt das untere Lager frei; der Kugelkäfig ist völlig verharzt. __15:__ Die Karosse wurde so auf die Bühne gesetzt, daß sich das Lenkrohr leicht nach unten abziehen läßt.

Werkzeug Ausbau Lenkrohrlager, Lenkrohr

Nutmutterschlüssel Nr. 19.1.20055 von Piaggio
Piaggio-Werkzeug 19.1.20004
Eisenrohr 50 cm lang
Eisenhammer, Schraubendreher

Produkte, Neuteile Lenkrohr, Lenkrohrlager

Rostlöser, Waschbenzin
Nitroverdünnung
Drahtbürste, 600er Schmirgel
oberes Lager neu (beide Schalen, Kugelkäfig)

13

14

15

bis zum Anschlag nach links ein und setzen den Nutmutterschlüssel mit seinen vier Zapfen in den die **obere Nutmutter** ein. Der Umschaltschlüssel wird oben in den Vierkant gesetzt und mit einem kräftigen Schlag gegen den Uhrzeigersinn gedreht. Dank des Rostlösers kommt die Mutter gut frei. Die ersten Gewindegänge erfordern Kraft, doch zuletzt läßt sich die Nutmutter von Hand ganz herausdrehen.

Nach dem Abnehmen der **Gleitscheibe** wird der **obere Laufring** ausgedreht, der als Nutmutter ausgelegt ist und ebenfalls den Einsatz des Piaggio-Schlüssels erfordert. Der **Kugelkäfig** ist fast völlig zerstört, zwei Kugeln liegen frei herum, das Fett ist aufgebraucht.

Zum Ausbau des unteren Lagerrings muß das **Lenkrohr** nach unten gezogen werden. Vor Beginn der Arbeiten haben wir die Karosserie so auf die Hebebühne gesetzt, daß der **Vorbau frei**

16

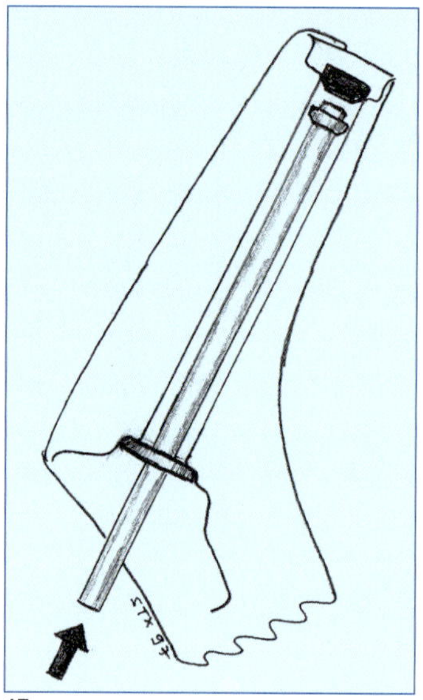

17

18

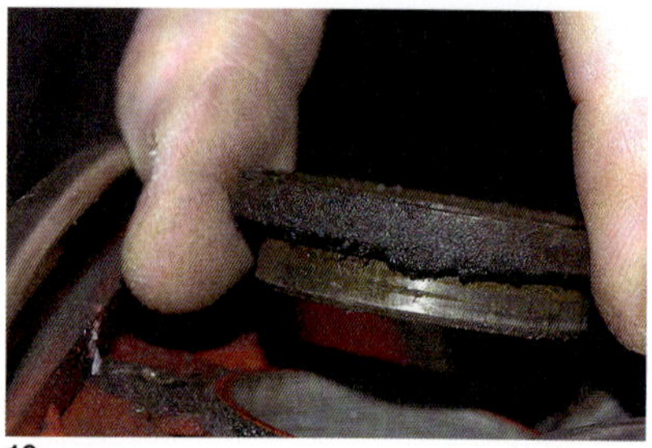

19

20

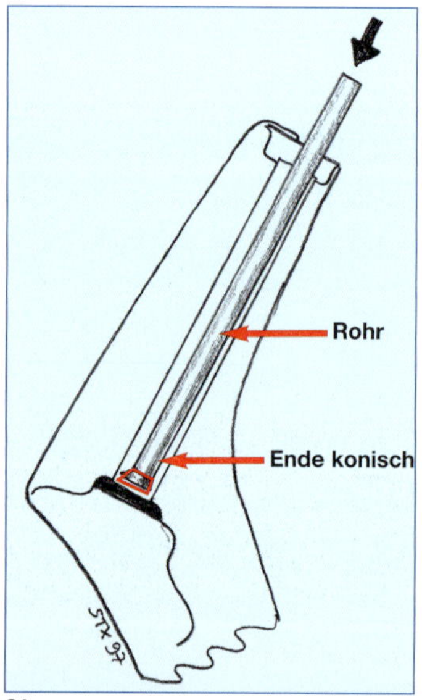

21

22

23, 24

***16, 17:** Die untere Schale des oberen Lagers wird von unten mit einem 50 cm langen Rohr ausgetrieben.* ***18:** Hier sitzt die untere Schale noch oben im Chassis.* ***19:** Die Schale kann abgenommen werden.* ***20:** Die Elemente des oberen Lagers, von links: untere Schale, defekter Kugelkäfig mit zwei losen Kugeln, obere Lagerschale/Nutmutter, Gleitscheibe, obere Nutmutter.* ***21:** Ausstoßen des oberen Lagerrings des unteren Lagers von oben; funktioniert am besten mit dem unten konisch ausgebildeten Piaggio-Spezialwerkzeug 19.1.20004.* ***22:** umlaufende Riefen durch gewaltsames Einschlagen der unteren Lagerschale.* ***23, 24:** das völlig verharzte untere Kugellager.* ***25:** die noch im Chassis sitzende obere Lagerschale des unteren Lagers.* ***26:** Mit Hammer und Meißel wird die untere Lagerschale abgehoben.*

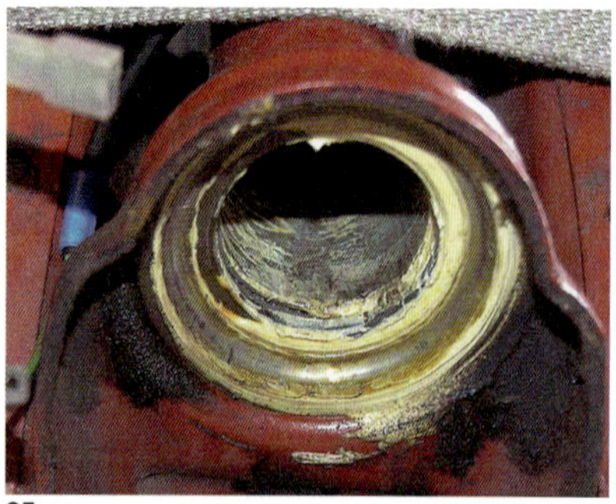

25

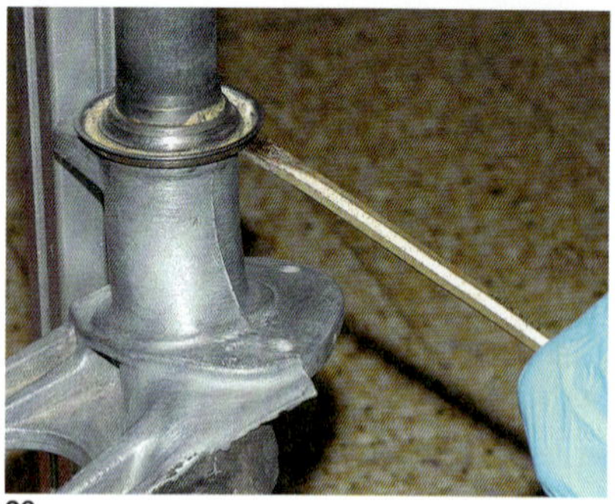

26

in der Luft hängt. Daher ist es jetzt kein Problem, das **Lenkrohr** zusammen mit dem **Kotflügel** nach unten herauszuziehen (separate Demontage des Kotflügels s. Karosserie-Kapitel).

Anschließend wird der **untere Lagerring des oberen Lagers** durch leichte Hammerschläge von unten auf ein 50 cm langes **Eisenrohr** ausgetrieben, das rundum unten an den Laufring gesetzt wird. Nach wenigen Schlägen haben wir den Ring in der Hand und damit alle Bestandteile des oberen Lagers. Wir stellen jetzt jedoch fest, daß der untere Lagerring früher mit Gewalt eingeschlagen worden sein muß: Davon zeugen Schlagspuren oben am Lagerkranz und tiefe umlaufende Riefen im Rohr.

Lenkrohr und unteres Lager ausbauen:

Das **untere,** wesentlich kräftiger ausgebildete **Kugellager** kommt mit dem Lenkrohr frei. Es klebt in einer weißen Paste, die teilweise verhärtet ist und ursprünglich wohl so etwas wie wasserfestes Fett war. Der Kugelkäfig zeigt keine Abnutzungsspuren, ebenso wie die beiden **Lagerschalen,** die jetzt am Fahrzeug und nach Abnahme des Kugelkäfigs am Lenkrohr sichtbar werden. Der **obere Laufring des unteren Lenkrohrlagers** sitzt jedoch extrem fest im Chassis und wird in der Werkstatt normalerweise mit dem unten konisch ausgebildeten **Piaggio-Spezialwerkzeug** 19.1.20004 ausgetrieben. Meister Schulz hat sich selbst ein Werkzeug gebaut, das von unten wie ein Lagerabzieher eingreift, und dann von oben mit einem Rohr herausgeschlagen wird. Alternative ist das Einschweißen einer passenden Schraube M10 quer in die Lagerschale,

27

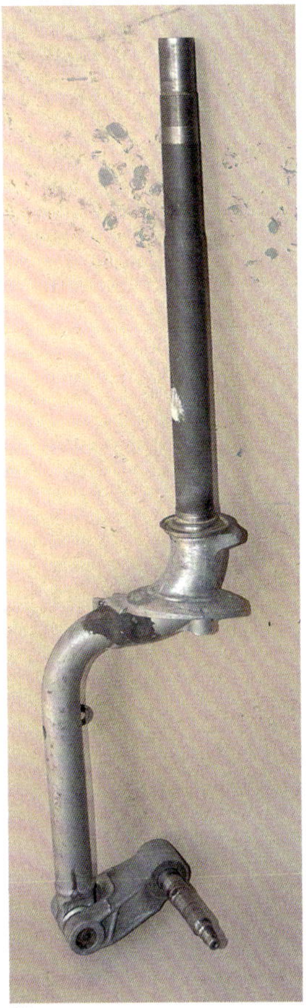

28

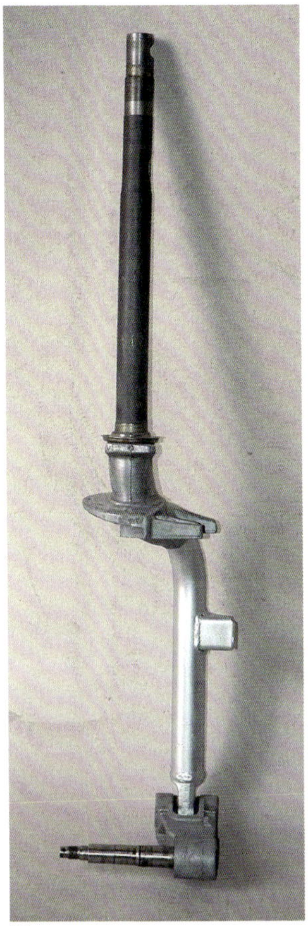

29

kann. Jetzt schlage ich mit einem 500 Gramm schweren Schlosserhammer von oben kräftig auf die Stange und in der Hoffnung, daß die **Lagerschale** nachgibt. Vergeblich: Bevor ich Schaden anrichten kann, gebe ich auf und beschließe, die Schale drin zu lassen und das alte Lager wieder einzubauen. Es lief nach Reinigung mit Nitroverdünnung und bei der anschließenden Prüfung einwandfrei rund, also lassen wir es dabei. Zwar liegt ein neues Lager bereit (s. Foto), doch wir riskieren es nicht, noch mehr Gewalt anzuwenden.

Der **untere Laufring** des unteren Lagers sitzt zusammen mit dem Staubschutzring auf dem Adapter des Lenkrohrs und wird normalerweise mit Hammer, Meißel oder einem starken Schraubendreher abgehoben, indem rundum unter das Ringblech geschlagen wird. Doch dies können wir uns hier schenken, beide Teile verbleiben auf dem Lenkrohr. Auch der untere Laufring zeigt keine Abnutzungsspuren und wird daher wiederverwendet.

Lenkrohr aufbereiten:

Vor dem Zusammenbau des Lenkkopfs wird das Lenkrohr aufbereitet, was nicht viel Arbeit ist: Wir reinigen alles mit Waschbenzin und entfernen die **oberflächliche Korrosion** an den Leicht-

30

__27-29:__ Das mit der Schwinge ausgebaute Lenkrohr inklusive Alulager für den Kotflügel; links noch schmutzig, in der Mitte gereinigt, rechts lackiert (nur Rohr unten). __30:__ Zum Ausbau des Lenkrohrs haben wir die Karosse mit unseren Holzböcken so auf der Hebebühne plaziert, daß sich das Rohr leicht nach unten rausziehen ließ. Zur Sicherheit hängt die Vespa noch am Kettenzug.

Festgestellte Mängel Lenkrohr und Lager

Lenkrohrlager oben

Lager und Verschraubung: stark angerostet, keine Fettfüllung mehr, mehrere Kugeln fehlen, Schlagspuren innen am Rohr

Lenkrohrlager unten

Lager insgesamt: Fettfüllung verharzt, teilweise ausgehärtet

Lenkrohr

Stahlrohr: leichte Steinschlagspuren mit etwas Rost

Leichtmetallteile: leichte Korrosion

auf die dann von oben mit einem Rohr geschlagen werden kann.

Da all diese Werkzeuge für uns nicht greifbar sind, sägen wir eine **Eisenstange** auf 40 cm ab und biegen sie unten um 3 cm und in einem Winkel von ca. 20° ab. Dann schleifen wir die Ecken so an, daß sie in die Rundung des Rohrs passen.

Helferin Johanna setzt die Stange von oben so ins Chassisrohr, daß die abgebogene Kante unten auf dem Lagerring aufliegt. Mit einem Rundholz verhindert sie, daß das Eisen seitlich ausweichen

metallteilen mt einer Drahtbürste (inklusive Schwinge). Das lackierte Stahlrohr wird mit 600er Schmirgel abgezogen und mit einer **neuen Lackschicht** versehen. Die schwarze Dichtungsmasse unterhalb des Kotflügelflanschs bleibt erhalten und wird nicht überlackiert.

31

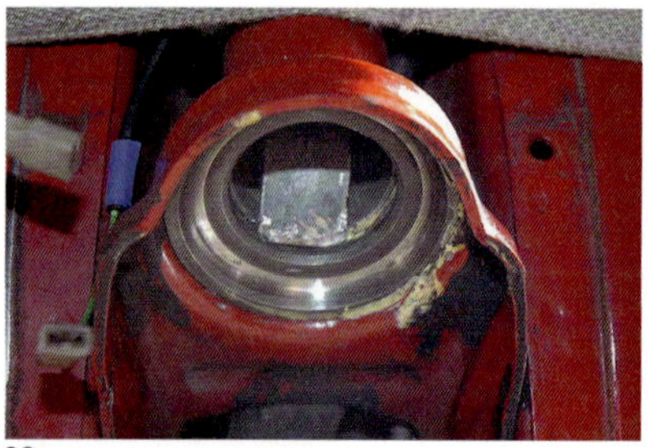

32

33

31, 32: So kann man mit einem zurechtgebogenen Flacheisen auf die untere Lagerschale schlagen. ***33:*** Besser geht's mit dem selbstgebauten Werkzeug von Meister Schulz. ***34:*** Elemente des unteren Lagers; Staubschutz, Laufring, Kugelkäfig, Laufring. ***35:*** obere (neue) Schale einsetzen... ***36:*** ...und von unten rundum fetten.

Foto: Rainer Schulz

Unteres Lager einbauen:

Wenn ein neues Lager eingebaut wird, zuerst den **Staubschutz** und den **unteren Laufring** des unteren Lenkrohrlagers auf das Steuerrohr stecken und mit Hammer und Schlagrohr, Innendurchmesser 35 mm, bis zum Anschlag treiben. Schlagrohr herausziehen und den sorgfältig eingefetteten Kugelkäfig aufsetzen. Dann den **oberen Laufring** des unteren Lagers (Position LU Bild 37) und den **unteren Laufring** des oberen Lagers (Position LO) mit geeignetem Werkzeug in die Sitze treiben. Die Vespa-Werkstatt verfügt über eine Gewindestange mit Druckscheiben und Muttern, die so weit angezogen werden, bis die einzelnen Laufringe fest anliegen. Wir bauen, wie gesagt, das alte Lager wieder ein.

Lenkrohr und oberes Lager einbauen:

Wir verwenden oben ein **neues, dreiteiliges Lager** und die alten Fixierelemente. Zuerst die **untere Lagerschale** des oberen Lagers in den Schacht setzen; wir haben sie zuvor eine Stunde lang ins Gefrierfach gelegt, damit sie leichter reingeht. Mit einem Holz- oder

35

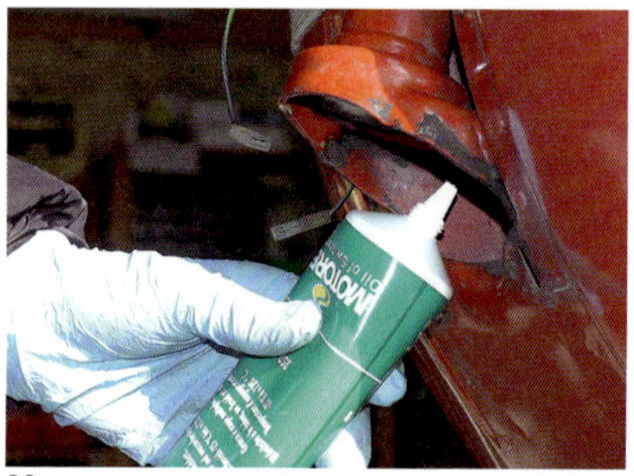

36

Hartgummihammer den Ring bündig festklopfen und dann mit Universalfett füllen. Nun den **Kugelkäfig** einsetzen, und zwar so, daß die Kugeln oben herausschauen. Wir prüfen, ob der **Schließzylinder** den Schacht freigibt. Erst danach schieben wir (zu zweit) das aufgearbeitete **Lenkrohr** zusammen mit dem restaurierten und befestigten **Kotflügel** (s. Kapitel „Karosserie") von unten in den Lenkrohrschacht. Anschließend kann die **obere Lagerschale** mit ihren vier Nuten von Hand aufgeschraubt werden, bis sie fest auf den Kugeln sitzt. Mit dem Kronenschlüssel so weit nachziehen, bis die Lenkung anfängt, schwergängig zu werden, dann etwas lockern, aber nur so viel, daß **kein Spiel** entsteht; die Lenkung bzw. der Kotflügel muß leicht vom linken zum rechten Anschlag fallen.

37: *Einbau der inneren Steuerrohr-Lagerschalen LO und LU mit einem Einziehwerkzeug auf Basis einer Gewindestange. S = Muttern zum Beiziehen.* ***38:*** *Aufschieben von Staubschutz- und unterem Laufring.* ***39:*** *Aufsetzen des Kugelkäfigs, offene Seite nach oben.* ***40:*** *Fetten der unteren Lagerschale.* ***41:*** *Die untere Partie des unteren Lagers ist fertig zum Einbau in den Lenkrohrschacht.*

34

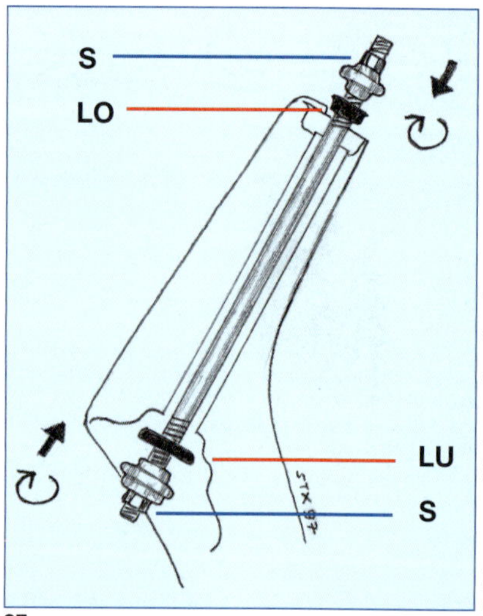

37

Zeichnungen: Werkstatt-Handbuch Vespa P 200 E, Piaggio & C./Corradino Mori

38

39

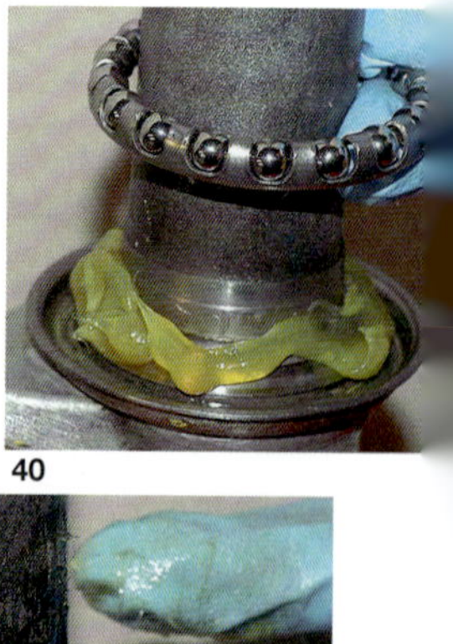

40

41

Anschließend die (gebrauchte, aber einwandfreie) **Gleitscheibe** so aufsetzen, daß ihr Innenzahn in die Nut im Lenkrohr greift. Zum Abschluß die **Nutmutter** einschrauben und sie mit dem Kronenschlüssel von Piaggio gegen den oberen Laufring kontern; dabei den Laufring mit einem Hakenschlüssel festhalten. **Achtung:** Der obere Laufring darf sich beim Anziehen nicht verdrehen, damit kein Spiel, aber auch keine Bremswirkung eintreten. In beiden Fällen würde sich das Fahrverhalten spürbar verschlechtern. Überschüssiges Fett abwischen. Piaggio empfiehlt zum Aniehen von oberem Laufring und Nutmutter **Drehmomentwerte** von 50-60 bzw. 60-70 Nm. Es geht auch mit Gefühl und dosierter Kraft.

__42:__ Elemente des oberen Lenkrohrlagers; neu phosphatiert: Nutmutter und Gleitscheibe (links); Neuteile: beide Lagerschalen und Kugelkäfig. __43:__ zuvor Position des Schließzylinders korrigierern, sonst geht das Lenkrohr nicht rein. __44:__ untere Lagerschale tiefkühlen und mit Gummihammer bis zum Anschlag eintreiben. __45:__ unteren Ring fetten und Kugelkäfig einsetzen. __46:__ Lenkrohr mit Kotflügel einschieben. __47:__ oberer Lagerring und gefetteter Kugelkäfig (zuvor Rohr einschieben).

42

43

44

45

46

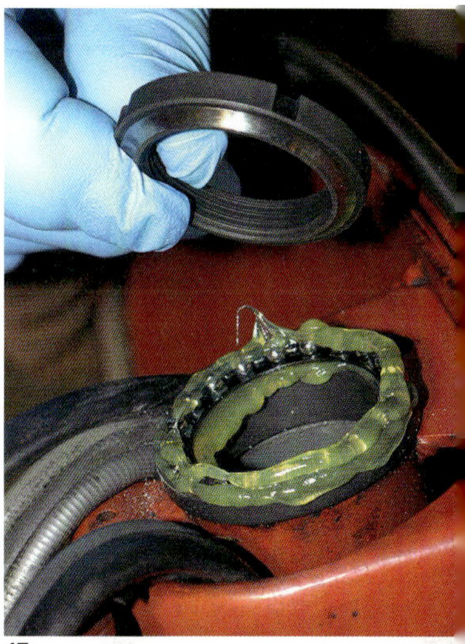

47

48

49

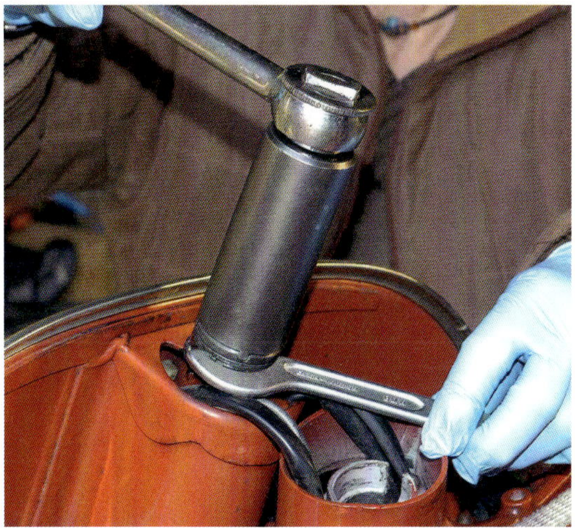

50

51

__48:__ Der obere Lagerring wird mit dem Kronenschlüssel eingeschraubt. __49:__ Nach dem Festziehen des oberen Rings werden Druckscheibe und Nutmutter positioniert. __50:__ Nutmutter anziehen, mit Hakenschlüssel oberen Laufring gegenhalten. __51:__ das fertig montierte obere Lenkkopflager.

CITROËN
BMW 1600 Cabrio

Teil 5

Aus- und Einbau Bedien- und Elektrikteile, Seilzüge

Beleuchtung, Bedienung: Demontage, Analyse

Lenkerverkleidung, Instrument, Scheinwerfer: Ausbau, Analyse

Beim Ausbau von Lenkerverkleidung, Tachometer, Seilzügen und Lenker ist eine Helferin/ein Helfer nützlich. Die Arbeiten sind teilweise recht knifflig.

Rückspiegel ausbauen:

Der **Einzel-Rückspiegel** ist bei der alten PX an einem Halter aus Stahlblech befestigt und von unten durch eine **Mutter SW 13** gesichert. Mutter lösen, dabei die Einstellmutter oben mit einem zweiten Schlüssel gegenhalten, dann Spiegel abnehmen. Die Verchromung von Gehäuse und Stange ist einwandfrei, wird im Gewindebereich aber aufgearbeitet. Der **Halter** ist mit zwei Bolzen SW 13 fixiert. Er wird nach Abschrauben derselben abgenommen und optisch aufpoliert.

Tachowelle, Kabelstecker abnehmen:

Ausgangsbasis: **Tachowelle** und **Bremsseilzug** sind von der Bremsankerplatte bereits abgenommen wie gezeigt. Die

1

__1:__ Die Frontpartie mit dem Scheinwerfer macht noch einen ordentlichen Eindruck. __2:__ Abschrauben des Rückspiegels unter Gegenhalten. __3:__ Abschrauben der zwei Bolzen SW 13 mit Federringen an der Halterung. __4-7:__ Die obere Lenkerverkleidung ist mit vier Kreuzschlitzschrauben fixiert. __8:__ Nach Lösen derselben läßt sich die Verkleidung ein Stück nach hinten ziehen (Tachowelle und Bremszug unten abgeklemmt). __9:__ Abziehen des Multisteckers. __10:__ Abklemmen der Tachowelle, eine Plastikzunge fehlt.

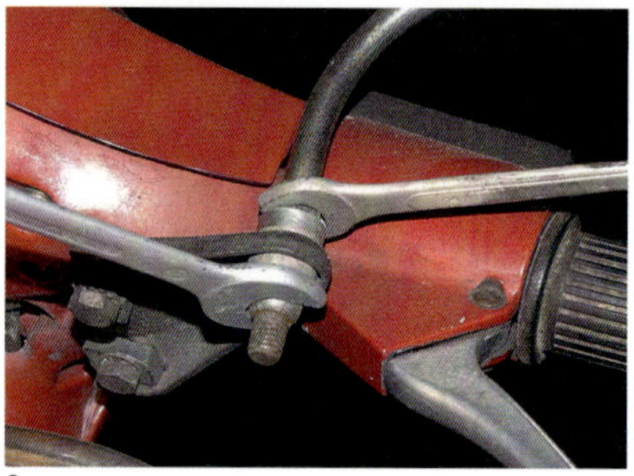
2

3

4

5

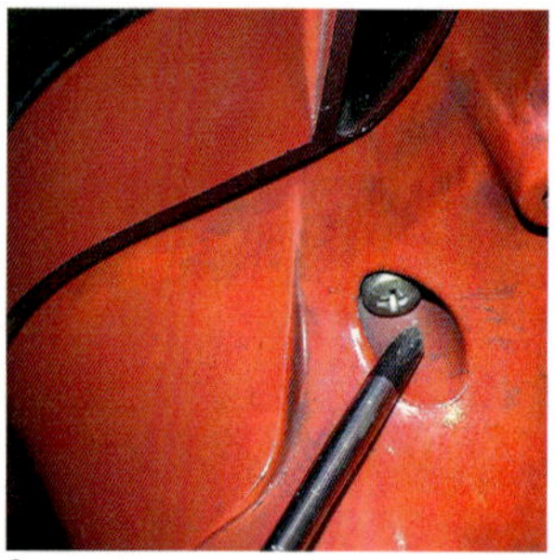
6

7

8

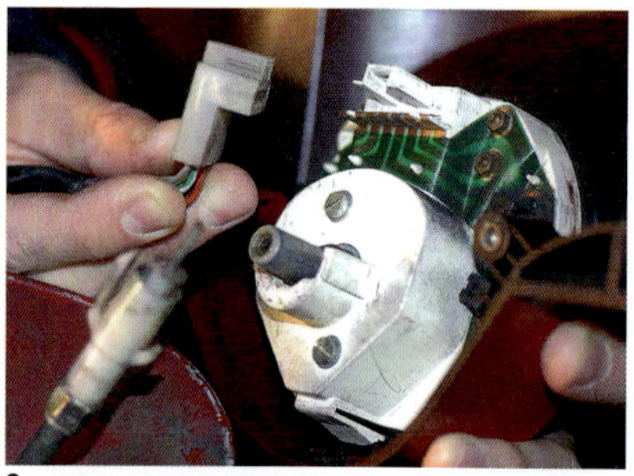
9

10

obere Lenkerverkleidung wird von **vier Schrauben** gehalten, die von unten gut zugänglich sind und mit einem Kreuzschlitzschraubendreher ausgedreht werden (je zwei vorn und hinten).

Jetzt wird die **Lenkerverkleidung** von der Helferin/dem Helfer so weit wie möglich hochgezogen. Dann den **Multi-Flachstecker** vom Instrumentenblock abziehen. Plastikzungen an der oberen **Tachowellenbefestigung** zusammendrücken, Tachowelle aus dem Instrument ziehen. Eine Zunge ist abgebrochen, die Welle wird komplett ersetzt. Zum Ausbau der Verkleidung noch die **drei Kabelstecker** vom Lampensockel ziehen. Kabel und Steckverbindungen sind in Ordnung.

Verkleidung, Kombiinstrument ausbauen:

Jetzt nehmen wir die Verkleidung zusammen mit dem **Kombiinstrument** ab. Das Instrument kann durch Drücken zweier **Klemmlaschen** nach innen von der Verkleidung abgenommen werden. Auf der Rückseite befinden sich die Steckplätze für die **Glühlampen,** die gedruckten **Schaltkreise** und die **Verschraubungen** für Tachometer und Benzinuhr. Die Kontrollampen sitzen in Fassungen aus schwarzem **Kunststoff.** Fassungen um 90° drehen und zusammen mit den Lampen aus dem Instrument herausnehmen.

Die einzelnen Lampen können aus den **Fassungen** herausgezogen und ausgewechselt werden, was bei unserem Objekt aber nur mit Mühe gelingt. Die Gummidichtung des Instruments ist noch brauchbar. Die **Abdeckung aus Plexiglas** ist dunkler geworden, läßt sich aber aufarbeiten.

Ansonsten haben wir vor der Zerlegung des Rollers keine Mängel am Instument entdeckt, daher bauen wir das Kombiinstrument zunächst nicht auseinander. Korrekturen sind auch später noch möglich.

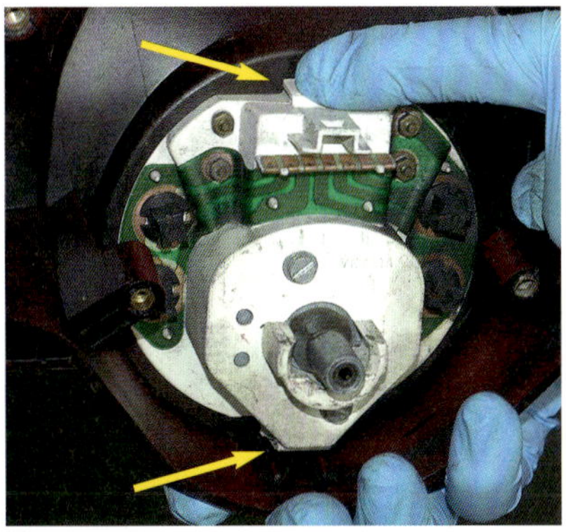

11

12

13

***11:** Durch Niederdrücken der beiden Laschen kommt das Instrument frei.* ***12:** Benzinuhrverschraubung (blaue Pfeile), Tachoverschraubung (rote Pfeile), die vier Sockel der Instrumentenbeleuchtung (gelbe Pfeile).* ***13:** Sockel mit Lämpchen und Gummidichtung (diese nicht mehr lieferbar, wird wiederverwendet).* ***14:** Instrument und Lenkerverkleidung sind getrennt.*

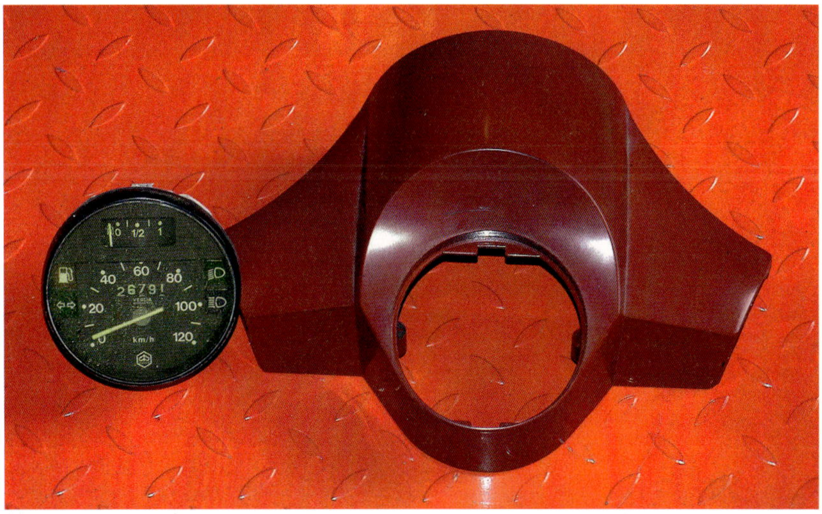

14

***15, 16:** Der Scheinwerfer ist mit zwei Schlitzschrauben samt Federringen befestigt.*
***17:** Die Einstellschraube muß von unten mit einem Schlüssel SW 7 ausgedreht werden.*

15

16

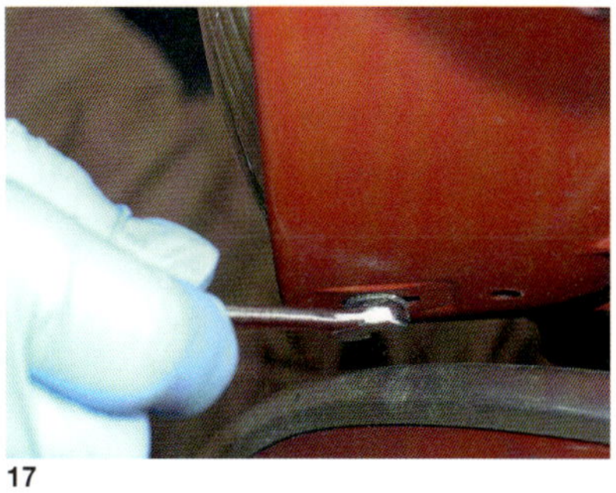

17

Scheinwerfer, Glühlampen ausbauen:

Zum Ausbau des **Scheinwerfers** die beiden **Schlitzschrauben** ausdrehen, mit denen der Scheinwerfer am Lenkerblock befestigt ist. Außerdem mit einem Schlüssel SW 7 die Scheinwerfereinstellschraube unter dem Reflektor lösen.

Nun können die beiden **Klammern des Lampensockels** leicht von Hand abgehebelt werden; Sockel zusammen mit der **Scheinwerferglühlampe** abziehen. Zwei **Kontaktzungen** drücken hinten auf die Scheinwerferlampe. Eine davon ist verbogen. Eine separate **Standlichtlampe** ist trotz des korrekten Kabelanschlusses **nicht vorhanden;** die Fassung ist original mit einem Plastikstopfen abgedeckt.

Die Glühlampe wird etwas nach links gedreht, kommt aber nur schwer aus dem Sockel heraus. Es handelt sich um eine **Kugellampe** mit integriertem Standlicht 12 Volt, 25/25/5 Watt. **Reflektor** und **Streuscheibe** aus Glas sind in Ordnung und können wiederverwendet werden. Undichtigkeiten sind nicht festzustellen.

18

19

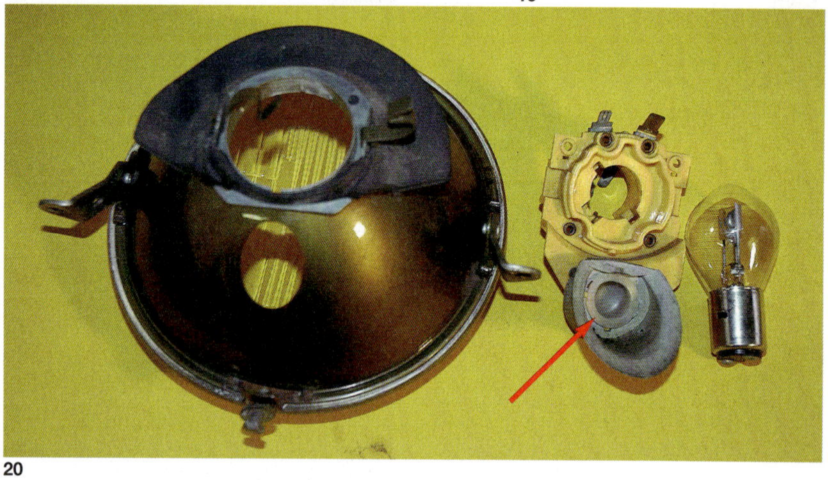

20

18: *Scheinwerferrückseite mit Anschlüssen.*
19: *Die drei Kabelstecker sind abgezogen.*
20: *Scheinwerfer, Sockel und Lampe mit integriertem Standlicht. Der rote Pfeil zeigt auf den Blindstopfen für ein früher vorgesehenes Standlicht.*

Blinker, Rücklicht: Ausbau, Check

Blinker vorn ausbauen:

Die **vorderen Blinker** sind mit jeweils zwei Schrauben befestigt, die im Staufach mit Muttern SW 8 und Federringen gesichert sind. Kreuzschlitzschraubendreher ansetzen, gleichzeitig von innen Stecklnuß SW 8 mit Verlängerung. Die oberen Muttern fixieren gleichzeitig die **Massekabel** der Blinker. Die **Glühlampen** werden durch Linksdrehen aus den Fassungen genommen. Blinkergläser, Gummidichtungen und Sockel samt Abdichtungen sind völlig in Ordnung und können wiederverwendet werden.

Blinker hinten ausbauen:

Zuvor hatten wir die beiden **Hauben** abgenommen. Die **Gummihüllen** an den hinteren Zapfen sind defekt und werden ersetzt. Die **hinteren Blinkergläser** sind mit je zwei Kreuzschlitzschrauben befestigt. Nach Abnahme können die Glühlampen gewechselt werden, was aber hier nicht nötig ist. Die **Blinkergehäuse** sind leicht angelaufen und werden aufpoliert. Die rechte der beiden schmalen Gummidichtungen fehlt völlig, die linke ist spröde. Ersatz ist bei Piaggio

1

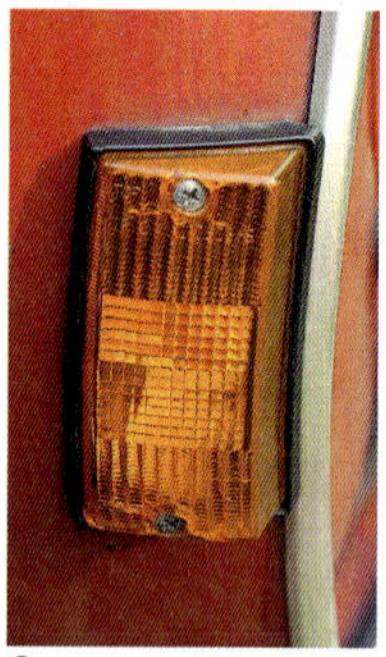

2

3

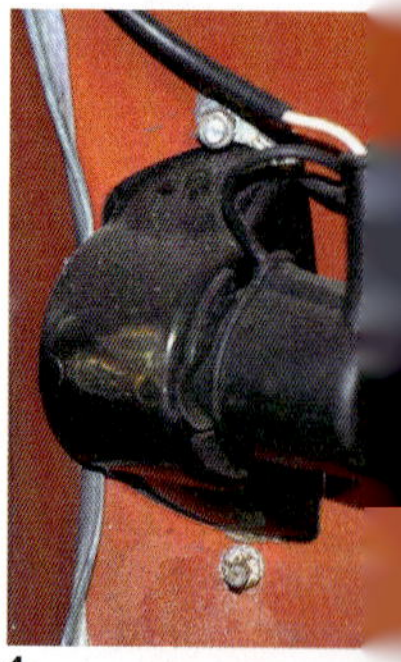

4

5

6

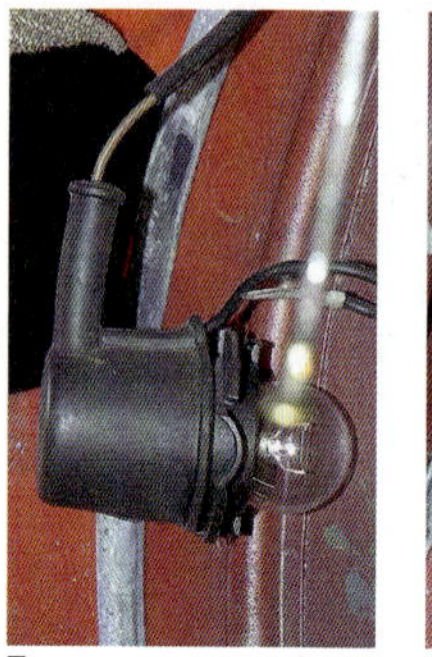

7

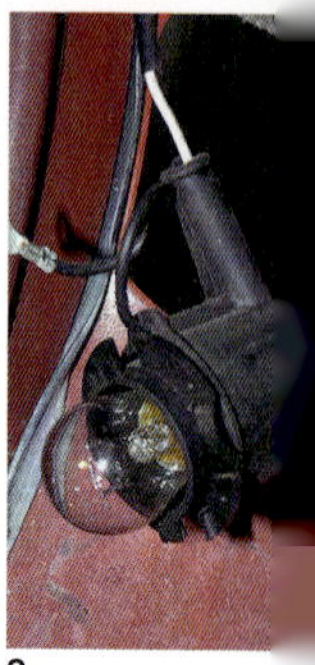

8

1, 2: *die vorderen Blinker.* ***3, 4:*** *Blinkerbefestigung innen mit je zwei Muttern SW 8.* ***5, 6:*** *Blinkergehäuse von hinten mit den noch brauchbaren Gummidichtungen.* ***7, 8:*** *Bei abgenommenen Blinkern lassen sich die beiden Glühlampen auswechseln.*

nicht mehr lieferbar, es gibt nur komplette Blinker für 10,48 Euro/Stück. Im Sinne der Erhaltung der Originalität werden wir die alten Blinker behalten und die Dichtungen nachfertigen.

Die **Blinkergehäuse** sind mit Schrauben SW 8 in Käfigen und innen mit Muttern SW 8 fixiert. Die Gehäuse sind abgedichtet und ohne Schäden. Daher belassen wir sie an Ort und Stelle.

Rücklicht ausbauen:

Auch die **Rücklicht-Streuscheibe** aus Kunststoff ist mit zwei Kreuzschlitzschrauben befestigt. Sie ist an der oberen Kante mehrfach gerissen und muß ersetzt werden. Die **Gummiabdichtung** ist etwas verschmutzt, kann aber wiederverwendet werden. Vom Radkasten her halten zwei (verdreckte) M6-Schrauben das Rücklichtgehäuse fest. Die beiden **Glühlampen** sind angelaufen und werden später ersetzt. Die elektrischen **Kontakte** sind in Ordnung.

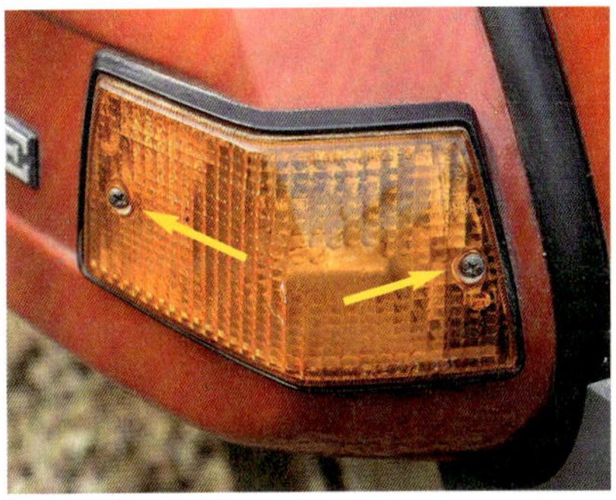
9

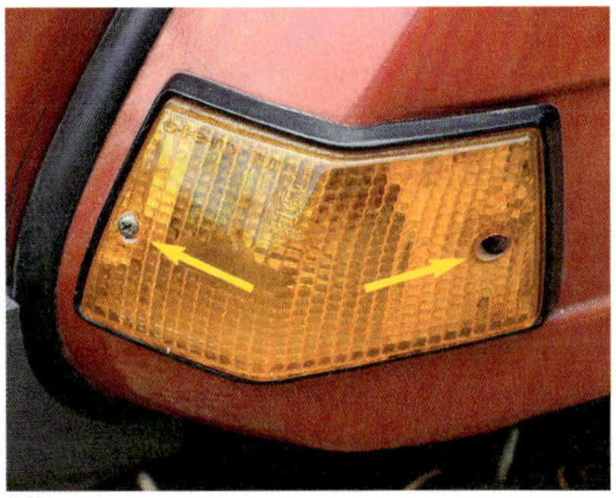
10

11

12

13

14

15

16

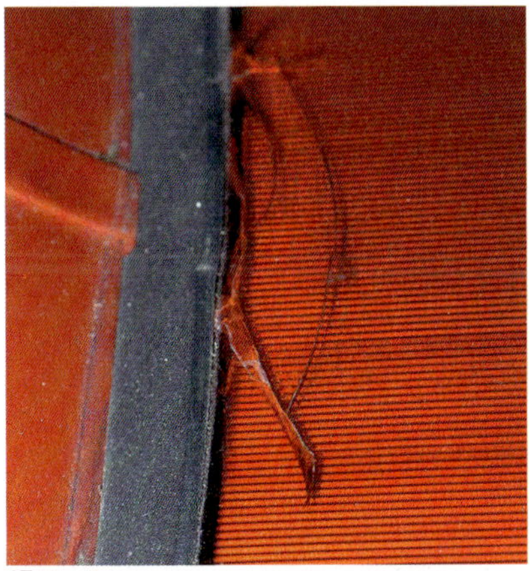
17

18

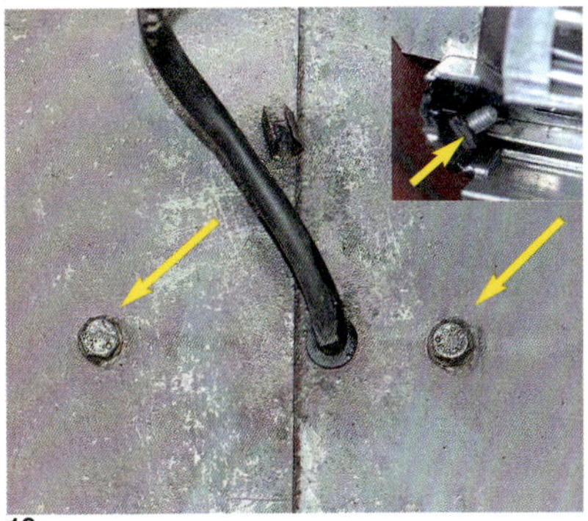
19

20

9, 10: Die beiden rückwärtigen Blinker sind in Ordnung. Die Gläser sind mit je zwei Kreuzschlitzschrauben befestigt. ***11,12:*** *Die Köpfe der je zwei Befestigungsschrauben der hinteren Blinkergehäuse sind zwangsarretiert.* ***13, 14:*** *Von innen sind sie mit Muttern SW 8 fixiert, erreichbar bei abgenommenen Hauben.* ***15:*** *Blinkergläser und Gehäuse. Die Dichtungen müssen erneuert werden.* ***16:*** *Die Rücklicht-Streuscheibe ist scheinbar noch in Ordnung...* ***17:*** *...aber an der Oberkante ist sie mehrfach gebrochen.* ***18:*** *Reflektor und Glühlampen sind angelaufen.* ***19:*** *Vom Radkasten her sind die beiden Muttern SW 10 der Rücklichtbefestigung zugänglich; s.a. kleines Bild.* ***20:*** *Steckverbindung, Kontakt Rücklicht.*

Kaskade, Hupe, Schalter, Spannungsregler: Ausbau, Check

Kaskade ausbauen:

Die Hupe und der Stromverteiler sind seit Herbst 1978 bei allen Modellen, so auch bei unserer PX, unter der vorderen Lenkrohrverkleidung aus Kunststoff („Kaskade“) untergebracht. Zum Ausbau der **Kaskade** sind folgende Handgriffe erforderlich: Mit einem kleinen Schraubendreher die **Piaggio-Plakette** oben an der Kaskade abhebeln. Dahinter kommt eine **Kreuzschlitzschraube** zum Vorschein, die gelöst werden muß. Anschließend den **Gepäckkasten** öffnen und die beiden Kreuzschlitzschrauben lösen, mit denen die Kaskade von hinten befestigt ist. Kaskade mit **Hupe** abnehmen und die beiden Kabel abziehen, die zur Hupe führen. Auch für verschiedene Arbeiten an der Lenkung und den Seilzügen muß die Kaskade abgenommen werden.

__1:__ Die Kaskade unserer PX macht noch einen guten Eindruck und muß nur optisch etwas verbessert werden. __2.__ Das Piaggio-Emblem wird mit einem kleinen Schraubendreher abgehebelt (Pfeile). __3:__ Die darunter liegende Kreuzschlitzschraube wird ausgedreht. __4:__ Von innen wird die Kaskade von zwei weiteren Kreuzschlitzschrauben gehalten (hier bereits entfernt). __5:__ Fixierpunkte und ausdgebaute Kaskade mit Hupe. __6:__ Zwei Kreuzschlitzschrauben halten die Hupe, die Kabel werden abgezogen. __7:__ Blick auf Lenkrohrführung und Kabelbrett. __8:__ Der Zündschalter ist mit einer Inbusschraube SW 2,5 befestigt. __9:__ der ausgebaute Schalter.

1

2

3

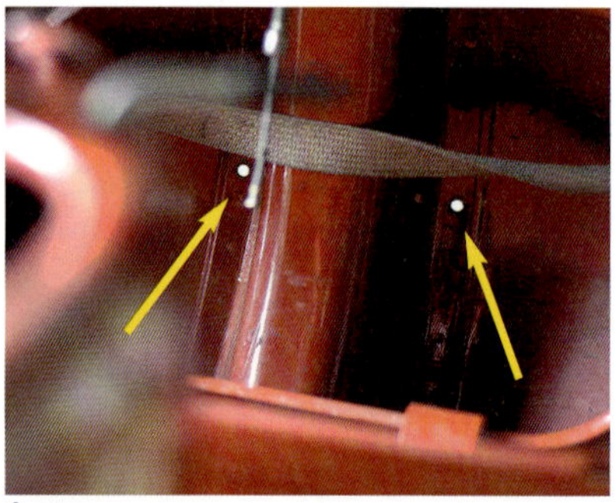
4

5

6

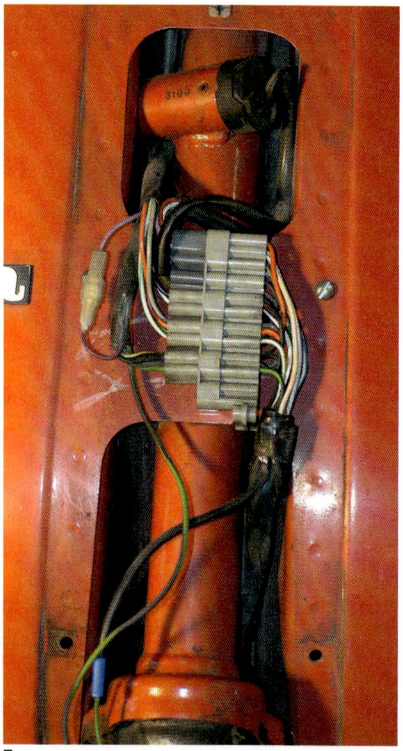
7

8

9

Hupe ausbauen:

Nach Abnahme der Kaskade die **beiden Kabel** von der Hupe abziehen. Dann die **beiden Kreuzschlitzschrauben** lösen, mit denen die Hupe an der Kaskade befestigt ist. Stromfluß, Kabelverbindungen und Masseanschluß sind in Ordnung, die Hupe funktioniert.

Schalter checken:

Dei **Abdeckungen** der beiden Schalter am Lenker sind mit je einer Kreuzschlitzschraube mit Feingewinde befestigt. Die

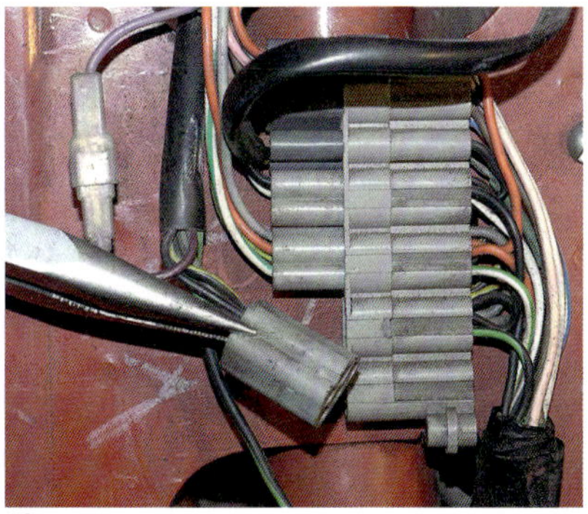

10

10: Mit Spitzzange und Kraftaufwand lassen sich die Multistecker der Kabelstränge aus dem Verteiler ziehen. ***11:*** *Verteiler mit Kabel für das Zündschloß (Pfeil).* ***12, 14:*** *die beiden Schaltereinheiten mit ihren Befestigungsschrauben.*

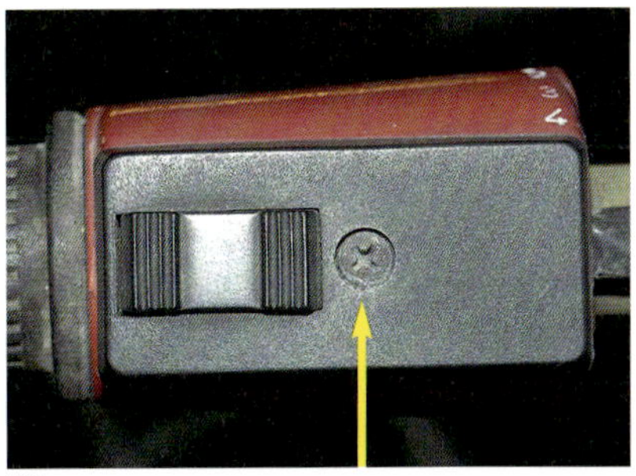

12

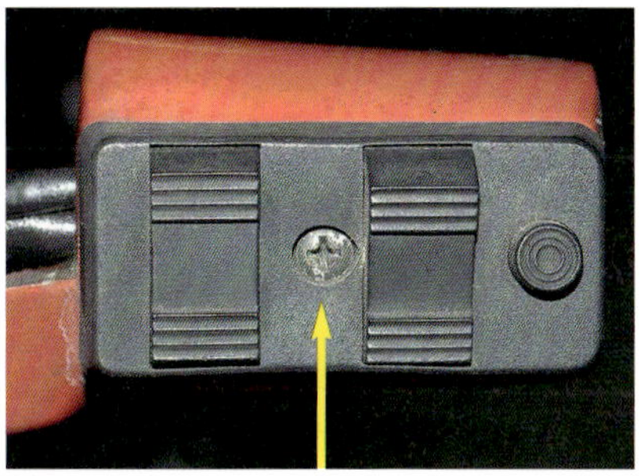

14

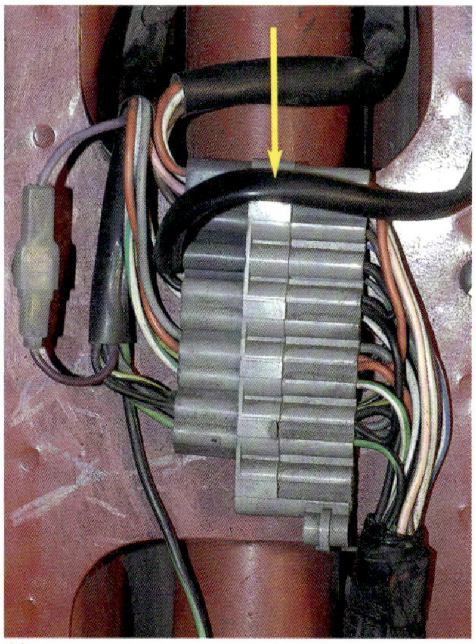

11

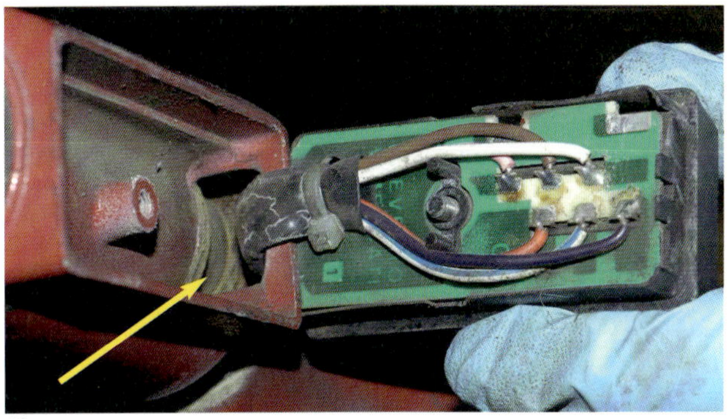

13

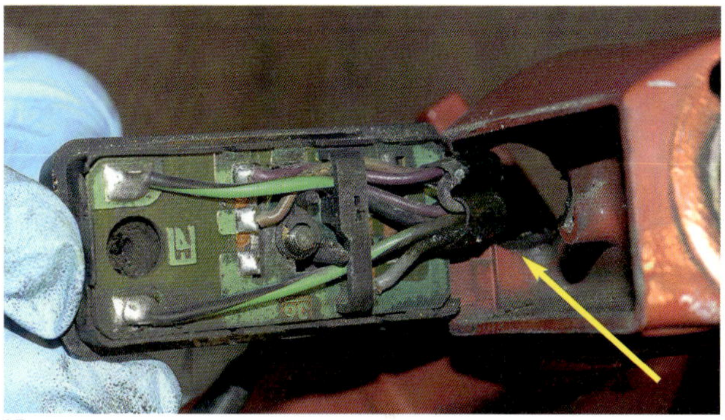

15

Gehäuse lassen sich etwas nach hinten klappen. Lötstellen und Leiterplatten haben augenscheinlich keine Schäden. Wir bauen die Einheiten nicht ganz aus, weil wir dann die Kabel ablöten müßten, was aber hier sinnlos wäre. Die Kabelstränge verbleiben in ihren Führungen, der Lenker bleibt während der weiteren Operationen abgeklappt an den Kabeln hängen. Wir zeigen **weiter unten** am Beispiel eines anderen Rollers trotzdem, wie er komplett abgebaut wird.

Klemmbrett checken:

Am Klemmbrett laufen alle wichtigen **Kabelstränge** zusammen. Bestimmte Kabel sind in Steckern zuzsammengefaßt, die sich mit einer Spitzzange (unter Krafteinsatz) aus ihren Positionen lösen lassen. Dies ist erforderlich, wenn der Lenker ganz abgenommen werden muß (Beispiel-Demontage weiter unten)

Spannungsregler checken:

Unsere PX hat keine Batterie und keinen elektrischen Anlasser. Unter der rechten Haube sitzt der **Spannungsregler** (1); zur Überprüfung siehe Schaltskizzen im Abschnitt „Ausbau Lichtmaschine“. Untergebracht sind hier auch der **Gleichrichter für die Hupe** (2) und der **Blinkgeber** (3). Bei unserer PX funktioniert die Bordelektrik nicht: Scheinwerfer, Rück- und Bremslicht, Blinker, Hupe. Deshalb muß der alte Gleichrichter u.U. durch ein Neuteil ersetzt werden.

13, 15: die Schaltereinheiten mit ihren Platinen und den verlöteten Kabeln. Die gelben Pfeile weisen auf die Kabelführungen hin.
16: *Unter der rechten Haube sitzen Spannungsregler (1),Gleichrichter für Hupe etc.(2) und Blinkgeber (3).* ***17:*** *Gleichrichter abgeklappt; Kabelbedeutung und -Verlauf s. Schaltplan.*

16

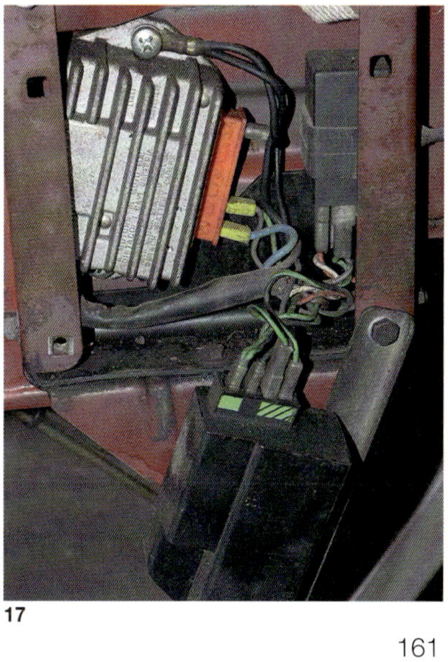

17

Werkzeug, Material Lenker, Beleuchtung

Kreuzschlitzschraubendreher
Schlitzschraubendreher
Gabelschlüssel SW 7, 8, 13, 14
Inbusschlüssel SW 2,5
Stecknuß SW 8
Spitzzange, Gleichrichter neu

Festgestellte Mängel Lenker, Beleuchtung, Elektrik

Rückspiegel
Stange: Gewinde leicht angerostet
Halter: angelaufen
Scheinwerfer
Kontaktzunge: verbogen
Tachowellenanschluß
Klemmvorrichtung oben: eine Zunge abgebrochen
Gleichrichter: arbeitet nicht
Blinker hinten
Blinkergehäuse: linke Dichtung defekt, rechte Dichtung fehlt, Reflektoren leicht angelaufen; Gummihüllen der Hauben defekt
Rücklicht:
Plexiverglasung: oben gerissen, Schraubenköpfe korrodiert

Seilzüge, Hebel, Drehgriffe, Lenker: Abbau

Vorbemerkungen:

Die **Seilzüge** unseres Restaurierungsobjekts sind zwar alle noch funktionsfähig und zeigen an den Nippeln keine Verschleißerscheinungen. Auch wurden sie offenbar im Bereich der Hebel gut gefettet. Inzwschen ist das Fett aber völlig verharzt; es muß abgewaschen und später erneuert werden. Wir werden **neue Bowdenzüge** einbauen und die Innenzüge vor dem Einbau fetten.

Einige **Außenhüllen der Bowdenzüge** zeigen an den unteren Enden Beschädigungen. Im Rahmen der Generalüberholung werden die Züge in folgender Reihenfolge ausgewechselt: Hinterrad-Bremszug, Vorderrad-Bremszug, Tachowelle, Gaszug, Kupplungszug, die beiden Schaltzüge, Chokezug. **Ausgangspunkt:** Lenkerverkleidung abgenommen und **Lenker abgeklappt.** Scheinwerfer und Tachometer sind ausgebaut, die Kabelstecker abgezogen.

Lenker abklappen:

Nach Abnahme der oberen Lenkerverkleidung und Lösen von Tachowelle und Bremsseilzug unten an der Bremsankerplatte muß der Lenker hochgezogen und nach hinten geklappt werden. Wegen der geschilderten Kabelverlegung bauen wir ihn nicht ganz aus, sondern lassen ihn einfach hängen.

Der Schaft des **Lenkermoduls** aus Spezialdruckguß ist mit einem 77 mm langen **Spezialbolzen** am Lenkrohr gesichert. Das M 10-Gewinde greift in eine Vierkantmutter aus Edelstahl vorne vor dem Lenker ein. Gelöst wird der Bolzen mit einem Steckschlüssel SW 13. Um den Bolzen ganz herauszudrehen, muß der **Lenker ganz nach links** eingeschlagen werden. Tut man dies nicht, kommt der Bolzen nicht heraus. Der Sechskant SW 13 zeigt deutliche Werkzeugspuren, d.h. er wurde schon einmal ausgebaut. Vom Lenkrohr kommt der Lenker nur los, wenn er von unten rechts und links mit dem Kunststoffhammer nach oben geschlagen wird.

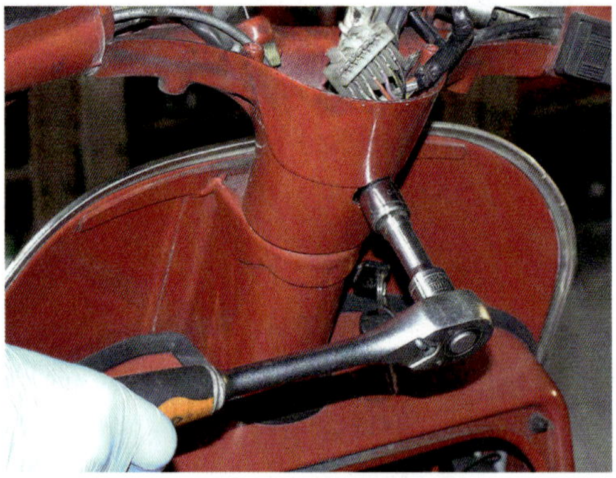
1

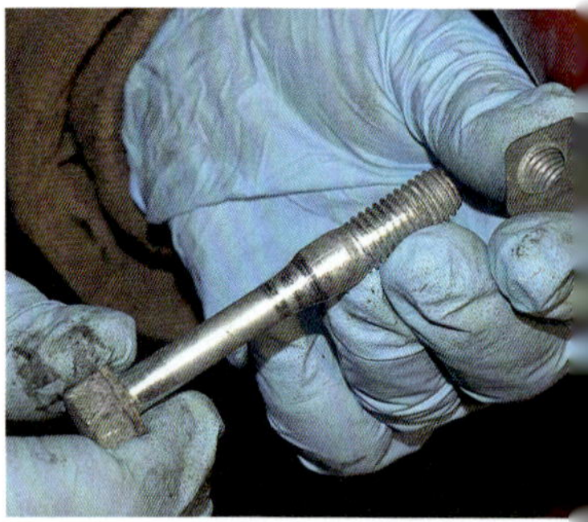
2

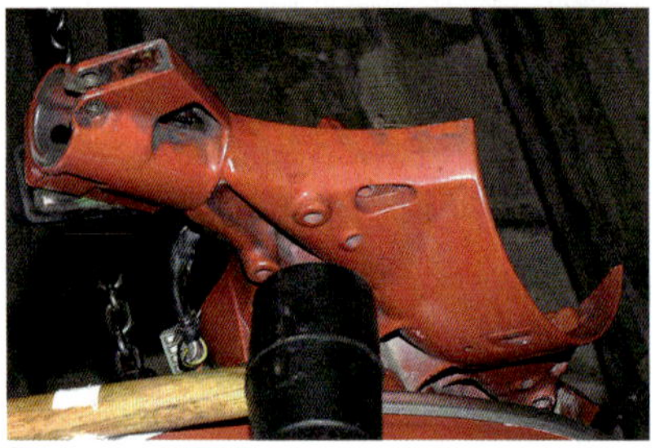
3

4

5

6

1: Lösen des Lenkerbolzens mit der Stecknuß SW 13. 2: der Spezialbolzen mit Kopf SW 13 und Gewinde M10. 3: Der Lenker wird nach oben geschlagen. 4: Der Lenker hängt an den Seilzügen. 5, 6: Der Bremshebel ist mit einer Kreuzschlitz-Maschinenschraube und einer Nylstoppmutter SW 8 befestigt (gelbe Pfeile). Der Bremszug ist in einen abnehmbaren Nippel eingehängt (blaue Pfeile).

Vorderrad-Bremszug und Bremshebel ausbauen:

Wie der Bremszug unten vom Bremshebel abgenommen wird, haben wir bereits im Kapitel „Vorderradführung" gezeigt. Der **Bremshebel** ist mit einer Kreuzschlitz-Maschinenschraube und einer selbstsichernden Mutter SW 8 drehbar gelagert. Nach Lösen der Lagerung den Hebel vorziehen, dabei auf die beiden **Gleitscheiben** achten; eine davon ist gebrochen. Dann das obere Ende des **Bremsbowdenzugs** so weit Richtung Hebel stoßen, bis sich der **Nippel** aushängen läßt. Am besten geht

7

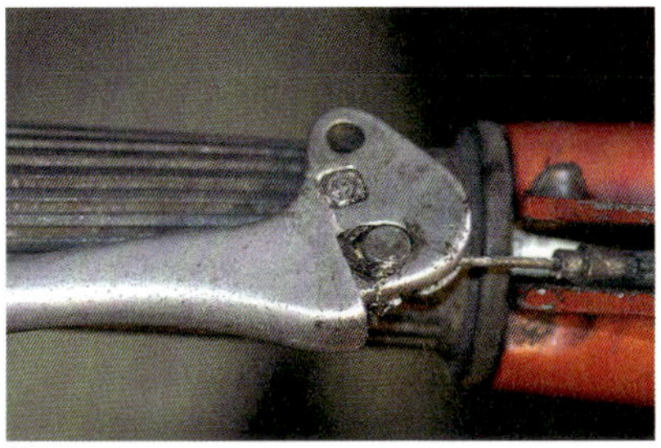
8

9

10

11

*7: Die Befestigung des Bremshebels ist gelokkert. **8:** Der Hebel wird ausgehängt, der Bowdenzug so weit wie möglich herausgestoßen. **9:** Kopf des Seilzugs mit dem abnehmbaren Nippel. **10:** Bremszug aus dem Schlitz im Gasgriff ziehen. **11:** Bremshebel, Nippel, Schraube mit Mutter, Gleitscheiben, eine davon gebrochen.*

das, wenn ein Helfer unten schiebt; der Zug paßt oben so einigermaßen in den Raum neben dem Anschlag. Der Nippel ist geschlitzt und läßt sich daher vom Bremszug abnehmen. Anschließend kann der **Zug von unten** komplett aus dem Fahrzeug gezogen werden. Praktisch ist es, das oberen Ende des Seilzugs mit einem Kabel oder Stahldraht zu verbinden; der Draht bleibt im Rohr und dient später dazu, den neuen Zug einzuziehen (s.a. Kasten und Text weiter unten).

Tachowelle ausbauen:

Von der Bremsankerplatte und vom Tachometer haben wir die **Tachowelle** bereits abgenommen. Sie kann bei inzwischen abgeklapptem Lenker einfach oben herausgezogen werden. Wenn das Lenkrohr nicht ausgebaut wird, ist es hilfreich, das untere Ende mit einem Draht zu verknüpfen, mit dem der neue Zug später eingezogen werden kann. Zudem haben wir die Bohrungen für Bremszug und Tachowelle am Lenkrohr beschriftet, damit später nichts verwechselt wird.

Gaszug abklemmen:

Wie der **Gaszug vom Vergaser** getrennt wird, wurde bereits eingangs ge-

12

13

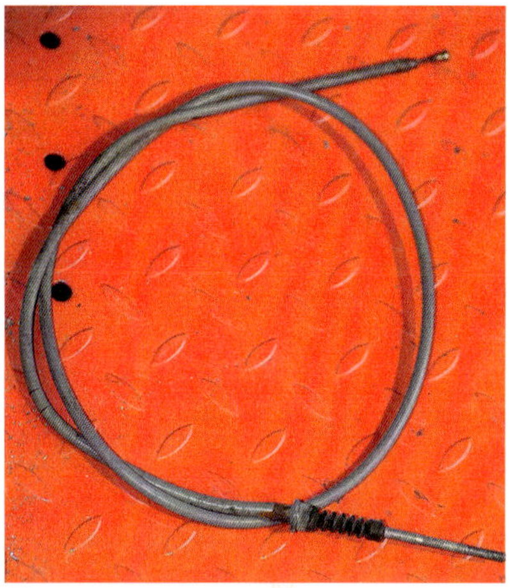
14

15

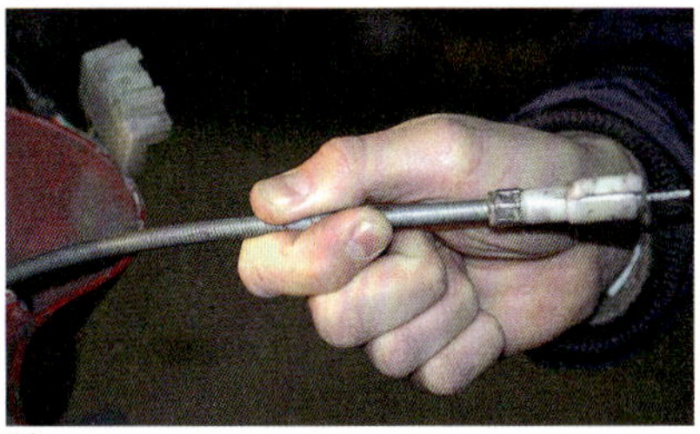
16

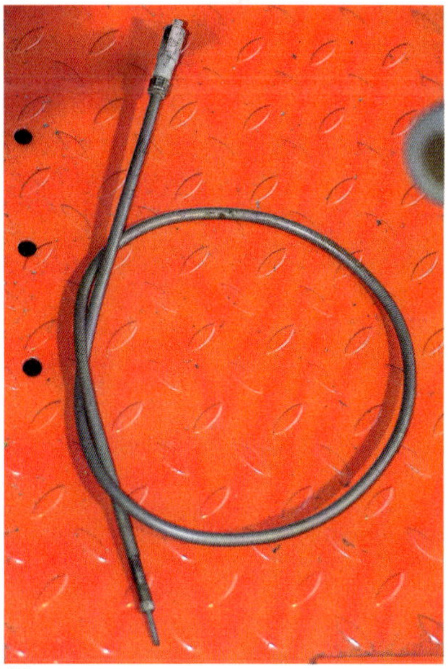
17

*12: Bremsseilzug und Tachowelle stehen frei heraus. **13:** Der Bremszug wird von unten herausgezogen. **14:** Der Zug ist noch brauchbar, wird aber ersetzt. **15:** Die Eintrittsöffnungen im Lenkrohr für Welle und Zug werden markiert **16:** Die Tachowelle wird nach oben herausgezogen. **17:** Auch die Tachowelle wird durch ein Neuteil ersetzt.*

18: Nippel des Gaszugs aus der Führungsrolle nehmen. 19: Federsicherung von der Rolle ziehen. 20: Führungsrolle und beide Scheiben (Pfeile) abziehen. 21: das leicht vergammelte Gasgriffelement. 22: Kunststoffbuchse der Gaszugführung. 23: Gaszugende (oben) und Chockezugende (unten) im Motorraum. 24: Die beiden Klammern der Chokezugbefestigung (Pfeile) unter der Sitzbank. 25: die Schleife des Chokezugs. 26: Lösen des Bolzenlagers des Kupplungshebels. 27: Beim Vorziehen des Hebels wird der fettverklebte Nippel des Kupplungsseilzugs sichtbar. 28: Zum Ausbau des Kupplungsseilzugs den Nippel abnehmen. 29: Schaltgriffelement leicht ausgezogen, Scheibe beachten (Pfeil).

18

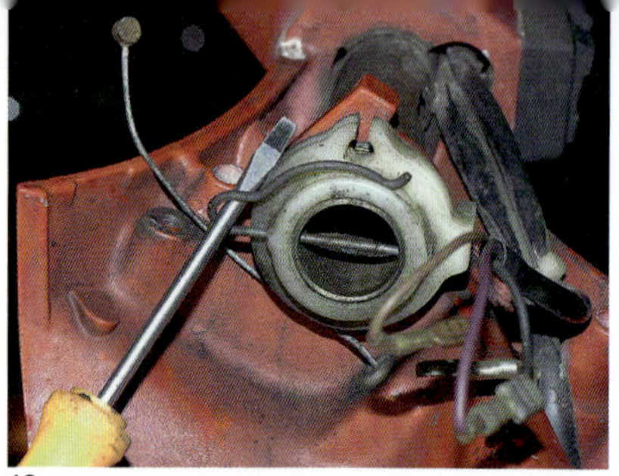
19

20

21

22

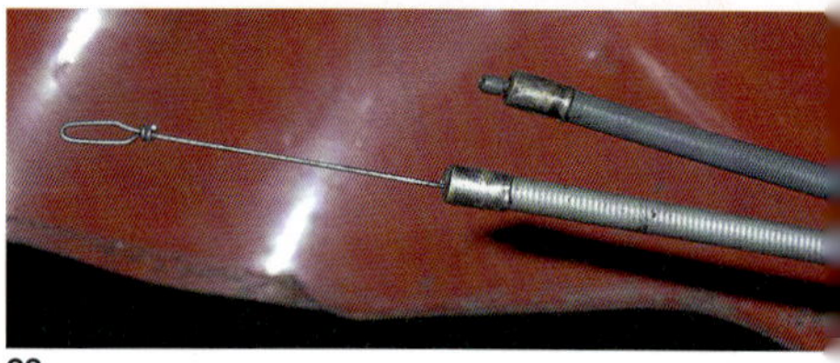
23

24

25

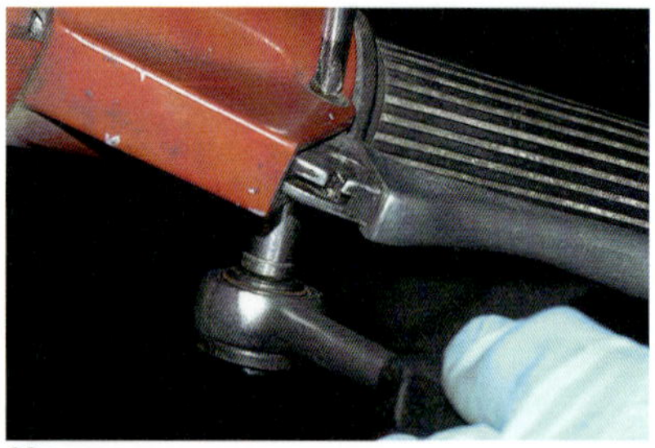
26

27

28

29

zeigt. Zur Erinnerung: Motorhaube abnehmen, Luftfilter ausbauen, Gaszug aushängen. Wir lassen den alten drin, erklären aber, wie's geht:

Das **obere Gaszugende** ist nur bei abgenommener Lenkerverkleidung zugänglich. Gasgriff ganz nach hinten drehen und vorderen Nippel mit einer Spitzzange aus der Drehgriffrolle aushängen. Wie der Gaszug komplett aus dem Fahrzeug genommen wird, zeigen wir weiter unten.

Gasgriff ausbauen:

Nach Aushängen des Gaszugs wird der Splint abgezogen, der die Drehgriffrolle sichert. **Führungsrolle** sowie **Unterlegscheibe** und **Federscheibe** abnehmen. Danach kann die Gasbetätigung, die aus einem **Rohr** und dem **Gummigriff** besteht, abgenommen werden. Das Rohr ist stark mit altem Fett verharzt, der Gasgriff wurde wohl noch nie gereinigt, ist aber weder rissig, noch spröde. Beide Teile werden gereinigt und optisch aufbereitet, s. unten.

Chokezug auswechseln:

Der Chokezug verläuft mit einer **Schleife** im Karosseriehohlraum von vorne zur Seite. **Voraussetzung** für den Ausbau: **Luftfilter** demontiert und Starterzug vom **Vergaser** abgehängt wie weiter vorn gezeigt. Nun unten die beiden **Klammern** lösen, die den **Starterzug** mit dem Starterknopf verbinden; die kleine Klammer hält den Außenzug fest, die große Klammer den Innenzug. Der Zug kann ohne weitere Hilfsmittel durch die Karosserie gezogen werden. Unser Chokezug ist wie neu und bleibt im Fahrzeug.

Kupplungsseilzug abklemmen, Kupplungshebel ausbauen:

Der Kupplungsseilzug ist oben genauso befestigt wie der Handbremszug. Damit er oben am Lenker ausgehängt werden kann, muß er allerdings zuerst unten vom **Ausrückhebel** getrennt werden, was wir bereits im Rahmen des Motorausbaus getan haben.

Den **Kupplungshebel** abnehmen. Er ist wie der Handbremshebel mit einem Kreuzschlitzbolzen und einer selbstsichernden Mutter SW 8 befestigt. Beim Herausziehen des Bolzens auch hier auf die **Gleitscheiben** beiderseits des Hebelauges achten. Hebel vorziehen und Seilzug aushängen. Der geschlitzte **Nippel** ist nur lose aufgesteckt, er kann leicht in den Lenkrohrschacht fallen.

Werkzeug, Material Demontage Lenker, Hebel, Bowdenzüge

Stecknuß SW 13
mit Verlängerung
Gummihammer
Stecknuß SW 8, SW 10
Gabel-/Ringschlüssel SW 8, SW 10
Schraubendreher
Spitzzange

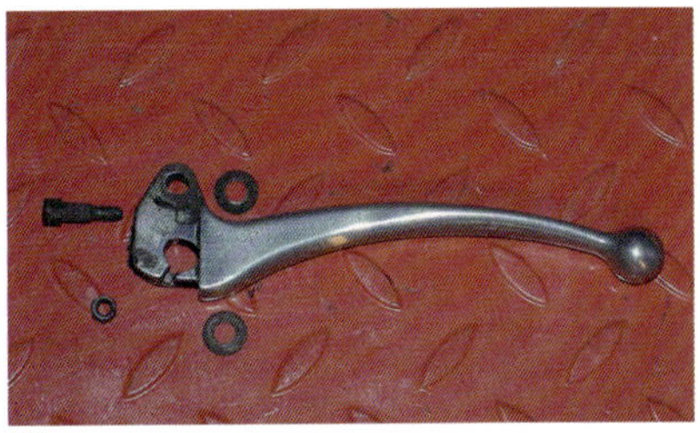

30

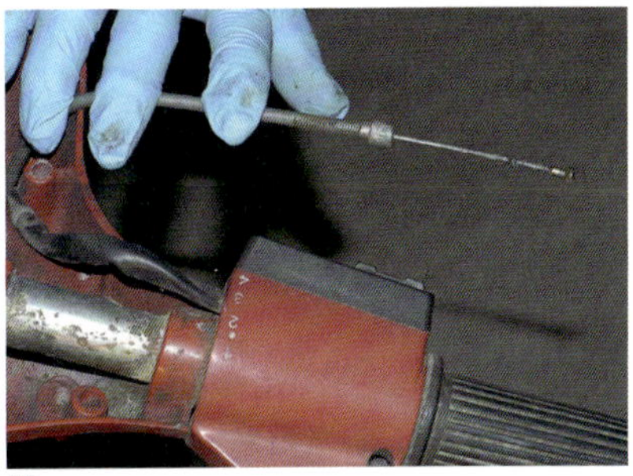

32

33

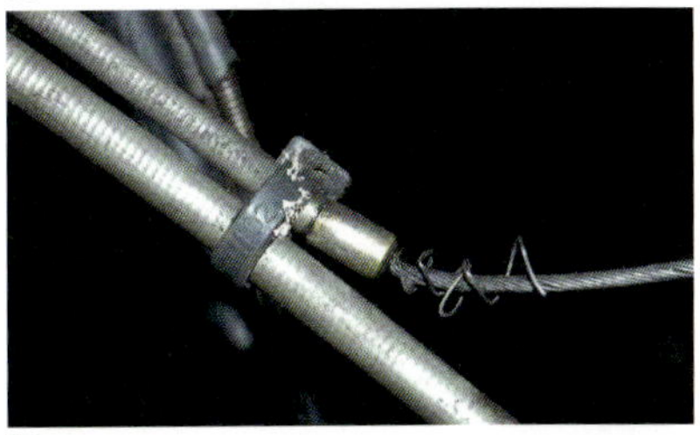

34

35

Seilzug vom Lenkerstummel abziehen und ganz ausbauen; die **Hülle** ist im Motorbereich angeschabt, beim Innenzug sind einzelne Drähte gerissen.

Wie der Kupplungszug komplett aus dem Roller genommen und ausgewechselt wird, zeigen wir weiter unten.

Schaltzüge abklemmen:

Die Schaltzüge sollten nach aller Erfahrung nur ausgebaut werden, wenn sie Schäden zeigen. Die Schaltung muß nämlich komplett neu eingestellt werden, wenn die Züge demontiert worden sind. **Voraussetzung** ist wieder: Tachowelle gelöst, obere Lenkerverkleidung abgenommen wie beschrieben. Jetzt ist der Schaltdrehgriff mit der Rolle für die Seilzüge zugänglich.

Zum Aushängen der vorderen **Schaltzugnippel** den 4. Ganz einlegen und die Einsteller unten am Schaltsegment ganz eindrehen. Damit wird Spannung rausgenommen. Jetzt die beiden Nippel mit einer Spitzzange aushängen. Wie die beiden Schaltzüge komplett aus dem Fahrzeug genommen und ausgewechselt werden, zeigen wir weiter unten.

Schaltdrehgriff ausbauen:

Voraussetzung: Abnahme von Lenkerverkleidung, Kupplungshebel und -zug sowie Schaltseilzügen. **Ringfeder** abhebeln, **Führungsrolle** zusammen mit **Feder- und Unterlegscheibe** abziehen.

Der **Schalt-Drehgriff** läßt sich ausbauen oder zumindest herausziehen, wenn der Stecker des **Kabelstrangs,** der zum linken Schalter für die Binkerbetätigung führt, vorn am Klemmbrett abgezogen wird. Im Schalter sind die Kabel verlötet. Beim Herausziehen des Schaltgriffs achten wir auf die (vergammelte) innere **Unterlegscheibe,** die sorgfältig gereinigt wird. Am Rohrstück klebt verharztes Fett, und da, wo es sich dreht, sind Korrosion und Riefen zu sehen.

Bremspedalbock abschrauben:

Im Rahmen des Motorausbaus haben wir bereits mit einem Schlüssel SW 13 die Klemmschraube gelöst, die den Seilzug am **Bremsgelenk** festhält; danach wurde der Seilzug aus dem Einsteller gezogen. Damit der Seilzug vorne ausgehängt werden kann, muß zuerst der **Bremspedalbock** abgeschraubt werden. Er ist rechts mit zwei durchgehenden Schrauben SW 10 nebst Muttern SW 10 und links mit einer nur von unten zugänglichen Schraube SW 10 befestigt. Federringe und Unterlegscheiben mit abnehmen, Pedalbock nach unten drücken und so weit vorziehen, bis die Rundöse des **Innenseilzugs** zu sehen ist.

__30:__ Elemente der Kupplungsbetätigung; Bolzen, Mutter, zwei Gleitscheiben, Hebel. __31:__ Zum Ausbau des Schaltgriffs den Blinkerstecker aus dem Verteiler an der Front abziehen und Griff nach außen ziehen. Auf die Gleitscheibe am Armaturenträger achten. Das Rohr ist stark verschmutzt. __32:__ Kupplungszug aus der Lenkerarmatur gezogen. __33:__ Austritt von Kupplungs- und Bremsseilzug im Radhaus. __34:__ Der Innenzug des Kupplungszugs (oben) ist teilweise gerissen. __35:__ Die Außenhülle des Kupplungszugs ist aufgescheuert.

31

Die **Öse** wird von einem versplinteten Bolzen gehalten. Den Ausbau des Seilzugs und die vollständige Abnahme des teilweise noch verschmutzten Bremspedalbocks zeigen wir weiter unten in allen Einzelheiten. Hier nur einige Stichworte: **Bolzen entsplinten** und vom Bock abnehmen; Seilzug von vorn aus der Tülle ziehen, dann dessen Hülle von hinten abnehmen. Kabel vom Bremslichtschalter abziehen, Pedalbock abnehmen.

__36:__ Die Hüllen beider Schaltzüge sind beschädigt, die äußere Schutzhülle ist völlig kaputt.
__37:__ Blick von unten auf die abgenommene Schaltvorrichtung und die Einstellschrauben (Pfeile); die Außenzüge sind bereits zurückgeschoben.
__38:__ Schaltinnenzug und Nippel in der Draufsicht.

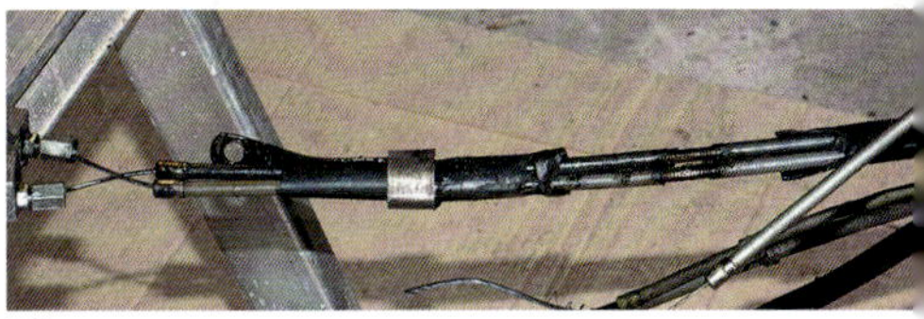

36

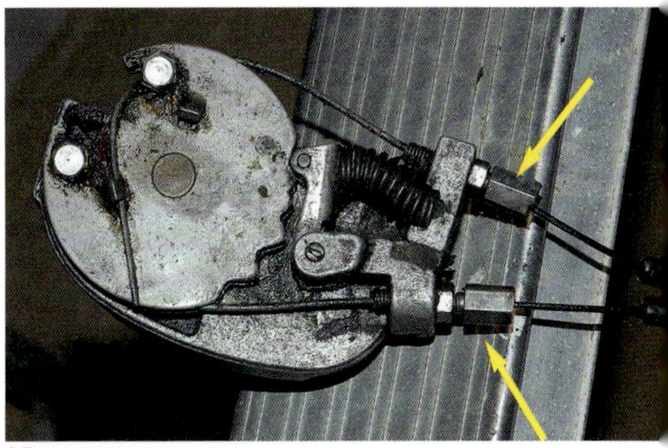

37

38

38

43

44

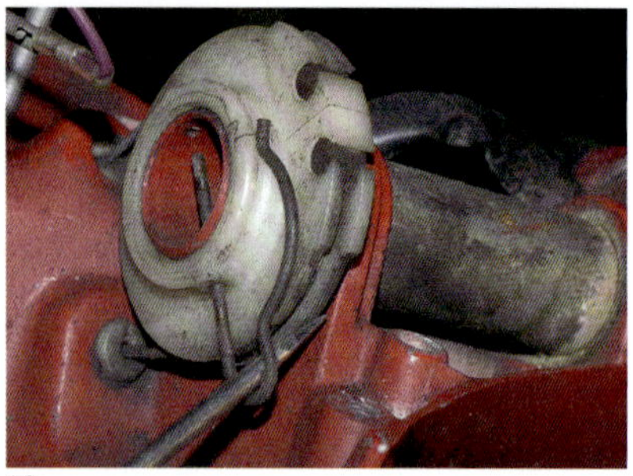

39

45

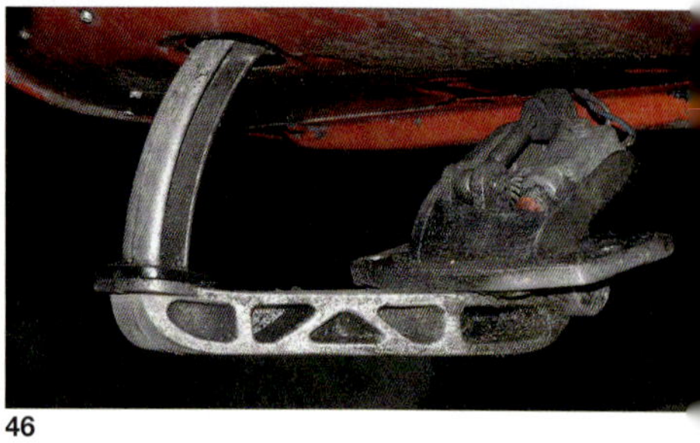

46

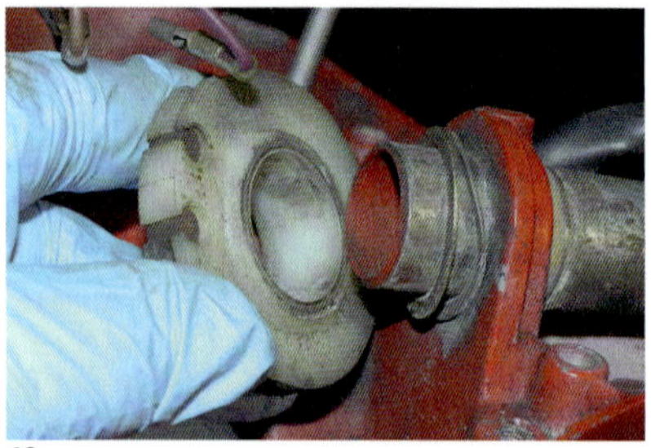

40

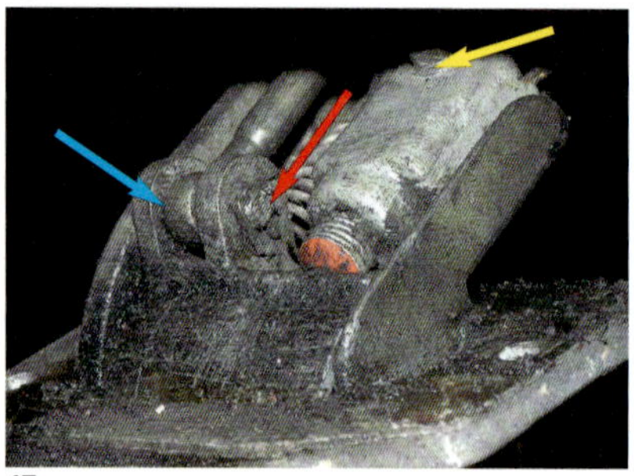

47

__43:__ Der Pedalgummi ist gerissen. Links die beiden Schrauben des Pedalbocks. __44:__ Der Bremspedalbock ist unten mit zwei Muttern SW 10 (links) und einer Schraube SW 10 befestigt. __45:__ Eine Schraube SW 10 mit Scheibe, Federring und Mutter SW 10 ist bereits ausgedreht; rechts die zweite. __46:__ Der völlig ölverdreckte Pedalbock läßt sich nach unten absenken. __47:__ Das Bremsseil endet in einer Öse (blauer Pfeil), die mit einem versplinteten Bolzen (roter Pfeil) arretiert ist. Rechts der Bremslichtschalter; er ist mit einer Schraube SW 8 am Pedalbock befestigt (gelber Pfeil). Alle Einzelheiten zur Demontage weiter unten im Buch.

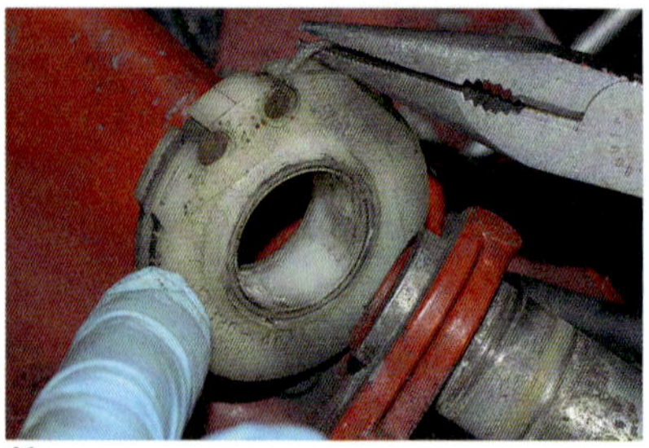

41

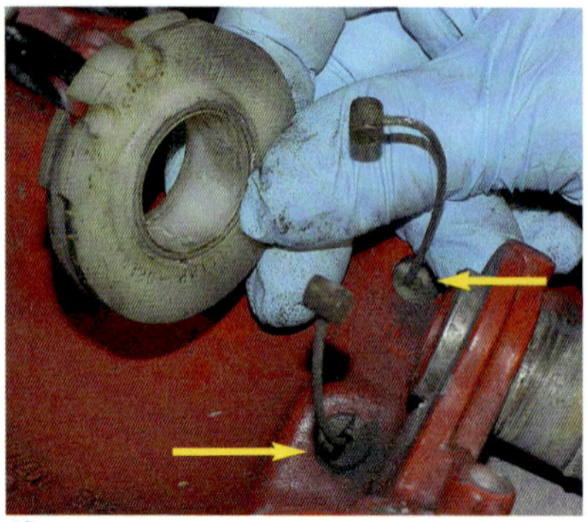

42

__38:__ Führungsrolle der Seilzugbetätigung für die Schaltung von hinten gesehen. __39:__ Blick auf die Führungsrolle der beiden Schaltzüge; die Federsicherung wird ausgehebelt. __40:__ Die Führungsrolle kann zusammen mit den beiden Nippelenden der Züge abgezogen werden. __41:__ Die beiden Nippel werden mit der Spitzzange ausgehängt. __42:__ Führungsrolle und ausgehängte Schaltzüge. Die Pfeile weisen auf die Führungsbuchsen aus Plastik hin.

Festgestellte Mängel Lenker, Seilzüge

Lenker
Befestigung: Bolzenkopf korrodiert, Werkzeugspuren

Vorderrad-Bremszug
Außenhülle: unten leicht beschädigt

Bremshebel
Befestigung: Gleitscheibe am Griff gebrochen
Anlenkung Seilzug: Öse ausgeschlagen

Tachowelle
Außenhülle: unten leicht beschädigt
Halterung Welle: Schraube M6, Scheibe und Fixierplättchen fehlen
Befestigung am Tacho: fehlende Zunge am Plastikclip

Gasgriff
Rohr, Griff: fettverkrustet, Griff verdreckt; Gaszug-Außenhülle beschädigt

Gaszug
Hülle: unten mit Scheuerstellen

Schaltdrehgriff, Schaltzüge
Drehgriff: Riefen, Korrosion, verharztes Fett
Hüllen: Bowdenzüge außen beschädigt, Führungsrohr kaputt

Hinterrad-Bremszug, Pedal
Innenzug: hinten stark verbogen; **Pedalgummi** verschlissen

Kupplungszug
Hülle, Innenzug: Schäden an Hülle, Drähte gerissen

Kupplungsgriff
Anlenkung Seilzug: Öse ausgeschlagen

Chokezug
Hülle: Scheuerstellen, Tülle fehlt

Bedienung, Beleuchtung: Aufarbeitung, Montage

Lenker, Rückspiegel: Aufarbeitung

Lenker aufarbeiten:

Beim Lenker der Vespa handelt es sich um ein **verwinkeltes Gußteil** mit zahlreichen Bohrungen und Widerlagern, das nicht leicht in Schuß zu bringen ist. In jedem Fall muß der Lenker hochgezogen und abgeklappt oder ganz ausgebaut sein (s. Kasten auf der folgenden Seite). Der Lenker unserer PX zeigte vor allem im Bereich der Drehgrifflager **starke Fettablagerungen,** die mit Waschbenzin beseitigt wurden.

Nach gründlicher Reinigung auch der schwer zugänglichen Stellen traten Fehler in der **Lackierung** zutage, die aber nur dann beseitigt wurden, wenn es sich um nachträgliche Kratzer an der Oberseite und den Drehgriffsockeln handelte. Sprühnebelbereiche ab Werk wurden nicht überlackiert. Die **Farbe** war nach genauem Abgleich des Rottons eigens für uns gemischt und in eine Sprühdose gefüllt worden (nähere Angaben dazu s. weiter hinten im nächsten Karosserie-Kapitel).

Auch die beiden **Drehgriffe** wurden sorgfältig gereinigt, wobei an den beanspruchten Stellen auch eine Drahtbürste verwendet wurde. Den **Gasgriff** hatten wir ganz ausgebaut, den **Schaltgriff** nach Abziehen des Kabelsteckers herausgezogen und abgeklappt, so daß das Metallrohr frei zugänglich war. Die noch gut erhaltenen **Griffgummis** wurden mit Bürste und Spülmittel gesäubert und nach dem Trocknen mit dem Gummipflegemittel von Autoglym behandelt. Auch die Kleinteile wurden aufpoliert: die

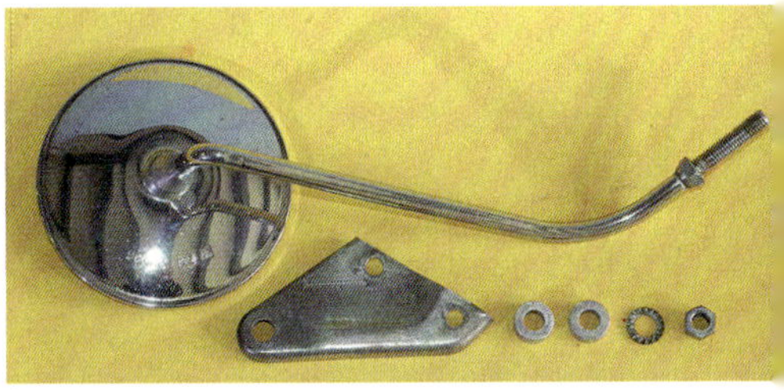

1

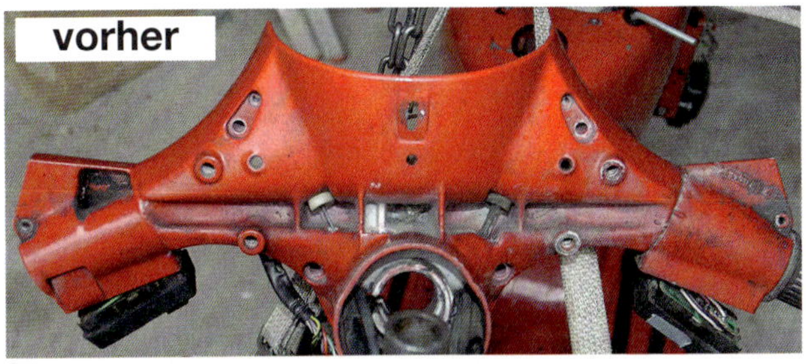

2

3

4

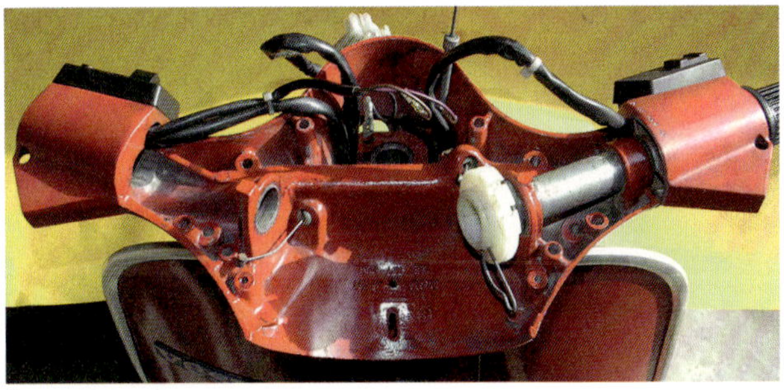

5

6

7

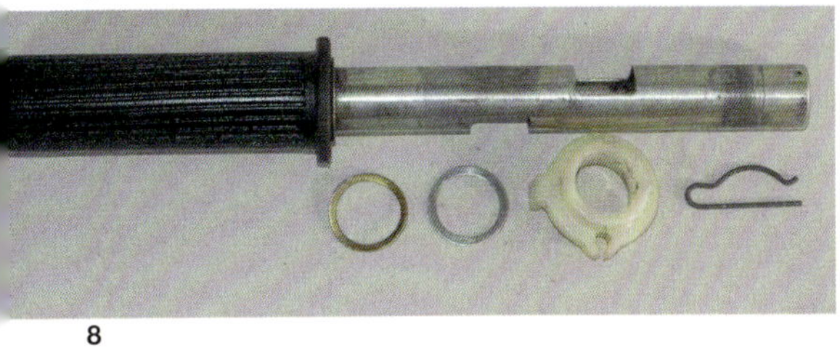

8

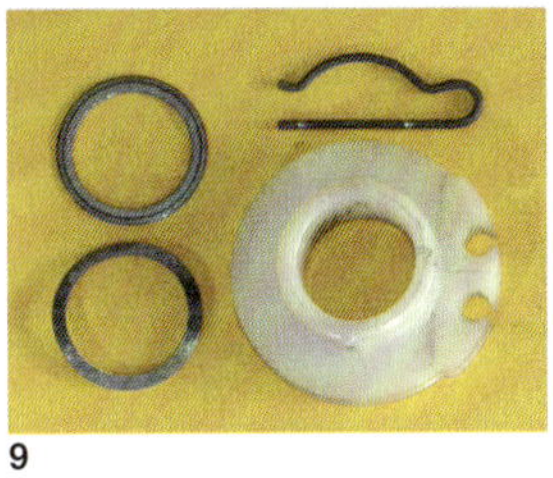

9

__1:__ Rückspiegel und Befestigungsteile sehen nach dem Aufpolieren wieder sehr gut aus. __2, 3:__ Die Unterseite des Lenkers vor und nach der Aufbereitung. __4, 5:__ Die Oberseite des Lenkers vor und nach der Aufbereitung. __6:__ So vergammelt war der Schaltgriff. __7:__ Nach Entfettung und Reinigung ergibt sich ein völlig anderes Bild. __8:__ Gasgriff und Kleinteile nach der Aufbereitung. Auch der Gummigriff wurde behandelt. __9:__ Die gesäuberten Kleinteile der Schaltung mit der Drehscheibe für die Schallzüge.

Seilzugdrehscheiben aus weißem Plastik, die Metallscheiben und Klammern. Den Einbau des Lenkers zeigen wir erst, wenn bestimnmte Seilzüge ausgewechselt wurden, denn der Lenker muß bis dahin angehoben bleiben.

Der Chrom des **Rückspiegels** bedurfte lediglich einer Auffrischung mit dem Hausmittel Herdblank und einer nachfolgenden, schützenden Politur. Die Befestigungsteile wurden gereinigt.

Lenker und Kabelverlauf bei der PX: Worauf es im Detail ankommt

Bei den **Schaltern** der klassischen PX ab Modelljahr 1984 wird nicht gelötet. Ist ein Schalter defekt, wird er komplett mit seinem **Kabelstrang** gewechselt, der von der Steckkontaktleiste hinter der Frontkaskade kommt und durch das Lenkrohr nach oben geführt wird. Der **linke Schalter** (Blinkerschalter) hat einen sechspoligen Stecker. Der **rechte Schalter** für Hupe und Lichtfunktionen hat einen Stecker mit fünf Kontakten sowie zwei einzelne zusätzliche Kabel in unterschiedlichen Farben. Weiterhin gehen von diesem Schalter die drei Kabel für den Scheinwerfer ab. Bei den älteren Vespa-Modellen, zum Beispiel Rally oder Sprint, ist das anders: Da kann der einzelne Schalter nach Lösen der Kontaktverschraubungen für die einzelnen Kabel herausgenommen und ersetzt werden.

Alle Modelle ab Modelljahr 1984 sind Lusso- bzw. Arcobaleno-Modelle. Sie haben den **neuen Kabelbaum,** der hinter der Kaskade endet und in einer großen **Steckkontaktleiste** mündet. Die Steckkontakte haben allesamt eine andere Form, d.h. man kann nichts falsch einstecken. Bei dem in diesem Buch behandelten Restaurierungobjekt fehlt der Steckkontakt für den E-Starter. Wenn man z.B. den Blinkerschalter ersetzten möchte, wird der Steckkontakt aus der Leiste herausgezogen und von unten nach oben durch den Lenker hindurchgefädelt. Das erfordert etwas Geduld, geht aber.

Auf den Bildern ist zu sehen, wie die Kabel aussehen, aber auch, wie sie **richtig im Lenkerunterteil verlegt** sind. Das ist wichtig, damit es später beim Betrieb zu keinen Kabelbrüchen bzw. Schäden am Kabel kommen kann, was sonst schon nach wenigen hundert Kilometern erfolgen kann.

Text und Fotos: Werner Lechner

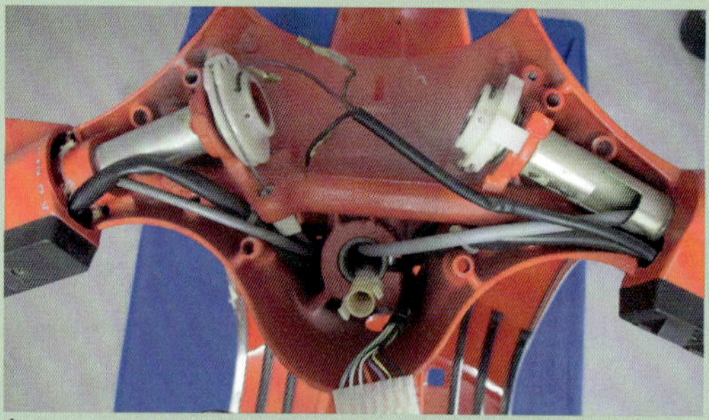
1

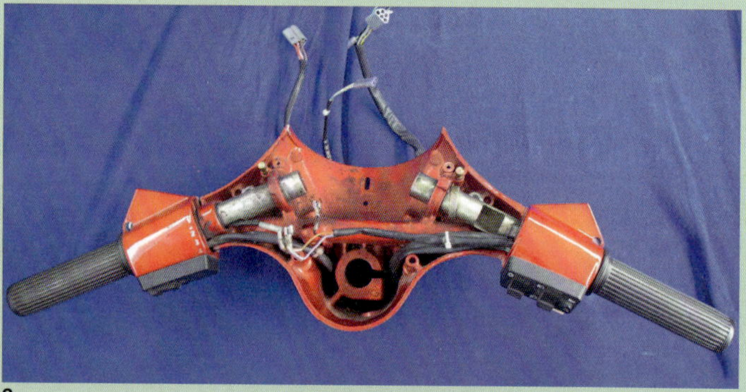
2

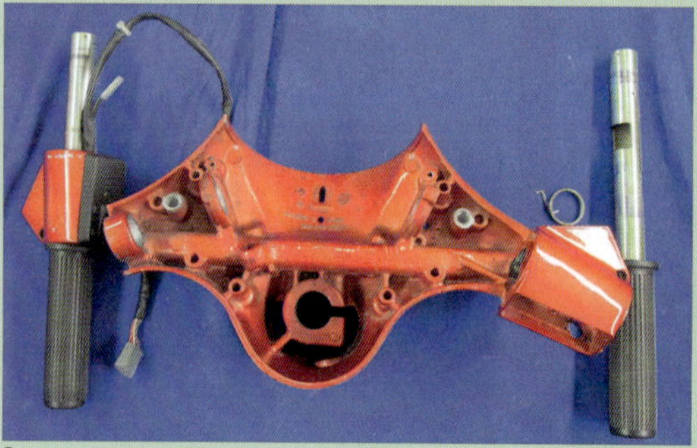
3

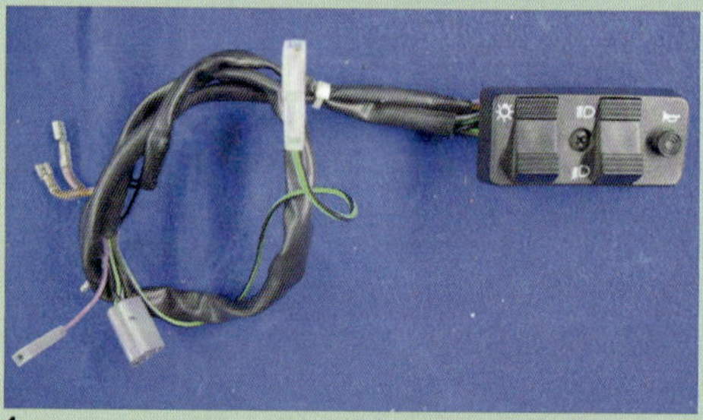
4

__1:__ Verlauf der Kabel und Seilzüge bei der PX. __2:__ Lenkereinheit komplett ausgebaut mit Teilkabelsträngen. __3:__ Lenkermodul und Griffeinheiten getrennt. __4:__ Lichtschalter mit Kabelsträngen und dem Knopf für die Hupe.

Werkzeug, Produkte Aufbereitung Lenker, Drehgriffe, Spiegel

Drahtbürste, Nylonbürste
Spülmittel, Waschbenzin
Lack rot
Gummipflege Autoglym
Herdblank, Politur

__10:__ Haubenverriegelung mit neuen Gummis und Ringen. __11:__ die fabrikneue Tunnelabdeckung.

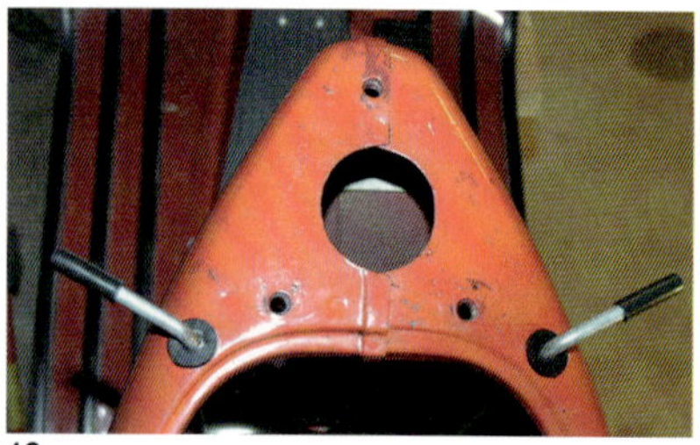
10

11

Seilzüge: Auswechseln der alten Züge gegen Neuteile

Bowdenzüge wechseln allgemein:

Ausgangssituation für alle Züge, die vom Lenker nach hinten führen: obere Lenkerverkleidung sowie Tank und Sitzbank ausgebaut, Lenker nach hinten geklappt. Wie bei allen **PX-Modellen** laufen auch bei unserer PX 200 E die Züge für Kupplung, Schaltung und Gas vom Lenker über den Mitteltunnel in den **Hohlraum unter der Sitzbank;** von dort werden sie durch spezifische Öffnungen zu den einzelnen Aggregaten geführt. Der **Hinterradbremszug** läuft vom Pedal durch den Tunnel nach hinten.

Es gibt verschiedene Methoden, um die Züge durch den Rahmentunnel zu manövrieren. Auf keinen Fall den alten Zug voreilig aus dem Tunnel ziehen, ohne **Maßnahmen zum Einfädeln** des neuen Zuges getroffen zu haben. Die **Arbeitsweise** ist bei den einzelnen Zügen **unterschiedlich** und wird unten separat beschrieben.

Bei allen Bowdenzügen mit nur **einem Nippel** zuerst den alten Innenzug herausziehen, dann die alte mit der neuen Hülle verknüpfen, neue Hülle einziehen, zuletzt neuen Innenzug fetten und durchschieben. Beim Gaszug ist es etwas komplizierter. Bei allen Zügen mußt man **zu zweit** arbeiten. Es empfiehlt sich zudem, die Arbeiten bei **hochgezogenem Lenker** vorzunehmen. sonst kommt man an Enden und Buchsen nicht heran.

Nicht sicher genug ist uns die von manchen Spezialisten empfohlene Methode, bei der alte und neue Hülle mit einer kleinen Blechschraube verbunden und durchgezogen werden (Kopf der Schraube absägen und das Ende mittels Zange in das obere Ende der alten Hülle drehen; dann die neue Hülle auf das andere Ende der Schraube drehen). Wenn die Hüllen sich unterwegs trennen, gibt's Probleme.

Gaszug auswechseln:

Der Gas-Bowdenzug muß **komplett mit dem Innenzug** gewechselt werden, denn er ist vorn und hinten mit festgelöteten Nippeln versehen. Es ist nicht sinnvoll, den hinteren Nippel abzuknipsen und später wieder anzulöten – viel zu aufwendig. Es gibt zwar Seilzug-Meterware und Lötnippel im Oldtimer-Handel, aber darauf sollte man nur zurückgreifen, wenn Komplettzüge nicht mehr lieferbar sind.

Vor dem **Ziehen durch den Mitteltunnel** die **Kunststoffbuchse** am Lenker abnehmen; sie wird von unten aus ihrem Sitz gezogen. Außerdem die **Gummitülle** hinten an der Karosserie abnehmen. Den neuen Gaszug von beiden Seiten mit **Kriechöl** schmieren (s. Foto).

Nun den alten Gaszug mit dem neuen am hinteren Ende **verknüpfen,** und zwar so, daß sich die Züge beim Ziehen nicht trennen können. Den hinteren Nippel des alten und den vorderen des neuen Zugs jeweils etwa vier Zentimeter weit aus der jeweilligen Hülle vorziehen. Dann einen dünnen **Bindedraht** so um Nippel und Innenzüge schlingen, daß sich eine **feste Verbindung** ergibt (s. Foto). Durch kurzes, ruckartiges Ziehen testen, ob das Ganze hält.

Buchse am Lenker abziehen. Während nun die erste Person vorne zieht, schiebt die Helferin/der Helfer hinten nach. Und es geht reibungslos. Im Handumdrehen erscheint das vordere Ende des neuen Zugs oben am Lenker. Bindedraht lösen, den neuen Innenzug seitlich in die Buchse einführen, die Außenhülle in die Buchse und zusammen mit dieser von unten in den Lenker stecken. Anschluß an den Gasgriff s. Kapitel „Endmontage".

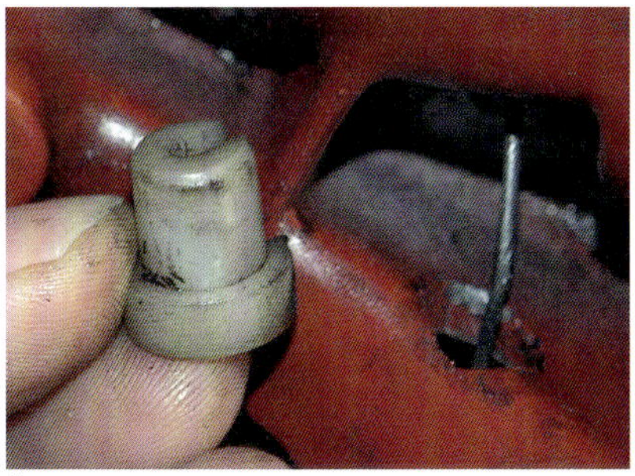
1

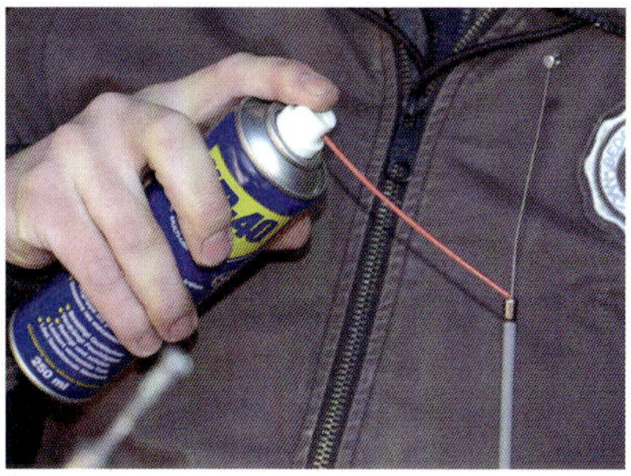

2

3

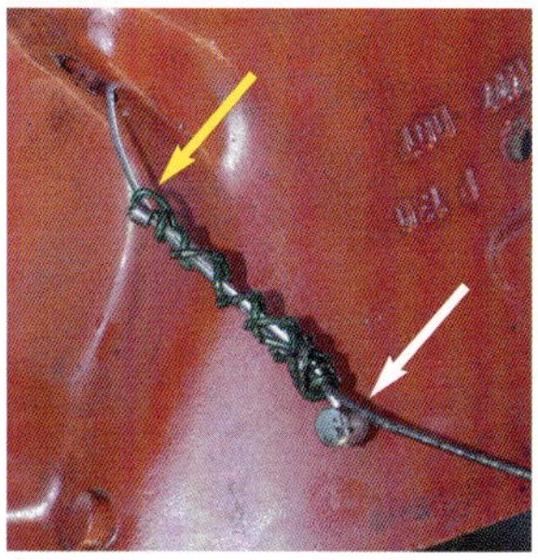
4

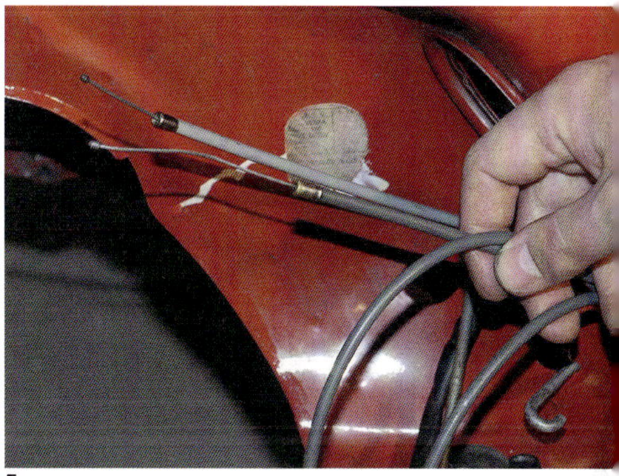
5

__1:__ Zum Auswechseln des Gaszugs muß zuerst die Plastikbuchse von unten aus dem Lenker gezogen werden. __2:__ Da Seele und Hülle des Gaszugs sich nicht trennen lassen, muß der neue Zug zuerst von oben und unten mit Kriechöl geschmiert werden. __3:__ Mit Bindedraht werden die beiden Innenzüge fest miteinander verbunden. __4:__ neuer (weißer Pfeil) und alter Gaszug (gelber Pfeil) bei der „Ankunft" oben am Lenker. __5, 6:__ zwei bereits ausgebaute (oben Gas- und Kupplungszug) sowie fünf neue Züge (unten) – je zwei Schalt- und Bremszüge, Tachowelle.

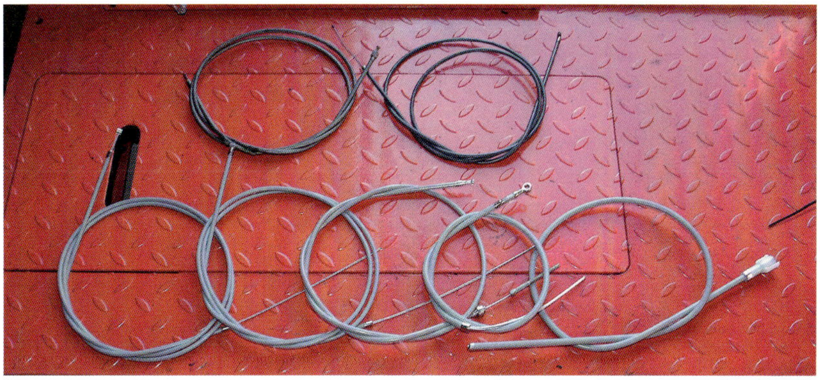
6

Kupplungszug auswechseln:

Der Kupplungszug ist leicht auszuwechseln; der neue Zug wird **von hinten** eingezogen. Zuerst ziehen wir den alten Zug unten aus dem angehobenen Lenker hervor. Dann glätten wir den beschädigten Bereich am unteren Ende und ziehen den alten Innenzug von vorn aus der Hülle.

Von einer **Bindedrahtrolle** (Ø 1,5 mm) knipsen wir ein 2,50 m langes Stück ab und schieben es von oben bis auf einen Rest von ca. 40 cm durch die alte Hülle. Aus dem neuen Zug wird ebenfalls die Seele gezogen. Dann wird die neue Hülle von vorn über das lange Drahtstück geschoben, bis ein kurzes Ende von ca. 5 cm übrigbleibt. Beide Hüllen haben nun einen **gemeinsamen Draht-Innenzug.**

Das obere Ende der neuen Hülle wird nun blockiert: Um eine kleine **Mutter M2,5** (SW 5,5) wird das kurze Drahtende geschlungen und mit dem Draht so verzwirbelt, daß nichts abrutschen kann. Anschließend kann die alte zusammen mit der neuen Hülle von hinten durch den Tunnel gezogen werden. Ein Helfer schiebt gleichzeitig von oben nach. Es klappt ganz prima und ohne Hängenbleiben. Zum Schluß werden alter Zug und Draht abgenommen.

Der neue Innenzug wird mit **Universalfett** geschmiert und von vorn durch die neue Hülle geschoben. Später kann dann der Nippel in das Gelenkstück am Kupplungshebel eingehängt werden.

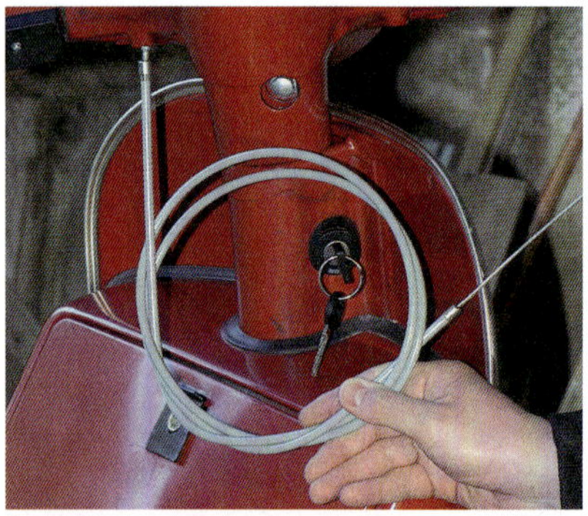
1

2

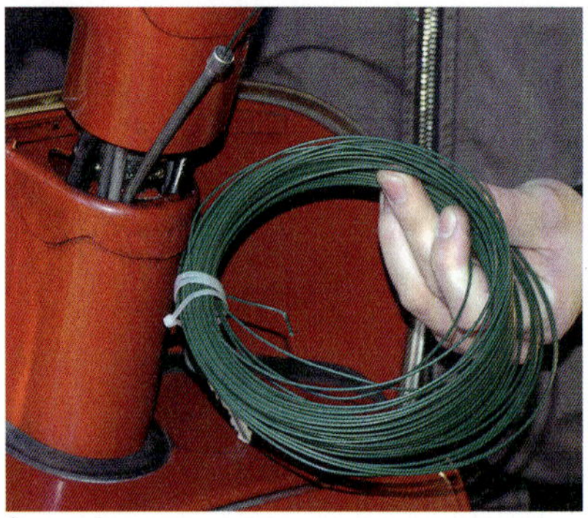
3

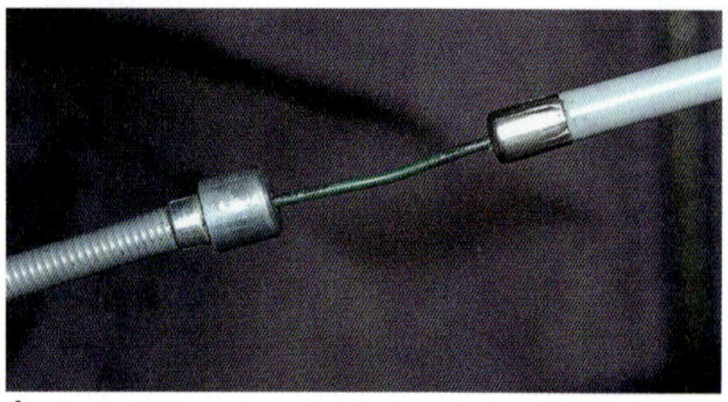
4

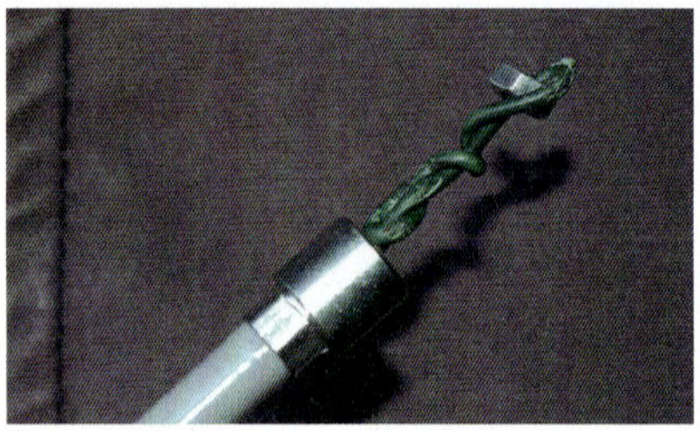
5

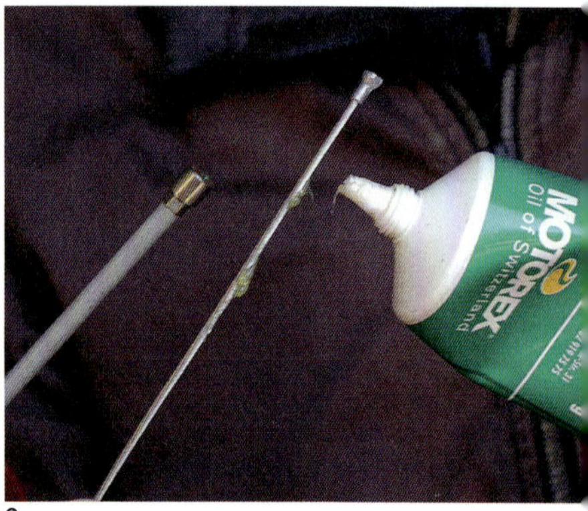

6

1: der neue Kupplungszug. 2: Der alte Zug wird unter dem Lenker hervorgezogen; oben schaut der Nippel des Innenzugs heraus. 3: Nach Herausziehen des alten Innenzugs wird von oben ein 2,5 m langes Stück Bindedraht durchgeschoben. 4: Die neue Hülle wird auf den Bindedraht geschoben. 5: So wird eine kleine Mutter mit dem Bindedraht verknüpft; der neue Kupplungszug wird von hinten eingezogen. 6: Vor dem Einfädeln des neuen Innenzugs wird dieser gefettet.

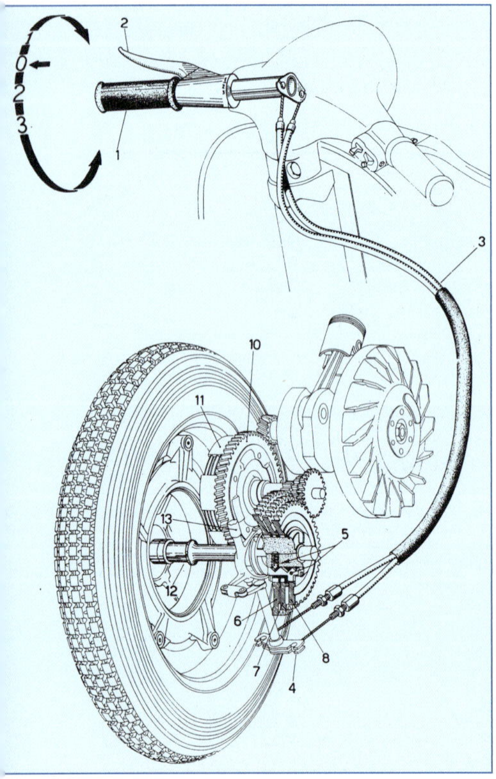

7

Zeichnung: Bedienungsanleitung Vespa 50, Piaggio & C.-S.p.A.

7: Schaltung und Getriebe der Vespa 50 als Beispiel: 1 = Schaltdrehgriff, 2 = Kupplungshebel, 3 = Schaltzüge, 4 = Schalthebel, 5 = Schaltmechanismus, 6, 7, 8 = Zahnräder 1., 2., 3. Gang, 9 = Vorgelegewelle, 10 = Primärantrieb, 11 = Kupplung, 12 = Antriebswelle, 13 = Schaltgabel.

Werkzeug, Produkte Seilzüge auswechseln Lenker komplettieren

- Gabelschlüssel SW 7, SW 8, SW 10
- Steckschlüssel SW 10
- Schlagstift 2 mm
- Hammer
- Schraubendreher 8 mm Ø
- Kneifzange, Spitzzange
- Stecknuß SW 13 mit Verlängerung
- Drahtbürste
- Kriechöl WD-40
- Universalfett
- Nitroverdünnung
- Bindedraht 1,5 mm Ø
- Bindedraht 2,0 mm Ø
- Muttern M2,5 SW 5,5

Beide Schaltzüge auswechseln:

Das Auswechseln der Schaltzüge gehört zu den schwierigeren Übungen, zumal **beide Züge zusammen** ausgetauscht werden müssen. Bei unserer Vespa sind die Außenhüllen im hinteren Bereich stark beschädigt, das Schutzrohr ist ausgehärtet und kaputt.

Hilfreich ist es, die Züge und ihre Lagerung vorne wie hinten **farbig zu markieren,** rot und blau wie auf den Fotos gezeigt. Dadurch wird eine Verwechslung mit lästigen Folgen ausgeschlossen. Auch die neuen Züge werden entsprechend markiert, wobei beide 1,90 m langen Neuteile identisch sind und die gleiche Ersatzteil-Nummer tragen.

Bei hochgezogenem Lenker werden zunächst die beiden weißen **Kunststoff-Führungen** ausgebaut, indem sie von vorne mit einem Hammer und einem 2 mm starken Schlagstift nach hinten getrieben werden. Die obere Führung ist anders geformt und größer als die untere.

Wer versuchen sollte, die Züge einzeln auszuwechseln, indem er sie von hinten herauszieht, wird scheitern. Denn oben am Lenker und zwar ca. 17 cm unterhalb der Hüllenenden sind die beiden Züge durch eine **Aluminiumklammer** miteinander verbunden. Das verhindert den Einzelaustausch, denn es führt dazu, daß der zweite Schaltzug automatisch mitgenommen wird, wenn man am ersten zieht. Spätestens unten im Tunnel bleibt die Verklammerung dann hängen.

Also gehen wir den umgekehrten Weg, präparieren beide Züge gemeinsam für den Austausch. Dazu müssen zuerst die beiden **Schraubnippel** unten am Schaltsegment gelöst werden (kleine Schraube mit Schlüssel SW 7, Nippel gegenhalten mit SW 8). Die Enden der Innenzüge werden geglättet und aus den beiden **Einstellern** gezogen.

Dann wenden wir die gleiche Methode an wie beim Kupplungszug, diesmal im Doppelpack, wobei hier aber **von vorne gezogen** wird. Zuerst werden die beiden **alten Innenzüge** von vorne **aus den Hüllen gezogen.** Dann schneiden wir zwei 4,00 m lange **Bindedraht-Stücke** zurecht (Ø 1,5 mm) und führen diese von vorne in die leeren Althüllen ein, bis sie nur noch um ca. 50 cm herausragen. Dann werden die **Innenzüge der neuen Bowdenzüge** herausgezogen. Die **neuen Hüllen** schieben wir von hinten über die beiden Drähte. Die kurzen Drahtenden werden durch kleine **Muttern M2,5** (SW 5,5) geschoben und auf ca.

Neuteile Seilzüge

Gaszug
Kupplungszug
2 Schaltzüge
Hinterrad-Bremszug
Trittgummi Pedal
Vorderrad-Bremszug
Tachowelle
Chokezug
Bougierohr 50 cm
Kabelbinder
Unterlegscheiben M6
Federringe M6, M8
Schrauben, Muttern M6

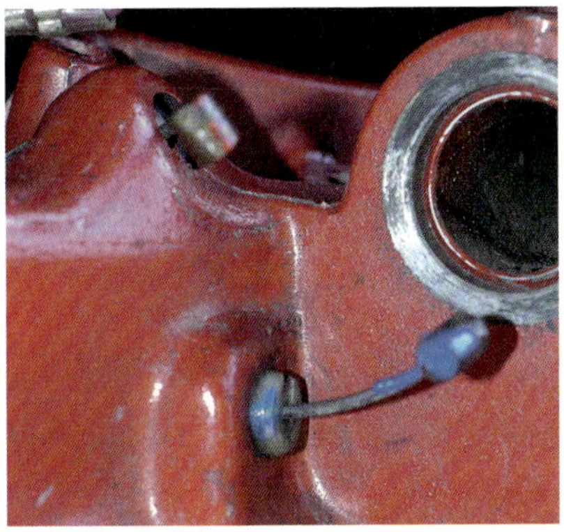
8

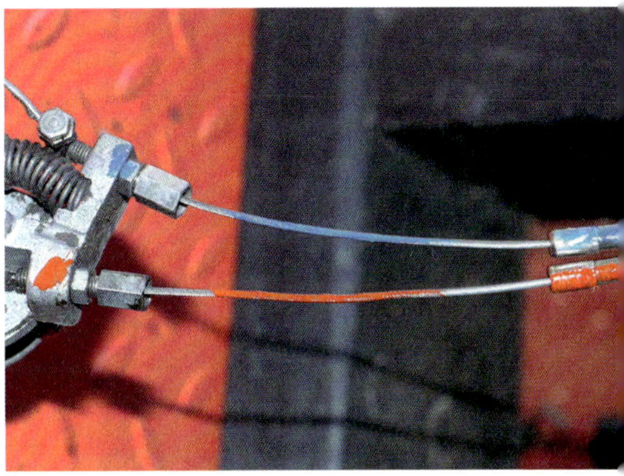
9

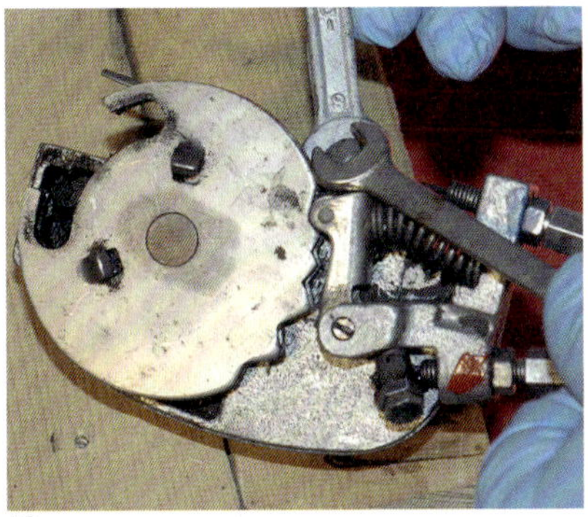
10

11

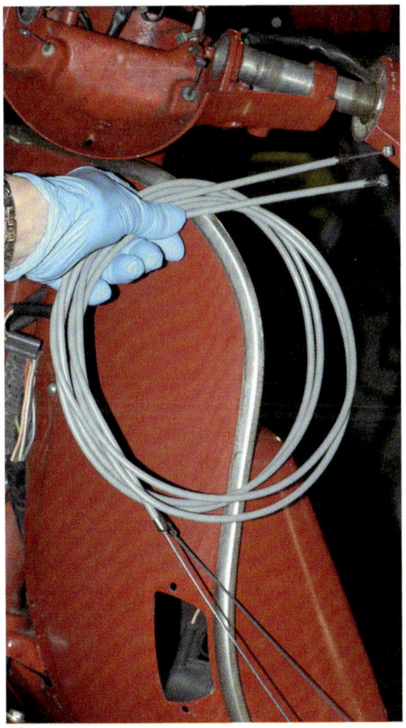
12

13

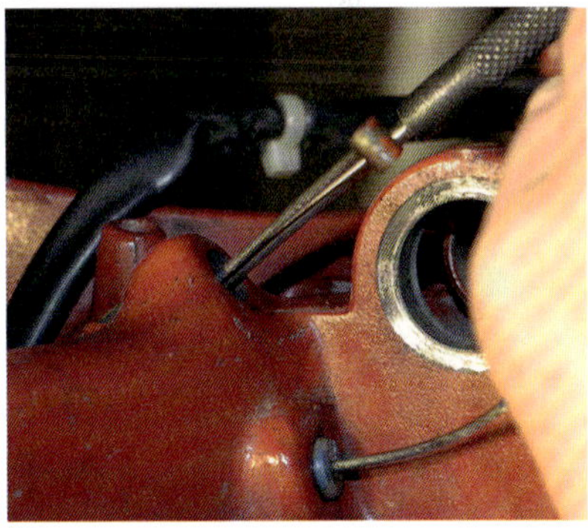
14

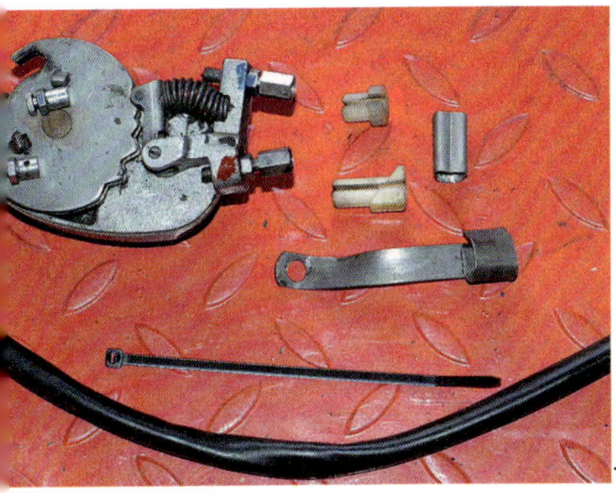
15

8, 9: Vor dem Ausbau werden die alten Schaltzüge vorne und hinten farbig markiert, damit später nichts verwechselt wird. 10: Die hinteren Nippel werden mit einem Gabelschlüssel SW 7 entsichert; die Nippel werden mit SW 8 gegengehalten. 11: Nippel ausgebaut, Innenzugenden frei. 12: Präsentation der beiden neuen Schaltzüge. 13: Zurückstoßen des unteren Führungsstücks mit einem 2-mm-Schlagstift. 14: Das größere Führungsstück oben wird ebenfalls zurückgesetzt. 15: Einzelteile der Schaltvorrichtung mit Aluklammer, Stiften, neuem Bougierohr.

3 cm umgebogen. Dann werden die Drahtenden wieder so verzwirbelt, daß nichts abrutschen kann. Anschließend können **die alten zusammen mit den neuen Hüllen von vorne** durch den Tunnel gezogen werden. Helferin oder Helfer schiebt gleichzeitig von hinten nach. Es geht besser als gedacht.

Wenn die neuen Hüllen oben ordentlich vorstehen, werden die alten Hüllen und die Drähte einfach abgezogen. Die **Aluklammer** gibt es nicht als Ersatzteil, muß also wiederverwendet werden. Dazu spannen wir die Doppelhülle in den Schraubstock und weiten die Klammer in der Mitte mit Schraubendrehern auf, bis sich die Hüllen herausziehen lassen.

Die **neuen Innenzüge** werden **gefettet** und von vorn mit den freien Enden in die Hüllen geschoben. Und dann wird's knifflig, und es kann – bei weit hochgezogenem Lenker – wieder nur zu zweit gearbeitet werden.

Zunächst muß die ausreichend aufgeweitete **Aluklammer** über die beiden Züge geschoben werden. Damit sie nicht in den Schacht fällt, befestigen wir sie vorübergehend mit etwas Draht. Dann müssen beide Züge so weit nach unten gedrückt werden, bis die **Nippel** durch die Bohrungen im Lenker passen und ein Stück hervorschauen. Zwischen Nippel und Hüllenköpfen muß so viel Platz vorhanden sein, daß sich die beiden **Führungsstücke** seitlich über die Innenzüge schieben lassen; das größere Stück kommt nach oben, das kleinere nach unten. Dabei auf die **Position der Schlitze** achten – siehe Fotos. Die Führungsstücke müssen so angeordnet sein, daß die Innenzüge auf dem Vollmaterial gleiten können und nicht in den Schlitzen. Beide Plastikelemente werden nun von hinten bzw. unten in den Lenker geschoben.

Dann geht es darum, die beiden **Hüllenköpfe** aus Metall bündig an die Führungsstücke zu schieben und dort festzuhalten. Sonst hat die Schaltung später „Luft". Wenn die Nippel etwa um 5 cm vorstehen und die Hüllen fest anliegen, muß die **Aluklammer** unterhalb des weiterhin hochgezogenen Lenkers mit einer **Zange** zusammengedrückt werden. Zuletzt die freistehenden Seilzugenden noch einmal **nachfetten.** Die Nippel werden später in die Drehgriffrolle gehängt.

Nach Einbau des Drehgriffs und Einhängen der Züge (s. „Endmontage") geht es **hinten** weiter. Wir haben vom Zündkabel eines ausrangierten Citroën GSA-Motors ein 50 cm langes **Bougierohr** abgezogen, da die Originalhülle nicht mehr lieferbar war (*Bougie* = franz. für Zündkerze). Das schmale PVC-Rohr wird von hinten über die noch nicht an-

__16:__ Eine Aluklammer verbindet die alten Schaltzüge. __17:__ Schaltzüge und Klammer sind herausgezogen. __18:__ Die Klammer muß zum Abnehmen geweitet werden. __19:__ Die Enden der neuen Schaltzüge werden hinten durch Muttern und Drahtschlingen blockiert. __20:__ Die beiden Innenzüge werden vor dem Einschieben gefettet. __21:__ die komplettierten neuen Schaltzüge.

16

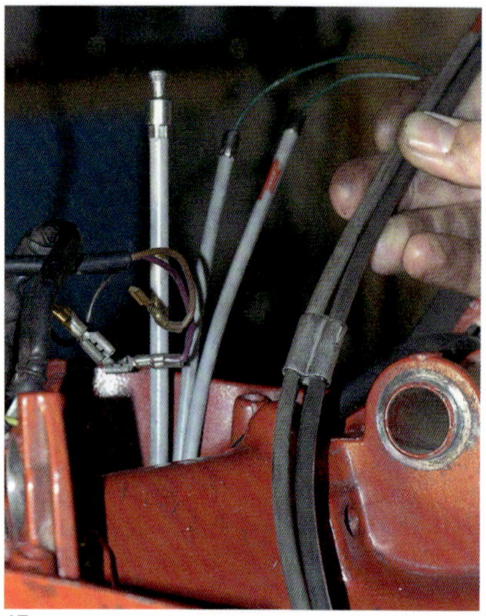
17

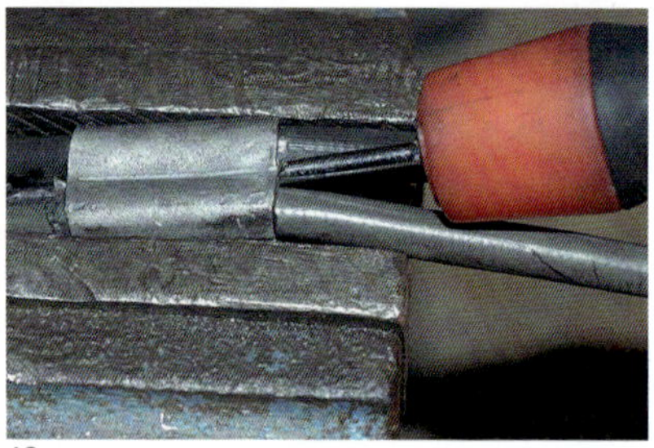
18

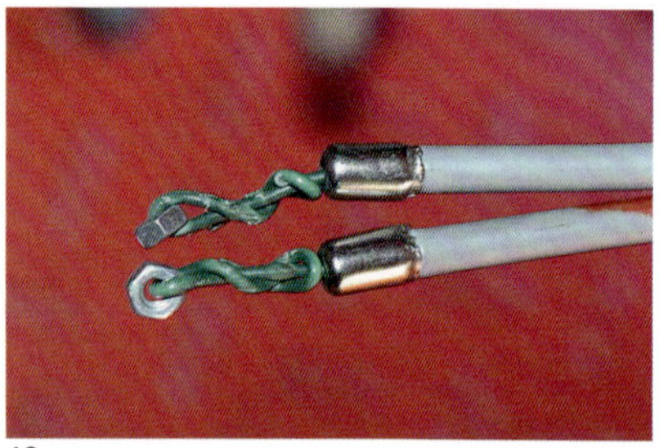
19

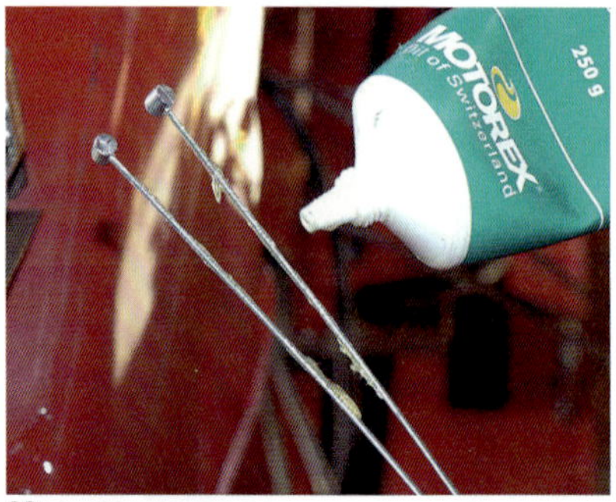

20

21

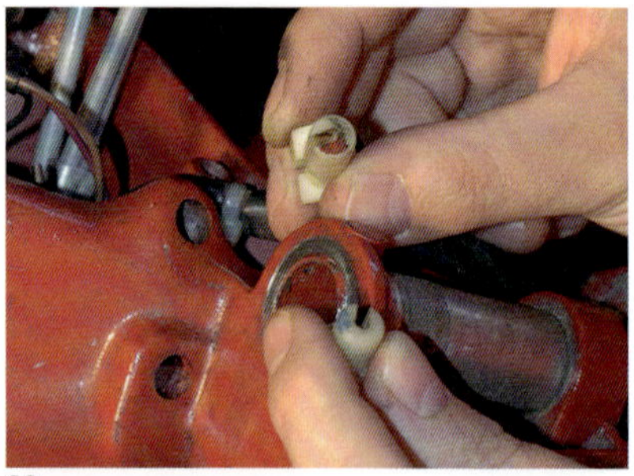
22

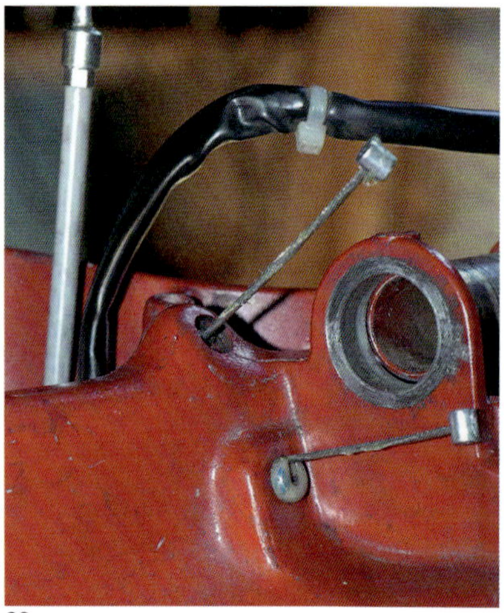
23

24

__22:__ Schlitzausrichtung der Führungsstücke vor dem Einbau (von hinten) beachten. __23:__ Seilzüge bündig eingebaut. __24:__ Fixieren der (neu nicht mehr lieferbaren) Aluklammer mit der Kneifzange.

geschlossenen Bowdenzüge geschoben und durch die **Gummitülle** bis in den Hohlraum geführt. Als zwecklos hat es sich erwiesen, die große, noch völlig intakte Tülle herauszubekommen; sie bleibt daher drin, die leicht eingeölte Hülle schiebt sich glatt hindurch. Das **Befestigen der Schraubnippel** und das Einstellen der Züge beschreiben wir später im Kapitel **„Endmontage“.**

Lenker einbauen:

Während das bis hierhin beschriebene Auswechseln der Seilzüge bei angehobenem Lenker stattfinden muß, können Vorderradbremszug und Tachowelle nur bei fest montiertem Lenker erfolgen. Daher nun **Lenker** auf das Lenkrohr schieben und zusammen mit der Vorderradführung **ganz nach links einschlagen.**

Bolzen SW 13 einführen und in die vorne angesetzte **Vierkantmutter** drehen. Lenkung provisorisch **auf Mitte** stellen und Bolzen vorläufig festziehen. Erst nach den Endmontage wird der Lenker präzise ausgerichet und mit **Drehmoment 30-44 Nm** angezogen.

Nun können Schaltdrehgriff und Gasgriff eingebaut und angeschlossen sowie Vorderradbremszug und Tachowelle eingebaut werden.

Vorderrad-Bremszug auswechseln:

Auch dies geschieht am besten bei liegendem Fahrzeug. Dabei Bremszug zuerst, danach Tachowelle montieren. Der neue **Vorderrad-Bremszug** wird an der unteren Öffnung im Lenkrohr angesetzt und mit etwas Kraftaufwand ganz nach oben durchgeschoben - es ist eine der einfacheren Übungen. Enden so weit wie möglich vorziehen und **fetten.** Wie der Bremszug oben und unten angeschlossen wird, zeigen wir im Kapitel **„Endmontage“.**

Tachowelle auswechseln:

Wieder arbeiten wir am liegenden Fahrzeug. Ganz so einfach wie beim Bremszug geht es bei der **Tachowelle** nicht. Sie ist empfindlich und darf vor allem nicht geknickt werden. **Mehrere** (oft kolportierte) **Möglichkeiten bringen gar nichts:** Welle unten mit Draht umwickeln und einziehen - sie bleibt hängen, und der Draht rutscht ab. Welle und Draht unten auf einer Länge von 15 cm mit starkem Klebeband umwickeln und mittels Draht einziehen - auch dieser Versuch wird scheitern. Welle bis zur Öffnung durchstecken und Ende mit einem Haken herausangeln - Beschädigungsgefahr.

Es gibt **nur eine Möglichkeit,** und die geht so: Die (ab Werk eingefettete) **Seele** vom oberen Ende aus ganz aus der Hülle ziehen und so ablegen, daß sie weder beschädigt wird, noch verschmutzen kann. Dann einen etwa 1,20 m langen und 2 mm starken **Bindedraht** von unten in die obere Öffnung und dann nach oben durch das Lenkrohr schieben, bis er einen Meter weit herausragt. Die leere **Hülle** von oben auf den Draht fädeln, bis ein ca. 10 cm langes Drahtstück übrig bleibt. Dieses Drahtende so um den Hüllenkopf schlingen, daß es nicht abrutschen kann (s. Foto). Nun mit der rechten Hand **unten am Draht ziehen** und mit der linken die Hülle ins Lenkrohr einführen.

Weiter ziehen, bis die Hülle unten aus der Öffnung tritt; es muß im letzten (kurvigen) Abschnitt etwas Kraft aufgewendet werden. Falls es klemmt, ein wenig vor und zurück operieren. Zuletzt die Drahtschlinge lösen, den Draht herausziehen und von oben die **Seele** einführen - fertig! Die Anschlußarbeiten werden im Kapitel **„Endmontage“** gezeigt.

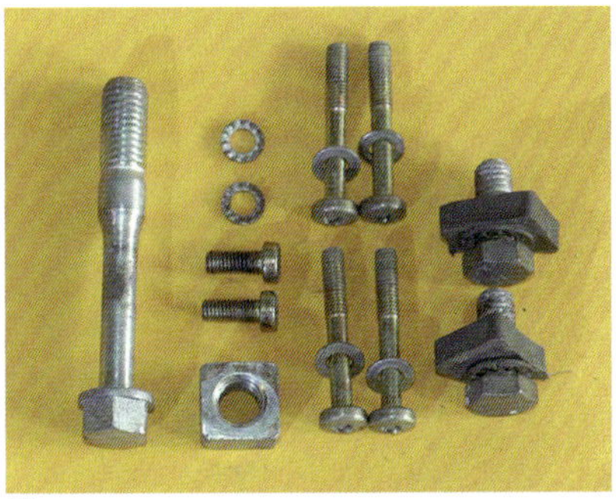

25

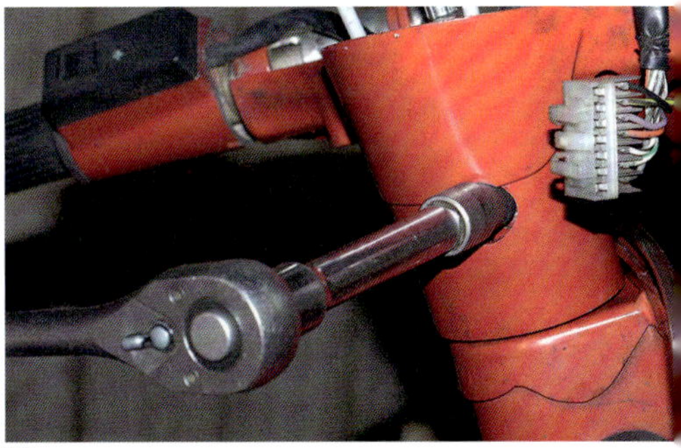

26

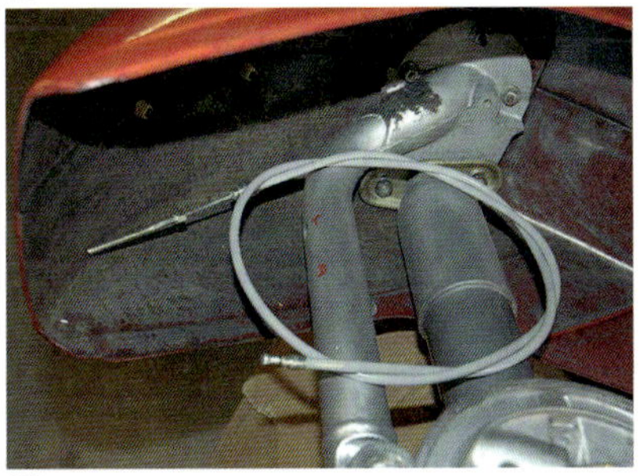

27

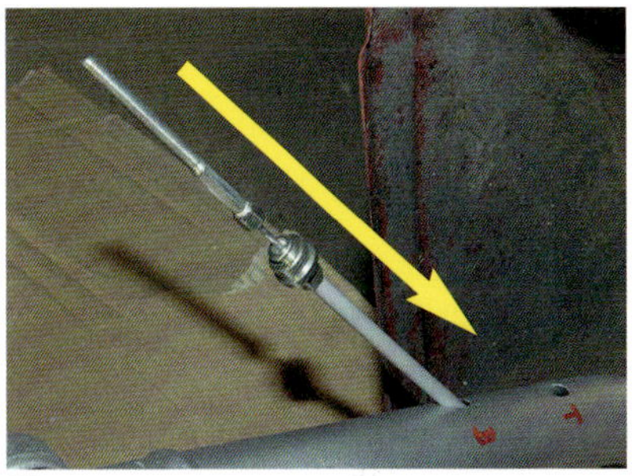

28

29

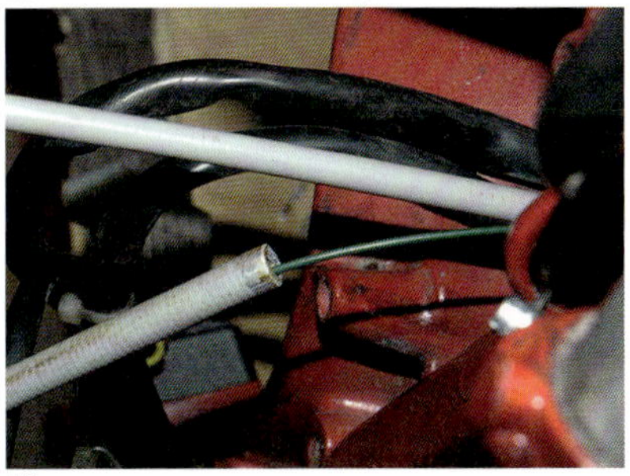

30

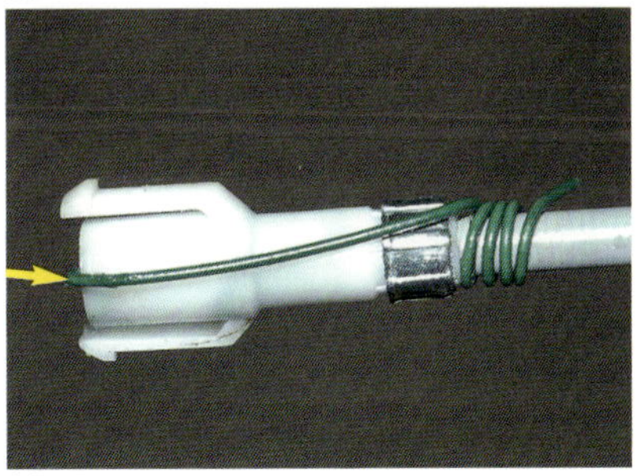

31

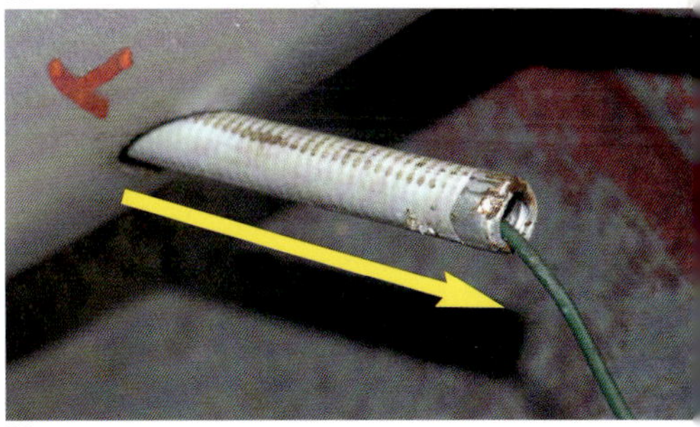

32

25: *aufgearbeitete Elemente der Lenker-, Verkleidungs- und Scheinwerferbefestigung.* ***26:*** *Lenker nach links einschlagen, Vierkantmutter einsetzen und Bolzen mit Schlüssel SW 13 einschrauben.* ***27:*** *der neue Vorderrad-Bremszug.* ***28:*** *Er wird von unten durch die untere Öffnung geschoben.* ***29:*** *die neue Tachowelle.* ***30:*** *Draht von unten durchschieben, leere Hülle von oben einfädeln.* ***31:*** *das Drahtende so um die Plastikklammer schlingen.* ***32:*** *Draht mit Hülle unten herausziehen.*

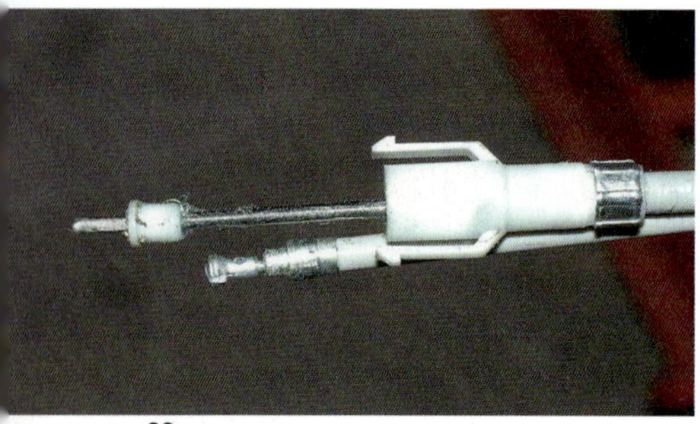

33

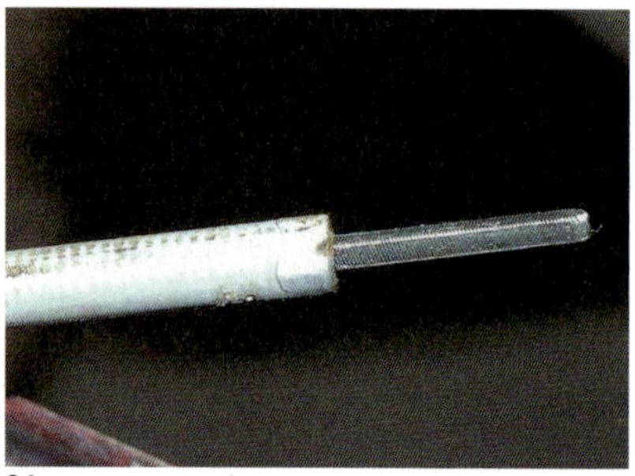

34

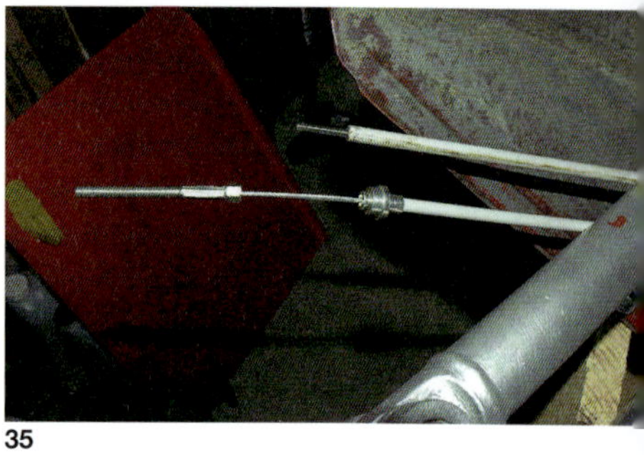

35

33: Zuletzt wird die gefettete Seele der Tachowelle von oben in die Hülle geschoben... 34: ...bis sie unten ein Stück weit herausschaut.
35: Tachowelle (oben) und Vorderradbremszug befinden sich an Ort und Stelle und werden später an Nabe und Lenker angeschlossen.

36

Hinterrad-Bremszug, Pedalbock und Bremslichtschalter auswechseln:

Wie weiter vorn gezeigt, wurde der **Bremspedalbock** bereits abgeschraubt und abgesenkt. Zum Auswechseln des **Hinterrad-Bremszugs** wird die Karosserie auf die Seite gelegt, weil dann bequemer gearbeitet werden kann.

Zuerst wird der **Splint** geradegebogen; er kann wiederverwendet werden. Dann den Pedalbock spreizen (als wenn man aufs Pedal treten würde) und den **Bolzen** mit einem 4 mm starken Durchschlag nach unten austreiben. Die **Öse des Bremsseils** ist nun frei, und das **Seil** kann einfach aus der lose in der Karosserie verlegten **Bowdenzughülle** herausgezogen werden. Die Hülle wird genauso einfach von hinten aus dem Hohlraum gezogen.

Zur kompletten Abnahme des Pedalbocks müssen die beiden **Kabelstekker** vom **Bremslichtschalter** abgenommen werden, was am besten mit einer Spitzzange gelingt. Der Schalter ist mit einer Schraube SW 7 befestigt und kann bei Bedarf ausgewechselt werden.

Zum **Einbau** des **neuen Bremsseilzugs** in der umgekehrten Reihenfolge vorgehen: **Hülle** von hinten nach vorne schieben, **Pedalbock** anlegen und das Pedal durchstecken, damit der Bock hängenbleibt. **Kabelstecker** anschliessen. **Bremsseil samt Öse fetten** und von vorn durch die Bohrung im Pedalbock und dann durch die Hülle schieben, bis von unten der gefettete **Bolzen**

37

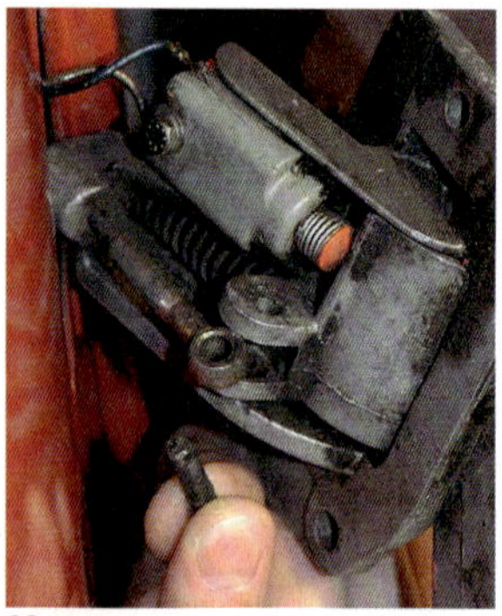

38

39

40

41

42

43

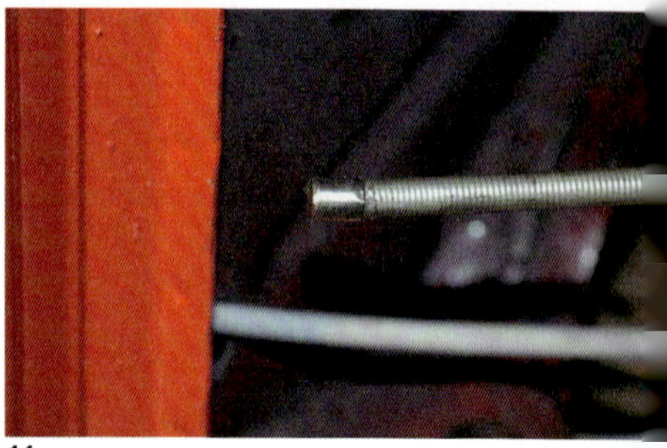

44

36: Zum Ausbau des Seilzugs den Bremspedalbock weit herausziehen und den Splint abziehen. 37: den Bock spreizen und den Bolzen mit einem Schlagstift nach unten austreiben. 38: der Bolzen ist abgenommen. 39: Die Öse des Bremsseilzugs ist frei. 40: mit der Spitzzange die Kabelstecker des Bremslichtschalters abziehen.

41: beide Kabel sind abgezogen. 42: Der Innenzug wird von vorne aus der Hülle gezogen. 43: Der Pedalbock ist ganz ausgebaut, die alte Hülle wird aus dem Widerlager gezogen. 44: Die alte Hülle wird von hinten durch den Hohlraum der Karosserie bis nach außen gezogen und ausgewechselt.

45: der neue Hinterradbremszug. ***46:*** *der frisch gefettete Innenzug wird von vorne durch die Bohrung im Pedalbock geschoben, die neue Hülle von hinten durch den Karosserie-Hohlraum.* ***47:*** *Öse und Bolzen fetten, Pedalbock spreizen, Bolzen einsetzen und versplinten.* ***48:*** *Die originale, gut erhaltene Tülle wurde gereinigt und von hinten über Brems- und Kupplungszug geschoben.* ***49:*** *Auch der Pedalbock wurde gereinigt, eingesetzt und dann mit zwei Schrauben M6 von oben und einer Schraube M6 von unten fixiert.* ***50:*** *das Pedal mit seinem neuen Trittgummi. und der Befestigung von oben mit zwei originalen Schrauben M6 und zwei neuen Scheiben.*

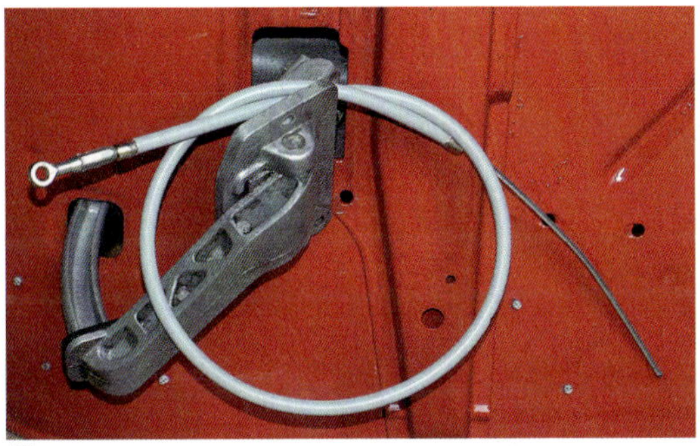
45

46

47

48

49

50

eingesetzt werden kann; dazu wieder den Pedalbock spreizen. **Splint** anbringen und Enden umbiegen. Der Anschluß des Bremsseils an die Hinterradbremse wird im Kapitel **„Endmontage"** gezeigt.

Der mit Nitroverdünnung gereinigte und aufpolierte **Bremspedalbock** ist unten mit zwei Muttern SW 10 und einer Schraube SW 10 befestigt. Pedalbock korrekt positionieren und **zuerst unten** die Schraube mit neuer Unterlegscheibe und neuem Federring eindrehen. Dann **von der Oberseite des Trittbretts** her die beiden anderen Schrauben einsetzen und von unten mit neuen Muttern, Scheiben und Ringen sichern. Alle drei Verbindungen mit Schlüsseln SW 10 festziehen. Zuletzt wird der gerissene **Pedalgummi** durch ein Neuteil ersetzt.

Chokezug auswechseln:

Sieht einfach aus, geht aber auf die Nerven, wenn man's noch nie gemacht hat. **Nicht versuchen,** die große **Klammer** seitlich abzuziehen, sondern nach unten klappen; sie wird von einem nicht einsehbaren Steg gespreizt! Auch **nicht versuchen,** die kleine Klammer rechts abzuziehen: Sie bleibt an Ort und Stelle.

Also die große Klammer nach unten drücken, dann den Bowdenzug einfach nach rechts aus der kleinen Klammer ziehen. **Zuggriff** so weit vorziehen, bis sich der abgewinkelte **Stahldraht** aushängen läßt. Bowdenzug komplett aus dem Führungsrohr ziehen und auswechseln.

Das vordere, abgewinkelte Stahldrahtende so wie wie möglich vorziehen und von rechts durch die kleine Klammer und das **Führungsrohr** fummeln, bis es vorne herausschaut und in den Zuggriff eingehängt werden kann. Griff mit Draht zurück- und Zughülle nach vorne in die kleine Klammer bis zum Anschlag schieben. Dann mit viel Geduld die große Klammer in der Aussparung positionieren und sie mit einer **Spitzzange** von unten nach oben ziehen, bis sie einrastet. Das hintere Bowdenzugende durch die zuvor eingesetzte **Tülle** schieben.

51

52

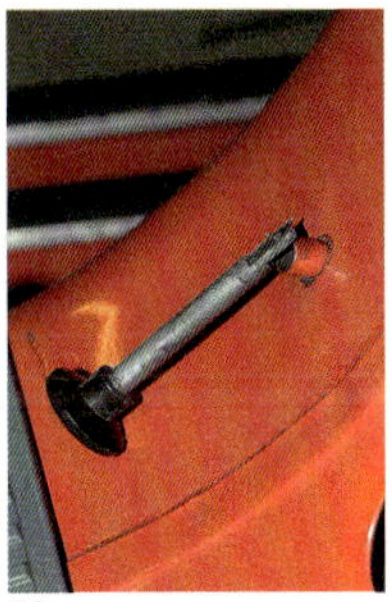
53

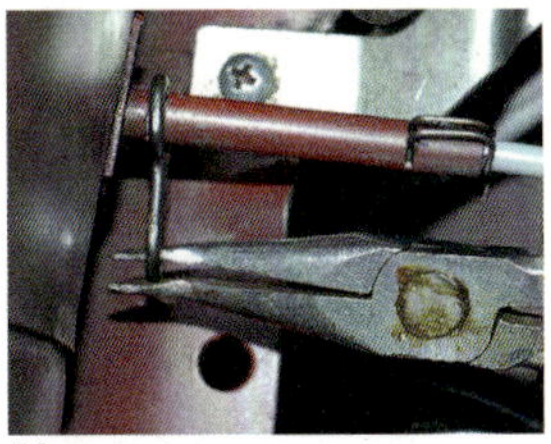
54

55

56

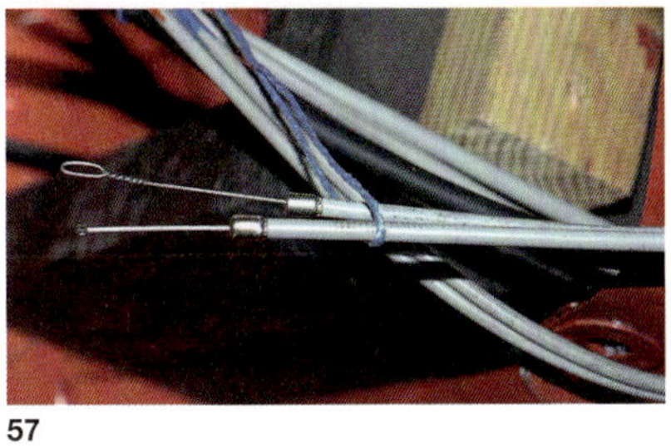
57

51: *Klammer nicht ziehen, sondern nach unten klappen.* ***52:*** *kleine Klammer drin lassen, Zughülle rausziehen.* ***53:*** *Zuggriff vorziehen und Stahldraht aushängen.* ***54:*** *Nach Einführen des neuen Zugs Klammer um 90° nach oben klappen.* ***55:*** *Der neue Chokezug ist fertig eingebaut.* ***56:*** *Tülle mit Kabelstrang einbauen, dann von hinten Gas- und Chokezug durchschieben. Große Tülle für den Benzinschlauch. Kleine Tülle frü den Ölschlauch.* ***57:*** *der neue Chokezug (oben) und der neue Gaszug.*

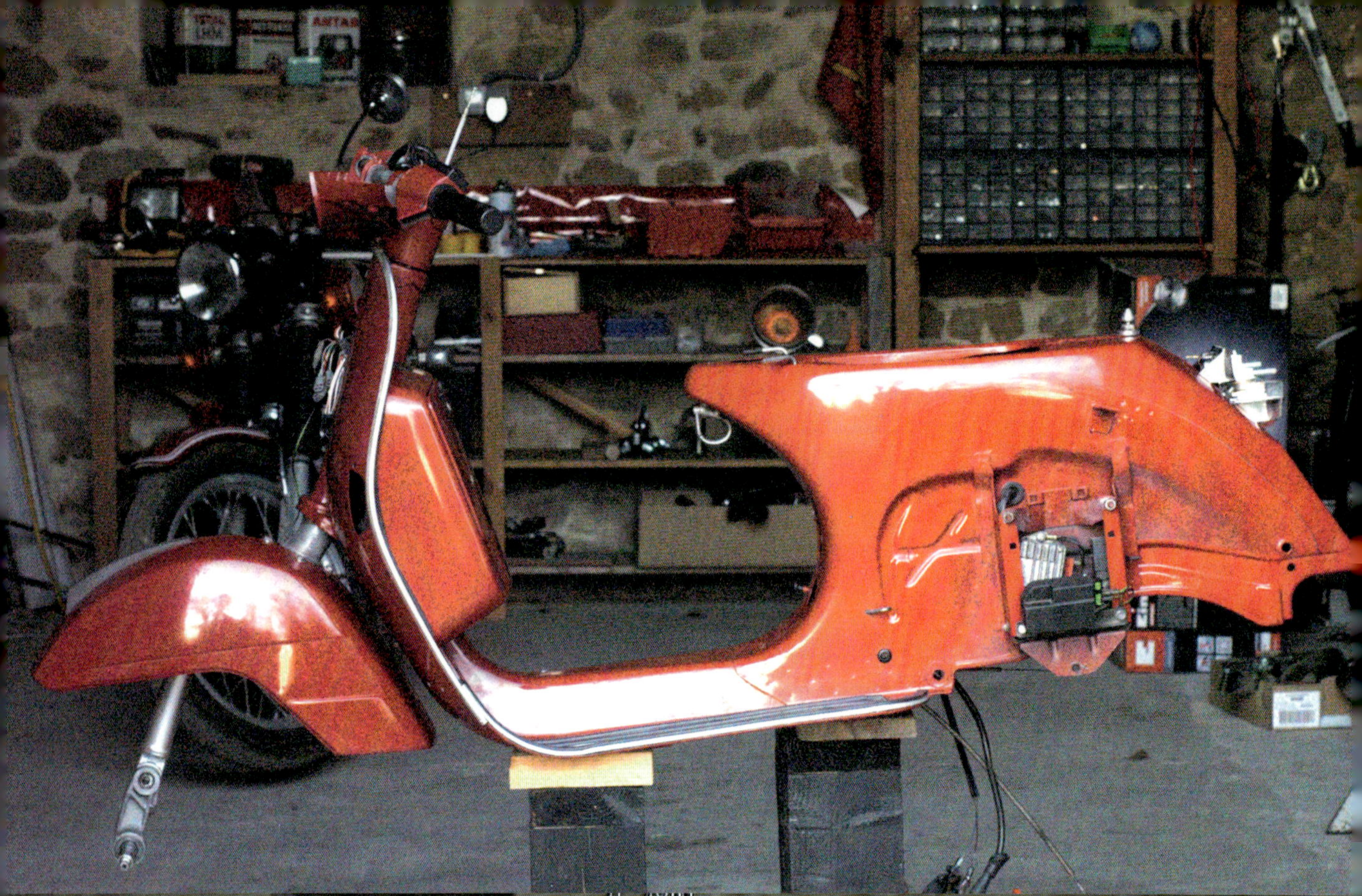

BMW 1600 Cabrio

Teil 6

Aufbereitung Karosserie und Anbauteile

Karosserie: Reinigung, Entrostung, Aufarbeitung

Karosserie: Grobreinigung

Grobreinigung Unterboden: Unterboden, Radkasten, Trittbretter und Anbauteile wie Ständer und Bremspedalbock sind **extrem verdreckt.** Um der schwarzen Pest Herr zu werden, muß der Roller aufgehängt werden, was wir zunächst mit Hilfe eines Spanngurts und ein paar Hilfsriemen tun. Weil der Motor wohl über Jahre hinweg undicht war und das ganze **Getriebeöl** abgesondert hat, sind große Teile der Unterseite dick mit einer Schicht aus Strassenschmutz und Getriebeöl verunreinigt. Nur der obere Bereich des Radkastens ist lediglich mit angetrocknetem Dreck von der Straße behaftet.

Mit **Dreikantschaber, Spachtel** und **Drahtbürste** rücken wir den Ablagerungen zuleibe. Anschließend wird alles mit **Reinigungs-Petroleum** abgewaschen, wobei eine große Blechwanne die Brühe auffängt, die anschleißend mit Katzenstreu gebunden und auf der Deponie entsorgt wird. Eine Stunde dauert es, bis der gröbste Dreck entfernt ist.

Die positive Seite der Ölverschmutzung ist, daß der Schmierstoff die Karosserie von unten und in den kritischen Bereichen von Falzen, Nähten und an den Traversen **vor Korrosion bewahrt** hat. Wir freuen uns darüber, daß die Karosserie **an keiner Stelle geschweißt** werden muß.

Rost ist nur **im Steinschlagbereich** festzustellen, also dort, wo vom Vorderrad aufgewirbelter Split auf den lediglich grundierten und ab Werk nur nachlässig lackierten Unterboden eingewirkt hat. Unterbodenschutz wurde von Piaggio damals nicht aufgetragen, weder im Vor-

__1:__ Die Zerlegung geht zu Ende, unsere PX 200 als Rumpf-Sccooter. __2:__ Von unten sieht die Vespa unappetitlich aus. Straßenschmutz und Ölverkrustungen am gesamten Unterboden.

1

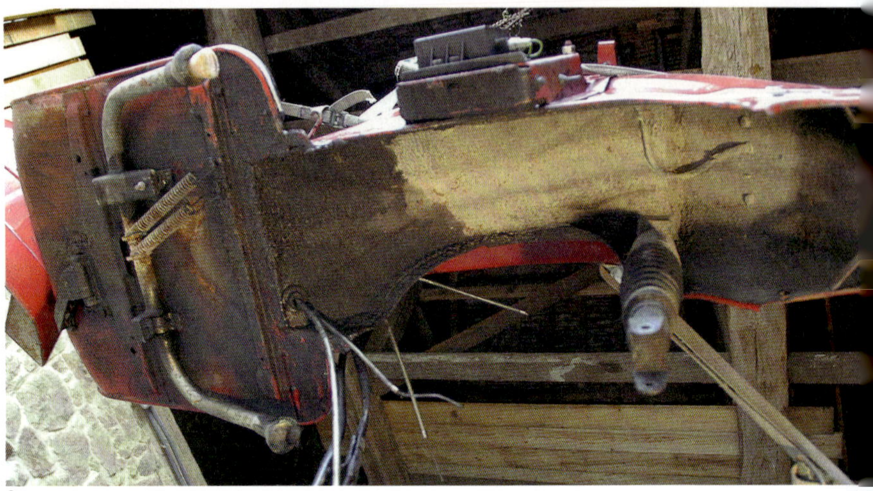
2

3

3: *Stimmungsbild am späten Abend in der Werkstatt. In den letzten Wochen der Restaurierung ging jede freie Minute für die Arbeiten drauf.*
4: *Der Bremspedalbock ist weitgehend mit Ölschlamm zugesetzt. Rost befindet sich im Bereich des Steinschlags vom Vorderrad her. Er ist beruhigenderweise nur oberflächlich und läßt sich mit bewährten Methoden eliminieren.*
5: *Der Ständer ist in allen Details ziemlich verrottet, die Ölkrusten dahinter rekordverdächtig.*
6, 7: *Der ganze Dreck noch einmal aus anderer Perspektive betrachtet. Auch das hier noch eingebaute Federbein ist völlig öl- und staubverschmutzt. Ausbau und Aufarbeitung beschreiben wir auf S. 144/145 und n bei der „Endmontage".*

4

5

6

7

derkotflügel, noch am Unterboden oder im Radkasten.

Die **Anrostungen** sind womöglich überwiegend Spuren aus der Zeit, als der Motor noch dicht war. Der Rost wurde anschließend größtenteils vom Ölschlamm bedeckt und am Weiterfressen gehindert. Er sitzt nur auf der Oberfläche und hat das Blech an keinem Punkt durchdrungen.

Nach Gesprächen mit mehreren Lakkierern haben wir uns dafür entschieiden, die **Karosserie nicht neu lackieren** zu lassen, sondern **nur auszubessern,** wo es nötig ist (s.a. weiter unten). Dies ist überschaubar und spielt sich in Bereichen bis Zentimetergröße ab (außer am Unterboden). Auch einige Kanten müssen nachgearbeitet werden. Ansonsten wird der **Originallack** nicht angetastet, wir lassen dem Roller seine schöne, in Jahrzehnten gereifte **Patina.** Nach übereinstimmender Einschätzung ist eine Vespa später mehr wert, wenn sie ihren originalen Lack noch besitzt. Dieser wird indes kräftig aufpoliert werden.

8

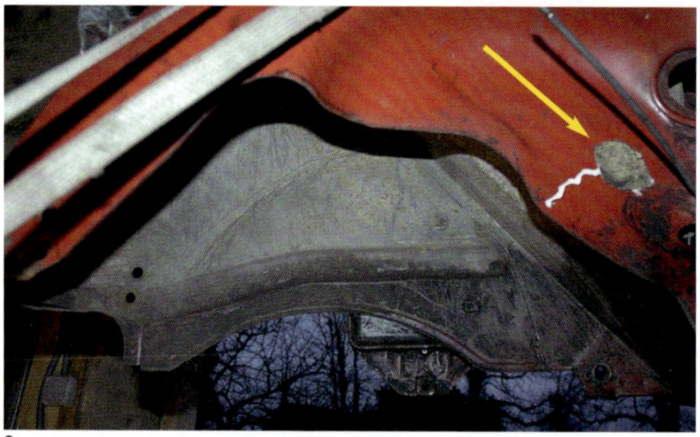
9

***8, 9:** Der Radkasten nach dem Abschaben der Ölverkrustungen; Pfeil und Bild oben: arg mitgenommener Hinweis auf den Farbcode.* ***10:** Oberflächenrost im Bereich des Ständers; Federn stark angerostet.* ***11, 12:** kehrblechweise Dreck!*

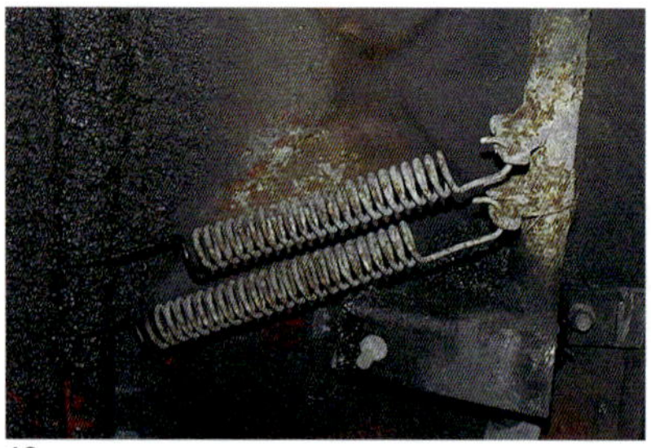
10

11

12

Mittelständer: Ausbau, Reinigung, Aufbereitung

Ständer ausbauen, restaurieren: Wie schon auf den vorigen Seiten gezeigt, befindet sich der **Mittelständer** in optisch schlechtem Zustand. Nach der Grobreinigung treten starke **Anrostungen** zutage. Auch die beiden **Rückholfedern** sind verrostet, die abnehmbaren **Halter** am Unterboden vor Dreck kaum noch zu erkennen. Und die beiden **Gummipuffer** sind dabei, sich aufzulösen, ein Holm ist unten angeschliffen. Technisch funktioniert der Ständer aber noch, er kann daher aufgearbeitet werden, auch wenn das mühsam ist.

Die Versuchung, neuen Ersatz einzubauen, ist groß. Wir ordern bei der Firma Rollercom für 28,58 Euro inklusive Versand einen verchromten Ständer made in Italy. Aber er hat nur eine Federaufnahme und scheidet daher aus. Auch der schwarz beschichtete Ständer, den Piaggio anbietet, kommt nicht in Frage, denn an eine 1985er PX gehört ein verzinkter, **silberfarbener Ständer.**

Also entrosten, schleifen und richten wir den alten Ständer, beschichten ihn mit Phospat, **verzinken ihn kalt** und schützen ihn mit Klarlack. Die **Federn** aber und die beiden Gummipuffer kommen als Ersatzteile von Piaggio.

1

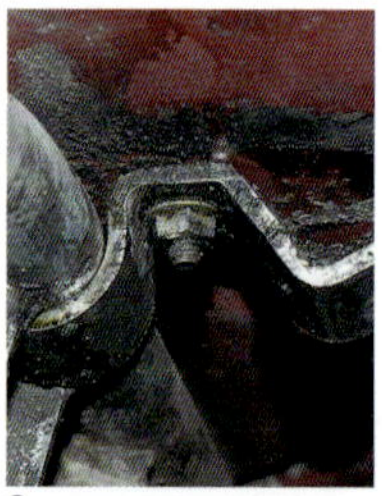
2

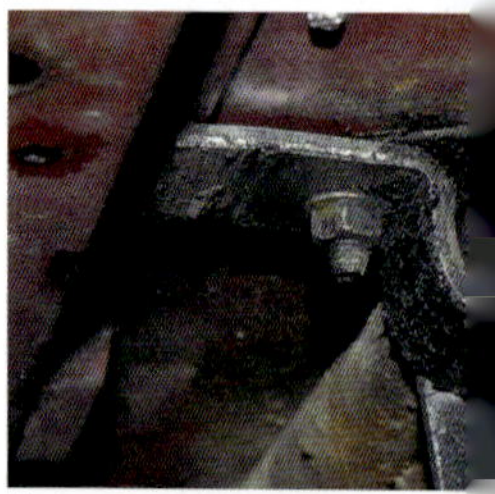
3

4

5

***1:** Vom gröbsten Dreck befreit präsentiert sich der Ständer mit Anrostungen.* ***2, 3:** Ständerverschraubung linke Seite von unten; beim Abnehmen auf die Blattfedern zwischen Ständer und Rohr achten.* ***4, 5:** Schrauben M6 mit Scheiben der Ständerverschraubung; sie halten auch die Fußrastenbrücke. Oben setzen wird den Gabelschlüssel ein, unten die Stecknuß SW 10.*

Befestigt ist der Ständer auf jeder Seite mit je zwei Schrauben M6 nebst zugehörigen Scheiben und Muttern. Mit verschraubt ist die Fußstütze aus dem Zubehörprogramm; sie wird abgebaut und nicht mehr verwendet. Die fehlende **Kunststoffabdeckung** über dem Rahmentunnel bestellen wir bei Piaggio. Die Schraubenköpfe werden mit einem Ga-

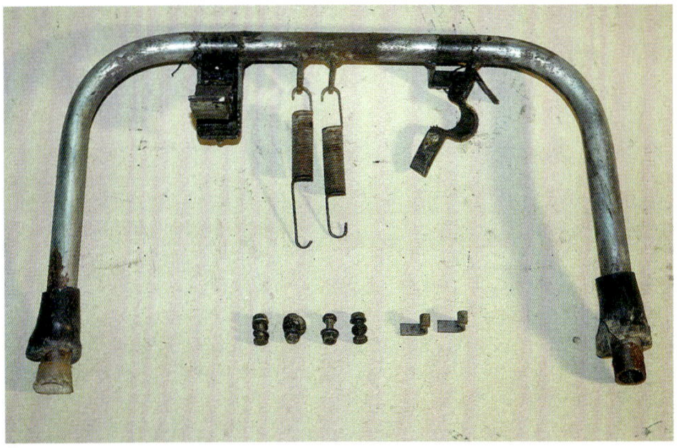

6

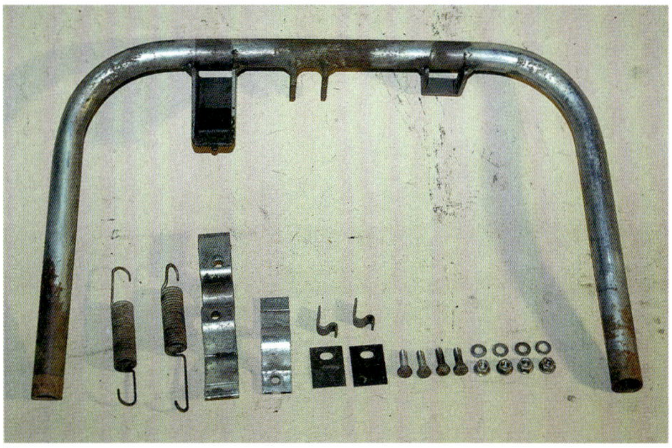

7

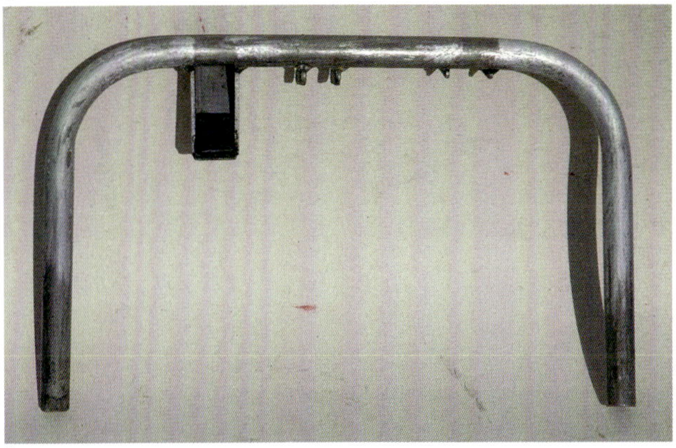

8

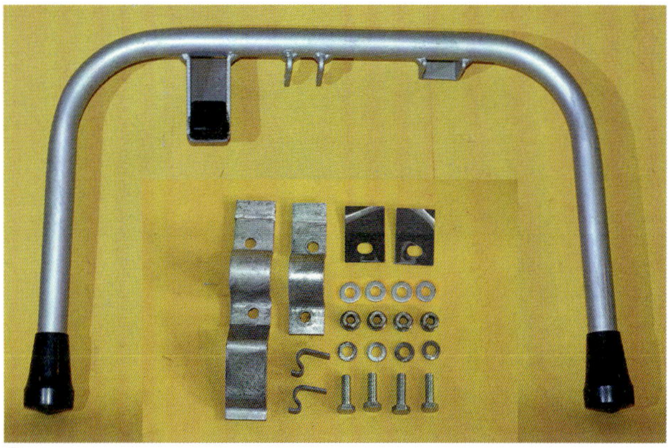

9

10

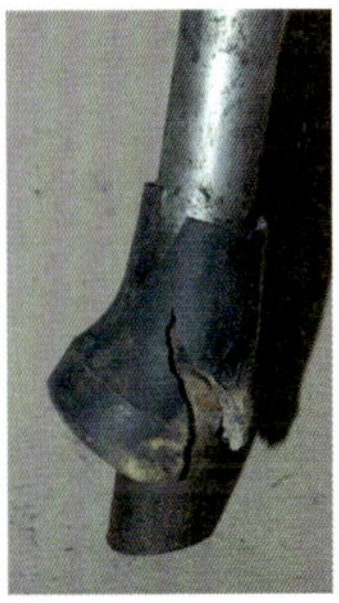

11

12

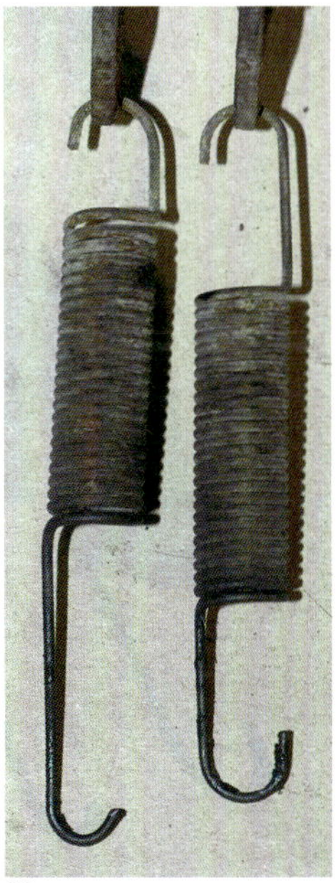

13

14

15

belschlüssel SW 10 blockiert, die Muttern von unten mit der Stecknuß SW 10 ausgedreht. Alle originalen **Muttern** und **Kleinteile** werden gereinigt und wiederverwendet, ausgenommen die **Schrauben M6,** die ausnahmsweise durch Neuteile ersetzt werden.

Festgestellte Mängel Unterboden, Ständer

Unterboden

Zustand: Lackierung, Unterbodenschutz nicht vorhanden; teilweise angerostet, starke Öl- und Schmutzverkrustung

Mittelständer

Zustand: verdreckt und verrostet, inklusive Federn (ein Ende verbogen), teilweise angeschliffen, beide Gummipuffer kaputt

__6:__ der vergammelte Ständer mit seinen Einzelteilen; Befestigungsbügel, Federn, Schrauben, Federlager hinten. __7:__ der vom Ölschlamm befreite Ständer mit seinen Zubehörteilen. Er ist unten etwas angeschliffen. __8:__ der Ständer nach dem Abschleifen des Rosts. __9:__ der neu verzinkte Ständer mit neuen Puffern und aufbereiteten Kleinteilen. __10, 11:__ Die Gummipuffer sehen aus wie arg mitgenommene Pferdefüße. __12:__ neue Gummipuffer von Piaggio. __13:__ Die beiden teilweise verbogenen Rückholfedern. __14:__ Neue Federn mußten her. __15:__ Die rückwärtigen (hier schon gereinigten) Federlager werden einfach in die Traverse gehängt.

Werkzeug, Produkte, Teile Unterboden und Ständer

Reinigungs-Petroleum
Bremsenreiniger
Dreikantschaber
Drahtbürsten
Steck- und Gabelschlüssel SW 10
2 Federn neu
2 Gummipuffer neu

Karosserie-Unterboden und Radhaus: Entrostung, Aufarbeitung

Patina-Restaurierung – warum?

Was die Restaurierung der Vespa-Karosserie betrifft, gehen die Meinungen auseinander, und dies seit einigen Jahren stärker als früher. War es noch bis Anfang der 2000er Jahre nahezu obligatorisch, nicht nur den Rost, sondern auch alle alten Lackschichten bis aufs Grundblech zu entfernen, und dies meist mit der aggressiven **Sandstrahlmethode,** geht man **heute behutsamer** ans Werk. Denn es hat sich weithin die Erkenntnis durchgesetzt, daß eine originale **Lackierung mit ihrer Patina erhalten** werden sollte, wenn dies möglich ist. Und das ist zumindest meist bei Rollern ab den 1980er Jahren der Fall, denn nur selten ist eine klassische Vespa so heruntergekommen, daß sie geschweißt und anschließend neu grundiert/lackiert werden muß.

Wir haben unsere Vespa vor der Restaurierung Sammlern und professionelle Lackierern vorgestellt und diese gefragt, wie sie den Zustand der Vespa einschätzen und was sie an Maßnahmen vorschlagen. Einhellige Meinung: **auf keinen Fall neu lackieren,** sondern die Patina erhalten, auch aus Respekt vor der Leistung des Herstellers damals. Daß die Lackierer mit dieser Ansicht gegen ihre eigenen Geschäftsinteressen verstoßen, bestärkte uns in dem Entschluß, nur die kleinen **Roststellen und Macken auszubessern.**

Klar war aber auch, daß der teilweise mit **Oberflächenrost** infolge Steinschlags bedeckte **Unterboden** eine aufwendigere Behandlung nötig haben würde. Durchrostungen oder große Beulen haben wir am ganzen Fahrzeug nicht festgestellt – umso besser! Daß Fahrzeuge im **Originalzustand** und vor allem mit weitgehend erhaltenem **Erstlack** nicht nur authentischer, sondern auch wertvoller sind als komplett neu aufgebaute, haben wir bereits angesprochen.

Auch viele Lackierer, die oft selbst Oldtimer besitzen, sehen das so. Marc-Antoine Prevel vom normannischen **Fachbetrieb** Prevel Motors: *„Ein Fahrzeug im Originalzustand hat mehr Charakter und ist mehr wert als eines, das nahezu in den Neuzustand versetzt wurde. Das sieht dann zwar schön aus, ist aber auch steril. Von den Kosten einmal ganz abgesehen. Man sollte darauf achten, daß der Aufwand den späteren Gesamtwert nicht übersteigt.“*

An diese Maxime halten wir uns. Eine professionelle Lackierung hätte ungefähr 2000 Euro gekostet. Die **Aufarbeitung der Patina** ist für weniger als 100 Euro machbar, wobei man die Stunden nicht zählen darf. Denn eines haben wir festgestellt: Wenn man das ordentlich machen will, gehen viele Nachmittage und Abende mit **Feinarbeit** drauf. Vor allem dann, wenn man sogar die 26 Enden der Aluvollnieten und die 12 Poppnietenköpfe an der Unterseite, mit denen die (bei unseren Vespa noch tadellos erhaltenen) **Trittbrettleisten** fixiert sind, nicht überlackieren will.

1

***1:** Für Arbeiten wie den Ausbau des Lenkrohrs und das Aufarbeiten des Unterbodens muß die Vespa an einem Kettenzug aufgehängt werden, mit dem man bequem die Arbeitshöhe regulieren und das Fahrzeug auch auf den Boden absenken kann, wenn kein(e) Helfer(in) zur Verfügung steht.*

Werkzeug Aufbereitung Unterboden und Radhaus

- Kettenzug und Spannriemen
- Dreieckschleifgerät
- Dremel-Schleifgerät mit Korundspitze
- Dreikantschaber
- Schraubendreher fein, scharfe Klinge
- Pinsel, diverse
- Reinigungsmittel

Vorsichtsmaßnahmen bei der Aufarbeitung

Beim **Entrosten** sollten **Mundschutz** gegen Feinstaub und **Schutzbrille** angelegt werden. Kleinere Metallsplitter könnten die Augen verletzen. **Handschuhe** schützen vor Verletzungen, wenn elektrische Schleifgeräte sich verhaken oder wegspringen.

Auch beim **Umgang mit chemischen Produkten** wie PAC 2030 und Phosprim 4060 ist Vorsicht geboten. Beim Auftragen mit dem Pinsel können Spritzer Haut und Augen verätzen, daher **Handschuhe** und **Schutzbrille** anlegen. Die Phosphatierung gast eine Weile aus, was man deutlich riechen kann. Das Anfassen frisch phosphatierer Teile hinterläßt Gerüche auf der Hand.

2

3

4

5

__2:__ Der Roller steht auf den Kartons. __3:__ Und wird auf die Seite gelegt. Der Rost am Unterboden ist deutlich zu sehen. __4, 5:__ Der meiste Rost läßt sich prima mit dem Dreieckschleifer entfernen.
__6:__ Die Sicken werden mit dem Dremel entrostet.

6

7

8

9

10

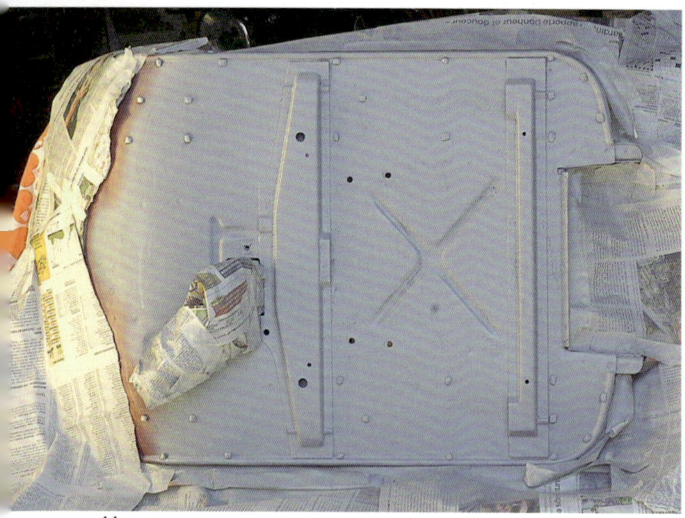

11

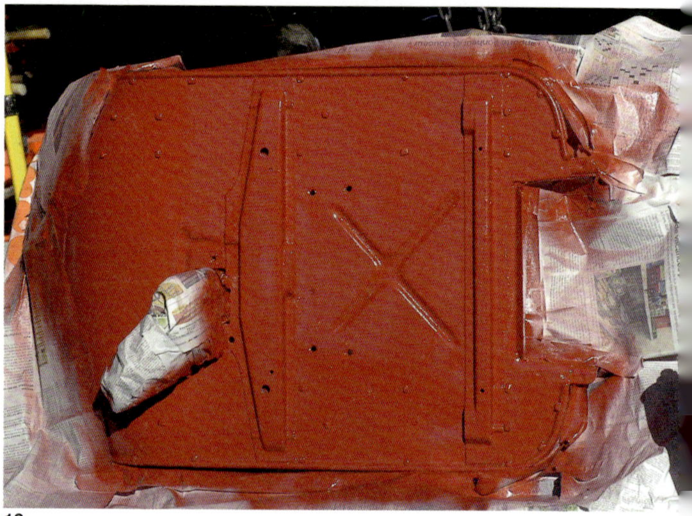

13

12

7: der gereinigte, aber noch nicht entrostete Unterboden unserer PX mit den Köpfen der zwölf Blindnieten (blaue Pfeile) und der 26 Vollnieten (gelbe Pfeile). 8: Hier ist der Rost bereits weitgehend abgeschliffen. 9: der Unterboden nach der Behandlung mit dem Rostumwandler PAC 2030. 10: Die Phosphatierung mit Phosprim 4090 schützt vor erneuter Korrosion. 11: Nach Abkleben der Karosserie und Abdecken der Nieten wurde der Unterboden mit grauem MOTIP-Primer grundiert. 12: Mit zurechtgeschnittenen Stückchen UHU Patafix haben wir die freistehenden Nieten abgeklebt. 13: Anschließend wurde eine erste Schicht roten Lacks COLOR MATIC aufgebracht, ebenfalls von MOTIP DUPLI.

Und da fällt mir noch etwas ein: Seit 2011 kann man die klassische Vespa PX wieder als **Neufahrzeug** von Piaggio haben, mit Scheibenbremse vorn, 125er oder 150er Motor nach zeitgemässer Abgasnorm. Es ist sicher verlokkend, sich so einen schicken Roller anzuschaffen. Nachhaltiger ist es aber, eine alte Vespa neu aufzubauen. Auch weil einfach das Herz an altem Blech hängt (Nostalgie, Erinnerungen an frühere Fahrten). Und für genau diese Leute haben wir unser Restaurierungsprojekt durchgezogen, auch wenn es mitunter hinsichtlich Montage und Teilelieferung zum Verzweifeln war.

Unterboden aufarbeiten:

Wir fangen mit dem Unterboden an. Dazu muß die Vespa vom starren Gurt ab- und an einen **Flaschenzug** gehängt werden – vorausgesetzt, man arbeitet alleine ohne helfende Hand, welche die Karosse mit absetzen kann. Dicke **Pappkartons** auf dem Boden schützen vor Beschädigungen. Mit dem Kettenzug wird die Vespa abgelassen und vorsichtig auf die Seite gelegt. Jetzt ist der Unterboden bestens zugänglich.

Noch vorhandene **Fett- und Schmutz**reste werden mit den beschriebenen Methoden entfernt. Dann kommt der elektrische **Dreieckschleifer** zum Einsatz, zuerst mit 80er, dann mit 240er Schleifdreiecken. Das geht schnell und prima, wobei wir uns hüten, die überstehenden Nieten der Trittbrettleisten-Befestigung zu beschädigen. Nach etwa einer Stunde ist der Rost komplett entfernt, auch in den Ecken und Sicken. Er war nur dünn und nirgends perforierend.

Es spricht für die **Qualität** von Piaggio-Fahrzeugen, daß sich die Karosserie auch nach jahrzehntelangem (oft völlig sorglosem) Einsatz **trotz** des komplett **fehlenden Unterbodenschutzes** noch in einem derart guten Basiszustand befindet. Das Blech ist von besserer Qualität als bei vielen Automobilen der 1980er Jahre. Daher reichte es wohl damals aus, die Karosse im Werk Pontedera nach der Kataphorese im Tauchbad zu phosphatieren, zu grundieren und zu lackieren. **Im Unterbodenbereich** ist die **Lackschicht** allerdings **nur hauchdünn.** Die Übergänge der im Punktschweißverfahren (noch von Hand!) miteinander verbundenen Stahlblechelemente sind mit einer **Spezialdichtung** behandelt, die oben im Trittbrettbereich noch unbeschädigt ist.

Material Aufbereitung Unterboden und Radhaus

- Dreieckschleifpapier und Schmirgelleinen 80er und 240 Körnung
- Bremsenreiniger
- Rostvernichter Restom PAC 2030
- Phosphatierung Restom Phosprim 4090
- große Pappkartons
- Grundierung MOTIP-Primer
- Lack Rot 3582 L68 COLOR MATIC
- Rostol Owatrol
- Silikon weiß zur Abdichtung am Heck
- UHU Patafix-Pads

Nach dem Abschleifen des Rosts wird der Unterboden mit **Bremsenreiniger** abgewaschen, anschließend mit dem Rostvernichter **PAC 2030** der französischen Spezialfirma **Restom** bestrichen, die auch in Deutschland eine Niederlassung unterhält (s. Internet). Das **chemische Produkt** (halber Liter 17,00 Euro) wird im Verhältnis 1 : 1 mit Wasser vermischt und mit einem Pinsel ganz dünn aufgetragen. Fürs Mischen nehmen wir die Schutzkappe einer Spraydose. Das Mittel ist **extrem ergiebig,** ein halber Liter reicht für mehrere Quadratmeter. Wir tragen eine **zweite Schicht** auf, bevor das Produkt angetrocknet ist, was je nach Außentemperatur nach ein bis drei Stunden der Fall ist. In dieser Zeit löst sich der Rost förmlich in Luft auf. Gleichzeitig erhalten die Flächen eine **Grundphosphatierung.** Restom sagt: *„PAC 2030 wandelt den Rost nicht um, es eliminiert ihn!“* Stimmt, das können wir bestätigen. Wir haben ansonsten nichts mit der Firma zu tun, werden nicht von

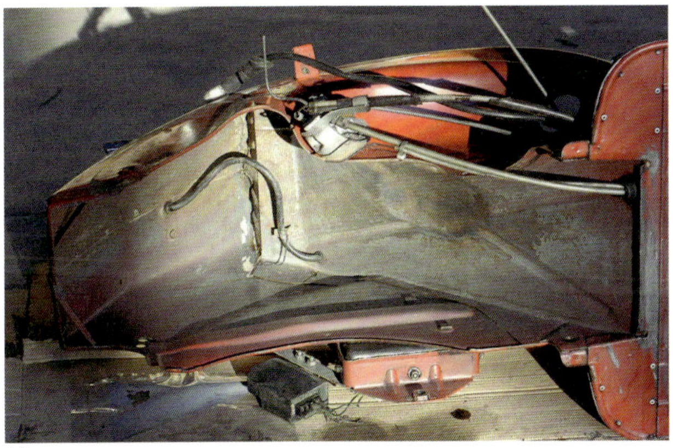
14

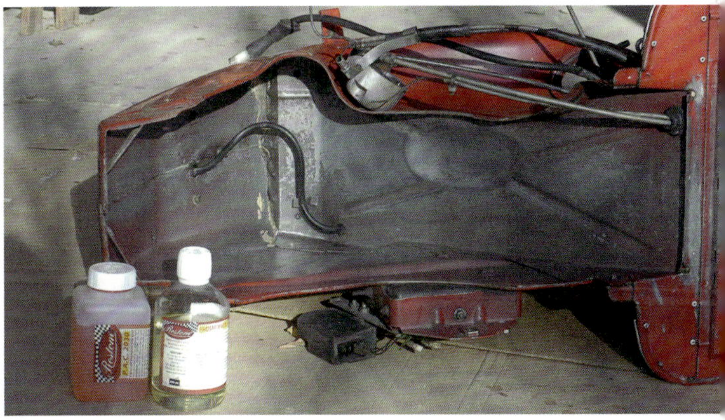
15

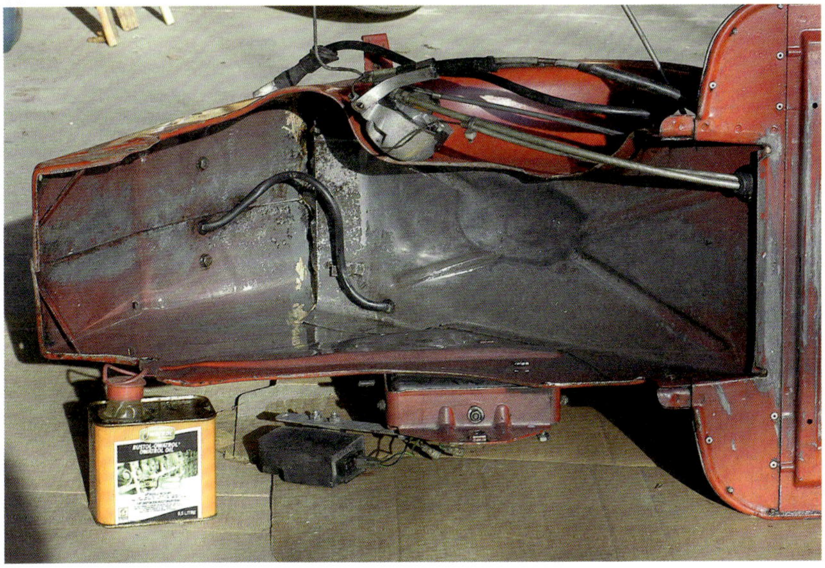
16

***14:** das gereinigte, aber noch nicht entrostete Radhaus. **15:** Das mit Restom PAC 2030 und Phosprim 4090 behandeltre Radhaus. **16:** das Radhaus bleibt so, es war nie lackiert; Owatrol erhält die Patina und schützt künftig vor Korrosion.*

ihr gesponsert und haben die Mittel ganz normal gekauft. Aber was gut ist, darf auch namentlich genannt werden.

Nach dem Abtrocknen sehen die behandelten Flächen hellgrau und absolut rostfrei aus. Nun werden sie so lange

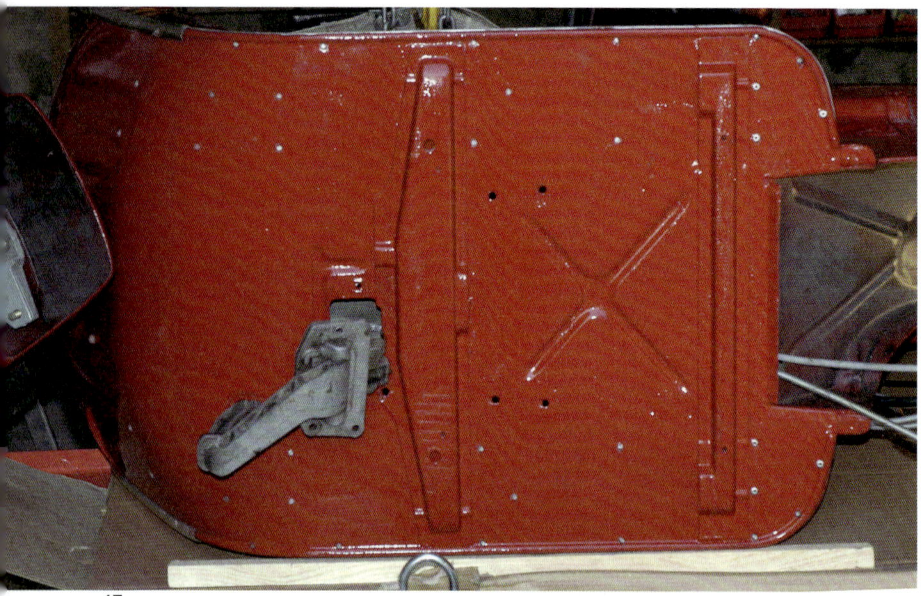

17

mit klarem Wasser abgespült (Eimer und Schwamm), bis das Waschwasser rein und klar ist. Nach der sorgfältigen **Trocknung** (auch mit Druckluft) müssen die Oberflächen möglichst rasch mit einem starken **Phosphatierungsmittel** behandelt werden; wir nehmen dazu die auf PAC 2030 abgestimmte Spezialgrundierung **Phosprim 4090** von Restom (0,5 Liter für 27,50 Euro, ausreichend für mindestens 10 m²). Das Mittel trocknet sehr schnell ab, der etwas eindringliche Geruch verfliegt innerhalb von ein paar Tagen. Wir empfehlen, beim Auftragen von PAC 2030 und PHOSPRIM 4090 **Handschuhe und Schutzbrille** zu tragen (s.a. Kasten).

Bemerkenswert: Mit dem Mittel 4090 können auch rauhe, nur dünn lackierte Bereiche im Innenereich wie z.B. die Rückseiten der Hauben, gestrichen werden. Es versiegelt die Original-Beschichtung ohne sie anzugreifen. Anschließend tragen wir **Owatrol** auf – es erhält die Patina und schützt vor Korrosion.

Festgestellte Mängel Karosserie (s.a. weiter hinten)

Oberfläche: einige kleine Roststellen und Kratzer,
Lack teilweise stumpf

Unterboden: Schmutz, Ölschlamm und Flugrost

Radhaus: Schmutz, Flugrost, Abdichtung defekt

Diese Art der Phosphatierung schützt in geschlossenen und trockenen Räumen lange vor erneuter Rostbildung und ist der ideale **Haftgrund** für den späteren Lackaufbau. Doch **Achtung:** Nicht jede Grundierung verträgt sich mit

19

der Phosphatierung. Expoxidlack mit Rostschutzzusatz zum Beispiel greift die Schicht an und macht die vorher angestellten Bemühungen zunichte. Geeignet ist z.B. der **Spezialprimer** Deltron D 8421. Keinen Ärger gibt es auch mit dem im Zubehörhandel erhältlichen Primer von MOTIP. Wir haben die phosphatierten Bereiche mit dem grauen Primer grundiert und ein sehr gutes Ergebnis erzielt.

Grundierung und Lackierung Unterboden:

Bevor wir sprühen, decken wir die 38 **Nietenköpfe** der **Trittbrettbefestigung** ab – mit zurechtgeschnittenen, selbstklebenden Pads „Patafix" von UHU, die sich hinterher wieder leicht entfernen lassen. Die restliche Karosserie wird mit dem üblichen **Kreppband** abgeklebt und mit Zeitungspapier geschützt.

Nicht einfach war es, den **passenden Farbton** für die Vespa **zu finden,** die sich in Bordeauxrot präsentierte. Aber der Wein hat viele Farbnuancen. Die Referenz hinten im Radkasten auf einem im Werk recht schlampig aufgeklebten Zettel war weitgehend unleserlich (S.C.C. TCC..VESPA 150 E DERIV. VER-

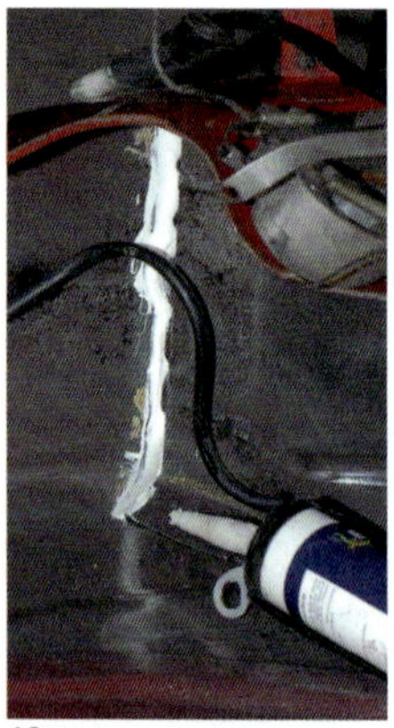

18

17: Der mit COLOR MATIC in perfekt passendem Rotton lackierte Unterboden, wobei die Alunieten sorgsam ausgespart wurden. Wenn schon original, dann auch in den kleinen Details. ***18:*** *Abdichtung mit Silikon im Radkasten – war ab Werk genauso.* ***19:*** *die auf die Seite gelegte Vespa PX nach dem Lackieren.*

NICE A CORPO No. 302...). So kamen wir also nicht weiter. Und ein **Farbabgleich** mit Sticks und Sprühdosen im Zubehörhandel führte nur in die Irre.

Also haben wir uns zum besten Spezialbetrieb im Umkreis von 50 km aufgemacht und stapelweise **Farbkarten** mit beinahe 100 Rottönen abgeglichen. Die Leerdosen waren ausgegangen und mußten erst bestellt werden. Aber zwei Wochen später hatten wir endlich das Ergebnis: eine 375-ml-Spraydose COLOR MATIC von MOTIP DUPLI mit dem Code 3582 L68 – es war eine Mercedes-Farbe, die wirklich hundertprozentig paßte, wie sich beim Ausbessern und Nachlackieren herausstellte. Mit dem Endresultat waren wir rundum zufrieden.

Hauben aufarbeiten:

Im großen und ganzen ist der **Lack** der beiden Hauben noch gut, vor allem an den Flanken. Oben drauf ist er altersbedingt etwas matt. Ein paar **Schrammen** an der Unterkante der linken Haube trüben in Verbindung mit einer leichten **Einbeulung** das Bild etwas. Zwei **kleine Macken** im oberen Bereich der rechten Haube rechtfertigen keine Neulackierung. Beide Innenseiten zeigen nur oben und im vorderen Bereich ganz leichten **Flugrost.** Andere Schäden sind nicht feststellbar.

Was ist zu tun? Da wir auch hier die **Patina** erhalten möchten, gehen wir behutsam vor. Zuerst wird die **Beule** unten links mit einem kleinen Hammer und mit leichten Schlägen beseitigt. Dazu braucht man ein gutes Auge und Fingerspitzengefühl. Anschließend wird die **Innenseite** von Hand mit 240er Schmirgel dort abgezogen, wo Rost zu sehen ist. Auch die **Spezialniete,** die hinten den Dichtgummi fixiert, wird vorsichtig abgeschmirgelt. Während der Arbeit ruht die Haube auf einer weichen Unterlage, damit nichts verkratzt.

Nun wird die Haube umgedreht, damit den Kratzern und Macken mit der **Korundspitze** des Dremelschleifers zu Leibe gerückt werden kann.

Nach gründlicher **Reinigung** der Innenseite mit Waschbenzin, Pinsel und Lappen sowie anschließender **Trocknung** werden die abgeschmirgelten Stellen innen und die Macken außen dünn mit dem **Rostumwandler PAC 2030** behandelt. Nach dem Abtrocknen (ca. drei Stunden) spülen wir die Innenseite gründlich mit Wasser ab. Wenn alles wieder trocken ist, wird die gesamte Innenfläche mit **Phosprim 4090** behan-

__1:__ Die linke Haube hat ein paar Schrammen und eine leichte Beule abbekommen. __2:__ Die Beule läßt sich mit einem Hammer recht problemlos glätten. __3, 4:__ die Haube nach der Reinigung; an der Innenseite ist oben und vorne etwas Oberflächenrost festzustellen. __5, 6:__ Die linke Haube vor der Behandlung außen/innen. Die Abdichtung am Rücklicht ist original, unversehrt und bleibt erhalten. __7:__ Die kleinen Macken sind entrostet und beilackiert. __8:__ Die Innenseite wurde entrostet, mit PAC 2030 und Phosprim 4090 behandelt und mit einem Lackstift ausgebessert. Eine dünne Schlußbeschichtung mit elastischem Owatrol erhält die Patina und schützt vor Steinschlag.

1

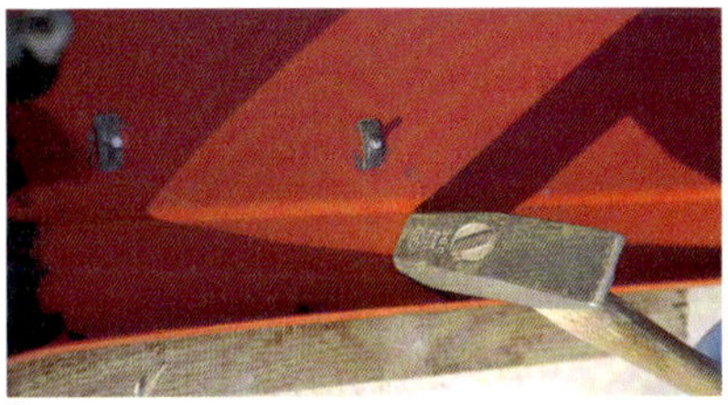
2

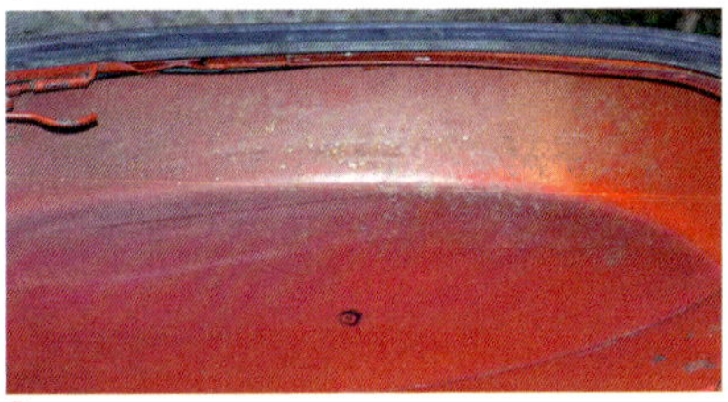
3

4

5

6

7

8

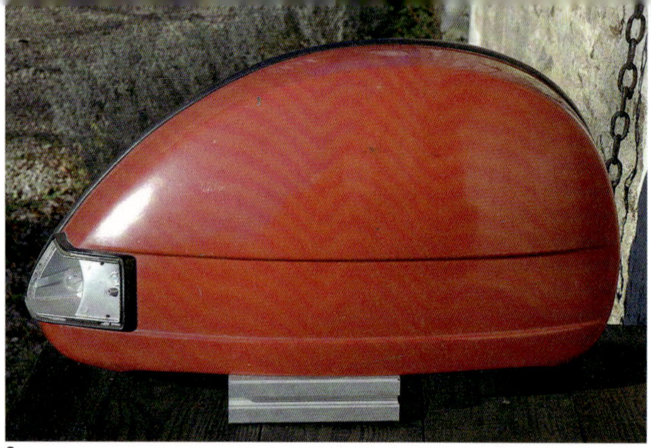

9

10

11

12

13

14

15

delt. Der dünne Lack wird davon nicht angegriffen, sondern konserviert. Am nächsten Tag folgt innen die **Schlußbeschichtung** mit **Owatrol,** dem legendären Kriechöl auf Basis von Schafswollsekret, das wir seit vielen Jahren erfolgreich einsetzen; Owatrol dringt in letzte Ritzen ein und versiegelt dort die normalerweise nicht erreichbaren Roststellen. Die nur dünn aufgetragene Schicht trocknet mehrere Tage lang durch und hat aufgrund ihrer Elastizität sogar eine gewisse Funktion als Steinschlagschutz.

Eine ruhige Hand erfordert die Behandlung der Macken auf den **Außenflächen.** Sie werden nach dem Abtrocknen der Phosphatierung hier und da leicht gespachtelt und geschliffen, dann mit MOTIP-Primer grundiert, zuletzt mit der eigens angemischten **Farbe** MOTIP COLOR MATIC **3582 Mercedes L68** unter Anwendung kleiner Pinsel und Q-Tips lackiert. Den letzten Schliff bekommen die Hauben mit Sonax Polish Color Wax, einer **Politur,** die **Rottöne auffrischt.**

Die **Gummileisten,** die sich in tadellosem Zustand befinden, also weder Risse noch Versprödung zeigen, werden mit einem von uns bevorzugten Pflegemittel von Autoglym behandelt, das sich bestens auch für Vinyl und Kunstleder eignet. Die **Führungsstifte** beider Haube erhalten abschließend neue Überzüge in Gestalt kleiner Gummischlauchstücke.

Festgestellte Mängel Hauben

Haube links

Lackierung außen: kleine Macken, Schrammen, leichte Einbeulung

Innenseite: leichter Flugrost oben und vorne

Haube rechts

Lackierung außen: kleine Macken

Innenseite: leichter Flugrost oben und vorne

__9:__ Die rechte Haube hat nur zwei kleine Macken. __10:__ Scheuerstellen innen. __11, 12, 13:__ Macke oben an der Kante, Scheuer- und Roststellen unten und vorne. Alles wird entrostet und behandelt wie bei der linken Haube beschrieben. __14:__ die rechte Haube nach Aufarbeitung und Polieren. __15:__ Auch innen sieht es wieder ordentlich aus.

Werkzeug Hauben

Dremelschleifer
Hammer klein

Produkte Hauben

Schmirgel 240er Körnung
Waschbenzin
Restom PAC 2030
Restom Phosprim 4090
Rostol Owatrol
Gummipflegemittel Autoglym
Grundierung MOTIP Primer grau
Lack MOTIP COLOR MATIC 3582 Mercedes L68
Renovierungs- und Rotton-Politur

Kotflügel vorne: Ausbau, Entrostung, Aufarbeitung, Einbau

Vorderradkotflügel ausbauen:

Der vordere **Kotflügel** kommt nur frei, wenn zuvor das **Lenkrohr** ausgebaut wird. Dies haben wir bereits ausführlich im Kapitel Vorderradführung gezeigt. Zuerst werden die drei **Schrauben SW 10** gelöst, die von unten mit **Muttern, Scheiben** und **Federringen** gesichert sind. Oben Ringschlüssel, unten Stecknuß SW 10 zum Gegenhalten einsetzen. Die Schrauben werden gereinigt und entrostet, die Muttern und Scheiben durch Neuteile ersetzt.

Probleme macht die große **Schlitzschraube** der Befestigung auf der rechten Seite, die innen mit einer Mutter SW 8 samt Scheibe fixiert ist. Trotz massivem Rostlösereinsatz läßt sie sich nicht aufdrehen. Da hilft nur eins: **Ausbohren.** Zuerst muß mit einem 4-mm-Bohrer ein kleines Loch in den Schlitz gebohrt werden, damit der große Bohrer nicht abrutschen kann. Nach einigen Versuchen gelingt es. Dann wird ein **Titanbohrer** mit **7 mm** Durchmesser angesetzt und unter Zuführung von Bohröl und mit niedriger Drehzahl (600 min^{-1}) so lange gebohrt, bis der Kopf durchbohrt ist. Nicht weiter bohren, damit das Blech nicht beschädigt wird. Zuletzt den Kopf mit Hammer und scharfem Meißel wegschlagen.

1

2

1: Der Kotflügel kann nur abgenommen werden, wenn zuvor das Lenkrohr ausgebaut wurde (s. Kapitel Vorderradführung). 2. Am Adapter ist der Flügel mit drei Schrauben M6 befestigt.
3: Von unten sind die Schrauben mit Muttern nebst Scheiben gesichert (rote Pfeile). Auf die beiden Bolzen M8 der Federbeinbefestigung achten (gelbe Pfeile), sie fallen leicht heraus.
4: Mit Schraubendreher und Nuß SW 8 läßt sich die festgerostete Verbindung nicht lösen.
5: Die Schraube muß ausgebohrt werden.
6: Wo ausgebohrt wird, fallen reichlich Späne an.

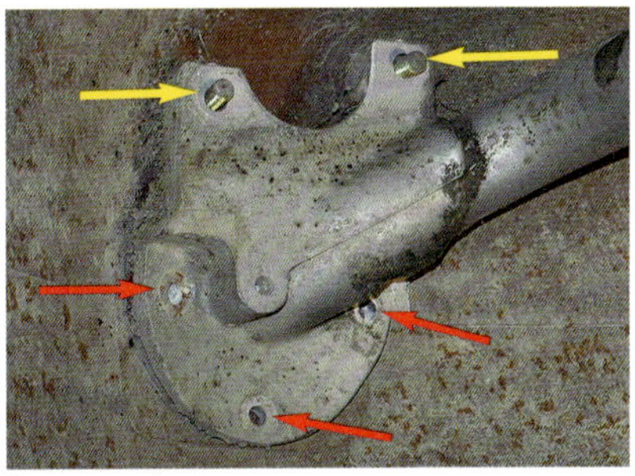

3

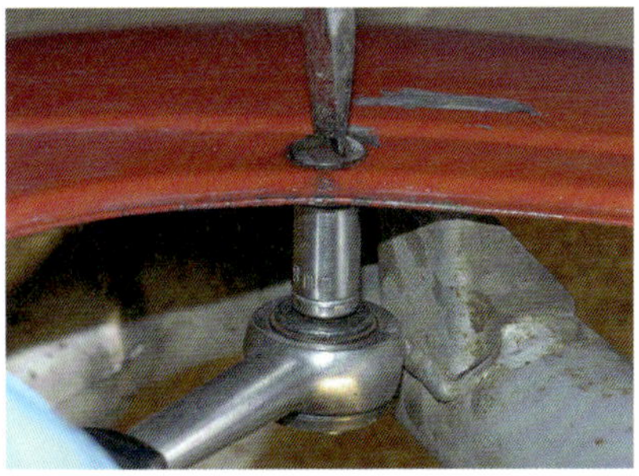

4

5

6

7

8

7: Vor dem Abheben des Flügels reinigen wir die Umgebung des unteren Lenkkopflagers. 8: Der Kotflügel wird nach oben gehoben und gleichzeitig nach vorne über den Adapter geschoben.
9: Lenkrohr und Kotflügel vor der Aufarbeitung; kleines Foto: die verrostete seitliche Mutter.

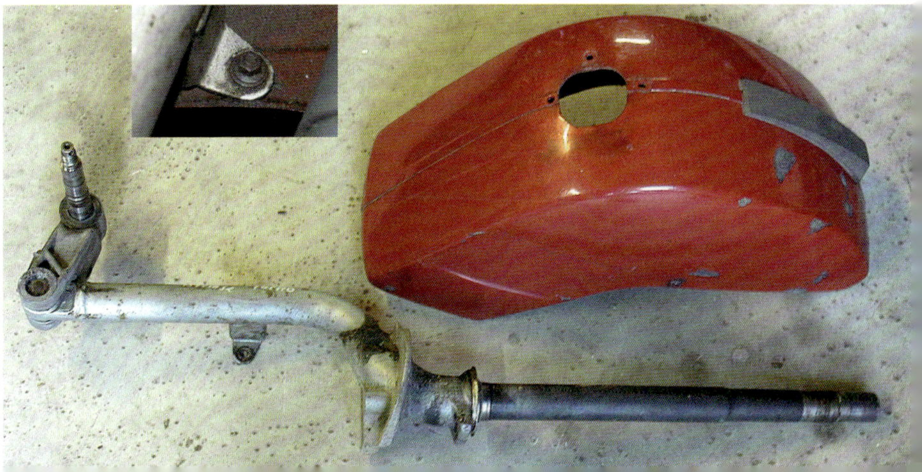

10

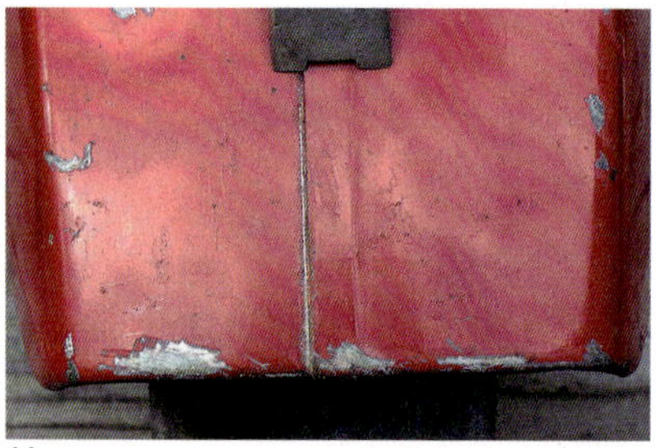

11

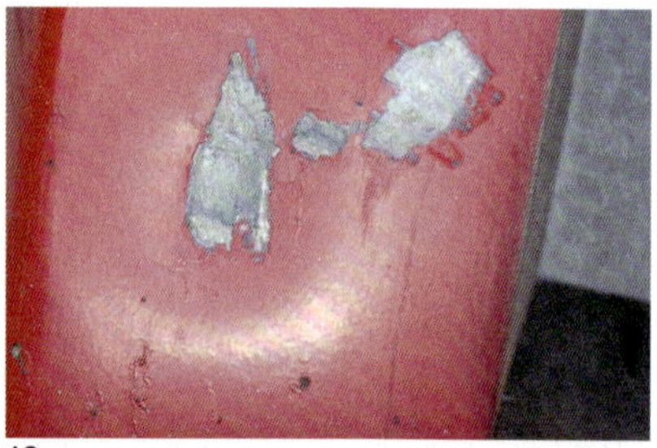

12

13

14

10, 13: Die zahlreichen Macken auf der Oberfläche und an den Kanten sind entrostet und teilweise bereits phosphatiert. 11, 14: einige Schlagschäden aus der Nähe betrachtet.

15

Vor dem Abnehmem vom Lenkrohr wird die Umgebung des unteren Lenkkopflagers mit Waschbenzin gereinigt. Dann Rohr senkrecht stellen, den Kotflügel anheben und so nach vorne schieben, daß er vom Rohradapter freikommt - keine Gewalt anwenden, es ist etwas fummelig. Nun Flügel nach oben vom Rohr abziehen.

Beim Betrachten der **alten Lackierung** kommen uns Zweifel: komplett erneuern oder nicht? Denn der Flügel hat sich im Laufe der Jahre **zahlreiche Macken** und eine **Beule** zugezogen. Hier und da hat sich **Rost** angesetzt, allerdings nur oberflächlich. Letztlich entschließen wir uns getreu unserer Maxime **„Patina erhalten“**, den **Lack nur auszubessern.** Soll man doch sehen, welche Kampfspuren der jahrzehntelange Einsatz hinterlassen hat! Ganz lackieren kann man ja auch später noch.

Vorderradkotflügel aufarbeiten:

Wir gehen genauso vor wie bei den Hauben. Zuerst wird von innen her die **Beule beseitigt,** was bemerkenswert gut gelingt. Dann waschen wir die Unterseite mit **Wasser** und Spülmittel ab, schleifen nach dem Trocknen mit dem **Dreieckschleifer** und in den Ecken von Hand und scharfem **Schmirgel** die gesamte Innenseite bis fast aufs nackte Blech ab. Damit ist der meiste Rost bereits eliminiert. Es folgt das Schleifen der Macken auf der Oberfläche mit dem Dremel.

Anschließend werden, wie beschrieben, **PAC 2030** und **Phosprim 4090** in deutlichen Zeitabständen aufgepinselt und trocknen gelassen. Danach präsentiert sich die Unterseite bereits in einem recht appetitlichen Zustand. Auch die Macken auf der Oberseite werden chemisch behandelt. Wie bei den Hauben erhält die Unterseite zum Schluß eine **Konservierung** mit **Owatrol. Unterbodenschutz** ist für uns **tabu,** denn den gab es ab Werk bei dieser Vespa nicht. Die (nicht demontierte) **Finne** aus grauem Plastik wird mit **Polytrol** aufgehübscht, ein Produkt mit langer Standfestigkeit auch bei jedem Wetter draussen. Zuletzt werden die Schadstellen aussen **grundiert** und **lackiert** wie beschrieben. Die **Sonax-Rotpolitur** gibt dem Kotflügel wieder seine Frische zurück.

Werkzeug Kotflügel

Dremelschleifer, Dreieckschleifer
Bohrmaschine
mit 4- und 7-mm-Titanbohrern
Ringschlüssel SW 10
Stecknuß, Verlängerung SW 10, SW 8
Schraubendreher breit
Hammer klein, mittel
Meißel schmal

Produkte, Material Kotflügel

Schmirgel 240er Körnung
Dreieckschleifpapier 80er, 120er
Waschbenzin, Spülmittel, Wasser
Restom PAC 2030
Restom Phosprim 4090
Rostol Owatrol, Polytrol
Grundierung MOTIP Primer grau
Lack MOTIP COLOR MATIC 3582
Mercedes L68
Renovierungs- und Rotton-Politur
5 Unterlegscheiben neu
3 Federringe neu
1 Schlitz-Maschinenschraube M6 neu

16

12, 15: Die Beule vorn am Kotflügel läßt sich ohne weiteres mit einem kleinen Hammer gerade klopfen. 16: Sieht schlimmer aus, als es ist – die Innenseite des Kotflügels vor dem Ausbau. Schmutz und Flugrost haben sich überall festgesetzt, aber keinen großen Schaden angerichtet.

Festgestellte Mängel Vorderradkotflügel

Verschraubung
Schlitzschraube seitlich: unlösbar festgerostet, Rost außen
Außenfläche
Lack: zahlreiche, leicht angerostete Macken infolge Steinschlags
Unterseite
Fläche: stark verschmutzt, Oberflächenrost

17

18

19

20

17: Der Rost ist weitgehend abgeschliffen. *18:* Die Innenseite mit frisch aufgebrachtem PAC 2030. *19:* Die Phosphatierung ist abgeschlossen. *20:* Die Schadstellen sind mit MOTIP-Primer grundiert. Beim Auftragen der feinen Lackschicht erwiesen sich vor allem Q-Tips als sehr nützlich.

21

22

21, 22: Nach dem Beilackieren mit 3582 Mercedes L68 und dem Polieren mit Sonax-Rot sieht der Flügel fast aus wie neu; der erhaltene alte Lack zeigt seine schöne Patina.

Vorderradkotflügel einbauen:

Zuerst müssen die beiden Schrauben M8, die später das **Federbein** halten, eingesetzt werden. Dann wird der fertig aufbereitete Kotflügel von oben über das Lenkrohr und die Lagerbasis geführt, dann auf den Adapter gesetzt – Millimeterarbeit. Von oben werden die drei Schrauben M6 eingeführt, wobei die Unterlegscheiben nicht vergessen werden dürfen.

Von unten werden die drei Schrauben mit Muttern M6, Scheiben und Federringen gesichert (Stecknuß SW 10, flexible Welle, zweiter Schlüssel SW 10 oben zum Gegenhalten). Vor dem Festziehen rechts außen neue Schlitz-Maschinenschraube mit Scheiben und Mutter einsetzen. Dann alles fest anziehen.

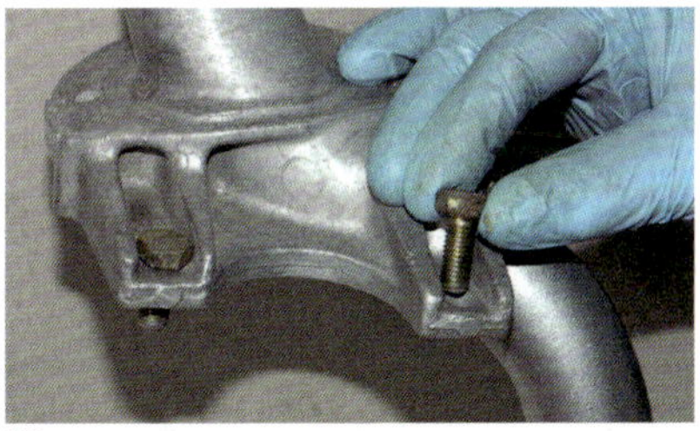

23

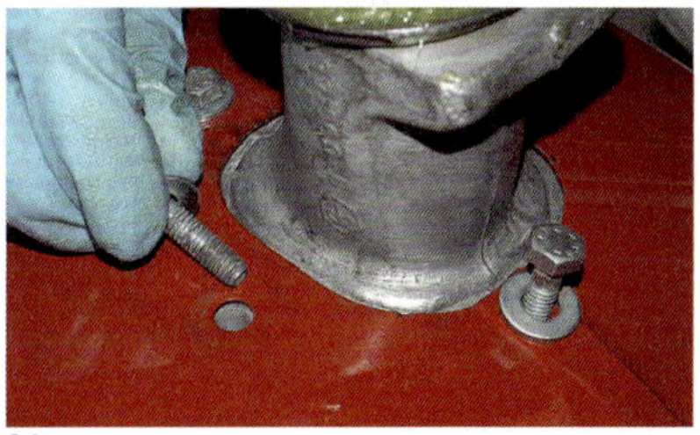

24

25

26

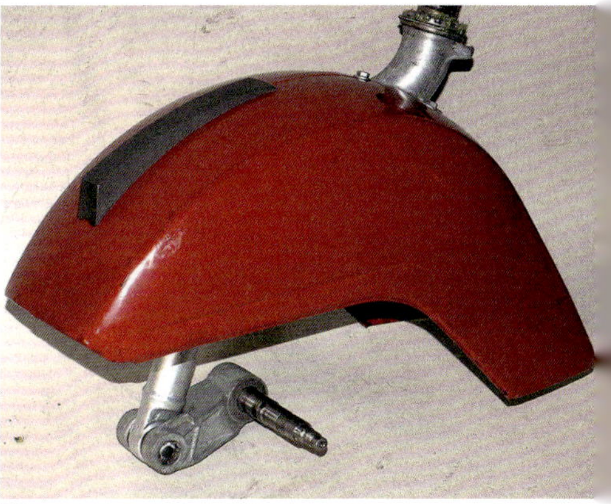

27

23: Zuerst die beiden Schrauben M10 für das Federbein wieder einsetzen. *24:* Kotflügel überstülpen und die drei Halteschrauben mit je zwei Unterlegscheiben oben/unten und je einem Federring einsetzen. *25:* Vor dem Festziehen seitliche Schlitzschraube einsetzen. *26:* Muttern SW 10 von unten anziehen, von außen gegenhalten. *27:* der fertig montierte Vorderradkotflügel; die Finne wurde noch mit Polytrol aufgefrischt.

Karosseriebereiche außen: Rost- und Scheuerstellen

Schadstellen-Ermittlung:

Auf den ersten Blick sieht die Karosserie unserer Vespa noch gut aus. Doch bei genauerem Hinsehen zeigen sich an vielen Stellen **Rost, Abschabungen** und **Scheuerstellen.** Vor allem an den Heckkanten und den Löchern der Kennzeichenbefestigung hat sich Korrosion ausgebreitet. Rostig sind auch die Reserveradhalterungen unter der linken Haube.

An anderen Stellen wie z.B. unter der Sitzbank ist nur der Decklack abgeplatzt, die originale Phosphatierung ist noch erhalten. Keinen schönen Anblick bieten auch die Aufnahmen der Schwingenlagerung und die Bereiche rund um die Haubenverriegelung.

__1, 2:__ starker Kantenrost und Rost an den Kennzeichenlöchern am Heck. __3, 4:__ gleiches Bild an den seitlichen Heckkanten. __5, 6:__ Die Aufnahmen der Schwingenlagerung sind angescheuert. __7, 8:__ Die (angerostete) Fußrastenanlage aus dem Zubehörprogramm hat ihre Spuren hinterlassen.

1

2

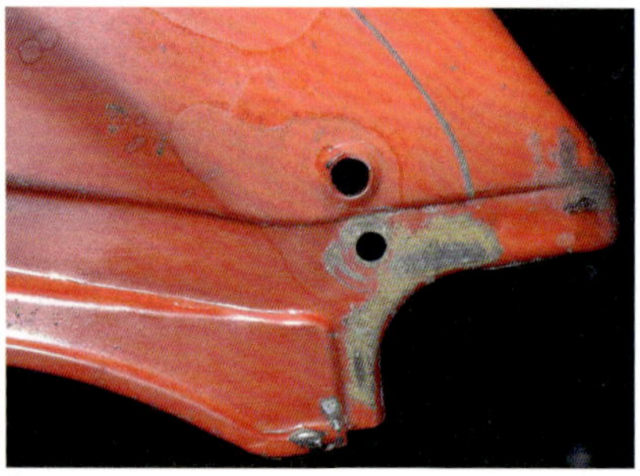
3

4

5

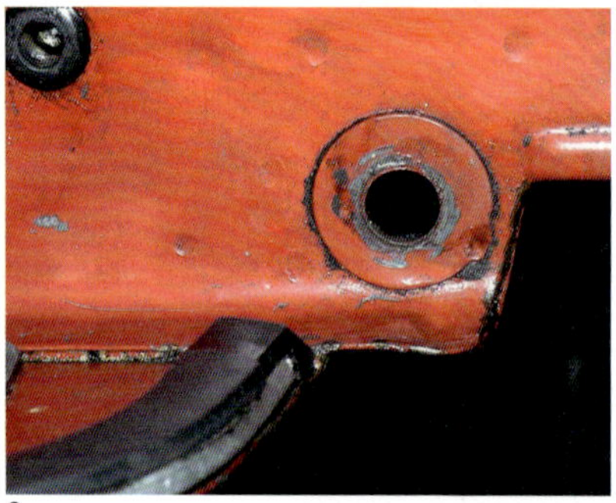
6

7

9

10

11

8

12

13

14

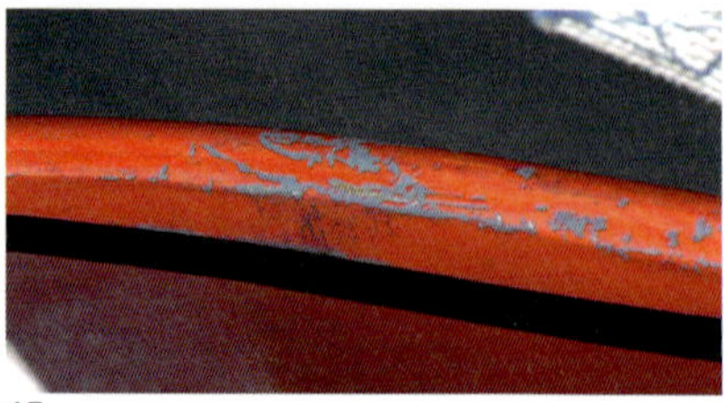
15

__9, 10:__ Vorn unter der Sitzbank ist der Lack an vielen Stellen abgeplatzt. Darunter ist aber noch die Phosphatierung ab Werk vorhanden. __11:__ Lackfehler auch an der Hohlraumkante rechts. __12:__ Zustand im Bereich der Haubenverriegelung rechts. __13, 14:__ Rost im Bereich der Elektrikelemente. __15:__ Schadstellen an der Hohlraumkante.

Karosseriebereiche außen: entrosten, phosphatieren, grundieren

1

2

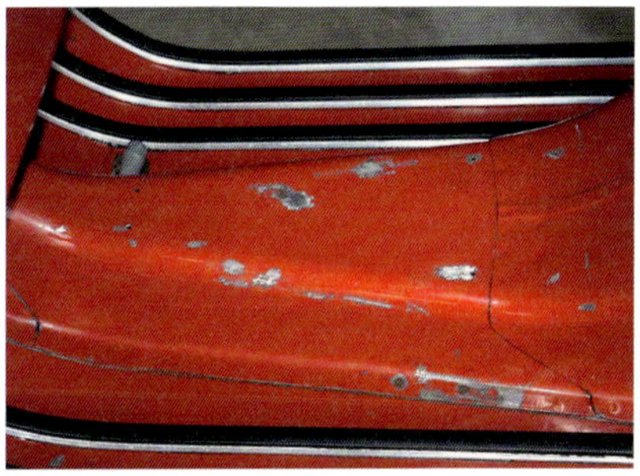
3

4

5

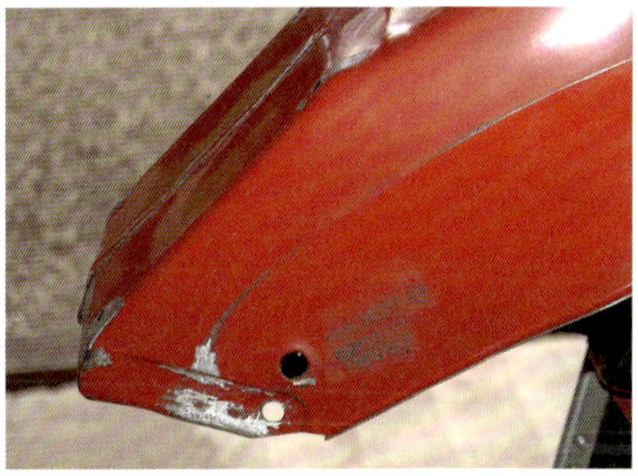
6

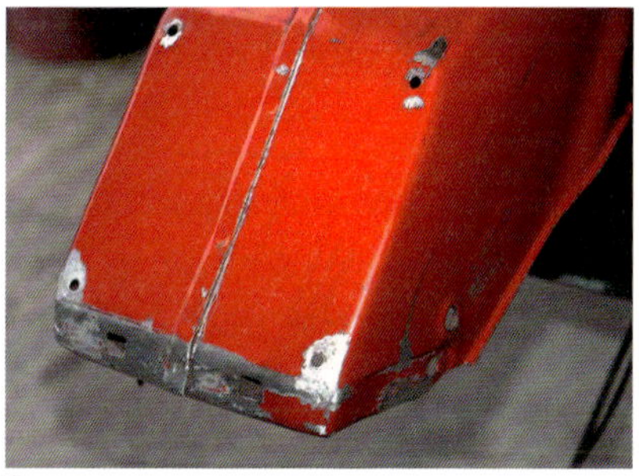
7

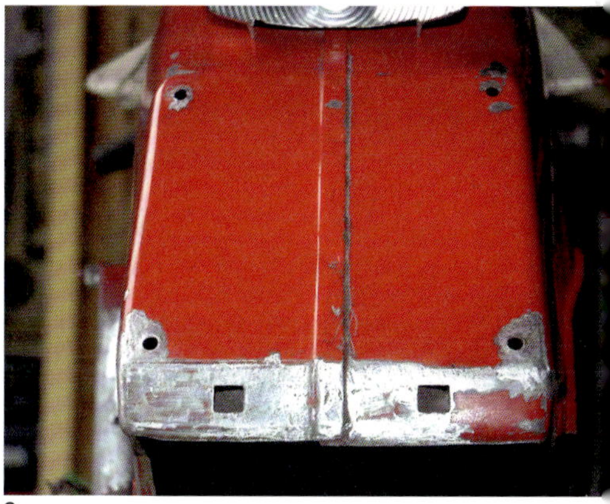
8

Festgestellte Mängel Karosseriedetails

Front, Beinschild
Lackierung: einige Kratzer
Durchstieg
Lackierung: Roststellen
Abdeckung: fehlt
Mittelteil, Heck
Lackierung: Kratzstellen, Kantenrost, Scheuerstellen
Seitenbereiche
Lackierung: unzureichend, Rostbildung

Werkzeug Karosseriedetails

Dremelschleifer, Dreieckschleifer

Produkte, Material Kotflügel

Schmirgel 120er, 240er, 600er Körnung
Dreieckschleifpapier 80er, 120er
Bremsenreiniger
Restom PAC 2030
Restom Phosprim 4090
Grundierung MOTIP Primer grau
Lack MOTIP COLOR MATIC 3582 Mercedes L68
Lackreinigungs-Politur
Rotton-Politur Sonax

__1:__ Mit der Korundspitze des Dremel-Schleifers läßt sich präzise arbeiten. Bei größeren Flächen muß die Spitze flach angesetzt werden, sonst erzeugt sie Vertiefungen. Gearbeitet wird mit mittlerer Drehzahl. __2:__ Die Reserveradträger werden vorsichtig mit dem Dreieckschleifer entrostet. Daneben und an den Kanten kommt wieder der Dremel zum Einsatz. __3:__ Der Durchstieg hat – auch wegen des fehlenden Pklastikabdeckung – zahlreiche Macken davongetragen, die abgeschliffen wurden. __4, 5:__ Auch die Zonen zwischen den Trittbrettleisten mußten behandelt werden. __6, 7:__ Am Heck zeigt sich nach dem Schleifen das blanke Blech. __8:__ Intakte Lackbereiche wurden beim Schleifen ausgespart.

Rostbeseitigung:

Da wir uns entschieden haben, den Originallack so weit wie möglich zu erhalten, müssen wir die vielen Schadstellen eine nach der anderen von Korrosion befreien und gegen neue Rostbildung schützen. Weil sich der Einsatz von Strahlmaterial verbietet, kommt nur eine **mechanische Entrostung** in Frage. Dies ist mühsam und erfordert Konzentration, doch die Arbeit läßt sich so auf die kleinstmöglichen Zonen begrenzen.

Unverzichtbar ist wieder das elektrische Schleifgerät der Firma **Dremel,** wobei wir eine Korundspitze verwenden, die mit mittlerer Drehzahl rotiert. Viel zu tun gibt es für das Gerät vor allem an den Kanten des Heckbereichs. Stellen, die noch Phosphatierung zeigen, werden nicht abgeschliffen.

Rostumwandlung, Grundierung:

Um letzte Rostspuren zu beseitigen, bestreichen wir alle Stellen mit PAC 2030. Nach dem Abwaschen und trocknen wird alles mit Phosprim 4090 **phosphatiert.** Das Heck wird abgeklebt und mit MOTIP-**Grundierung** lackiert. Kleine Stellen werden mit feinem Pinsel grundiert.

__1:__ Mit PAC 2030 behandelter Bereich. __2:__ Die anschließende Phosphatierung läßt sich gut mit Wattestäbchen auftragen. __3:__ Bereich unter der linken Haube nach der Phosphatierung. __4:__ Auftragen der Grundierung mit feinem Malerpinsel. __5:__ Die abgeklebte Zone wird mit MOTIP grundiert. __6:__ Aufsprühen des angemischten Rotlacks.

3

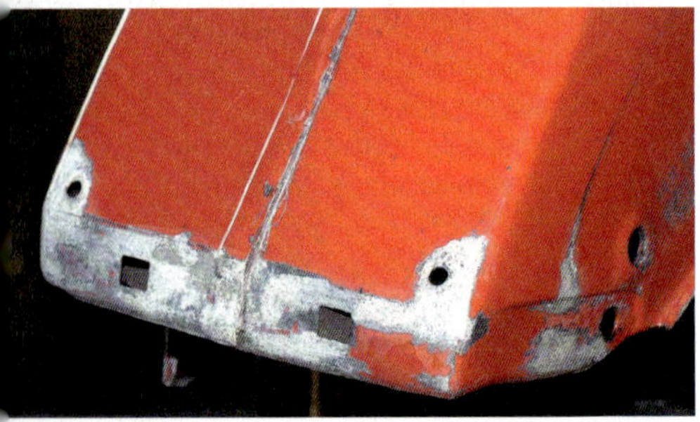
1

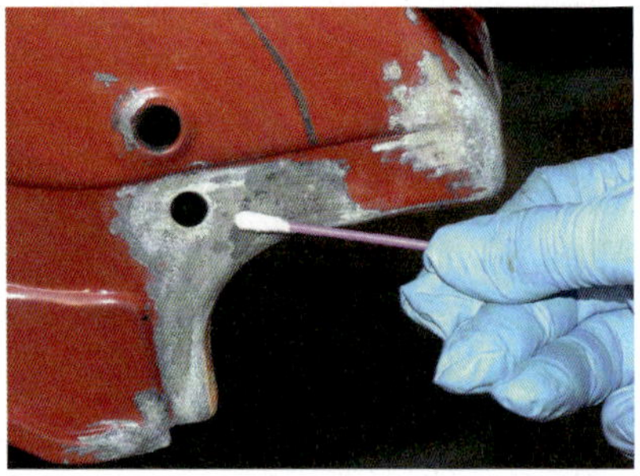
2

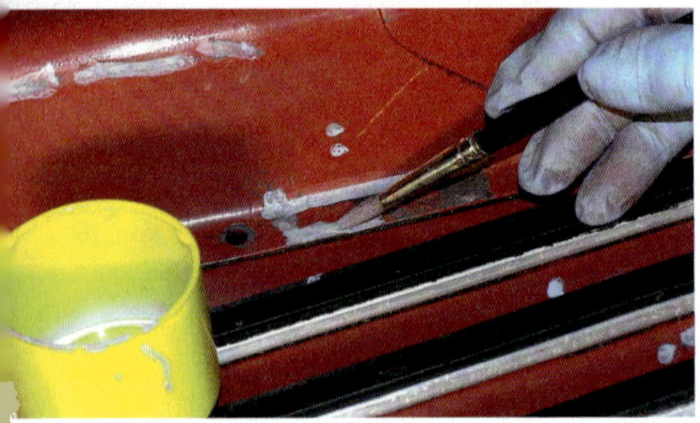
4

5

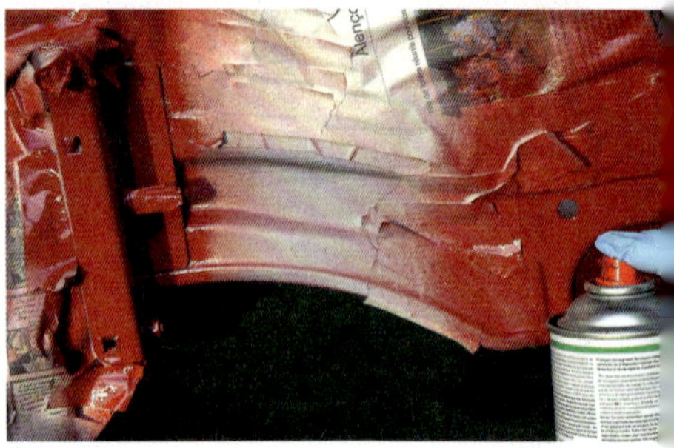
6

Karosseriebereiche außen: beilackieren

Beilackierung:

Es ist die reinste Kunstmalerei, die grundierten Schadstellen mit dem eigens angemischten Lack L86 abzudecken. Für die kleinen Macken haben wir einen Pinsel eingesetzt. Der Lack wird in kleinen Mengen in einen Spraydosendeckel gesprüht und von da entnommen. Es muß zügig gearbeitet werden, da der Lack schnell trocknet. Beim zeitaufwendigen Beilackieren bleibt der Originallack mit seiner schönen Patina erhalten.

2

3

1

__1:__ Trittbrettbereich rechts nach dem Beilackieren und Polieren. __2:__ Trittbrett links beilackiert und aufpoliert. Die Leisten wurden mit Autoglym Gummipflege behandelt. __3:__ Der Sprühnebel ab Werk am Heck wurde nicht überlackiert. __4:__ Beilackieren mit dem Pinsel Nr. 10 von Eico. __5:__ Gepäckkasten.

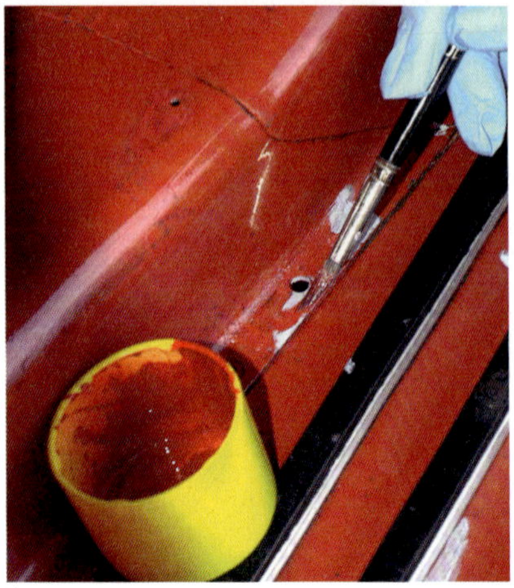
4

5

6: Nach dem Beilackieren wird die ganze Karosserie mit einem Lackreiniger bearbeitet, der verwitterte Partien auffrischt und und Übergänge wegpoliert. Danach wird alles mit Rotpolitur von Sonax auf Hochglanz gebracht; die Spezialpolitur holt das Letzte aus dem alten Lack heraus. 7, 8: der Heckbereich nach dem Rundumprogramm; die Haubenspur wurde absichtlich belassen. 9: die Karosserie nach dem Beilackieren, aber vor dem Polieren. 10, 11: die beilackierte Mittelpartie. 12: die Karosserie während der Aufbereitung.

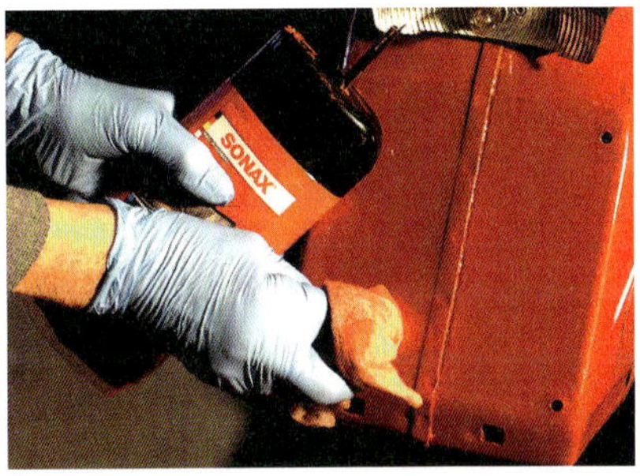

6

7

9

8

10

11

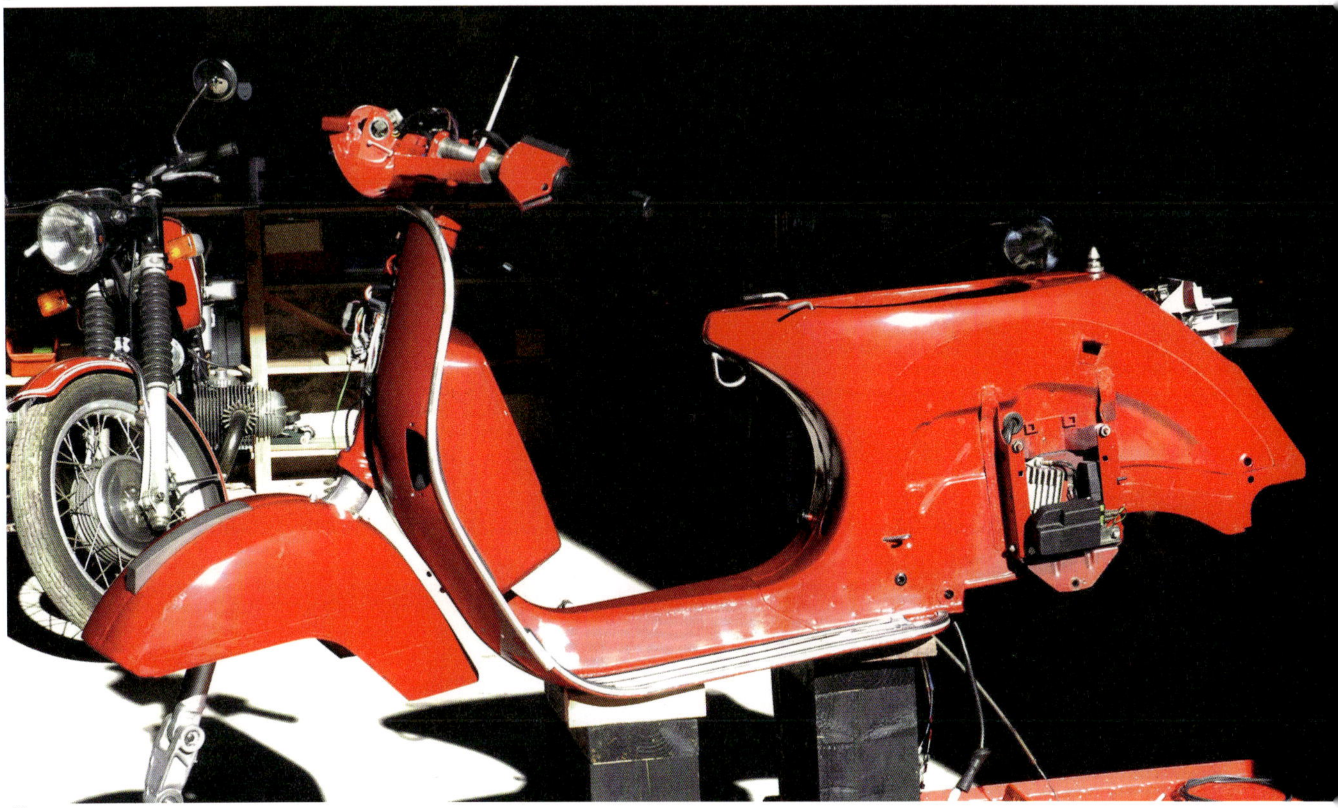

12

Trittbrettleisten fachgerecht ausbauen und montieren

Die originalen Trittbrettzierleisten sind mit **Aluvoll- und Blindnieten** befestigt. Zum **Ausbauen** der vernieteten Leisten benötigt man eine Bohrmaschine, einen 3-mm-Bohrer und einen Körner. Nach dem Herausziehen der Gummileisten werden die mittleren **26 Vollnieten** von oben angekörnt und dann herausgebohrt. Sobald sich der Nietenkopf gelöst hat, wird das verbleibende Nietenstück nach unten durchgedrückt. Die **zwölf Blindnieten** bei den Lusso-Modellen (an den Enden und vorne) werden von der Unterseite bzw. von vorne ausgebohrt.

Nicht so einfach ist die fachgerechte **Wiederanbringung** oder **Neumontage** der Aluleisten. Perfekt gelingt das nur mit einer speziellen Nietenzange und spezifischen Alu-Vollnieten, erhältlich z.B. bei www.scooter-center.com/de und bei www.sip-scootershop.com/. Alle anderen Arten der Montage sind wenig fachgerecht und in Fankreisen verpönt. Für die beiden innenliegenden Leisten genügen Nieten der Größe 3 x 8 mm. Für außen sollten es mindestens 3 x 12 mm sein.

Wichtig ist, daß **neue Aluleisten** vor der Lackierung der Karosserie **gebogen** und in die passende Form gebracht werden, idealerweise bei noch unlackiertem Trittbrett. Neue originale Vespa-Leisten und auch die Zubehörleisten unterscheiden sich von der Qualität kaum. Sie haben aber alle gemeinsam, dass sie von der Biegung her und auch teilweise bezüglich der Bohrungen nicht passen.

Wenn man dann die Leisten in der richtigen Form hat, muss man schauen, dass die Vollnieten und auch den Blindnieten durch das lackierte Trittbrett passen. Oft sind diese Bereiche zulackiert bzw. der **Lochdurchmesser** ist zu gering. Da hilft es dann nur, nachzubohren oder mit einer spitzen Rundfeile diesen Bereich zu weiten. Je nachdem muß mit einem passenden **Lackstift** nachgetupft werden.

Vor dem finalen Montieren ist es wichtig, zuerst einmal die **Leiste aufzulegen** und alle **Nieten durchzustecken.** Erst so kann man erkennen, ob auch alles passt. Aber **Vorsicht:** Bei den Passproben verkratzt man mit den Leistenenden leicht das Trittbrett. Sollte die Vespa bereits lackiert sein, muß man bei der Anpassung der Leisten die Enden mit **Kreppklebeband** (oder Ähnlichem) umwickeln, um Kratzer zu verhindern.

Es bietet sich auch an, vor der Montage die Leisten ein wenig auf Vordermann zu bringen, also zu **polieren.** Ich nehme hierzu feine Stahlwolle in Öl getränkt für die erste Reinigung und Grobpolitur. Danach wird nochmals mit einem Alupflegemittel feinpoliert. S100-Hochglanzpolitur eignet sich hervorragend.

Jetzt kann es an die **Montage** gehen. Mit der erwähnten Spezialzange ist das relativ einfach.Wichtig ist es, dass die Vollnieten nicht zu lang unter dem Trittbrett hervorstehen. Man kann sie mit der Zange auf 4-5 mm kürzen. Dann einen **Rautenaufsatz** für die unten herausschauenden Vollnieten auf die Montagezange setzen, den richtigen Abstand an der Zange einstellen und die Niete zusammendrücken.

Für das Anbringen der Blind- oder Poppnieten empfiehlt es sich, die **Löcher mit Klebeband zu umgeben,** damit nichts verkratzt wird. **Vorsicht:** Bei Blindnieten passiert es oft, dass es beim Abscheren der Niete zu einem Versatz des Werkzeugs kommt und dadurch ein Kratzer im Lack entsteht.

Sorgfalt ist auch beim **Anbringen der Trittbrettgummis** nötig (als Meterware erhältlich). Besonders leicht geht das, wenn die Gummis vorher mit Silikonspray oder Vaseline behandelt werden. Die Gummis sollten vom Handschuhfach her spannungsfrei montiert und dann vorne mit den Endstücken versehen werden. Nicht zu kurz abschneiden, weil die Gummis im Laufe der nächsten Zeit etwas schwinden und dadurch Spalten zwischen Endstück und Gummileiste entstehen.

Text und Fotos: Werner Lechner

1

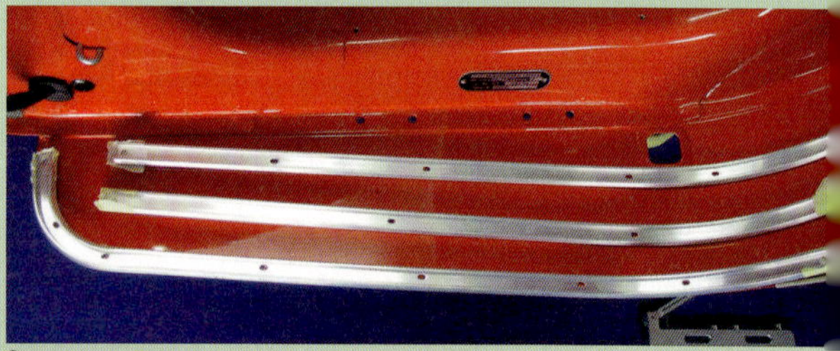
2

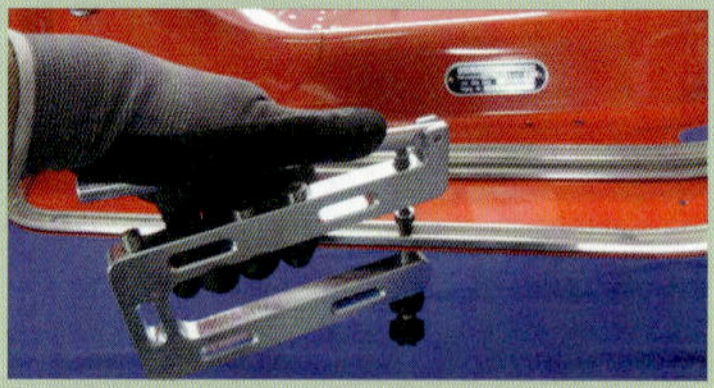
3

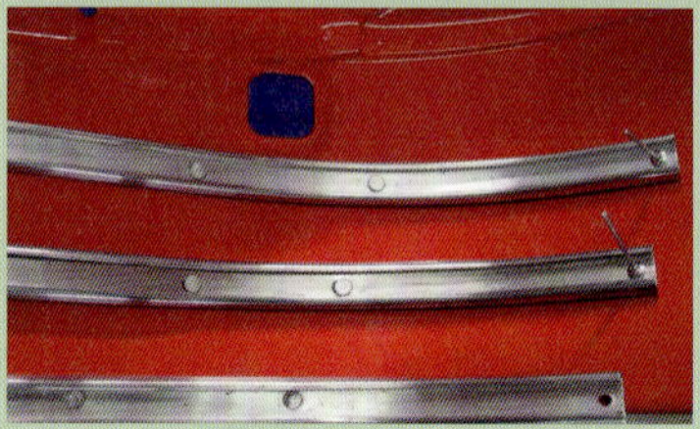
4

***1:** Eine von Sammler und Restaurator Werner Lechner restaurierte PX 80 mit bereitgelegtem Trittleistenkit.* ***2:** Die neuen Trittleisten werden angepaßt.* ***3:** Setzen der Nieten mit einer speziellen Zange.* ***4:** Vollnieten (links) und Blind- bzw. Poppnieten (rechts, noch nicht gekappt).*

Haubenverriegelung: Kontrolle, Aufarbeitung

Haubenverriegelung, Gummis: Die Haubenverriegelung läßt sich nach Hochklappen der Sitzbank ausbauen: Jeweils zwei Kreuzschlitzschrauben lösen, Federn aushängen, **Betätigungsstangen** und **Verriegelungshaken** abnehmen. Oben an den Griffen der Stangen fehlte ein Gummi, ein Führungsring ging verloren. **Beide Gummis** und die **Ringe** aus Plastik haben wir erneuert. Es ist beachtlich, daß selbst Kleinteile wie diese noch ab Werk lieferbar sind.

__1, 2:__ Die Basisplatten der (hier noch nicht gereinigten) Haubenverriegelungen sind mit je zwei Kreuzschlitzschrauben befestigt. __3, 4:__ Haken für die Haubenarretierung vor und nach der Aufbereitung. __5, 6:__ Ein Griffgummi fehlte; rechts: beide Gummis und beide Führungsringe wurden erneuert. __7:__ der große Hohlraum nach der Reinigung.

1

2

3

4

5

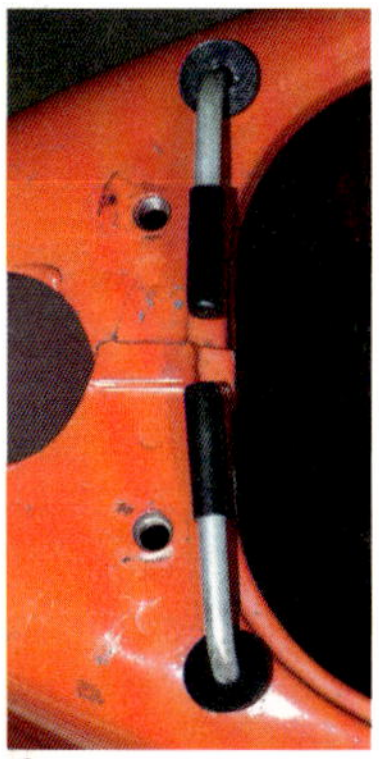
6

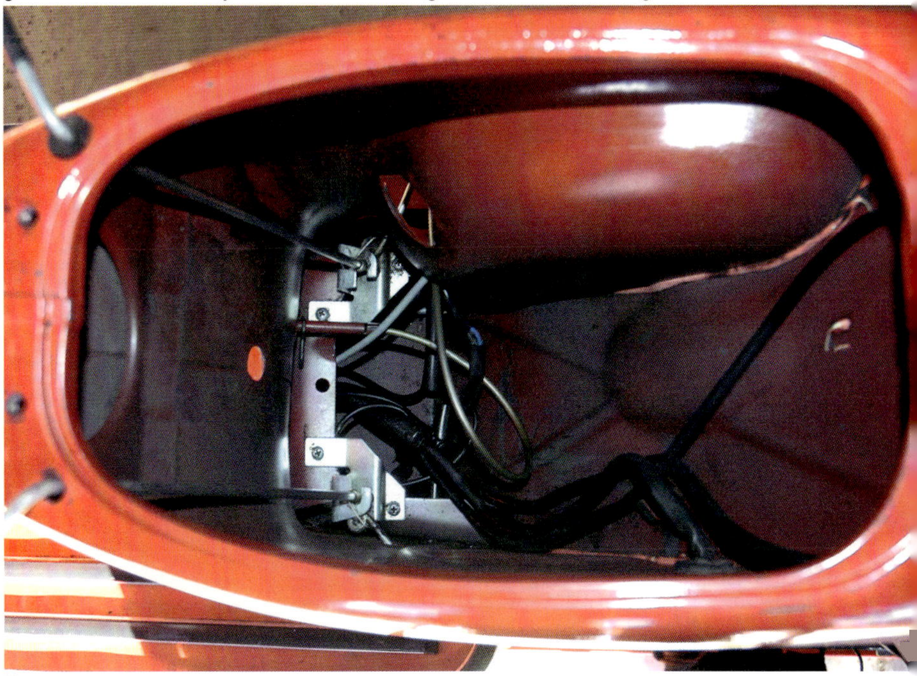
7

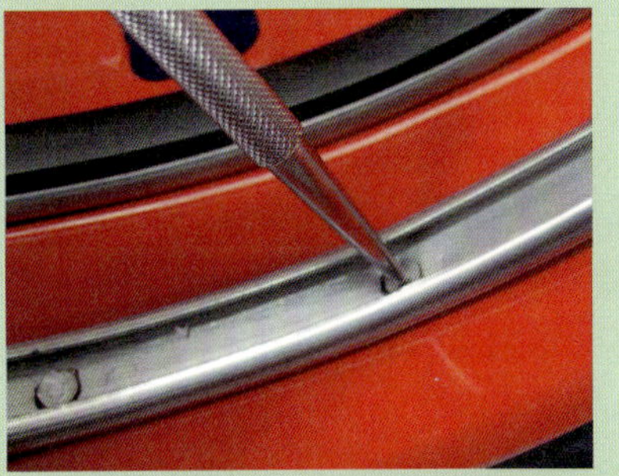
5

6

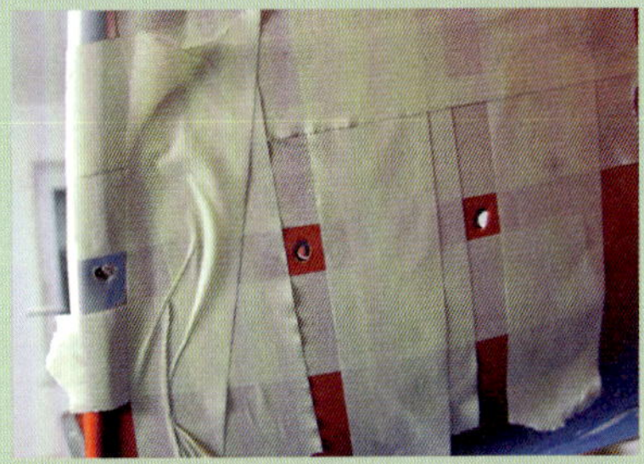
7

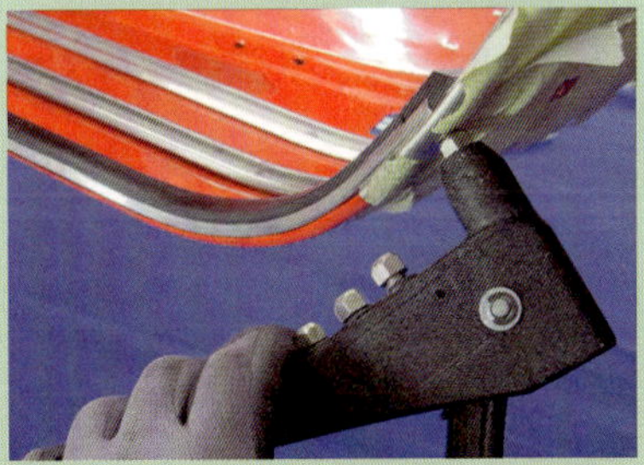
8

9

__5:__ Ankörnen alter Nieten. __6:__ Die alten Nieten werden ausgebohrt. __7:__ Abkleben des Beinschilds, um Kratzer zu verhindern. __8:__ Setzen der Blindnieten mit der Poppnietzange. __9:__ fertig eingesetzte Gummileisten und Endstücke.

Sitzbank renovieren:

Kunstlederbezug und **Unterbau** aus Stahl der Doppelsitzbank unserer PX 200 E befinden sich in bemerkenswert gutem Zustand. Die Bank ist nicht durchgesessen und hat keinerlei Risse, was bei einem derart über viele Jahre hinweg beanspruchten Fahrzeug selten ist. Deutlich angerostet ist die **Halteplatte** mit dem Scharnier. Auch die **Traversen** an der Unterseite zeigen etwas Korrosion. Alles wird entrostet, phosphatiert und schwarz lackiert, teils von Hand, teils mit Sprühlack.

Das **Piaggio-Schild** am Heck ist noch erhalten, aber leicht beschädigt, was behoben wird. Der Chrom des **Sozius-Haltgriffs** ist ein wenig angelaufen; wir polieren das Teil mit dem alten Hausmittel Herdblank und guter Politur wieder auf. So machen wir es auch mit dem einstellbaren (Schlüssel SW 16) **Schließzapfen.** Der **Kunstlederbezug** wird mit dem von uns seit langem geschätzten Spezialmittel von Autoglym aufgearbeitet. Die milchige Flüssigkeit reinigt nicht nur, sie verleiht dem Material auch einen seidigen Glanz, der zudem über lange Zeit erhalten bleibt.

Das **Schloss** funktioniert noch einwandfrei, muß optisch aber aufgearbeitet und zudem gefettet werden. Beim **Zusammenbau** ersetzen wir die vier Schrauben M6 samt Unterlegscheiben, Federringen und Muttern der Relingbefestigung durch Neuteile.

1

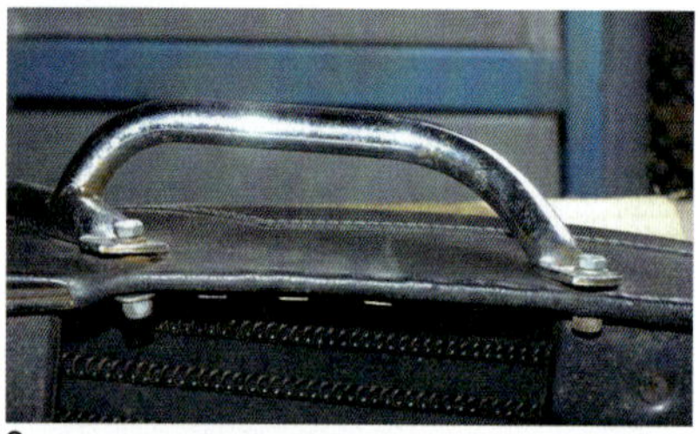
2

3

4

5

6

7

8

9

10

1: Das mit drei Schrauben M8 an der Karosserie befestigte Scharnier ist stark verrostet. 2: Der Chrom des Haltegriffs muß aufpoliert werden, die vier verrosteten Schrauben werden ersetzt. 3, 4: der Stahlrahmen zeigt ebenfalls Rostspuren. 5: Die (intakten) Gummiauflagen werden abgenommen und gereinigt. 6: Schloss und Distanzblech sind mit drei Schrauben M5 befestigt. 7: Abschrauben des Piaggio-Emblems. 8: Der Schriftzug ist leicht beschädigt. 9: der Unterbau nach dem Entrosten. 10: der teilweise aufpolierte Schließzapfen.

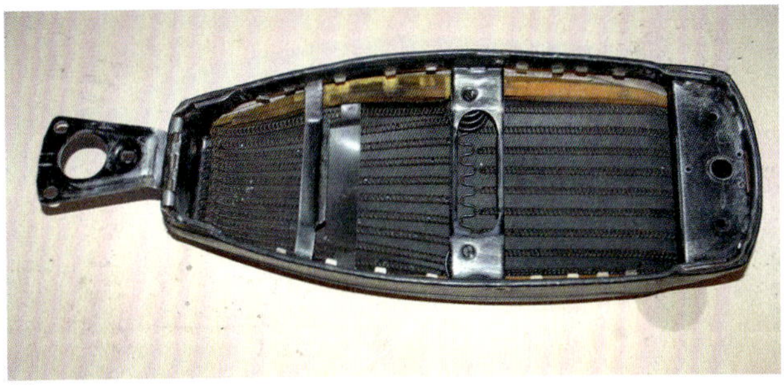

11

12

11: der entrostete Unterbau. ***12:*** *Unterbau mit lackierten Stahlelementen.* ***13:*** *der mit Autoglym behandelte Bezug.* ***14:*** *Nach Aufarbeitung und Zusammenbau sieht die Sitzbank wie neu aus.* ***15:*** *die Schloss-Elemente.* ***16:*** *neue Schrauben und Scheiben für den Soziagriff.*

13

15

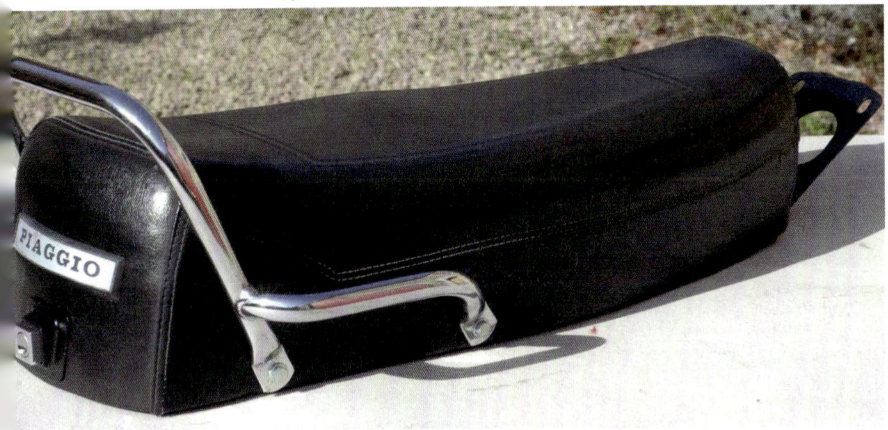

14

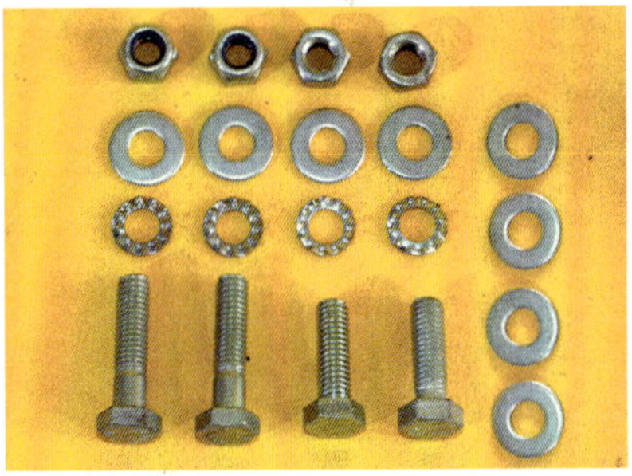

16

Werkzeug Sitzbank

Stecknüsse SW 7, SW 10, SW 13
Ringschlüssel SW 10
Kreuzschlitzschraubendreher klein

Produkte, Material Sitzbank

Schmirgel 120er, 240er, Körnung
Bremsenreiniger
Restom PAC 2030
Restom Phosprim 4090
Grundierung MOTIP Primer grau
Lack schwarz zum Streichen und Sprühen
Renovierungs-Politur
Herdblank
Feinpolitur
Pflegemittel Autoglym, Polytrol
4 Schrauben M6
8 Scheiben M6
4 Federringe M6
5 Scheiben M8
5 Federringe M8

Festgestellte Mängel Sitzbank

Polsterung
Bezug: stumpf
Schloß
Mechanismus: schwergängig
Haltebügel
Chrom: stumpf
Befestigung: Schrauben, Muttern, Scheiben verrostet
Metall-Unterbau
Rahmen, Scharnier: angerostet
Emblem
Schriftzug: leicht beschädigt

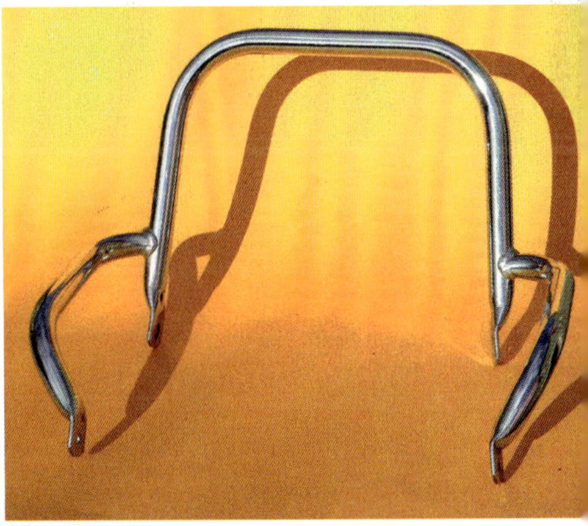

17

17: *Der Griff glänzt dank Herdblank wie neu.* ***18:*** *das verbesserte Schild.* ***19:*** *Befestigungsteile von Scharnier und Tank mit neuen Scheiben.*

18

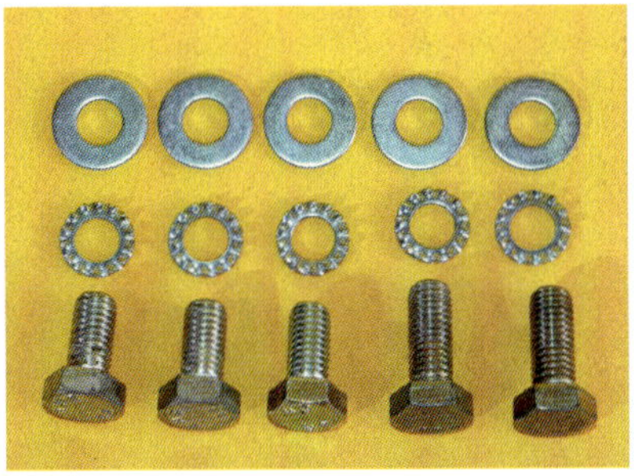

19

Teil 7

Aufbereitung Tank, Vergaser, Ölpumpe

Instandsetzung Treibstoffversorgung

Benzin- und Öltank: Ausbau, Aufarbeitung, Einbau

Benzintank, Öltank ausbauen:

Bei der Vespa PX mit **Getrenntschmierung** sind **Benzin- und Öltank miteinander verschraubt** und werden zusammen ausgebaut. Ausgangslage in unserem Fall: Motor und Vergaser abgeklemmt und ausgebaut, **Benzin- und Ölschlauch** abgezogen, Benzin und Öl abgelassen. Wir haben diesen Arbeitsschritt vor der Aufarbeitung der Karosserie durchgeführt.

Zuerst die **Steckverbindung** zum **Geber** für die **Benzinuhr** abziehen. Drehverschluß des Gebers mit einem starken Schraubendreher schlagend gegen den Uhrzeigersinn lösen, Geber aus dem Tank ziehen. Doch so einfach ist es in unserem Fall nicht: Das verwinkelte **Schwimmergestänge** verhakt sich mit der Tanköffnung. Mit Vorsicht und Geduld gelingt es uns dann doch, das gesamte Gebersystem aus dem Tank zu nehmen. Schäden sind nicht feststellbar.

Jetzt die beiden Schrauben SW 13 lösen, mit denen vorn gleichzeitig **Tank** und **Sitzbankhalterung** befestigt sind (wurde beim Sitzbankausbau schon erledigt). Auch die ganz vorn sitzende Schraube SW 13 der Sitzbankhalterung wurde bereits ausgedreht. Dann die beiden hinteren Schrauben SW 13 der Tankbefestigung lösen.

Die Tankkombination läßt sich nur aus dem Fahrzeug heben, wenn die **Gummitülle** vorn am **Ölschauglas** entfernt wird. Tank so anheben, daß die **Sicherungsklammer** des Benzinhahns abgezogen werden kann; Benzinhahn (Stange) vorne herausziehen (die Tülle fehlt). Auf das **Schauglas** am Öltank achten – es darf beim Herausziehen nicht beschädigt werden. Bei älteren Rollern wie dem unseren ist es ausgehärtet und daher recht zerbrechlich.

Dann den Tank so weit wie möglich hochheben und festhalten. Eine Helferin oder ein Helfer schiebt **Benzin-** und **Ölschlauch** von außen durch die Karosserie in den Tankraum nach; dazu die Ölschlauchtülle lösen und nachschieben. Tankkombination komplett abnehmen und in eine Wanne legen, weil Reste von Benzin und Öl auslaufen. Wir binden die Flüssigkeiten mit Katzenstreu ab.

Benzintank, Öltank aufbereiten:

Weil der Zustand der kombinierten Tankanlage gut ist, gibt es nicht viel zu tun. Der **Benzintank** weist lediglich ein paar Schrammen auf und wird dünn mit lösemittelhaltigem Schwarzlack gestri-

Zeichnung: Werkstatt-Handbuch Vespa P 200 E, Piaggio & C./Corradino Mori

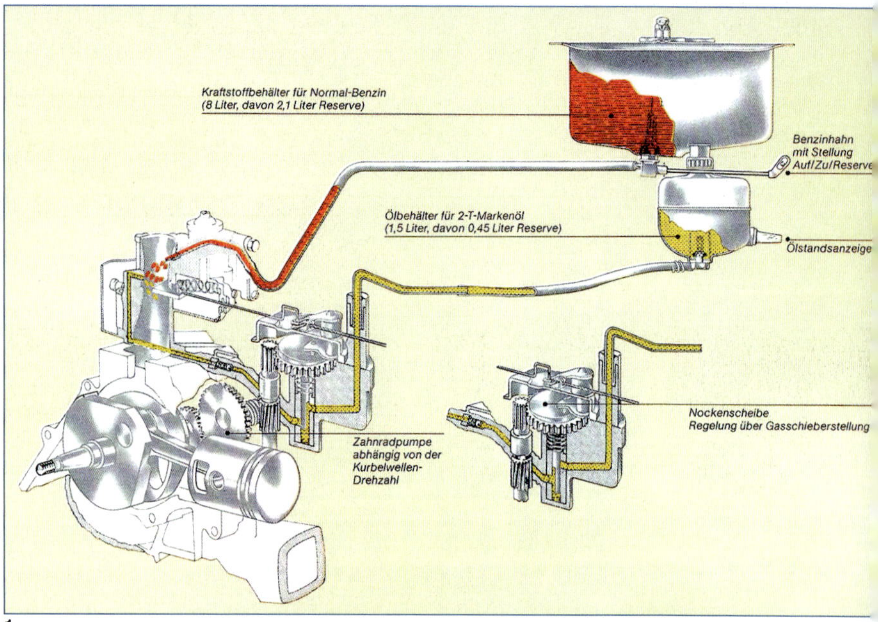

1

2

__1:__ Schema der Getrenntschmierung bei PX- und Cosa-Modellen; die Öldosierung läuft drehzahlabhängig über die Zahnradpumpe, die von der Kurbelwelle aus angetrieben wird. Kern des Systems ist die Nockenscheibe der Pumpe. Oben rechts im Bild der Benzintank in Blechbauweise und der angeschraubte Öltank aus Kunststoff.
__2:__ Blick auf die Oberseite des Tanks mit Benzin- und Öltankdeckel, Geberplatte, Kabelanschlüssen. Alles macht einen noch brauchbaren Eindruck.

3

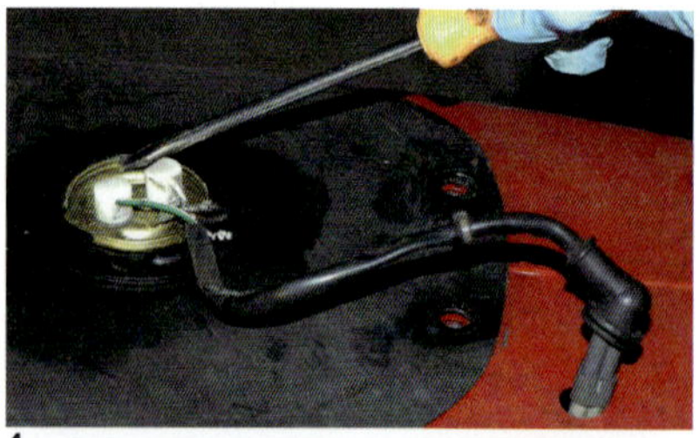

4

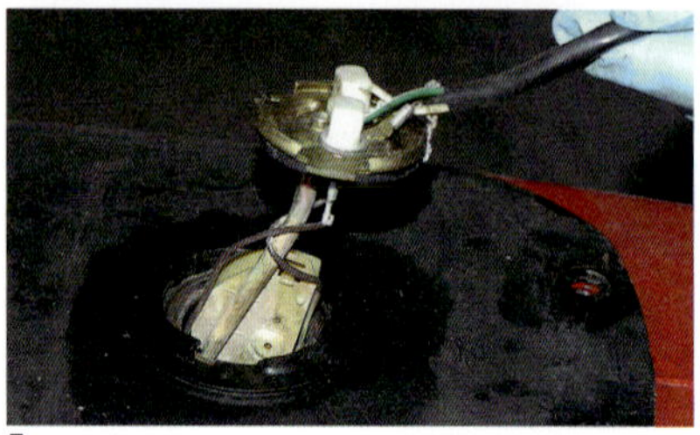

5

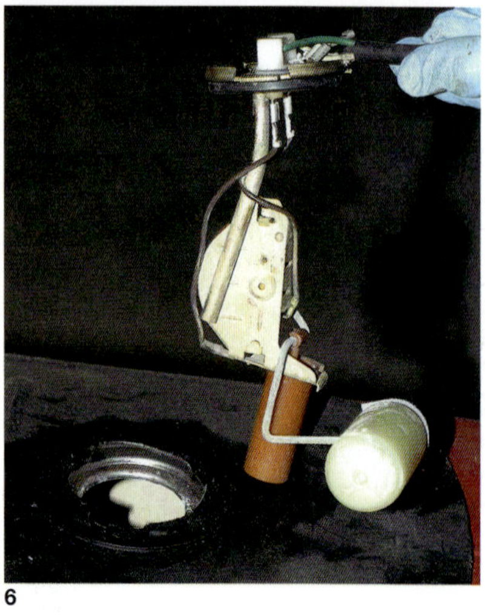

6

__3:__ Nach Ausbau der Sitzbankhalterung (s. weiter vorn im Buch) werden die hinteren Schrauben SW 13 der Tankbefestigung gelöst. __4:__ Der Doppelstecker der Kabel für den Geber der Benzinstandanzeige wird einfach abgezogen.
__5:__ Das Schwimmergestänge verhakt sich und muß vorsichtig „befreit“ werden. __6:__ Die komplette Geberanlage mit dem Schwimmer.

chen. Die **Gummidichtung** aus Naturkautschuk wird mit dem Spezialpflegemittel von Autoglym aufgefrischt.

Wir prüfen alle **Dichtungen** und stellen fest, daß die Abdichtungenn zwischen Benzin- und Öltank, an der Öltank-Ablaßschraube sowie am Schauglas nicht durchlässig sind. Gut so, denn Ersatzdichtungen sind (außer fürs Schauglas) ab Piaggio nicht mehr lieferbar.

Kein so gutes Bild geben die transparenten **Schläuche für Benzin und Öl** ab. Sie sind völlig verhärtet und können allein schon von daher nicht mehr richtig abdichten. Außerdem ist die Fiberdichtung am Verbindungsstutzen des **Benzinschlauchs** zum Vergaser brüchig

7

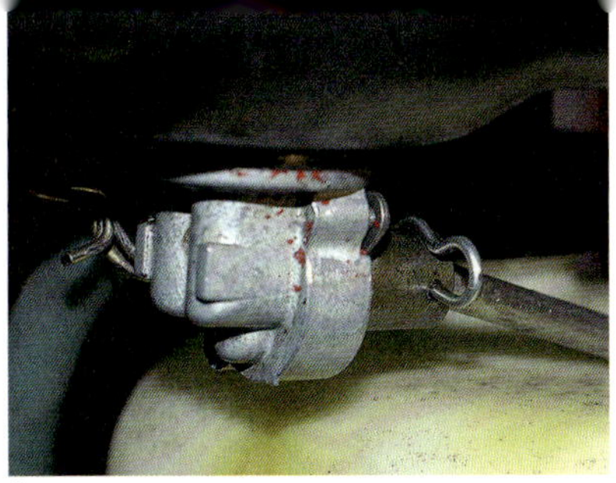

8

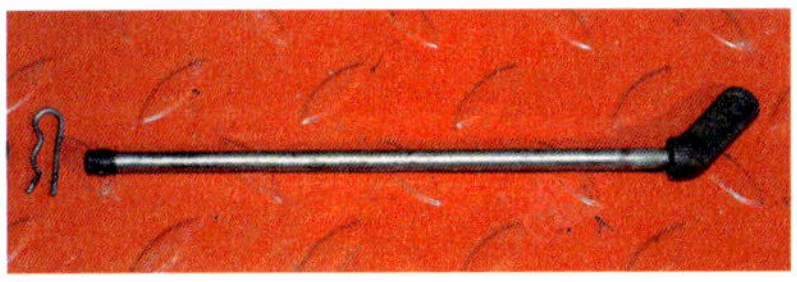

9

7: Vor dem Ausbau der Tankkombination muß die Gummitülle am Schauglas abgezogen werden. 8: Das Benzinhahngestänge ist mit einem Splint gesichert. 9: der ausgebaute Benzinhahn mit Splint. 10: Herausheben der Tankkombination aus dem Schacht. 11: Öltankverschraubung (dicht), Benzinhahn mit Klammer des Schlauchs. 12: die komplette Tankkombination mit den beiden Schläuchen. 13: Schauglas, Dichtung und Verschraubung sind in Ordnung. 14: Die Dichtung am Schlauchadapter ist noch einwandfrei. 15: (falsche) Schlauchschelle des Ölschlauchs mit von der Karosserie heruntergerutschter Tülle.

10

11

12

13

14

15

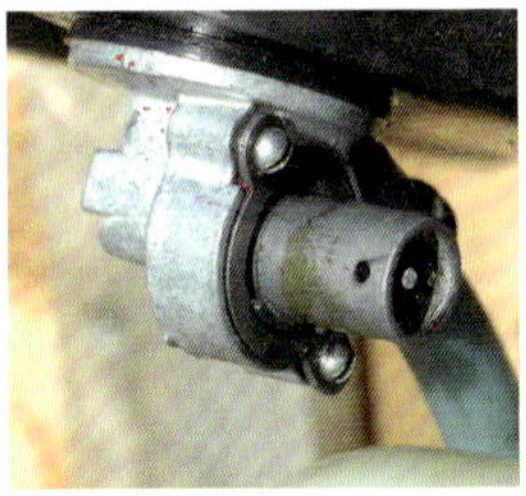

16

17

18

19

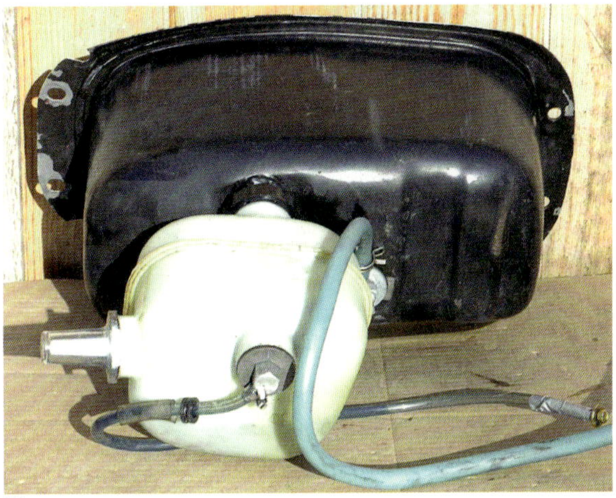

20

16: Der Benzinhahn kann nach Lösen der beiden Schrauben eingestellt werden. Die Schrauben drücken je nachdem, wie fest sie angezogen werden, gegen die Federplatte 17: Verbindung Benzinschlauch-Benzinhahn. 18: Die große Dichtung zwischen Karosserie und Tank befindet sich noch in gutem Zustand. 19, 20: Die Lackierung ist an einigen Stellen abgeschabt, aber nirgendwo ist grobe Korrosion vorhanden.

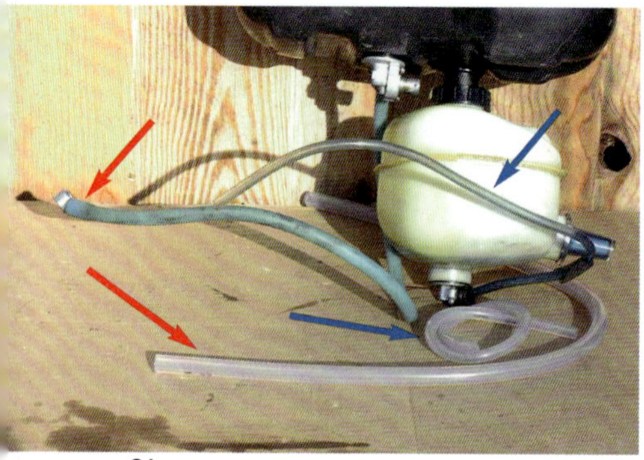

21

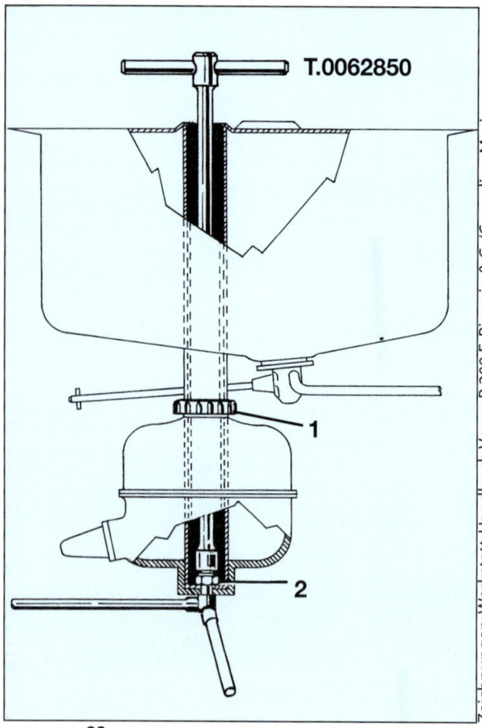

22

Zeichnungen: Werkstatt-Handbuch Vespa P 200 E, Piaggio & C./Corradino Mori

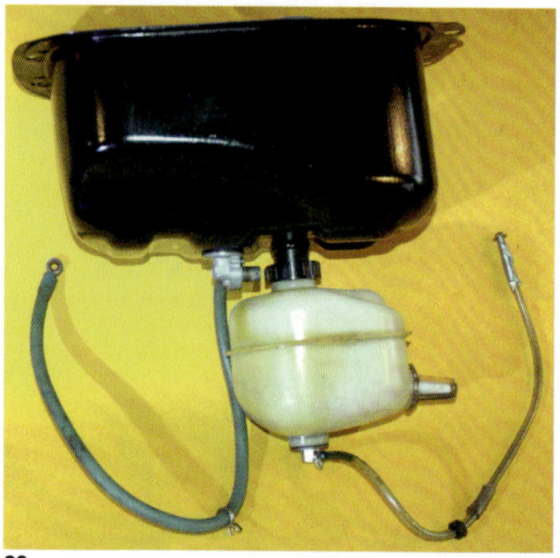

23

24

25

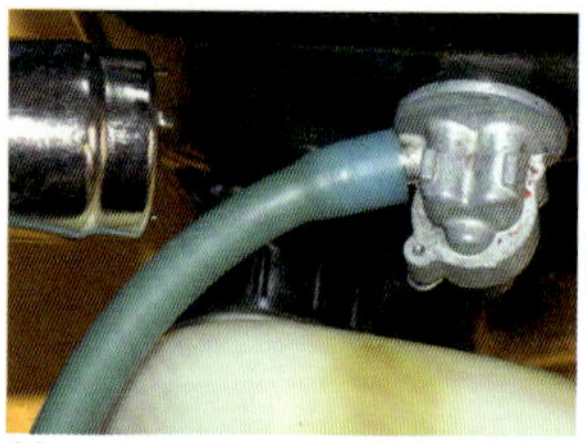

26

27

28

29

***25, 26, 27:** Abnehmen der Benzinschlauchklammer, Erhitzen der beiden Schlauchenden.* ***28:** Die falsche Schelle wird abgeschraubt.* ***29:** Auch der Ölschlauch läßt sich nur nach Erhitzen abziehen.*

***21:** alter/neuer Benzinschlauch (rote Pfeile), alter/neuer Ölschlauch (blaue Pfeile).* ***22:** Mit einem Spezialschlüssel kann die Position des Ölstutzens reguliert werden.* ***23, 24:** die Tankkombination nach dem Reinigen und Lackieren.*

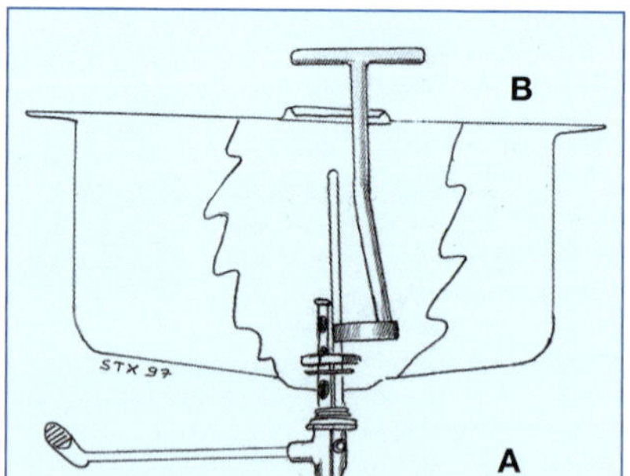

30

***30:** Lösen der Benzinhahnverschraubung A mit dem Piaggio-Spezialschlüssel B.*

geworden. Beim **Ölschlauch** sieht es nicht besser aus; die originalen Sicherungsklammern fehlen; stattdessen wurde unten eine sehr schlecht sitzende Schlauchschelle verwendet, die bewirkt hat, daß Öl austreten konnte.

Beide Schläuche werden erneuert; sie sind bei Piaggio als Meterware erhältlich. Die alten Schläuche lassen sich nur abziehen, nachdem sie mit dem elektrischen **Heißlufterzeuger** erwärmt wurden. **Vorsicht:** Nur kurz erhitzen und nicht zu nahe rangehen. Auch die neuen, dickwandigen Schläuche müssen an den Enden kurz erhitzt werden, sonst lassen sie sich nicht aufschieben. Danach werden sie mit den passenden **Klammern** an Benzinhahn und Öltank gesichert.

Benzinhahn ausbauen:

Unser **Benzinhahn** ist dicht, aber das Gestänge klemmt (s.a. weiter unten). Zum Komplettausbau des Benzinhahns ist ein gekröpfter **Spezialschlüssel** erforderlich. Schlüssel durch die Einfüllöffnung führen und die Sechskantmutter lösen, die den Hahn von innen festhält.

Benzintank, Öltank einbauen:

Die **Tankkombination** wird in umgekehrter Reihenfolge ins Fahrzeug gesetzt. Wie wir festgestellt haben, klemmt

Werkzeug, Material, Neuteile Benzin- und Öltank

Schraubendreher klein, groß
Seitenschneider
Kneif- und Spitzzange
Pinsel
Heißluftgerät
Bremsenreiniger
Lack für Eisen schwarz
Öl- und Benzinschlauch
2 Klammern für Ölschlauch
2 Fiberdichtungen

Festgestellte Mängel Benzin- und Öltank

Benzintank

Lackierung: leicht angeschabt

Benzinschlauch und -hahn

Schlauch: ausgehärtet
Hahn: klemmt, Gummitülle fehlt
Adapter: 2 Fiberringe undicht

Öltank

Ölschlauch: ausgehärtet, Klammern fehlen, ungeeignete Schlauchschelle der **Benzinhahn.** Die **Federplatte** ist zu fest angezogen. Wir bauen sie aus und stellen sie neu ein. Dann drehen wir den **Hahn auf C** = „chiuso" (geschlossen), also quer nach rechts, sonst läßt er sich nicht einfädeln.

Bevor es weitergeht, ziehen wir den **Kabelstrang** für die Benzinstandkontrolle wieder nach oben aus der Karosserie und kontrollieren den festen Sitz der oberen **Federbeinbefestigung** in ihrem Schacht. Dann zuerst die große umlaufende **Gummidichtung** von unten über den Tank stülpen. Die Helferin oder der Helfer senkt die Kombination dann so weit ab, daß die zweite Person die **Schläuche** durch die Karosserie nach außen führen kann.

Nun bei noch angehobenem Tank das **Benzinhahngestänge** am Hahn anschließen und mit dem Spezialsplint sichern; darauf achten, daß er weiterhin auf **„C"** steht. Tank absenken und Hahn sowie **Öl-Schauglas** vorsichtig in Position bringen; Schläuche dabei noch weiter herausziehen, Tank ganz aufsetzen, die **Tüllen** über Hahn und Schauglas schieben und anbringen, was etwas fummelig ist.

Geber mit Schwimmer einsetzen und mit dem Karabinerverschluß sichern (Schlag mit dem Schraubendreher). Kabelstrang verbinden und Tülle einschieben. Zuletzt die Befestigungsschrauben M8 SW 13 mit neuen Scheiben und Federringen eindrehen. Beide **Tankdeckel** aufsetzen, falls nicht schon geschehen.

Achtung: Wenn der **Öltank** abgeklemmt war, den Motor nicht sofort starten. Motor zuerst bei ausgeschalteter Zündung 15- bis 20mal mit dem Kickstarter durchtreten, damit die Ölpumpe fördert; erst danach ist die zuverlässige Schmierung garantiert.

31

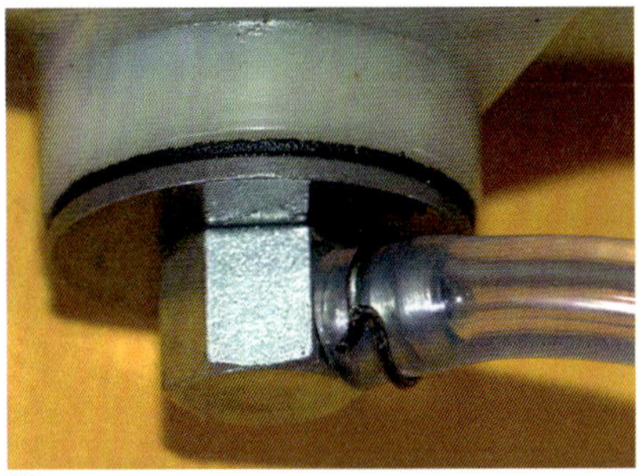
32

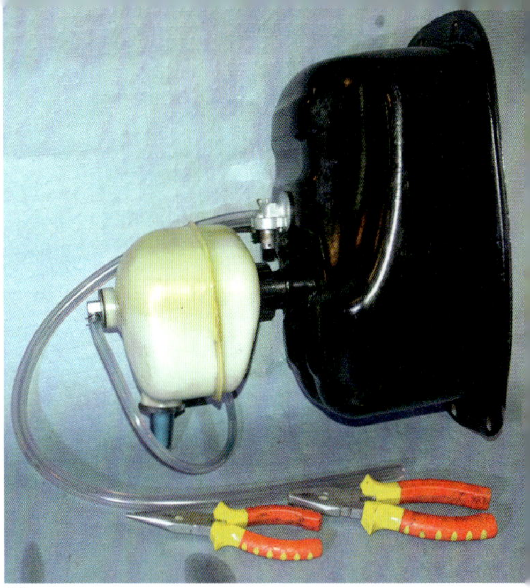
33

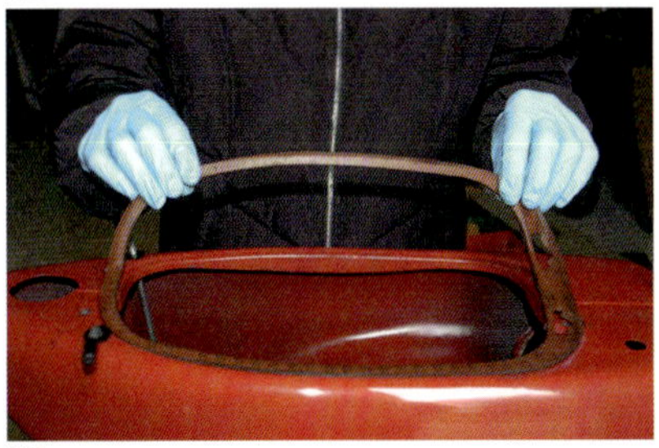
35

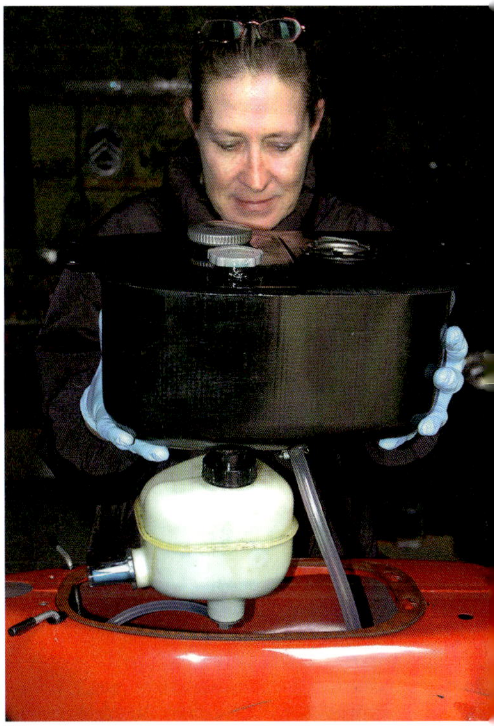
34

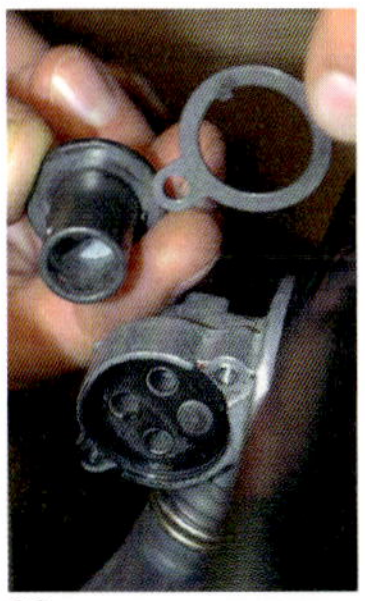
36

37

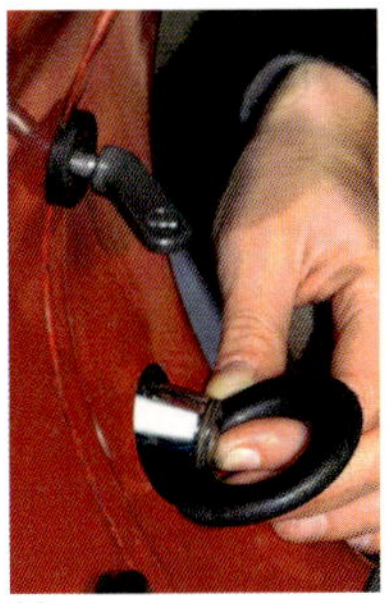
38

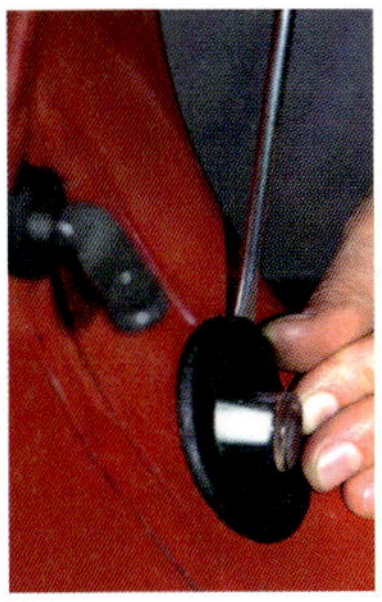
39

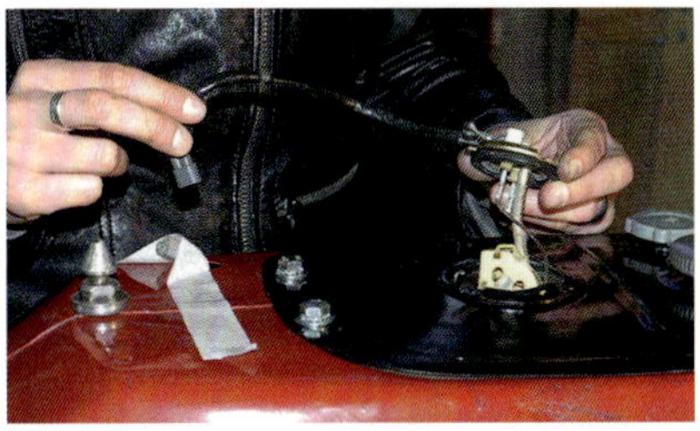
40

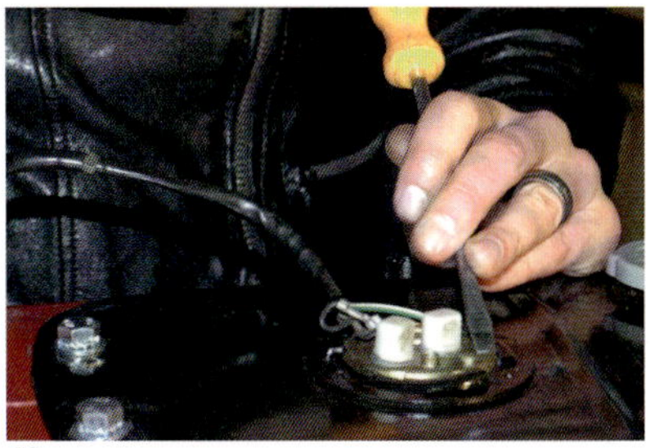
41

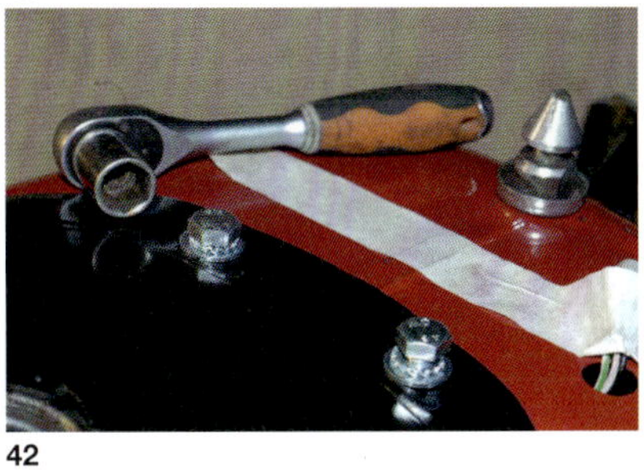
42

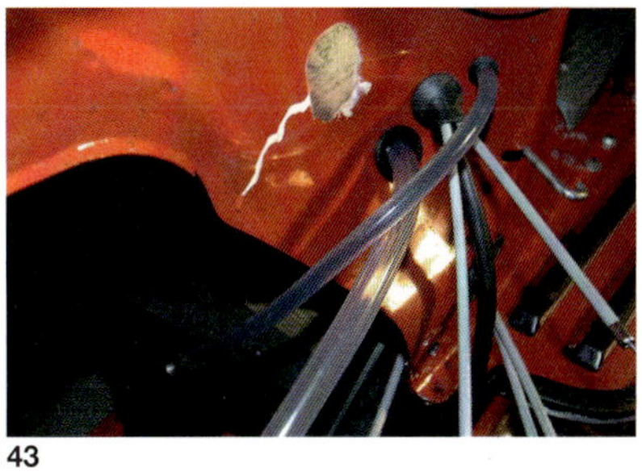
43

31: *neuer Benzinschlauch richtig angeklemmt.* ***32:*** *neuer Ölschlauch korrekt gesichert.* ***33:*** *die einbaufertige, aufbereitete Tankkombination mit Werkzeug für die Ringklemmen.* ***34:*** *Einsetzen der Tankkombination.* ***35:*** *Auflegen der Gummidichtung.* ***36:*** *Benzinhahn zerlegen und neu einstellen.* ***37:*** *das gesicherte Benzinhahngestänge.* ***38, 39:*** *Einsetzen der Schauglastülle, Hahntülle bereits am Platz.* ***40:*** *Einsetzen des Benzinstandgebers, Kabelanschluß.* ***41:*** *Festsetzen der Geberplatte mit Schraubendreher (im Uhrzeigersinn).* ***42:*** *Einsetzen der hinteren Befestigungsschrauben.* ***43:*** *Benzin- und Ölschlauch sind nach außen geführt.*

Vergaser Dell'Orto SI 24/24 E: zerlegen, reinigen, einstellen

Vergaser, Luftfilter allgemein:

Vergaser und Luftfilter müssen routinemäßig **alle 4000 km** oder einmal im Jahr inspiziert und eingestellt werden. Ein verschmutzter Vergaser ist häufig schuld, wenn der Motor nicht anspringt oder nicht sauber rundläuft. **Vorsicht:** Bei Arbeiten an Vergaser und Kraftstoffsystem Hautkontakt mit Benzin möglichst vermeiden, die benzolhaltigen Dämpfe nicht einatmen; nicht rauchen.

Vorsicht: Alte Typen wie unsere PX 200 E von 1985 nur mit **Super 98** mit geringem Ethanol-Anteil betanken! Super 95 oder E10 sind für die alten Zweitakt-Vergasermodelle nicht freigegeben; E 10 kann Teile im System der Benzinversorgung zerstören. Nur die Modelle ab 2011 vertragen E10 bzw. ROZ 95.

Luftfilter allgemein:

Der Luftfilter verhindert, daß **Staub und Schmutz** vom Vergaser angesaugt werden und in den Zylinder gelangen. Dort würde der Dreck zu erhöhtem Verschleiß führen. Außerdem hat der Luftfilter die Aufgabe, die Ansauggeräusche zu dämpfen. Die neuen, ab 2011 gebauten PX-Modelle besitzen zur Abgasverbesserung zusätzlich einen **SAS-Filter** neben dem Vergaser.

Alle Vespa-Roller sind mit auswaschbaren, stahlwollegefüllten **Dauerluftfilter-Einsätzen** ausgerüstet. Bei der PX muß nur die Motorhaube abgenommen werden, wenn der Luftfiltereinsatz ausgebaut werden soll. Wie Luftfilter und Vergaser ausgebaut werden, haben wir bereits eingangs beschrieben.

Zum **Reinigen des Luftfilters** keinesfalls Benzin, sondern nur weniger aggressiven **Kalt- oder Bremsenreiniger** verwenden. Element trocknen bzw. mit Druckluft ausblasen. Ein Benetzen der **Filterwolle** mit Öl ist bei der PX aufgrund der seitlich offenen Filterkonstruktion nicht empfehlenswert, das Öl würde rasch herauslaufen.

Dell'Orto-Vergaser zerlegen:

Wie der **Dell'Orto-**Schiebervergaser ausgebaut wird, wurde bereits eingangs beschrieben. Unsere PX 200 E ist mit dem Vergaser des Typs **SI 24/24 E** bestückt. Die Vergaser-Daten wichtiger Modelle der 1980er und 1990er Jahre sind in der Tabelle aufgeführt, die Zeichnung zeigt den Aufbau des PX-Vergasers.

Anhand der abgenutzten Schlitze in den Schraubenköpfen der Vergaserdeckel unserer PX ist deutlich zu sehen, daß der Dell'Orto schon mehrfach auseinandergenommen wurde. Wir zerlegen und prüfen ihn komplett. Dabei können wir aber keine Schäden oder verstopfte Kanäle feststellen.

Am ausgebauten Vergaser zuerst den runden **Deckel** oben auf dem Vergasergehäuse abnehmen, der mit einer Schlitzschraube befestigt ist. Der Fiberdichtring ist kaputt (wie auch die beiden Ringe am Metalladapter für den Benzinschlauch). Darunter befindet sich ein **Kunststoffsieb,** das noch sauber ist, aber noch einmal mit Bremsenreiniger ausgewaschen wird. Der **Schwimmerkammerdeckel** läßt sich nach Lösen von zwei Schlitzschrauben abnehmen. Der **Schwimmer,** der über einen Stift drehbar gelagert ist, klemmt in keiner Position und ist auch ansonsten in Ordnung. (Ein undichter oder beschädigter Schwimmer ist sofort zu ersetzen). Das **Schwimmernadelventil** hängt im Deckel und funktioniert einwandfrei.

Neben der Schwimmerkammer sind fünf **Düsen** in das Vergasergehäuse eingelassen; vier davon lassen sich ausdrehen: Leerlaufdüse, Luftregler für Mischrohr, darunterliegendes Mischrohr, Luft-

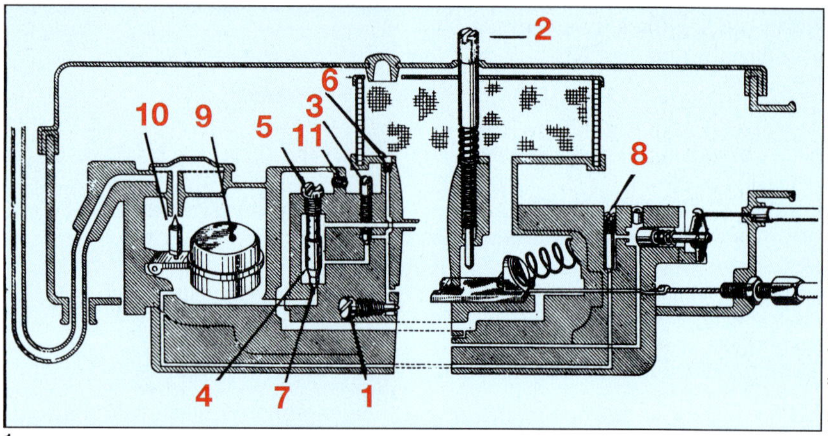

1

Zeichnung: Werkstatt-Handbuch Vespa P 200 E, Piaggio & C./Corradino Mori

Vergaserdaten	Vespa PX 80, 125/150 E	Vespa PX 200 E
Vergaser Dell'Orto	SI 20/20 D	SI 24/24 E
Luftdüse	20 mm	24 mm
Hauptdüse	102/100 (PX 125: 98/100) *bei Getrenntschmierung:* 100/100	118/100 116/100
Leerlaufdüse	48/100	55/100
Hauptluftdüse	160/100	160/100
Gasschieber-Typ	6823.01	8492.04
Mischrohr	BE 3	BE 3
Zerstäuber	280/100	300/100
Starterdüse	60/100	60/100

2

__1:__ Vergaser SI 20/20 D und SI 24/24 E der PX im Schnitt; 1 = Leerlaufgemisch-Einstellschraube, 2 = Gasschieber-Anschlagschraube, 3 = Leerlaufdüse, 4 = Mischrohr, 5 = Luftregler für Mischrohr, 6 = Luftregler für Leerlaufdüse, 7 = Hauptdüse, 8 = Starterdüse, 9 = Schwimmer, 10 = Schwimmernadelventil. 11 = Luftregler für Hauptdüse. Dazu auch die Fotos auf der rechten Seite beachten.
__2:__ Daten der PX-Vergaser.

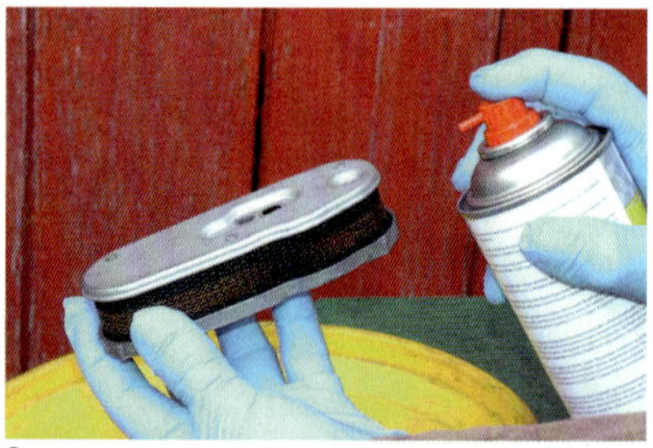

3

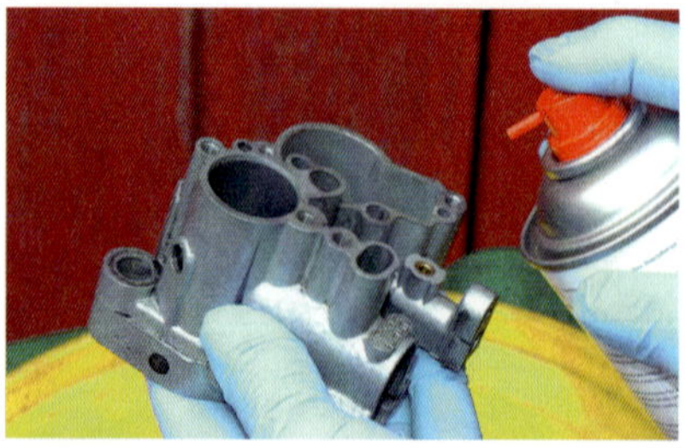

4

5

__3:__ Säubern des mit Stahlwolle gefüllten Luftfilters mit Bremsenreiniger. __4:__ Alle Bohrungen und Hohlräume des leeren Vergasergehäuses werden auf die gleiche Weise gereinigt. __5.__ Zuletzt werden alle Bohrungen mit Druckluft ausgeblasen.

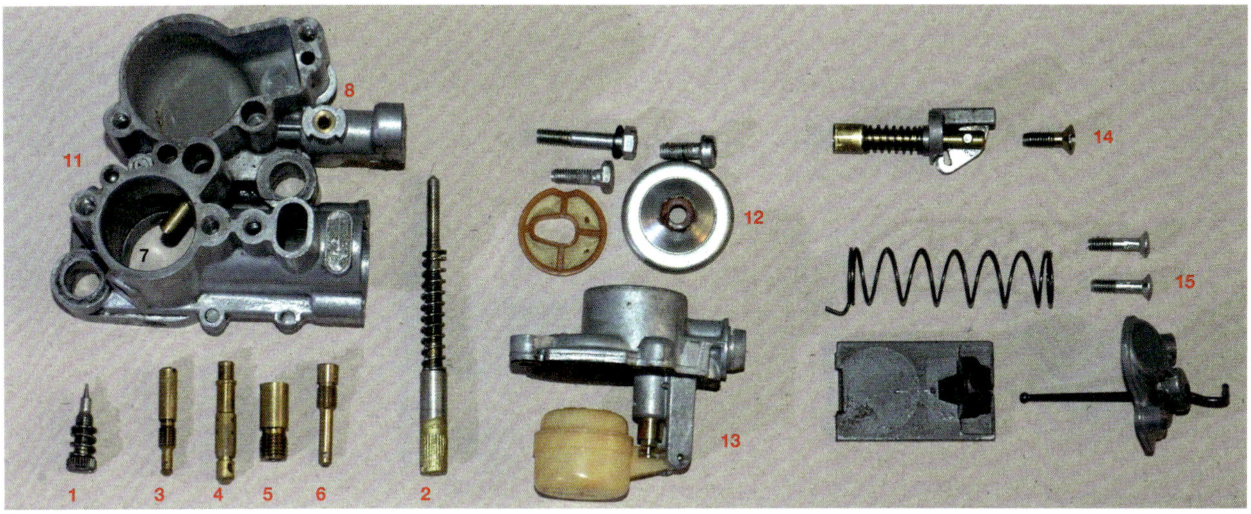

6

6: der völlig zerlegte Vergaser Dell'Orto SI 24/24 E unserer PX 200 E von 1985; Positionen 1-8 und 11: s. Erklärungen auf der gegenüberliegenden Seite. Position 12 = Deckel Benzineintrittskammer mit Deckelschraube, Filter und Schrauben der Schwimmerkammerbefestigung, 13 = Schwim-merkammer mit Schwimmer und Nadelventil, 14 = Startvorrichtung mit Schraube, 15 = Gasschieber mit Deckel, Gestänge, Feder und Schrauben.
7, 8: *Mischrohr und Luftregler getrennt und richtig zusammengesetzt.*

7

8

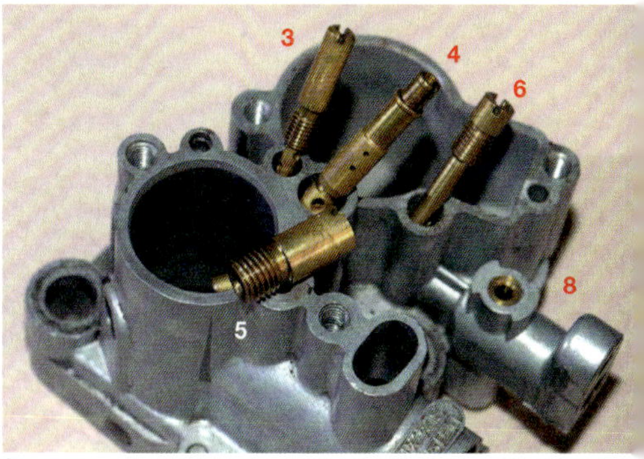

9

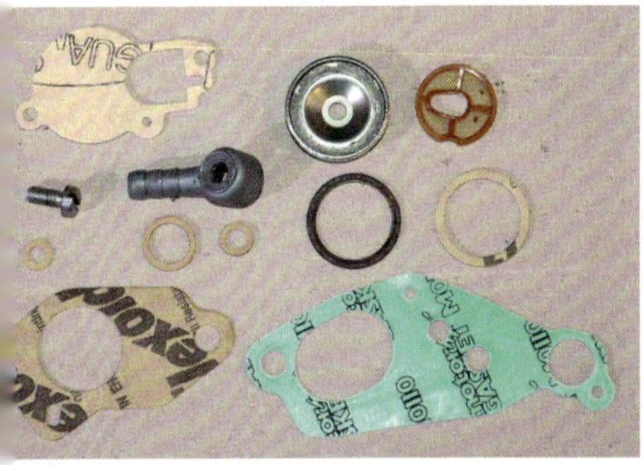

10

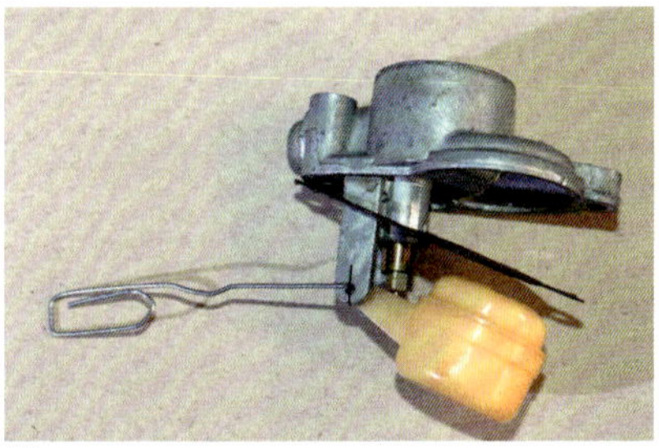

11

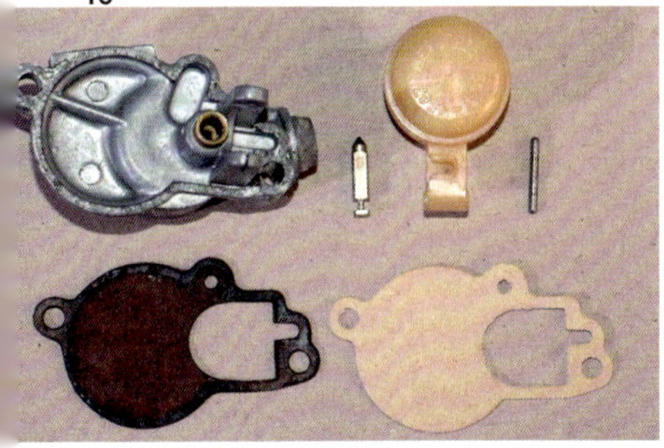

12

13

14

9: *Vergasergehäuse SI 24/24 E mit ausgedrehten Düsen; 3 = Leerlaufdüse, 4 = Mischrohr, 5 = Luftregler für Mischrohr (gehört zusammengesetzt), 6 = Luftregler für Leerlaufdüse; 8 = Starterdüse.* ***10:*** *neue Dichtungen (unten auch für das Ölpumpengehäuse), Benzinanschluß, Deckel mit Filter; dunkler Ring: die alte Deckeldichtung.* ***11:*** *Mit einer Heftklammer läßt sich die Achse herausschieben.* ***12:*** *das zerlegte Schwimmerkammergehäuse mit Nadelvetil, Schwimmer, Achse, alter und neuer Dichtung.* ***13:*** *Kammer mit neuer Dichtung wieder zusammengebaut.* ***14:*** *die Eintrittskammer für das Benzin mit Filter und neuen Dichtringen vor dem Zusammenbau.*

regler für Leerlaufdüse. Der Luftregler für die Hauptdüse ist fest eingebaut. Auffällig ist, daß der **Luftregler für das Mischrohr** nicht schlüssig auf demselben sitzt; das **Mischrohr** liegt lose im Gehäuse, wobei es mit der Reglerschraube hätte herauskommen müssen. Die **Starterdüse** befindet sich auf der anderen Seite des Gehäuses im Bereich des Chokehebels und kann ebenfalls nicht ausgebaut werden. Wir lösen die Düsen mit einem Schraubendreher, waschen sie aus und blasen sie vorsichtig mit Preßluft aus. Beim Wiedereinbau achten wir darauf, die Düsen nicht zu verkanten, weil sonst das Gewinde im Vergasergehäuse beschädigt würde.

Jetzt schrauben wir den seitlich angebrachten **Gasbetätigungsdeckel** ab (zwei Schlitzschrauben) und nehmen ihn zusammen mit dem **Gasschieber** vom Gehäuse ab; dabei **Feder** zusammengedrückt halten. Der zerlegte Vergaser wird mit **Bremsenreiniger** ausgewaschen. (Bei verschmutzten Vergasern ist eine Behandlung mit Ultraschall zu empfehlen.) Alle Durchgänge im Vergasergehäuse werden mit Preßluft ausgeblasen. Die (geringen) Ablagerungen im **Schwimmerkammergehäuse** werden sorgfältig entfernt. Die **Chokebetätigung** ist ebenfalls mit einer Schlitzschraube befestigt.

15

17

18

Festgestellte Mängel Vergaser

Gehäuse
Deckelschrauben: Werkzeugspuren
Dichtungen: verhärtet
Adapter: 2 Fiberringe undicht
Düsen: Mischrohr lose
Schwimmerkammer: geringe Ablagerungen

16

19

20

21

__15:__ Die Chokebetätigung wird leicht geölt, eingeschoben und festgeschraubt. __16:__ Gasschieber leicht ölen, ansetzen, Gestänge einhängen, Feder vorspannen, alles einschieben und zusammenpressen, Deckel festschrauben. __17-20:__ der gereinigte und mit neuen Dichtungen zusammengebaute Dell'Orto-Vergaser SI 24/24 E aus verschiedenen Perspektiven. Weiße Pfeile: mit der Gasschieber-Anschlagschraube wird die Leerlaufdrehzahl eingestellt. Gelbe Pfeile: Mit der Leerlaufgemisch-Regulierschraube unten am Vergaser wird der Luftanteil im Benzin-Luft-Gemisch eingestellt; Erläuterungen im Lauftext. Rote Pfeile: der in zwei Nuten gleitende Gasschieber. Blauer Pfeil: Anschluß an Ölpumpenbetätigung; muß beim Einbau noch um 180° gedreht werden (s. Bild 21). __21:__ Einstellen des Gaszugspiels (mit altem Seilzug).

Vor dem **Zusammenbau** prüfen wir den Sitz des (leicht fettverschmierten) **Gasschiebers**; würden sich hier Klemmneigung oder zu viel Spiel zeigen, müßte der Schieber oder sogar der ganze Vergaser ausgetauscht werden.

Vergaser zusammenbauen:

Nachdem alle Düsen gecheckt wurden, werden sie wieder ins Vergasergehäuse geschraubt. Luftregler und Mischrohr werden aufeinandergeschoben, wie es sich gehört. Für die Abdichtung des **Benzineingangs** und des Deckels werden die Original-Ringe aus Spezialpapier verwendet, die wir zuvor mit etwas Motoröl benetzt haben. Auch ansonsten verwenden wir die **neuen Dichtungen** aus dem Piaggio-Kit, die ebenfalls mit Motoröl bestrichen werden.

Die Abdichtung des **Schwimmergehäuses** ist aufwendiger, denn zuvor muß der **Schwimmer ausgebaut** werden. Dazu wird die winzige **Achse** mit einer zurechtgebogenen Heftklammer seitwärts herausgedrückt. Anschließend kann die alte Dichtung entfernt und die neue Dichtung aufgelegt werden. Nadelventil einsetzen und Schwimmer mit Achse wieder einbauen.

Die **Choke-Übertragung** wird einfach eingeführt und festgeschaubt. Beim Einsetzen des (einwandfrei gleitenden, (leicht eingeölten) **Gasschiebers** auf den richtigen Sitz der **Feder** achten. Deckel aufsetzen und Schrauben festziehen. Choke und Gaszugdeckel werden nicht abgedichtet.

Vergaser einstellen allgemein:

Läuft der Motor nicht richtig rund, hat er Aussetzer oder springt er nicht an, ist oft der Vergaser schuld. Wenn der Schmierölanteil im Kraftstoff korrekt ist, bzw. bei Rollern mit Getrenntschmierung die Öldosierung exakt funktioniert, bleibt trotzdem ein Schwachpunkt übrig: das **Benzin-Luft-Gemisch.** Der Benzinanteil kann zu hoch, aber auch zu niedrig sein.

Eingestellt wird das **Leerlaufgemisch** mit der **Regulierschraube** unten am Vergasersaugrohr. Zwar ist es für einen versierten Schrauber kein Problem, eine Vergaser-Grundeinstellung vorzunehmen, doch ist es besser, den Vergaser in einer mit modernen Meßgeräten ausgerüsteten **Fachwerkstatt** einstellen zu lassen. Wird unsachgemäß an den Stellschrauben gedreht, steigt die Emission giftiger Schadstoffe (Kohlenmonoxid, Stickoxide, Kohlenwasserstoffe) unter Umständen drastisch an. Umwelt- und energiebewußte Vespa-Fahrer lassen einmal im Jahr einen **Abgastest** machen, zumal der Zweitaktmotor konstruktionsbedingt bereits sehr schlechte Emissionswerte hat. Schadstoffärmer (und leistungsschwächen) sind die auf **Euro 3** eingestellten PX-Modelle, die **ab 2011** wieder als Neufahrzeuge verkauft wurden.

Zwischendurch dürfen **einfache Einstellarbeiten** aber auch einmal in Eigenregie durchgeführt werden. Die **Dell' Orto-Vergaser** der verschiedenen Vespa-Modelle älterer Bauart sind einfach aufgebaut und nicht – wie bei neueren Motorzweirädern vielfach üblich – verplombt. Bei allen Modellen Motor starten und einige Minuten **warmlaufen lassen.** Während der Einstellarbeiten muß der Motor im Leerlauf weiterarbeiten. Überhitzungsgefahr besteht wegen der Gebläsekühlung nicht.

Gaszugspiel einstellen:

Das **Spiel des Gaszugs** wird unten am Luftfiltergehäuse eingestellt. Dabei muß der Gasdrehgriff vollkommen geschlossen, der Choke ganz hineingeschoben sein. Durch die Herstellung des Spiels am Seilzugende wird garantiert, daß der Gasschieber stets ganz in die Nullstellung zurückgehen kann. Es genügt ein Spiel von **0,5 bis 1,0 mm** am Gaszugende. Zum Einstellen die **Kontermutter**

des Gaszugeinstellers am Vergaser lösen (Schlüssel SW 8), dann Einsteller so verdrehen, bis ein Spiel von 0,5 bis 1,0 mm erreicht ist, Kontermutter wieder festziehen. Der Chokezug ist nicht einstellbar, eine starke Feder zieht ihn immer korrekt zurück.

Leerlaufdrehzahl und Leerlaufgemisch einstellen:

Ist der Gaszug richtig eingestellt, müssen die Leerlaufgemisch-Regulierschraube unten am Saugrohr und die Gasschieber-Anschlagschraube in Grundstellung gebracht werden.

Zunächst **Leerlaufgemisch-Regulierschraube** so weit in den Vergaser hineindrehen, bis sie leicht aufsitzt – der Motor droht nun abzusterben. Bei den PX-Modellen muß zunächst ein **Gummistopfen** an der rückwärtigen Querwand des Luftfiltergehäuses entfernt werden; durch die Öffnung wird ein Schraubendreher gesteckt. Bevor der Motor ganz abstirbt, Schraube rasch wieder herausdrehen, und zwar bei der PX 200 E um eine halbe Umdrehung.

Nun wird die **Leerlaufdrehzahl** mittels der **Gasschieber-Anschlagschraube** eingestellt. Bei der PX ragt die Schraube oben aus dem Luftfiltergehäusedeckel heraus. Durch Drehen im Uhrzeigersinn wird die Drehzahl erhöht, durch Drehen gegen den Uhrzeigersinn reduziert. Ideal ist eine Leerlaufdrehzahl von 800 bis 1000/min^{-1}.

Getrenntschmierung, Ölpumpe: Funktion, Kontrolle

Getrenntschmierung Funktion, Kontrolle:

Die Schmierung von Kolben, Kurbeltrieb und Zylinder erfolgt durch das **Öl,** das bei Modellen wie der PX 200 E dem Kraftstoff per **Getrenntschmierung** zugesetzt wird. Das Öl wird durch eine von der Kurbelwelle aus angetriebene (wie gezeigt) **Misch- und Dosierpumpe** aus dem separaten Öltank in den Vergaser befördert.

Bei der **PX** ermöglicht ein **Schauglas** neben dem Benzinhahn eine leichte Kontrolle des Ölstands. Wenn das Öl zur Neige geht, sind eine Luftblase und eine weiße Markierung zu sehen. Dieses Schauglas fehlt bei der **Cosa,** sie hat stattdessen eine **Kontrolleuchte** im Zentralinstrument. Der **Öltank** muß mit vollsynthetischen Zweitakt-Ölen wie Castrol TTS, Castrol Biolube XTS oder AGIP 2T Racing aufgefüllt werden. Er faßt bei der PX 1,5 Liter.

Ölpumpe ausbauen, zerlegen, warten:

Die **Ölpumpe** ist ins Vergasergehäuse integriert. Schon kleine Defekte können zu Störungen der Ölzufuhr und zu schweren Motorschäden führen. Daher ist es ratsam, die Pumpe im Rahmen einer Motorrevison zu öffnen und zu prüfen, was wir nun auch tun. Wie die Ölpumpe angetrieben wird, haben wir schon weiter vorn gezeigt. Von der Pumpe wird das **Öl durch einen Kanal an der Unterseite des Luftfiltergehäuses** zu einer Bohrung geführt, die mit einer Bohrung unten im Vergasergehäuse korrespondiert.

Das **Ölzuleitungsrohr** ist mit einer Überwurfmutter SW 10 an der Pumpe befestigt; wir stellen keine Undichtigkeit fest und lassen es dran. (Ansonsten Mutter ganz ausdrehen und Rohr abziehen.) Zur Kontrolle die drei Schlitzschrauben des **Ölpumpendeckels** mit ihren Federringen lösen und Deckel abnehmen; dabei auf die **Feder** achten, die gegen das Ritzel drückt. Das **Ritzel** besteht bei unseren PX aus Metall, ist mit Spezialfett geschmiert und zeigt keinerlei Verschleiß. (Kunststoff-Ritzel können Risse, abgenutzte oder abgebrochene Zähne haben und müssen dann ausgetauscht werden.)

Beim **Zusammenbau** erneuern wir die **Fettfüllung** und die **Papierdichtung** des Deckels, setzen Feder und Ritzel paßgenau ein. Das **Gelenk des Betätigungshebels** muß nach vorne zum Gehäuserand zeigen, damit der **Mitnehmerkerhaken des Gasschiebers** in das Loch in der Gelenkachse greifen kann. Die drei Schrauben mit den Federringen werden handfest angezogen. Falls demontiert: **Ölzuleitungsrohr** bündig einpassen, Überwurfmutter SW 10 so anziehen, daß der Anschluß vollkommen dicht ist.

Werkzeug, Neuteile Vergaser und Ölpumpe
- Schraubendreher mittel
- Druckluftkompressor
- Gabelschlüssel SW 10, Heftklammer
- Bremsenreiniger
- Fett für Ölpumpe
- neue Dichtungen und Dichtringe

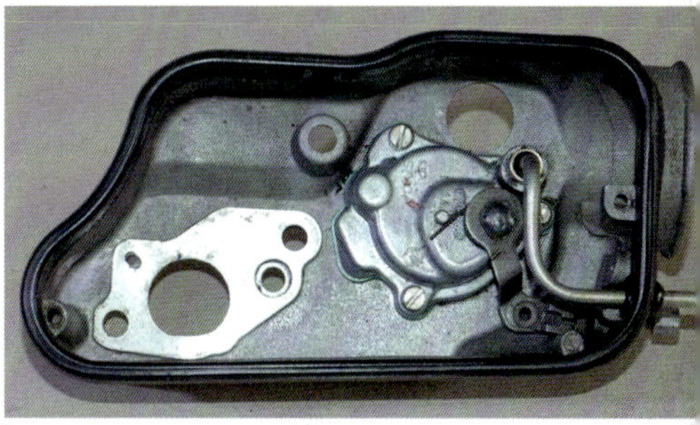
1

2

__1:__ Luftfiltergehäuse mit noch geschlossener Ölpumpe. __2:__ Luftfiltergehäuse und Vergaser von unten mit Aus- und Einlaufbohrungen für das Öl (rote Pfeile). __3:__ ausgebauter Ölpumpendeckel mit alter Dichtung. __4:__ Ritzel und Feder ausgebaut. __5:__ Ritzel gefettet, neue Dichtung aufgelegt.

4

5

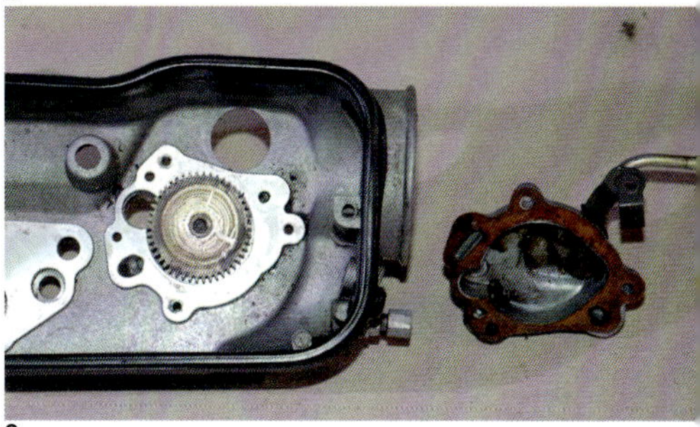
3

Teil 8

Endmontage Fahrwerk, Motor, Karosserie

Fahrwerk, Vorderradbremse: Endmontage

Vorderradführung: Einbau Ankerplatte

Bremsankerplatte einbauen:

Zuerst wird die mit zwei neuen Nadellagern, neuem Wellendichtring und neuem Tachoritzel ausgerüstete Ankerplatte **gefettet,** und zwar zwischen den Nadellagern und im Hohlraum davor inklusive Tachoritzel. Die Rollen der Nadellager werden sorgfältig mit Universalfett bedeckt. Die Lippe des großen Dichtrings bekommt auch etwas Fett ab.

Danach werden die entrostete **Gleitscheibe,** der große **O-Ring** und der kleine **Formring** auf den Achszapfen geschoben. Der Formring muß mit der abgeschrägten Seite zur Ankerplatte, mit der **Doppellippe zur Schwinge hin** zeigen. Vorher haben wir geprüft, ob er etwa 1 mm aus der Platte vorsteht, damit er gut abdichten kann. Bei Bedarf Nadellager etwas zurückschlagen.

Die **Ankerplatte** wird am besten bei liegendem Fahrzeug eingebaut. Platte aufsetzen und kleinen O-Ring mit zurückdrücken. Dann die dicke **Druckscheibe** aufschieben und den **Spreng-**

1

Werkzeug, Produkte, Neuteile Ankerplatte Einbau

Seegerringzange
Schraubzwinge
Universalfett
großer O-Ring, kleiner Formring

2

3

4

5

6

7

__1:__ Die mit zwei neuen Nadellagern, neuem Wellendichtring und neuem Tachoritzel ausgerüstete Ankerplatte wird gefettet, und zwar zwischen den Nadellagern und im Hohlraum davor inklusive Tachoritzel. Die Nadellager werden eigens gefettet. __2:__ Auflegen der Gleitscheibe, des großen O-Rings und des Formrings. __3:__ Scheibe und Ringe in Position. __4:__ Aufschieben der Ankerplatte bei liegendem Fahrzeug. __5:__ Aufsetzen der Druckscheibe. __6:__ Anbringen des Sprengrings. __7:__ Abfolge Druckring-Sprengring. __8:__ Ansetzen der Sprengringzange. __9:__ Zusammenpressen von Ankerplatte und Schwinge; gelber Pfeil: der zentrierte O-Ring.

8

9

ring mit einer geraden Sprengringzange anbringen. Dies gelingt nur, wenn Ankerplatte, Schwinge und großer O-Ring mit einer **Schraubzwinge** gegeneinandergepreßt werden. Vorher muß der O-Ring exakt zentriert werden; eine Führungsrille gibt es nicht, die Platte ist in diesem Bereich zur Aufnahme des Rings etwas abgeschrägt.

Wenn ordentlich zusammengepreßt wird, findet der **Sprengring** seine Position in der dafür vorgesehenen Rille. Abschließend Ring mit einem spitzen Stift drehen, um ganz sicher zu gehen, daß er **hundertprozentig sitzt.** Montage der Bremstrommel weiter hinten.

__10:__ Der korrekt montierte Sprengring sichert die Platte; zur Prüfung Ring drehen. __11:__ die fertig montierte Ankerplatte bei stehendem Fahrzeug.

10

11

Vorderradführung: Einbau Federbein

Federbein vorne einbauen:

Am besten geht der Einbau des aufbereiteten Vorderrad-Federbeins bei seitlich **liegendem Roller.** Die zwei **Bolzen M8** und die **vier Muttern M8** verwenden wir wieder, nachdem wir sie mit PAC 2030 und Phosprim 4090 gereinigt und gegen Korrosion geschützt haben. Das Ergebnis ist überzeugend, daher verzichten wir auf eine (Kalt-)Verzinkung. Die **vier Federringe** werden durch neue Ringe mit perfekter Spannkraft ersetzt.

Die beiden Schrauben M8, die beizeiten oben in den **Lenkrohradapter** gesetzt wurden und jetzt unten herausschauen, blockieren wir von hinten mit zwei **Holzstückchen,** damit die Muttern angezogen werden können. Federbeinflansch über die Bolzen schieben, Federringe und Muttern anbringen und festziehen. Holzstücke entfernen.

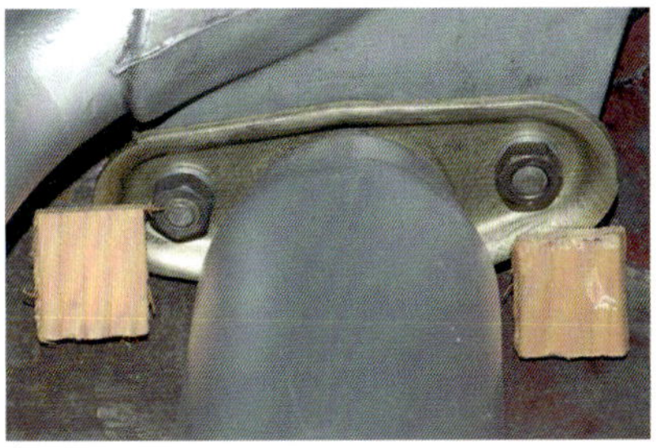
1

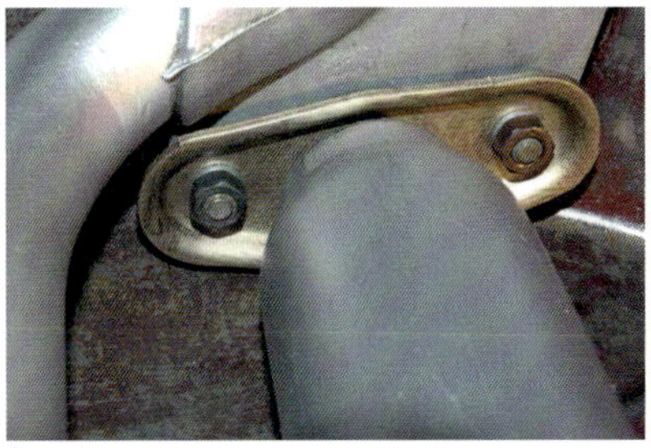
2

3

4

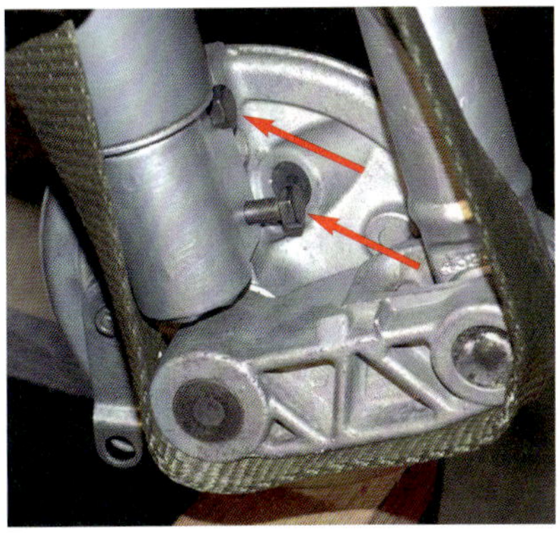
5

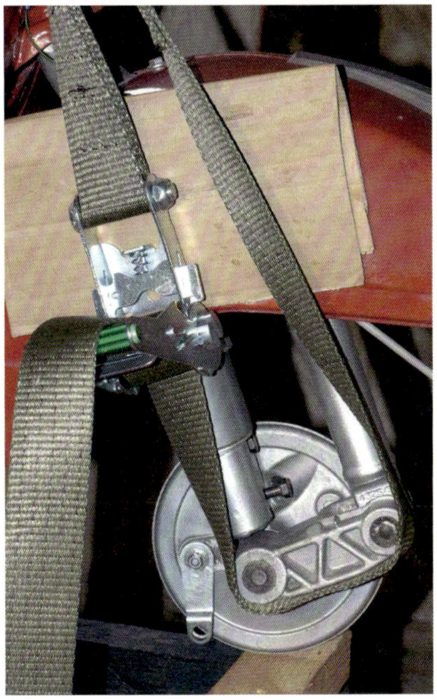
6

__1:__ Die (verdeckten) Bolzenköpfe werden von hinten mit kleinen Holzstücken blockiert. __2:__ Die Muttern M8 sind samt neuer Federringe festgeschraubt. __3:__ Unten ist das Federbein erst provisorisch befestigt. __5:__ Der untere Bolzen M8 läßt sich nur einsetzen, wenn das Federbein vorgespannt wird. __6:__ Der Spanngurt aus der Flugtransporttechnik wird langsam gespannt, bis sich der Bolzen eindrehen läßt; die Schwinge ist abgestützt.

Der **obere Bolzen M8,** mit dem das Federbein an der **Bremsankerplatte** befestigt ist, läßt sich problemlos von vorn einsetzen. Für das Einsetzen **des unteren Bolzens** muß das Federbein (wie beim Ausbau) mittels eines Spezialgurts **vorgespannt** werden. Dies geschieht **bei aufgerichtetem Roller** (die Ständermontage zeigen wir auf den folgenden Seiten). Aus Sicherheitsgründen bleibt die Vespa am Kettenzug hängen, vorne wird sie mit einem Holzbock abgestützt.

Nun hängen wir den **Gurt** in eine am Lenker angebrachte Schlaufe und legen ihn unten **um die Kurzschwinge.** Dann wird so lange der Spanngriff betätigt, bis sich der untere Bolzen eindrehen läßt (Umschaltschlüssel SW 13). Zuletzt werden die **neuen Federringe** und die **aufgearbeiteten Muttern SW 13** auf der anderen Seite angebracht und festgezogen, idealerweise mit Drehmoment 20-27 Nm. Abschließend wird die mit Polytrol behandelte **Kunststoffabdeckung** auf die Schwinge gedrückt.

7, 8: Festschrauben des unteren Federbeinlagers.

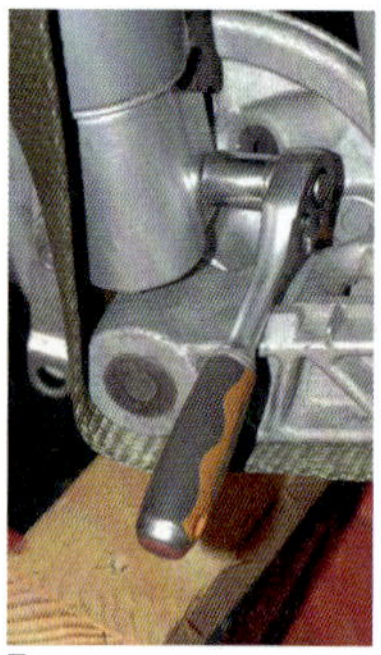

7

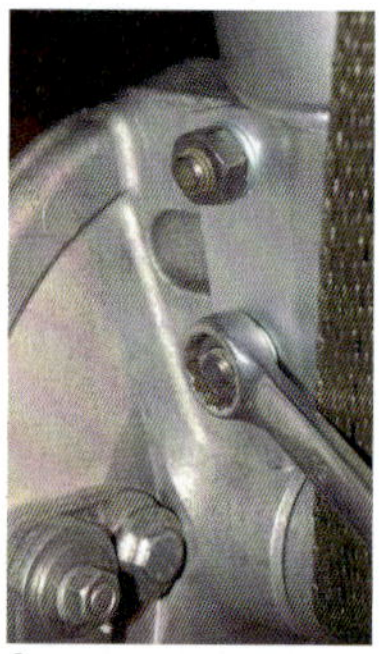

8

Werkzeug, Produkte, Neuteile Federbein Einbau

Stecknuß SW 13
mit Umschaltschlüssel
Ringschlüssel SW 13
Spanngurt
PAC 2030, Phosprim 4090
Polytrol
4 neue Federringe

9

9: Federbein und Abdeckung sind montiert.

Vorderradbremse und Rad: einbauen; Bremszug, Tachowelle: anschließen

Bremsbacken einbauen:

Die alten **Backen,** die **Rückholfeder** und die **Sicherungsklammern** werden durch Neuteile ersetzt. Zuerst werden der Nocken der Bremshebelwelle und die beiden Lagerbolzen mit hochtemperaturfester Keramikpaste bestrichen. Dann Rückholfeder an die obere Bremsbacke hängen und diese provisorisch vorn und hinten aufsetzen.

Da wir keine Bremsfederzange zur Hand haben, positionieren wir die untere Backe mit einer bewährten Methode. Wir hängen die Feder auch unten ein, setzen die untere Backe ganz vorn auf den **Lagerbolzen** und legen den Gleitschuh hinten an den **Nocken.** Der Schaft eines mittleren **Schraubendrehers** wird an der Feder vorbei gegen die Nabe geführt und dann mit Kraft nach unten gedrückt. Gleichzeitig wird die untere Backe nach hinten auf Lager und Nocken geschoben. Notfalls mit einem Hammer nachhelfen. Spätestens beim dritten Versuch sollte das klappen. **Sicherungsklammern** vorne einsetzen.

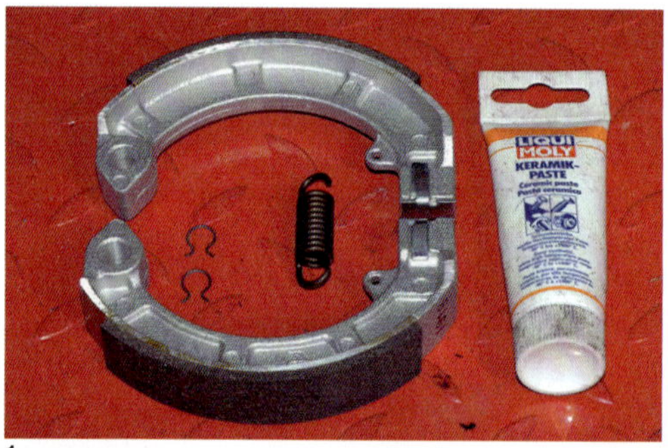

1

2

3

4

5

1: Bremsbacken, Rückholfeder, Sicherungsklammern – alles neu. 2: Bremsnocken und Backenlager werden mit hochtemperaturfester Keramikpaste bestrichen. 3: neue Bremsbacken provisorisch eingehängt. 4: Rückholfeder auch unten einhängen, dann zuerst den Gleitschuh der oberen Backe auf den Nocken setzen. 5: Mit einem Schraubendreher den Gleitschuh der unteren Backe kräftig nach unten drücken und Backen nach hinten schieben, bis er auf dem Nocken sitzt.

Tachowelle und Bremszug anschließen:

Zuerst das neue **Sicherungsplättchen** aufschieben und das untere Ende der **Tachowelle** in seine Lagerung einschieben; der Vierkant muß in das Ritzel greifen. Das Ansetzen der 1 cm langen Schraube M5 SW 8 mit Federring ist äußerst fummelig, da kein Platz für eine flexible Welle mit Stecknuß vorhanden ist. Die **Schraube** muß mit dem Daumen der linken und dem Zeigefinger der rechten Hand ins Gewinde manövriert werden.

6

7

8

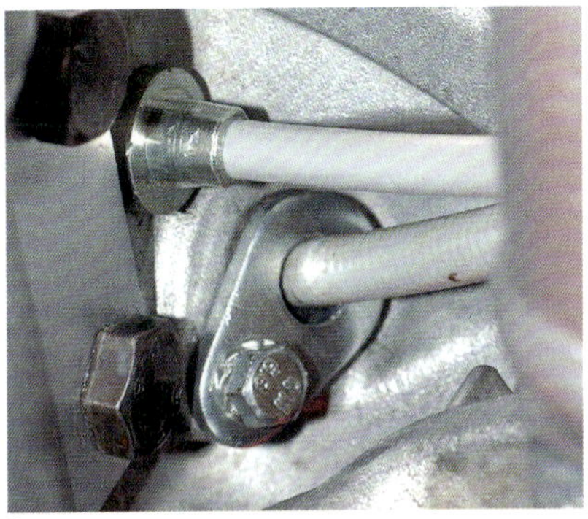
9

10

11

__6:__ Mit einem leichten Hammer nachhelfen, wenn der Gleitschuh nicht auf den Nocken gleiten will. *__7:__ Die beiden Backen werden vorne mit Klammern gesichert.* *__8:__ Zuerst das Halteplättchen auf die Welle schieben, dann Welle einführen. Schraube M5 und Federring werden mit Daumen links und Zeigefinger rechts (Pfeile) positioniert und dann mit einem leicht gekröpften Ringschlüssel SW 8 festgezogen.* *__9:__ Die Tachowelle ist fixiert, der Bremsseilzug (oben) ist ins Widerlager geschoben.* *__10:__ Das Ende des Bremsseilzugs mit seiner Gewindestange, dem drehbaren Lager im Bremshebel und der Rändelmutter zum Einstellen (Teile frisch phosphatiert).* *__11:__ Blick auf die montierte Vorderradbremse und die angeschlossenen Züge; diese spannungsfrei einsetzen und nicht kreuzen.* *__12:__ Die angeschlossenen, parallel laufenden Züge von der anderen Seite aus gesehen.*

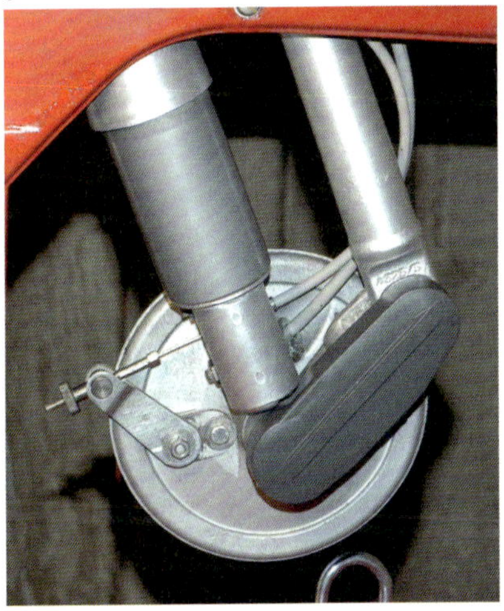
12

Erst dann kann sie mit einem leicht abgewinkelten Ringschlüssel SW 8 festgezogen werden.

Das Anschließen des **Bremsseilzugs** dagegen ist ein Kinderspiel: unteres Ende durch das Widerlager und den drehbaren Bolzen im Bremshebel schieben, dann die Rändelmutter eindrehen; eingestellt wird die Bremse später. Wichtig: Welle und Seilzug **nicht kreuzen** und spannungsfrei einsetzen.

Bremstrommel und Vorderrad einbauen:

Was beim Ausbau schwer rausgeht, kann beim Einbau nicht leichter reingehen, zumal mit den beiden neuen Lagern. Zuerst aber füllen wir den Raum zwischen den beiden Lagern mit **Universalfett,** wobei wir besonders darauf achten, daß das neue Kugellager sein Fett wegbekommt. Dann setzen wir die **Bremstrommel** an, schieben sie ein wenig über den **Achszapfen** und helfen dann mit leichten **Kunststoffhammerschlägen** rund um den Nabenkragen so lange nach (dabei den neuen Lack nicht verkratzen), bis die Trommel bündig mit der Ankerplatte abschließt.

Jetzt wird die **Mutter SW 22** angesetzt und zunächst beigedreht; eine Druckscheibe wie hinten gibt es vorne nicht. Die **Vorderradbremse** wird mit

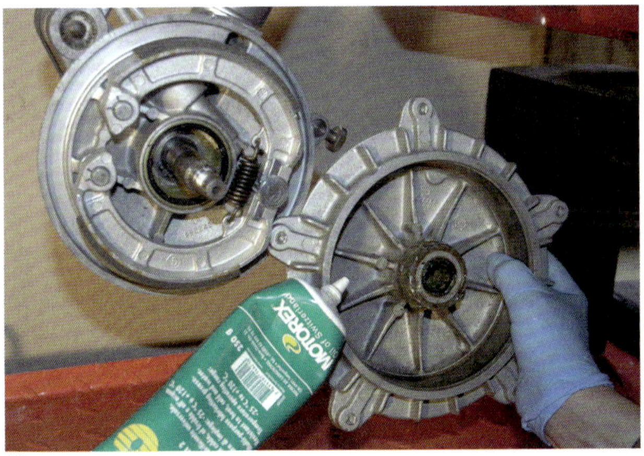

13

__13:__ Vor dem Aufsetzen der Trommel muß der Raum zwischen den beiden Lagern mit Fett gefüllt werden. Auch die Schnecke für den Tachowellenantrieb wird gefettet. Der Innenraum der Ankerplatte ist bereits mit Fett versehen. *__14:__ Präsentation der fertig vorbereiteten Bremstrommel vor dem Aufschieben auf den Achszapfen.*

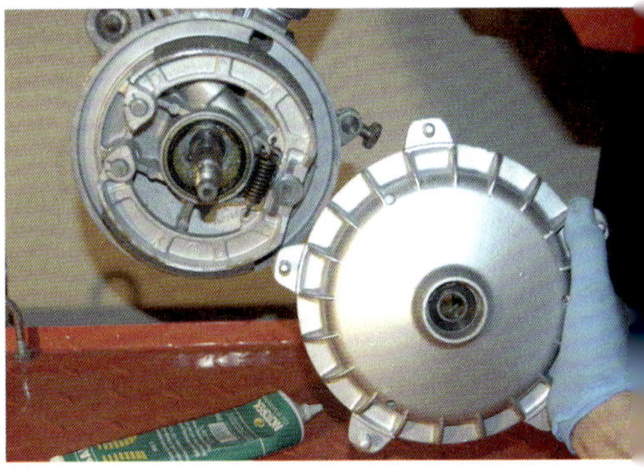
14

der Rändelmutter rechts unten so eingestellt, daß die Trommel mit normaler Hebelkraft von der Helferin blockiert werden kann. Trommel und Vorbau mit Holzklötzen **abstützen** und die Mutter zweistufig mit einem **Drehmoment von 77 und 90 Nm** festziehen. Kronensicherung aufsetzen und mit einem neuen Splint sichern. Die aufpolierte **Chromkappe** wird wiederverwendet. Zum Abschluß kann das neu bereifte **Vorderrad** montiert werden. Dei fünf alten **Muttern** wurden entrostet und phosphatiert, die **Federringe** sind neu. Muttern bei blockierter Bremse kreuzweise anziehen.

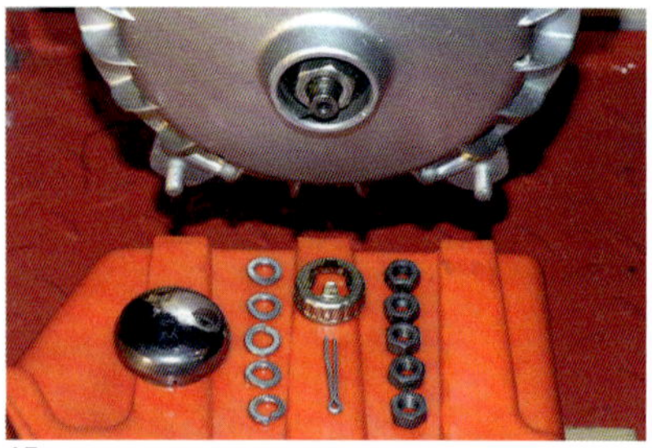
15

__15:__ Alle Kleinteile sind aufbereitet. __16:__ das neu bereifte Rad mit Muttern und Scheiben. __17:__ das montierte Rad. __18:__ Bremse mit Rändelmutter einstellen. __19:__ So muß der Splint gebogen werden.

16

17

18

19

Werkzeug, Produkte Vorderradbremse, Anschluß Tachowelle, Brremsseilzug

Schraubendreher, diverse
Spitzzange
gekröpfter Schlüssel SW 8
Stecknüsse mit kurzer Verlängerung SW 22, SW 13
Drehmomentschlüssel
leichter Hammer, Kunststoffhammer
Keramikpaste, Universalfett

Neuteile Vorderradbremse, Tachowellenanschluß

2 Bremsbacken
2 Klammern, 1 Rückholfeder
Klemmblättchen Welle
Schraube M5 mit Federring
5 Federringe M8
Splint für Radnabe

Federbein hinten: Ausbau, Aufbereitung, Einbau

Federbein hinten ausbauen:

Das hintere **Federbein** ist wie der gesamte Unterbau stark öl- und schmutzverkrustet. Nach dem Motorausbau hängt es nur noch oben an der Karosserie. Die **Befestigungsmutter M8** SW 13 ist nur bei ausgebautem Tank zu erreichen (s. weiter hinten im Buch). Das Lösen gelingt am besten mit einem flachen Umschaltschlüssel und einer Nuß SW 13. Gleichzeitig sollte die **Gewindestange** unten mit einem Gebelschlüssel SW 14 gegengehalten werden.

1

Federbein hinten aufbereiten:

Zuerst werden Öl und Straßendreck mit **Waschbenzin** entfernt. Dann werden Feder, Dämpfer, Gewindestange und Gabel mit der **Drahtbürste** bearbeitet. Es zeigt sich, daß nur wenig Rost vor-

2

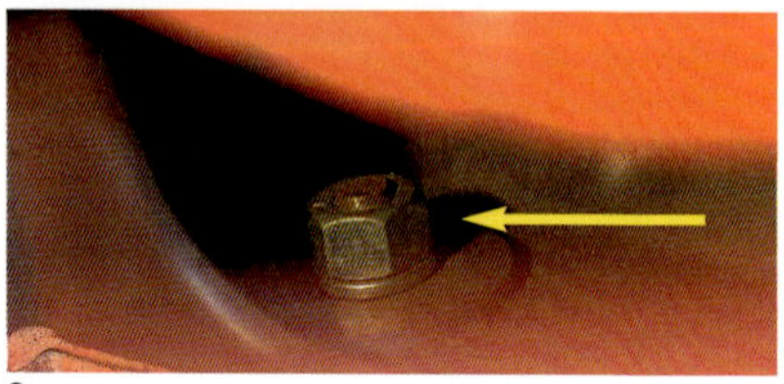
3

__1:__ Funktioniert noch gut, ist aber völlig verdreckt – das hintere Federbein. __2:__ Gegenhalten der Gewindestange mit Gabelschlüssel SW 14. __3:__ Lösen der oberen Mutter mit einem flachen Umschaltschlüssel und Nuß SW 13. __4:__ das ausgebaute Federbein mit allem Dreck... __5:__ ...und nach der Aufbereitung mit den bewährten Produkten.

4

5

handen ist. Nach abermaligem Abspülen mit Bremsenreiniger wird das gesamte Federbein mit **PAC 2030** und nach dem Abtrocknen mit **Phosprim 4090** behandelt. Dei Gewindestange wird **kaltverzinkt.** Das Ergebbis sieht sauber aus und bewahrt die Patina. Den **Gummipuffer** oben reinigen und präparieren wir mit dem Pflegemittel von Autoglym. Die Mutter M8 ist noch wie neu.

Federbein hinten einbauen:

Dies funktioniert wieder am besten bei liegendem Fahrzeug. Das Federbein wird so positioniert, daß die **Abschrägung** des Gummipuffers zur rechten Fahrzeugseite hinweist. Die **Gabelaufnahme für den Bolzen** muß parallel zur Fahrtrichtung stehen. Die Mutter wird mit einem neuen Sprengring zunächst nur lose aufgedreht und vor dem Einbau des Tanks richtig festgezogen.

6: So wird das Federbein positioniert; Abschrägung des Gummipuffers nach außen, Aufnahme parallel zur Fahrtrichtung; unten die teilweise neuen Befestigungselemente. 7: Blick in den aufbereiteten, patinierten und abgedichteten Radkasten mit dem provisorisch eingesetzen Federbein.

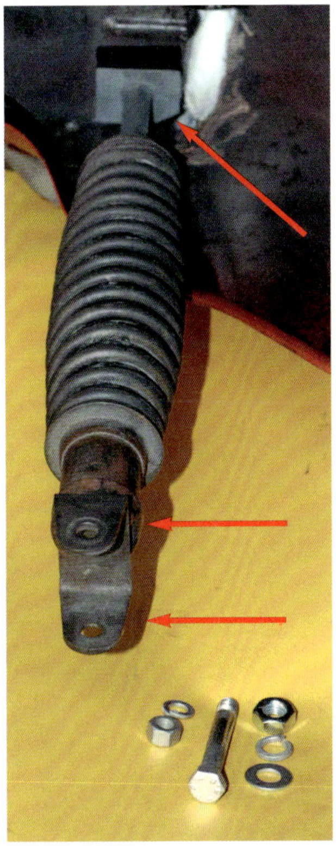

6

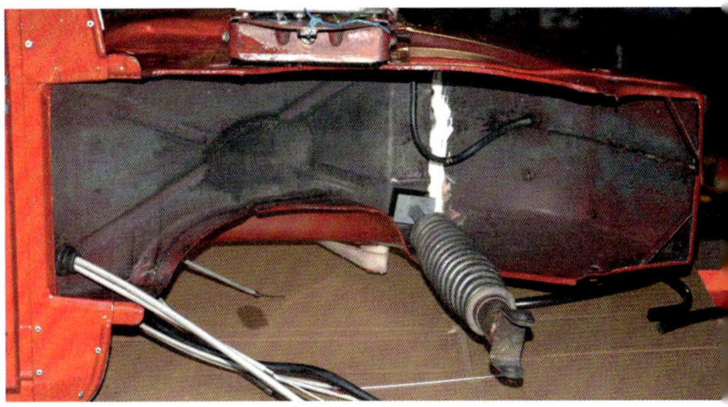

7

Werkzeug, Produkte, Neuteile Federbein hinten

Gabelschlüssel SW 13, SW 14
Drahtbürste, Reinigungsmittel
PAC 2030, Phosprim 4090
Zinkstaubfarbe
Autoglym Gummipflegemittel
Bolzen, Mutter, 2 Federringe neu

Mängel Federbein hinten

Feder, Dämpfer, Anlenkungen
Oberflächen: leichter Flugrost
Befestigung unten: Bolzengewinde kaputt

Mittelständer: Einbau

Mittelständer einbauen:

Wie der Mittelständer mit seinen Anbauelementen restauriert wird, haben wir bereits gezeigt. Nach ihrer Aufarbeitung werden die beiden **Haltebügel,** die kleinen **Blattfedern,** die **Spezial-Federringe,** die **Federanker** und die selbstsichernden **Spezialmuttern M6** wiederverwendet. Neu sind die vier **Unterlegscheiben M6** und die beiden **Rückholfedern.**

Die beiden **Haltebügel** werden da, wo sich der Ständer dreht, leicht **gefettet.** Bei liegendem Roller halten wir den Ständer so an, daß zunächst der **obere Bügel** samt der Blattfeder mit Schrau-

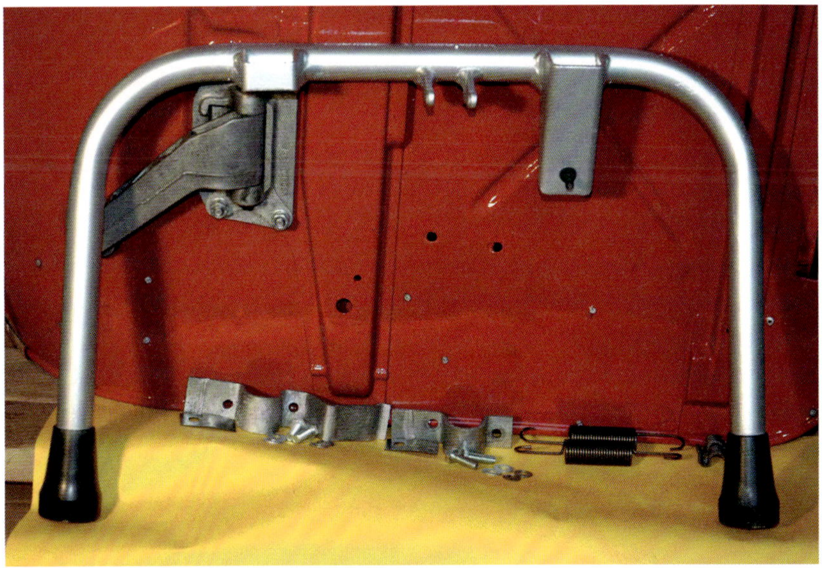

1

2

3

1: der restaurierte und verzinkte Originalständer mit neuen Gummis. Bei einer 1985er PX sind verchromte Ständer aus dem Zubehörhandel und schwarz lackierte Ständer der neueren Modelle fehl am Platz. 2: Einzelteile für die Montage. 3: Die beiden Lagerböcke werden innen gefettet.

__4:__ Die neuen Federn werden am Ständer eingehängt. __5, 6a,b:__ Die kleinen Blattfedern gehören zwischen Ständerrohr und Unterboden, werden mit den vorderen Schrauben fixiert (Pfeile). __7:__ Der restaurierte und montierte Mittelständer mit seinen neuen Federn ist wieder voll funktionsfähig.

4

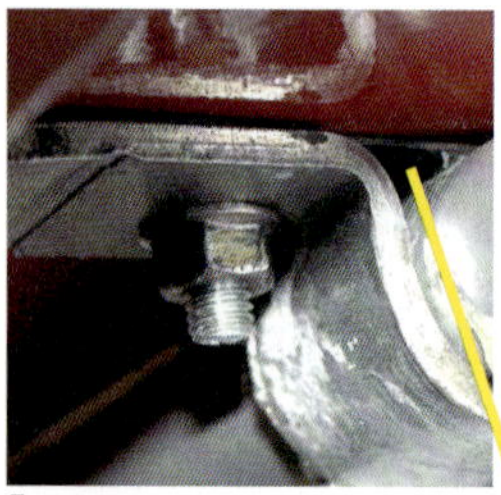

5

6a

6b

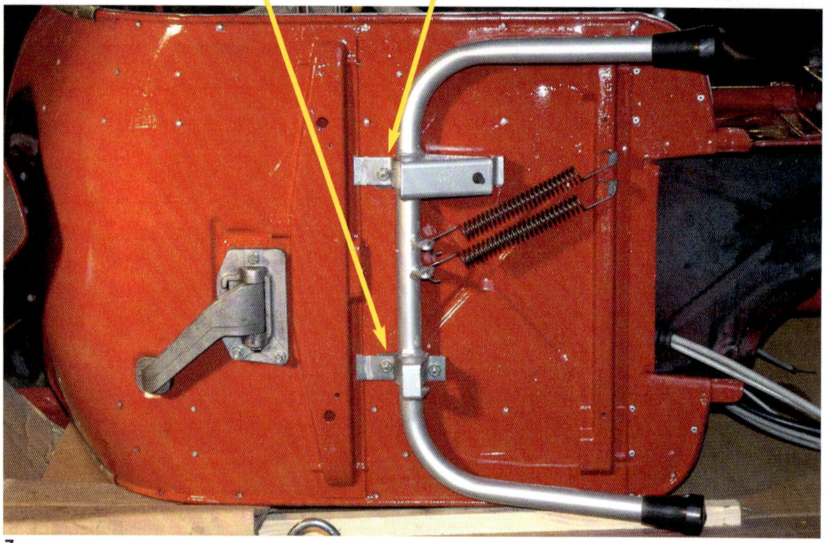

7

be, Scheibe und Mutter gesichert werden kann. Die Blattfeder muß so liegen, daß sie auf das Querrohr drückt (s. Fotos). Danach folgen der **untere kleine Bügel** mit seinen Schrauben nebst Kleinteilen. Die hintere Schraube des großen Bügels kann nur bei vorgeklapptem Ständer eingesetzt werden.

Unterlegscheiben und **Federringe** sind auf der Trittbrettseite einzusetzen. Die Muttern werden ohne Scheiben eingedreht. Wenn alles an Ort und Stelle ist, werden die vier **Muttern M6** mit einer Stecknuß SW 10 angezogen; dabei müssen die Schraubenköpfe auf der anderen Seite mit einem Ringschlüssel SW 10 gegengehalten werden.

Jetzt werden die **neuen Federn** in die Ständeraufnahmen und die beiden neu phosphatierten **Federanker** in das Rahmen-Querprofil eingehängt. Zum Einhängen der Federn in die Anker wenden wir einen Trick an, da sie sich von Hand nicht spannen lassen: Wir legen um das jeweils hintere Ende ein Stück **Kabel** und ziehen dann kräftig an der Schlaufe; dies klappt ganz prima, wobei die Karosserie beim Ziehen festgehalten werden muß (Helferin/Helfer).

Ein „Klapptest" beweist anschließend, daß alles korrekt funktioniert. Nachdem alle Arbeiten am Unterboden abgeschlossen sind, kann der Roller wieder aufgerichtet werden.

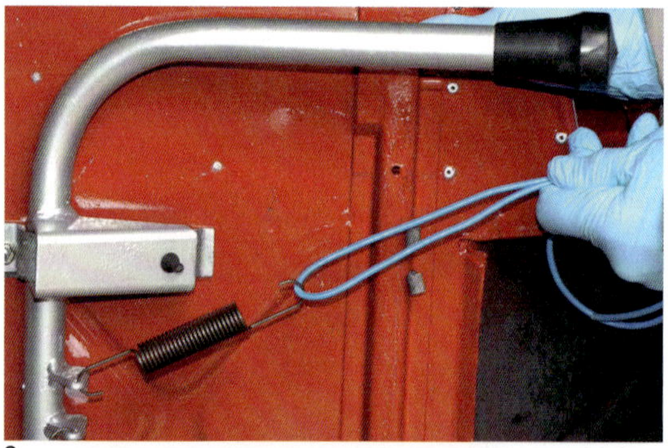

8

9

__8, 9:__ Die Federenden werden mit einem Kabel über die frisch phosphatierten Halteklammern gezogen.

Werkzeug, Produkte, Neuteile Mittelständer Einbau

Stecknuß, Ringschlüssel SW 10
Universalfett, Stück Kabel
4 neue Unterlegscheiben
2 neue Rückholfedern
2 neue Gummipuffer

10

__10:__ Nach Ende der Arbeiten am Unterboden wird der Roller wieder aufgerichtet und auf den Ständer gestellt. Er hängt aber weiter am Kettenzug.

Beinschildumrandung einbauen; Tipps zum Ständer

Beinschildumrandung aus Aluminium montieren:

Bis 1983 besaß die Vespa PX eine schöne Beinschildumrandung **aus Aluminium** (s.a. Kasten). Unsere PX ist bereits mit der **chrombedampften** Kunststoffumrandung ausgerüstet. Die Leiste befindet sich insgesamt noch in sehr gutem Zustand und wird daher belassen, wie sie ist.

Voraussetzung für das Anbringen einer neuen Umrandung: Lenker und äußere Trittbrettleisten inkl. der Endstücke sowie alte Umrandung abgenommen. Die Umrandung ist an den unteren Enden mit **Poppnieten** befestigt, die ausgebohrt werden müssen.

Die neue Profilleiste wird von oben über das Beinschild geführt, indem man dem Außenprofil des Beinschilds folgt. Leiste mit einem **Gummihammer** anpassen, dabei mit Gefühl vorgehen, damit keine Dellen entstehen. Unter dem Vespa-Emblem und ganz unten wird die Umrandung mit **Spannstrippen** oder Gurten an das Beinschild gepreßt.

Für das **Falzen** braucht man eine **Bördelzange,** wie sie unter der Nummer T.0023590 im Piaggio-Katalog aufgeführt ist. Man fängt oben an und walzt von A nach B (s. Abbildung), dann von A und B bis zum oberen Spanngurt 1. Dieser wird nun entfernt, und man bördelt bis zum unteren Gurt 2 weiter. Jetzt wird auch dieser abgenommen, und es wird bis zu den Enden fertiggebördelt.

Tipp vom Meister: Sollten sich Falten oder Buckel ergeben, werden diese mit vorsichtigen Gummihammerschlägen beseitigt. Anschließend muß noch einmal gebördelt werden. Schließlich an den Endpunkten neue **Poppnieten** setzen und Trittleisten anbringen.

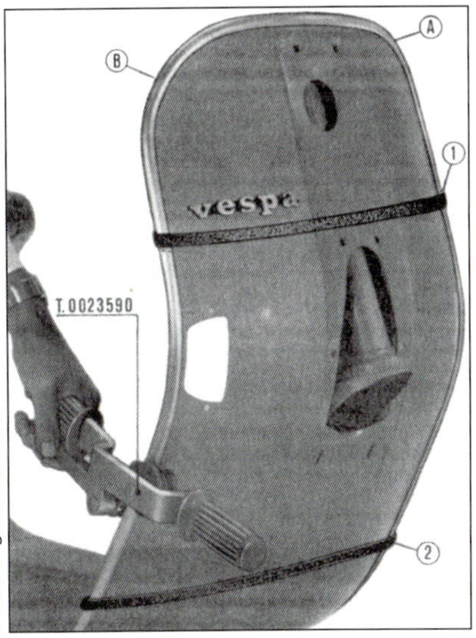

Zeichnungen: Werkstatt-Handbuch Vespa P 200 E, Piaggio & C./Corradino Mori

1

2

3

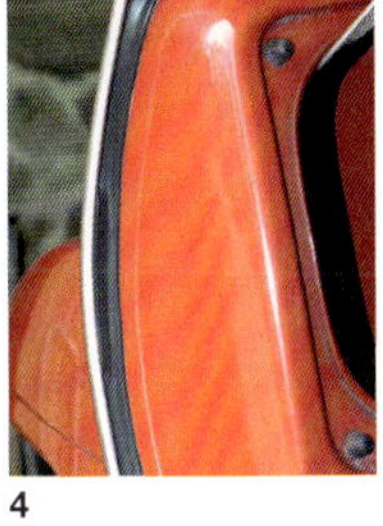

4

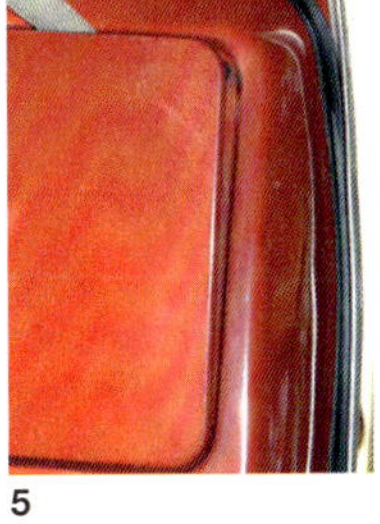

5

__1:__ Bördelzange im Einsatz, Riemen zur Fixierung. __2, 3:__ die gut erhaltene, chrombedampfte Leiste unserer PX 200 E. __4, 5:__ Leisten von hinten, Gummidichtung mit Autoglym behandelt. __6:__ Vernietung der Leiste. __7:__ der Taschenhaken aus Aluminium.

Ständer, Schildrahmen, Haken: was zu beachten ist

Die Beinschildumrandung der Modelle **bis 1983** bestand immer **aus Aluminium**; sie wurde mit einem speziellen Werkzeug an den Rahmen bzw. das Beinschild gebördelt (s. Lauftext).

Diese Aluumrandungen sind sehr haltbar und lassen sich leicht reinigen und polieren. Ab den Lusso- bzw. Arcobaleno-Modellen bestehen die Umrandungen aus **Kunststoff.** Ab 1989 sind sie innen chrombedampft, ab 1990 durchgängig aus schwarzem Plastik hergestellt.

Zum fachgerechten Montieren der klassischen Aluleisten benötigt man ein spezielles Werkzeug, also eine **Bördelzange.** Das Befestigen der Kunststoffleiste, wie sie in den Jahren 1984 bis 1989 verbaut wurde, ist etwas kompliziert, da diese Leisten sich nicht gut anpassen bzw. dehnen lassen. Das ist bei den schwarzen Kunststoffleisten ab 1990 dann wieder bedeutend einfacher.

Die PX-Modelle bis einschließlich 1989 hatten eine chromfarbene Beinschildumrandung und einen silberfarben verzinkten **Hauptständer.** Ab Modelljahr 1990 wurde der Hauptständer schwarz lackiert. Gerne wurden und werden verchromte Hauptständer aus dem Zubehörhandel montiert. Doch Achtung bei der Bestellung: Sie haben mitunter nur einen Haken für nur eine Rückholfeder.

Der **Taschenhaken** bestand bis 1989 aus Aluminiumguß. Seit 1990 besteht er nur noch aus schwarzem Plastik.

Ab Modelljahr 1990 montierte Piaggio die **Beinschildumrandung** in Schwarz. Die Millenium-Modelle mit Scheibenbremse ab 1998 und die Modelle bis 2016 bekamen wieder eine silberfarbene Beinschildumrandung, der Hauptständer aber blieb schwarz. *WL*

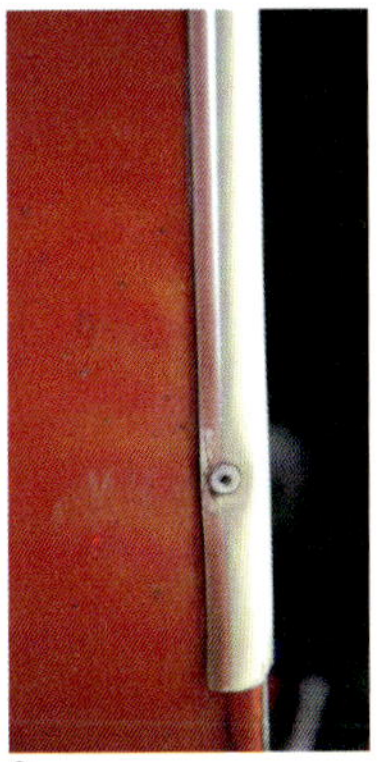

6

7

Motor: Endmontage

Kolben, Kolbenringe, Zylinder, Zylinderkopf: Einbau

Vorbemerkung

Prinzipiell sind beim Einbau von Kolben, Zylinder und Zylinderkopf die gleichen Regeln zu beachten und die gleichen Handgriffe auszuführen wie beim Ausbau - nur in umgekehrter Reihenfolge. Und doch sind dabei spezielle Dinge zu beachten.

Wie bereits weiter vorne ausführlich begründet, haben wir uns entschlossen, **die alten Bauteile** (nach Vermessung und Reinigung) **wieder einzusetzen.** Es ergaben sich gegenüber von uns geprüften Neuteilen mit Normalmaß **keine Nachteile** - im Gegenteil: Das Spiel zwischen einem neuen Kolben und einem neuen Zylinder sowie das Stoßmaß der neuen Kolbenringe waren größer als bei den alten Elementen.

Kolbenringe austauschen:

Während der alte Kolben noch brauchbar ist, müssen die eingelaufenen **Kolbenringe** durch Neuteile ersetzt werden, die dem durchschnittlichen Innenmaß des Zylinders von 66,75 mm entsprechen. Die neuen Ringe (1. Übermaß) zeigen im gehonten Altzylinder ein **Stoßmaß** von 0,35 mm und liegen damit unterhalb der Toleranzgrenze.

Zuerst müssen die **alten,** teilweise festgebrannten **Ringe entfernt** werden. Es gibt zwei Möglichkeiten: 1. Sie werden einfach herausgebrochen. 2. Sie werden vorsichtig auseinandergezogen und nach oben herausmanövriert. Genau das haben wir getan und dabei kleine Schraubendreher und eine Spitzzange zuhilfe genommen (s. Fotos). Mit der Klinge eines genau passenden Schraubendrehers wurden dann die **Nuten ausgeschabt,** anschließen noch einmal mit Feinstahlwolle gereinigt.

Das **Herausbrechen** geht schneller und ist praktischer: Mit einer scharfen Ringbruchkante kann man prima die Nuten von Rückständen befreien, sie werden rundum ausgekratzt. Die Reinigung ist wichtig, damit die neuen Ringe später nicht klemmen und heißlaufen.

Auch zum **Aufbringen der neuen Ringe** gibt es zwei Möglichkeiten: 1. Einsetzen von Hand. 2. Plazieren mit der Kolbenringzange. Wer Übung hat, kann die Ringe **von Hand** vorsichtig spreizen, nach unten ziehen und einsetzen. Dabei die beiden versetzen Stoßblockierer beachten. Einfacher geht es mit der **Kolbenringzange:** Ring einsetzen, Zange spreizen, über den Kolben ziehen und Ring in die Nut setzen.

1

2

3

4

5

6

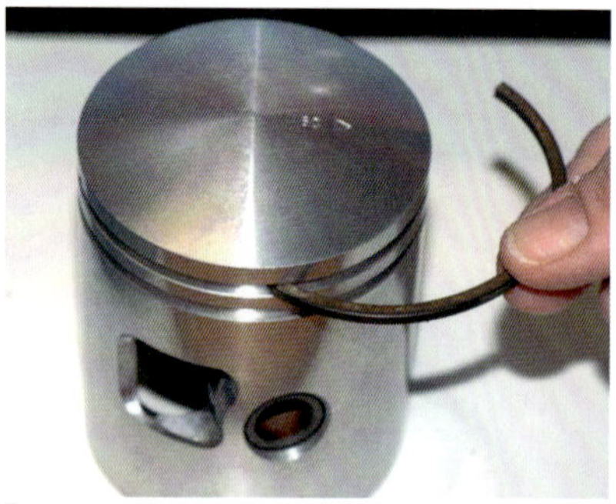
7

8

9

1: *Aushebeln des oberen Kolbenrings mit der Klinge eines schmalen Schraubendrehers.* ***2:*** *Der Ring ist draußen, ohne etwas verkratzt zu haben.* ***3:*** *Vorziehen des unteren Rings nach dem Aushebeln.* ***4:*** *der alte Kolben mit seinen alten Ringen.* ***5:*** *Ausschaben der Nuten mit der schmalen Klinge.* ***6:*** *Nach dem Ausschaben wurde mit Feinstahlwolle nachgereinigt.* ***7:*** *Ausschaben einer Nut mit der scharfen Kante eines abgebrochenen Altrings (Musterfoto mit neuem Kolben).* ***8, 9:*** *Die beiden neuen Kolbenringe werden mit der professionellen Spezialzange eingesetzt.*

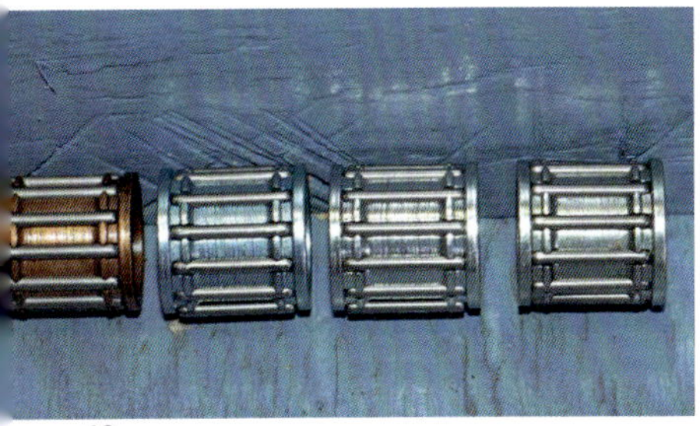

10

11

12

__10:__ Ab Werk stehen vier Austausch-Nadellager zur Verfügung – kupfer, blau, grün, metallisch; Nummern 500511, 500512, 500513, 500514. __11:__ Man sieht deutlich, daß die Nadeln sich nach innen schieben, wenn kein Bolzen eingeschoben ist. __12:__ Sie treten heraus, wenn der Bolzen drin ist.

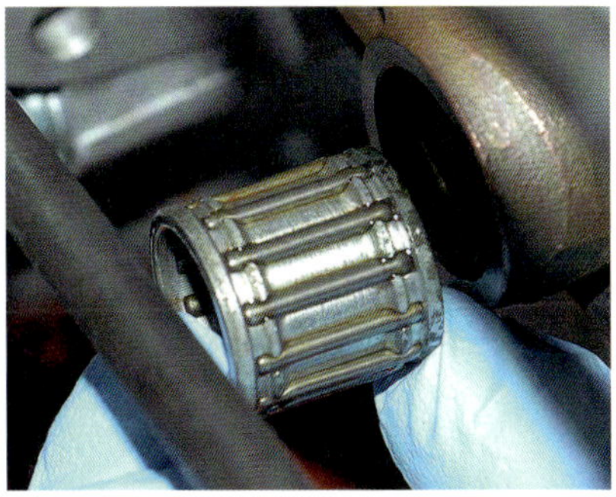

13

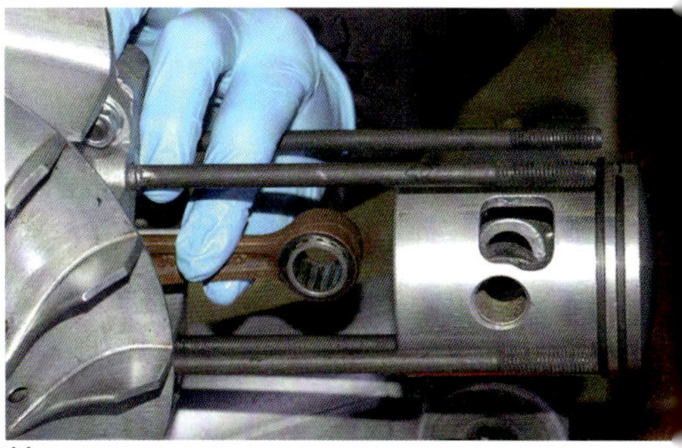

14

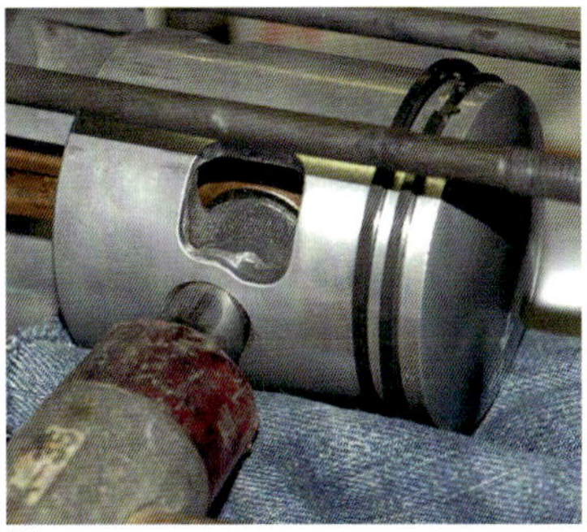

15

16

17

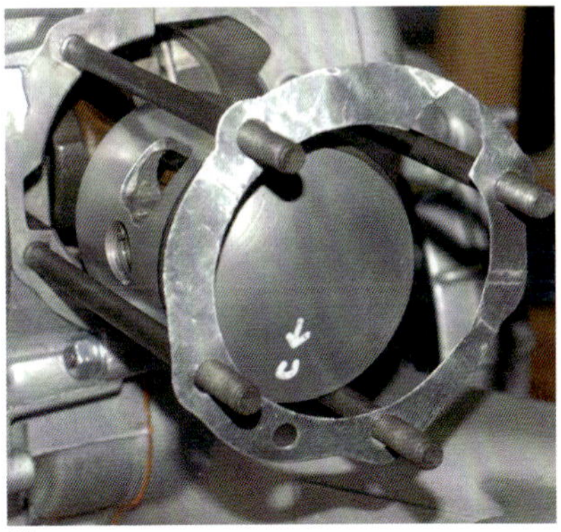

18

19

__13:__ Das gebrauchte Nadelager wird wieder eingesetzt. __14:__ eingeschobenes Nadellager, Kolben. __15:__ Zuerst Sprengring auf der Gegenseite einsetzen, dann Kolbenbolzen eintreiben. __16:__ Einsetzen des zweiten Seegerrings mit der Spezialzange. __17:__ So muß der Sprengring sitzen; zur Prüfung mit den Zangenspitzen etwas drehen. __18, 19:__ Aufsetzen einer neuen Zylinderfußdichtung.

Nadellager und Kolben einsetzen:

Das **alte Nadellager** befand sich noch (bei eingeschobenem Bolzen) in gutem, spielfreiem Zustand und war hinsichtlich seiner Position markiert worden. Wir setzen es **wieder ins Pleuelauge,** nachdem wir es leicht eingeölt haben.

Einige **Bemerkungen zum Nadellager:** Die Nadeln sind gleitend gelagert und passen sich ans Pleuelauge radial erst an, wenn der Kolbenbolzen eingeschoben wurde. „Leer" hat das Lager immer Spiel. Geprüft wird dies, indem das **Nadellager** ins **Pleuelauge** gesetzt und dann der **Kolbenbolzen** ganz eingeschoben wird. Durch ruckartiges Hin- und Herziehen des Bolzens kontrollieren, ob Spiel vorhanden ist. Die Firma Schulz stellte uns für die Probe vier Nadellager mit unterschiedlichen Maßen und Farbmarkierungen zur Verfügung (s. Foto oben links und Bildzeile dazu); sie brachten keine Verbesserung und wurden daher nicht verwendet.

Jetzt wird der leicht eingeölte **Kolben** aufgeschoben, und zwar in der auf den Fotos gezeigten Lage. Die Auslaßmarkierung fehlt bei unserem Kolben, wir haben nachträglich einen Pfeil aufgemalt. Vorher haben wir auf der Kolbengegenseite die **Sprengringsicherung** für den **Kolbenbolzen** eingesetzt.

Jetzt muß der **Kolben** so plaziert werden, daß Kolbenaugen und Nadellager exakt fluchten; die Helferin bemüht sich redlich. Dann wird der zur Wiederverwendung freigegebene, ebenfalls geölte **Kolbenbolzen** angesetzt und mit vorsichtigen Plastikkammerschlägen eingetrieben; dabei wird ständig kontrolliert, ob er das Nadellager auch richtig trifft. Nach ein paar Minuten sitzt der Bolzen perfekt im Lager und in beiden Kolbenaugen. Es mußte – wie beim Ausbau – recht kräftig geschlagen werden. **Achtung:** Bolzen nicht zu weit eintreiben; der rückwärtige Seegerring wird

Werkzeug Kolben, Zylinder, Vergaser Einbau

Schraubendreher klein, mittel
Spitzzange, Seegerringzange
Kolbenringzange
Kunststoffhammer
Stecknuß SW 11, SW 13
mit Verlängerung groß, klein
Drehmomentschlüssel
Flacheisen für Abgasstutzen
etwas Motoröl, Keramikpaste

Neuteile Kolben, Zylinder, Vergaser Einbau

2 Kolbenringe neu
Zylinderfußdichtung
Luftfiltergehäusedichtung
Vergaserfußdichtung
4 Unterlegscheiben M8
4 Federringe M8

sonst verbogen und muß mühsam wieder herausgefummelt und dann ersetzt werden. Abschließend wird der **zweite Sprengring** eingesetzt und zur Prüfung des korrekten Sitzes etwas gedreht.

Zylinder und Zylinderkopf einbauen:

Zuerst wird die neue **Zylinderfußdichtung** aufgeschoben. Es dauert ein wenig, bis wir die richtige Position für die asymmetrischen Lochungen gefunden haben. Dichtpaste darf nicht aufgetragen werden.

Nun Kurbelwelle drehen und **Kolben** Richtung unteren Totpunkt schieben. Dann den innen eingeölten **Zylinder** ein paar Zentimeter weit auf die vier Bolzen schieben, Kolben vorziehen und bis zum Ansatz des ersten Rings in den Zylinder einführen. Jetzt preßt die Helferin den ersten **Ring** an der **Trennmarkierung** so zusammen, daß Kolben und Ring in den Zylinder gleiten können. Beim zweiten Ring wird ebenso verfahren. Zylinder bis zum Anschlag aufschieben.

Der **Zylinderkopf** wird ohne Dichtung aufgesetzt. Die vier alten, aufbereiteten **Kopfmuttern M8** werden wiederverwendet, **Unterlegscheiben** und **Federringe** sind neu. Zuerst die Scheiben, dann die Federringe einsetzen. Die vier Muttern werden beigedreht und mit einer Nuß SW 13, Verlängerung und Dreh-

20

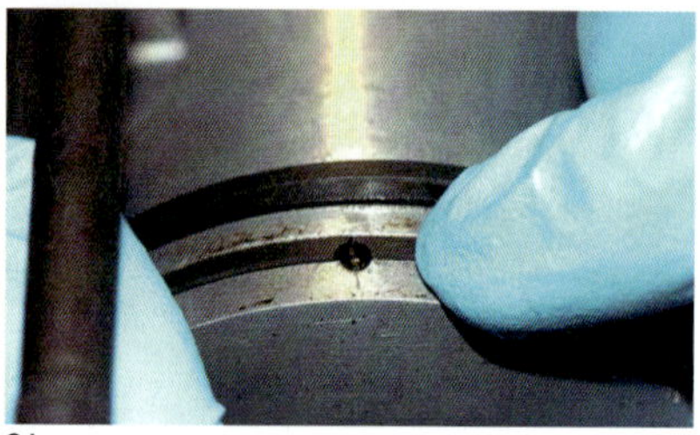
21

22

23

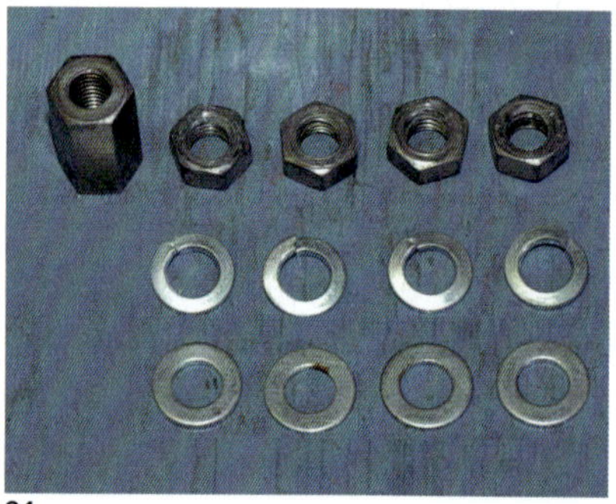
24

__20:__ Ansetzen des Zylinders und Vorschieben bis an den oberen Kolbenring. __21:__ Kolbenringe maximal zusammendrücken... __22:__ ...und Zylinder über die Ringe schieben. __23:__ Zylinder bis zum Anschlag durchschieben. __24:__ aufgearbeitete Muttern, neue Federringe und Scheiben. __25:__ Blick auf den Kolben im Zylinder, Ansetzen des Zylinderkopfs. __26:__ Zylinderkopf aufgesetzt, Scheiben und Ringe aufgelegt. __27:__ Nach dem Festziehen der Muttern wird der Distanzbolzen aufgeschraubt.

25

26

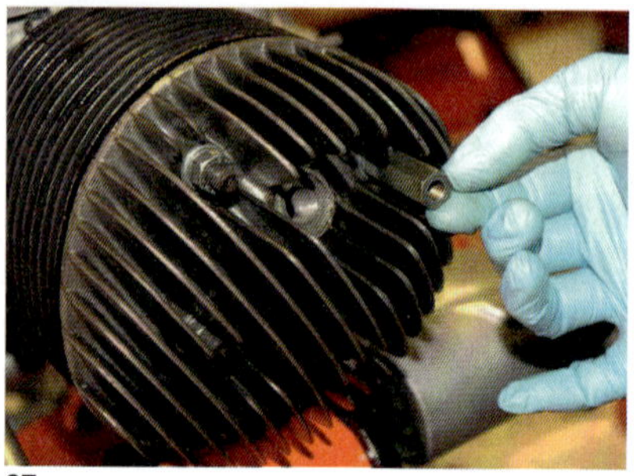
27

28

29

momentschlüssel **über Kreuz** angezogen, und zwar mit **Drehmoment** zweistufig **13-18 Nm.** Bleibt noch, oben rechts den **Distanzbolzen** für die Gebläsehaubenbefestigung zu montieren und mit dem Schlüssel SW 13 festzuziehen.

__28:__ Die vier Muttern werden mit dem Drehmomentschlüssel kreuzweise angezogen. __29:__ der fertig montierte Triebwerksblock (außer Vergaser).

Vergaser, Ölpumpen- und Luftfilterkasten: Einbau

Luftfiltergehäuse und Vergaser einbauen:

Zuerst wird (trocken) eine neue grüne **Papierdichtung** aufgelegt. Dann setzen wir das **Gehäuse** mit der integrierten Ölpumpe auf. Bevor wir die **Schlitzschraube** eindrehen, **decken wir die Ansaugöffnung** zur Kurbelwange hin sorgfältig **ab,** z.B. mit einem zusammengeknüllten Latexhandschuh à la Professor T. Es **wäre** eine echte **Katastrophe,** wenn die Schraube oder ein anderes Kleinteil in das Kurbelgehäuse fallen würde. Dies hätte unweigerlich zur Folge, daß der ganze Motior wieder auseinandergenommen werden müßte! Nach dem Befestigen des Gehäuses wird trocken eine neue **Vergaserfuß-Dichtung** aufgelegt. Der gereinigte und durchgesehene Vergaser Dell'Orto vom Typ SI 24/24 E (s. voriges Kapitel) wird auf die Stehbolzen gesetzt. Die beiden **Hülsenmuttern** werden samt Unterlegscheiben und Federringen mittels einer Stecknuß SW 11 nebst Verlängerung eingesetzt und handfest angezogen.

__1:__ Abdeckung, Luftfilter (werden später montiert), Vergaser, Gehäuse mit Ölpumpe. __2:__ die aufbereiteten Befestigungselemente und neue Dichtungen. __3:__ neue Gehäusedichtung. __4:__ Gehäusebefestigung und Abdeckung des Ansaugschachts. __5:__ neue Vergaserfuß-Dichtung. __6:__ Vergaser mit Hülsenmuttern SW 11 und Werkzeug dazu.

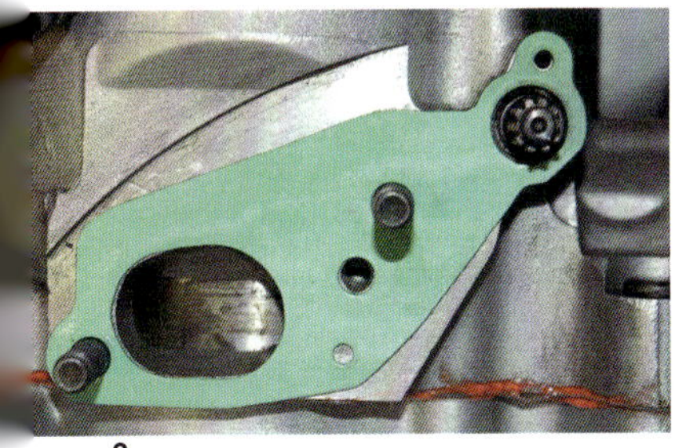

3

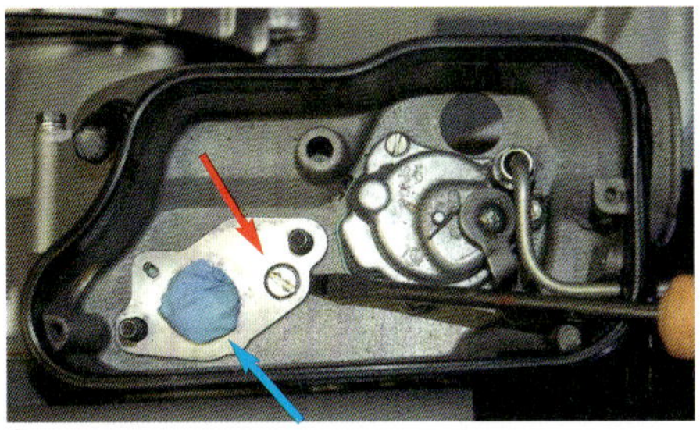

4

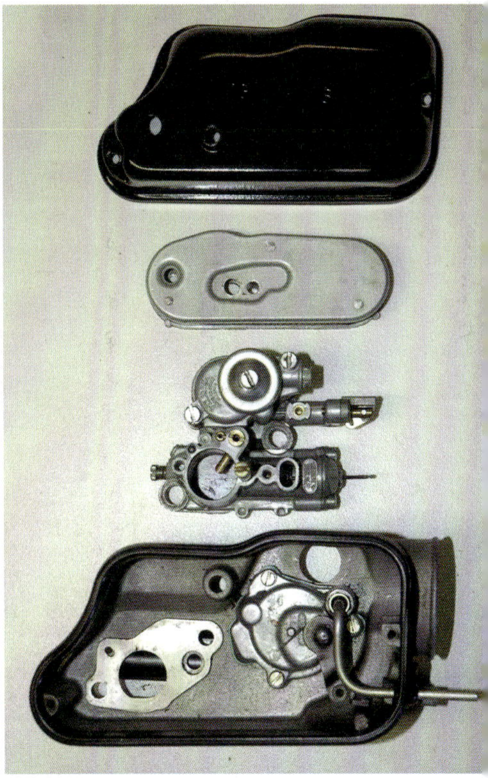

1

5

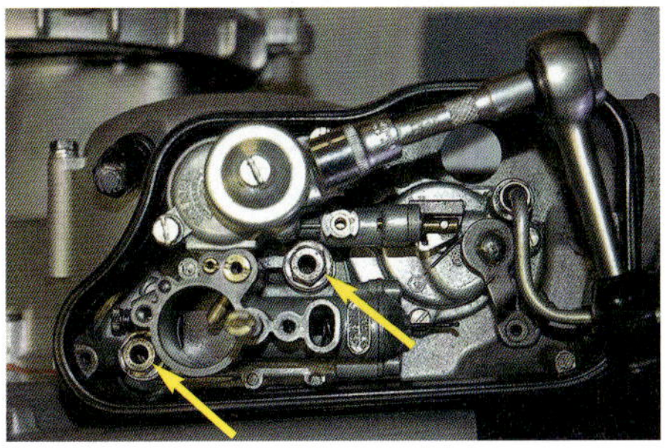

6

2

Abgasstutzen: einbauen

Abgasstutzen montieren:

Für den Einbau des aufgearbeiteten **Abgasstutzens** muß der Motor von unserem bewährten Montageständer herunter genommen werden, und zwar für immer, denn er wird jetzt bald wieder in den Roller eingesetzt.

Der Stutzen wurde gestrahlt und lakkiert. Das **Feingewinde** ist unbeschädigt und wird dünn mit Keramikpaste bestrichen. Daher läßt sich das Teil leicht von Hand eindrehen. Richtig festgezogen wird es mit einem **Flacheisen,** das in die beiden Montagenuten gesetzt und so lange gedreht wird, bis der Stutzen unverrückbar festsitzt.

1

2

4

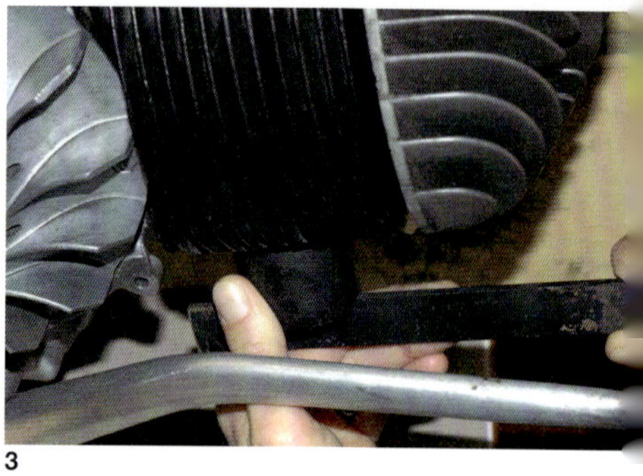
3

__1:__ Mit Keramikpaste geht alles leichter; das Feingewinde wird dünn bestrichen. __2:__ Der Stutzen wird von Hand so weit wie möglich eingedreht. __3:__ Festgezogen wird er mit unserem vom Kupplungsausbau her bekannten Flacheisen. __4:__ der einbaufertige Motor mit Stutzen und Vergaser.

Motorblock ins Chassis einsetzen

Motor ins Chassis hängen:

Mit dem Transport des neu aufgebauten Motors in die Garage und auf die Hebebühne nähert sich unser Restaurierungsabenteuer dem Ende. Der über 25 kg schwere Triebwerksblock wird auf die Bühne gelegt und dann **zu zweit so angehoben,** daß der aufbereitete **Lagerbolzen** der vorderen Aufhängung durch die verstärkten Öffnungen im Chassis und gleichzeitig durch die Silentblöcke der **Schwinge** geschoben werden kann. Mit etwas Kraft und Augenmaß klappt es gut, wobei wir wieder zu zweit arbeiten. Während Carolin peilt, treibe ich den Bolzen mit dem Kunststoffhammer im richtigen Moment durch die Passage. Auf der linken Seite werden **Federring** und **Mutter SW 22** aufgesetzt, aber erst später festgezogen.

__1:__ Der präparierte Motor wird zunächst vorsichtig abgelegt, damit nichts verkratzt.

1

__2:__ Der Bolzen mit Sechskant SW 22 wird von rechts durch Chassis und Schwinge geschoben. __3:__ Federring und Mutter SW 22 (beide aufbereitet) werden auf der linken Seite angesetzt und später festgezogen. __4:__ Die Schwingenachse ist halb drin, der Motor ist korrekt ausgerichtet und ruht hinten auf einem Holzklotz. Die weiße Farbklecks ist original und bleibt dran. __5:__ Schläuche und Bowdenzüge wurden zur Seite gebogen.

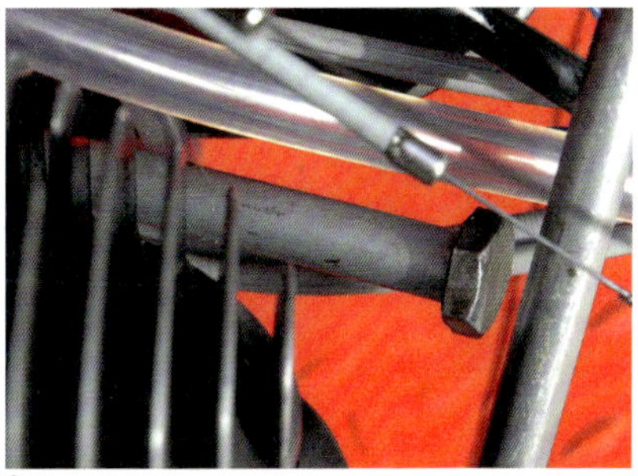

2

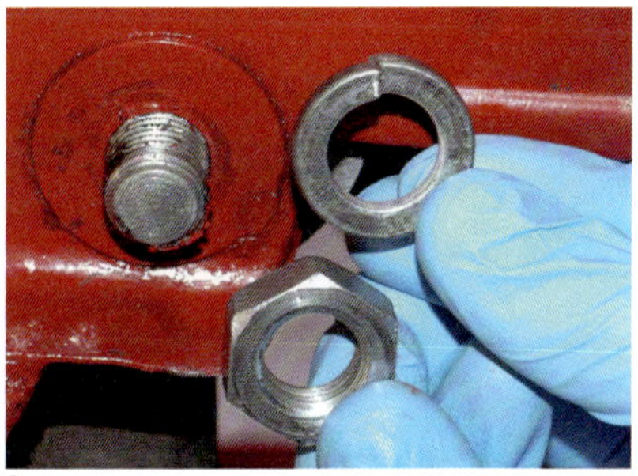

3

4

5

6

7

8

9

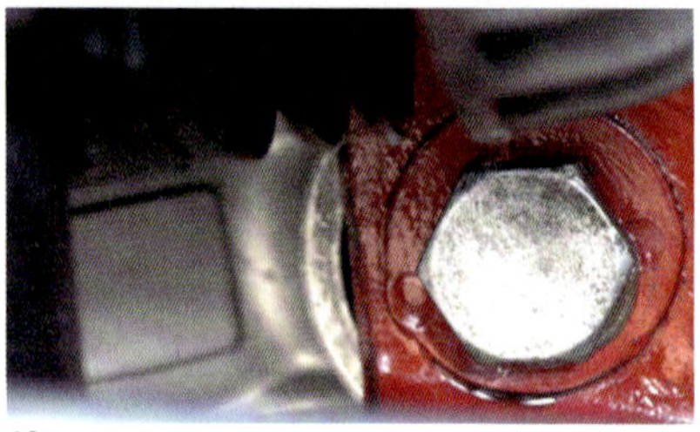

10

6: Einsetzen des hinteren Bolzens ins Federbein. 7: Bolzen mit lose angesetzter Mutter. 8: Anziehen der hinteren Verbindung. 9: Mutter SW 22 der Schwingenachse mit angesetztem Drehmomentschlüssel. 10: Kopf der Schwingenachse.

Dann muß der **Triebwerksblock hinten angehoben** und unten mit dem Federbein verbunden werden. Diesmal hilft Johanna: Während ich den Block hochhieve, schiebt sie von rechts den **Bolzen M8** SW 13 ein und sichert ihn links mit der **Mutter SW 14** samt Federring und Scheibe. Angezogen wird mit Stecknuß SW 14 **(Drehmoment 25 Nm)**. Damit der Roller nicht nach hinten kippt, müssen rechtzeitig **Holzklötze** untergeschoben werden. Jetzt auch die Schwingenachse festziehen, dabei gegenhalten; **Drehmoment 75 Nm.**

Werkzeug Motor, Auspuff

Ring- und Gabelschlüssel SW 22, SW 13, SW 14, Drehmomentschlüssel, Nüsse SW 17, 22, Schraubendreher, Holzböcke, Holzhammer, Keramikpaste, Metallsäge

Auspuff anschließen

Auspuff einbauen

So einfach wie gedacht ist der Einbau des Auspuffs nicht. Auf jeden Fall muß man **zu zweit** arbeiten. Zunächst sehen wir uns die **Klemmschraube** der Schelle am Krümmer an; wie schon früher festgestellt, dreht der Vierkant durch. Also muß der Bolzen durchgesägt werden. Passender Ersatz findet sich schnell in unserem Teilelager. Die **neue Schloßschraube** wird zusammen mit neuer Scheibe und neuem Federring vormontiert. Mit einem starken Schraubendreher weiten wir das Rohr im Klemmbereich ein wenig auf.

Auf den **Abgasstutzen** streichen wir etwas Keramikpaste, damit es besser rutscht. Während ich den **Krümmer** an-

1: Der gestrahlte und hitzebeständig lackierte Auspuff ist einbaufertig. Rechts unten liegt der Haltebolzen. Als Werkzeug liegen „Knarre“ mit Stecknuß SW 17 und Schlüssel SW 13 bereit.

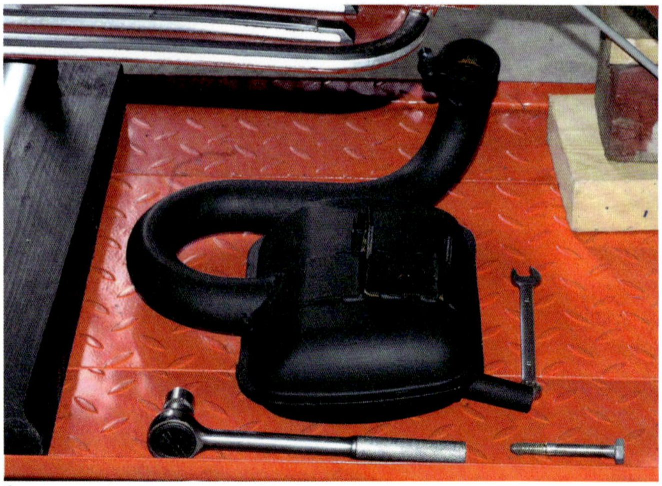

1

setze, schiebt Gabi die gabelartige **Halterung** des Topfs unten über die Aufnahme am Motorblock.

Mit einem Schraubendreher wird zentriert, dann mit einem **Holzhammer** von unten abwechselnd gegen **Krümmer** und Topfkante geschlagen, bis der Krümmer sitzt und der Haltebolzen eingeschoben werden kann. Der will aber nicht, wie er soll, denn der **Käfig** für die Mutter auf der Vorderseite hat sich verschoben. Mit einem langen Schraubendreher gelingt es, sie wieder geradezurücken. Nun läßt sich der **Bolzen** mit der Stecknuß SW 17 eindrehen und festziehen. Die Schelle am Krümmer wird mit einem Ringschlüssel SW 13 angezogen – fertig!

2: Der unbrauchbare alte Bolzen am Krümmer wird durchgesägt und durch einen neuen nebst Scheibe und Federring ersetzt. 3: Keramikpaste erleichtert die Montage 4: Mit dem Schraubendreher wird der Käfig für die Mutter zurechtgerückt. 5: Anziehen der Schelle mit Schlüssel SW 13. 6: Ohne Lampe und Holzhammer ging es nicht.

2

3

4

5

6

Seilzüge: Endmontage; Getriebeöl einfüllen

Seilzüge am Lenker anschließen

Schaltdrehgriff und Schaltzüge anschließen

Der früher bereits gereinigte und renovierte **Schaltdrehgriff** wird aus der Lagerung gezogen, damit das Rohr, ebenso wie die Lagerstellen im Lenker, leicht gefettet werden kann. Beim Reinschieben auf die **dünne Gleitscheibe** zwischen Griff und Lager achten.

Rohr ganz durchstecken, dann **Federring** und **dicke Gleitscheibe** sowie die **Seilzugrolle** aufstecken und diese von oben mit dem Splint sichern; dabei Druck ausüben und gerade Splintpartie durch die Bohrungen an Rolle und Rohr stekken. Griff in Position 4. Gang drehen. Die beiden **Seelen** der Schaltzüge so weit vorziehen und abwinkeln, daß die **Nippel** eingehängt werden können. Nun kontrollieren, daß die metallbewehrten **Enden der Außenhüllen** bündig in den Plastikführungen unten am Lenker stecken; bei Bedarf mit Spitzzange nachschieben.

Kupplungszug und -hebel anschließen

Auch hier wieder **zu zweit** arbeiten. Nach Montage des Schaltgriffs kann der

1: Der Schaltgriff wird herausgezogen, das Rohr leicht gefettet. 2: Fetten der Lagerstellen.
3: die Gleitscheibe zwischen Griff und Lager.
4: Federring, innere Gleitscheibe, Seilzugrolle.
5: Einsetzen der beiden Seilzugnippel.
6: fertig montierte und versplintete Seilzugrolle.

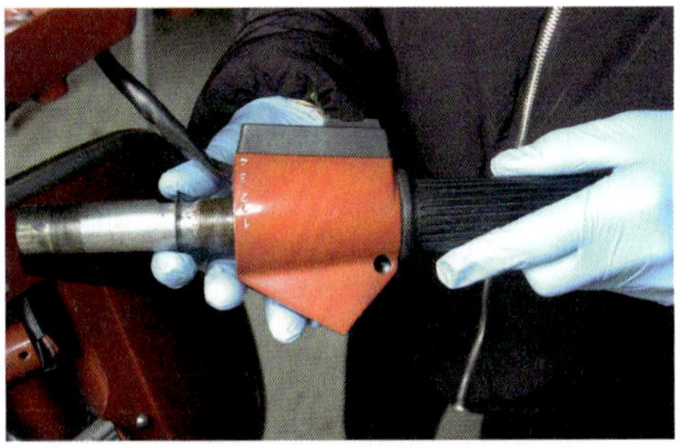
1

2
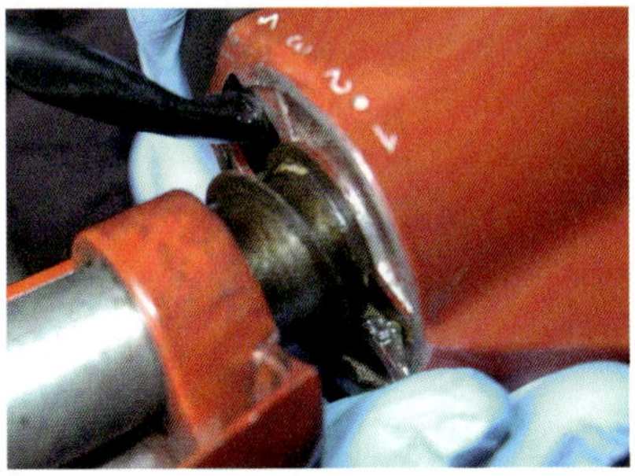
3
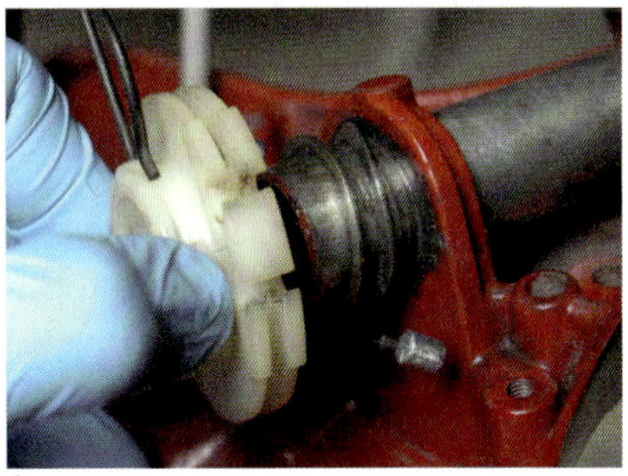
4
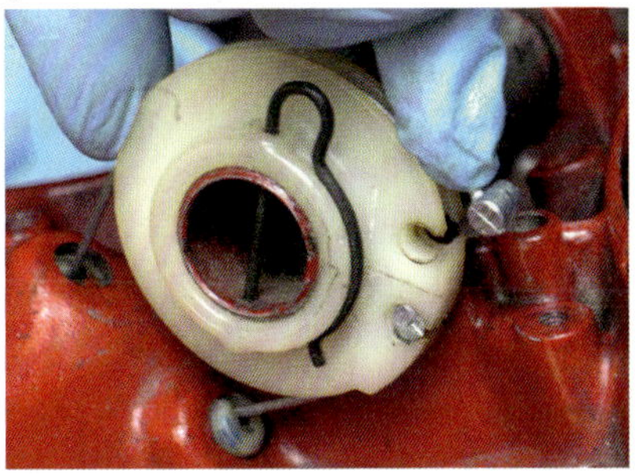
5

6

7

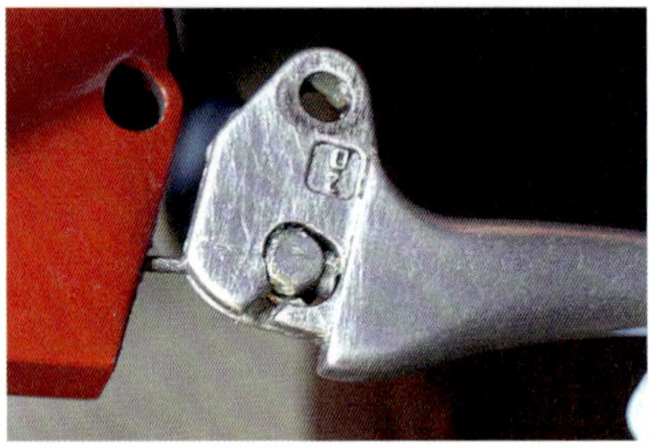

8

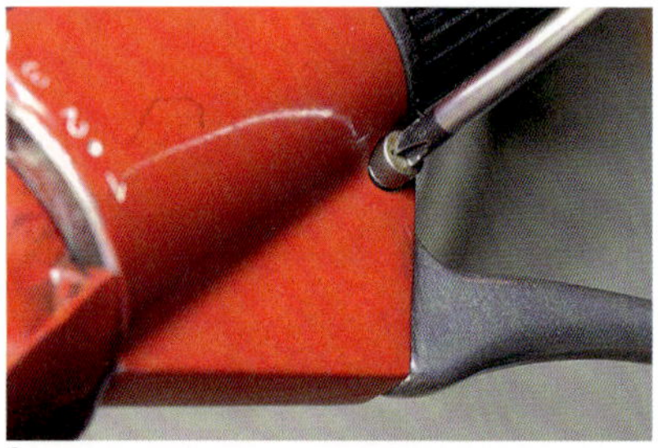

9

11

10

__7:__ So muß der neue Kupplungsseilzug durch die Öffnung im Drehgriffrohr geführt werden (oberer Seilzug muß hier noch nachgespannt werden). __8:__ Position des Nippels im Hebel. __9:__ Eindrehen des Schraubbolzens. __10:__ Festschrauben der Mutter SW 8 von unten. __11:__ Drehgriff und Hebel ganz montiert.

12

13

14

15

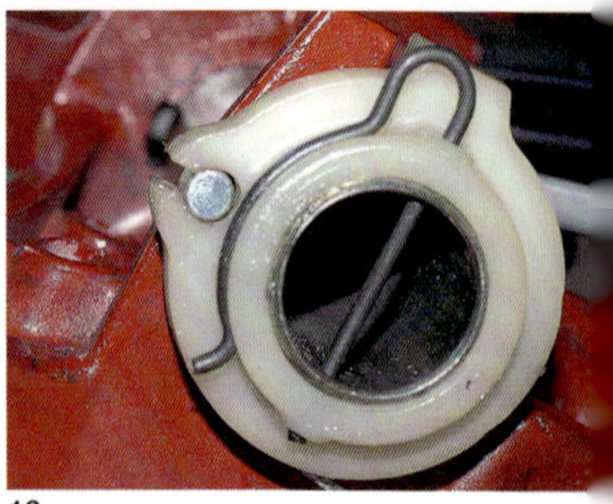

16

Seilzug für die Kupplungsbetätigung angeschlossen werden. Dazu den Schaltgriff so drehen, daß die rechteckige **Aussparung** nach hinten weist. **Kupplungszug** etwas zurücksetzen, durch die Aussparung stecken und so weit vorschieben, bis das metallische Ende der Außenhülle fest im Lenker aufsitzt. **Innenzug** etwa 4 cm weit vorziehen und den losen **Nippel** so einhängen, daß der Kopf des Innenzugs in die größere Nippelaussparung paßt.

Nippel und Lagerstellen des aufpolierten Aluhebels leicht fetten und Nippel mit Seele im rechten Winkel zum Griff einfädeln. Hebel am Griff positionieren, dabei oben den Federring M6, unten die Gleitscheibe M6 zwischenschieben. Von oben den **Spezialbolzen** durchstecken und einschrauben, ihn dann von unten mit einer neuen **Nylstoppmutter SW 8** sichern; dabei Schraube mit Kreuzschlitzschraubendreher gegenhalten. Anschlag der Außenhülle im Drehgriff kontrollieren.

Gasdrehgriff und Gaszug anschließen

Das Prozedere (zu zweit) ist ähnlich wie oben beschrieben: Das Rohr des restaurierten **Gasdrehgriffs** mit dem Autoglym-behandelten Griffgummi wird ebenso wie seine Lagerstellen im Lenker leicht gefettet. Rohr ganz durchstecken, dann **Federring** und **Gleitscheibe** sowie die **Seilzugrolle** aufstecken und diese von oben mit dem Splint sichern; Druck ausüben und gerade Splintpartie durchstecken wie gezeigt. Die **Seele** des neuen Gaszugs so weit vorziehen und abwinkeln, daß der **Nippel** eingehängt werden kann. Den Sitz des metallischen **Endes der Außenhülle** in der Plastikführung unten am Lenker kontrollieren. .

__12:__ Die beiden Hebel und die Spezialbolzen wurden aufpoliert, die Federringe und Scheiben sind neu. __13:__ der restaurierte Gasdrehgriff. __14:__ Rohr und Lagerstellen werden gefettet. __15:__ Aufstecken von Federring, Gleitscheibe, Seilzugrolle. __16:__ Seilzugrolle fixiert, Nippel des neuen Gaszugs eingehängt.

Vorderrad-Bremszug und -hebel anschließen

Wie der neue Vorderrad-Bremszug durch das Lenkrohr gefädelt wird, haben wir bereits gezeigt. Zuerst unten die Rändelschraube lösen und den **Seilzug** etwas herausziehen. Nun den Gasgriff so drehen, daß die längere **Aussparung** nach hinten weist. **Innenzug** so weit wie möglich herausziehen, den kompletten Bremszug durch die Aussparung stecken und **innen im Drehgriffsockel** am Lagerpunkt vorbei durchschieben, bis der Nippel des Innenzugs in den losen Nippel eingehängt werden kann, uff!

Nippel in den **Bremshebel** setzen und diesen am Griffsockel positionieren. Dann die Außenhülle des Seilzugs zurückschieben, von hinten in das Gegenlager im Griff stecken und wieder vorschieben. **Federring M6** und **Gleitscheibe** zwischenschieben, **Bolzen** von oben durchstecken, mit dem Kreuzschlitzschraubendreher bis zum Anschlag festziehen und von unten mit einer neuen **Nylstoppmutter SW 8** sichern. Seilzug unten provisorisch einsetzen.

17

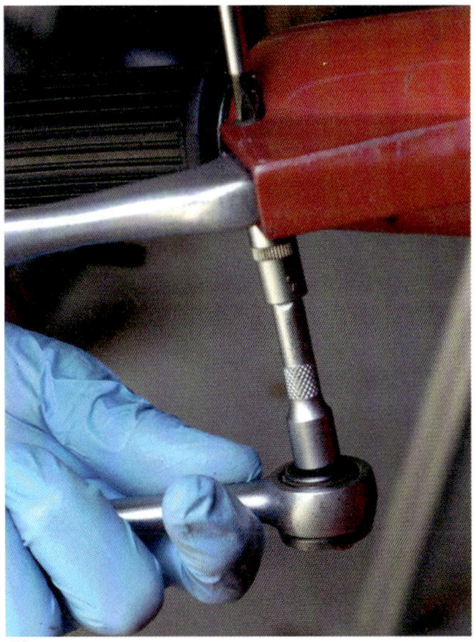

18

19

20

21

__17:__ Nippel des neuen Vorderradbremszugs eingehängt. __18:__ Festziehen von Mutter und Griffbolzen. __19:__ So muß der Bremszug durch das Griffrohr geführt werden. __20:__ Gasdrehgriff, Bremshebel und Bremsseilzug fertig montiert. __21:__ Die aufbereiteten Drehgriffe mit den Hebeln und insgesamt fünf angschlossneen Seilzügen.

Werkzeug, Produkte, Teile für Seilzug-Anschlüsse am Lenker

Kreuzschlitzschraubendreher
Umschaltschlüssel mit
Stecknuß SW 8
Spitzzange
Universalfett
2 Federringe für Hebelbolzen
2 Unterlegscheibhen für Bolzen
neue Züge wie bereits aufgeführt

Kupplungs- und Bremszug am Motor anschließen und einstellen

Kupplungszug anschließen und einstellen:

Wieder mal einfacher gesagt als getan. Schuld ist der altmodische Klemmnippel. Zuerst wird der neu phospatierte **Einsteller** unten ins Motorgehäuse gedreht. Dann schieben wir den **neuen Kupplungszug** zurück und fädeln die (nachgefettete) **Seele** durch den Einsteller, schieben den neuen **Gummibalg** auf und schieben dann weiter durch das Loch im **Ausrückhebel. Wichtig:** Außenhülle des Zugs oben gegen den Sitz im Lenker und unten ganz in den Einsteller drücken.

Nun muß der Hebel komplett so weit nach vorn gedrückt werden, bis kein Spiel mehr vorhanden ist. Wenn man alleine arbeitet, kann man sich helfen, indem man den Hebel mit einem **Stück Holzleiste** gegen das Gehäuse abstützt und damit das Spiel ganz wegnimmt. Maße des Holzes: 7 x 2 x 0,5 cm. Länge 7 cm paßt genau.

Jetzt wird der (aufbereitete und neu phosphatierte) **Nippel** aufgeschoben. Er besteht aus drei Teilen: Hülse mit Kopf SW 8, Klemmschraube SW 7 und 2 mm dickes Druckstück im Inneren (s. Foto); dieses dreht sich beim Einschrauben nicht mit und klemmt das Seil, ohne es zu beschädigen. Selbst wenn der Roller auf der Bühne steht, ist das Festklemmen fummelig. Nach einigen Versuchen gelingt es, den Hülsenkopf mit dem Gabelschlüssel SW 8 festzuhalten. Die **Klemmschraube** dreht man am besten mit einem Steckschlüssel und einer Nuß SW 7 fest, und zwar so fest es geht, natürlich ohne sie abzureißen – Gefühlssache.

Das noch verbliebene **Spiel am Kupplungshebel** wird mit dem **Einsteller** reguliert: Kontermutter SW 8 lösen, Außenhülle des Zugs mit der Spitzzange festhalten (damit er sich nicht mitdreht) und Einsteller herausdrehen (SW 8); Das Spiel am Hebel sollte 5-10 mm betragen. Einsteller sichern.

1

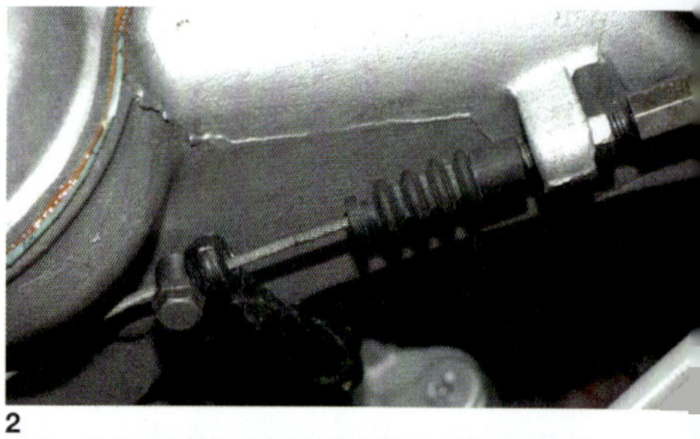
2

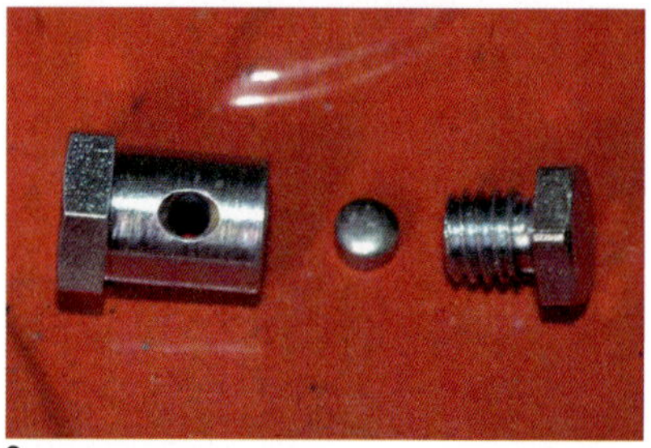
3

4

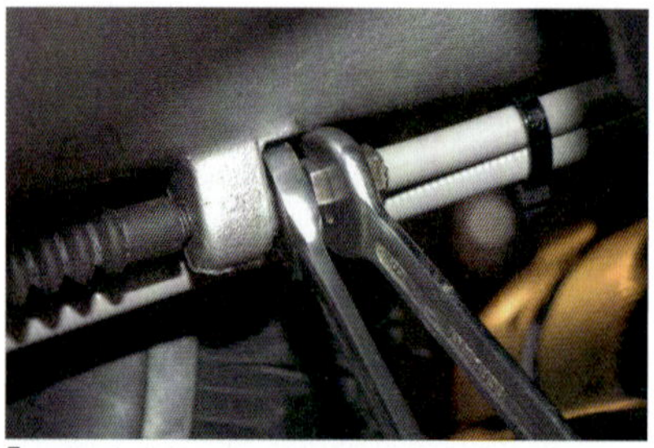
5

6

7

8

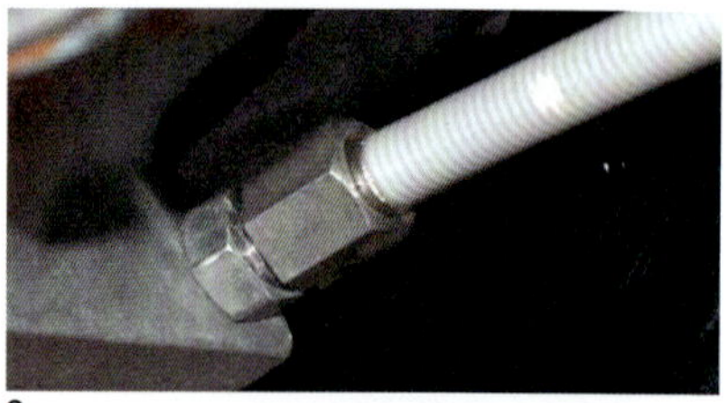
9

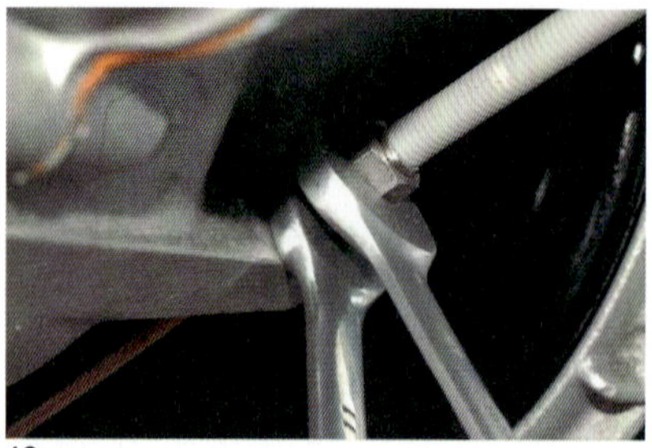
10

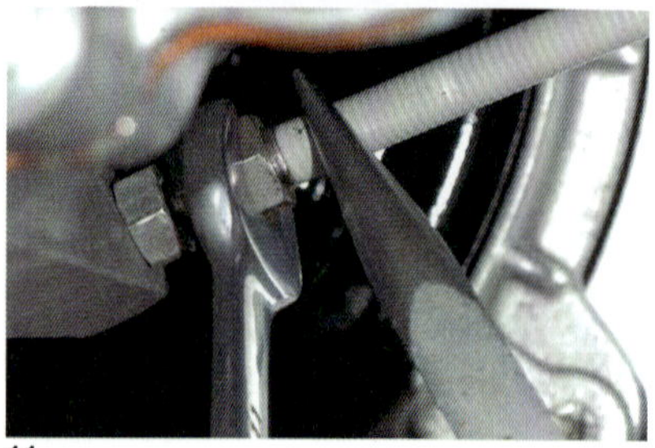
11

1: *Der Ausrückhebel muß mit einem Holz spielfrei nach vorne gezogen werden.* ***2:*** *Montageabfolge Kupplungsseil von links; Klemmnippel, Hebel, Gummitülle, Widerlager, Einstellschraube mit Kontermutter SW 8.* ***3:*** *Klemmnippel SW 8, Druckelement, Schraube SW 7.* ***4:*** *Nippel mit Steckschlüsseln SW 7 und Gabelschlüssel SW 8 festschrauben.* ***5:*** *Mutter lösen, Einsteller drehen mit zwei Schlüsseln SW 8.* ***6:*** *Beim Herausdrehen des Einstellers Seilzug mit Spitzzange festhalten.* ***7:*** *Festklemmen des Bremszugs mit zwei Schlüsseln SW 13.* ***8:*** *Das Seilzugende muß vorne eingehängt werden.* ***9:*** *Einsteller mit Mutter SW 11 des Bremsseilzugs.* ***10:*** *Einstellen des Seilzugs mit zwei Schlüsseln SW 11.* ***11:*** *Beim Herausdrehen des Einstellers Seilzug mit Spitzzange festhalten.* ***12:*** *beide Züge mit einem Nylonband verbinden (rechte Seite oben).*

Fußbremszug anschließen und einstellen:

Beim **neuen Bowdenzug** der fußbetätigten Hinterradbremse ist es ein wenig einfacher. Am besten geht es bei ausgebautem Hinterrad und auf der Bühne. Zuerst den Einsteller mit der Mutter (beides SW 11) ins Gehäuse drehen. Dann **Außenhülle** zurückschieben und **Seele** durch den **Einsteller** fädeln.

Jetzt das **Klemmstück** vom **Bremshebel** abspreizen, den Hebel ganz nach vorne drücken und den **Bolzen** so positionieren, daß die **Bohrung** parallel zum Seilzug weist und zwischen Hebel und Klemmplatte zu sehen ist. Bremshebel so weit vordrücken, bis kein Spiel mehr vorhanden ist, notfalls mit Draht nach vorne ziehen. Mit Geschick gelingt es, die (nachgefettete) **Seele** durch das Loch im Bolzen zu schieben.

Nun kontrollieren, daß die Außenhülle vorne und im Einsteller fest anliegt. Dann den **Bolzen** mit einem Ringschlüssel SW 13 festhalten und die Mutter SW 13 so weit anziehen, bis die Seele perfekt festgeklemmt ist. Das überstehende **Ende** wird nach vorne geklappt und in den **Haken** gelegt.

Das **Spiel** wird wieder durch Verdrehen des Einstellers hergestellt; dabei wieder Außenhülle des Zugs mit der Spitzzange festhalten. Der Einsteller wird dann mit der Mutter blockiert. Abschließend verbinden wir Kupplungs- und Bremszug durch einen selbstarretierenden Kabelbinder, damit die Züge nicht am Auspuff anliegen.

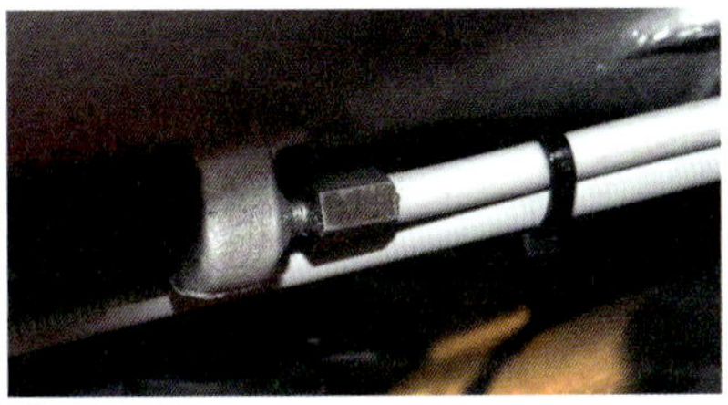

12

Werkzeug, Material, Neuteile Kupplungs- und Bremszug Anschluß, Einstellung

Ring- und Gabelschlüssel
SW 7, SW 8, SW 11, SW 13
Umscaltschlüssel klein
mit Stecknuß SW 7
Spitzzange
Bindedraht (ca. 1 m), Kabelbinder
Gummitülle Kupplungszug

Schaltseilzüge: anschließen und einstellen

Bougierohr montieren:

Wie schon vermerkt, ist die **Schutzhülle** (Bougierohr, Bougie = frz. für Zündkerze) für die beiden Schaltseilzüge ab Werk nicht mehr lieferbar. Doch wir werden in unserem Teilelager schnell fündig: Das gesuchte Rohr, dazu noch paßgenau, schützt das Zündkabel eines ausgebauten Citroën GSA-Motors. Es wird auf die passende Länge von 50 cm gekürzt und mit Waschbenzin sowie Autoglym-Pflegemittel gereinigt.

Schaltzüge hinten anschließen:

Das Aufschieben gelingt leichter, wenn die beiden Seilzughüllen dünn mit **WD-40** eingesprüht werden. Das Rohr wird so weit durch die Tülle in der Karosserie geschoben, bis vorne nur noch circa 3 cm Seilzug herausschauen. Vorher die angebrachten **Markierungen** in Blau und Rot vorne wiederholen, damit sie bis zuletzt sichtbar bleiben (und die Hülle nicht wieder zur Kontrolle rausgezogen werden muß, wie es uns passierte...)

Vor dem Einbau des **Schaltsegments** die Auflage am Gehäuse dünn mit Loctite 518 bestreichen, dann die **neue Papierdichtung** aufschieben und sie auch von außen mit Loctite versehen. Nun müssen alle beweglichen **Ele-**

1

2

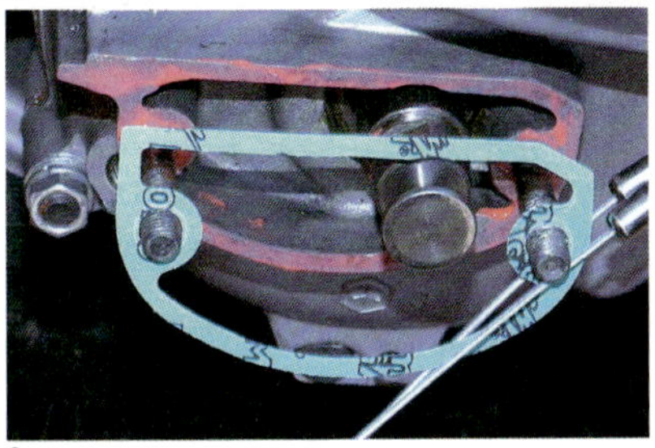

3

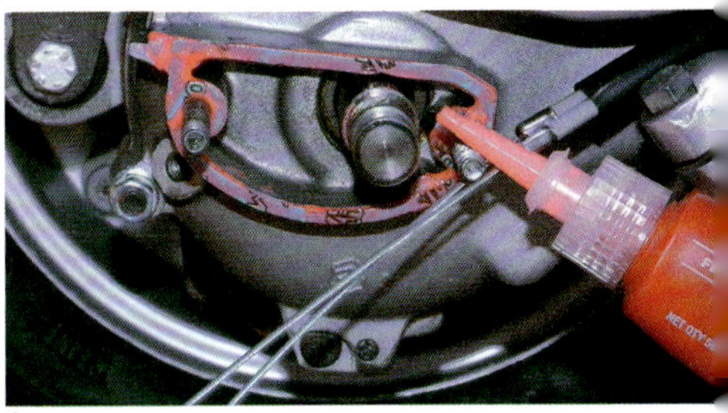

4

__1:__ Das vom Citroën GSA entlehnte und aufbereitete Bougierohr schützt die beiden Seilzüge; die Pfeile markieren Anfang und Ende. Das Rohr wird dann hinter den Auspuff verlegt und fixiert. __2:__ Schaltsegment mit Stellscheibe und Einstellern, Deckel, Dichtung, Klemmnippel, Muttern, Schraube, Scheiben, Schlüssel SW 7 und SW 8, Fett. __3:__ Auflagefläche mit Loctite 518 bestrichen, neue Dichtung angesetzt.

mente des Schaltsegments, vor allem die **Mitnehmerklaue** und der **Kopf der Schaltwelle** großzügig mit **Heißlagerfett** eingestrichen werden.

Nun müssen die beiden **Innenzüge** durch die **Einsteller** geschoben, in die **Kanäle der Stellscheibe** gelegt und stramm vorgezogen werden. Prüfen, daß die **Außenhüllen** der Seilzüge oben am Schaltgriff und unten an den Einstellern **bis zum Anschlag** eingeschoben sind. Die beiden aufbereiteten **Klemmnippel** werden seitlich in ihre Position geschoben, die **Innenzüge** durch die Bohrungen gesteckt. Ohne die Positionen zu verändern, die Klemmnippel mit einem Gabelschlüssel SW 7 sichern, dabei mit Schlüssel SW 8 gegenhalten; Helfer oder Helferin zum Festhalten des Segments sind nützlich. Zuletzt die **Enden der Seelen** hinter die beiden Haken auf der Scheibe klemmen.

Schaltsegment montieren:

Das **Aufschieben** des fertig vormontierten Schaltsegments gelingt nur unter folgenden **Bedingungen:** Lüftungsgitter und Kickstarterhebel abgebaut, Schaltwelle ganz herausgezogen, **Leerlauf** eingelegt, Schaltklaue mittels der Scheibe nach außen gedrückt (4. Gang). Wenn es klemmt, am **Hinterrad** drehen. Später Schaltsegment mit zwei Muttern SW 11 festschrauben, inklusive neuer Unterleg- und Federscheiben.

Deckel, Abstandshalter montieren:

Vor dem Aufsetzen des Deckels einen guten Spritzer **Öl SAE 30** in das Segment geben, nicht auffüllen. Eine Metallkanne der Marke PRESSOL aus den 1960ern war dabei nützlich. Falls abgenommen: Zuerst den **Kickstarthebel** wieder befestigen; bei aufgesetztem Lüfterblech geht von oben der Bolzen nicht rein. **Kühlluftblech** aufsetzen und festschrauben wie gezeigt, dabei das Befestigen des **Massekabelanschlusses** für die Elektronikbox nicht vergessen (s. weiter unten). Nun die Lasche des **Deckels** über die Lüftungsblechkante schieben und mit der Kreuzschlitzschraube samt Unterlegscheibe befestigen.

Nicht vergessen werden darf, den **Halter** anzubringen, der die beiden Seilzüge auf **Abstand zum Auspuff** hält; dazu die untere Mutter der Gehäuseverbindung abschrauben, Halter aufsetzen. Die Züge in den Bogen legen, diesen wieder zubiegen. Die Scheiben und Mutter anbringen. Halter so biegen, daß der Abstand zum Auspuff ausreichend ist.

Nach Inbetriebnahme des Motors kann das Spiel der Seilzüge mittels der beiden zuvor weit eingedrehten **Einsteller** nachreguliert werden (zwei Gabelschlüssel SW 8).

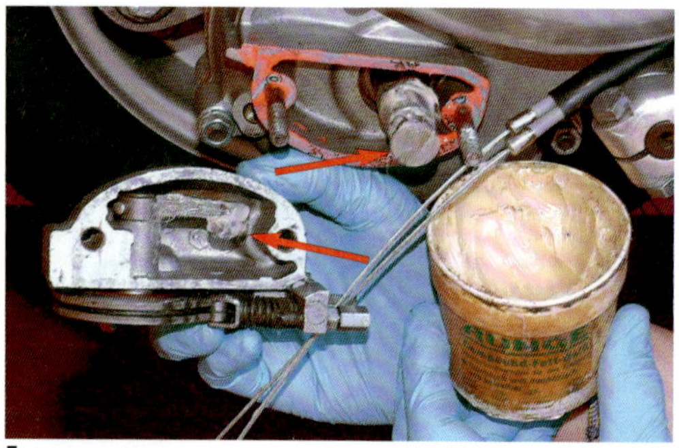

5

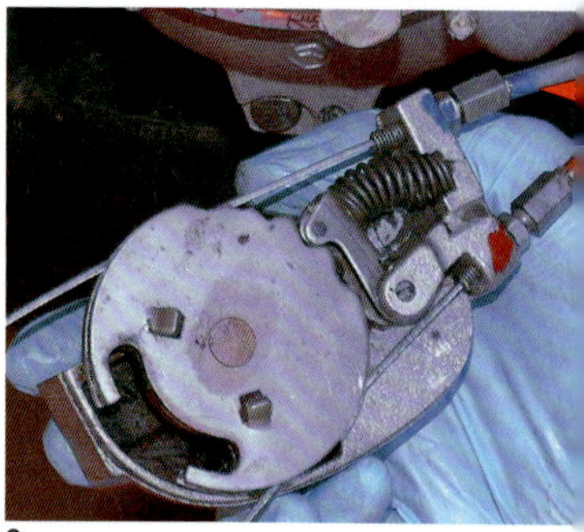

6

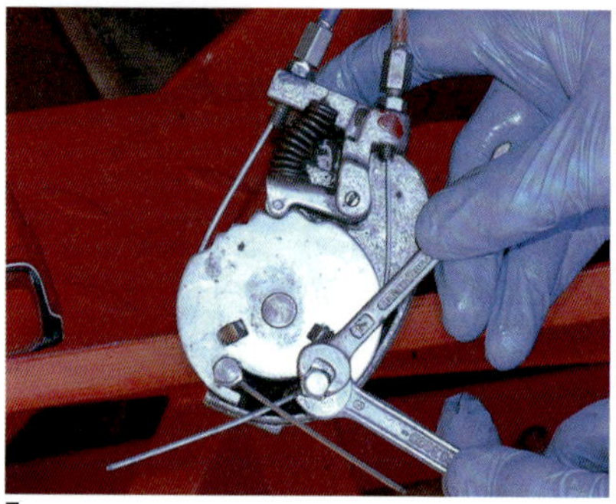

7

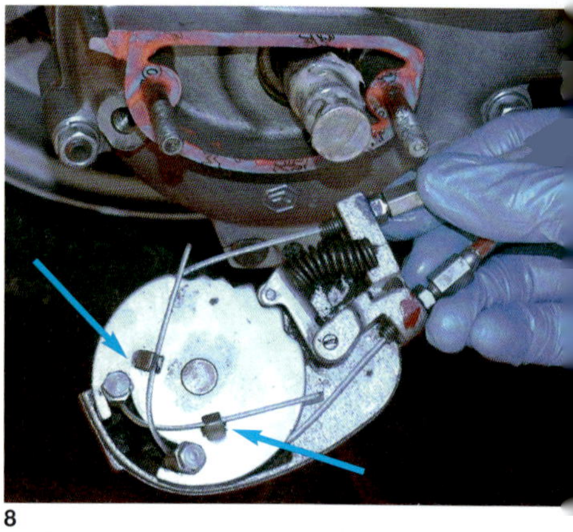

8

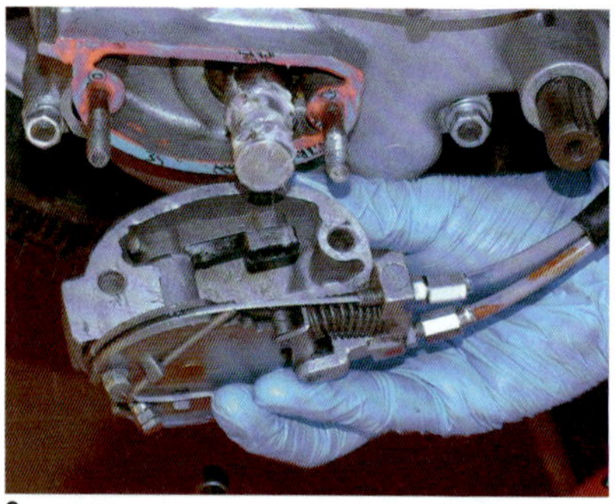

9

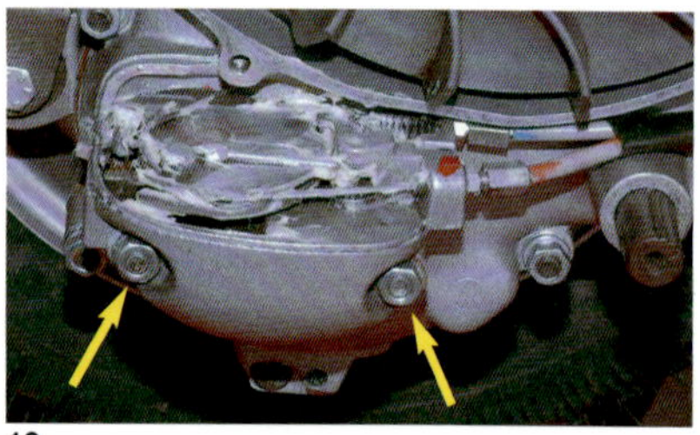

10

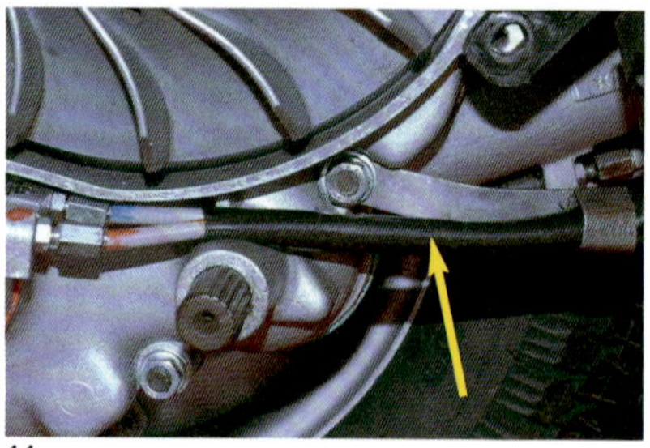

11

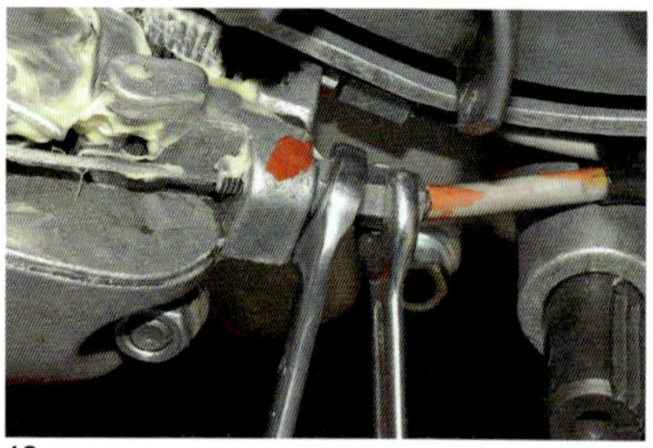

12

5: *Fetten von Klaue und Schaltwellenkopf.* *6:* *Innenzüge in die Rillen der Stellscheibe gelegt, Markierungen.* *7:* *Festschrauben der Klemmnippel.* *8:* *Die Zugenden werden in die Haken gesetzt.* *9:* *Ansetzen des montierten Schaltsegments.* **Aus- und Einbau Segment: 4. Gang einlegen, Hinterrad drehen.** *10:* *Festschrauben des Segments mit Muttern SW 11.* *11:* *Der Blechstreifen hält die Hülle mit den Schaltzügen vom Auspuffkrümmer fern.* *12:* *Zum Nachstellen des Zugspiels Kontermutter SW 8 lösen und Einsteller mit Schlüssel SW 8 justieren.*

Schaltzüge einstellen siehe übernächste Seite.

Werkzeug, Material, Neuteile Schaltzüge Anschluß

Plastikpflegemittel Autoglym
Gleitmittel (WD 40), Waschbenzin
Steckschlüssel SW 11
mit Verlängerung
Gabelschlüssel SW 7, SW 8
Kreuzschlitzschraubendreher
Ölspritzkanne
Papierdichtung neu
Flüssigdichtung Loctite 518
Öl SAE 30
Heißlagerfett und etwas
Getriebeöl
SW 30 (für das
Schaltsegment)
2 neue Unterlegscheiben
2 neue Federringe

13

13

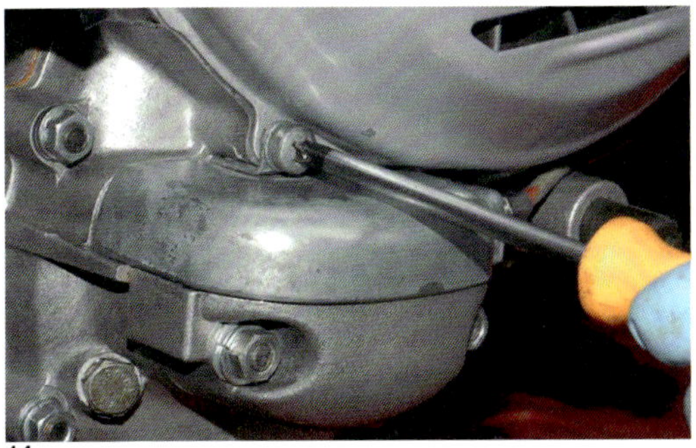

14

13: etwas Öl SAE 30 einspritzen, noch nicht ganz auffüllen.
14: Letzter Schritt ist das Befestigen des Deckels bei montiertem Kühlluftblech.

Getriebe befüllen

Getriebeöl einfüllen:

Zuerst muß die zuvor gereinigte **Ölablaßschraube** wieder eingesetzt werden, und zwar mit einem neuen **Kupferdichtring** M10. Von Hand vorziehen, damit die Schraube nicht verkantet und das Gewinde nicht beschädigt wird. Mit Inbusschlüssel SW 8 handfest, aber mit Gefühl festziehen.

Eingefüllt werden müssen **250 Milliliter Getriebeöl** der Spezifikation **SAE 30.** Piaggio-Spezialist Schulz hält dafür passende Gebinde bereit. Da die Einfüllöffnung ungünstig plaziert und zudem sehr klein ist (Gewinde M8), kann nur mit einer **Spritzkanne** gearbeitet werden. Wir benutzen wieder unsere antike Blechkanne PRESSOL SPEZIAL. Jeder Versuch mit Schläuchen und Trichtern würde scheitern.

Das Öl wird durch die Öffnung gepumpt. Dann die **Einfüllschraube** M8 mit neuem **Kupferdichtring** eindrehen und mit einem Gabelschlüssel SW 13 festziehen; andere Schlüsselmuster passen nicht, kein Platz.

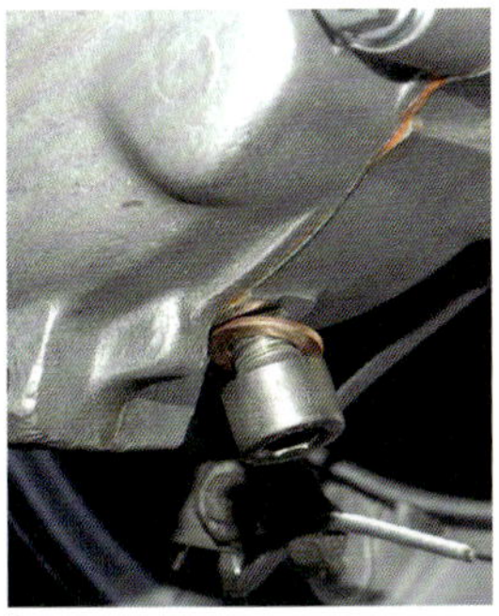

1

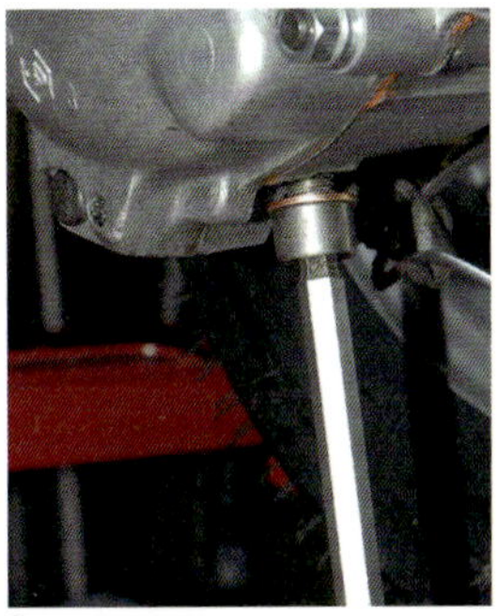

2

3

4

5

Werkzeug, Material, Neuteile Getrieböl einfüllen

Inbusschlüssel SW 8
Gabelschlüssel SW 13
Ölspritzkanne
250 ml Getriebeöl SAE 30
2 neue Kupferdichtringe

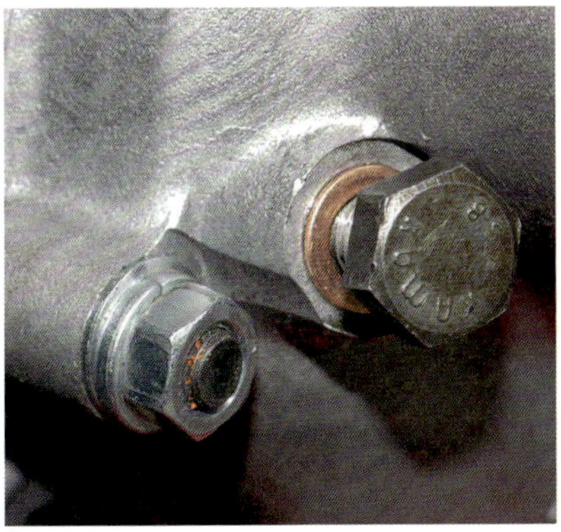

6

7

1: Zuerst die gereinigte Ölablaßschraube mit einem neuen Kupferdichtring ansetzen. 2: Dann die Schraube mit einem Inbusschlüssel SW 8 handfest anziehen. 3: Nur mit einer Spritzkanne läßt sich das Getriebeöl einfüllen.

4: PRESSOL-Spritzkanne im Einsatz, daneben das Gebinde Getriebeöl SAE 30 mit 250 Milliliter Inhalt. 5: Präsentation der Öleinfüllschraube mit neuem Kupferdichtring. 6: Ansetzen von Ring und Schraube. 7: Festziehen mit Gabelschlüssel SW 13.

Nachtrag Schaltzüge

Schaltzüge unten fixieren, Schaltung einstellen

Schaltzüge festklemmen und einstellen: Roller am besten so aufbocken, daß sich das Hinterrad frei drehen kann (Abdeckung der Schaltbox abgenommen – eine KS, Schaltsegment montiert).
Schaltpunkte am Lenker mit weißem Permanentstift markieren, Überstände mit Pinselreiniger entfernen. Schaltdrehgriff auf **Leerlauf** stellen, Position mit **Tape** sichern. Beide **Einsteller unten** zuerst ganz eindrehen (SW 8, gegenhalten SW 8), dann wieder um 2 mm Länge ausdrehen und sichern.
Schaltplatte so drehen, daß die unter Federdruck stehende **Schaltrolle** auf **Leerlauf** steht (**Punkt;** 2. Raste von links, sie ist kleiner als die vier Schaltrasten, 1. Gang links davon, die anderen Gänge rechts davon). **Innenzüge einfädeln** und **Seilzughüllen** in die Einsteller stossen (Spitzzange). Beide Innenzüge um die **Kanäle** der Schaltscheibe legen und durch die **Sicherungsnippel** führen. Nippel mit SW 8 oder Spitzzange festhalten, Schraube SW 7 so weit ausdrehen, bis der Zug sich frei verschieben läßt.
Innenzüge mit **Zange** oder Spanngerät (Profibedarf) vorspannen, d.h. ziehen, aber nicht zu fest, da sonst das Klebeband oben nachgibt. **Zugenden sichern:** Nippel SW 8 festhalten, Schraube SW 7 eindrehen. Geht am besten zusammen mit Helfer/Helferin. Zuletzt die **Enden der Innenzüge** hinter die beiden Haken auf der Scheibe klemmen. Schaltplatte und Züge bei eingebautem Schaltsegment nachfetten.

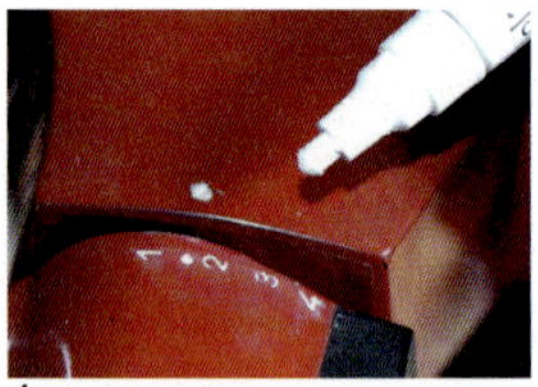
1

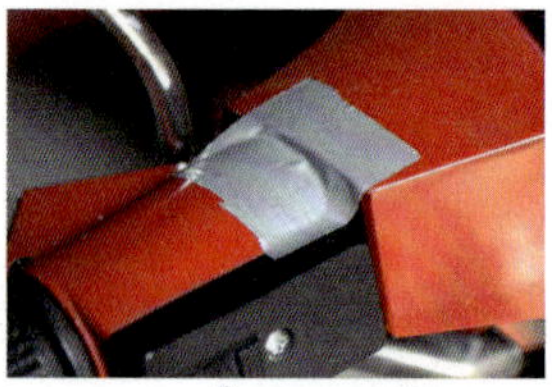
2

1: Schaltmarken frisch markieren. Griff auf Leerlauf stellen und
2: mit Tape gegen Verdrehen sichern.
3: Mitte links: Seilzüge in die Rillen legen und durch die Nippel führen.

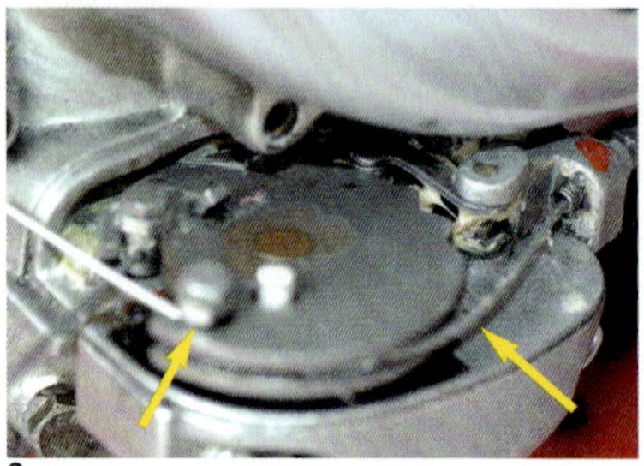
3

4

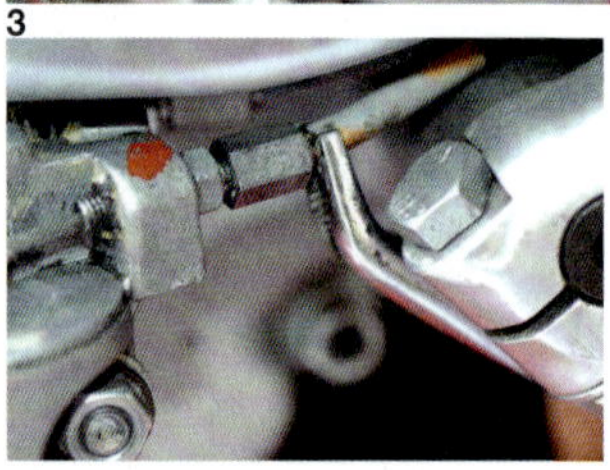
5

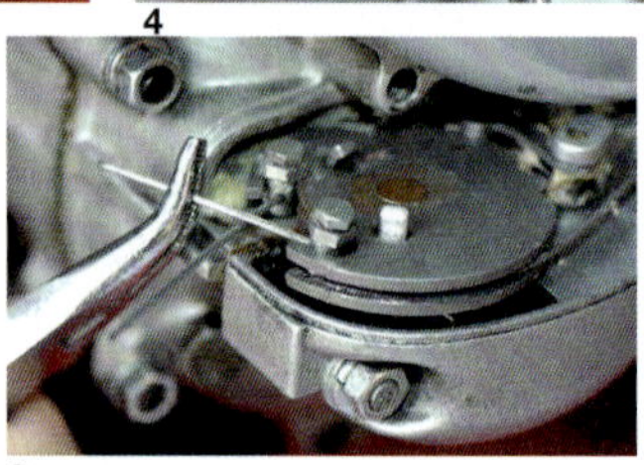
6

8

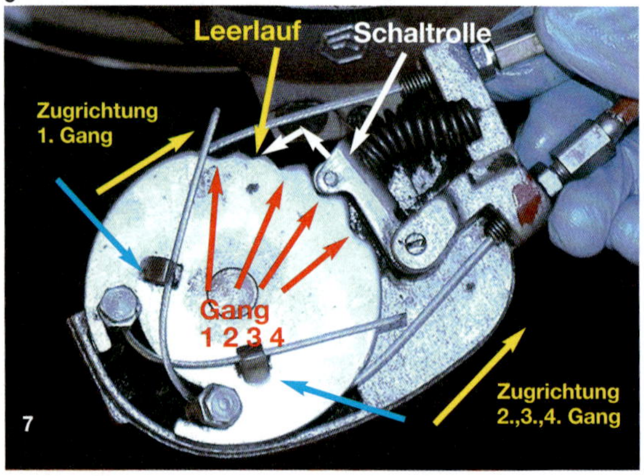

7

4: Einsteller bis auf 1-2 mm eindrehen und sichern.
5: Zughülle in den Einsteller stoßen.
6: Seilzug mit Spitzzange im Nippel vorspannen und festhalten.
7: Demofoto, Segment ausgebaut, beide Seilzüge fertig montiert, Enden eingehakt (blaue Pfeile). Kleine Kerbe + gelber Pfeil (Leerlauf); Rolle auf Leerlauf stellen (Punkt); hier steht die Rolle auf dem 3. Gang, was sich bei der Vormontage irrtümlicherweise so ergab.
8: Nippel sichern (Schraubendreher), mit Gabelschlüssel SW 7 gegenhalten.

Hinterrad einbauen, Kühlungsteile montieren

Hinterrad einbauen

Hinterrad montieren:

Das restaurierte und neu bereifte **Hinterrad** ist mit wenigen Handgriffen an der **Bremstrommel** montiert. Es wird durch die Montageöffnung der Bühne nach oben gehoben und auf die **fünf Stehbolzen** gesetzt. Die **Muttern M8** wurden auch hier neu phosphatiert, die **fünf Sprengringe** sind neu. Mit Stecknuß und Verlängerung werden die Muttern vorgezogen. Dies gilt auch für die **Achsmutter SW 24,** die wir zusammen mit der **Druckscheibe** einsetzen.

Erst wenn der Roller wieder **fest auf dem Boden** steht und hinten belastet werden kann, werden **Radmuttern** und Achsmutter handfest bzw. mit **Drehmoment 90-110 Nm** festgezogen.

1

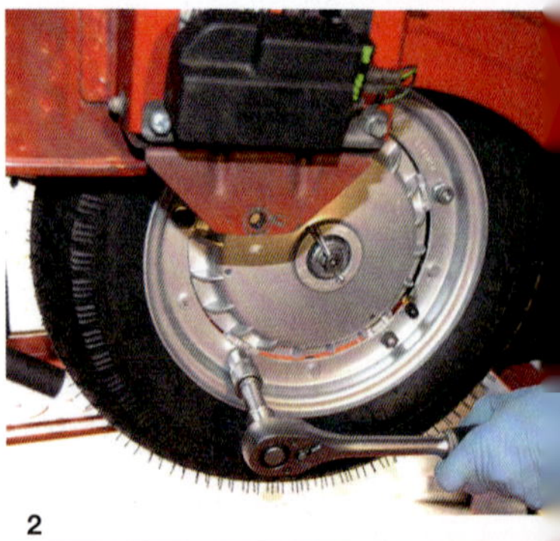
2

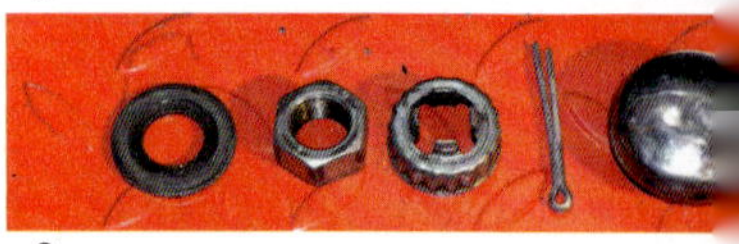
3

1-3: Einsetzen des Hinterrads über die Vertiefung der Hebebühne, Anziehen der 5 Radmuttern in zwei Stufen; Druckscheibe, Mutter SW 24, Kronensicherung aufsetzen, neuen Splint montieren, Chromkappe aufdrücken.

6

7

6: *Das fertig montierte Hinterrad. Die alte originale Chromkappe wird wiederverwendet, auch wenn sie ein bißchen verbeult ist; die neu ab Werk lieferbaren Kappen bestehen aus schwarzem Plastik.*
7: *Vorher wurde die Mutter mit Krone und neuem Splint gesichert.*

Werkzeug, Material, Neuteile Hinterrad, Nabe

Umschaltschlüssel
mit Stecknüssen SW 13, SW 24
Drehmomentschlüssel
5 Sprengringe, Splint neu

Kühlung: Leitblech und Zylinderhaube montieren

Leitblech montieren:

Das entrostete, reparierte und neu lackierte **Kühlluft-Leitblech** wird mit zwei originalen, neu phosphatierten Kreuzschlitz-Maschinenschrauben am Motorgehäuse befestigt (ohne Scheiben).

Zylinderhaube montieren:

Die **Zylinderhaube** hatten wir gründlich gereinigt und optisch mit dem Pflegemittel von Autoglym aufgefrischt; jetzt sieht sie wieder aus wie neu. Züge und Schläuche werden zur Seite gebogen, damit die Haube übergestülpt werden kann. An der Seite befestigen wir sie mit zwei Karosserieschrauben, die besser halten als die alten Blechschrauben. Oben verwenden wir wieder die originale Schlitz-Maschinenschraube.

1: *Das Leitblech wurde entrostet, phosphatiert und lackiert wie weiter vorn gezeigt. Die Zylinderhaube aus PVC wurde gereinigt und mit Autoglym-Plastikpflegemittel aufpoliert. Drei Befestigungsschrauben werden wiederverwendet. Die beiden Karosserieschrauben sind neu.*

1

2

3

2: *Der Motor mit montiertem Leitblech und aufgesetzter Zylinderhaube. Unten ist noch der Ringschlüssel SW 22 für die Schwingenbefestigung zu sehen.*
3: *Die Karosserieschrauben SW 8 (Pfeile) halten besser als die alten einfachen Blechschrauben.*

Werkzeug, Material, Neuteile Hinterrad, Nabe Einbau

Umschaltschlüssel
mit Stecknüssen SW 8
Kreuzschlitzschraubendreher
Plastikpflegemittel
Lackaufbau Leitblech wie gezeigt
2 Unterlegscheiben neu
2 Karosserschrauben SW 8

vespa
PIAGGIO

Teil 9

Montage Vergaser, Elektrikhinweise, Anhang

Vergaser und Luftfilter anschließen

Vergaser: Schläuche, Seilzüge anschließen; Luftfilter einbauen

Benzin- und Ölschlauch anschließen:

Der **neue Benzinschlauch** ist dicker als der alte ausgehärtete. Er kann nur bei abgenommenem Hinterrad von unten in das Luftfiltergehäuse eingeführt werden. Das **obere Ende** wird mit einem Cutter passend gekürzt (lieber zu lang als zu kurz lassen). Dann wird die **neue Klemme** aufgeschoben. Zum Einsetzen des gereinigten **Adapters** wird das Schlauchende vorsichtig mit einem Heizlüfter erhitzt. Adapter und Befestigungsschraube SW 8 werden mit **neuen Dichtringen** versehen. Schraube von Hand kräftig anziehen.

Choke- und Gaszug anschließen:

Der **Chokezug** wird durch die vorgesehene Öffnung im Gehäuse geschoben und in den Mechanismus eingehakt – mit Fingerspitzengefühl. Der **Mitnehmerhaken** am Gasschieber muß in den Hebel der Ölpumpendosierung eingehängt sein; falls nicht, Vergaser noch einmal lösen und so weit wie nötig anheben. Haken einsetzen und Vergaser wieder festziehen. **Einstellschraube** des Gaszugs ganz eindrehen. Dann Hebel ganz nach vorne drücken und **Gaszugnippel** einhängen. **Funktion** von Gas- und Chokebetätigung prüfen, Einsteller sichern. Alles einwandfrei bei unserer Vespa!

1

2

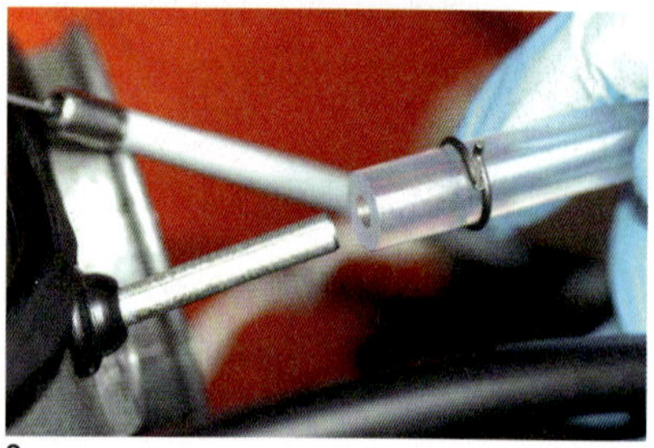
3

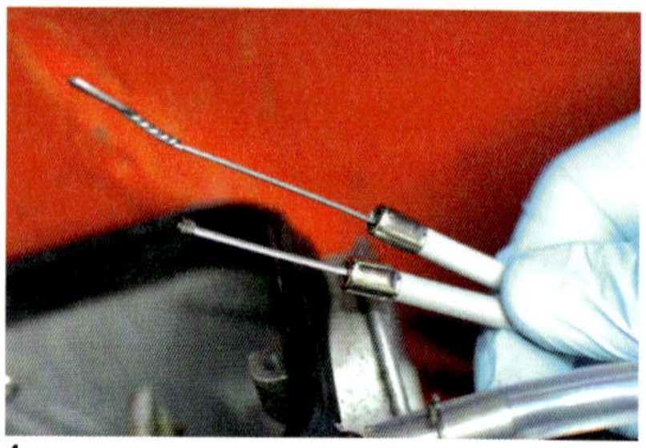
4

__1:__ Zum Einführen des neuen Benzinschlauchs von unten in das Luftfiltergehäuse muß das Hinterrad abgenommen werden. __2:__ Der Benzinschlauch ist mit einer neuen Klemme am Adapter fixiert; dieser und sene Befestigungsschraube erhalten neue Dichtringe.
__3:__ Ansetzen des Ölschlauchs mit neuer Klemme.
__4:__ Präsentieren der Enden der neuen Seilzüge für Choke (oben) und Gas (unten).

Luftfilter einbauen, abdecken:

Der gereinigte **Luftfilter** wird über die Gasschieber-Anschlagschraube geschoben und mit zwei unterschiedlichen Schrauben (s. Foto) befestigt. Der aufbereitete und neu beschichtete **Gehäusedeckel** wird ebenfalls über die Anschlagschraube gedrückt (geht etwas schwer) und mit den beiden neu phosphatierten Schrauben M5 fixiert. Den **Gummistopfen** links nicht vergessen. Zuletzt kommt der **Ansaugschlauch** aus Gummi an seinen Platz, wobei die Wülste mit Kraft und Geschick über die Ausbuchtungen an Gehäuse und Karosserie gedrückt werden müssen.

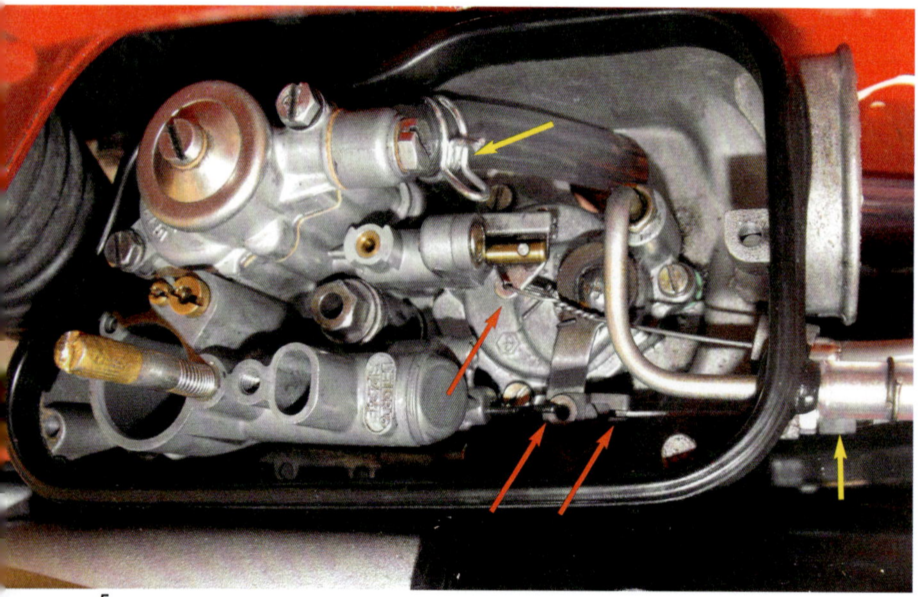
5

__5:__ So sieht der fertig angeschlossene Vergaser Dell'Orto SI 24/24 E unserer PX 200 E aus. Die gelben Pfeile weisen auf den Benzinschlauchanschluß (links oben) mit Klammer und neuen Dichtringen hin sowie auf den Ölschlauchanschluß (rechts) mit neuer Klammer. Die beiden Plastikschläuche müssen erhitzt werden. Damit sie auf die Anschlüsse gleiten, wird etwas WD-40 aufgesprüht. Die roten Pfeile zeigen (von links) auf den eingehängten Chokezug, den Mitnehmerhaken des Gasschiebers und den Nippel des neuen Gaszugs. __6:__ Die beiden Schrauben der Luftfilterbefestigung sind unterschiedlich. __7:__ der fertig montierte Luftfilter. __8:__ Gehäusedeckel mit lose aufgesetzten Schrauben und Gummistopfen. __9:__ Gehäusedekkel und Ansaugschlauch fertig eingebaut.

Werkzeug, Material, Neuteile
Schläuche, Züge, Anschluß
Vergaser, Luftfilter

Heizlüfter elektrisch
Gleitmittel (WD-40)
Spitzzange
Schlitzschraubendreher
Steckschlüssel SW 11 (bei Bedarf)
2 neue Dichtringe
2 neue Klammern

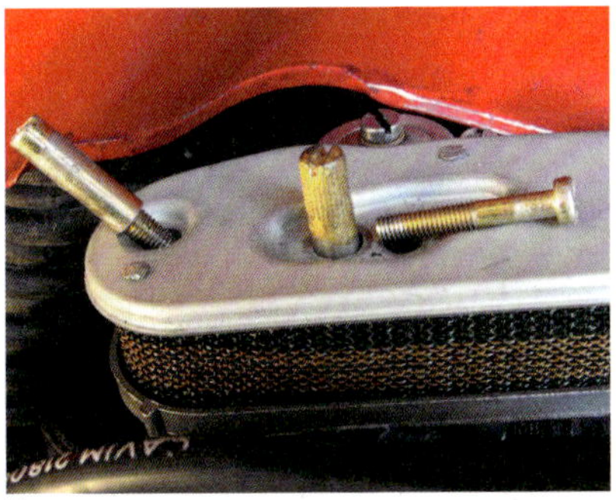

6

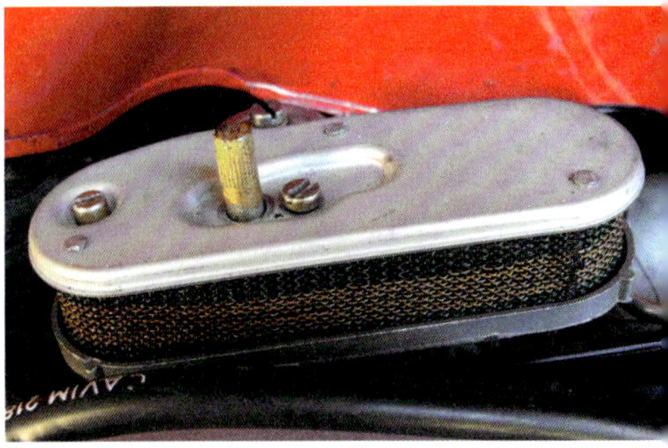

7

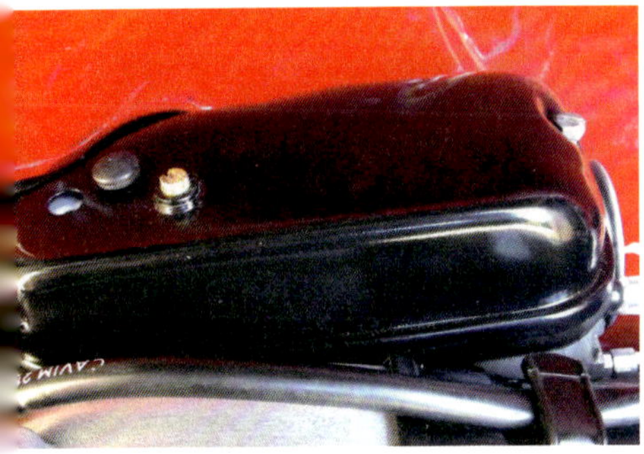

8

9

Elektrik, Zündung, Anschlüsse

Zündelektronik anschließen

Zündbox einbauen:

Unsere PX 200 E hat zwar keine Batterie, aber immerhin schon eine kontaktlose **elektronische Zündbox** (von Ducati!), die hinten am Motor befestigt ist. Sie wird samt **Zündkabel** und **Tüllen** sorgfältig gereinigt und dann mit dem **Multimeter** durchgecheckt, wobei sich keine Fehler feststellen lassen. Auch die Tülle für die Kabelabdeckung und die Verteilerbox werden aufpoliert.

Zuerst wird die Elektronikzentrale am Gehäuse befestigt, und zwar mit zwei speziellen Maschinenschrauben M5, die durchgesteckt und auf der Rückseite mit Federringen, Scheiben und Muttern blockiert werden. Das weiße **Massekabel** wird später zusammen mit der Lüfterhaube am Gehäuse befestigt.

Praktischerweise sind die Eingänge für die **Kabel,** die von den Spulen der Ankerplatte kommen, unterhalb des Schachts **farbig markiert** (bianco =

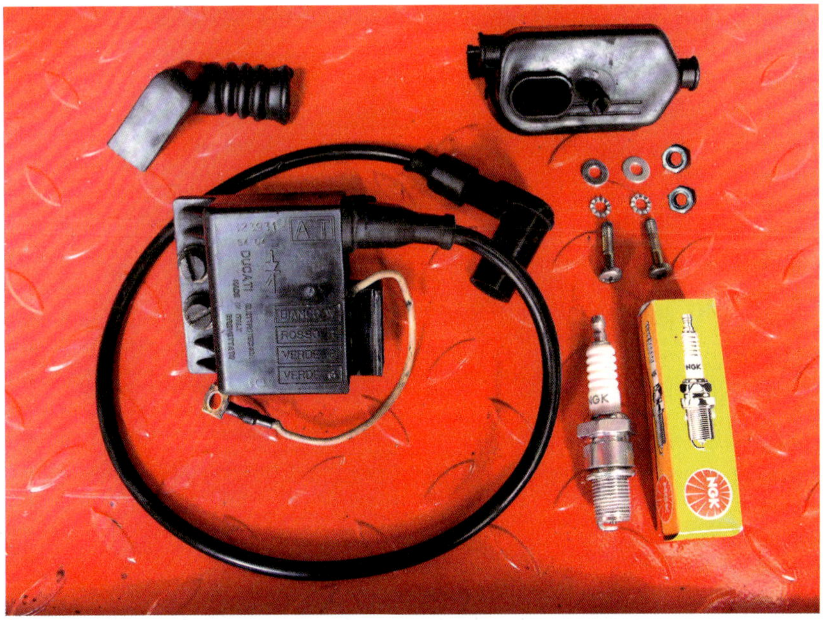

1

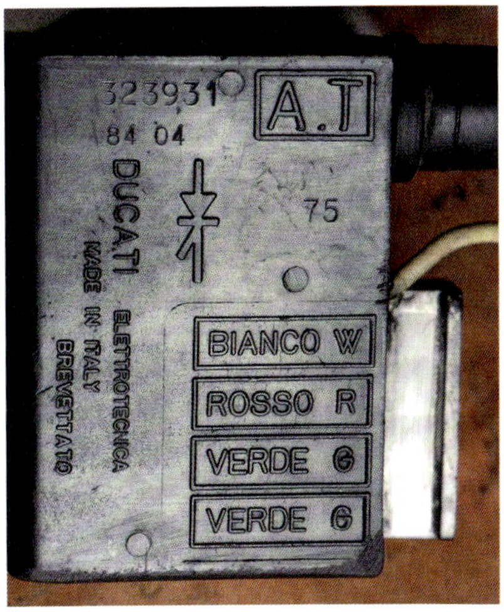

2

__1:__ Elemente der Vespa-Zündanlage; Zündelektronikbox mit Zündkabel, Kabelstecker, Schutzgummis und Massekabel; Schutzgummi für die Steckanschlüsse; Verteilerbox; Spezial-Befestigungsschrauben mit Muttern M5 und Scheiben; neue Zündkerze NGK B7ES, wahlweise Bosch W5CC. __2:__ Die Kabelfarben sind unterhalb des Schachts für die Steckverbinder praktischerweise angegeben (bianco = weiß, rosso = rot, verde = grün).

1

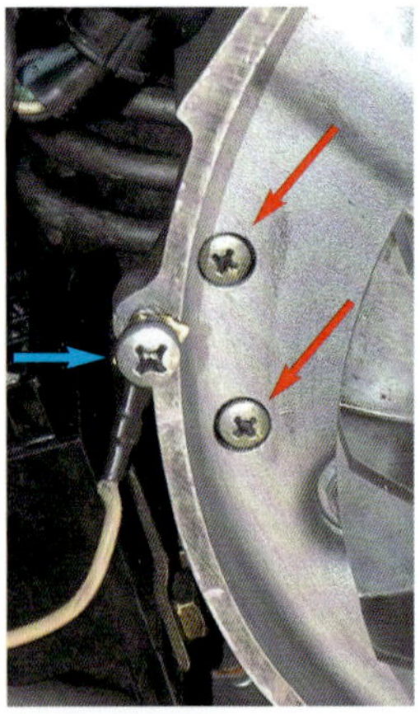

2

3

4

9

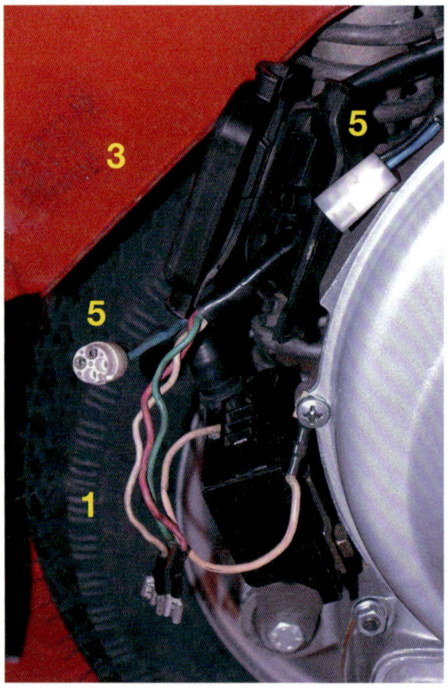

5

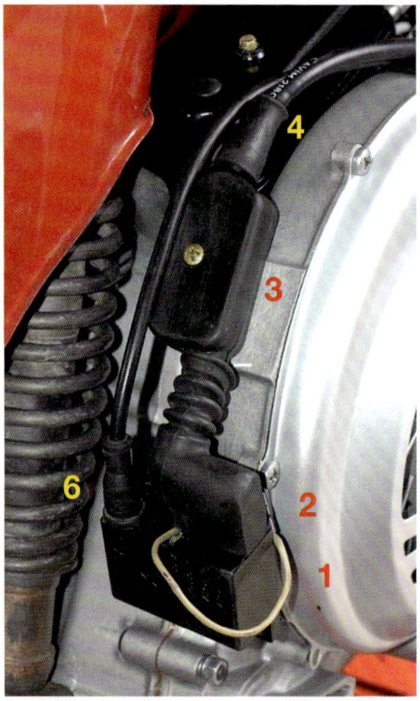

7

10

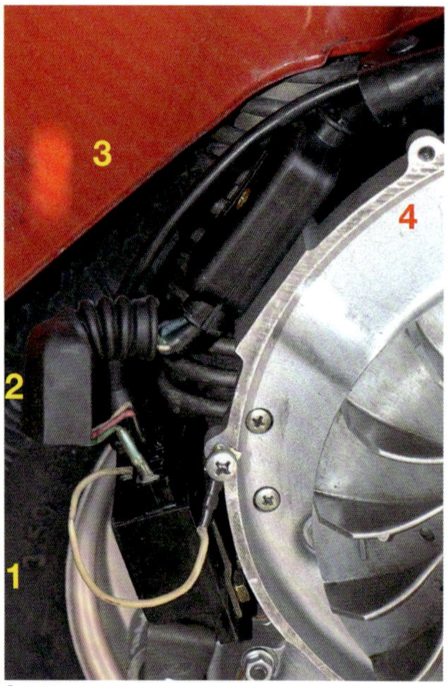

6

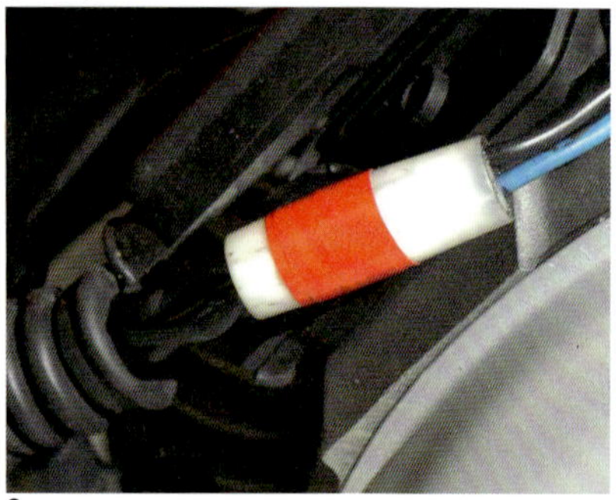

8

__1:__ Muttern M5 und Scheiben der Zündbox-Verschraubung. __2:__ Spezialbolzen M5 der Zündbox-Verschraubung (rote Pfeile), Masseanschluß (blauer Pfeil). __3:__ Fünf Kabel kommen von den Zündspulen her. __4:__ Anschluß der Kabel, die vom Stator kommen. __5:__ verschraubte Zündbox, noch aufgeklappter Verteiler mit losen Steckern.
__6:__ Anordnung der Elemente und Gummitüllen.
__7:__ fertig montierte Zündbox mit Kabelanschlüssen.
__Ziffern in den Bildern:__ 1= Zündbox mit Massekabel, 2 = Tülle für Einzelkabel, 3 = Verteilerkästchen, 4 = Tülle des Kabelstrangs zum Zündschloß, 5 = Rundsteckverbindung zum Zündschloß (Stecker unten von der LiMa, oben zum Zündschloß), 6 = Zündkabel mit Tülle.
__8:__ Die Rundsteckerverbindung muß fest sitzen; am besten zusätzlich mit Isolierband fixieren.
__9:__ Geöffnetes Zündschloß mit den Schleifkontakten, die in Ordnung sind. Die Abdeckung ist geclipst.
__10:__ Rückseite der Ankerplatte (Stator) mit den Ausgängen der an den Spulen angelöteten Kabel.

Werkzeug, Neuteile Zündanlage, Gleichrichter

Kreuzschlitzschraubendreher
Steckschlüssel SW 8
Zündkerzenschlüssel
Zündkerze NGK B7ES
6 Unterlegscheben M5
4 Federringe M5, 2 Muttern M5
Gleichrichter (Nachbau)

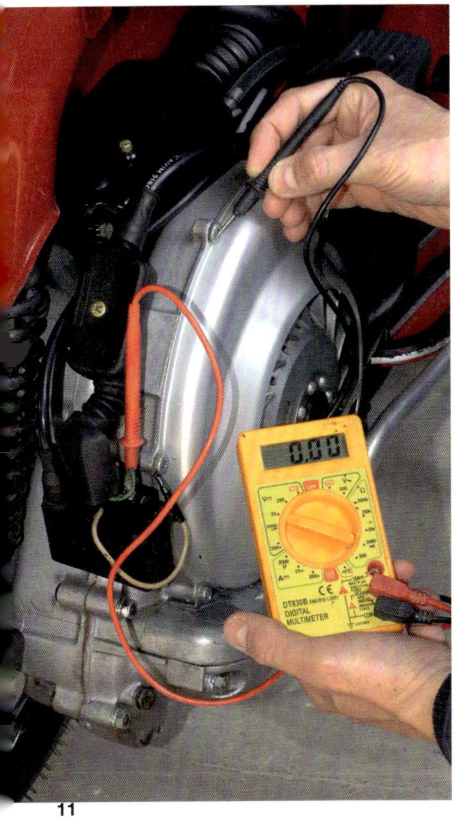

11

11: Mit dem Multimeter können die Kabel, die von den Spulen der Lichtmaschine zur Elektronikbox führen, auf Durchgang und den korrekten Ohm-Wert geprüft werden. Die Fühler (schwarz an Spannung, schwarz an Masse) sind gegen Hochspannung isoliert.

weiß, rosso = rot, verde = grün). Bevor gesteckt wird, müssen die **drei Einzelkabel** und der **weiße Rundstecker** von unten durch die ovale Öffnung des schwarzen **Verteilers** geführt werden. Dieser wird mit seinem Dübel ins Gehäuse gedrückt.

Jetzt die **große Tülle** über die Kabel weiß, rot und grün stülpen und die Stekker den Farben entsprechend einstekken. Tülle ganz auf den Schacht der Elektronikbox schieben. Der **Rundstekker** mit den Kabeln schwarz (zum Zündschloß) und blau (zum Spannungsregler) wird in der Verteilerbox mit seinem Gegenüber verbunden. Wir sichern die Verbindung mit etwas Isolierband. Der **Deckel** des Verteilers wird mit der originalen Schraube M5 auf dem Gehäuse befestigt. Bleibt noch, die **Kabeltüllen** von unten und oben über die jeweiligen Kragen des Verteilers zu schieben.

Hinsichtlich der **Zündelektronik** finden sich auch ausführliche Hinweise auf den Seiten 54 und 55 im Zusammenhang mit Ausbau und Zerlegung der Lichtmaschine.

Elektrik: allgemeine Tipps, häufige Störungen

Allgemeine Tipps zur Elektrik:

Die wichtigsten Hilfsmittel bei der Fehlersuche sind **Prüflampe (nur für den Niederspannungsbereich), Ohm- bzw. Multimeter** und **Schaltplan.** Bevor Bauteile ausgewechselt werden, immer zuerst prüfen, ob (bei eingeschalteter Zündung) überhaupt Strom ankommt. Das setzt natürlich voraus, daß die Batterie (falls vorhanden) in Ordnung ist: Ist sie geladen? Haben die **Kabel** feste Verbindung? Sind die Pole blank?

Vorsicht bei Fahrzeugen mit elektronischer Zündung: Stromüberprüfungen nur mit isoliertem Werkzeug vornehmen, also auf keinen Fall mit einer nicht isolierten Prüflampe. Bei laufendem Motor auf drehende Motorteile achten (Lüfterrad)! Stets alle **Steck- und Kabelverbindungen** überprüfen. Lockere Stecker mit der Flachzange zusammendrücken, korrodierte Stecker auswechseln. Kontaktspray hilft nur vorübergehend.

Elektrik – häufige Störungen und deren Ursachen:

Bestimmte Mängel oder Schäden an der Elektrik haben auch bei der Vespa relativ leicht zu ortende Ursachen. Zwar gibt es in Abhängigkeit von Baureihen und elektrischer Ausrüstung gewisse Unterschiede, doch lassen sich die wichtigsten Zusammenhänge einheitlich darstellen. Und das sind die häufigsten Pannen:

Fall 1 – alle Verbraucher versagen: Mögliche Ursachen sind **Kurzschluß oder Stromunterbrechung** in den Niederspannungsspulen des **Lichtmaschinenstators.** Rotor ausbauen und Stator in der Werkstatt mit einem Ohmmeter durchprüfen lassen. Schuld am Totalausfall können auch ein Kurzschluß im **Gleichrichter,** im **Spannungsregler** oder ein defekter **Masseanschluß** zwischen Spannungsregler und Karosserie sein. Seltener Sonderfall: Die Huptaste unterbricht den Stromkreis nicht einwandfrei (Hupe tönt unun- terbrochen); Hupe ist defekt und muß ausgetauscht werden.

Fall 2 – Lampen brennen schnell durch: Ursache ist ausschließlich ein **defekter Spannungsregler.** Erforderlich sind dann Austausch oder Überprüfung in der Fachwerkstatt mit Voltmeter für Wechselstrom, induktionsfreiem Widerstand 3,3 Ohm/300 Watt und Drehzahlmesser. Im Detail sieht die Prüfung so aus: Der defekte Regler wird in ein Fahrzeug mit einwandfreiem Regler eingebaut (bei ausgebautem intaktem Regler). Graues und grünes Kabel werden nicht verbunden, damit die Lampen nicht durchbrennen. Dann werden die Enden des Widerstandes mit Fahrzeugmasse und dem mittleren, freien Flachstecker des Reglers verbunden. Schließlich legt man an die Enden des Widerstandes das **Voltmeter** an und läßt den Motor mit $5000/min^{-1}$ laufen. Der Regler ist nur dann in Ordnung, wenn die Spannung zwischen 12,5 und 15 Volt liegt. Anderenfalls muß er ersetzt werden.

Fall 3 – Blinker funktionieren nicht einwandfrei: Leuchtet die Blinkerkontrolle am Lenker nicht oder nur mit veränderter Frequenz, hat eine Blinklampe **mangelhaften Kontakt** (Korrosion, lockere Kabel) oder ist durchgebrannt; Austausch wie oben beschrieben.

Fall 4 – Blinker funktionieren überhaupt nicht: Zuerst alle **Kabelverbindungen** überprüfen, besonders diejenige vorne am **Klemmbrett** hinter der Kaskade (Demontage s. Kapitel „Karosserie"). Sind die Verbindungen in Ordnung, kommen folgende Ursachen in Frage: Blinkerschalter defekt, Blinklampensockel oder -fassungen korrodiert, Blinkgeber defekt, Masseverbindungen nicht korrekt (Massekabel vorne, Direktkontakt hinten, bzw. Kontakt über Haubengriffe).

1

2

1: Die klassische Prüflampe ist unentbehrlich, wenn Fehler im Stromkreislauf gesucht werden sollen. Aber Achtung: Nur im Niederspannungsbereich verwenden. 2: Mit dem Multimeter lassen sich alle Kabel auf Durchfluß prüfen.

Spannungsregler, Gleichrichter prüfen

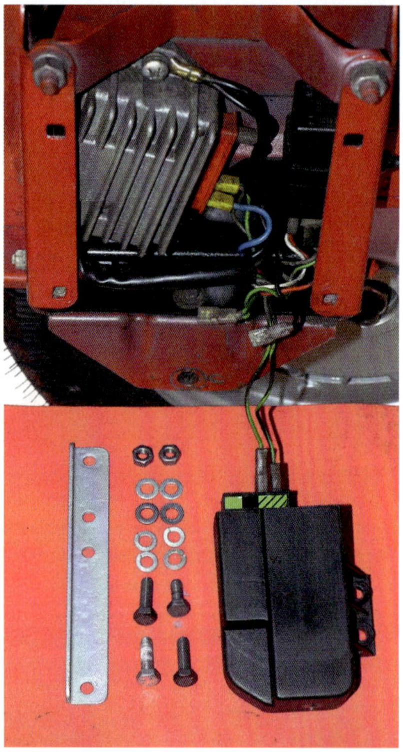

1

2

3

4

1: Blick auf den ausgebauten (defekten) Gleichrichter, und seine aufbereiteten Befestigungsteile; darüber: Spannungsregler am Fahrzeug. ***2:*** *Die Steckplätze sind farbig markiert.* ***3:*** *Gleichrichter wieder korrekt befestigt.* ***4:*** *Der Stromdurchgang wird mit dem Multimeter geprüft.*

Spannungsregler prüfen:

Vespa-Modelle mit 12-Volt-Blinkanlage, also auch unsere PX 200 E, sind mit einem elektronischen Spannungsregler ausgerüstet, der die Aufgabe hat, für eine gleichbleibende Spannung an allen Warn- und Beleuchtungsvorrichtungen auch bei wechselnder Motordrehzahl und unterschiedlicher Belastung des **Bordnetzes** zu sorgen. Die **12-Volt-Spannung** steht schon bei niedrigsten Drehzahlen zur Verfügung. Bei dem Spannungsregler handelt es sich um das zwecks Kühlung verrippte **Aluminiumgehäuse,** das unter der linken Haube sitzt.

Beim Prüfen der **Anschlüsse** und **Durchgänge** wurden keine Auffälligkeiten festgestellt. Beim später durchgeführten Motor-Neustart funktionierte das Gerät einwandfrei. Bei Fahrzeugen mit Batterie muß zum Austausch unbedingt das Massekabel der Batterie abgeklemmt werden, sonst nimmt die Elektronik Schaden. Bei der PX kann der Regler nach Abnehmen der linken Haube nach Lösen von zwei Kreuzschlitzschrauben abgenommen werden.

Gleichrichter befestigen:

Der **Gleichrichter für die Hupe** sitzt quer vor dem Spannungsregler und vor dem etwas versteckt liegenden Blinkgeber. Wir schrauben ihn ab und arbeiten die **Halteschiene** auf, indem wir sie **entrosten** und **kaltverzinken.**

Das schwarze Gehäuse ist mit zwei Schrauben M6 an dieser Schiene befestigt. Diese wiederum ist mit zwei weiteren **Schrauben M6** (samt Federringen, Scheiben und Muttern) an den Verstrebungen des Chassis, die für das Reserverad vorgesehen sind, befestigt. Die Positionen der grünen und grün-schwarzen **Kabel** sind am Gleichrichter markiert. Nach eingehender Prüfung mit dem Multimeter sind Unregelmäßigkeiten aufgetreten. Der alte Gleichrichter wird gegen ein neues Teil (Nachbau) getauscht.

Zündzeitpunkt prüfen mit Stroboskop:

Bei den Motoren mit elektronischer Zündung gibt es kein Sichtfenster im Rotor mehr. Die erforderlichen **Kontrollmarken** befinden sich auf dem Lüfterdekkel,(„A“ oder „P“ für die PX 200, „IT“ für PX 80, PX 125, PX 150) und auf einer Schaufel des Gebläserads (halbkreisförmige Verdickung). Für unsere PX gilt das „A“. Beide Marken sind kaum zu sehen, daher mit einem Stift kennzeichnen.

Die **Stroboskoplampe,** mit der die Zündeinstellung vorgenommen werden soll, wird bei **Fahrzeugen ohne Batterie** folgendermaßen angeschlossen: das rote Kabel an das **stromführende Kabel** eines Nebenaggregats klemmen. Zur Herstellung eines optimalen Kontakts können die Klemmen mit einem Nagel oder Stück Draht überbrückt werden. Das schwarze Stroboskopkabel an **Masse** legen.

Einheitlich bei allen Modellen: **Induktivclip** des Stroboskops an das Zündkabel legen, Kerzenstecker nicht abziehen. **Achtung:** Alle Anschlußarbeiten bei ausgeschalteter Zündung und stehendem Motor vornehmen! Elektronische Zündanlagen erzeugen sehr hohe Spannungen.

Nun Motor starten und den **Lichtblitz** auf die Markierung „A“ am Lüfterdeckel richten. Drehzahl auf 5000/min^{-1} erhöhen. Die **Zündeinstellung** ist korrekt, wenn die Marke auf dem Gebläserad mit der Strichmarke „A“ auf dem Lüfterdeckel fluchtet. Die Abweichung darf höchstens 1°30 nach der einen oder anderen Seite betragen. Bei Drehzahlen unterhalb von 5000/min^{-1} darf sie nicht größer sein als 3°.

Zündzeitpunkt einstellen:

Fluchten die Markierungen nicht in der oben angegebenen Weise, muß die Zündung durch Verdrehen des Lichtmaschinen-Stators neu eingestellt werden. Dazu muß der **Rotor** abgezogen werden wie weiter vorn im Abschnitt „Lichtmaschine“ beschrieben und anhand von Fotos gezeigt.

Am unteren Statorrad und auf dem Kurbelwellengehäuse befinden sich zwei **Strichmarkierungen.** Sie müssen exakt fluchten. Ist dies nicht der Fall, die Schrauben lösen, mit denen der Stator befestigt ist und Stator drehen, bis die **Marken fluchten**. Schrauben anziehen, Rotor aufsetzen und befestigen. Zündzeitpunktprüfung wiederholen: Jetzt müssen auch die Markierungen auf dem Lüfterdeckel und dem Gebläserad fluchten.

5: Markierungen auf Lüfterdeckel und Gebläserad für die Zündeinstellung. 6: Prüfen der Zündung mit dem Stroboskop bei einer anderen Vespa PX.

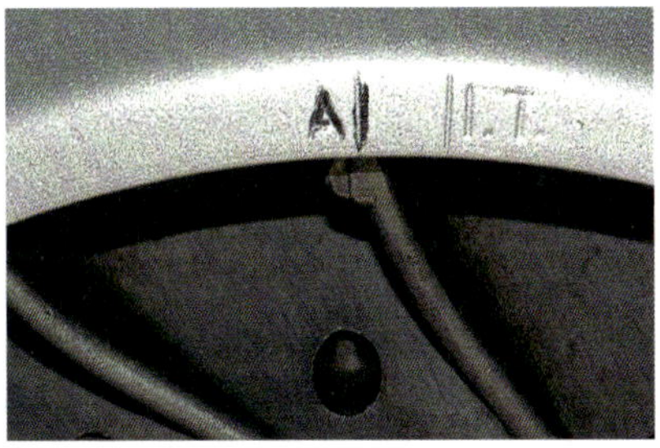
5

6

Zündkerze prüfen, einbauen

Zündkerze Elektrodenabstand korrigieren:

Wir setzen bei unserer PX 200 E natürlich eine **neue Zündkerze** ein, und zwar eine **NGK B7ES.** Der **Elektrodenabstand** der neuen Kerze (3,90 Euro) wird vor dem Einbau geprüft; er solll 0,6 mm betragen, ist aber zu groß. Zum Korrigieren des Abstands wird ein **Meßblatt** zwischen die Elektroden geschoben und mit einem leichten Hammer auf die obere Elektrode geklopft, bis sich das Meßblatt nur noch schwer hin- und herschieben läßt.

Zündkerze einbauen:

Neben der NGK B7ES kann z.B. auch eine **Bosch W7AC** oder eine **Denso W22ESR U** eingesetzt werden. Günstige Angebote und Alternativen finden sich heutzutage leicht im Internet. Auf jeden Fall nur fabrikneue, **funkentstörte** Kerzen mit dem vorgeschriebenen **Wärmewert** und der richtigen Einschraublänge verwenden (18,5 mm). Der Sechskant muß die Größe 21 13/16 mm haben. Nach 8000 Fahrkilometern sollte die Kerze beim Zweitaktmotor generell gegen eine neue ausgetauscht werden. Es könnte dauern, bis unsere restaurierte PX so viele Kilometer abgespult haben wird...

Die **Dichtungsfläche** am Zylinderkopf und die Dichtung an der Kerze sind vollständig glatt und sauber. Darauf achten, daß beim Eindrehen kein Dreck in die Bohrung fällt. Das Kerzengewinde bestreichen wir dünn mit etwas **Keramikpaste**, was ein Verkleben verhindert und später den Wechsel erleichtert. Unter keinen Umständen Fett verwenden – die Kerze würde sich festbrennen.

Kerze zunächst mit der bloßen **Hand** in das Gewinde eindrehen, sonst besteht die Gefahr, daß die Kerze verkantet und dadurch das Gewinde im Alu-Zylinderkopf beschädigt wird. Erst zum Schluß **Stecknuß SW 21 13/16** ansetzen und Kerze mit Gefühl festziehen. Zu starkes Anziehen kann zu Beschädigungen des Zylinderkopfs führen. Am besten Drehmomentschlüssel verwenden und Kerze zweistufig mit **18-24 Nm** anziehen.

1

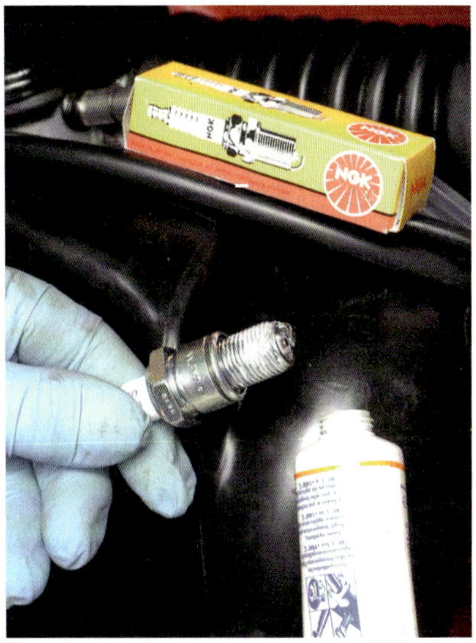
2

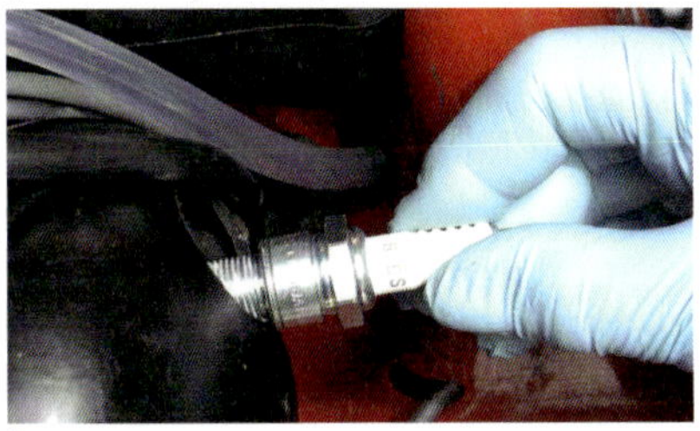
3

4

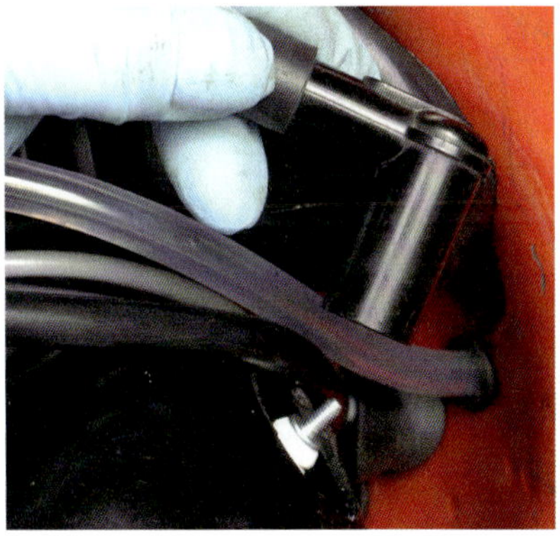
5

1: Auch bei neuen Kerzen wie der NGK B7ES den Elektrodenabstand auf 0,6 mm einstellen. 2: Gewinde mit etwas Keramikpaste bestreichen. 3: Kerze so weit wie möglich von Hand eindrehen. 4: Kerze mit dem passenden Aufsatz 21 13/16 anziehen (mit Gefühl). 5: Zum Aufsetzen des Kerzensteckers die Hohlmutter abnehmen.

Zündkerzenstecker vor dem Aufsetzen kontrollieren. Wir belassen es beim originalen Stecker aus Bakelit. Das **Zündkabel** hat feste Verbindung mit dem Stecker, der alte Stecker ist innen blank, trocken und korrosionsfrei. Wichtig: Die kleine **Hohlmutter** oben von der Kerze abdrehen, sonst paßt der Stecker nicht. **Kerzenstecker** bei einem laufenden Motor mit **elektronischer Zündung** nicht anfassen – Hochspannung!

Mehr zum Thema Zündkerze steht in unserem Reparaturbuch *„Klassische Vespa-Motorroller“*, das 2023 in der 21. Auflage bei STX erschienen ist.

Kabelklemmbrett, Zündschloß allgemein

Klemmbrett überprüfen:

Die **Elektrik** der Vespa PX ist unkompliziert und leicht zu überprüfen. Vier **Kabelstränge** laufen an der **Klemmleiste** zusammen, die nach Demontage der Frontkaskade zugänglich ist. Hinzu kommt die Steckverbindung für das **Zündschloß.** Die einzelnen Kabelbündel enden in **Steckern,** die unterschiedliche Querschnitte haben und daher nicht verwechselt werden können. Niederspannungskabel können mit Prüflampe oder Multimeter auf Stromfluß kontrolliert werden. Informationen dazu finden sich auch auf den Seiten weiter vorn.

Anhand der **Kabelfarben** lassen sich die Verbindungen zwischen Schaltelementen und Verbrauchern verfolgen. **Schaltpläne** sind nicht immer zuverlässig, da es zahllose Varianten allein für die PX gibt. Man muß nur mal bei Google *„Schaltplan Vespa PX"* oder *„Kabelbaum Vespa PX"* eingeben. Selbst bei der originalen Betriebsanleitung unserer PX 200 E gibt es **Abweichungen** zur tatsächlichen Farbgebung und teilweise auch zur Verlegung. Die Schaltpläne auf den folgenden Seiten haben nur Beispielcharakter, vermitteln aber wichtige Anhaltspunkte.

Speziell verkabelt sind die Modelle mit **Elektrostarter.** Bei den neueren Ausführungen gibt es einen **Kontaktschalter** und eine **Anlasserschutzvorrichtung** (rotes Kästchen, unterhalb der Klemmleiste, s. Foto). Restaurator Werner Lechner: *„Die Anlasserschutzvorrichtung kann natürlich auch mal kaputt gehen, was bei meiner 94er PX der Fall war. Ich habe daher das rote Kästchen aus einer anderen PX ausgebaut und montiert."*

Weitere Fehlerquellen: die **Zuleitung zum Kontaktschalter** (Steckverbindung oben am Schaltrohr) und der Kontaktschalter selbst.

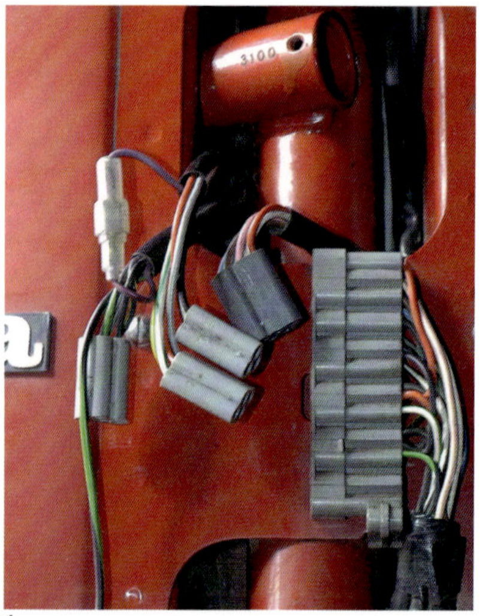

1

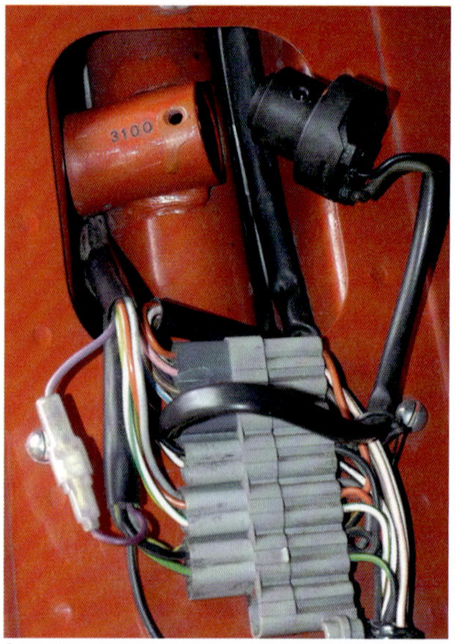

2

Verlegen des Kabelbaums bei der Vespa PX

Wenn man einen **vorgefertigten Kabelbaum** kauft (30 bis 70 Euro im Internethandel), kann eigentlich nicht viel falsch gemacht werden. Wichtig ist nur, dass man eine **Durchfädelhilfe** von vorne durch den Rahmen zieht und daran dann den Kabelbaum befestigt.

Wenn man erst einmal den kompletten Kabelstrang **durch den Hauptrahmen** gezogen hat, dann führt man zwei Kabel wieder ein kleines Stück zurück für die **Innenbackenanschlüsse** links und rechts. Dies entfällt natürlich bei Modellen mit Außenbackenverschluss.

Zwei weitere Kabel führt man zurück für die Anschlüsse am **Kontaktschalter** des Fußbremspedals. Nach rechts führt man den Kabelstrang mit dem **Rundstecker** (und ggf. mit dem Anschluss für den Elektrostarter) zum **Motor** (Verbindung zur Ankerplatte). Nach links werden die Kabel zum **Hupengleichrichter, Spannungsregler** und **Blink-Relais** geführt. Der Hupengleichrichter entfällt bei Modellen mit Batterie. Hier gibt es stattdessen Anschlüsse für **Batterie, Hauptsicherung** und **Starter-Relais.**

Ein weiteres Kabel führt man durch die Rahmenöffnung für den **Tankgeber** und zuletzt noch einen Kabelstrang nach hinten für das **Rücklicht.** *Werner Lechner*

1

1: *Zum Einfädeln eines Kabels oder Kabelstrangs das Kabelende mit einem Draht verbinden und diesen durch den Rahmentunnel ziehen.*
2: *Kabelbaum einer PX 200 Lusso ohne Batterie.*

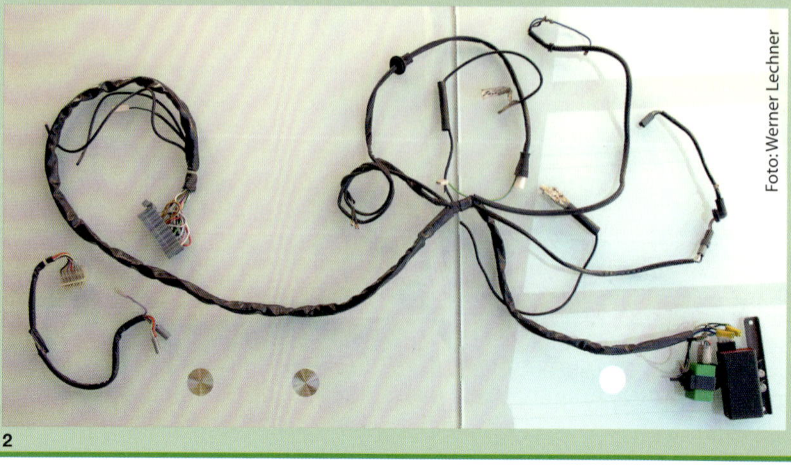

2

Foto: Werner Lechner

Seite 244 **1:** *Klemmbrett mit abgezogenen Formsteckern.* **2:** *angeschlossener Zündschalter.* **3:** *Anlasserschutzvorrichtung (rotes Kästchen) bei einer PX mit E-Starter.* **4:** *Der Zündschalter wird mit einer Inbusschraube SW 2,5 am Rohr der Sperrvorrichtung festgeschraubt.* **5:** *Niederspannungskabel werdenmit dem Multi-meter auf Stromfluß getestet*

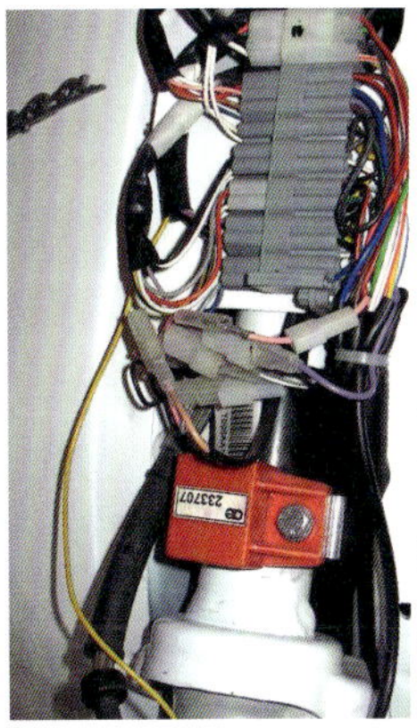

3

Foto links: Werner Lechner

4

5

Rücklicht, Blinker anschließen

Rücklicht komplettieren:

Die alte **Rücklichtabdeckung** war gerissen, daher wird ein Neuteil montiert, wobei die alte **Dichtung** nach Reinigung und Behandlung mit Autoglym wiederverwendet werden kann. Mitgeliefert wurden auch die **Reflektorplatte** und die beiden **Schrauben.** Die Nylonringe nehmen wir von den alten Schrauben.

Vordere Blinker einbauen:

Die beiden **Blinker** bilden je eine Einheit, die komplett wieder eingebaut werden kann. Dabei stellen wir erstmals fest, daß der rechte Blinker unten teilweise beschädigt ist. Wir bestellen zwei neue Blinker, bauen sie aber erst später ein, weil sie nicht vor Redaktionsschluß eintreffen. Die alten **Gummidichtungen** werden nach Aufarbeitung wiederverwendet. Auch die alten **Schrauben M4** mit ihren Zahnscheiben und Muttern sind noch brauchbar und werden von innen mit Stecknuß und Drehgriff fixiert, wobei die **Massekabel** oben mit angeschlossen werden müssen. Zuletzt werden die **Fassungen** mit den **Glühlampen** eingesetzt.

1

2

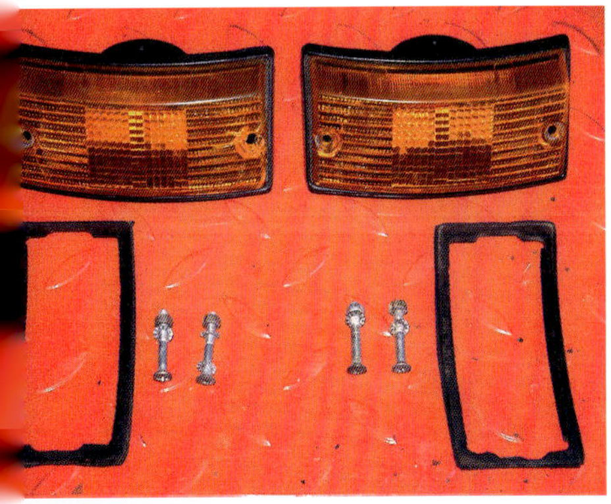

3

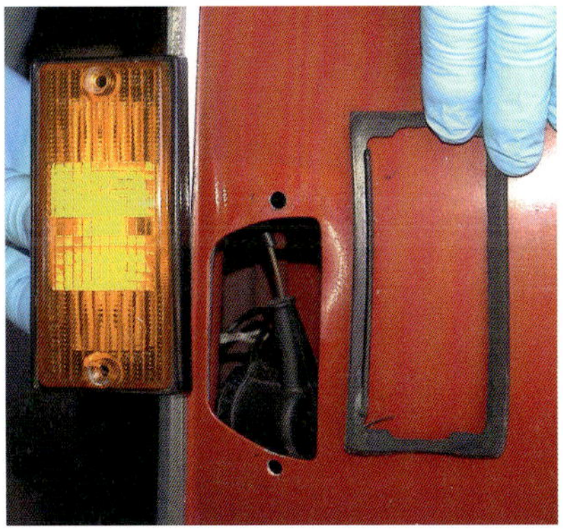

4

5

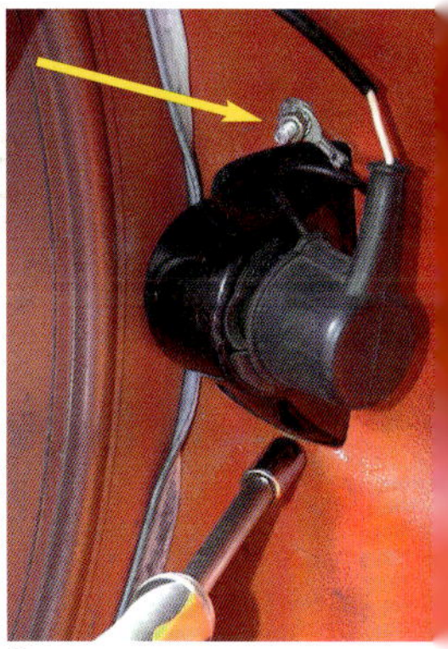

6

1: *neue Abdeckung mit Reflektorplatte, aufbereitete Dichtung.* **2:** *Befestigen der Abdeckung.* **3:** *der alte (schadhafte) Satz Blinker/Dichtungen/Schrauben; er wurde später noch durch Neuteile ersetzt.* **4:** *Blinker und Dichtung vorne rechts vor dem Einbau.* **5:** *Montage von Blinker und Fassung; diese wird mit der Glühlampe mittels Karabinerverschluß befestigt.* **6:** *Verschraubung; Pfeil: Masseanschluß.*

Blinkergläser hinten einbauen:

Die hinteren **Blinkergläser** sind intakt und werden zusammen mit den **Gummidichtungen** wiederverwendet, wobei wir die rechte Dichtung aus einem Stück des alten Reifenschlauchs nachgefertigt haben (s. folgende Seite). Die Gläser werden mit je zwei originalen **Blechschrauben** an den Reflektorgehäusen der Hauben befestigt und mit Gefühl angezogen, sonst platzen dei Gläser.

Werkzeug, Neuteile Beleuchtung

Steckschlüssel SW 8, SW 7
Zündkerzenschlüssel
Abdeckung Rücklicht
mit Reflektorplatte und Schrauben
Dichtgummi Blinker hinten rechts
(selbst angefertigt)

7

8

7: Aus dem alten Schlauch wird eine neue Dichtung ausgeschnitten. 8: die fertige Dichtung (Mitte); rechts: ein zu groß geratenes Muster. 9: Der Heckabschluß aus PVC ist leicht beschädigt und wird später ersetzt. 10: die rechte Haube mit Blinkerglas und nachgefertigter Dichtung. 11: linke Haube, altes Glas, alte Dichtung.

9

10

11

Staufachschloß wechseln

Staufachschloß ausbauen:

Manche Dinge schiebt man auch beim Restaurieren vor sich her, bis es nicht mehr geht. So beim **Staufachschloß,** das von Anfang an nicht funktionierte. Klarheit brachte erst die Zerlegung ganz am Schluß: Der **Schließzylinder** war ausgebohrt worden, der **Schließmechnismus war** gebrochen. Demontiert haben wir das Schloß, indem die große **Klammer** mit einem breiten Schraubendreher zur Seite gedrückt wurde. Nach Abnahme der Teile zeigte sich auch, daß der **Lack** unter dem Schloß arg verkratzt war.

Staufachschloß einbauen:

Zwar war der alte Schlüssel noch vorhanden, doch das nützte nichts. Wir haben ein **neues Schloß mit Schlüssel** bestellt und später eingebaut, da es bis zum Redaktionsschluß nicht mehr eintraf. Der beschädigte **Lack** wurde mit unseren bewährten Methoden ausgebessert. Nach Aufschieben der wiederverwendbaren **Klammer** ließ sich das Fach endlich wieder absperren.

1

2

3

4

5

6

1: Das Staufachschloß von der Innenseite her betrachtet. 2: Mit der Klinge eines breiten Schraubendrehers wird die Klammer zur Seite geschoben. 3: Beim Abnehmen zerfiel das Schloß in Einzelteile. Deutlich zu sehen sind die Spuren des Ausbohrvorgangs. 4: Vorderseite mit abgefallener Blende und ausgebohrtem Riegel. 5: Der im Auflagebereich beschädigte Lack. 6: provisorisch eingesetztes Schloß..

Sitzbank einbauen

Sitzbank festschrauben:

Wie weiter vorn im Buch ausführlich dokumentiert, haben wir die von der Basis her noch **gut erhaltene Sitzbank** im Detail ordentlich aufgearbeitet. Sie sieht samt der Reling aus wie neu und wird jetzt wieder montiert. Wichtig dabei ist, daß zuvor der Tank eingebaut wurde.

Die **Halteplatte** wird mit **drei neuen Schrauben M8** samt neuen Zahn- und Unterlegscheiben befestigt, wobei am besten zu zweit gearbeitet wird, denn die klassisch-aufwendig gefertigte Bank ist recht schwer. Die Schrauben werden mit der Stecknuß SW 13 festgedreht und fixieren vorne gleichzeitig auch die **Tankanlage.** Erst danach werden auch die Schrauben der hinteren Tankbefestigung festgezogen.

Werkzeug, Neuteile Aus-/Einbau Staufachschloß Sitzbank-Montage

Stecknuß SW 13
  mit Umschaltschlüssel
Schraubendreher breit
Sitzbankschloß komplett
3 Schrauben M8
3 Federringe M8
3 Unterlegscheiben M8

1: Simon bringt die aufgearbeitete Sitzbank in Position. 2: Die Schrauben der Halteplattenbefestigung fixieren vorne auch die Tankanlage. Die hinteren Tankschrauben werden erst danach richtig festgezogen. Alle Schrauben werden mit einer Stecknuß SW 13 angezogen.

2

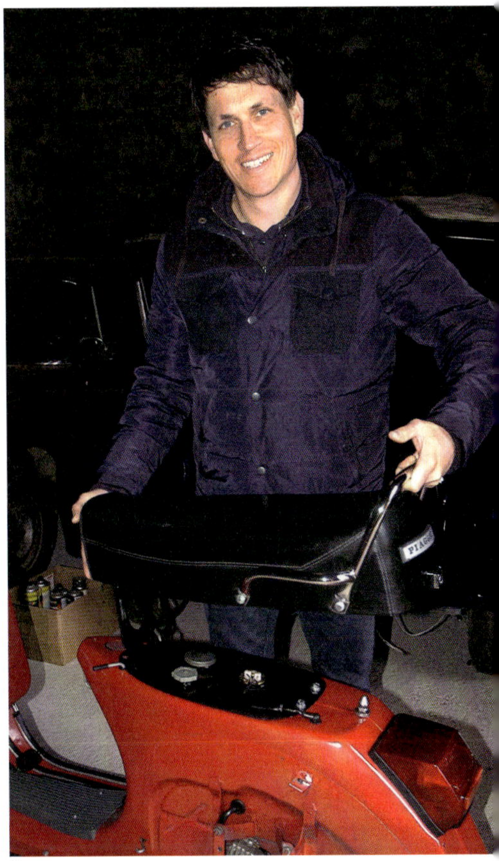

1

Scheinwerfer, Instrument, Lenkerverkleidung, Kaskade einbauen

Instrument und Scheinwerfer einbauen:

Alle auf dem Foto rechts gezeigten Bauteile wurden gereinigt, im Lack aufgearbeitet und poliert. Die **Federlaschen** der Stromzuführung waren verbogen, sie wurden gerichtet. Die **Bilux-Lampe** kann weiterverwendet werden.

Die **Dichtung** des runden Kombiinstruments ist unbeschädigt und kann nach Behandlung mit unserem Pflegemittel wiederverwendet werden; muß auch, denn Ersatz gibt es nicht mehr. Nachdem die Dichtung angelegt ist, wird das **Instrument** von unten in die Lenkerverkleidung geclipst. Nun können der **Multistecker** und die **Tachowelle** durch einfaches Aufschieben und Einclipsen angeschlossen werden

Bevor die Lenkerverkleidung montiert wird, befestigen wir den **Scheinwerfer.** Zuerst wird die Einstellschraube von unten mit einem Schlüssel SW 7 eingedreht. Dann folgen die beiden Schlitzschrauben samt Federringen rechts und links. **Lampensockel** und **Lampe** wurden bereits montiert (Karabinerver-

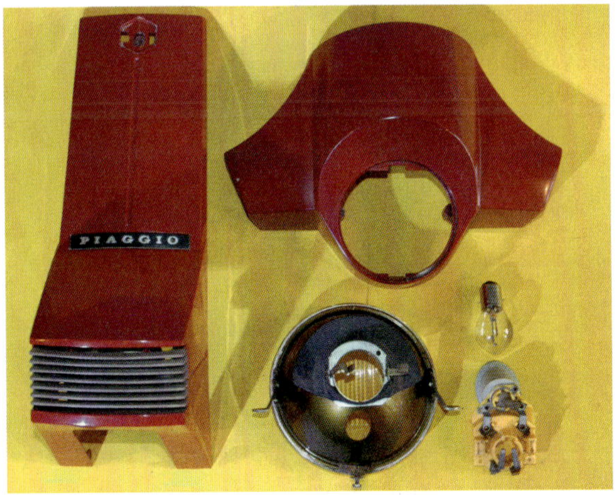

1

1: Im Rahmen der Lenkeraufbereitung wurden auch Kaskade, obere Lenkerverkleidung und Scheinwerfer mit restauriert. Kleine Makken der Lackierung wurden mit feinem Pinsel und dem speziell gemischten Rotlack ausgebessert. Am Lampensockel des Scheinwerfers mußten die stromführenden Metallzungen nachgebogen werden. Glühlampe und Reflektor konnten problemlos wiederverwendet werden.

Nachträglich bei der Endmontage festgestellte Mängel

Bestellte Ersatzteile trafen nicht mehr vor Redaktionsschluß ein.

Staufachschloß
  zerbrochen, ausgebohrt; Lack verkratzt
Heckabdeckung aus PVC
  Dübel an Ecke links oben abgebrochen
Blinker vorn rechts
  Verglasung unten zerbröselt
Federbeinbefestigung hinten/unten
  Bolzengewinde beschädigt
Benzintankdichtung
  Gummiring undicht
Gleichrichter defekt

schluß, Federbügel). Die drei **Kabel** des Lampenanschlusses werden aufgesteckt wie auf Bild 10 gezeigt.

Lenkerverkleidung, Kaskade, Rückspiegel einbauen:

Die **Lenkerverkleidung** wird samt Instrument über den Lenker gestülpt. Gleichzeitig muß unten an der **Tachowelle** gezogen werden, sonst klemmt's. Von unten fixieren vier lange Kreuzschlitzmaschinenschrauben die Verkleidung.
An die in der **Kaskade** sitzende **Hupe** werden die beiden Kabel gesteckt wie auf Bild 12 gezeigt. Kakade positionieren, von vorne mit einer, vom Staufach aus mit zwei Kreuzschlitz-Blechschrauben befestigen. Der **Rückspiegelhalter** wird mit zwei Schrauben M8, Zahnscheiben und Puffern befestigt. Der **Rückspiegel** wird mit zwei Distanzringen, einer Zahnscheibe und einer Mutter SW 14 fixiert.

2

2: aufgearbeitete Kleinteile; Lenkerbolzen, Schrauben der oberen Verkleidung, Rückspiegelbefestigung. 3: Die Tachoverglasung wurde mit Politur, der Dichtgummi mit Autogylm aufgearbeitet. 4: Das Instrument wird in die Lenkerverkleidung geclipst. 5: Anschließen des Multisteckers. 6: Anschließen der neuen Tachowelle. 7: Eindrehen der Scheinwerfer-Einstellschraube.

3

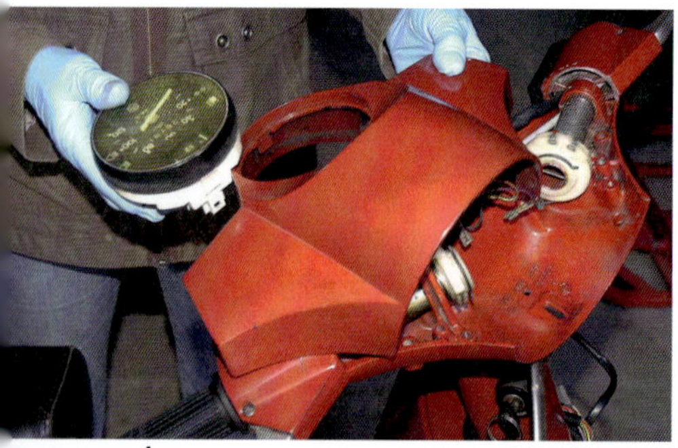

4

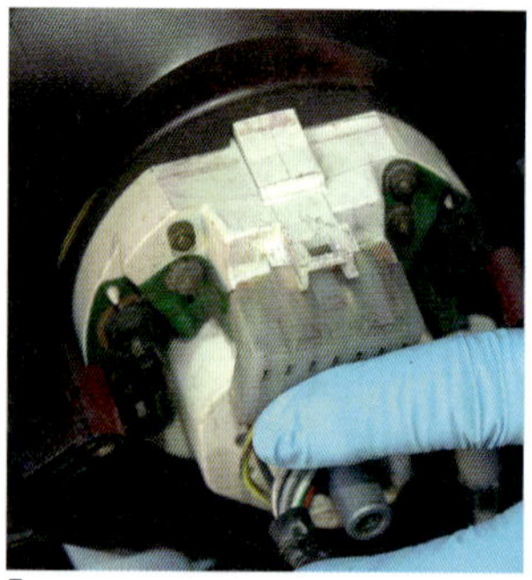

5

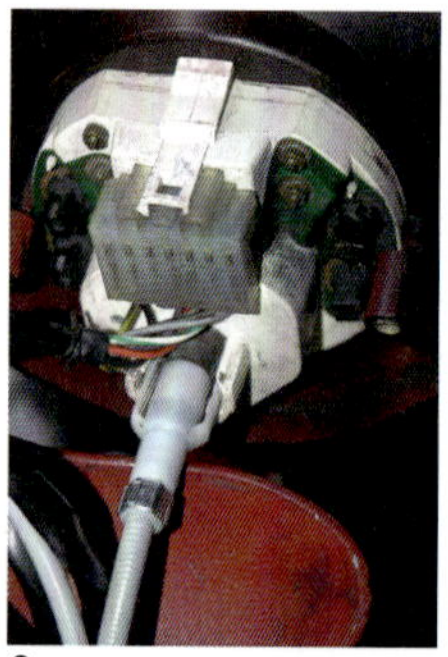

6

7

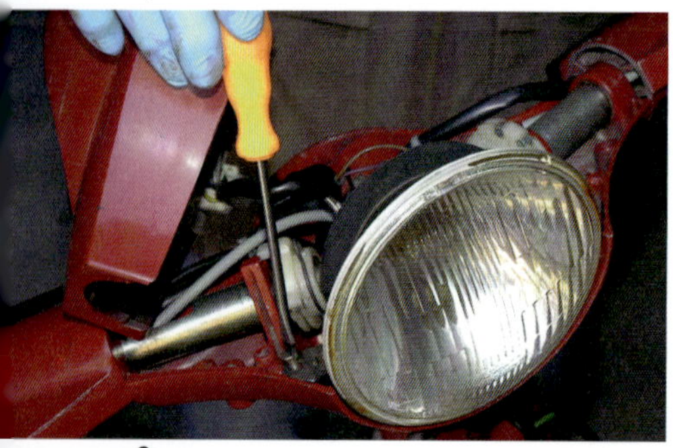

8

9

10

11

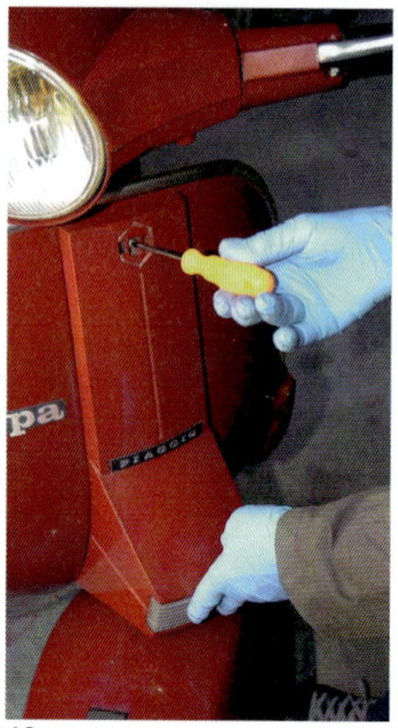

12

13

8: Befestigen des Scheinwerfers mit zwei Schlitzschrauben. 9: die Anschlüsse der Glühlampe. 10: Befestigen der Lenkerverkleidung von unten mit vier Schrauben. 11: Die Hupe in der Kaskade ist wieder angeschlossen. 12: Befestigen der Kaskade von außen... 13: ...und von innen. 14: Befestigen des aufpolierten Rückspiegels mit Mutter SW 14.

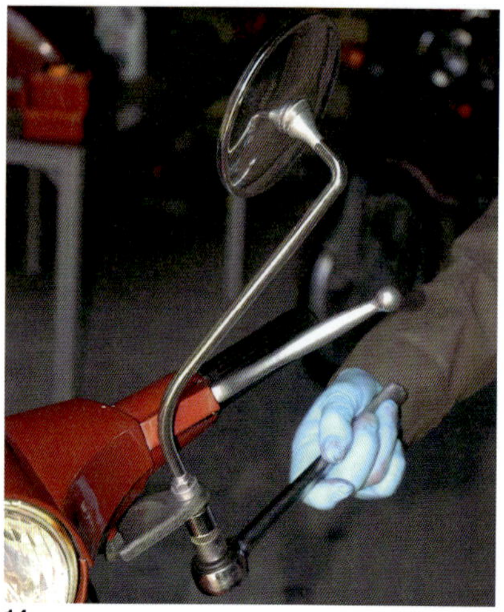

14

Technische Daten, Drehmomentwerte PX, Cosa

Technische Daten ausgewählter Klassik-Modelle

PK, PX-Modelle: 1985	PX 80 E	PX 125 E	PX 150 E	PX 200 E
Motor				
Bauart	gebläsegekühlter Einzylinder-Zweitaktmotor ---			
Hubraum (cm³)	79	123	149	198
Bohrung x Hub (mm)	46 x 48	52,5 x 57	57,8 x 57	66,5 x 57
Leistung PS (kW)	6,8 (5)	8,2 (6)	9,5 (7)	9,5 (7)
bei Drehzahl min⁻¹	6000	6000	6000	5000
Verdichtungsverhältnis	1 : 9,5	1 : 8,5	1 : 8,2	1 : 8,8
Benzin/Schmierung	Super 98, Getrenntschmierung ----------------			
Gemischsteuerung	durch Drehschieber (Zufuhr über Kurbelwange)			
Vergaser (Dell'Orto)	SI 20/20 D	SI 20/20 D	SI 20/20 D	SI 24/24 E
Zündung	wartungsfreie, elektronische Zündanlage ------			
Zündkerze	NGK B6ES	NGK B6HS	NGK B6HS	NGK B7ES
Lichtmaschine	Schwungradmagnetzünder -------------------			
Batterie (V/Ah; wahlweise)	12/7	12/7	12/7	12/7
Starter	Kick- und Elektrostarter (wahlweise)			
Kraftübertragung, Getriebe				
Anzahl der Gänge	4	4	4	4
Primärantrieb	über schrägverzahnte Zahnräder auf Vorgelege			
Sekundärantrieb	vom Getriebe direkt aufs Hinterrad -------------			
Übersetzung Kurbelwelle/				
Hinterrad 1. Gang	20,06	16,43	15,38	13,42
2. Gang	13,38	10,99	10,46	9,13
3. Gang	8,95	7,60	7,24	6,32
4. Gang	6,95	5,83	5,39	4,71
Kupplung	Zweischeibenkupplung im Ölbad --------------			
Schaltung	Drehgriff-Handschaltung -----------------------			
Fahrwerk, Karosserie				
Fahrgestell	selbsttragende Stahlblechkarosserie in Schalenbauweise ----------------------------			
Vorderradführung	Lenkrohr, gezogene Kurzschwinge, hydraulisch gedämpftes Federbein ------------------------			
Hinterradführung	Hinterachse mit Getriebe verblockt, hydraulisch gedämpftes Federbein ----------			
Radstand (mm)	1235	1235	1235	1235
Gesamtlänge (mm)	1760	1760	1760	1760
Gesamtbreite (mm)	695	695	695	695
Gesamthöhe (mm)	1110	1110	1110	1110
Sitzhöhe (mm)	820	820	820	820
Bodenfreiheit (mm)	170	170	170	170
Bremse vorn	Handhebel, Seilzug, Trommelbremse ---------			
Bremse hinten	Pedal, Seilzug, Trommelbremse ---------------			
Leergewicht vollgetankt (kg)	104	105	105	109
zulässiges Gesamtgewicht (kg)	290	290	290	290
Bereifung vorn/hinten	3.50 x 10	3.50 x 10	3.50 x 10	3.50 x 10
Normverbrauch DIN l/100km	2,9	3,0	3,5	4,0
Aktionsradius (ca. km)	270	270	230	200
max. Steigfähigkeit mit 1 Person	32 %	40 %	40 %	42 %
Höchstgeschwindigkeit (km/h)	77	89	90	100
Füllmengen, Reifenluftdruck				
Tankinhalt/Reserve in Liter	8,0/2,1	8,0/2,1	8,0/2,1	8,0/2,1
Öltankinhalt (2T-Öl) Liter	1,5	1,5	1,5	1,5
Getriebe (SAE 30 oder 40) cm³	250	250	250	250
Reifendruck vorne (bar)	1,20	1,20	1,20	1,20
- hinten solo (bar)	1,75	1,75	1,75	1,75
- hinten mit Sozius (bar)	2,50	2,50	2,50	2,50
Beleuchtung				
Abblend-/Fernlicht V, W/W	12, 25/25	12, 25/25	12, 25/25	12, 25/25
Schlußlicht	12V, 5W	12V, 5W	12V, 5W	12V, 5W
Bremslicht	12V, 10W	12V, 10W	12V, 10W	12V, 10W
Blinklicht	12V, 21 W	12V, 21W	12V, 21W	12V, 21W
Tacho- u. Kontrollampen	12V, l,2W	12V, l,2W	12V, l,2W	12V, l,2W
Einstelldaten				
Leerlaufdrehzahl/min⁻¹	800	800	800	800
Zündkerzen-Elektrodenabst. (mm)	0,6	0,6	0,6	0,6
Spiel Gaszug (mm)	1,0	1,0	1,0	1,0
Spiel Kupplungszug (mm)	2,0	2,0	2,0	2,0
Spiel Hint.-Bremse/Pedal (mm)	25,0	25,0	25,0	25,0
Spiel Vord.-Bremse/Hebel (mm)	8,0	8,0	8,0	8,0
Verschleißgrenze Reifen (mm)	2,0	2,0	2,0	2,0
Verschleißgr. Bremsbeläge (mm)	1,5	1,5	1,5	1,5
Vorzündung vor OT bei 5000/min⁻¹	21°+/-1°	21°+/-1°	21°+/-1°	23°+/-1°

Drehmoment-Richtwerte *(Angaben nach bestem Wissen, aber ohne Gewähr)*

Drehmoment Nm, zwei Stufen	**PX** [3]	**PX E** [4]	**Cosa** [5]	**PX 125 PX 150: ab 2011 PX 199… bis 200…**
Motor, Getriebe				
Zündkerze	18 - 24	18 - 24	18 - 24	20 - 25
Gehäusehälftenbefestigung, Muttern	24 - 27	24 - 27	24 - 27	11 - 13
Lüfterdeckel	3 - 4,5	3 - 4,5	3 - 4,5	8 - 10
Kupplungsbefestigung, Mutter	40 - 45	40 - 45	40 - 45	40 - 45
Vorgelegebefestigung, Mutter	30 - 35	30 - 35	30 - 35	30 - 35
Schwungrad-/Rotorbefest., Mutter	60 - 65	60 - 65	60 - 65	60 - 65
Kickstarterbefestigung, Mutter	23 - 26	23 - 26	23 - 26	23 - 26
Zylinderkopfbefestigung, Muttern	13 - 18 [8]	13 - 18	13 - 18	13 - 18
Auspuffbefest. am Zylinder, Mutter	16 - 26	16 - 26	16 - 26	16 - 26
Kupplungsdeckel, Schrauben	6 - 8	6 - 8	6 - 8	6 - 8
Bremsankerplatte, Schrauben	k.A.	k.A.	20 - 24	k.A.
Bremszylinder hinten, Bef., Schrauben	---	---	8 - 10	---
Vergaser, Befestigung, Schrauben	16 - 20	16 - 20	16 - 20	16 - 20
Pick-up, Befestigung, Schraube	---	2 - 2,5	2 - 2,5	2 - 2,5
Ankerplatte/Stator LiMa, Schrauben	3 - 4	3 - 4	3 - 4	3 - 4
Anlasser, Befestigung, Muttern	---	10 - 15	10 - 15	10 - 12
Auspufftopf Anschlußstutzen	75 - 80 [9]	75 - 80 [9]	75 - 80 [9]	k.A.
Einlaßstutzen-Befestigung	8 - 10	8 - 10	8 - 10	8 - 10
Vorderradführung				
Federbeinbefest. oben an Halteplatte	30 - 40	30 - 40	30 - 40	30 - 40
Halteplatte am Steuerrohr	20 - 27	20 - 27	20 - 27	20 - 27
Federbeinbefestigung unten	20 - 27	20 - 27	20 - 27	20 - 27
Bremsen				
Bremszylinder Schrauben	---	---	8 - 10	---
Bremsbacken-Zentrierplatte vorn	k.A.	k.A.	8 - 10	---
Bremshebel (nur hinten PX ab 1998)	8 - 10	8 - 10	8 - 10	8 - 10
Bremsleitung an Hauptzylinder	---	---	8 - 10	8 - 12
Bremsleitung an Bremssattel	---	---	---	15 - 25
Anschluß Leitungs-Zwischenstück	---	---	---	10 - 15
Bremssattel-Befestigung	---	---	---	5 - 6
Entlüftungsschraube	---	---	10 - 12	10 - 12
Lenkung				
Gewindering des ob. Steuerrohrlagers	50 - 60 [10]	50 - 60 [10]	50 - 60 [10]	50 - 60
Nutmutter des oberen Steuerrohrlagers	60 - 70	60 - 70	100 - 110	100 - 11
Lenkerbefestigung, Schraube	30 - 44	30 - 44	30 - 44	30 - 44
Hinterradführung				
Schwingachse Motor am Fahrgestell	61 - 75	60 - 75	60 - 75	61 - 75
Federbeinbefest. oben am Chassis	30 - 40	30 - 40	30 - 40	30 - 40
Federbeinbefestigung unten am Motor	16 - 25	13 - 23	25 - 30	13 - 23
Räder, Naben				
Hinterradachse, Mutter	75 - 90	90 - 110	90 - 110	75 - 90
Felgenbefestigung, Muttern	20 - 27	20 - 27	20 - 27	20 - 27
Vorderradnabe/-achse radseitig, Mutter	60 - 100	77 - 90	75 - 90	60 - 10

[3] Quelle: Werkstatthandbuch Piaggio für Vespa P 125 X, P 150 X, P 200 E, Pontedera 1981
[4] Quelle: Reparaturanleitung Vespa GmbH für PX 80 E, PX 200 E, Augsburg 1984
[5] Quelle: Werkstatthandbuch Piaggio für Cosa, Pontedera 1988, Änderung zum Werkstatthandbuch Cosa, Pontedera 1991
[7] Quelle: Werkstatthandbuch Piaggio für Vespa PX 125, 150 Euro 3, Pontedera 2011
[8] P 125 X, P 150 X: 13 - 18 Nm, P 200 E: 17 - 22 Nm;
[9] nur P 200 E, PX 200 E, PX 200 E Lusso, Cosa 200
[10] Piaggio empfiehlt: nachdem das maximale Anzugsmoment erreicht ist, Schlüssel bei PK, P X, PX E um ca. 1/4 Umdrehung, bei Cosa um ca. 1/3 Umdrehung zurückdrehen.

Werte in blau: Erfahungswerte oder nach Logik

Werte in Braun: Piaggio-Empfehlungen, aber in der Anwendung problematisch.

Wir und erfahrene Werkstattmeister empfehlen: Muttern einfach so fest anziehen, daß der Lenker ohne zu klemmen von rechts nach links fällt, die Lenkung aber auch keinerlei Spiel hat. Nach einigen 100 km kontrollieren, ob kein Spiel entstanden ist, notfalls die Steuerrohrmuttern nachziehen.

Werkzeug, Neuteile
Einbau Scheinwerfer, Instrument, Lenkerverkleidung, Kaskade, Rückspiegel

Stecknuß SW 13 und 14 mit Umschaltschlüssel
Schlitz- und Kreuzschlitzschraubendreher
Tachowelle (s.a. weiter vorn), 2 Zahnscheiben

Schaltplan Vespa P 200 E (12 Volt) mit Blinkern, Batterie und elektronischer Zündung

Stand: Oktober 1977; nur Beispielcharakter. P 200 E = Vorläufermodell PX 200 E

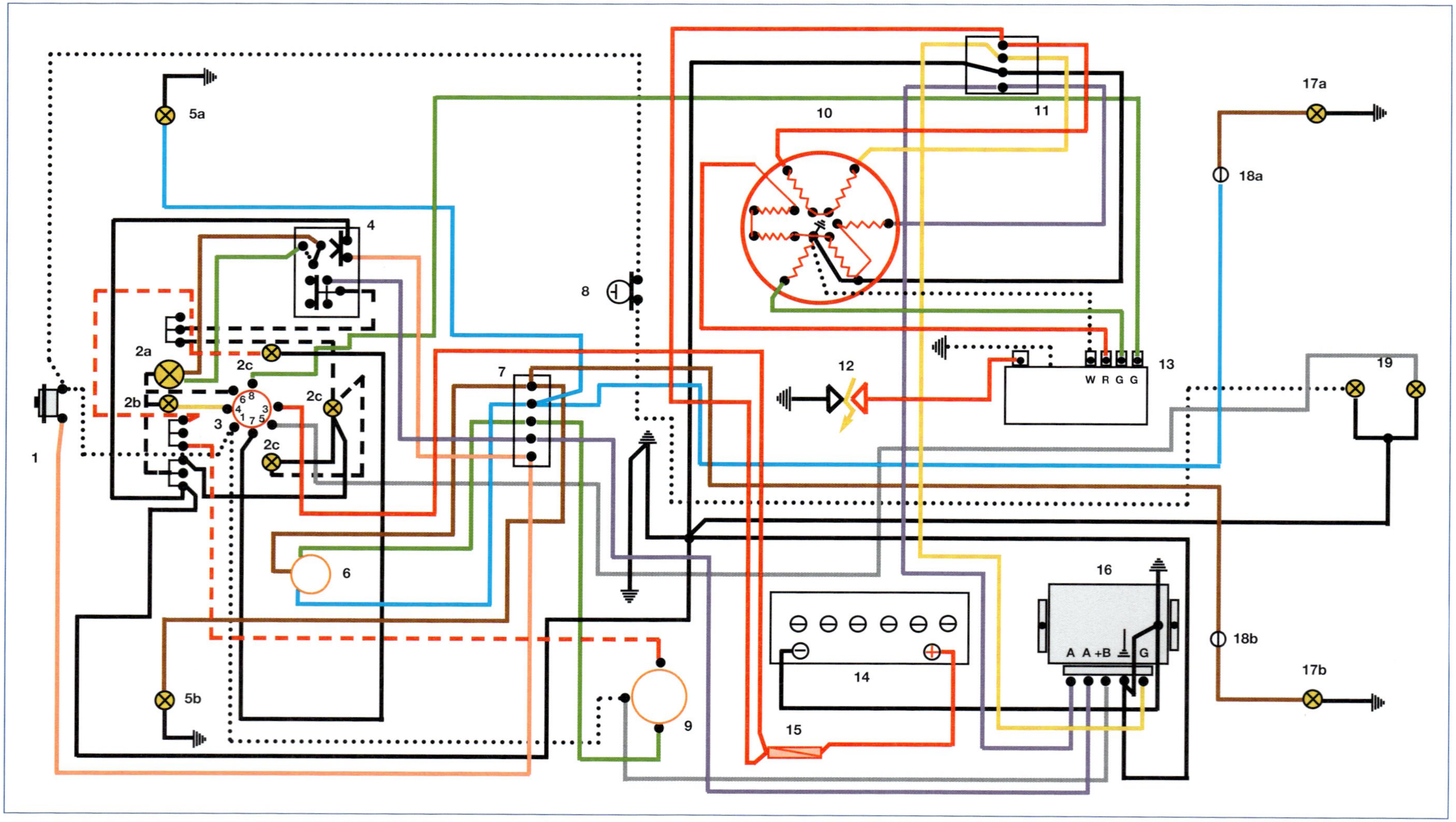

Elektrik- und Elektronik-Elemente-/Baugruppen: *1 = Hupe, 2a = Scheinwerfer-Biluxlampe 12V-25/25W, 2b = Standlichtlampe12V-5W, 2c = Kontrollleuchten für Scheinwerfer 12V-2W, für Blinker 12V-2W, für Tachobeleuchtung 12V-3W, 3 = Zündschloß,4 = Lichtschalter mit Kippschalter für Fern- und Abblendlicht sowie Hupendruckknopf, 5a, 5b = Blinklampen vorn 12V-21W, 6 = Blinkerschalter, 7 = Klemmbrett, 8 = Bremslichtschalter, 9 = Blinkgeber 12V-42W, 10 = Schwungradmagnet/Lichtmaschine, 11 = Klemmbrett,12 = Zündkerze, 13 = Elektronikzentrale, 14 = Batterie 12V-5,5Ah, 15 = Sicherung 8A, 16 = elektronischer Regler, 17a, 17b = Blinklampen hinten 12V-21W, 18a, 18b = Steckverbinder, 19 = Schluß-/Kennzeichenlicht 12V-5W, Bremslicht 12V-10W*

Graphik: Hans J. Schneider 2011

Kabelfarben

weiß	*grau-weiß*	*braun*	*rot*
schwarz	*grau*	*gelb*	*rot-weiß*
schwarz-weiß	*blau*	*grün*	*rosa*
			violett

Schaltplan Vespa P 200 E (12 Volt) mit Blinkern, ohne Batterie, mit elektronischer Zündung

Stand: Oktober 1979; nur Beispielcharakter. P 200 E = Vorläufermodell PX 200 E

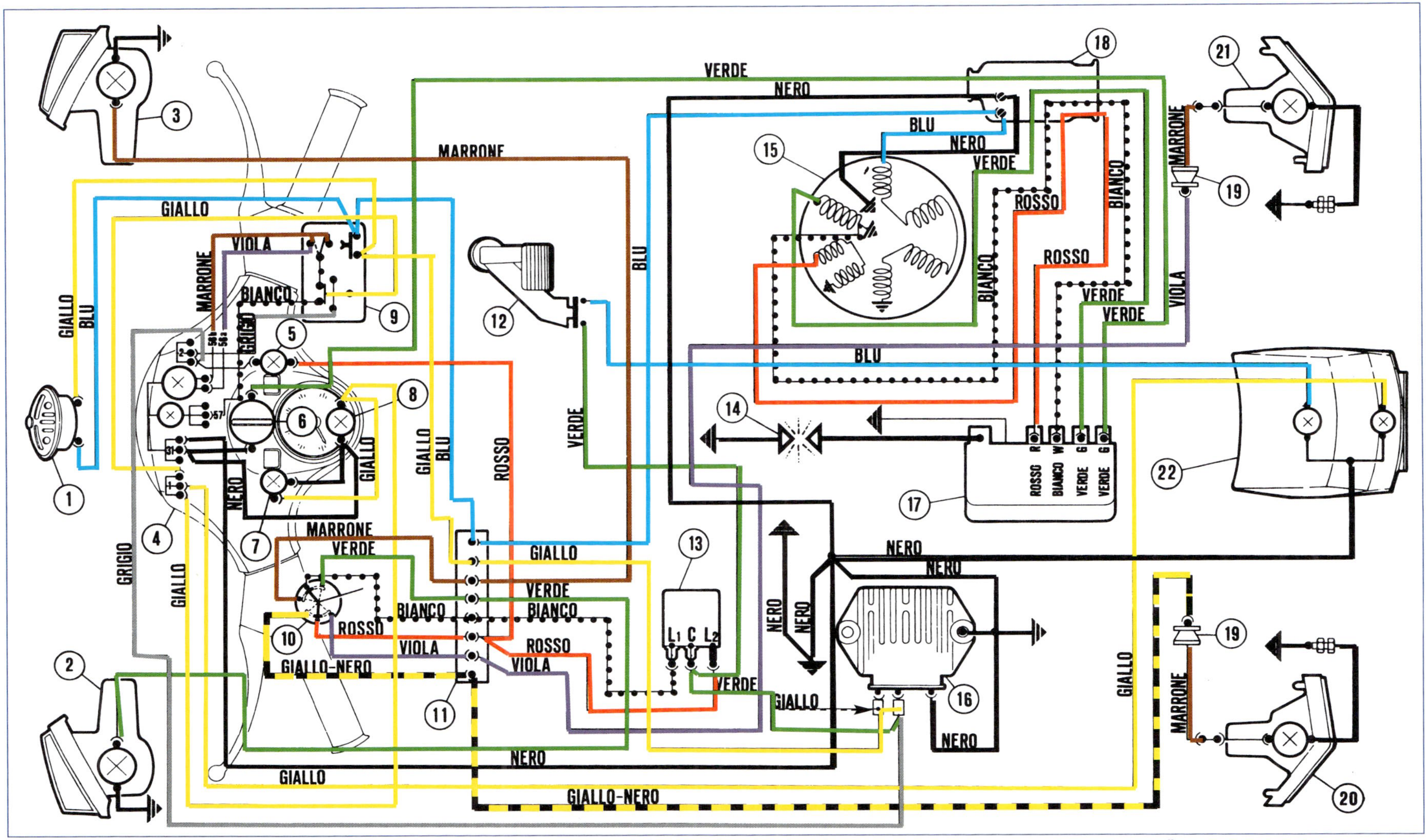

Elektrik- und Elektronik-Elemente-/Baugruppen: *1 = Hupe, 2 = Blinker vorne links, 3 = Blinker vorne rechts, 4 = Scheinwerfer-Biluxlampe 12V-25/25W Fern- und Abblendlicht, 5 = Blinker-Kontrolleuchte, 6 = Zündschloß, 7 = Kontroll-Leuchte für Abblendlicht, 8 = Lampe für Tachometer-beleuchtung, 9 = Lichtschalter mit Kippschalter für Fern- und Abblendlicht sowie Hupendruckknopf, 10 = Blinkerschalter, 11 = Klemmbrett, 12 = Bremslichtschalter Fußbremse, 13 = Blinkgeber, 14 = Zündkerze, 15 = Schwungradmagnet-Lichtmaschine, 16 = Spannungsregler, 17 = Elektronik-Zündbox, 18 = Niederspannungs-Klemmbrett, 19 = Kabelklemme, 20 = Blinker hinten links, 21 = Blinker hinten rechts, 22 = Schlußleuchte.*

Graphik-Basis: Piaggo-Werkstattanleitung PX 200 S. 27, Pontedera 1979; Überarbeitung und Kolorierung: Hans J. Schneider 2019

Farben-Übersetzung:
giallo = gelb, marrone = braun, viola = violett, grigio = grau, bianco = weiß, nero = schwarz, verde = grün, rosso = rot, blu = blau, giallo-nero = gelb-schwarz

Verwendete Original-Piaggio-Ersatzteile [1]

Artikel-Nr.	Bezeichnung	UVP inkl. MWSt. € [2]
Motor		***137,84 €; im einzelnen:***
154546	Motordichtungssatz	19,60
130977	Zylinderfußdichtung	3,12
6612	Seegerring Kolbenbolzen (2 Stück)	1,84
132040	Kolbenring 1M (2 Stück)	42,10
B015668	Wellendichtring Kurbelwelle	7,40
97804	Kugellager Kurbelwelle	41,60
133068	Nadellager Kurbelwelle komplett	16,90
133184	Gehäusemitteldichtung	5,28
Kupplung		***65,25 €; im einzelnen:***
237271	Kupplungs-Mitnehmerscheibe (2 Stück)	8,80
237272	Kupplungs-Reibscheibe (2 Stück)	10,20
237271 .	Kupplungs-Basisplatte	4,40
237272	Kupplungs-Sprengring	4,25
289603	Kupplungsfeder (7 Stück)	5,40
k.A.	Spezial-Kronenmutter Kupplungskorb	6,10
17781	O-Ring Kupplungsdeckel	5,80
6708	O-Ring Kupplungs-Ausrückhebel	0,80
192681	Kupplungszug	14,20
156401	Überziehgummi Kupplungszug	5,30
Getriebe		***121,35 €; im einzelnen:***
118058	Wellendichtring Hauptwelle Getriebe	2,75
434735	Kugellager Hauptwelle Getriebe	13,05
106956	Nadellager Welle Schaltautomat/Getriebe	6,75
1309336	Getriebe Schaltkreuz	22,40
130940	Getriebe Schaltzapfen	30,60
1789338	Anschlaggummi Kickstarter (2 Stück)	4,20
1135264	Kickstarterritzel	21,20
139100	Kickritzelfeder	1,40
139402	Schaltzug (2 Stück)	16,80
16612	Zahnscheibe Vorgelege	1,10
16305	Sicherungsblech Vorgelege	1,10
Zündelektrik		***9,47 €; im einzelnen:***
12555	Zahnscheibe Polrad	0,84
166366	Abdeckkappe Polrad	2,05
431121	Wellendichtring Polrad	3,10
Handel	Zündkerze NGK B7ES	3,48
Gemischaufbereitung		***54,52 €; im einzelnen:***
k.A.	Gaszug kompl.	15,30
667208	Chokezug	8,68
CM002311	Zweitakt-Ölschlauch	6,55
146504	Benzinschlauch	11,05
104296	Federklammer f. Ölschlauch (2 Stück)	1,94
154754	Vergaserdichtungssatz Dell'Orto	6,20
2188	Benzintankdichtung	4,80
Karosserie		***185,07 €; im einzelnen:***
219094	Rücklichtkappe PX rot transparent	23,34
163256	Blinker vorn rechts kompl.	25,30
162817	Blinker vorn links kompl.	25,30
162105	Heckteil Spritzschutz	22,70
139188	Schlösser Neimann Lenkung+Ablage	41,90
18503	Schraube Lichtschalterkasten	0,74
219109	Mittelabdeckung Tunnel	14,85
176444	Ständerrückholfeder (2 Stück)	3,94
176166	Gummifüße für Ständer (2 Stück)	3,16
178689	Gummikappe Hebel Haube (2 Stück)	2,22
178209	Buchse Hebel Haube (2 Stück)	1,74
229358	Tachowelle kompl.	15,98
174048	Tachoritzel PX	3,90
Bremsen		***103,24 €; im einzelnen:***
647377	Satz Bremsbeläge (2 Sätze)	31,00
k.A.	Sprengringe Bremsbeläge (2 Stück)	0,60
179642	Vorderradbremszug	11,74
266299	Gummi f. Bremspedal	5,05
191804	Hinterradbremszug kompl.	8,85
17492	Wellscheibe Kuppl.-Bremshebel (2 St.)	4,20
97734	Unterlegscheibe Kuppl.-Bremshebel (2 St.)	1,98
78522	Feder für Bremsbeläge (2 Stück)	2,14
177610	Kugellager Vorderradbremstrommel	15,32
177442	Nadellager Bremstrommel	5,64
177436	Nadellager Ankerplatte (2 St.)	9,58
177443	O-Ring Vorderradbremstrommel	2,24
177408	O-Ring Bremsankerplatte klein	0,80
177521	O-Ring Bremsankerplatte groß	1,10
431121	Wellendichtring Ankerplatte groß	3,00
Fahrwerk		***126,80 €; im einzelnen:***
650693	Lenkkopflager oben kompl.	16,70
14689	Federbeinbolzen	16,40
20109	Mutter Bolzen Federbein	1,96
16409	Federring Bolzen Federbein	0,94
Internet	Reifen Continental Classic (2 Stück)	60,00
1315 918	Schlauch 350 x 10 mit Ventil (2 Stück)	30,80
Summe Teile		**803,54 €**

[1] *Vorteil Piaggio: fast alles verfügbar, beste Original-Qualität. Wer es billiger haben möchte, kann sich im Internet umsehen.*
[2] *UVP = unverbindliche Piaggio-Preisempfehlung inkl. 20 % MWSt.; Preise können je nach Händler nach oben und unten abweichen.*

Verwendete Produkte, Preise in € *

Lacke, Farben	Menge	genutzt Prozent	Preis	gerundet
Motip Color Matic rot 3582 Mercedes L68	375 ml	100	28,80	28,80
Motip Silber Carat	500 ml	100	11,80	11,80
Motip Primer grau	500 ml	100	11,80	11,80
Motip Klarlack	500 ml	100	11,80	11,80
Motip Sticks rot	2 x 20 ml	10	13,90	1,40
Julien Kaltverzinkung	400 ml	10	13,25	1,35
Keen Color schwarz glänzend	400 ml	20	7,95	1,60
Lack hitzefest scharz matt	125 ml	20	6,50	1,30
Lack schwarz	500 ml	10	12,50	1,25
Restom Zinkstaubfarbe Primzinc 9400	250 ml	5	19,00	0,95
Silikon weiß	300 ml	5	8,90	0,45
			146,20	**72,50**
Pflegemittel				
Restom Kunststoff-Polierpaste PAP 5000	250 ml	5	13,00	0,65
Restom Netalu Alupoliermittel 8060	500 g	5	20,00	1,00
Polytrol Kunststoffpflege	500 ml	5	13,60	0,70
Glycerin-Stift	50 ml	5	4,80	0,25
Autoglym Vinyl- und Gummipflege	500 ml	20	8,90	1,80
Meguiars Lackrenovierung	375 ml	30	12,60	3,80
Sonax Polish & Wax rot	500 ml	30	12,90	3,90
Norauto Langzeit-Lackpolitur	500 ml	10	10,80	1,10
			96,60	**13,20**
Reinigungsmittel				
WD-40 Kriechöl	200 ml	50	4,25	2,15
3-en-un Kriechöl	200 ml	50	4,25	2,15
Techno Bremsenreiniger	3 x 400 ml	100	9,60	9,60
Azeton	1000 ml	30	3,20	1,00
Waschbenzin	2 x 1000 ml	100	8,50	8,50
Ethylen-Alkohol	1000 ml	50	2,95	1,50
Metallentfetter	1000 ml	50	4,95	2,50
Reinigungs-Petroleum	2 x 1000 ml	100	5,95	5,95
Dreieckschleifpapier Kit	80, 120, 240	100	5,95	5,95
Schmirgelleinen	4 Bogen	50	3,60	1,80
Diesel	1000 ml	100	1,50	1,50
Glycerin	100 ml	5	13,00	0,65
			67,70	**43,25**
Schmiermittel				
Getriebeöl SAE 30	250 ml	100	5,90	5,90
Motoröl SAE 30	10 ml	100	0,00	0,00
Zweitaktmotoröl synthetisch	1000 ml	100	9,80	9,80
Liqui Moly Keramikpaste	50 g	30	7,90	2,40
Universalfett wasserfest	250 g	80	13,20	8,80
Runge Compoundfett	150 g	10	4,00	0,40
			40,80	**27,30**
Chemische Produkte				
Switol Rostlöser	250 ml	20	8,60	1,70
Julien Rostumwandler	1000 ml	10	12,30	1,25
Restom PAC 2030 Rostvernichter	500 ml	50	17,00	8,50
Restom Phosprim 4090 Phosphatierung	500 ml	50	27,50	13,75
Owatrol Versiegelungsöl	500 ml	30	11,90	3,60
Loctite EA 3450 2K-Kaltmetall	22 ml	20	12,00	2,40
Loctite 271 Schraubensicherung	5 ml	10	6,90	0,70
Loctite 51 Flüssigdichtung	50 ml	80	11,80	9,50
UHU Patafix	80 pads	50	3,90	1,95
			111,90	**43,35**
Zwischensumme Produkte volle Gebinde[1], genutzt[2]			**463,20[1]**	**199,60[2]**

** Die Preise gelten für nicht angebrochene Gebinde. Von vielen Produkten wurden nur geringe Mengen benötigt. Nach der obigen Kalkulation reduzieren sich die anteiligen Produktausgaben auf 46 %. Zwar mußten die Summen beim Kauf voll bezahlt werden, doch es bleiben zahlreiche Restmengen übrig, die bei der nächsten Restaurierung eingesetzt werden können.*

Sonstige Kosten *(ohne Berechnung von Fahrt-, Handling- und Portokosten, ohne Kosten für Anschaffung von Werkzeugen)*

Pyrolyse Felgen	4	20,00	20,00
Sandstrahlen Auspuff	1	24,00	24,00
Werkstattaufenthalt inkl. Spezialwerkzeug-Verleih 5 Std. à 60,00		300,00	300,00
Zwischensumme sonstige Kosten		**344,00**	**344,00**
Summe Produkte und Sonstiges		**(volle Gebinde: 807,20)**	**543,60**

Es ist angerichtet: Wir benutzten im Rahmen der Restaurierung zahlreiche Lacke, Pflege- und Reinigungsmittel, Schmierstoffe und chemische Spezialprodukte.

Vespa startklar machen, Probefahrt, Kosten

Neustart nach Restaurierung:

4. April 2019: Nach monatelangeer Restaurierungs- und Redaktionsarbeit wird die komplett wiederaufgebaute PX 200 E **startklar** gemacht, und zwar nach einem ganz bestimmten Ritual, damit der Kolben nicht festgehen kann.

Zuerst wird ein halber Liter synthetisches **Zweitaktöl** in den Öltank gefüllt. Dann ziehe ich den Ölschlauch vom Ölpumpenrohr ab und sauge das Öl so weit wie möglich nach vorn und schließe den Schlauch samt Klemme wieder an. Es ist aber zwecklos, das Öl per Kickstarter zur Pumpe zu befördern. Meister Schulz: „*Mit der reinen Kickdrehzahl bekommt man den Unterdruck nicht hin, und die Bewegung der Pumpe auch nicht.*“

Reiner Sprit wäre tödlich, daher muß getrickst werden: Es werden zwei Liter Super bleifrei E5/ROZ 98 mit 50 ml Zweitaktöl **vorgemischt** und eingefüllt. Damit werden Kolben und Zylinder unmittelbar geschmiert. Im Ölschlauch ist vorne noch Luft zu sehen.

Benzinhahn auf, Choke ziehen, Zündung einschalten, Gasgriff ein wenig drehen und kräftig auf den Kickstarter treten – beim vierten Kick springt der Motor an, nimmt sauber Gas an, qualmt nur minimal (wegen der startbedingten, aber unschädlichen Überfettung). Ein erhebendes Gefühl! Jetzt zieht sich die Ölpumpe den Schmierstoff gierig rein.

1: Synthetiköl einfüllen. 2: Zwei Liter Super E5 und 50 ml Zweitaktöl vormischen und in den Tank geben. 3, 4: Die fertig aufgebaute Vespa und der Autor bei einer Probefahrt am 14. April 2019. 5: Der überholte 200er Zweitakt-Motor in seiner ganzen Pracht.

1

2

3

4

Fahraufnahmen: Vincent Schneider

Nach einigen Einstellarbeiten (Kupplungszug, Schaltzüge, Gasschieberanschlagschraube, Bremsen) rollt unsere Vespa am 12. April zum ersten Mal **aus eigener Kraft** aus der Werkstatt, **alles funktioniert.** Der Motor reagiert sensibel aufs Drehen am Gasgriff, die Kupplung greift weich, die vier Gänge lassen sich lautlos und ohne zu hakeln einlegen. Überrascht bin ich davon, wieviel Kraft in dem überholten Motor steckt: Die Vespa beschleunigt so vehement, daß ich auf der Sitzbank nach hinten rutsche. Der Zweitakt-Sound ist sehr nostalgisch, nichts klappert, schlägt oder tickert. Die Mühe hat sich gelohnt!

Und die **Kosten?** Haben sich trotz des hohen Aufwands für Ersatzteile und Produkte mit rund 1500 Euro im Rahmen gehalten, ohne die Anschaffung der gebrauchten PX 200 E natürlich. Vor allem haben wir mit der aufwendigen, aber preisgünstigen **Patinarestaurierung** viel Geld gespart. Eine professionelle Ganzlackierung schlägt mit 1600 bis 2000 Euro zu Buche. Würde man eine gleichwertige Vespa in der Werkstatt restaurieren lassen, müßte man mit Gesamtkosten von mindestens 7000 Euro rechnen (ohne Anschaffung).

5

Es gibt durchaus Vespa-Liebhaber, die bereit sind, eine solche Summe zu zahlen, wohl wissend, daß derart hohe Aufwendungen den Wert des restaurierten Fahrzeugs deutlich übersteigen können, zumindest dann, wenn es sich um Großserienmodelle ab den frühen 1980ern handelt. Bei Sondermodellen und echten Oldtimern kann sich ein solcher Aufwand schon eher lohnen.

Dank an alle, die geholfen haben

Sie sah noch ganz gut aus, war jedoch in allen wichtigen Bereichen arg mitgenommen oder verschlissen – unsere 2012 gekaufte **Vespa PX 200 E.** Die Restaurierung war eine Herausforderung, denn zwar sollten möglichst viele **Originalteile** und auch die schöne **Patina** erhalten bleiben, doch das Zerlegen bis zur letzten Schraube, das Reinigen von Technik und Karosserie (vor allem von Motor und Unterboden), die Teilebeschaffung, die Aufarbeitung der Komponenten und die Montage erwiesen sich als arbeitsaufwendiger und zeitintensiver als gedacht – und anfangs geplant. Grob geschätzt gingen (inklusive Fotoproduktion) **400 Stunden** drauf, um aus dem heruntergekommenen Gebrauchtroller ein Schmuckstück mit weitgehend neuwertiger Technik zu machen (und noch einmal so viel Zeit für die Umsetzung am Computer – Bilder laden und einstellen, Texte und Bildzeilen schreiben, Layout erstellen).

Alle **Lager** im Motor-, Getriebe- und Fahrwerksbereich wurden erneuert, außerdem alle **Seilzüge,** die Reifen und alle Kleinteile, die es nötig hatten. Die **Karosserie** wurde nur unten drunter neu lackiert. Ansonsten haben wir sie nur partiell entrostet, behandelt und den Lack dort ausgebessert, wo er schlicht abgeblättert war. Dies gelang mit vielerlei Schleifmitteln und kraftvoller Chemie aus dem Profibereich der Oldtimerrestaurierung. Allein die Abstimmung des Farbtons für die erforderliche Sprühdose (eine reichte!) war ein Abenteuer, aber eins mit Happy End – der **eigens gemischte Lack** paßte hundertprozentig.

Es klingt abgedroschen, weil jeder Autor das meist schreibt. Aber ohne die **Hilfe** ganzer Heerscharen von Familienmitgliedern, freiwilligen Helfern und Spezialisten wäre das nix geworden! An erster Stelle ist mein alter Freund Rainer Schulz zu nennen, der mich als erfahrener Zweiradmechaniker-Meister seit den 1990er Jahren bei der Bearbeitung meiner Vespa-Bücher mit Rat, Tat, Material und Spezialwerkzeug unterstützt, vor Ort in seiner Werkstatt im malerischen Eifeldorf Kommern und immer wieder auch mal bei mir in der Normandie, wozu er schon mehrfach eigens 650 km weit angereist ist. Gute **Tipps** kamen auch von Vater und Altmeister Günther Schulz, dessen Ehefrau Ursula uns mit Kaffee und Gebäck versorgte. Dieter Raths, aus der Eifeler Oldtimerszene nicht wegzudenken, griff beherzt zu, als wir dem Motor neue Lager verpaßten. Ein neuer Schaltzapfen, den es bei Piaggio nicht mehr gab, lieferte dankenswerterweise ein Freund des Hauses Schulz

Aber alles Know-how nützt nichts, wenn die passenden Teile nicht vorhanden sind. In enger Kooperation mit dem Piaggio-Teilegroßhändler Niemann und Frey in Krefeld, und dort vor allem mit Hilfe von Stefan Hüncke wurden endlose Listen abgearbeitet, Tüten und Kartons mit zahllosen Original-Vespa-Teilen gepackt und verschickt, auch bis nach Frankreich. Unzählige **Telefonate** und **E-Mails** begleiteten vom Herbst 2017 bis zum Frühjahr 2019 das Projekt. Das letzte Teil bestellte ich Anfang April 2019 – der alte Federbeinbolzen erwies sich noch auf den letzten Drücker als unbrauchbar.

Die **Kosten** allerdings waren letztlich höher als vermutet: Allein für Original-Piaggio-Teile gingen über 800 Euro drauf, hinzu kamen die Reifen für 60 Euro, Fremdarbeiten für 240 Euro und Produkte aller Art (anteilig rund 220 Euro, s. Kasten). Hinzu gerechnet werden mußte der Kaufpreis, den wir nicht nennen möchten.

Besonders bedankt sei Vespa-Sammler und -Restaurator Werner Lechner aus Schwäbisch Hall, der mir damals nicht einfach nur die Vespa verkaufte, sondern immer Kontakt hielt, Bilder und Informationen schickte, letztlich sogar bebilderte **Textbeiträge** zu kleineren, aber wichtigen Themen schrieb, die der Autor beim besten Willen nicht mehr bearbeiten konnte. Günther Uhlig aus Freiburg, Sammler und mehrfacher Buchautor, interessiert sich seit Jahren für meine Arbeit und gab diesmal Tipps zur Farbbestimmung. Jörg Baumann von der Firma Krüger in Limburg und Ralf Jodl vom SIP Scootershop in Landsberg am Lech waren ebenfalls wichtige Gesprächspartner.

Eine Vespa zerlegen, restaurieren und wieder zusammenbauen ist eine Sache. Aber etwas anderes ist es, wenn man **jeden Arbeitsschritt dokumentieren** und mit der Kamera festhalten muß. Das ist anstrengend und oft nervig, vor allem dann, wenn man vor lauter Dreck und Öl an den Händen kaum noch den Fotoapparat halten kann. Das ist noch nicht alles: Fast immer muß jemand zur Stelle sein, der ein Teil fürs Foto festhält oder auch mit anpackt, wenn knifflige Dinge wie der Einbau des Lenkrohrs oder der Bowdenzüge zu erledigen sind. Und da konnte ich voll auf meine große Familie und einige Freunde zählen, obwohl sie alle im Berufsleben stehen und eigentlich keine Zeit für so etwas Verrücktes haben.

Meine Ehefrau Gabriele unterbrach ständig ihre Arbeit am Computer und im Haus, um blaue Handschuhe überzustreifen und Vespa-Teile ins rechte Licht zu rücken. Tochter Carolin half beim Einbau von Tank und Motor, fertigte Papierdichtungen nach. Philipp besorgte fürs Vorspannen des vorderen Federbeins einen Gurt der Firma GPI Forancra, wie er in Transportflugzeugen verwendet wird. Paßte gut, denn die Vespa geht ja auf Ideen aus dem **Piaggio-Flugzeugbau** zurück. Simon kümmerte sich um den Ausbau von Lenker und Anbauelementen und überprüfte die Elektrik. Valentin zog mit mir sämtliche Seilzüge durch den Vespa-Body („dazu braucht man starke Nerven") und besorgte im Verlag Umschlaggestaltung und Lektorat. Mit Bruder Vincent zusammen arbeitete er wochenlang mit Photoshop, um die über 1600 Fotos (von 5000 „geschossenen"!) für den Druck einzustellen.

Maurice Louvet wechselte mit seiner Spezialzange die Kolbenringe, Profirestaurator Marc-Antoine Prevel strahlte kostenlos den Zylinder und vermaß denselben sowie den Kolben. Joël Retoux zog die festgerosteten Reifen ab. Ein Team des Karosseriebetriebs Decharenton musterte mit mir an die hundert rote Farbkarten durch, bis wir den richtigen Ton (im Mercedes-Programm!) gefunden hatten. Johanna Schneider (nicht verwandt und nicht verschwägert) opferte einige Samstagvormittage, um mit anzupacken – Vorderradführung, Benzinversorgung, Motoreinbau.

Ihnen allen gebührt mein aufrichtiger und herzlicher Dank – 40 Jahre, nachdem im Verbrauchermagazin „DM" mein erster Artikel über die Geschichte der Vespa erschien, die sich schon damals Richtung Kultstatus bewegte.

Viel Erfolg beim Restaurieren wünscht Ihnen
Ihr Hans-Jürgen Schneider
Normandie im Mai 2019
und 2025 für die Neuauflage

Restaurierungsarbeiten, Fotoproduktion, Texterstellung, Layout und Buchproduktion zogen sich – mit unterschiedlich langen Unterbrechungen – von Oktober 2017 bis April 2019 hin. Ab Oktober 2018 wurde fast ausschließlich und ganztägig am Restaurierungsprojekt gearbeitet. Die Fotos zeigen die PX 200 E am 14. April 2019 und den Autor bei der prima verlaufenen Probefahrt.

Weitere Vespa- und Piaggio-Titel sowie Restaurierungsbücher von SCHNEIDER MEDIA

Restaurieren wie die Profis: zwei erfolgreiche Bände mit jeweils 1000 Tipps für die professionelle Oldtimer-Restaurierung. Spezialisten erklären, was man über die Restaurierung von Achsen bis Auspuff, von Bremsen bis Zylinderkopf wissen muß. Viele grundsätzliche Informationen, die auch für klassische Motorräder und Roller gelten.

Band 1: Hardcover im Format 194 x 260 mm, 216 Seiten, 1328 Farbfotos, zusätzlich Grafiken und Tabellen; 34,90 Euro. ISBN: 978-3-7688-5811-3 (nur noch wenige Exemplare vorhanden).
Band 2: Hardcover im Format 194 x 260 mm, 160 Seiten, mehr als 1200 Farbfotos, zusätzlich Grafiken und Tabellen; 34,90 Euro. ISBN: 978-3-667-11070-1

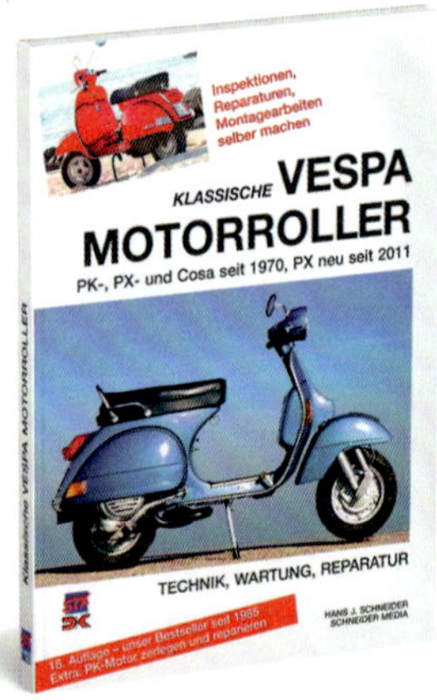

Klassische Vespa Motorroller

PK-, PX- und Cosa-Modelle seit 1970
21. Auflage, alle Reparatur- und Inspektionsarbeiten auch für aktuelle Modelle; Modellgeschichte.
148 x 210 mm, 352 S., 1346 Abb., 24,90 Euro.
ISBN: 978-3-667-12912-3

Klassische Piaggio Automatik-Roller

Sfera, SKR, Storm, NRG, Quartz, TPH, Hexagon.
6. erweiterte Auflage, alle Reparatur- und Inspektionsarbeiten; Modellgeschichte.
148 x 210 mm, 224 S., 516 Abb., 22,00 Euro.
ISBN: 978-3-667-11583-6

Vespa ET, LX, LXV, S Automatik-Roller

5. Auflage, alle Reparatur- und Inspektionsarbeiten; Modellgeschichte.
149 x 210 mm,
168 vierfarbige Seiten,
581 Abbildungen,
5 Schaltpläne in Farbe,
22,00 Euro.
ISBN: 978-3-667-11581-2

Vespa GT, GTS, GTV Automatik-Roller

4. Auflage, alle Reparatur- und Inspektionsarbeiten; Modellgeschichte.
148 x 210 mm,
168 vierfarbige Seiten,
427 Abbildungen,
4 Schaltpläne in Farbe,
22,00 Euro.
ISBN: 978-3-667-11582-9

Erhältlich im Buch- und Fachhandel, unter **www.schneider-media.eu** oder unter **www.delius-klasing.de/shop**